Die Grundzüge des Eisenbetonbaues

Von

Dr.-Ing. E. h. M. Foerster
Geh. Hofrat, ord. Professor an der Technischen Hochschule Dresden

Zweite, verbesserte und vermehrte Auflage

Mit 170 Textabbildungen

Springer-Verlag Berlin Heidelberg GmbH 1921

ISBN 978-3-662-24111-0   ISBN 978-3-662-26223-8 (eBook)
DOI 10.1007/978-3-662-26223-8

Vorwort zur ersten Auflage.

Das gewaltige, die Welt in atemloser Spannung erhaltende Ringen
hat sein Ende gefunden. Unbesiegt mußten die deutschen Heere den
feindlichen Boden räumen, nicht imstande mehr — allein gelassen —
der ganzen gegen sie anstürmenden Welt zu trotzen. Schulter an Schulter
mit allen deutschen Volksgenossen haben Deutschlands Akademiker,
unter ihnen, in diesem Kriege der Technik besonders bewährt, auch die
Studierenden der deutschen technischen Hochschulen, den feindlichen
Ansturm durch mehr als vier schwere Kriegsjahre gebrochen. Viele
haben ihr Leben hingegeben für ihr Vaterland. Ihrer gedenkt die Alma
mater mit Wehmut und Dankbarkeit.

Den Zurückkehrenden aber soll der Boden bereitet werden zur Fortsetzung des unterbrochenen Studiums. Diesem Zwecke sollen auch die
nachfolgenden Ausführungen dienen, die im wesentlichen den Vortrag: Grundzüge des Eisenbetonbaues wiedergeben, wie er in nunmehr
20 jähriger Fortentwicklung an der Technischen Hochschule Dresden
für Architekten und Bauingenieure vom Verfasser gehalten worden ist.
Dabei hoffe ich, daß das Buch sich auch in der baulichen Praxis einführt
und Freunde erwirbt, da es einmal auf das Selbststudium der Fachgenossen ganz besonders Rücksicht nimmt und zum anderen auch die
Rechnungswege zeigt, welche sich für eine praktische Anwendung als
besonders wertvoll erwiesen haben, und auch all die Hilfsmittel wieder-
gibt, die zur Abkürzung und Vereinfachung der Rechnung besonders
bedeutsam sind. Dabei nimmt das Buch in erster Linie Rücksicht
auf die in Deutschland allgemein anerkannten, neuen Bestimmungen
für die Ausführung von Bauwerken aus Eisenbeton vom 13. Januar 1916
und gründet sich zudem vornehmlich auf der gewaltigen Summe von
wertvollen Erfahrungen und Forschungsergebnissen, die der Deutsche
Ausschuß für Eisenbeton in nunmehr 12 jähriger verdienstvollster Arbeit
der technischen Wissenschaft beschert hat. In diesem Sinne bauen sich
namentlich die ersten beiden Kapitel des Buches, die sich vornehmlich
mit den Baustoffen des Verbundbaues und seinen Konstruktionsele-
menten befassen, zum überwiegenden Teile auf den Arbeiten des Deutschen Ausschusses für Eisenbeton auf.

Das dritte Kapitel, der Hauptteil der vorliegenden Grundzüge, behandelt die Ermittlung der inneren Spannungen und die Querschnittsbemessung. In beiden Richtungen sind hier scharfe Rechnungswege und, soweit angängig, auch Annäherungsverfahren wiedergegeben; hierbei ist sowohl auf die Vereinfachung der Rechnung durch Tabellen als auch auf die Klarlegung des Rechnungsganges durch vielseitig gewählte Zahlenbeispiele praktischer Art Rücksicht genommen.

Möge das Buch dem Zwecke dienen, für den es der Öffentlichkeit übergeben wird, ein Wegweiser zu sein für die Studierenden im Gebiete des Eisenbetonbaues und auch den Fachgenossen in der Praxis ein wertvoller Ratgeber und Helfer bei ihren Arbeiten zu werden.

Einen besonderen Dank statte ich der Verlagsbuchhandlung Julius Springer in Berlin ab, die es trotz der großen Schwierigkeiten, die sich der Herausgabe des Buches im letzten Kriegsjahre entgegenstellten, vermocht hat, dem Werke eine gediegene Ausstattung zu sichern und allzeit erfolgreichst bemüht gewesen ist, die Herausgabe mit allen zu Gebote stehenden Mitteln zu fördern. Auch meinem Assistenten, Herrn Reg.-Baumeister Dr.-Ing. W. Kunze, spreche ich meinen kollegialen herzlichen Dank aus für die wertvolle Unterstützung, die er mir bei der Lesung der Korrekturen hat zuteil werden lassen.

Dresden, im Dezember 1918

M. Foerster.

Vorwort zur zweiten Auflage.

In wenig veränderter äußerer Form aber mit zum Teil nicht unwesentlichen Umarbeitungen und erweitert durch eine Zahl notwendig gewordener Ergänzungen erscheint zwei Jahre nach der ersten Auflage die zweite des vorliegenden Lehr- und Studienbuches. Alles was in der vergangenen Zeitspanne an besonders bedeutungsvollen Forschungsarbeiten im Gebiete des Verbundbaus bekannt geworden ist, wurde berücksichtigt, so namentlich die neu erschienenen Arbeiten des Deutschen Ausschusses für Eisenbeton. Zudem wurden aber auch im Hinblicke auf die besonderen Erfordernisse der Benutzung des Buches in der Praxis und die hier sich immer fühlbarer machende Notwendigkeit der Zeitausnutzung und Kraftersparnis eine Anzahl neuer Tabellen, vor allem für die Berechnung bzw. Querschnittsbestimmung der Platten und Plattenbalken aufgenommen. Sie gestatten den erforderlichen Rechennachweis auf ein Mindermaß herabzusetzen und sichern dabei eine recht große Genauigkeit. Durch neu eingefügte Zahlenbeispiele ist die Anwendung dieser Tabellen erläutert. Überhaupt hat gerade bei den Zahlenbeispielen manche Veränderung Platz gegriffen, da es zweckmäßig erschien, das eine oder andere der „Musterbeispiele" (herausgegeben von der Preußischen Bauverwaltung zu den Eisenbetonbestimmungen vom 13. I. 1916) aufzunehmen. Endlich ist ein neuer Abschnitt (23) angefügt in dem die zeichnerische Ermittelung der Nullinie in einem durch ein Moment und eine Normalkraft beanspruchten Querschnitte behandelt wird. — Wenn diese Berechnungsart auch — namentlich gegenüber einer Spannungsermittelung unter Zuhilfenahme der Tabellen — bei einfachen Rechtecks- und Plattenbalkenquerschnitten nicht von besonderen Vorteilen begleitet ist, so wird sie doch in allen den Fällen am Platze sein, in denen es sich um anders geartete Querschnitte, vieleckiger, kreis- und ringförmiger Art und ähnliches handelt.

Möge auch die zweite Auflage sich derselben freundlichen Aufnahme wie ihre Vorgängerin erfreuen.

Trotz der auf dem Buchgewerbe lastenden, besonders starken Zeiterschwernisse hat der Verlag Julius Springer, Berlin, es auch diesmal vermocht, dem vorliegenden Buche eine ebenso gediegene, wie gute Ausstattung zu geben. Hierfür werden ihm gleich dem Verfasser auch die Benutzer des Buches besondere Anerkennung und warmer Dank zollen.

Dresden, im November 1920.

Dr.-Ing. M. Foerster.

Inhaltsverzeichnis.

Anhang.

Kapitel I.

Die geschichtliche Entwicklung und die Baustoffe des Verbundbaus.

1. Grundzüge der geschichtlichen Entwicklung des Verbundbaus.

Der Betonbau und in seiner weiteren Ausgestaltung der Eisenbetonbau konnten sich erst entwickeln, nachdem in ausreichender Menge und zufriedenstellender Art ein künstlich gewonnener Zement vorlag, der, im großen hergestellt, überall uneingeschränkt zur Verfügung stand. Nachdem es im Jahre 1824 dem Engländer Aspdin gelungen war, durch Zusammenschmelzen von kohlensaurem Kalk und Ton solch ein Bindemittel — von ihm „Portland-Zement"[1]) genannt — zu erzielen, und weiterhin diese Erfindung industrielle Aufnahme und Ausnutzung fand, standen der Erzielung großer Mengen künstlichen hydraulischen Bindemittels keine besonderen Schwierigkeiten mehr im Wege. Im Jahre 1855 wurde die erste deutsche größere Anlage in der Nähe von Zülchow unweit Stettin, unter Verwendung von Ton von der Odermündung und von Kreide von der pommerschen Küste, in Betrieb genommen; ihr folgten bald andere in Oberkassel bei Bonn, Lüneburg, Oppeln, auf der Insel Wollin, bei Mannheim, bei Berlin, in Amöneburg bei Biebrich, in Ulm usw. Sie alle haben die glänzende Entwicklung der deutschen Portlandzement-Industrie mit ihren Nebenzweigen angebahnt und wirksamst gefördert.

Die ersten Anfänge des Betonbaus führten zur Herstellung von Kunststeinen. Um diese bei größeren Abmessungen in sich zu festigen und zugleich auch während der Herstellung ausreichend zu stützen, wurden — etwa von der Mitte des vergangenen Jahrhunderts an —

---

[1]) Der Name ist aus der örtlichen Beziehung hergeleitet, daß Kunststeine, aus dem neuen Bindemittel gewonnen, große Ähnlichkeit erhielten mit einem in England auf der Halbinsel Portland in Dorsetshire gebrochenen Naturgestein. Das Patent von Aspdin ist am 24. Oktober 1824 erteilt und beansprucht Kalkstein mit einer bestimmten Menge Ton zu einer plastischen Masse zu vermengen, die alsdann in einem Kalkofen bis zum Entweichen aller Kohlensäure gebrannt und durch Mahlen in Pulver verwandelt wird. Der von Aspdin hergestellte künstliche Zement war bereits bis zur Sinterung gebrannt, zeigte aber naturgemäß, wie sich das bei der reinen Versuchsforschung nicht anders erwarten ließ, noch sehr wechselnde Eigenschaften.

Drahtgewebe und Eiseneinlagen diesen Kunststeinen und -platten eingefügt; hier finden sich also die ersten, wenn auch noch sehr ursprünglichen Anfänge der Vereinigung von Beton und Eisen, die ersten Anzeichen der späteren „Verbundbauweise". Daß in damaliger Zeit diese Kenntnis der Vereinigung von Beton und Eisen schon ziemlich weit bekannt war, läßt einmal ein Werk des Amerikaners Hyatt erkennen, der über Versuche mit Eisenbetonbalken aus jenen Tagen berichtet, während es zum andern aus einem Patente abzuleiten ist, das im Jahre 1855 dem Franzosen Lambot erteilt wurde, und den Ersatz der hölzernen Planken im Schiffsbau durch Eisenbetonplatten in der Art bezweckt, daß sie durch eine auf ein Eisennetz als Seele aufgelegte Mörtelschicht hergestellt wurden. Besonders bemerkenswert ist, daß jene Lambotsche Patentschrift bereits einen Betonträger mit Eiseneinlagen und eine mit vier Rundeisen bewehrte Säule aufweist, auf die sich aber der Patentschutz nicht erstreckt, also Bauelemente bekannt gibt, die bereits damals nicht mehr als patentfähig angesehen worden sein dürften. Daß in jener Zeit die Verstärkung von Beton durch Eisen bereits allgemeiner bekannt war, folgt auch aus Mitteilungen des im Jahre 1861 erschienenen Werkes des Franzosen Fr. Coignet[1]), der jene Bauweise ganz allgemein behandelt und durch Ausführungsbeispiele verschieden gestalteter Art belegt.

Unter diesen Umständen muß es wundernehmen, daß dem Franzosen Monier, seinem Berufe nach Gärtner, im Jahre 1867 (vom 16. Juli) ein weiteres Patent auf die Herstellung von mit Eisen bewehrten Betonkübeln — für Zwecke seines Gewerbes — erteilt wurde. Diesem Stammpatente, das bereits die Bauweise verallgemeinert, folgten eine Anzahl Zusatzpatente für Röhren, Behälter, ebene Platten, Brückengewölbe, für Treppen usw. Bei allen hier dargestellten Konstruktionen diente aber das Eisen vorwiegend zur Formgebung, wenn auch naturgemäß der Erfinder mit ihm zugleich eine Verstärkung des Betons bezweckte. Der statische Sinn der Einlage war aber Monier noch nicht bekannt, der Zusammenhang zwischen gezogener Betonfaser und Bewehrung noch nicht aufgedeckt; vielfach lag auch bei gebogenen Bauteilen das Eisen in der Mitte, nahe oder in der neutralen Faser.

Im Jahre 1876 ließ Monier durch Nichtbezahlung der Gebühren sein Patent verfallen, nahm aber bereits 1877 ein neues auf Herstellung bewehrter Beton-Eisenbahn-Querschwellen, und zu diesem 1878 ein weiteres Zusatzpatent, welches weiteren Kreisen erst als „das Patent Monier" bekannt werden sollte und den Ausgangspunkt für eine Verwertung der Monierschen Erfindung außerhalb Frankreichs, namentlich in Deutschland, Österreich-Ungarn und Belgien, bildete.

---

[1]) Verlag von E. Lacroix, Paris, 1861; vgl. auch B. u. E. 1903, Heft 4, S. 220.

Dieses „Patent Monier" ist ausgezeichnet durch einen größeren Reichtum der Anwendungsgebiete seiner Bauweise und gibt viele der Formen kund, die noch heute — wenn auch verbessert — die Konstruktionselemente des Verbundbaus darstellen. Es wurde noch ergänzt durch zwei weitere Zusatzpatente vom Jahre 1880 und 1881, die sich auf die Anordnung ebener und gewölbter Decken verschiedenster Art beziehen.

Von den Bauten Moniers sind besonders bemerkenswert seine zum Teil bereits erhebliche Abmessungen zeigenden Behälter, kleinere Fußgängerbrücken, feuersichere Decken, ganze Hausbauten im Erdbebengebiet an der Riviera.

Aber alle diese Bauten sind — wenn sie auch das praktisch konstruktive Geschick Moniers nicht verkennen lassen — noch wenig wirtschaftlich und nur als wenig vollkommene Vorläufer späterer Ausführungen zu bewerten. Immerhin gebührt Monier das Verdienst, die Vorbedingungen für einen späteren Siegeslauf des Eisenbetonbaus geschaffen zu haben.

Die Entwicklung des Verbundbaus in Deutschland knüpft sich in erster Linie an die Firmen Freytag & Heidschuch in Neustadt a. d. H. und Martenstein & Josseaux in Offenbach a. M., die im September 1884 das Monier-Patent erwarben, und zwar erstere für Süddeutschland, letztere für Frankfurt a. M. und dessen weitere Umgebung, hierbei sich zugleich das Vorkaufsrecht für Norddeutschland sichernd. Von letzterer Firma erwarb 1886 der zu Erbach geborene Ingenieur G. A. Wayß diese Ausführungsrechte und begründete in Berlin eine Bauunternehmung für Beton- und Eisenbetonbauten. Von dem zutreffenden Gedanken ausgehend, vor einer größeren Allgemeinheit die Überlegenheit der neuen, bewehrten Bauweise gegenüber dem reinen Betonbau zu erweisen, veranstaltete Wayß eine Reihe von praktischen Vergleichsversuchen mit ausgeführten Baukonstruktionen. Bei der Vorbereitung hierzu trat er mit dem als Beauftragter des preußischen Ministeriums der öffentlichen Arbeiten den Versuchen zugeordneten Regierungsbaumeister Matthias Koenen — einem Sohn der Rheinlande — in Verbindung, der mit echtem Ingenieurblick als erster erkannte, daß das Eisen in die an sich mangelhaft widerstandsfähige Zugzone des Betons zu legen und zu deren Verstärkung heranzuziehen sei. Es wird berichtet, daß Monier bei Besichtigung der Wayßschen Versuche diese Lage als unrichtig erklärte und selbst damals noch die Eisen in die Mitte der gebogenen Querschnitte, also nahe der neutralen Zone, eingelegt sehen wollte. Den Anordnungen Koenens, der als erster die statische Aufgabe der Eisenbewehrung erkannte und das Eisen möglichst nahe der stärkst gezogenen Betonfaser anordnete, war ein

1*

voller Erfolg beschieden. Die Versuchsergebnisse waren glänzende und erwiesen die wirtschaftlich und technisch gleich bedeutende Überlegenheit der Verbundbauweise gegenüber dem reinen Betonbau. Nachdem im Verlaufe dieser Versuche Koenen auch die erste theoretische Begründung des Verbundbaus im Zentralblatt der Bauverwaltung vom Jahre 1886 (S. 462) gegeben und diese Theorie gemeinsam mit den Versuchsergebnissen und den aus ihnen zu ziehenden wertvollen Schlußfolgerungen ein Jahr später in der klassisch gewordenen „Monier-Broschüre" veröffentlicht hatte, war der Einführung der neuen Bauweise Tür und Tor geöffnet. Aus der Firma G. A. Wayß & Co. entwickelte sich 1890 die noch heute bestehende A.-G. für Beton- und Monierbau, deren Direktor zunächst bis 1892 Wayß blieb, um alsdann durch Koenen, der noch heute an der Spitze der Gesellschaft steht, ersetzt zu werden. Koenen hatte aber schon seit Jahren die Berechnungen und Konstruktionsunterlagen für die „Monier-Gesellschaft" geschaffen bzw. durchgesehen und seinem Einflusse ist es zu verdanken, daß namentlich auf dem Gebiete des Brückenbaus schon in der ersten Werdezeit des Verbundbaus hervorragende Vorbilder auf deutschem Boden entstanden. Hier seien namentlich erwähnt eine außerordentlich kühne Bogenbrücke auf dem Gelände der Portlandzementfabrik Stern (1888), von 40 m Weite und 4,0 m Pfeil, und eine ähnliche Bauausführung auf der 1890er Industrieausstellung zu Bremen, 40 m weit gespannt, mit 4,5 m Pfeilhöhe, nur 25 cm Stärke im Scheitel und 55 cm Dicke an den Kämpfern und bei sechsfacher Sicherheit für eine Last von 1000 kg/qm berechnet.

Nach seinem Austritt aus der Berliner Monier-Gesellschaft (1892) begründete Wayß mit der süddeutschen Vertretung der Monier-Patente die Firma Wayß & Freytag, die seitdem zu den führenden deutschen Gesellschaften im Gebiete des Eisenbetonbaus gehört hat und sich — namentlich unter Leitung ihres Direktors Dr.-Ing. E. h. E. Mörsch, jetzt Professor in Stuttgart — in uneigennützigster Weise um die Erforschung des Eisenbetonbaus bedeutsame Verdienste erworben und durch glanzvolle Bauausführungen auf allen Sondergebieten des Verbundbaus dessen Stellung mit besonderem Erfolge gefestigt hat.

In ähnlicher Weise vollzog sich die Entwicklung des Eisenbetonbaus in Österreich - Ungarn. Hier knüpft sie sich vor allem an die Namen von Rudolf Schuster, der das Monierpatent im Jahre 1880 für Österreich erwarb, an G. A. Wayß, der mit Schuster die Firma Wayß & Co. in Wien begründete und bis zu seinem Übertritt nach Neustadt a. d. H. leitete, an Joseph Melan, der durch starre, in wenigen Querschnitten vereinigte Eiseneinlagen dem Verbundbau bedeutsame neue Wege wies, an v. Emperger, der durch Begründung und Herausgabe der Zeitschrift „Beton und Eisen" das erste

Organ für Wissenschaft und Praxis des Eisenbetonbaus ins Leben rief, und an andere mehr.

Während in Deutschland und Österreich, daneben auch in Belgien, der Verbundbau dauernd wertvolle Fortschritte verzeichnen konnte, entwickelte er sich in seinem Geburtslande Frankreich bis in die 90er Jahre des vergangenen Jahrhunderts hinein nur wenig. Jedoch sollte es Frankreich durch die genialen Bauausführungen eines François Hennebique beschieden sein, die Verbundweise grundlegend fortzuentwickeln und ihr hierdurch erst die beherrschende Stellung zu verschaffen, die ihr heute allseitig zuerkannt wird. Das Hauptverdienst Hennebiques ist es, vollkommen monolithische Bauten in Verbundbauweise ausgeführt, die eiserne Säule durch die Eisenbetonsäule ersetzt, sie mit einem zweckmäßig und wirtschaftlich gestalteten Verbundbalken zu einem einheitlichen Baugebilde verschmolzen und neue wertvollste Konstruktionselemente hiermit in den Eisenbetonbau eingeführt zu haben. Wenn auch Träger in Verbundbauweise bereits bekannt, auch in rechteckiger Form für Fensterstürze u. dgl. bereits vorher verwendet waren, so liegt doch das besonders Neue der Hennebiqueschen Ausführungen in der Verwendung eines $\top$-förmigen Querschnittes, d. h. der monolithischen Vereinigung einer starken Obergurtdeckplatte mit der bewehrten, rechteckigen Eisenbetonrippe, der Verschmelzung dieses neuen Konstruktionselementes mit Säule, Mauerung usw. und in seiner allgemeinen Nutzanwendung. Auch lassen die Hennebiqueschen Bauten zum ersten Male das Aufbiegen von Eisen aus dem Zuggurte nach oben, ihre Heranziehung im Obergurte zur Aufnahme der hier durch negative Biegungsmomente auftretenden Zugspannungen, sowie die Anwendung von Bügeln zur statischen Verbindung beider Gurte und Aufnahme von Schubspannungen erkennen. Endlich verdankt der Eisenbetonbau Hennebique wirklich praktische Rammpfähle und Spundbohlen aus Eisenbeton, deren Einführung in die Praxis, zudem Futter- und Ufermauern, auf Grund seines Rippenbalkens konstruiert, und endlich die Einführung des Eisenbetons in den Monumentalbau. In letzterem Sinne waren die namentlich von Hennebique herrührenden monolithischen Bauten der 1900er Pariser Weltausstellung richtunggebend und vorbildlich.

Erst von jenen Neuschaffungen Hennebiques an rechnet der glänzende Aufschwung des Verbundbaus in allen Kulturstaaten; erst die Hennebiqueschen Erfindungen und Bauausführungen begründeten die Monolithät der Eisenbetonbauten, erst sie leiteten zu der Neuzeit des Verbundbaus über.

In der weiter sich anschließenden Ausgestaltung der neuen Bauart waren es neben den französischen und den ihnen verwandten belgischen Ausführungen vor allem deutsche, österreichische und Schweizer

Bauten, die sich stetig mehrende Anwendungsgebiete erschlossen und in immer vollkommenerer, wirtschaftlicher und technischer Durchbildung und Ausführung den Eisenbeton auf allen Gebieten baulichen Schaffens heimisch und unentbehrlich machten. An den großen Erfolgen, die gerade hierin in Deutschland errungen wurden, gebührt der wissenschaftlichen Forschung, die hier bald in wahrhaft großzügiger Weise einsetzte, ein besonderes Verdienst. Neben dem Deutschen Beton-Verein, der sich mit hingebungsvollem Verständnisse und unter Aufwendung sehr erheblicher Mittel der Lösung der ihm sich entgegenstellenden vielgestaltigen Aufgaben im Verbundbau widmete, neben den Versuchs- und Materialprüfungsanstalten Deutschlands, neben der großen Zahl einzelner Forscher, war es vor allem der im Jahre 1906 vom preußischen Arbeitsministerium zusammengerufene Deutsche Ausschuß für Eisenbeton, der in wahrhaft vorbildlicher und großzügiger Weise die vielen Fragen des Verbundbaus durch weitschauend angelegte, wissenschaftlich durchgeführte Versuchsreihen zu klären sich zur Aufgabe stellte. Und diese Aufgabe hat er bisher glänzend gelöst, wenn auch noch so manche Frage der späteren Erörterung und Klärung offen bleiben mußte. Bereits 44 wertvolle Veröffentlichungen sind aus jenem Ausschusse hervorgegangen, die die Art des Zusammenarbeitens von Beton und Eisen im Verbundbau, sowie die Erforschung seines Verhaltens bei verschieden gestalteter Bauanwendung, Belastung, Zusammensetzung, Einzelausbildung usw. in wissenschaftlicher, einwandfreier Weise ergründet und für die Praxis hoch wertvolle Ergebnisse gezeitigt haben[1]). Zudem war aber auch der Deutsche Ausschuß für Eisenbeton dauernd bemüht, durch geeignete Bestimmungen die Ausführung der Verbundbauten zu regeln und diese Bauart vor Rückschlägen zu sichern. Diese Bemühungen fanden — nach verschiedentlichen vorbereitenden und vorübergehenden Leitsätzen — ihre Krönung in den jetzt in Deutschland allgemein anerkannten „Bestimmungen für Ausführung von Bauwerken aus Eisenbeton", aufgestellt vom Deutschen Ausschusse für Eisenbeton 1916, und den entsprechenden Bestimmungen für die Ausführung von Betonbauten aus dem Jahre 1915. An die ersteren, im Anhange abgedruckten Bestimmungen halten sich auch im allgemeinen die weiteren Ausführungen dieses Buches.

2. Der Baustoff des Verbundbaus im allgemeinen.

Beton und Eisen sind je für sich verschieden elastische Stoffe. Zudem führt Beton, unter besonderen Verhältnissen gelagert bzw. zum Abbinden gebracht, verschiedenartige Formänderungen aus. Hieraus ergibt sich, daß bei einer Vereinigung beider Stoffe im Verbundbau

---

[1]) Eine Zusammenstellung der bisher erschienenen Arbeiten ist im Anhange gegeben.

Eisenbetonkörper auch besondere **Eigenspannungen — Anfangsspannungen —**, d. h. Spannungen erhalten werden, die unabhängig von der Belastung sind und vorwiegend durch das feste Haften des Eisens im Beton alsdann ausgelöst werden, wenn die Formänderungen des einen Baustoffes andere als die des zweiten sind.

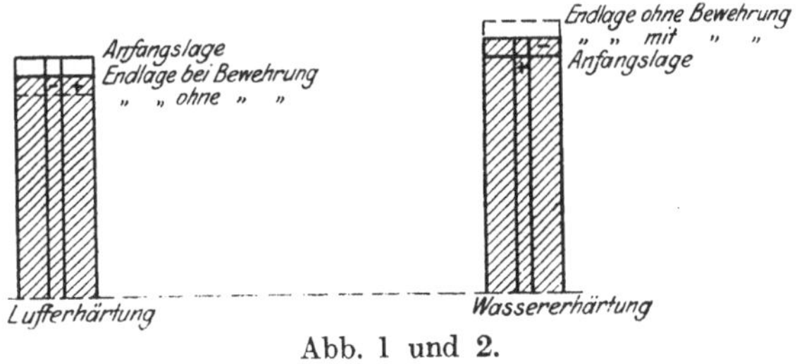

Abb. 1 und 2.

Da beim Erhärten an der Luft der Beton schwindet[1]), mit Verkleinerung seines Volumens sich also seine Querschnitte in der Längsrichtung zusammenziehen, seine Länge sich somit verkürzt, hiergegen aber die Haftkraft des Eisens und dessen Widerstand ein Hindernis bieten, da das Eisen als solches ohne seine Verbindung mit Beton keinerlei Formänderung aufweisen würde, so bedingt der Abbindevorgang an der Luft Anfangsspannungen. Da infolge des Widerstandes des Eisens der Beton sich nicht so stark zusammenziehen, nicht in dem Maße schwinden

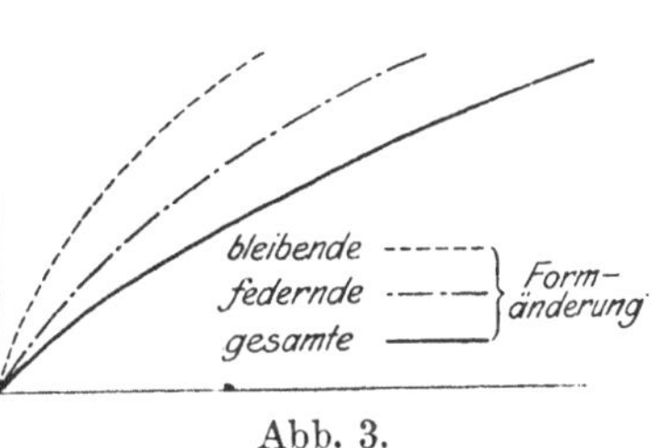

Abb. 3.

kann, wie er für sich es tun würde, so treten in den Betonquerschnitten Zugspannungen, im Eisen, das durch die Formänderungen des Betons in Mitleidenschaft gezogen wird, durch die Verkürzung Druckspannungen auf (Abb. 1). — In entsprechender Weise bilden sich bei Erhärtung des Verbundkörpers unter Wasser gemäß der hier eintretenden Dehnung des Betons (Abb. 2) in ihm Druck-, im Eisen Zuganfangsspannungen aus. Weiter ist zu berücksichtigen, daß der Beton kein rein elastischer Körper wie das Eisen ist. Bereits bei seiner ersten Belastung erhält er, wie beispielsweise das Druckspannungsdiagramm in Abb. 3 erkennen läßt, bleibende Formänderun-

---

[1]) Vgl. Heft 23 des Deutschen Ausschusses für Eisenbeton: Untersuchungen über die Längenänderungen der Betonprismen beim Erhärten und infolge von Temperaturwechsel von M. Rudeloff und Dr. Sieglerschmidt; Heft 34: Erfahrungen bei der Herstellung von Eisenbetonsäulen. Längenänderungen der Eiseneinlage im erhärteten Beton von M. Rudeloff, und Heft 42: Schwindung von Zementmörtel an der Luft von M. Gary.

gen, die sich beim Verbundkörper dem Eisen mitteilen und wegen seiner
Festhaftung im Beton auch ihm Anfangsspannungen zuweisen[1]). Es
ergibt sich hieraus (Abb. 4) bei einem gedrückten Verbundstabe im
Beton eine Zug-, im Eisen eine Druckanfangsspannung, während bei
einem auf Zug belasteten Verbundstab das Entgegengesetzte als Wirkung der Belastung eintritt (Abb. 5), d. h. der Beton gedrückt, das
Eisen gezogen wird. Will man daher die Anfangsspannungen, die durch
die Belastungsart und die Abbindeverhältnisse des Betons entstehen,
möglichst gegeneinander ausgleichen, so empfiehlt sich für gedrückte
Körper ein Feuchthalten während des Abbindens, bei gezogenen aber
eine Erhärtung im Trocknen, eine Forderung, die allerdings in der

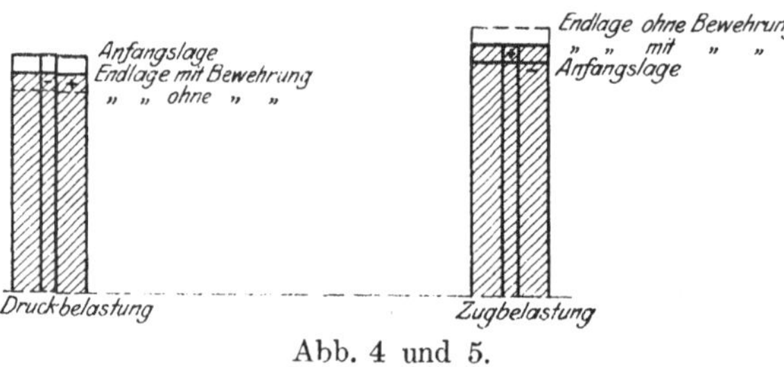

Abb. 4 und 5.

Praxis nicht stets innegehalten werden kann, aber doch einen wertvollen
Fingerzeig für eine Beeinflussung der Anfangsspannungen bietet.

Verhältnismäßig gering sind die Anfangsspannungen, die durch die
Wärmeformänderungen des Verbundes hervorgerufen werden, da der Unterschied der Wärmeausdehnungszahlen für beide hier
in Frage stehende Baustoffe kein erheblicher ist. Während beim
Flußeisen mit einer feststehenden Größe dieses Wertes von 0,000012
bei 1° C Temperaturveränderung gerechnet werden kann, ist die Zahl
für Beton nach Versuchen von Rudeloff[2]) zwar keine bleibende, kann
aber immerhin in für die Praxis ausreichender Genauigkeit und für die
beim Verbundbau üblichen Mischungsverhältnisse im Mittel zu 0,000010
gesetzt werden. Da zudem der Beton ein im allgemeinen wärme-
träger Körper ist[3]), so wird jener Unterschied zwischen beiden Wärme-

---

[1]) Vgl. u. a.: Bach, Druckversuche mit Eisenbetonkörpern. Mitteilungen
über Forschungsarbeiten auf dem Gebiete des Ingenieurwesens Heft 29, S. 11.
Berlin 1901.

[2]) Vgl. Heft 23 des Deutschen Ausschusses für Eisenbeton S. 30ff.: Aus den
Versuchen ergibt sich ein Kleinstwert von 0,0000082 und ein Höchstwert von
0,0000147.

[3]) Die Wärmeleitung des Betons hängt in erster Linie ab von seiner Dichtigkeit; dichter Beton leitet die Wärme schneller in sich fort als poröser, aber auch
verhältnismäßig langsam. Es bedarf mehrerer Stunden, ehe der Beton auf wenige
Zentimeter Tiefe eine höhere, der Lufttemperatur entsprechende Wärme annimmt und mit zunehmender Eindringungstiefe nehmen die Temperaturen er-

ausdehnungszahlen für das praktische gegenseitige Verhalten von Beton und Eisen in ihrer Vereinigung im Verbundbau keine bemerkenswerten Folgeerscheinungen, weder nach der Seite der Anfangsspannungen noch nach der schädlicher Formänderungen zeitigen.

Von erheblich höherer Bedeutung für Verbundbauten ist der **Einfluß der Wärmeschwankungen** auf sie und des **Schwindens-** zumal recht häufig beide Wirkungen sich addieren.

Wenn auch nach den neuen Eisenbetonbestimmungen vom Jahre 1916 (Teil II § 15)[1] für gewöhnliche Hochbauten, d. h. die normalen Verbundbauten mit Eisenbetondecken und -säulen, Wärmeschwankungen für die statischen Ermittelungen außer Berechnung bleiben können, so erfordert doch das Verhalten auch dieser Bauten im Betriebe gegenüber den vereinigten Schwind- und Wärmewirkungen, durch Anordnung von in etwa 25—40 m Entfernung angeordneten Trennungsfugen, von Gelenken usw. den schädigenden Einflüssen vorzubeugen.

Hingegen ist bei rahmen- und bogenförmigen Tragwerken von großer Spannweite, wie überhaupt bei Ingenieurbauten, der Einfluß der Wärme, wenn durch ihn innere Spannungen erzeugt werden, zu

---

heblich ab. — Bei dem Bau des Langwiesener Viaduktes fand H. Schürch (vgl. Arm. Bet. 1916, Heft 11/12), daß die Tagesschwankungen der Außenluft nur „gedämpft" und nur bis zu einer geringen Tiefe in den Beton eindringen. Bei einer Tagesschwankung der Lufttemperatur von 10—11° C ergab sich die Schwankung im Beton bei 30 cm Tiefe zu $^1/_2$°, bei 50 cm zu $^1/_4$°, bei 70 cm nur noch zu $^1/_{10}$ bis $^2/_{10}$° C. Bei einer Sommertemperaturabweichung von 17° C waren die entsprechenden Zahlen in der obigen Reihenfolge: 1, $^1/_2$ und $^1/_4$° C Schwankung. Nur bei unmittelbarer Bestrahlung waren diese Schwankungen größer und betrugen in 30 cm Tiefe bis zu $2^1/_2$ und 3° C. Vgl. auch Heft 11 der Veröffentl. des Deutschen Ausschusses für Eisenbeton: Brandproben an Eisenbetonbauten, und seine Fortsetzung in Heft 33 und 41 von M. Gary.

[1] § 15. Einfluß der Wärmeschwankungen und des Schwindens.

1. Bei gewöhnlichen Hochbauten können die Wärmeschwankungen außer Berechnung bleiben; es genügt im allgemeinen, Schwindfugen in Abständen von 30—40 m anzuordnen. In besonderen Fällen sowie bei Ingenieurbauten empfiehlt es sich, diese Abstände zu verkleinern.

2. Bei rahmen- und bogenförmigen Tragwerken von großen Spannweiten sowie allgemein bei Ingenieurbauten muß der Einfluß der Wärme berücksichtigt werden, wenn dadurch innere Spannungen entstehen. Soll bei mittlerer Jahreswärme betoniert werden, so ist mit einem Wärmeunterschied von ±15° C zu rechnen. Wird bei anderer Wärme betoniert, so ist zu beachten, daß die statischen Verhältnisse dadurch eine Änderung erfahren.

Der außerdem zu ermittelnde Einfluß des Schwindens des Betons an der Luft ist dem eines Wärmeabfalls von 15° C gleich zu achten.

Als Wärmeausdehnungszahl von Beton ist 1: 10⁵ einzusetzen.

3. Bei Tragwerken, deren geringste Abmessung 70 cm oder mehr beträgt, und solchen, die durch Überschüttung oder sonst hinreichend geschützt sind, dürfen die Wärmeschwankungen geringer, mit ±10° C, in die Rechnung eingestellt werden.

berücksichtigen. Unter Zugrundelegung einer mittleren Jahrestemperatur (etwa $+10°$ C) ist hier im allgemeinen mit einem Wärmeunterschiede von $\pm 15°$ C zu rechnen. Hierbei kann man davon ausgehen, daß nach Versuchen[1]) je nach der Dicke des Eisenbetonkörpers dieser allmählich etwa die Hälfte bis 80 v. H. der Lufttemperatur annimmt, vorausgesetzt, daß er nicht unmittelbar der Sonnenbestrahlung ausgesetzt oder nicht besonders gegen diese geschützt ist. In diesem Falle kann sogar, da der Beton hier als Wärmespeicher wirkt, seine Körperwärme die Außentemperatur übersteigen, — ein Vorgang, auf den bei der Bewehrung von Geländern, Abdeckplatten u. a. m. gebührende Rücksicht zu nehmen ist. Naturgemäß spielt hier neben der Bautemperatur auch das örtliche Klima, größerer oder geringerer Wärmeschutz über dem Bauteile, dessen Stärke usw. eine Rolle. In dieser Hinsicht werden ungünstige Verhältnisse nicht selten zu einer Erhöhung der Temperaturunterschiede um $\pm 5°$, also zu Grenzlagen von $\pm 20°$ C gegenüber der Herstellungstemperatur führen, während andererseits, namentlich bei Bauteilen, deren Dicke 70—80 cm überschreitet, oder die, wie viele Brückengewölbe, mit höherer Überschüttung versehen sind, — wegen der hier sich geltend machenden Wärmeträgheit des Betons — nur mit einem Unterschiede von $\pm 10°$ zu rechnen sein dürfte.

Man wird also gut tun, unter Würdigung der besonderen, beim einzelnen Entwurfe gegebenen Verhältnisse die Höhe der Temperaturunterschiede von Fall zu Fall zu beurteilen, und sich hierbei im allgemeinen an die vorstehenden Angaben zu halten.

Über die Schwellung und Schwindung des Zementmörtels usw. in Wasser und Luft liegen eine größere Anzahl Versuche vor[2]). Wenn auch diese für den Verbundbau hochbedeutsame Frage durch sie noch nicht zu einer vollkommenen Klärung geführt ist und noch weitere Versuche die bisher gefundenen Ergebnisse in Zukunft ergänzen und weiter ausbauen sollen, so kann doch heute schon ausgesprochen werden, daß das Schwindmaß bei

---

[1]) Vgl. u. a. H. Schürch, Versuche beim Bau des Langwiesener Talüberganges und deren Ergebnisse. Arm. Beton 1916; auch als Sonderabdruck erschienen bei Julius Springer, 1916.

[2]) Vgl. u. a. Arm. Beton 1909: Versuche von Bach und Graf (auch Z. d. V. D. I. 1912), Heft 13 des Deutschen Ausschusses für Eisenbeton; Versuche über den Einfluß von Kälte und Wärme auf die Erhärtungsfähigkeit von Beton von M. Gary, Heft 23 desselben Ausschusses: Untersuchungen über die Längenänderungen von Betonprismen beim Erhärten und infolge von Temperaturwechsel von M. Rudeloff und H. Sieglerschmidt; Heft 35 desselben Ausschusses: Schwellung und Schwindung von Zement und Zementmörteln in Wasser und Luft, von M. Gary, und von demselben Verfasser Heft 42 des Deutschen Ausschusses: Schwinden von Zementmörtel an der Luft, sowie hierüber Arm. Bet. 1919 Heft 2, S. 39 u. Zentralblatt des Bauv. 1919, S. 134; P. Rohland, Die Quellung des Zements und Betons. Zentralbl. d. Bauv. 1912, S. 538.

Erhärten von Eisenbeton an der Luft wesentlich höher ist als die Ausdehnung unter Wasser, daß auf eine Verkleinerung des Schwindmaßes ein starkes Naßhalten des Betons, besonders in der ersten Zeit seines Erhärtens, einwirkt[1]), daß fetter Beton stärker schwindet als magerer, daß Eiseneinlagen die Schwind- und Dehnungsmaße verringern, daß aber die durch das Schwinden im Beton auftretenden Anfangsspannungen um so größer sind, je höher die Eisenbewehrung ist. Für 6 untersuchte Portlandzemente zeigten die Versuche von Gary (Heft 35 der Veröff. d. Deutschen Ausschusses) bei Wasserlagerung Ausdehnungen von 0,4—1,75 mm, Schwindungen von 1,1—2,6 mm auf 1 m. Die Eisenportland- und Hochofenzemente zeigten ein angenähert gleiches Verhalten. Auch ist das Maß der Formänderung verschieden nach der Herkunft des Zementes, nimmt zu mit dem Alter und der Zementmenge des Mörtels bzw. Betons[2]). In letzterer Hinsicht spielt eine Magerung des Mörtels eine sehr bedeutende Rolle; so hat z. B. eine Mischung 1 : 4 gegenüber einer gleichartigen 1 : 2 ein Schwindungsmaß von weniger als der Hälfte ergeben.

Bei dem für die Eisenbetonbauten besonders wichtigen Vorgange des Schwindens, dessen Maß bei Bauausführungen bis zu $^1/_2$ mm auf 1 m Baulänge für Zementmörtel 1 : 3 und 1 : 5 gefunden wurde, erhält — wie bereits auf S. 7 erwähnt — der Beton Zug, das Eisen Druck. Während hierdurch in Druckgliedern eine Entlastung des Betons und eine verstärkte — im allgemeinen wünschenswerte — Heranziehung des Eisens eintritt, also eine statisch günstige Einwirkung hervorgerufen wird, wächst in der Zugzone durch die vermehrte Zugbelastung des Betons die Gefahr einer Rissebildung in ihm, während die Eisen hier eine Entlastung erfahren. Nach Saliger[3]) sind die hierdurch hervorgerufenen Spannungen in gebogenen Balken durchaus nicht gering und betragen beispielsweise bei einem Eisenbetonbalken mit rechteckigem Querschnitte, 2% Bewehrung und unter Annahme einer Schwindung von 0,4 mm auf 1 m Länge im Beton an der Zugseite 18 kg/qcm, an der Druckseite im Beton 24 kg/qcm und hier im Eisen 380 kg/qcm. Hierbei tritt eine Verlängerung des Betons an der Eiseneinlage von 0,21 mm und eine Verkürzung der Eiseneinlage von 0,19 mm auf 1 m ein. Die

---

[1]) Vgl. Heft 23 und 35 der Veröffentl. d. Deutschen Ausschusses f. Eisenbeton; namentlich sind in dieser Hinsicht die von Rudeloff wiedergegebenen Versuche für den Masurischen Kanal (Heft 23) wertvoll.

[2]) Genaueres hierüber vgl. in Mörsch, Der Eisenbetonbau, 5. Auflage 1920, S. 121 ff. Hier sind u. a. die Einzelzahlen von Versuchen der Firma Wayß & Freytag mitgeteilt, die sich sowohl auf Portland- wie Eisenportland- und Hochofenzement erstrecken und Zeiträume von 7 Tagen bis zu 6 Jahren umfassen.

[3]) Vgl.: Fugen und Gelenke im Eisenbetonbau von Prof. Dr. Saliger. Zeitschrift f. Betonbau 1917, Heft 2—6; auch als Sonderabdruck erschienen (Compaß-Verlag, Wien.)

hier auftretenden theoretischen Spannungen erzeugen dann weiter ein verwickeltes Kräftebild im Verbundstabe, da sie die Gleitspannungen beeinflussen. Da das Eisen nur durch den Schwindungs- bzw. Quellungslungsvorgang seine Länge zu ändern sucht, so bringt es Haftspannungen hervor, die durch den ebenfalls seine Form ändernden Beton in der Längsrichtung auf die Eisenoberfläche sich geltend machen[1]). Daß derartige Spannungsvorgänge die Ergebnisse von Zug- bzw. Biegeversuchen an im Trockenen abgebundenen oder nach der Feuchthaltung bei — u. U. sogar unvollkommen — ausgetrockneten Probekörpern infolge der hier auftretenden Schwinderscheinungen im Beton ungünstig beeinflussen müssen, darf nicht verkannt werden. Deshalb ist bei derartigen Versuchen auch die Forderung zu erheben, daß die Probekörper

---

[1]) Genaueres über diese Vorgänge siehe in Mörsch, Der Eisenbetonbau, 5. Auflage 1920, S. 125 ff. Hier berichtet — S. 128 — der Verfasser auch von einem Versuche aus dem Jahre 1918, bei dem die Zugfestigkeit des Betons überschritten wurde und deshalb Risse auftraten, ohne daß eine äußere Belastung einwirkte. Zu Erscheinungen, wie den hier beobachteten, wird es allerdings im allgemeinen ziemlich hoher, ungewohnt starker Eisenbewehrung bedürfen. Eine Kritik über die Frage der Verminderung der Schwindspannungen durch Eiseneinlagen gibt Reg.-Baumstr. Gaede im Zentralbl. d. Bauv. 1918, Nr. 74. Er schließt seine Betrachtungen mit den folgenden Ausführungen: „Bei reinen Grobmörtelbauten sollte man in erster Linie danach streben, dem Mörtel durch Wahl der Gesamtanordnung, nötigenfalls durch künstliche Trennfugen, Gelenke usw. die Möglichkeit der freien Längenänderung zu verschaffen. Erst wenn dies nicht gelingt, und wenn die etwa entstehenden Risse wesentliche Nachteile zur Folge haben würden — etwa das Zerreißen einer wasserdichten Abdeckung —, würde das Einlegen von Eisen gemäß folgender Überlegung ins Auge zu fassen sein. Man kann hierdurch zwar nicht die Schwindrißgefahr als solche beseitigen, dagegen gelingt es, auf diese Weise das Entstehen weit klaffender Risse zu verhindern. Wenn Eiseneinlagen quer zu den Rißflächen vorhanden sind, können sich die Rißränder — abgesehen von dem bei verhältnismäßig geringer Stärke des Mörtelkörpers unerheblichen Einflusse der Querverbiegung — nur dadurch von einander entfernen, daß sich der Mörtel beiderseits des Risses auf eine gewisse Länge unter Überwindung des Scherwiderstandes gegen die Eiseneinlage verschiebt. Die Summe der Längenänderungen des Mörtels und des Eisens innerhalb dieses Gebietes stellt die Rißweite dar. Je größer der Scher- und Reibungswiderstand zwischen Mörtel und Eisen ist im Vergleiche zu der verschiebenden Kraft, welche durch die Zugfestigkeit des Mörtels übertragen werden kann, um so kleiner wird die Strecke sein, auf die der Widerstand gegen die Längsverschiebung überwunden wird, um so enger bleibt der einzelne Riß. Weil nun die geringste Gesamtweite der Schwindrisse als Unterschied der sich aus der allgemeinen Anordnung ergebenden Längenänderung und der größten zulässigen Dehnung des Mörtels festliegt, muß bei Begrenzung der Weite der einzelnen Risse ihre Zahl um so größer werden. Dies müßte gegenüber dem Vorteile, nur sehr feine Risse zu erhalten, in Kauf genommen werden. Die Erhöhung des Widerstandes gegen Längsverschiebung kann erreicht werden durch Verteilung des vorgesehenen Eisenquerschnitts auf möglichst viele Einzelquerschnitte, weil hierdurch die haftende Oberfläche vergrößert wird."

bis zum Versuche dauernd feucht zu halten sind, um Schwindspannungen zu vermeiden.

Ist der Querschnitt einseitig oder unsymmetrisch bewehrt, so ist eine weitere Folge dieser Eigenspannungen die Krümmung der Tragteile nach der Seite der Bewehrung. Die Wirkung in dieser Hinsicht ist die gleiche wie die eines Wärmeunterschiedes zwischen den äußeren Fasern, wobei die bewehrte Seite als mit der höheren Temperatur beansprucht zu erachten ist. In dieser Anschauung ist zugleich ein Weg gegeben, die auftretenden Eigenspannungen auch in diesem Falle zu errechnen.

Versuche zur Verminderung des Schwindmaßes sind zur Zeit im Gange. Wenn auch nicht zu verkennen ist, daß zur Herabminderung der Schwindung unter Umständen besondere Zusätze günstig wirken können, auch die Nachbehandlung des Bauwerks, daneben vielleicht auch die richtige Abwägung des Wassergehaltes[1]) wertvoll sind, so wird doch hier in erster Linie die Zusammensetzung und Herstellungsart der Zemente ausschlaggebend sein. Hierauf weisen bereits die Erfahrungen hin, daß bei mit verschiedenen Zementmarken hergestellten Mörteln das Schwindmaß zum Teil recht verschieden ist.

Als Schutzmittel gegen Schwindrisse, die namentlich bei Behältern, im Eisenbetonschiffbau usw. nicht ohne Bedenken sind, hat sich bisher ein bitumenartiger Anstrich, z. B. Inertol, durchaus bewährt.

Gegen die Quellwirkungen werden in der Regel keine besonderen Vorsichtsmaßregeln angewendet, da die durch sie ausgelösten Spannungen geringer sind und im günstigeren Sinne sich äußern.

Nach den Bestimmungen vom Jahre 1916 ist verlangt, daß der den Temperaturwirkungen zuzurechnende Einfluß des Schwindens an der Luft einem Wärmeabfall von 15° C gleichzuachten ist (vgl. Anm auf S. 9), d. h. bei einer Wärmezahl des Betons von 0,00001 für 1° C würde das einem Schwindmaß von 0,15 mm/m entsprechen. Die Bestimmung gilt naturgemäß nur für die statisch unbestimmten Systeme, da bei den statisch bestimmten Bauwerken bereits mit dem Eintreten von Zugrissen gerechnet wird und nur bei den unbestimmten durch Schwinden und Wärmeänderungen neben den Eigenspannungen noch Systemspannungen hervorgerufen werden. Letztere werden unter Umständen solche Kraftwirkungen im Bauwerk auslösen, daß die Abmessungen einzelner Teile hierdurch sehr ungünstig beeinflußt

---

[1]) Auf der Hauptversammlung des Vereins Deutscher Portland-Zement-Fabrikanten i. J. 1918 führte Dr. Goslich die Schwindrisse auf die in neuerer Zeit üblich gewordenen, großen Wasserzusätze zurück. Mitt. für Zement u. Beton d. Deutschen Bauztg. 1918, Nr. 9.

werden und nicht selten dazu führen, der Einheitlichkeit eines Eisenbetonbauwerks gewisse Grenzen zu setzen. Die hiergegen zur Anwendung gelangenden Mittel sind Dehnungsfugen oder Gelenke. Während erstere sich danach richten, daß die wagerechte Abmessung der zusammenhängenden Bauteile je nach der vereinigten Wirkung von Schwinden und Temperatur, 20—40 m nicht überschreiten, wird die Anwendung der Gelenke sich in den Gesamtentwurf unter dem Gesichtspunkte einzupassen haben, daß eine ausreichende Bewegungsmöglichkeit der einzelnen Teile zueinander — verbunden oft mit statischer Bestimmtheit — gewahrt bleibt. Für die Dehnungsfugen kommen einfache Betonierungsfugen — offen gelassen oder durch nachgiebige federnde Teile, wie Wellblech usf., geschlossen, doppelte Stützen, beweglich gelagerte Träger, herauskragende Enden, stumpf aneinander stoßend, Auslegersysteme usw. in Frage, während bei der Gelenkanwendung namentlich Pendelsäulen, Kämpfer und Scheitelgelenke die wichtigste Rolle spielen.

Gegen Kälte und Wärme ist der erhärtete Eisenbeton unempfindlich[1]; im besonderen hat er sich auch als vollkommen feuersicher erwiesen. Das haben nicht nur eine größere Anzahl von Schadenfeuern zu erkennen gegeben, in denen der Verbundbau sich glänzend bewährte und als den anderen Baustoffen in bezug auf seine Beständigkeit in hohen Temperaturen überlegen erzeigte, sondern auch größere wissenschaftliche Versuche bestätigt[2]. In ihnen hat sich gezeigt, daß der Schotterbeton in dieser Hinsicht dem Kiesbeton erheblich überlegen ist, daß eine Überdeckung der Eisen von etwa 1,5—2,0 cm im allgemeinen als Schutz für sie ausreicht, daß die Eisen aber gut und fest im Beton verankert sein müssen und daß die Eisen, auch dort, wo nicht unmittelbar Zugkräfte übertragen werden, beim Übergreifen zur Vermeidung des Auftretens von Spalten bei einem Schadenfeuer, miteinander zu verbinden sind, und daß selbst bei Erhitzung des Betons auf 300—400° C weder die Streck- noch die Bruchgrenze des eingebetteten Eisens eine erhebliche Herabminderung erfährt. Freilich darf nicht verkannt werden, daß, wenn eine Verbundkonstruktion durch ein in ihr wütendes Feuer in Mitleidenschaft gezogen wird, unter Umständen der Beton — namentlich bei luftdichtem Außenverputz — infolge des in seinem Innern sich bildenden, hochgespannten Wasserdampfes in flachen Schalen abspringt und auch beim Auftreffen des Löschwassers natur-

---

[1] Vgl. Heft 13 des Deutschen Ausschusses für Eisenbeton: Versuche über den Einfluß von Kälte und Wärme auf die Erhärtungsfähigkeit von Beton. Von M. Gary.

[2] Vgl. Heft 11, 26, 33 und 41 des Deutschen Ausschusses für Eisenbeton: Brandproben an Eisenbetonbauten von M. Gary; vgl. auch Arm. Beton 1919, Heft 2, S. 38.

gemäß Risse und Sprünge erhält[1]). Diese Beschädigungen vermögen aber, wie Schadenfeuer und Versuche übereinstimmend dartun, die Standsicherheit und Tragfähigkeit der Verbundkonstruktion nicht zu erschüttern. Ihr Zusammenhang bleibt durchaus gewahrt. Ein Übergreifen des Feuers oder seine Fortleitung findet nicht statt. Selbst bei Temperaturen von $1100°$ C schützt eine nur 8 cm starke Betonwand den anschließenden Raum vor Wirkung des Feuers und gestattet unter Umständen sein Betreten während des Brandes. Demgemäß ist Sicherheit dafür gegeben, daß ein gut ausgeführtes Eisenbetongebäude durch ein Schadenfeuer nicht zerstört wird.

Während der Erhärtung des Betons ist mäßige Wärme (warmes Wetter) günstig; falls der Beton gegen Austrocknen geschützt wird, gelangt er hierbei zu größerer Festigkeit. Kühles Wetter hat keinen Einfluß auf einen bei normaler Temperatur (15 bis $20°$) abgebundenen Beton; das gleiche gilt von geringem Frost, bis $-10°$ C, wenn auch hier die weitere Erhärtung des Betons zunächst aufgehoben ist. Erheblich schädlich aber ist Kälte beim Abbinden des Betons.

Bei der Frage der Einwirkung des elektrischen Stromes auf Eisenbetonbauten ist zu unterscheiden zwischen hochgespannten Strömen mit blitzartiger Entladung und der Einwirkung vagabundierender Ströme.

Im allgemeinen ist eine gut durchgeführte Eisenbetonkonstruktion infolge des stark verästelten, unter sich überall in metallischer Verbindung stehenden Eisengerippes an und für sich ein guter Blitzschutz. Der elektrische Starkstrom wird durch Verteilung in die vielen Eisenquerschnitte an Spannung verlieren und infolge der meist vorhandenen Feuchtigkeit der Fundamente, bei Einführung von Bewehrungseisen in sie, und wegen der verhältnismäßig guten Leitungsfähigkeit feuchten Betons mit ausreichender Sicherheit in die Erde abgeleitet werden.

---

[1]) Derartige Erscheinungen, und zwar mit Granitschotterbeton, haben sich auch bei den Versuchen des Deutschen Ausschusses (Heft 33 und 41) ereignet. An den 8 cm starken Wänden des Obergeschosses des einen Versuchshauses äußerten sich explosionsartige Erscheinungen, durch die einzelne Teile bis 80 m weit fortgeschleudert wurden. Weitere eingehende Untersuchungen haben ergeben, daß diese Erscheinung durch das Zusammentreffen besonderer, ungünstiger Umstände bedingt war und keine Verallgemeinerung zuläßt. Vor allem war die porenlose, zementreiche, dichte Oberfläche in Verbindung mit starkem Wassergehalt des Betons im Innern hier schuld; hierdurch war das Austreten von Wasserdampf verhindert, der nunmehr im Innern unter Spannung kam (vgl. u. a. Arm. Beton 1919, Heft 2, S. 39). Die Lichterfelder Beobachtungen finden ihre Bestätigung in ähnlichem Verhalten dünner Betonwände in einem westlichen Hüttenwerke; auch hier lagen glatt abgeputzte Oberflächen vor, die bei starker Erhitzung unausgesetzt Absprengungen veranlaßten. Es muß deshalb, wenn eine starke Erhitzung des Betons zu befürchten steht, bei sehr naß angemachtem Beton oder stark wasserhaltenden Steinen, für eine undichte Oberfläche gesorgt werden (vgl. Der Bauingenieur 1920, Heft 6, S. 186).

Selbst wenn aber der Beton trocken sein sollte, so ist keine Gefahr für das Bauwerk hierdurch bedingt, da — nach Versuchen — eine blitzartige Entladung des elektrischen Stromes im Beton zwischen den Eisenteilen verglaste Blitzröhren erzeugt, ohne weitergreifende Zerstörungen zu bedingen[1]). Wenn möglich, ist aber trotzdem neben der Durchführung der Eiseneinlagen durch das ganze Gebäude auf deren Erdung Bedacht zu nehmen.

Bei den vagabundierenden Strömen, welche entweder von außen her durch die Stromanlage elektrischer Bahnen usw. oder durch die im Hause liegenden Leitungen in den Verbundbau gelangen können, ist die Wirkung von Wechsel- und Gleichstrom zu unterscheiden. Während bei Wechselstrom keine Schädigung des Verbundes, namentlich auch keine Rostbildung an dem Eisen beobachtet worden ist, bildet sich solcher bei Gleichstrom infolge der Zersetzung des Wassers und der Sauerstoffanlagerung an dem als Anode dienenden Eisen. Infolge der hierdurch weiterhin bedingten Volumenvergrößerung auf der Eisenoberfläche findet dann ein Absprengen des Betons von ihr statt. Da sich ein solcher Vorgang also nur bei Gegenwart von Wasser, d. h. bei feuchten oder in Wasser lagernden Verbundteilen vollziehen kann, ist für gut ausgetrocknete, an der Luft stehende Bauten eine Gefährdung — wie die vorbeschriebene — nicht zu befürchten, um so weniger als der Leitungswiderstand des trockenen Betons sehr groß ist.

In jedem Falle wird aber auf eine gute Isolierung der Starkstromleitung gegenüber dem Eisen des Verbundbaus zu achten sein.

Eine besonders wertvolle Eigenschaft des Verbundbaues ist in der Sicherheit des allseitig von Mörtel umgebenen Eisens gegen Rostgefahr zu erkennen. Das hat einerseits die praktische Erfahrung bestätigt, andererseits auch der wissenschaftliche Versuch einwandfrei erkennen lassen[2]). In letzterer Hinsicht sind besonders die vom Deutschen Ausschusse für Eisenbeton an der Dresdener Versuchsanstalt langjährig ausgeführten Versuchsreihen zur Ermittelung des Rostschutzes der

---

[1]) Vgl. zu diesen Fragen Heft 15 des Deutschen Ausschusses für Eisenbeton: Versuche über den Einfluß der Elektrizität auf Eisenbeton von O. Berndt, K. Wirtz und E. Preuß; sowie die Ausführungen von Dr. Lindeck in der Elektrotechn. Zeitschr. 1896 über die Leitungsfähigkeit von trockenem und feuchtem Beton, und ebenda 1914 von Lubowsky über Versuche, den Einfluß hochgespannter Ströme auf Eisenbeton betreffend.

[2]) Vgl. hierzu u. a. als geschichtlich bemerkenswert die Versuche von Wayß und Koenen im Jahre 1886, die Untersuchungen von Bauschinger 1887 (Handbuch f. Eisenbet., 2. Aufl., 1. Bd., S. 42ff.), vor allem aber die Veröffentl. des Deutschen Ausschusses für Eisenbeton Heft 22: Versuche über das Rosten von Eisen in Mörtel und Mauerwerk von M. Gary; und Heft 31: Versuche zur Ermittelung des Rostschutzes der Eiseneinlagen in Beton von H. Scheit, O. Wawrziniok und H. Amos.

Eiseneinlagen im Beton bedeutungsvoll (Heft 31). Hier wurden Platten und Balken geprüft, in denen zuvor durch Belastung Längsrisse hervorgerufen worden waren, und zwar wurde ein Teil der Platten dauernd belastet und im Freien den atmosphärischen Einflüssen ausgesetzt gelagert, ein Teil einer dauernd wechselnden Ent- und Belastung unterworfen und hierbei weiter der Einwirkung von trockener Luft, Wasser und Rauchgasen ausgesetzt. Wenn sich auch bei diesen Versuchen an den Rißstellen Rost bildete, so war doch eine Schädigung der Eisen durch ihn nur bei sehr porösem Beton festzustellen. Die Versuchsergebnisse zeigen, daß ein dichter Beton das Rosten verhindert und ein Weiterrosten wirksam ausschließt, daß die Oberflächenbeschaffenheit der Eisen von Einfluß auf die Rostung ist, daß in dieser Hinsicht blanke Einlagen in höherem Maße zum Rosten neigen als die mit Walzhaut bedeckten, daß verrostet eingesetzte Stäbe nur alsdann weiter rosten, wenn Luft und Feuchtigkeit Zutritt finden, daß der sie gut umhüllende dichte Beton aber ein Weiterrosten verbietet.

Ein Verrosten tritt allgemein nur dann ein, wenn Luft und Wasser auf das Eisen einwirken; die Rostbildung, welche an der Rißstelle beginnt und sich von hier mehr oder weniger weit, je nach der Dichtigkeit des Betons, in das Innere des Verbundes fortsetzt, tritt um so stärker auf, je häufiger Wasser und Luft mit dem Eisen in Wechselwirkung treten und je ungehinderter dies stattfindet. Hiergegen wird — abgesehen von der richtigen Querschnittswahl und Bewehrung und der hierdurch bedingten Ausschließung statischer Risse — in erster Linie ein vollkommen dichter Beton in ausreichender Überdeckungsstärke sichern.

Viel besprochen in dieser Hinsicht wurden Erscheinungen an Brücken im Gebiete der Eisen- und Zinkhütten des Kattowitzer Bezirks[1]), bei denen eine Anzahl größerer Risse und auf ihnen beruhender Roststellen aufgedeckt wurden. Bei der technisch-statischen Prüfung der Konstruktionen zeigte sich hier zunächst, daß einige größere Risse ohne weiteres auf unrichtige Konstruktion, mangelhafte Ausbildung und unsachgemäßes Verlegen der Eisen zurückzuführen waren, und daß die beobachteten Zerstörungserscheinungen ausschließlich durch die Einwirkung der Dünste und Gase der Zinkhütten begründet wurden. Deren schweflige Säuren wurden durch Luft und Regen den Bauwerken zugeführt, drangen in die feineren oder stärkeren Rißstellen ein und hatten, namentlich an den Bügeln, ein Verrosten und weiterhin hierdurch ein Abdrücken des Betons zur Folge.

Es zeigte sich aber, daß von einer gewissen Überdeckungsstärke an überhaupt keine Beeinflussung mehr stattfindet, und daß ein Maß

---

[1]) Vgl. u. a. Zeitschr. f. Bauwesen 1916 (Bericht von Baurat Perkuhn); Arm. Beton 1917, Mai-Heft, und 1918, Juni-Heft.

von etwa 3,5 cm in solchen besonders gefährdeten Bauten, wie den hier vorliegenden, als durchaus ausreichend zu erachten ist[1]).

Die Kattowitzer Erscheinungen stehen für sich vereinzelt. Die hier eingetretene Schädigung ist nur als örtliches Vorkommnis und Einfluß der schädigenden Rauchgase zu betrachten, darf also nicht verallgemeinert werden. Das haben auch vom Deutschen Betonverein und der württembergischen Staatsbahnverwaltung vorgenommene, ausgedehnte Untersuchungen an Eisenbahnbrücken und anderen Bauwerken sowie umfangreiche Untersuchungen bei den verschiedensten Verbundbauwerken in Rotterdam[2]) und anderen Orten[3]) vollkommen bestätigt[4]). Sie lassen einhellig erkennen, daß der Rostschutz der Betone ein dauernd sehr guter ist, wenn der Beton gut und dicht ist. Auch hier zeigt sich, wie anderwärts, daß sogar weiter von der Außenfläche entfernt liegende Eisen auch alsdann nicht angerostet waren, wenn ein feiner Riß bis zum Eisen reichte.

In jedem Falle bleibt ein dichter Beton in ausreichend fetter Mischung (1 : 3—1 : 4), verbunden mit der richtigen Eisenlage, der beste Rostschutz für das Eisen. Günstig wirkt hierbei bei trocken eingebrachtem und magerem Beton ein Einschlämmen der Eisen mit einer dünnen Zementhaut, die aber, um ein gutes Einbinden in den umgebenden Beton zu sichern, frisch sein, d. h. erst unmittelbar vor dem Betonieren aufgebracht werden soll.

Wird, wie das im Verbundbau die Regel bildet, der Beton weich verwendet, so scheidet sich beim Stampfen reiner Zement an den Eisen ab, hier die, das Rosten in erster Linie hindernde, Schicht von Kalkhydrat bildend. Diese Zementhaut von bläulicher Farbe vergrößert zudem das Festhaften des Eisens im Beton.

---

[1]) Beiläufig sei bemerkt, daß in der Nachbarschaft der beschädigten Verbundbauwerke stehende Eisenbauten im Vergleiche mit ersteren erheblich stärkere Schäden aufwiesen, so daß z. B. von eisernen Trägern große, 1 mm starke Rostschalen mühelos abgehoben werden konnten. — Der Beton zeigte keinerlei Zerstörung durch die Einwirkung der Gase; an vielen Stellen war bei ihm noch die Holzmaserung der Schalung zu erkennen.

[2]) Vgl. Arm. Bet. 1918, Juni-Heft, und De Ingenieur 1918, Nr. 9.

[3]) Vgl. u. a. den Bericht von Prof. Klaudy in der Zeitschr. d. österr. Ing.-u. Arch.-V. 1908 über die Untersuchung der 13 Jahre alten, den Rauchgasen der Lokomotiven ausgesetzten Monierbrücken. Auch hier hat sich das Eisen trotz unmittelbarster Einwirkung der schwefligen Gase an all den Stellen unverändert gehalten, an denen der Beton dicht war und gut am Eisen anlag; auch hier hat eine Überdeckungsgröße von 2—3 cm sich als ausreichender Schutz erwiesen.

[4]) Vgl. hierzu: Zentralbl. d. Bauv. 1917, Nr. 38, Beton u. Eisen 1917, Nr. 17/18, 19/20 u. 1918, Nr. 1—6 (Bericht des Reg.-Baumeister Wörnle über seine Untersuchungen an württembergischen Brücken), und Dr.-Ing. Schächterle, Schutz von Eisen-, Beton- und Verbundbauwerken über Eisenbahnbetriebsgleisen, Beton und Eisen 1914, Heft 12, 13 und 14.

Über das Verhalten des Eisens in einem Hochofenschlacke enthaltenden Beton geben Versuche des Groß-Lichterfelder Prüfungsamtes Aufschluß[1]). Aus ihnen ergibt sich, daß in bezug auf die Rostsicherheit bei Verwendung guter, nicht erweichender oder zerfallender Hochofenschlacke zwischen Beton aus dieser und Kiesbeton kein Unterschied besteht.

Ob das Eisen durch den ihn umgebenden Beton „entrostet" werden kann, ist eine zur Zeit noch offene Frage, aber immerhin unter normalen Verhältnissen unwahrscheinlich. Bei den Dresdener Versuchen (S. 16) ist niemals ein Entrostungsvorgang beobachtet worden[2]).

Um einen ausreichenden Rostschutz zu sichern, verlangen die Vorschriften vom Jahre 1916 (§ 9 Abs. 7), daß die Betondeckung der Eiseneinlagen an der Unterseite von Platten mindestens 1 cm, die Überdeckung der Bügel an den Rippen und bei Säulen überall wenigstens 1,5 cm, bei Bauten im Freien 2,0 cm betragen muß.

Handelt es sich um Verbundbauten über Eisenbahngleisen, so ist der Sicherheit halber gegen die Rostgefahr durch die schwefligen Gase der Lokomotiven ein Schutzanstrich bzw. eine Schutztafel unter der Konstruktion anzubringen. Für ersteren kommen u. a. Fluat, Preolith, Inertol auf dichtem, reinem Zementputz[3]), für letztere Platten aus Blech, Eisenbeton oder Eternit u. dgl. in Frage. Noch besser ist es naturgemäß, beide Vorsichtsmaßregeln miteinander zu verbinden; hierbei empfiehlt sich nach Mörsch[4]) im Hinblicke auf die im Beton auftretenden Haar- und Schwindrisse ein bituminöser, elastischer Anstrich.

Von anderen auf den Beton und demgemäß die Verbundbauten schädlich einwirkenden Einflüssen sind als besonders wichtig noch zu nennen die Einwirkung von Seewasser, von Moorwasser und Moorboden sowie von einigen Salzlösungen

---

[1]) Vgl. Heft 4 und 5 der Mitt. dieses Amtes v. J. 1916.

[2]) Nach Versuchen von Rohland soll eine Entrostung nur während des Abbindens und in der ersten Zeit der Erhärtung, und hier auch nur bei engster Berührung zwischen Zementmörtel und Eisen eintreten können.

Bei den obenerwähnten Versuchen über die Rostsicherheit von Beton mit Hochofenschlacke wurden nach Mitteilung des Groß-Lichterfelder Versuchsamtes einige Probekörper der Mischung 1 : 2 : 3 nach Erhärtung unter Meerwasser während einer Zeitdauer von 6 Monaten aufbewahrt; hier zeigte sich, daß in die Probekörper eingesetzte verrostete Eisenstäbe teilweise, in einigen Fällen sogar fast gänzlich entrostet waren, und zwar war die Entrostung im Schlackenbeton in stärkerem Maße eingetreten wie im Kiesbeton; ein verschiedenes Verhalten von Portland- und Eisenportlandzement war nicht zu erkennen.

[3]) Vgl. dessen Eisenbetonbau, 5. Aufl. 1920, S. 47.

[4]) In der Schweizer Bauzeitung 1915, Nr. 11 und 12, ferner 1917, Nr. 6, wird auf den rostschützenden Einfluß der Chromsalze hingewiesen und vorgeschlagen, zur Herbeiführung eines absoluten Rostschutzes im Anmachewasser des Betons eine gewisse Menge Kaliumbichromat aufzulösen.

Im Seewasser sind es vorwiegend die chemischen Einflüsse, welche durch Zerstörung des Kalkes im Beton[1]) eine oft schwere Schädigung der letzteren bewirkt haben, daneben aber auch der mechanische Angriff der Wellen. Diesem gegenüber ist die Außenfläche besonders glatt, dicht und hart auszubilden, also namentlich gut zu verputzen, während den ersteren schädigenden Wirkungen durch besonders geeignete Zemente, Eisenportland- und Hochofenzemente[2]), ferner sehr wirkungsvoll und bestens bewährt, durch Zusätze von Traß zum Portlandzementbeton zu steuern ist. In letzterer Hinsicht kommt nach Untersuchungen von Dr. Hambloch-Andernach im besonderen ein Beton von 3 R.-T. Zement zu 1,5 R.-T. Nettetaltraß und 4 R.-T. Sand, oder eine entsprechende Mischung 2 : 1 : 4 in Frage[3]). Die wertvolle Wirkung des Trasses beruht hier auf der Bindung des freien Kalkes im Zementbeton durch die aktive Kieselsäure des Trasses.

Als besonders wichtig für eine Bewährung des Zementbetons im Seewasser wird auch dessen Einbringung in nassem Zustande bezeichnet[4]).

Umfassende Versuche über das Verhalten des Zementbetons in Seewasser sind durch das preußische Ministerium für öffentliche Arbeiten mit Betonblöcken auf der Insel Sylt während einer Dauer von 15 Jahren durchgeführt worden. Hierbei hat sich gezeigt, daß die tonerdearmen Zemente dem Meerwasser besser widerstehen als die an Tonerde reichen, und sich fette und namentlich dichte Mischungen nach vorheriger guter Erhärtung (1 Jahr) besser bewähren als magere Mischungen, die nur kurze Zeit der Erhärtung ausgesetzt waren. Zementen, die reich an Kieselsäure, dagegen arm an Tonerde und

---

[1]) Besonders schädlich wirkt hier das im Meerwasser enthaltene Magnesiumchlorid und -sulfat ein, da es sich mit dem Kalkhydrat des Portlandzementes zu einem stark treibenden Kalzium-Aluminiumsulfat verbindet.

[2]) Vgl. hierzu ferner die Untersuchungen von Dr. Passow: Hochofenzement und Portlandzement in Meerwasser und salzhaltigen Wässern, Berlin 1916. Verlag der Tonindustriezeitung. Aus den Versuchen ergibt sich, daß man durch entsprechende Auswahl der Zementklinker und der Hochofenschlacke den Kalk- und Tonerdegehalt des Zementes — sowohl des Eisenportland- als auch des Hochofenzementes — so regeln kann, daß eine vollkommene Widerstandsfähigkeit gegen die schädlichen Einflüsse des Meerwassers erreicht wird. Hierbei spricht in erster Linie mit, daß durch die geeignete Zusammensetzung dafür gesorgt wird, daß der Kalk des Zementes von vornherein durch die Kieselsäure der Schlacke gebunden wird und sich nicht die in Anm. 1 hervorgehobenen, treibenden Verbindungen zu bilden vermögen. Die Hochofenschlacke hat also hier eine ähnliche Wirkung wie der Nettetal-Traß.

[3]) Genaueres hierüber s. in: M. Foerster, Baumaterialienkunde, 1912 (W. Engelmann), Heft V u. VI, § 98: Hydraulische Zuschläge, und in der dort angegebenen Literatur.

[4]) Vgl. u. a. E. Probst, Vorlesungen über Eisenbeton, Bd. I, S. 31 ff. (Jul. Springer, Berlin, 1917.)

Eisenoxyd sind, kann durch Zusätze von Nettetaltraß für Seebauten
größerer Wert verliehen werden. Entscheidend für die Haltbarkeit der
Betonbauten im Meere ist aber die Verwendung möglichst dichter, für
das Seewasser undurchdringbarer Mischungen. Beton, dessen Mörtel
mehr als $^2/_3$ v. H. Teile Sand enthält, wird im allgemeinen nicht
die erforderliche Dichte aufweisen, um den Angriffen des Meeres
lange Zeit Widerstand zu leisten[1]).

Bei der Frage der Schädlichkeit von Moorboden und Moorwasser sind zu unterscheiden die Wirkungen der durch Verwesung entstehenden wasserunlöslichen, organischen Säuren und der anorganischen,
die hauptsächlich durch die Oxydation von Ammoniak oder Schwefel-
wasserstoff, durch die Zersetzung von Schwefelkies usw. entstehen,
und endlich die Beeinflussung des Betons durch die infolge Verwesung
organischer Stoffe sich bildende Kohlensäure. Es liegt auf der Hand,
daß namentlich die anorganischen Säuren eine starke Schädigung des
Betons und damit des Verbunds zur Folge haben müssen; deshalb ist
bei Gegenwart von Moorwasser und Moorboden große Vorsicht bei der
Anwendung der Eisenbetonbauweise — namentlich eine wirkungsvolle
Sicherung seiner Außenfläche durch Schutzanstriche — geboten[2]).

Von Salzlösungen wirkt besonders Magnesiumchlorid schädlich.
Deshalb sind in manchen Fällen recht ungünstige Erfahrungen mit
nicht einwandfrei zusammengesetzten, fugenlosen Estrichen aus
Sorelschem Zement (Magnesiazement) auf Verbunddecken gemacht
worden.

Ebenso wirken schwefelsaure Salze (Gips, Glaubersalz, Bittersalz)
angreifend auf den Beton und zeitigen hier gefährliche Treiberschei-
nungen[3]).

---

[1]) Genaueres siehe in dem Schlußbericht (III) über das Verhalten hydrau-
lischer Bindemittel im Seewasser in den Mitt. aus dem Material-Prüfungsamt in
Berlin-Lichterfelde-West 1919, S. 132.

Über amerikanische Erfahrungen betr. das Verhalten von Beton und Eisenbeton im Seewasser berichtet auf Grund amerikanischer Quellen J. Kortlang
in Arm. Beton 1919, Heft 10, S. 241 und Heft 11, S. 278. Es hat sich gezeigt,
daß weder ein trockener noch ein sehr nasser Beton sich eignet, sondern daß
nur Beton mit einem mittleren Wasserzusatz sich gut bewährt hat. Zusätze zur
Dichtung des Betons, wie z. B. Traß, sind nicht bekannt.

[2]) Vgl. u. a. Deutsche Bauztg. 1908, S. 466 und Arm. Beton 1916, S. 159
(v. Prof. Kayser - Darmstadt).

[3]) Vgl. hierzu: Über das Verhalten von Portlandzementmörteln in verschiedenen Salzlösungen. Mitt. des K. Material-Prüfungsamtes Berlin-Lichter-
felde 1915, S. 229, und Dr.-Ing. H. Nitzsche: Verhalten fetter und magerer
Zementmörtel aus verschiedenen Bindemitteln in sulfathaltigem Grundwasser.
Zement 1920, Nr. 4 und 5. Als Hauptergebnis der bis auf 3 Jahre fortgesetzten
Beobachtungen und Untersuchungen ist zu verzeichnen, daß die Hochofenzemente
größere Widerstandsfähigkeit als die Portlandzemente gezeitigt haben, und zwar
war der Hochofenzement mit 20% Klinkerzusatz der beste.

Nicht nachteilig beeinflussen den Zementmörtel und -beton **Kanalwässer und Fäkalien**. Das zeigt sich aus den reichen und guten Erfahrungen, die mit den Entwässerungsleitungen aus Stampfbeton im städtischen Tiefbau allgemein gemacht worden sind. Hier wurden nur Beschädigungen beobachtet, wo — fälschlicherweise — aus industriellen Betrieben Säuren in die Kanäle geleitet worden sind. Ebenso ist Beton unempfindlich gegen **mineralische Öle**, wird aber von **pflanzlichen und tierischen Ölen** angegriffen, indem sich deren Fettsäuren mit dem Kalke des Zementes verbinden. Hiergegen schützt aber in ausreichender Weise ein dichter Zementputz mit mehrfachen Schutzanstrichen. **Gärende Flüssigkeiten** können wegen der schädigenden Einwirkung der in ihnen sich bildenden Kohlensäure auf den Beton nicht in Behältern aus diesem aufbewahrt werden[1]); hier ist zum mindesten ein Zementputz mit mehrmaligen Anstrichen von Wasserglas, besser eine Auskleidung mit Glasplatten und dergl. erforderlich.

Bei Wasserbehältern für kohlensäurehaltiges Wasser hat sich in gleichem Sinne ein Schutzanstrich von Siderosthen-Lubrose oder Inertol auf wasserdichtem Putz bewährt.

Eine vollkommene Auskleidung von Behältern aus Beton mit Steingut, Porzellan oder Glasplatten wird naturgemäß gefordert, wenn im Behälter **Säuren** aufbewahrt werden.

Als unbegründet endlich sind Befürchtungen zu bezeichnen, die auf **schädliche Einwirkung des Gaswassers** auf Eisenbeton- und Betonbauten, namentlich Gasbehälter, hinwiesen[2]). Hier hat eine umfassende Untersuchung der zum Teil mehr als 30 Jahre alten Gasbehälter und Behälter für Teer und Ammoniakwasser deren vorzügliche Bewährung erwiesen und gezeigt, daß sie selbst ohne Schutzanstriche oder Auskleidung den hier auftretenden chemischen Einflüssen bestens widerstehen.

Von **Gasen** wirkt namentlich schweflige Säure schädlich auf die meisten Zementbetone ein. Werden diese aus irgendwelchen Gründen durchfeuchtet, so wird das Gas vom Wasser des Betons aufgenommen und bildet mit dessen Kalk schwefelsauren Kalk, also Gips, der einmal den Beton erweicht, zum andern aber infolge seiner Treibwirkung zerstört. Hiergegen haben auch — wie Versuche der Firma Wayß & Freytag A.-G. gezeigt haben — die sonst wirksamen Schutzanstriche nichts genützt. Jedoch hat sich gerade hier wieder eine besondere Überlegenheit des Hochofenzements gegenüber den beiden anderen Zementarten ergeben, erklärbar auch hier wieder — wie bei

---

[1]) Hier bildet sich doppeltkohlensaurer Kalk.

[2]) Vgl. Arm. Beton 1918, Juni-Heft, Bericht über die Hauptversammlung des Deutschen Betonvereins.

der Einwirkung des Meerwassers (vgl. S. 20) — durch die Bindung
des Kalkes vermittels der Kieselsäure der Schlacke[1]).

Von Zementwasser — d. h. einer Auslaugung der löslichen Salze
im Beton — werden angegriffen, wie Versuche des Deutschen Ausschusses für Eisenbeton erkennen lassen[2]), Kupfer, Zink und Blei.
Es empfiehlt sich deshalb, an all den Stellen, an denen der Beton durch-
näßt werden kann und die vorgenannten Metalle als Gelenkeinlagen,
zur Bildung von Dehnungsfugen usw. Verwendung finden, sie mit
Asphaltpappe oder dgl. gegen die Betonflächen abzudichten.

3. Der Beton.

Je nach der Menge des Wasserzusatzes unterscheidet man
Stampf- oder erdfeuchten Beton, weichen oder plastischen
Beton und Gußbeton. Während die erstere Art so trocken ist, daß
sie sich in der Hand noch ballen läßt, enthält Weichbeton so viel
Wasser, daß die Ränder der durch einen Stampfstoß gebildeten Ver-
tiefung kurze Zeit stehen, dann aber langsam verlaufen, während
Gußbeton so wasserhaltig ist, daß er fließt. Stampfbeton ist in der
Regel beim Verbundbau nicht verwendbar, da zwischen den Eiseneinlagen eine gute Stampfarbeit nicht durchführbar ist, durch sie die
Eisen aus ihrer Lage gedrängt werden und alsdann ein gutes Zusammenwirken zwischen Eisen und Beton nicht erzielbar ist. Im
besonderen ist hier kein sattes Einbetten möglich, wie solches erfahrungsgemäß bei Beton mit höherem Wassergehalt zu erwarten steht. Nur
alsdann bildet sich, im besonderen um das Eisen herum, eine mit
Zement angereicherte Schicht, die sowohl eine gute Rostsicherheit
des Eisens bedingt als auch eine sichere Haftung dieses im Beton bewirkt. Zudem haben alle Versuche und Erfahrungen der Praxis gezeigt,
daß Gußbeton gegenüber dem Stampfbeton sich durch eine durch-
gehends größere Festigkeit im Bau — bedingt durch die hier fehlenden
Betonierungsfugen —, größere Dichtigkeit, schnellere Bauausführung
und nicht unerhebliche Herstellungsersparnisse auszeichnet[3]).

---

[1]) Genaueres siehe in Mörsch: Der Eisenbetonbau, 5. Aufl. 1920, S. 38—40.

[2]) Vgl. Heft 8 der Veröffentl. d. Deutschen Ausschusses für Eisenbeton:
Versuche über das Verhalten von Kupfer, Zink und Blei gegenüber Zement, Beton usw. von E. Heyn. 1911.

[3]) Über diese Frage, auf die hier nicht genauer eingegangen werden kann,
vgl. u. a. die Aufsätze von E. Probst in Arm. Beton 1913, S. 71, von O. Franzius
in der Zeitschr. d. Verbandes deutscher Arch. u. Ing.-Vereine 1912, Bd. V, S. 33,
in der Zeitschr. d. V. deutscher Ing. 1913, S. 1672, in Beton u. Eisen 1914, S. 49,
ferner Heft 29 des Deutschen Ausschusses für Eisenbeton: Zweckmäßige Zusammensetzung des Betongemenges für Eisenbeton; P. Haves: Gußbeton, eine Studie
über Gußbeton unter Berücksichtigung des Stampfbetons, Berlin 1916 (Verlag
Ernst & Sohn), und E. Probst: Vorlesungen über Eisenbetonbau, I. Bd., S. 7

Aus Baustellenversuchen mit Gußbeton und Stampf-
beton[1]), in der Art ausgeführt, daß die Probekörper aus Brückenwider-
bis 12. An letzter Stelle sind auch ausführlich die wenig guten Erfahrungen besprochen, welche bei Stampfbeton-Abbrucharbeiten zutage getreten sind und sich
in dem Auftreten wagerechter, durchgehender Stampffugen zu erkennen gaben.
Auch sei auf die Unsicherheit der Festigkeitsbeurteilung der Stampfbetonbauten
auf Grund der sehr starken Abweichung der Versuchsergebnisse mit Stampf-
betonwürfeln verwiesen. Die entsprechenden Bestimmungen über Gußbeton in den deutschen Vorschriften für die Ausführung von
Bauwerken aus Beton vom Jahre 1915 besagen das Folgende:

Gußbeton. Die Betonmasse muß genügend flüssigen Mörtel enthalten,
damit dieser alle Hohlräume der Zuschläge (Kies, Schotter) ausfüllt. Kiessand
muß so viel feine Teile enthalten, daß eine flüssige Masse entsteht. Das Mischen
der Gußbetonmasse muß in dicht schließenden Maschinen geschehen, um Aus-
laufen des Mörtels während des Mischens zu verhindern.

Bei dem Einbringen der Betonmasse ist darauf zu achten, daß keine Entmischung eintritt. Das Einbringen kann mit Hilfe von Rinnen, Röhren und
dergleichen geschehen, damit der Gußbeton vermöge seiner eigenen Schwere an
die Verwendungsstelle fließt. Bei steiler Neigung trennt sich in der Rinne das
grobe Material von dem Mörtel, durchläuft die Rinne schneller und fällt infolge
flacherer Wurfparabel an anderer Stelle nieder als der Mörtel. Hierdurch können
z. B. bei Schotter- und grobem Kiesbeton Steinnester entstehen, die sich nur
durch Handarbeit beseitigen lassen. Bei steiler Rinnenneigung (mehr als 25%
gegen die Wagerechte) ist daher vor der Rinnenmündung eine Klappe oder ein
Trichter derartig anzubringen, daß die Betonmasse möglichst senkrecht nieder-
fällt. Die Rinnen werden vorteilhaft derart beweglich angeordnet, daß sie die
ganze Grundfläche des zu betonierenden Bauteils bestreichen können.

Um der Entmischung des Betons beim freien Fall vorzubeugen, soll der Aus-
lauf der Zubringer nicht höher als 2 m über der Verwendungsstelle liegen.

Gröbere Zuschlagteile, die sich beim Einbringen der Betonmasse abgesondert
haben, sind mit dem Mörtel wieder zu vermengen.

Der Gußbeton ist in hohen Schichten herzustellen, wenn nicht der ganze
Bauteil in einem Guß betoniert werden kann. Zu diesem Zweck sind bei größerer
Grundrißausdehnung einzelne Bauabschnitte zu bilden. Die Massen sind innerhalb einer Arbeitsschicht so zeitig (frisch auf frisch) einzubringen, daß die einzelnen über- oder nebeneinander liegenden Betonstreifen ausreichend fest binden.

Bei längerer Unterbrechung der Arbeit (Weiterarbeiten am folgenden Tage)
muß für ausreichend festen Zusammenschluß der Betonschichten gesorgt werden.
Neben einer geeigneten Gliederung der in Betracht kommenden Betonkörper
selbst ist die Oberfläche der zuletzt gegossenen Schicht möglichst unregelmäßig
und rauh zu gestalten. In besonders wichtigen Fällen kann dies dadurch geschehen,
daß Bruchsteinbrocken, Stücke von starken Rundeisen, Schienenstücke und dergleichen mindestens bis zur Hälfte ihrer Höhe oder Länge als Dübel in die noch
nicht erhärtete Schicht eingelassen werden, so daß der überstehende Teil dieser
Dübel in die neu aufzubringende Schicht hineinragt. Vor dem Aufbringen neuer
Betonmassen am nächsten Tage ist die alte Oberfläche durch Abkehren zu reinigen
und gehörig anzunässen.

Stampfen ist bei Gußbeton nicht möglich. Kann die Betonmasse nicht von
selbst überall hinfließen, so ist durch Nachhelfen mit geeigneten Geräten dafür
zu sorgen, daß sie alle Bauteile, auch die Ecken und Außenflächen (längs der
Verschalung) satt ausfüllt.

[1]) Vgl. Zentralbl. d. Bauv. 1918, Nr. 30, S. 147: Ber. v. Baur. Trier-Mülheim a. d. R.

lagern herausgemeißelt wurden, ergab sich, daß sich der Beton bei den Stampfbetonkörpern unschwer in seine einzelnen Schichten zerteilen ließ, während Gußbeton seinen festen Zusammenhang bewahrte. Auch zeigte sich der Stampfbeton erheblich durchlässiger als der Gußbeton, der bis zu 2 Atm. vollkommen dicht befunden wurde.

Die Beurteilung der Güte des Betons beruht auf der Würfelprobe, für die besondere Bestimmungen erlassen sind. Wie Untersuchungen von M. Gary[1]) zeigen, sind eiserne Formen für die Herstellung von Probewürfeln aus flüssigem Beton nicht geeignet, auf die im Bauwerke zu erwartende Festigkeit richtige Rückschlüsse zu gestatten, da sich in ihnen anders geartete Abbindevorgänge vollziehen, wie in dem mit Holz verkleideten und Fugen für den Abfluß des Wassers besitzenden Schalungsgerüst. Deshalb werden für den Verbundbau Würfelformen aus absaugenden Gipsplatten empfohlen, die eine ähnlich geartete Erhärtung des Betons verbürgen, wie sie im Bauwerke eintritt und deshalb auch die dort zu erwartende Festigkeit richtiger als Eisenformen zu beurteilen gestatten.

Im Hinblicke darauf, daß die Beanspruchung der Eisenbetonbauteile vorwiegend eine solche auf Biegung darstellt, hat v. Emperger im Jahre 1911 zur Bestimmung der Betonfestigkeit Kontrollbalken, d. h. kleine, aus Beton gestampfte, mit starker Eisenbewehrung im Zuggurte versehene Balken, in Vorschlag gebracht. Wenn auch nicht zu verkennen ist, daß diese Balken auf der Baustelle leicht geprüft werden können und einen guten Rückschluß auf die Betonfestigkeit im Verbunde gestatten, so ist doch nicht zu leugnen, daß solche Probebalken weniger handlich als Würfel sind und auch ihre Herstellungskosten sich höher als für diese stellen, zudem aber auch mit der Würfelprobe — namentlich wenn sie, wie vorstehend ausgeführt, durch Einführung geeigneter Formen verbessert wird — durchaus sichere Vergleichswerte gegenüber der im Bauwerk vorhandenen Druckbiegefestigkeit zu erwarten stehen, also auch hier ein einwandfreier Rückschluß sich ziehen läßt[2]).

Versuche mit solchen Probebalken sind auch vom Deutschen Ausschuß für Eisenbeton (Heft 19)[3]) durchgeführt worden, haben jedoch die

---

[1]) Vgl. Heft 39 des Deutschen Ausschusses für Eisenbeton, das sich mit der Würfelprobe flüssiger Betongemische für Eisenbetonbauten befaßt (v. M. Gary).

[2]) Über diese Frage vgl. u. a.: v. Emperger, Kontrollbalken (Verlag Ernst & Sohn, Berlin 1910); Kromus, Die Betonkontrolle, Beton u. Eisen 1912; Arm. Beton 1911, Diskussion über die Kontrollbalken, desgl. Ausführungen von Färber (Heft 6); Heft 5 des Eisenbeton-Ausschusses d. österr. Ing.- u. Arch.-V. von v. Emperger (1917) und Besprechung dieser Veröffentlichung im Arm. Beton, 1918, Juli-Heft.

[3]) Vgl. Heft 19: Prüfung von Balken zu Kontrollversuchen. Von C. Bach und O. Graf. 1912.

Frage: „Würfel oder Kontrollbalken-Probe" nicht zur endgültigen Entscheidung gebracht, aber die hoch wertvolle Beziehung geliefert, daß bei Beton die auf Grund der Navierschen Theorie errechnete Biegedruckfestigkeit etwa das 1,7- bis 1,8 fache der Würfeldruckfestigkeit beträgt. Von weiteren wertvollen Untersuchungen in derselben Richtung berichtet in Heft 6 der Veröffentlichungen des Eisenbeton-Ausschusses des österreichischen Ingenieur- und Architekten-Vereins v. Emperger. Hier wurde allerdings das Verhältnis der Biegungs- zur Normaldruckfestigkeit bei magerem Beton geringer, zumeist zwischen 1,5 und 1,1 ermittelt, und zwar ergaben Sommerversuche Zahlen zwischen 1,3 und 1,1, Winterversuche zwischen 1,5 und 1,2. Zudem zeigte sich das Anwachsen dieses Wertes mit der geringeren Härte, also größeren Magerkeit des Betons. Hinsichtlich der Gleichförmigkeit der Ergebnisse ergab sich kein nennenswerter Unterschied zwischen Würfelprobe und Kontrollbalken.

Als Zemente sind für den Eisenbeton in Deutschland sowohl Portland- als auch Eisenportland- und Hochofenzement zugelassen, und zwar auf Grund besonderer Normen für jede dieser drei Zementarten [1]).

---

[1]) Es kommen in Frage die deutschen Normen für Portlandzement vom Dezember 1909 (Runderlaß in Preußen vom 16. III. 1910), für Eisenportlandzement vom Dezember 1909 (Runderlaß vom 13. I. 1916); und für Hochofenzement vom November 1917 (Runderlaß v. 22. XI. 1917). In letzterem ist auch der Hochofenzement, der den Bedingungen entspricht, als dem Portland- und Eisenportlandzement gleichwertig bezeichnet und auch zur Herstellung von Eisenbetonbauten ausdrücklich zugelassen. Immerhin zeigen aber die angestellten Versuche, daß es zweckmäßig ist, den Hochofenzement möglichst frisch zu verwenden, da er durch längere Lagerung an Güte verlieren kann. Besonders wertvoll scheint Hochofenzement für Bauten an der See und in laugenhaltigen Wässern zu sein (z. B. bei Bauten im Kalibergbau, im Moor usw.) und auch gegen schweflige Säure, also auch gegen Rauchgase, eine erhöhte Widerstandsfähigkeit zu besitzen. Vgl. hierzu u. a. Arm. Beton 1918, Juniheft, Bericht über die Hauptversammlung des Deutschen Betonvereins.

Über Portlandzement vgl. u. a. das vom Verein der deutschen Portland-Zement-Fabrikanten herausgegebene Werk: Der Portlandzement und seine Anwendung im Bauwesen, in dem die chemischen und physikalischen sowie technischen Eigenschaften des Portlandzementes ausführlich behandelt sind. Über Eisenportlandzement und Hochofenzement gibt u. a. Auskunft das im Auftrage des Vereins Deutscher Eisenhüttenleute herausgegebene Buch: Die Verwendung der Hochofenschlacke im Baugewerbe, von Dr. A. Guttmann (Verlag Stahleisen, Düsseldorf 1919). Hierzu vgl. auch: Gary, Mitt. d. K. Material-Prüfungsamtes Berlin-Lichterfelde-West, Jahrgang 1909 und 1912, worin die eingehenden, sich über einen Zeitraum von 7 Jahren erstreckenden Versuche mit Eisenportlandzement behandelt sind, auf deren gute Ergebnisse hin die Gleichstellung dieses Mörtelbildners mit Portlandzement zum Teil zurückzuführen ist. In derselben Veröffentlichung, Heft 5/6 1915, finden sich weitere Versuche über die Erhärtung von Eisenportlandzement an der Luft wiedergegeben, die in obigem Sinne weiter klärend gewirkt haben. Wichtig ist, daß die Hochofenschlacke für die Zement-

„Hochwertige Spezialzemente", besser Zemente mit hoher Anfangsfestigkeit, sind Zemente, die zunächst in Österreich hergestellt wurden und, nach den österreichischen Normen geprüft, die Normenfestigkeit, wie sie in Deutschland gefordert wird, bei weitem übertreffen. Nach Mitteilungen von Spindel[1]) haben sich bei der Normenprobe beispielsweise bereits nach 2 Tagen Druckfestigkeiten von über 400 kg/qcm ergeben. Für diese Zemente mit hoher Anfangsfestigkeit, die Langsambinder sein müssen, werden in Österreich nach 2 Tagen Erhärtung eine Zugfestigkeit von über 18, eine Druckfestigkeit von mehr als 180 kg/qcm verlangt, während nach 7 Tagen für letztere Größe mindestens 450 kg/qcm gefordert werden.

Die nachfolgenden Zusammenstellungen geben über den Verlauf der Erhärtung dieser Zemente und über die Festigkeitsergebnisse Auskunft; zudem wurde die Haftfestigkeit des Mörtels 1 : 2 am Eisen nach 2 bzw. 4 bzw. 7 Tagen zu 23, 43, 50 kg/qcm gefunden.

1. Zement.

Erhärtungs-beginn	Abbindezeit	Zugfestigkeit kg/qcm			Druckfestigkeit kg/qcm		
		nach					
		2.	7.	28.	2.	7.	28.
		Tagen Wasserbehandlung					
2 Std. 50 Min.	4 Std. 12 Min.	23,3	27,5	31	261	403	482

2. Beton.

Mischungsverhältnis	Probeherstellung	Druckfestigkeit in kg/qcm nach Tagen	
		4	7
1 : 2 : 2 erdfeucht	Laborat.	275	350
1 : 2 : 2 plastisch	„	230	316
1 : 2 : 2 plastisch	Baustelle	—	399

Es ergibt sich, daß, wenn auch der Zement nicht vollkommen den strengen (österreichischen) Anforderungen entspricht, trotzdessen mit seiner Hilfe ein hervorragend druckfester Beton bei guten Zuschlagstoffen erreicht wurde.

Nach Mitteilungen von Dr. Framm-Karlshorst[2]) ist die Überlegenheit der österreichischen Zemente über die deutschen eine nur scheinbare

bereitung in den granulierten Zustand übergeht, also durch schnelle Abkühlung glasig erstarrt. Langsam abgekühlte Schlacke erhärtet kristallinisch und besitzt keine hydraulischen Fähigkeiten. Über Hochofenzement vgl. u. a. Dr. H. Passow, Hochofenzement, Verlag der Tonindustrie 1916, und die Ausführungen von Knauff in Stahl u. Eisen 1911, Nr. 10.

[1]) Vgl. Hochwertige Spezialzemente, Vortrag, gehalten auf der 22. Hauptversammlung der Deutschen Betonvereine zu Nürnberg 1919 von Staatsbahnrat Spindel-Innsbruck, abgedruckt u. a. im Bauingenieur 1920, Heft 4, S. 114ff.

[2]) Vgl. u. a. Bauingenieur 1920, Heft 6, S. 477—478 Bericht über die 43. ord. Generalversammlung des Vereins deutscher Zementfabrikanten.

und vorwiegend bedingt durch die andere Art der Normenprüfung. Eine Nachprüfung deutscher und österreichischer Zemente nach den beiden Normen ergab, daß 30% der deutschen Portlandzemente in ihren Festigkeiten den Ergebnissen der österreichischen Spezialzemente entsprachen. Es steht also eine nicht unbeträchtliche Anzahl der deutschen Zemente auf der Höhe der österreichischen Zemente mit hoher Anfangsfestigkeit.

Die Vorzüge, die solche hochwertigen Zemente für den Eisenbetonbau in sich schließen, sind naturgemäß bedeutsame. Abgesehen davon, daß die nach wenigen Tagen bereits auszuführende Festigkeits-Normenprobe keine Verzögerung für den Baubeginn bzw. -fortschritt verursacht, gestattet die hohe Anfangsfestigkeit eine Ausschalung des Bauwerkes schon nach wenigen Tagen und hat somit eine sehr erhebliche Abkürzung aller Bauarbeiten zur Folge. Eine zeitige Ausrüstung hat aber, wie die Erfahrungen ergeben haben, unter Umständen den weiteren großen Vorteil, den Schwindvorgang nicht durch Rüstungen zu erschweren oder ungünstig zu beeinflussen, sondern ihn im freien Spiel der Kräfte vor sich gehen zu lassen[1]).

Die Zuschlagstoffe zum Zement: Sand, Kies, Grus und Steinschlag, sollen möglichst gemischtkörnig sein, damit ein möglichst dichter Beton durch Ausfüllung aller Zwischenräume zwischen den größeren Bestandteilen zu erwarten steht[2]). In dieser Hinsicht ist also diejenige Mischung von Sand und Steinschlag bzw. Kies am zweckmäßigsten, der die geringste Porenmenge entspricht — eine Festlegung, die in praktischen Fällen durch einfachstes Ausproben zu bewirken ist. Hierbei wird zu berücksichtigen sein, daß viele der Naturkieslager, namentlich solche in Flußtälern, von Natur aus so außerordentlich dicht gelagert sind, daß sie den obigen Erfordernissen von vornherein genügen werden. Wegen der größeren Rauhigkeit seiner Außenfläche, meist auch seiner höheren Druckfestigkeit, ist Steinschlag dem Kies, von diesem der Grubenkies dem Flußkies (mit seinen abgerundeten Steinen) in der Regel vorzuziehen[3]). Am Sand und Kies festhaftende Lehm- und Tonteilchen wirken schädlich auf die Betonfestigkeit ein; bei ihrer Beseitigung durch Auswaschen liegt aber die Gefahr vor, daß hierdurch auch feine, für die Dichtheit des Betons wertvolle Sandteilchen mit fortgespült werden. Fein

---

[1]) Über die Prüfung der österreichischen Zemente mit hoher Anfangsfestigkeit und die hierbei erzielten Ergebnisse vergleiche: Heft 8 der Veröffentl. des österr. Eisenbetonausschusses, bearbeitet von Prof. Hanisch und Prof. Kirsch.

[2]) Vgl. u. a. Heft 29 des Deutschen Ausschusses für Eisenbeton: Zweckmäßige Zusammensetzung des Betongemenges für Eisenbeton von M. Gary.

[3]) In diesem Zusammenhang sei darauf verwiesen, daß die Flußkiese der Elbe z. B. häufig infolge der Dampfschiffahrt durch Braunkohle verunreinigt sind und Bestandteile dieser wegen der chemischen Beeinflussung des Zementes und des leichten Durchschlagens durch den Putz wenig erwünschte Beimengungen für den Beton abgeben.

verteilt und in nicht zu großer Menge auftretend, schaden Tonteilchen in der Regel nichts; sie können sogar unter Umständen die Festigkeit und Dichtigkeit erhöhen. Hierüber wird die Normalwürfelprobe Aufschluß geben können. Die gröbsten Körner der Zuschläge müssen sich noch zwischen die Eiseneinlagen sowie zwischen diese und die Schalung, ohne die Eisen aus ihrer Lage zu verdrängen, einbringen lassen. Während der Sand in möglichst vielseitiger Korngröße von feinster Beschaffenheit an bis 7 mm Durchmesser erwünscht ist, werden Kies und Steinschlag in der Regel nur bis 20 mm größter Abmessung Verwendung finden. Daß das Steinmaterial wetterbeständig und von zum mindesten der gleichen Druckfestigkeit sein muß wie der erhärtete Mörtel, daß ferner dort, wo es auf Feuersicherheit des Baus ankommt, diese Forderung auch von dem Zuschlagstoff zu erfüllen ist, bedarf kaum der Heraushebung. Soll Hochofenschlacke als Zuschlag benutzt werden, so ist ihre Eignung hierfür besonders zu prüfen. Wenn auch auf Grund von Erfahrungen und eingehenden Versuchen[1]) anzunehmen ist, daß Schlacken des Hochofenbetriebes ein in der Regel geeigneter Baustoff für den Verbundbau sind, so fallen auch Schlacken an, die nicht beständig sind und sich nicht zum Betonbau eignen. Da bisher die Versuche kein leicht erkennbares Merkmal zur Unterscheidung geeigneter und unbrauchbarer Schlacken geliefert haben, wird die Verantwortlichkeit für die Güte und Beständigkeit der Hochofenschlacken dem diese liefernden, sachverständigen Werke vertragsgemäß zu überlassen sein, zumal diesem die Möglichkeit gegeben ist, gemäß seinen Erfahrungen geeignete Schlacke von ungeeigneter zu trennen. Zudem wird zu empfehlen sein, nur in Halden abgelagerte Schlacke zu verwenden, da bei ihr ein etwa vorhandener Gehalt an schädlichem Schwefel im Laufe der Zeit durch die Einflüsse der Witterung unschädlich gemacht sein dürfte[2]).

---

[1]) Vgl. u. a. Arm. Beton 1917, Maiheft: Bericht über die Hauptversammlung des Deutschen Beton-Vereins, sowie die Ausführungen von H. Burchartz in Stahl und Eisen 1917, Heft 23 über die günstigen Ergebnisse von Versuchen mit Hochofenschlacke im Betonbau, und Dr. A. Guttmann: Die Verwendung der Hochofenschlacke im Baugewerbe (Düsseldorf 1919); Kleinlogel: Ein Beitrag zur Eignung der Hochofenschlacke, W. Ernst & Sohn 1918 und Stahl und Eisen 1919, Heft 7, sowie Zement 1920, Nr. 9: Über den Zerfall von Hochofenstückschlacken. Neue Untersuchungen über den Zerfall der Hochofenschlacke vergl. u. a. Bauingenieur 1920, Heft 5, S. 156. Hier werden umfangreiche, sehr bedeutsame Ergebnisse, namentlich in chemischer Beziehung, liefernde Versuche besprochen, die an der Technischen Hochschule Berlin zur Ausführung gelangt sind.

[2]) Unter Hochofenschlacke sind nur solche, die bei der Herstellung des Roheisens gewonnen werden, zu verstehen. Also weder für Thomas- bzw. Bessemerschlacke bzw. Kupferschlacke, noch für Kesselschlacke, Lokomotivlösche usw. gelten die obigen Darlegungen. Vor letzteren Stoffen ist dringend zu warnen, da sie in der Regel schweflige Säure, die zum Rosten des Eisens führen muß, enthalten.

Bei sehr leichten und wenig belasteten Verbundbauteilen kann als Zuschlagstoff auch **Bimssandkies** verwendet werden[1]). Hier kann nach 4 Wochen Erhärtung immerhin schon mit einer Festigkeit bei einer Mischung von 1 : 4 und 1 : 5 von 115—140 kg/qcm[2]), und einem — oft viel zu niedrig eingeschätzten — Raumgewichte von rund 1,7 gerechnet werden. Die Versuche haben zugleich gezeigt, daß wegen der Porosität des Bimsbetons eine dauernde Rostsicherheit der Eisen nur durch ein sehr sorgfältiges Einschlämmen dieser mit Zementmilch erreichbar ist.

Bimskiesbeton hat in neuerer Zeit eine größere Anwendung in **Form fertiger Platten** zur Bildung von Dachhäuten gefunden; hier kommen im besonderen die Kassettenplatten, Stegplatten und Stegkassettenplatten von Rémy-Neuwied in Frage. Bei ihnen wird ein dichter Bimsbeton von rund 200 kg/qcm Druckfestigkeit verwendet[3]).

Die Verwendung des Eisenbetons im Schiffbau und für Eisenbetonschwimmkörper aller Art hat die Forderung auf Herstellung eines **Leichtbetons** hochwertiger Art erhoben, der neben möglichst geringem Gewichte genügende Festigkeit für die verschiedenartigsten Beanspruchungen (Schub, Zug, Druck usw.), große Elastizität, Stoßfestigkeit, Wasserdichtigkeit, unter Umständen auch Luftdichtigkeit besitzt. Nach Versuchen der A.-G. Dyckerhoff & Widmann[4]), Zentrale Biebrich, wird die Erzielung leichten Gewichtes durch Beimischung von **Bimskies** oder **Leichtschlacke**, die Wasserdichtigkeit bei geringer Stärke von 4—6 cm durch fette Mörtelmischung, den Zusatz von Steinmehl geringen Gewichtes, bzw. von Nettetal-Traß, sowie durch Oberflächenbehandlung, die Erzielung ausreichender Festigkeit durch ein entsprechendes Verhältnis des Bindemittels zu den Mörtelzuschlägen und dieser zum Füllstoff, sowie Auswahl der richtigen Korngröße für letztere zu erreichen sein.

Über einige bei den Versuchen erzielte Ergebnisse mit dem unter diesen Gesichtspunkten zusammengestellten Leichtbeton sowie über die Grenzen der Mischungsverhältnisse geben die nachfolgenden Zusammenstellungen Auskunft:

---

[1]) Vgl. hierzu Bericht über die XV. Hauptversammlung des deutschen Beton-Vereins (von ihm herausgegeben) 1912, S. 74—83.

[2]) Vgl. hierzu auch die Versuche der A.-G. Wayß & Freytag, über die Mörsch in seinem Eisenbetonbau 5. Aufl., S. 56 berichtet; hier hat die Mischung 1 Zement : 2 Quarzsand : 2 Bimskies Druckfestigkeiten von 127—133 kg/qcm ergeben.

[3]) Genaueres vgl. u. a. im Taschenbuch für Bauingenieure 4. Aufl., Kapitel: Konstruktionselemente des Eisenhochbaus sowie in des Verfassers Repetitorium für den Hochbau Teil III: Eisenkonstruktionen, Abschnitt: Eindeckungen. (Verlag für beide Julius Springer, Berlin.)

[4]) Vgl. Der Bauingenieur 1920, Heft 16/17, von Luft und Rüth: Eisenbetonschwimmkörper und ihre Verwendung. Vortrag auf der 23. Hauptversammlung des Deutschen Beton-Vereins im Mai 1920.

A. Einige Versuchsergebnisse der Leichtbetonproben[1]).

Nr.	Z	Tr.	Muschel-kalk 0—3	Rhein-sand 0—5	Rhein-kies 5—10	Bims-sand 0—5	Bims-kies 5—10	Binde-mittel	Festig-keits-Material	Leicht-Material	Raum-Gew.	Zug	Druck	Bemerkungen:
1	1	0,5	—	0,67	0,33	1	—	1,2	1,3	1,0	1,95	33	305	Unnötig hohe Festigkeiten, zu schwer und zu teuer.
				zusammen 2,0										
2	1	0,5	—	0,5	0,25	1,25	—	1,2	1,05	1,25	1,85	30	290	Die Kiesteile 5—10 mm setzen sich leicht ab.
				zusammen 2,0										
3	1	0,5	—	—	—	2,0	—	1,2	0,3	2,0	1,55	20	180	Wegen Fehlens der Festigkeits-materialien trotz fetter Mischung geringe Festigkeit.
				zusammen 2,0										
4	1	0,5	—	1	0,5	1,5	—	1,2	1,8	1,5	1,95	28	210	Gute Festigkeit jedoch zu schwer Kies 5—10 mm setzt leicht ab.
				zusammen 3,0										
5	1	0,5	—	1	0,5	0,5	1,0	1,2	1,8	1,5	1,95	26	220	Grober Bims 5—10 mm schwimmt auf.
				zusammen 3,0										
6	1	0,5	0,5	0,5	—	2,0	—	1,2	1,3	2,0	1,60	24	190	In Festigkeit besser wie Mischung 3 (1 : 0,5 : 2) infolge Festigkeits-materialien bei nahezu gleichem Raumgewicht.
				zusammen 3,0										
7	1	0,25	—	1	—	2,0	—	1,1	1,15	2,0	1,65	23	175	Raumgewicht größer u. Festig-keit geringer wie Mischung 6.
				zusammen 3,0										

Mischungsverhältnisse in Raumteilen (steifflüssig) — *Nach 4 Wochen:*

B. Grenzen der Mischungsverhältnisse [1]).

Je nach Zweck und Anforderungen an Festigkeit, Leichtigkeit und Wasserdichtigkeit.

Bindemittel und Festigkeitsmaterial	Zement : 1 Traß : 0,3—0,6 Steinmehl 0—3 : 0,2—0,6 Rheinsand 0—5 : 0,5—1,0—1,25	Mischungsverhältnisse in Raumteilen
Leichtmaterial	Bimssand 0—5 : 1,25—1,5—2,0	

[1]) Siehe Fußnote S. 32.

Für das Steinmehl hat sich bei den Versuchen eine Korngröße bis
zu 3,0 mm, für Sand und Bims eine solche bis zu 5 mm als zweckmäßig
erwiesen. Für die Festigkeiten der verschiedenen Mischungsverhältnisse
ist naturgemäß einerseits das Verhältnis der Bindemittel zu den Zuschlägen, andererseits das Verhältnis der Festigkeitszuschläge zu den
Leichtbeimengungen von bestimmendem Einfluß.

Bei Biegeproben zeigte sich, daß (wie zu erwarten stand) ohne
Bewehrung eine nur geringe Tragfähigkeit zu erreichen ist, daß in den
Bruchflächen eine gleichmäßige Verteilung der verschiedenen Stoffe
vorhanden war, daß bis zum Eintritte der ersten Risse ein vollkommen
elastisches Verhalten sich kundtat, im Bruchzustand sich die Biegedruckfestigkeit, rechnerisch nach Navier ermittelt, auch hier zu dem
1,7 fachen der Würfelfestigkeit ergab. Schubversuche, sowohl für ruhende
wie stoßende Belastung durchgeführt, lieferten das Ergebnis, daß der
erste Schubriß im wesentlichen unabhängig von der Anordnung der
Eisenbewehrung auftrat, jedoch mit dem Unterschiede, daß bei einer
richtigen Schubbewehrung durch Bügel und Aufbiegungen die Risse
zunächst nur sehr fein und erst nach der Bruchlast stärker waren,
während ohne Schubeisen sofort und plötzlich starke Rißbildung eintrat[2].

---

[1] Die vorstehende Zusammenstellung gibt unter A einige bezeichnende Versuchsergebnisse der Leichtbetonproben.

Es sind zunächst 3 Mischungsverhältnisse 1 Z. : 0,5 Tr. : 2,0 Zuschlägen
3 weiteren Mischungsverhältnissen von 1 Z. : 0,5 Tr. : 3,0 Zuschlägen gegenüber-
gestellt, wobei der Einfluß der Verschiedenartigkeit der Zuschläge gezeigt wird.
Bindemittel und Zuschlagsmaterialien sind für jede Mischung in Bindemittel,
Festigkeits- und Leichtmaterial zusammengezogen, wobei der Traß zu $3/_5$ als
Bindemittel und zu $2/_5$ als Festigkeitsmaterial gerechnet worden ist. Die Zusammenstellung gibt die Raumgewichte sowie die Zug- und Druckfestigkeiten der
einzelnen Mischungen nach 4 Wochen an und enthält Bemerkungen über die Ergebnisse. Die Mischung 7 der Zusammenstellung zeigt noch den Einfluß einer
Traßverminderung und Ersetzung von Muschelkalk durch Rheinsand. Die
Mischungsverhältnisse der Zusammenstellung A geben nur einen geringen Bruchteil der nach dem Programm durchgeführten Hauptversuchsreihen.

Unter B der Zusammenstellung sind Grenzen brauchbarer Mischungsverhältnisse angegeben, die je nach dem Zweck des Betons und der Anforderung an Festigkeit, Leichtigkeit und Wasserdichtigkeit nach dem Gesamtergebnis der Versuche in
Frage kommen. Es können hiernach besonders leichte Mischungen mit Raumgewicht
von etwa 1,5 bei vierwöchigen Festigkeiten von 15—20 kg/qcm Zug und 160 bis
180 kg/qcm Druck sowie weniger leichte Mischungen mit einem Raumgewicht bis zu
etwa 1,8 bei vierwöchigen Festigkeiten von 25—30 kg/qcm Zug und 210—240 kg/qcm
Druck erzielt werden. Als Festigkeiten nach 6 Wochen können als Durchschnitt der
Versuche für Zug um 10%, für Druck um 15% höhere Werte angenommen werden.

Innerhalb dieser Grenzen der Mischungsverhältnisse wurden auch sämtliche
seitherigen Ausführungen der Firma Dyckerhoff & Widmann auf dem Gebiete
des Leichtbetons gewählt. Auch für die im Gange befindlichen Ausführungen
bleiben die gleichen Gesichtspunkte maßgebend.

[2] Mit dieser Erscheinung ging die weitere, an sich selbstverständliche parallel,
daß bei richtiger Schubbewehrung die Bruchlast erheblich höher lag, als ohne diese.

Bezüglich des elastischen Verhaltens zeigte sich, daß der Leichtbeton in höherem Grade elastisch war als der Kiesbeton, Verhältnisse, die besonders wichtig sind für die Verteilung der Druck- und Zugspannungen auf Beton und Eisen bei der Verbundkonstruktion, da sich hierbei einmal eine bessere Ausnutzung der Eisen, zum anderen eine geringere Zugbelastung des Betons vor Eintritt von Rissen ergibt. Durch Stoßversuche wurde die hohe Widerstandsfähigkeit und Zähigkeit des Betons gegenüber auf ihn herabfallenden Gewichten erwiesen. Hierzu wirkte in nicht geringem Maße die bei allen Bruchversuchen gleichmäßig beobachtete große Haftfestigkeit des Eisens im Leichtbeton mit. Die Eisen waren noch in unmittelbarer Nähe der Zerstörungsstellen fest von dem Beton umschlossen und der Verbund nicht zerstört. Ein sicherer Rostschutz für die Eisen war überall vorhanden. Der Nachweis der Wasserdichtheit[1]), wichtig namentlich für die Verwendung des Leichtbetons für Schwimmkörper aller Art, wurde bis zu 1 kg/qcm Wasserdruck bei allen ausgewählten Mischungsverhältnissen erbracht. Die Platten blieben — selbst nach mehrtägiger Prüfung, zum Teil sogar unter Steigerung des Druckes bis auf 2,5 kg/qcm — an ihrer Unterseite vollkommen trocken.

Die Versuche lassen erkennen, daß auch der Leichtbeton ein wertvolles Konstruktionsmaterial nicht nur für Schwimmkörper, sondern überhaupt für den Eisenbetonbau ist und schon deshalb voraussichtlich in Zukunft seine allgemeine Verwendung bedeutungsvoll werden dürfte[2]).

Das Mischungsverhältnis von Zement zu Sand und Steinmaterial für Eisenbetonbauten beträgt in der Regel 1 : 4 bis 1 : 5; die Mischung

---

[1]) Hier fordert der Germanische Lloyd in seinen Vorschriften für Eisenbetonschiffe, daß Platten von 5 cm Stärke unter einem Wasserdruck von 1 kg/qcm d. h. bei 10 m Wasserhöhe, während 24 Stunden kein Wasser in Form von Tropfen durchlassen.

[2]) Über die praktische, bereits vielseitige Anwendung von mit Hilfe von Schlacken hergestelltem Leichtbeton in Frankreich gibt die nachfolgende Mitteilung einen Anhalt: Aus französischen Versuchen (Rabut, Mesnager) geht hervor, daß bei gleichem Zementzusatz Schlackenbeton etwas widerstandsfähiger ist als Kiesbeton, daß Schlackenbeton 30—40% weniger wiegt, daß das Verhältnis der Festigkeit zum Gewicht ein Größtwert ist für einen vier- bis fünfmal kleineren Raumteil an Sand als an Schlacke, daß endlich eine chemische Einwirkung durch der Schlacke anhaftenden Schwefel im allgemeinen nicht zu befürchten steht. Aus solchem Leicht-Schlackenbeton sind bereits in Frankreich Brückenbauten, Verbundpfähle usw. bei bedeutender Gewichtsersparnis mit bestem Erfolge hergestellt worden. Vgl. Der Leichtbeton und die Höchstleistungen bei der Errichtung großer Bauten von P. Knauff im „Bauingenieur" 1920; betr. Leichtbeton im Schiffbau siehe Born, Bau von Schiffen aus Eisenbeton, 1918, Petry, Zur Frage des Eisenbetonschiffbaus, Heft 13 der Zementverarbeitung, 1920; Teubert, Der Eisenbetonschiffbau, 1920 u. a. m.

1 : 3 findet nur selten und nur bei dünnen und stark belasteten Bauteilen, bei denen zudem die Schwindgefahr unerheblich ist, Anwendung. Die neuen deutschen Bestimmungen fordern, ohne Festsetzung der Zementmenge, mindestens $^1/_2$ cbm Mörtel auf 1 cbm Beton. Diese Zahl ist damit begründet, daß erfahrungsgemäß hierbei ein dichter Beton entsteht, der einen sicheren Rostschutz des Eisens liefert. Unter Mörtel ist naturgemäß die Mischung von Zement, Sand und Wasser, also ohne das Steinmaterial, zu verstehen. Hierbei kann im allgemeinen damit gerechnet werden, daß das Verhältnis von Zement zu Sand nicht magerer als 1 : 3 sein soll, das von Sand und Steinen 1 : 1,5 bis 1 : 2 ist, daß das Raumgewicht dieser Zuschlagstoffe im Mittel 1500—1700 kg/cbm beträgt, der Zement zu rund 1300 kg/cbm gerechnet werden kann[1]) und das **Raumgewicht des Eisenbetons** sich auf 2,3 stellt.

Bei der Bauausführung werden Sand, Kies, Grus und Steinschlag nach Raumteilen, Zement nach Gewicht bemessen. Zur Umrechnung des Gewichtes von Zement auf Raumteile ist ersteres nach losem Einfüllen in ein Hektolitergefäß zu bestimmen. Einem Mischungsverhältnis von 1 Zement zu 4 Kiessand entspricht somit auf 4 cbm vom letzteren im Mittel ein Gewicht von 1300 kg Zement[2]). Der **Wasserzusatz** wird meist in Gewichtsteilen des lufttrockenen Gemenges von Zement, Sand und Stein angegeben und beträgt bei weichem Beton rund $7^1/_2$—10, bei flüssigem 10—$13^1/_2$ v. H.

Nach Mörsch entspricht unter Berücksichtigung des durch die Einstampfung entsprechenden Raumverlustes:

ein Zementgehalt von 450 kg auf 1 cbm fertigen Beton dem Mischungsverhältnis 1 : 3,

,,   ,,   ,, 355 ,, auf 1 cbm fertigen Beton dem Mischungsverhältnis 1 : 4,

,,   ,,   ,, 295 ,, auf 1 cbm fertigen Beton dem Mischungsverhältnis 1 : 5.

Hierbei ist allerdings das Gewicht von 1 cbm Zement zu 1400 kg ge-

---

[1]) Früher nahm man hierfür 1400 kg an. Nach neuen Versuchen ist die Zahl 1300 kg/cbm der häufiger vorkommende Mittelwert. Nach Heft 29 des Deutschen Ausschusses für Eisenbeton, S. 16, ergab sich bei 21 Einfüllproben als Kleinstwert rund 1200, als Größtwert 1386, als Mittel 1270 kg/cbm.

[2]) In seinen Erläuterungen mit Beispielen zu den Eisenbetonbestimmungen 1916, 2. Aufl. (1918) empfiehlt W. Gehler auf S. 20 im Hinblick darauf, daß je kleiner das Raumgewicht für die Umrechnung gewählt wird, um so weniger Zementgehalt in Wirklichkeit bei Abwiegung der Zementmenge ein nach Raumteilen angegebenes Mischungsverhältnis in sich schließt, als Raumgewicht im allgemeinen 1400 kg/cbm anzunehmen, falls nicht ein geringeres Raumgewicht durch Bestimmung des Hektolitergewichtes nachgewiesen wird.

rechnet. Werden Sand und Kies gemischt verwendet, so ist noch mit einem Raumverlust durch Einstampfen von 15—20% zu rechnen[1]).

Soll ein **vollkommen wasserdichter Beton** erzielt werden, so kann das durch **Zusätze** besonderer Art zum Beton, durch **Anstriche und Verputz**, oder aber durch eine **geeignete Zusammensetzung der Zuschlagstoffe und Mörtelbildner** erreicht werden. Während in erster Linie Stoffe wie Ceresit, Aquabar, Antiaqua-Zement, Impervit bzw. Preolith, Inertol, Siderosthen, Nigrit, Teer- und Seifenpräparate, Asphalt- bzw. Bitumenemulsionen, Teer, Goudron, Asphalt, Fluate, Liebold-Zement usf. in Frage kommen, wird in zweiter Linie die vollkommene Dichtigkeit durch das bereits erwähnte zweckmäßige, möglichst dichte Mischungsverhältnis von Sand und Steinen oder durch Hinzufügung von Nettetal-**Traß** zum Zementmörtel zu erreichen gesucht. In letzterer Hinsicht ist ein Mischungsverhältnis von etwa 0,3—0,5 R.-T. Traß zu 1 R.-T. **Portlandzement** zu empfehlen. Hierbei wird zwar ein Beton geschaffen, der langsamer abbindet wie der reine Zementbeton, der demgemäß auch weniger zeitig ausgeschalt werden darf wie dieser, der aber dichter und zugfester ausfällt. Wenn also auch in der ersten Zeit dieser Zement-Traß-Beton bei wenig Wassergehalt im allgemeinen — aber durchaus nicht stets — etwas weniger druckfest wird wie der Beton ohne Traßzusatz, so hat das doch keine erhebliche Bedeutung, da namentlich in der ersten Zeit des Bauwerks die Druckfestigkeit des Materials keine volle Ausnutzung zu finden pflegt; dafür aber tritt der Vorteil ein, daß die Zugfestigkeit des Betons meist erheblich steigt, also das Auftreten schädlicher Risse erschwert wird.

Vor allem hat sich aber ein Traßzusatz bei **Guß**beton von günstiger Wirkung sowohl auf dessen Druck- wie Zugfestigkeit erzeigt[2]) — eine Feststellung, die gerade für den Eisenbetonbau als besonders bedeutsam einzuschätzen ist[3]).

---

[1]) Vgl. Mörsch: Der Eisenbetonbau, 5. Aufl. 1920, S. 34.

[2]) Genaueres über diese Frage s. in: Foerster, Baumaterialienkunde Heft V bis VI, Kap. XXIX, S. 98: Hydraulische Zuschläge und in der dort angegebenen Literatur sowie in Arm. Beton 1917, Heft 7: Die teilweise Ersetzung von Zement durch Traß von M. Foerster; ferner in Beton u. Eisen 1914, Heft XIII u. XIV über Versuche mit Traßmörteln von Martin und in Arm. Beton 1918, Heft 5, Bericht über die Hauptversammlung des Deutschen Beton-Vereins 1918. Hier ist auch besonders auf die Notwendigkeit einer weiteren Klärung der Wirkung von Traßzusätzen zum Beton beim Eisenbetonbau hingewiesen.

[3]) Über die Einwirkung von Traß auf Portlandzementmörtel und Beton vgl. ferner: Versuche zur Ermittelung der Widerstandsfähigkeit von Betonkörpern mit und ohne Traß, Heft 43 der Veröffentl. des Deutschen Ausschusses für Eisenbeton. Dieses Heft (bearbeitet von O. Graf) behandelt die Ergebnisse von Untersuchungen, die für Behörden und Firmen mit Nettetal-Traß in der Stuttgarter Versuchsanstalt in den Jahren 1909—1918 ausgeführt worden sind. Für das

Die **Güte des Betons** im Eisenbetonbau ist durch eine **Würfelprobe** mit einem Würfel von 20 cm Kantenlänge zu erweisen. Nach den Bestimmungen vom Oktober 1915 sind die Prüfungen nach 28 oder 45 Tagen nach Fertigstellung der Probekörper auszuführen. Die Druckfestigkeit nach dieser Zeit soll bei

Gebiet, welches durch die Versuche gedeckt ist, faßt der Verfasser die Ergebnisse der Versuche folgendermaßen zusammen:

„Die Druck- und Zugfestigkeit des Betons, die Widerstandsfähigkeit von Eisenbetonbalken gegen Rißbildung, die Dehnungsfähigkeit des Betons im gebogenen Balken sind bei Verwendung von Beton mit Traßzusatz größer als bei Beton ohne Traßzusatz, falls es sich um feucht gelagerten Beton handelt. Die Druckelastizität des Betons mit Traßzusatz ergab sich größer als diejenige ohne Traßzusatz.

Die Zunahme der Widerstandsfähigkeit des Betons durch Traßzusatz ist jedoch auch nicht annähernd so groß, als wenn unter sonst gleichen Verhältnissen statt Traß eine ebenso große Menge Zement beigemengt würde. Übersteigt der Traßzusatz einen gewissen Betrag, so vermindert sich die Widerstandsfähigkeit.

Eine Erklärung hierfür ergibt sich aus folgendem: Traß erhärtet nicht selbständig; vielmehr verbinden sich gewisse Bestandteile des Trasses mit gewissen Bestandteilen des Zements. Die bisher meist übliche Annahme setzt namentlich voraus, daß die lösliche Kieselsäure des Trasses mit den bei der Erhärtung des Zements entstehenden Kalkhydraten bindet. Die Menge dieses Kalkes hängt natürlich ab von der Zusammensetzung des Zements und den Erhärtungsbedingungen. Es ergibt sich aus dieser Annahme, daß Traß nur wirksam werden kann, soweit der Zement die erforderliche Ergänzung bietet, was sich überdies erst mit fortschreitender Erhärtung langsam vollzieht. Infolgedessen wird der Traß nur in begrenzter Menge zuzusetzen sein, und der Traß wird mit steigendem Alter des Betons an Bedeutung gewinnen. Ein Zuviel an Traß verdünnt gewissermaßen den Mörtel und vermindert dadurch die Festigkeit.

Bei trocken gelagertem Beton tritt der Einfluß des Trasses auf die Festigkeitseigenschaften des Betons oder Mörtels zurück, kehrt sich zum Teil um. Weiter fand sich, daß trocken gelagerter Zementmörtel mit Traßzusatz mehr schwindet als ohne Traß. Im allgemeinen dürfte es sich bei Verwendung von Traß zu Zementbeton, der dem Austrocknen ausgesetzt wird, empfehlen, jeweils Vorversuche mit den vorgesehenen Baustoffen anzustellen."

Vgl. hierzu auch die Besprechung des Heftes 43 im Bauingenieur Heft 19. Selbstverständlich darf nur Portlandzement, und zwar zweckmäßig nur solcher mit einem möglichst hohen Kalkgehalt Verwendung finden, da nur bei ihm die „aktive Kieselsäure" des Trasses eine gute Abbindung mit dem freien Kalk zu finden vermag (vgl. u. a. neben den grundlegenden Arbeiten von Dr.-Ing. E. h. A. Hambloch - Andernach die Ausführungen von Prof. Dr. Brauns im Bauingenieur 1920, Heft 12 und 13). Im besonderen wird hier die Theorie der Erhärtung von Traß und seine Einwirkung auf andere Bindemittel wissenschaftlich erörtert und der Begriff Traß, d. h. Traß aus dem Nettetal in der Eifel, gegenüber anderen Tuffgesteinen abgegrenzt. Ferner sind eine größere Anzahl Aufsätze in der Tonindustrie-Zeitung 1919 und 1920 hier erwähnenswert, die sich mit dem teilweisen Ersatz von Portlandzement durch Traß für die verschiedensten Verwendungsgebiete befassen. Über neueste Versuche aus den Jahren 1918 und 1920 berichtet Dr. Calame (im Anschlusse an Mitteilungen über denselben Gegenstand an der gleichen Stelle 1918, Nr. 142) in der Deutsch. Bauztg. Mitt. f. Zement u. Beton

flüssigem Beton 150 bzw. 180 kg/qcm, bei Säulenbeton 180 bzw. 210 kg/qcm betragen.

Die Betonmasse kann von Hand, muß aber bei größeren Bauausführungen durch geeignete Mischmaschinen gemischt werden.

Bei der Handmischung sind auf einer gut gelagerten, dicht schließenden Pritsche oder auf ebener, schwer absaugender und fester Unterlage zunächst Sand, Kiessand oder Grus mit dem Zement trocken zu mischen, bis ein gleichmäßig gefärbtes Gemenge erzielt ist. Alsdann ist das Wasser zuzusetzen, und hierauf sind die gröberen Bestandteile — vorher genäßt und falls notwendig gewaschen — hinzuzufügen.

Bei der Maschinenmischung wird das gesamte Gemenge zunächst trocken und hierauf, unter allmählichem Wasserzusatz, so lange weiter gemischt, bis eine innig gemengte gleichmäßige Betonmasse entstanden und die Steine allseitig mit gleichfarbigem Mörtel umgeben sind (§ 6, 6 der Bestimmungen).

Alsbald nach dem Mischen ist die Betonmasse ohne Unterbrechung zu verarbeiten. Nur in Ausnahmefällen darf der Beton unverarbeitet liegen bleiben, und zwar bei trockener, warmer Witterung nicht über eine, bei nassem, kühlem Wetter nicht über zwei Stunden. Solche Masse ist vor Witterungseinflüssen zu schützen und vor Verwendung nochmals umzuschaufeln. In allen Fällen muß die Betonmasse vor Beginn des Abbindens verarbeitet sein.

1920 v. 13. III., S. 7. Hier sind auch Versuche mit Eisenportlandzement, Kalk und Traß, naturgemäß — wie zu erwarten stand — mit wenig günstigem Erfolge erwähnt. Daß u. U. bei Portlandzement-Traß-Mörtel auch die Druckfestigkeit des Mörtels steigt, lassen z. T. die nachfolgenden von Dr. Calame mitgeteilten Versuchsergebnisse erkennen.

1. Mörtel-Mischung 1:3.

Bindemittelmischung	Druckfestigkeit in kg/cm² nach				Lagerung der Proben
	7 Tagen	28 Tagen	3 Mon.	1 Jahr	
Portlandzement	79,2	121,0	196	253	Süßwasser
	71,2	218	185	202	Luft
Portlandzement — Traß	140	178,5	269,5	334	Süßwasser
	128,8	257	287	311	Luft

2. Mörtel-Mischung 1:4.

Bindemittelmischung	Druckfestigkeit in kg/cm² nach				Lagerung der Proben
	7 Tagen	28 Tagen	3 Mon.	1 Jahr	
Portlandzement	67	116,5	191	265	Süßwasser
	66,5	191	199	236	Luft
Portlandzement — Traß	76,5	94	147	213	Süßwasser
	86,3	166	197	228	Luft

Beim Einbringen ist auf die Erhaltung bzw. Wiederherstellung der Gleichmäßigkeit der Mischung zu achten. Auch sind die Massen frisch auf frisch zu betonieren, damit sie unter sich ausreichend fest binden. Bei Plattenbalken sind Steg und Platte in einem Arbeitsgange herzustellen, soweit es die Abmessungen der Bauteile zulassen. Betonierungsabschnitte sind an die wenigst beanspruchten Stellen zu legen.

Zur guten und dichten Umhüllung der Eisen ist weicher oder flüssiger Beton der geeignetere. Wird ausnahmsweise für Bauteile mit geringer Bewehrung erdfeuchter Beton verwendet, so ist in Schichten von höchstens 15 cm Stärke zu stampfen; dabei darf der erdfeuchte Beton nicht zu trocken angemacht werden.

Vor dem Fortsetzen des Betonierens ist die Oberfläche abgebundener Schichten aufzurauhen, von losen Bestandteilen zu reinigen und anzunässen. Alsdann ist ein dem Mörtel der Betonmasse entsprechender Zementbrei aufzubringen; auf ihn hat, solange er noch nicht abgebunden hat, die neue Betonschicht zu folgen (§ 7 der Bestimmungen).

Bei stärkerem Frost als —3° C an der Arbeitsstelle darf nur betoniert werden, wenn in geeigneter Weise dafür gesorgt ist, daß der Frost keinen Schaden bringt. Die Baustoffe dürfen weder gefroren sein noch darf an gefrorene Bauteile anbetoniert werden. Beton, der im Abbinden ist, ist besonders sorgfältig vor Kältewirkung zu schützen (§ 8 der Bestimmungen).

Durch Versuche im Laboratorium des Vereins der Deutschen Portland-Zementfabrikanten ist gefunden, daß die Verwendung einer Chlormagnesiumlösung 1 : 4 als Anmachewasser zur Folge hat, daß bis bei 7° C Kälte hergestellte Betonkörper gut abbinden und nach 7 Tagen 185 kg/qcm, nach 28 Tagen 292 kg/qcm Druckfestigkeit aufwiesen. Die im warmen abgebundenen Körper normaler Art zeigten Festigkeiten von 205 bzw. 344 kg/qcm. Chlormagnesium ermöglicht also, daß man bei Frost betonieren kann, ohne an Festigkeit des Betons mehr als $^1/_6$ zu verlieren.

Das elastische Verhalten des Betons ist ein erheblich anderes wie das des Konstruktionseisens. Abgesehen davon, daß der Beton bei Druck- und Zugbelastung ein verschiedenes Verhalten zeigt und demgemäß die Elastizitätszahlen für beide Beanspruchungsarten verschieden sind, stellen sie überhaupt keine konstanten Größen dar, sondern sind mehr oder weniger von einer ganzen Zahl verschiedener Faktoren abhängig. Hier sprechen vorwiegend mit: die Spannungsgröße, das Mischungsverhältnis, die Bindemittel, die Zuschlagstoffe, der Wasserzusatz, die Art der Verdichtung und das Alter. Demgemäß kann man die Elastizitätszahl für Beton auch nur innerhalb bestimmter Grenzen und gewisser Mischungsverhältnisse und Rohstoffe als eine bestimmte Zahl angeben.

Auf Grund zahlreicher Versuche läßt sich die Beziehung zwischen Längenänderung und Spannung für Beton durch die Beziehung:

$$\lambda = \frac{\sigma^m}{E_b} \,{}^1) \qquad (1)$$

ausdrücken, wenn σ die Spannung, λ die zugehörende Längenänderung, E die Elastizitätszahl des Betons und m eine vom Material abhängige Größe darstellt, die aus Versuchen von Bach zu 1,11—1,16 (durch Schüle - Breslau) ermittelt worden ist. In der Regel wird mit Recht für Berechnungen der Praxis $m = 1$ gesetzt, also das Spannungsgesetz des Betons in der angenäherten Form:

$$\lambda = \frac{\sigma}{E_b} \qquad (1\,a)$$

benutzt.

In welchem Maße die Größe der Spannung auf die Elastizitätszahl des Betons bei Druckbelastung „E_{bd}" einwirkt, lassen die nachfolgenden wenigen Zahlen (Versuche von Bach mit einem 77 Tage alten Beton 1 : 2,5 : 5) erkennen:

$\sigma =$	0—8	8—16	16—24	24—32	32—40	kg/qcm
$E_{bd} =$	300 000	256 000	226 000	212 000	194 000	,,

Die Elastizitätszahl nimmt also sehr erheblich mit zunehmender Belastung und hiermit vergrößerter Spannung ab.

Das gleiche lassen Versuche von E. Probst erkennen (Erhärtungszeit 62 Tage, 300 kg Zement auf 1 cbm fertigen Betons, 10 v. H. Wassergehalt).

$\sigma =$	13,7	20,3	27,1	33,9	40,6	47,6	54,0	60,8	67,5	kg/qcm
$E_{bd} =$	315 000	254 000	204 000	189 000	185 800	185 500	147 000	139 000	139 000	,,

Daß in diesen Verhältnissen auch eine Eisenbewehrung keinen grundlegenden Unterschied macht, ergeben Versuche von Bach mit unbewehrten Betonprismen und solchen mit Eiseneinlage, die bei Spannungen von 16 bis 115 kg/qcm ohne Eisen und verschiedener Bewehrung die Größe der Elastizitätszahl des Betons bei Druckbelastung zu 280 000—174 000 bzw. zu 393 000—194 800 kg/qm ergaben.

Den Einfluß der Spannung, der Mischung, des Wasserzusatzes und des Alters spiegeln die folgenden Zahlen wider (Versuche von E. Mörsch):

---

[1]) Dies Gesetz ist vielfach unter dem Namen des Bach - Schüleschen Potenzgesetzes bekannt, für Stampfbeton zwar ermittelt, aber auch für weichen Beton gültig. Es scheint sogar, daß, je plastischer die Mischung ist, desto gleichmäßiger und elastischer das Material arbeitet — wiederum ein Hinweis auf die Nützlichkeit der Verwendung von Gußbeton.

σ_d in kg/qcm	Mischung 1:3			Mischung 1:4	
	$E\,b_d$ in kg/qcm bei einem Wasserzusatz von				
	8% nach 8 Monaten	14% nach 8 Monaten	nach 2 Jahren	8% nach 8 Monaten	14% nach 8 Monaten
3,0	300 000	272 000	—	273 000	250 000
6,1	290 000	265 000	305 000	265 000	226 000
12,2	284 000	254 000	290 000	250 000	215 000
24,5	266 000	235 000	283 000	235 000	198 000
36,8	257 000	222 000	278 000	225 000	185 000
61,3	240 000	209 000	268 000	211 000	170 000

Es zeigt sich, daß der Wert E_{b_d} stark fällt mit Zunahme der Spannung, mit vermehrtem Wassergehalt und höherem Sandzusatz, daß er steigt — und zwar recht erheblich — mit zunehmendem Alter der Probekörper.

Die Einwirkung der Zuschlagstoffe läßt die folgende Zusammenstellung beispielsweise erkennen (Versuche von Bach)[1]:

$$E_{bd}$$

Zementmörtel rein	250 000 kg/qcm	
1 Zement : 1,5 Sand	350 000	,,
1 ,, : 3 ,,	315 000	,,
1 ,, : 4,5 ,,	230 000	,,
Beton 1 Zement : 2,5 Sand : 5 Kies	298 000 kg/qcm	
1 ,, : 5 ,, : 6 ,,	280 000	,,
1 ,, : 5 ,, : 10 ,,	217 000	,,

Es ergibt sich, daß E_{b_d} für reinen Zementmörtel kleiner ist als wie für fette Mörtelmischungen. Das bestätigen auch weitere Arbeiten von Bach, die nachweisen, daß der Größtwert von E_{b_d} in den Mischungen 1 : 1,5 und 1 : 2 auftritt[2].

Bei Beton, von Hand gemischt, sind die Zahlen E_{b_d} niedriger als bei Maschinenmischung. Nach Versuchen von Bach mit einem Stampfbeton 1 : 2,5 : 5, 100—129 Tage alt, zeigte sich bei Druckspannungen zwischen 8 bis 40 kg/qcm die Größe E_{b_d}, bei Handbeton zwischen 337 200 und 283 000 kg/qcm, bei Maschinenbeton zwischen 368 000 und 310 000 kg/qcm; der letztere Beton hatte also eine höhere Elastizitätszahl. Weiter beeinflußt auch die Lagerungsart die Größe des Wertes E_{b_d}, und zwar in dem Sinne, daß bei unter Wasser gelagertem Beton die entsprechenden Werte nicht unerheblich größer sind als wie bei Luftlagerung[3].

---

[1] Vgl. Forschungsarbeiten des Vereins Deutscher Ing. Heft 95, 1910.

[2] Vgl. Bach u. Graf, Versuche über die Elastizität des Zementmörtels usw. Arm. Beton 1911, Heft 9.

[3] Vgl. die Ausführungen von Bach im Arm. Beton 1910.

Endlich lassen auch wiederholte Entlastungen die Elastizitätszahl höher werden als stufenweise Belastung ohne Entlastung[1]).

Ähnliche Verhältnisse liegen im allgemeinen vor bei der Elastizitätszahl des Betons auf Zug: E_{b_3}.

Die Einwirkung der Spannung und des Wassergehaltes läßt die nachfolgende Zusammenstellung erkennen. In ihr handelt es sich um Ergebnisse von Versuchen von E. Probst mit einem Beton 1:2:4 und bei Wasserzusätzen von 10,1, 9,1 und 7,9 v. H. Als Probekörper für die Messungen wurden Betonzylinder benutzt[2]).

σ_3 in kg/qcm	Wassergehalt 10,1 % E_{b_3} in kg/qcm	Wassergehalt 9,1 % E_{b_3} in kg/qcm	Wassergehalt 7,9 % E_{b_3} in kg/qcm
0,0	272 000	312 000	375 000
0,5	263 000	312 000	326 000
1,0	254 000	312 000	319 000
2,0	254 000	306 000	319 000
4,0	246 000	300 000	319 000
5,0	242 000	300 000	319 000
6,0	238 000	300 000	319 000
7,0	234 000	300 000	313 000
8,0	—	294 000	—

Die Zahlen lassen erkennen, daß auch hier mit wachsendem Wassergehalt und Zunahme der Spannung die Elastizitätszahl abnimmt; zugleich gibt sich zu erkennen, daß die Mörtel ein um so gleichmäßigeres Verhalten zeigen, je geringer der Wassergehalt ist[3]).

Dasselbe zeigen Versuche von E. Mörsch, die sich denen auf S. 40 für die Druckelastizität anschließen und zugleich auch über die Vergrößerung von E_{b_3} mit dem Alter der Proben Aufschluß geben.

σ_3 in kg/qcm	Mischung 1:3			Mischung 1:4	
	E_{b_3} in kg/qcm bei einem Wassergehalt von				
	8% nach 3 Monaten	14% nach 3 Monaten	14% nach 2 Jahren	8% nach 3 Monaten	14% nach 3 Monaten
1,6	267 000	230 000	390 000	266 000	250 000
4,6	230 000	200 000	311 000	224 000	200 000
6,2	221 000	194 000	310 000	200 000	194 000
9,2	196 000	—	303 000	—	—
13,8	—	—	298 000	—	—
	Zugfestigkeit 12,6 kg/qcm	Zugfestigkeit 10,5 kg/qcm	Zugfestigkeit 15,8 kg/qcm	Zugfestigkeit 9,2 kg/qcm	Zugfestigkeit 8,8 kg/qcm

[1]) Siehe Heft 17 der Veröffentlichungen des Deutschen Ausschusses für Eisenbeton.

[2]) Vgl. E. Probst, Vorlesungen über Eisenbetonbau Bd. I, S. 50 (Verlag Julius Springer, 1917).

[3]) Verwiesen sei in diesem Zusammenhang auch auf die Versuche von Bach mit Betonmischungen 1 : 2 : 3 im Alter von 46 Tagen. Hier zeigten sich bei Betonzugspannungen von 2,5—12,3 kg/qcm, bei 10 v. H. Wasser Werte von E_{b_3} von 400 000 bis 337 000, bei 12,1 v. H. Wasser solche von 400 000—330 000 kg/qcm.

Es ergibt sich auch hier eine Abnahme von E_{b_3} — wie bei E_{b_d} — bei magerer Mischung und die, allerdings sehr beträchtliche, Zunahme dieses Wertes im Laufe der Zeit.

Vergleicht man die Zusammenstellung mit der entsprechenden für E_{b_d}, so zeigt sich, daß die letztere Zahl vergleichsweise größer als E_{b_3} für die erste Zeit der Erhärtung ist, daß sich aber die Unterschiede im Laufe der Zeit immer mehr ausgleichen dürften. Für die statischen Berechnungen spielt im allgemeinen E_{b_3} eine weniger wichtige Rolle wie E_{b_d}, da — wie später noch ausführlich behandelt wird — die Zugfestigkeit des Betons bei Verbundbauten in der Regel statisch nicht berücksichtigt wird.

Für Rechnungen der Praxis sind, soweit im besonderen das für sie grundlegende Verhältnis der Elastizitätszahl von Eisen zu Beton — $n = \dfrac{E_e}{E_b}$ — in Frage kommt, nach den neuen Bestimmungen feste Größen in die Rechnung für diese Formänderungsgröße einzuführen.

Für das Eisen, in der Regel Flußeisen, ist ein $E_e = 2\,100\,000$ kg/qcm zugrunde zu legen, während für $E_b = E_{b_d}$, je nachdem es sich um Berechnungen unter Zugrundelegung von Formänderungen oder um die Ermittlung von Spannungen in einem — angenommenen — Bruchzustande handelt, verschiedene Werte einzuführen sind.

Bei der Berechnung der unbekannten Größen statisch unbestimmter Tragwerke, bei denen der Zustand der zulässigen Belastung wie bei allen Formänderungsuntersuchungen zugrunde gelegt wird, ist der Wert $n = 10$, d. h. E_b zu 210 000 kg/qcm (entsprechend einem Winkel des Verlaufs der E_b-Kurve von rund 64°30′) zu nehmen (§ 16, 1), während für sonstige Baulichkeiten mit $n = 15$ zu rechnen ist (§ 17, 2); hier beträgt also der Wert von E_b nur 140 000 kg/qcm, entsprechend dem Bruchzustande, der wegen Vernachlässigung der Betonzugspannungen, d. h. der Annahme in der Zugbetonzone bereits eingetretener, feiner Risse und hierdurch bedingter statischer Ausschaltung dieser Betonzone anzunehmen ist. Demgemäß wird, abgesehen von Formänderungsrechnungen:

$$n = \frac{E_e}{E_b} = \frac{2\,100\,000}{140\,000} = 15 \tag{2}$$

für die üblichen statischen Berechnungen zugrunde zu legen sein. Sinngemäß könnte man aber bei Berechnungen normaler Art, in denen man die Zugzone des Betons noch berücksichtigt, um die in ihr auftretenden Zugspannungen rechnerisch zu verfolgen, mit einem Werte $n = 10$ arbeiten, da ja die Rechnung das Auftreten von Zugrissen als, wenigstens zunächst, nicht vorhanden voraussetzt.

Für Berechnung von Einbiegungen von Tragwerken empfiehlt es sich — eine ungerissene Betonzugzone vorausgesetzt — mit einem Mittelwerte von $E_b = 250\,000$ kg/qcm zu rechnen, da eine solche Formänderungszahl sich für den Beton aus zahlreichen Versuchsbalken und deren Durchbiegung ergeben hat. Handelt es sich um die Nachrechnung von zum Bruche gelangten Baukonstruktionen, also um Spannungen während des Bruchstadiums, so wird man andererseits mit einem sehr geringen Werte von E_b zu rechnen und demgemäß für die Größe n Zahlen von 20—25 zweckmäßig einzuführen haben.

Die normale **Druckfestigkeit** des Betons — die „Würfeldruckfestigkeit" — ist, gleich der entsprechenden Elastizitätszahl, keine konstante Größe, selbst nicht für dieselben Mischungsverhältnisse und Baustoffe, da die Verarbeitung und Erhärtung des Betons in der Regel besondere Verhältnisse für die Festigkeitseigenschaften zeitigt. Im allgemeinen ist die Druckfestigkeit abhängig von dem Raumgewicht, der Abmessung der Probekörper, d. h. der Größe der Würfel, der Höhe des Wasserzusatzes und der Menge der Zuschlagstoffe, dem Alter und endlich den Temperatur-, Herstellungs- und Abbindeverhältnissen.

Da in der Regel größere Würfel bei ihrer Herstellung weniger dicht wie kleinere auszufallen pflegen, so ist der Einfluß der Würfelgröße meist zusammenfallend mit der Einwirkung des Raumgewichtes auf die Normaldruckfestigkeit. Aus Versuchen von Burchartz[1]) ergibt sich beispielsweise die nachfolgende Zusammenstellung:

Würfelgröße (Kantenlänge)	Ermitteltes Raumgewicht	Gefundene Druckfestigkeit
7,1 cm	2,40	475 kg/qcm
10 ,,	2,41	460 ,,
20 ,,	2,40	422 ,,
25 ,,	2,37	373 ,,
30 ,,	2,37	375 ,,

Man erkennt, daß die Druckfestigkeit, wie zu erwarten, steigt mit höherem Raumgewicht, also auch mittelbar mit der geringeren Abmessung der Würfel.

Besonders wertvoll für die Normaldruckfestigkeit ist der Einfluß des Wassergehaltes des Betons und der durch eine Erhöhung dieses bedingte Rückgang an Festigkeit, daneben aber auch das Verhältnis der späteren Festigkeitszunahme im Vergleich zum Wassergehalt des Betons.

Zur Darlegung der sich hier abspielenden Vorgänge seien zunächst Versuche des Lichterfelder Material-Prüfungsamtes aus dem Jahre 1903

---

[1]) Vgl. Arm. Beton 1912.

herangezogen. Hier wurden Würfel von 30 cm Seitenlänge in Mischung
1 : 5 und mit Wassergehalt von 5,7, 8,5 und 11,0 v. H. untersucht.

Alter der Würfel	Druckfestigkeit bei einem Wassergehalt von:		
	5,7%	8,5%	11,0%
7 Tage . . .	91	63	60
28 Tage . .	134	90	90
3 Monate . .	163	117	132
6 Monate . .	185	121	169

(Werte in kg/qcm)

Aus diesen Zahlen zeigt sich, daß die Anfangsfestigkeit bei gering-
stem Wassergehalte am größten ist, daß ein höherer Wasserzusatz
einer sehr starken Festigkeitsverminderung entspricht, daß aber die
spätere Erhärtung verhältnismäßig um so schneller vor sich geht, je
mehr Wasser der Beton enthält.

Nach Untersuchungen von Brabandt[1]) mit Mörtel und Beton
ergibt sich, daß ein Wasserzusatz von etwa 15—17% der Raumteile
Zement und Sand die größte Festigkeit liefert, und daß ein höherer
Wasserzusatz diese herabsetzt. Da naturgemäß auch die Temperatur
während des Erhärtungsvorgangs in dem Sinne eine Rolle spielt, daß,
je höher sie liegt, um so mehr Wasser erforderlich wird, so ergibt sich,
daß auch diesen Einflüssen ein nasser Beton besonders gut Rechnung
zu tragen vermag.

Wenn auch Mörtel und Beton nicht miteinander vollkommen gleichartig sind, so rechtfertigt doch immerhin die Art der Abbindung und Erhärtung des einen Rückschlüsse auf die entsprechenden Vorgänge beim
anderen. Deshalb werden auch die Ergebnisse der Versuche in
Lichterfelde, über die Burchartz in den Mitteilungen des Prüfungsamtes (1917, Heft 2/3) berichtet, und die sich auf die Erhärtung von
Zementmörtel 1 : 3 beziehen, auf den Beton, namentlich den bei Verbundbauten, sinngemäße Anwendung finden können. Hier zeigte sich,
daß bei Wasserlagerung eine lebhafte Festigkeitsvermehrung bis zu
6 Monaten eintritt, daß alsdann nur eine schwache Vergrößerung bis
zu 1 Jahr und Stillstand bis zu 2 Jahren zu erwarten ist, daß aber von
da an die Festigkeit bis zu 5 Jahren steigt, um weiterhin nicht fort-
zuschreiten. Bei Luftlagerung hingegen nimmt die Druckfestigkeit bis
zu 28 Tagen normal, und zwar höher als wie bei der Wasserlagerung zu,
steigt bis zu 6 Monaten gering, bis zu 2 Jahren wenig, dann aber dauernd
und lebhaft bis zu 10 Jahren und mehr. Während die Luftproben bis
zu 28 Tagen höhere, bis zu 2 Jahren aber geringere Druckfestigkeiten
aufweisen wie die Wasserproben, übertreffen sie von dieser Zeit an
wieder letztere.

Bei der Wasserlagerung betragen, von der 7-Tage-Festigkeit ausgehend, die Zunahmen bis zu 1 Jahr im Mittel 115, bis zu 10 Jahren

---

[1]) Vgl. Zentralbl. der Bauverwaltung 1907.

im Mittel 152, an der Luft bis zu 5 Jahren rund 125, bis zu 10 Jahren 156 v. H. der vorgenannten Ausgangsgröße.

Wenn auch — nach den vorerwähnten Versuchen von Burchartz — bei den Druckproben ein höherer Wasserzusatz die Festigkeitsentwicklung zunächst bis zu etwa 5 Jahren günstig beeinflußt, so hört dieser Einfluß später auf. Bei keiner Probe hat sich gezeigt, daß die Festigkeit der mit mehr Wasser angemachten Mischung die der mit normalem Wasserzusatz hergestellten im Laufe der Zeit erreicht oder überschreitet. Es steht dies Ergebnis daher mit der vielfach vertretenen Ansicht in Widerspruch, daß die Festigkeitsschwächung durch höheren Wasserzusatz sich im Laufe der Zeit vollkommen ausgleiche.

Nach Versuchen von Bach aus dem Jahre 1909[1]) mit einem Beton 1 : 2 : 3 und 9 v. H. Wassergehalt ergibt sich die Druckfestigkeit nach

$$
\begin{array}{rll}
28 \text{ Tagen zu} & 191 & \text{kg/qcm} \\
45 \quad,, & ,, \ 209 & ,, \\
180 \quad,, & ,, \ 297 & ,, \\
365 \quad,, & ,, \ 329 & ,,
\end{array}
$$

d. i. eine Zunahme der Anfangsfestigkeit nach 28 Tagen um 9 bzw. 55 bzw. 72 v. H.

Über das Verhältnis der Erhärtung von Mörtel im Vergleiche zu dem mit ihm hergestellten Beton im Laufe längerer Zeit gibt die nachfolgende Zusammenstellung Auskunft[2]).

| | Mischung 1 : 2,5 : 5 | | | | Mischung 1 : 4 : 8 | | | |
| | Druckfestigkeit in kg/qcm nach | | | | Druckfestigkeit in kg/qcm nach | | | |
	28 Tagen	100 Tagen	2 Jahren	6 Jahren	28 Tagen	100 Tagen	2 Jahren	6 Jahren
Mörtel .	337	433	568	604	223	256	318	428
Beton .	317	348	484	569	251	268	387	474

Neben der sehr beträchtlichen Nacherhärtung zeigt die Zusammenstellung zugleich den auf die Druckfestigkeit vermindernd einwirkenden Einfluß des höheren Gehaltes an Zuschlagstoffen. Das gleiche lassen die beiden nachfolgenden Zusammenfassungen beispielsweise erkennen[3]):

Mörtel-mischung	Alter				
	28 Tage	3 Monate	1 Jahr	2 Jahre	3 Jahre
1 : 3	219,0	264,0	293	—	308 kg/qcm
1 : 4	163,8	215,8	283	316	320 „
1 : 5	101,4	140,4	180	194	205 „

Alter: 28 Tage.

Mörtelmischung	1 : 1			1 : 2	
Zusatz von Steinschlag	2	3	4	4	5 Teile
Druckfestigkeit in kg/qcm . . .	374	358	304	287	259

[1]) Vgl. Heft 72—74 der Forscherarbeiten des Vereins deutscher Ingenieure.
[2]) Versuche von Bach. Dritter Teil der Mitteilungen über Druckelastizität und Druckfestigkeit von Betonkörpern. Stuttgart, A. Kröner.
[3]) Versuche des Lichterfelder Amtes, vgl. dessen Mitteilungen 1903 (H. Burchartz).

Bei den Betonen mit Mörtel 1 : 1 war der Wassergehalt 12—13 v. H., bei den mit 1 : 2 gemischten nur 9,1 v. H.

Die Zusammenstellung zeigt deutlich, wie erheblich der vermindernde Einfluß größerer Mengen von Zuschlagstoffen — Sand und Steine — zu bewerten ist.

Bei der Temperatureinwirkung ist ein Erhärten des Betons bei Kälte und unter hoher Sonnenwärme zu verfolgen.

Die Veränderung der Druckfestigkeit des Betons durch Frosteinwirkung behandeln Versuche aus dem Lichterfelder Prüfungsamt, veröffentlicht von Burchartz[1]), deren teilweise Ergebnisse die nachfolgende Zusammenstellung veranschaulicht:

	Druckfestigkeit nach							
	7 Tagen	28 Tagen	7 Tagen	28 Tagen	7 Tagen	28 Tagen	7 Tagen	28 Tagen
Beton 1 : 5 { weich . . .	153	238	157	264	157	257	72	144
{ erdfeucht .	254	360	214	318	204	281	24	36
	ohne Gefrieren, frisch verarbeitet		Nach 8 Std. Gefrieren, und Auftauen		Nach 24 Std. Gefrieren, und Auftauen		Nach 8 Tagen Gefrieren, und Auftauen	

Es ergibt sich, daß bei bereits abgebundenem Beton ein Frost, der nur kurze Zeit anhält, keinen sehr nachhaltigen Festigkeitsrückgang bedingt, daß aber bereits die Zeit von 24 Stunden ausreicht, um dies bei erdfeuchtem Beton zu bewirken, während bei weichem Material keine Schädigung entsteht. Ganz besonders auffallend ist dieser Unterschied aber nach dreitägiger Frostdauer. Hier ist die Druckfestigkeit bei erdfeuchtem Beton auf rund $^1/_{10}$, bei weichem auf nur rund 50 bzw. 60 v. H. herabgegangen, wiederum ein bedeutsamer Vorzug des weichen Betons. Diese Erscheinung bestätigen auch Versuche des Deutschen Ausschusses für Eisenbeton[2]), die zwei Mischungen, 1 : 4 und 1 : 8, mit ebenfalls zwei verschiedenen Wasserzusätzen — erdfeucht und weich — in den Kreis der Untersuchungen zogen und ergeben, daß durch kühle Witterung (0 bis $+5°$ C) der Erhärtungsvorgang nur beim erdfeuchten, nicht beim weichen Beton eine Verzögerung erleidet, und daß eine Temperatur bis —10° selbst nach vierwöchigem Andauern den Weichbeton nicht schädigt, aber die Druckfestigkeit des erdfeuchten Grobmörtels erheblich herabsetzt. Aus Versuchen endlich von H. Germer[3]) zeigt sich, daß die Frosteinwirkung auf die Verminderung der

---

[1]) Vgl. Mitteilgn. des Material-Prüfungsamtes 1910. Verwendet für die Versuche wurden zwei Zemente, mit langer Abbindezeit in Mischung 1 : 5 und mit 6,5 bzw. 9,0 v. H. Wasser.

[2]) Vgl. Heft 13: Versuche über den Einfluß von Kälte und Wärme auf die Erhärtungsfähigkeit von Beton. Von M. Gary. 1912.

[3]) Vgl. hierzu: Einfluß niederer und hoher Temperaturen auf die Festigkeit von Beton. Von H. Germer. Verlag Tonind.-Ztg.

Druckfestigkeit um so größer ist, je frischer der Beton ist und daß abwechselndes Frieren und Auftauen hierauf keinen so schädigenden Einfluß ausübt, wie eine länger andauernde Kältezeit.

Aus den vorerwähnten Garyschen Versuchen ergibt sich zugleich auch die Einwirkung der Wärme auf Beton. Hier zeigt sich, daß eine Wärme von $+25$ bis $+30°$ C, während des Abbindens auftretend, die Druckfestigkeit des Betons ungünstig beeinflussen kann, falls dieser nicht, wie das in der Praxis selbstverständliche Regel ist, gegen Austrocknen geschützt wird.

Endlich ist der Einfluß der Herstellung und Verarbeitung bzw. einer Zwischenlagerung und eines Transportes des Betons auf seine Druckfestigkeit zu besprechen.

In ersterer Hinsicht lassen Versuche von E. Dyckerhoff[1]) deutlich erkennen, daß bei erdfeuchtem Beton durch die Stampfarbeit die Druckfestigkeit erheblich vergrößert wird, daß eine solche beim weichen Beton aber von nur geringem Einflusse ist. Daß endlich der mit Maschinen gemischte Beton druckfester ist als der von Hand gemengte, verlangt eine besondere Hervorhebung.

Durch einen Transport des Betons wird — vorausgesetzt, daß kein Entmischen eintritt — die Druckfestigkeit nicht unerheblich erhöht, wie Versuche in den Prüfungsanstalten zu Stuttgart und Lichterfelde erkennen lassen. Es ist das eine Folge des Durchrüttelns der Masse während des Transportes[2]). Auf diesem Vorgange beruht auch der „Transportbeton" des Regierungsbaumeisters Magens - Hamburg, der den Beton an zentraler Stelle herstellt, ihn von hier aus der Verwendungsstelle zuleitet und ihn hierbei durch besondere Zusätze vor frühzeitigem Abbinden, bei warmem Wetter auch vor dem Austrocknen bewahrt.

Die nach Navier ermittelte Druckfestigkeit des Betons bei Biegung ist durch die großen Versuchsreihen des Deutschen Ausschusses, im besonderen durch die Arbeiten von Bach, als erheblich höher liegend ermittelt worden als die Würfeldruckfestigkeit des entsprechenden Betons. Es hat das seinen Grund darin, daß die Ermittlung der Biegungsdruckfestigkeit unter der Annahme erfolgt, daß die Querschnitte auch nach der Biegung eben bleiben, also auch der Verlauf der Spannungen über den ganzen Querschnitt hin ein geradliniger und die Elastizitätszahl konstant ist. Diese Annahmen treffen alle mehr oder weniger nur in beschränktem Maße zu und verschieben das Spannungsbild. Hierzu kommt bei vergleichsweiser Heranziehung der Ergebnisse der Würfelprobe noch hinzu, daß jeder ungleichmäßige Kraftangriff, jede ungleichmäßige hierdurch bedingte Zusammen-

---

[1]) Vgl. die Betonbeilage der Deutschen Bauzeitung 1906, Nr. 11, S. 43.
[2]) Vgl. hierzu u. a. Beton u. Eisen 1910, Ausführungen von Bach und an gleicher Stelle 1911.

drückung des Würfels in ihm die Bildung sekundärer Schubspannungen begünstigt, die schneller als bei genau zentrischer Belastung zum Bruche führen, während bei der Biegungsbelastung eine gleichmäßige Krafteintragung in die Querschnitte in weit höherem Maße gesichert ist.

Die rechnerisch ermittelten, vergrößerten Druckbiegungsspannungen haben also naturgemäß nur relativen Wert, da beim Bruche bei Biegung tatsächlich in den äußersten Fasern keine höhere Festigkeit vorhanden sein kann als wie bei der Normalbeanspruchung. Dieser relativen Festigkeitsvergrößerung wird aber dadurch Rechnung getragen, daß die für Biegungsdruck im Beton zugelassenen, rechnerisch zu ermittelnden Spannungen eine Erhöhung gegenüber den erlaubten Normaldruckspannungen erfahren.

Aus vielen Versuchen, namentlich denen von Bach[1]), ergibt sich — wie schon auf S. 20 hervorgehoben —, daß die Biegungsdruckfestigkeit rund das 1,7 fache der Würfeldruckfestigkeit des Betons beträgt, daß ferner weder das Mischungsverhältnis noch ein verschieden großer, in normalen Grenzen sich haltender Wasserzusatz, noch die Lagerungsart in der Erhärtungszeit einen irgend erheblichen Einfluß auf diese Zahl auszuüben vermögen[2]).

Die normale **Zugfestigkeit** des Betons spielt gegenüber der Druckfestigkeit, da in der Regel die statische Mitarbeit des Betons in der Biegezugzone keine Berücksichtigung findet, eine nur untergeordnete Rolle. Im allgemeinen gelten auch für sie die gleichen Beziehungen wie bei der Druckfestigkeit; auch auf sie wirken dieselben Faktoren wie dort vermehrend bzw. vermindernd ein; das gilt im besonderen vom Alter bzw. einem erhöhten Wasserzusatz und der vermehrten Menge an Zuschlagstoffen. —

Über die absoluten Größen und ihre Beeinflussung geben die nachstehenden Zusammenstellungen Aufschluß:

Ein Zementmörtel 1 : 3 liefert nach Versuchen der Firma Wayß & Freytag nach dreimonatiger Erhärtung eine Zugfestigkeit von im Mittel 12,6, nach 2 Jahren von 15,5, in Mischung 1 : 4 nach 3 Monaten von 9,2 kg/qcm. Der erste Mörtel, 3 Monate alt, ergab bei 8 bzw. 14 v. H. Wassergehalt eine Zugfestigkeit von 12,0 bzw. 10,5, eine entsprechende Mischung 1 : 4 lieferte 9,2 bzw. 8,8 kg/qcm. Für einen

---

[1]) Vgl. u. a. Heft 19 der Veröffentlichungen des Deutschen Ausschusses für Eisenbeton: Prüfung von Balken zu Kontrollversuchen von Bach u. Graf, 1912.

[2]) Daß österreichische Versuche mit Kontrollbalken zu anderen Zahlen gelangt sind, wurde schon im Anschlusse an die Kontrollbalkenfrage (Veröffentlichung von Heft 5 des Eisenbetonausschusses des österr. Ing.- u. Arch.-Vereins), auf S. 26 hervorgehoben.

Beton 1 : 2 : 3 und die untere bzw. obere Grenze, die für Eisenbetonbauten als Wassergehalt in Frage kommt, fand Bach[1]:

| | | Zugfestigkeit nach | | |
Wassergehalt	28 Tagen	45 Tagen	6 Monaten	1 Jahr
σ_{b_3} α ($= 7{,}8$ v. H.)	12,4	13,7	19,5	23,7 kg/qcm
β ($= 9{,}0$ v. H.)	12,0	11,8	15,3	23,1 kg/qcm

Den Einfluß der Zuschlagstoffe läßt die folgende Zusammenstellung erkennen; sie gibt zugleich über das Verhältnis von Normal-Zug- und Druckfestigkeit Auskunft:

	Druckfestigkeit kg/qcm		Zugfestigkeit kg/qcm		Verhältnis der Druck- zur Zugfestigkeit	
	Wassergehalt					
	7,8%	9%	7,8%	9%	7,8%	9%
Mörtel 1 : 2	280	—	20,4	—	13,7	—
Beton 1 : 2 : 3 Kies	224	201	19	17,0	11,8	11,8
Beton 1 : 2 : 3 Basaltschotter . . .	233	197	21,8	20,5	10,7	9,6

Es zeigt sich, wie auch weitere Versuchsreihen bekunden, daß die Normalzugfestigkeit etwa $^1/_{10}$ der Normaldruckfestigkeit ist. Diese Zahl ist aber immerhin mit Vorsicht zu benutzen, da sie naturgemäß von den jeweilig verwendeten Baustoffen usw. abhängig ist und demgemäß eine allgemeine Gesetzmäßigkeit kaum vorliegen dürfte[2]. Rechnet man damit, daß nach vierwöchiger Erhärtung der für den Verbundbau in Frage kommende Beton eine Normalzugfestigkeit von etwa 12 kg/qcm besitzt, so wird bei einer etwa 5—6fachen Sicherheit seine zulässige Beanspruchung nur wenig über 2 kg/qcm betragen, d. h. die Aufnahme von Normalzugkräften durch den Beton keine große sein können.

Unter Zugrundelegung eines Wertes von $E_{b_3} = 140\,000$ kg/qcm errechnet sich bei einer Zugfestigkeit von 12 kg/qcm eine alsdann auftretende Dehnung in der Betonfaser zu:

$$\lambda_3 = \frac{\sigma_3}{E_{b_3}} = \frac{12}{140\,000} \doteq 0{,}000\,086 \, ,$$

d. h. also von 0,086 mm auf 1 m. Ähnliche Zahlen ergeben sich auch aus den Bachschen Versuchen, welche erkennen lassen, daß an bewehrten und nichtbewehrten Zugprismen und gebogenen Balken vor Eintritt des

---

[1] Vgl. Mitteilungen über Forschungsarbeiten Heft 95, von Bach u. Graf. Bei diesen Versuchen handelte es sich um einen sehr guten Beton, wie sich daraus ergibt, daß bei den beiden Wasserzusätzen die Würfeldruckfestigkeit zu 215 bzw. 191 kg/qcm nach 28 Tagen, zu 253 bzw. 209 kg/qcm nach 45 Tagen gefunden worden ist.

[2] Vgl. auch Heft 17 der Veröffentl. des Deutschen Ausschusses für Eisenbeton: Versuche mit Stampfbeton von M. Rudeloff und M. Gary. 1912. Hier sei namentlich auf die dort u. a. behandelte Zugfestigkeit magerer Betonmischungen hingewiesen.

ersten Risses — beim Auftreten der sogenannten Wasserflecke[1]), welche die Lockerung des Betongefüges bereits anzeigen — Dehnungen sich ausbilden von 0,08—0,10 mm auf 1 m, und daß bei Eintritt der ersten Risse diese Zahlen sich auf den Höchstwert von 0,12—0,14 mm auf 1 m erhöhen. Dabei hat sich aber kein Unterschied zwischen bewehrtem und unbewehrtem Beton gezeigt. Dies ist auch aus dem Umstande zu erwarten, daß die Vereinigung zwischen Beton und Eisen im Verbunde eine rein mechanische ist und somit aus ihr nicht ein anderes elastisches Verhalten des Betons und keine größere Dehnungsfähigkeit gefolgert werden kann. Ein Größenunterschied besteht nur zwischen einem an der Luft gelagerten und einem unter Wasser abgebundenen oder dauernd feucht gehaltenen Beton, da ersterer kleinere, letzterer größere Dehnungswerte, und zwar gleichmäßig bei Nichtbewehrung und bei Eiseneinlagen, aufweist[2]); auch zeigten sich die oben erwähnten Wasserflecken, die Vorgänger der Rißbildung, nur bei feucht aufbewahrten Balken.

Wie aus den Ergebnissen der Biegungsversuche mit Eisenbetonbalken des Deutschen Ausschusses (vgl. z. B. Heft 38, 45—47, sowie Heft 90 und 91 der Mitteilungen über Forschungsarbeiten) sich zeigt, beginnt die Rißbildung des Betons besonders an den Kanten, also an den Stellen der Unterfläche, die von den Eiseneinlagen am weitesten entfernt sind; auf die Größe der hierbei auftretenden Dehnung hat die größere oder geringere Entfernung der Eisen von der Balkenkante einen Einfluß, nicht aber der Prozentgehalt der Balkenbewehrung.

Wenn größere Dehnungen beobachtet worden sind, wie das seinerzeit die Versuche von Considère behaupteten[3]), so liegt das entweder

---

[1]) Wasserflecke, die zuerst 1904 von Turneaure (vgl. Engineering News 1904) beobachtet wurden, sind durch eine, der Rißbildung vorausgehende, diese also noch nicht in sich schließende Lockerung des Gefüges zu erklären, derzufolge das Wasser aus dem Innern an die bereits abgetrocknete Außenfläche heraustritt. Da in der Regel die ersten Risse bei Laststeigerung mit den Wasserflecken zusammenfallen, haben diese eine besondere praktische Bedeutung für das Auffinden der ersten Risse erlangt.

[2]) Diese Erscheinung dürfte bei trocken gelagerten Probekörpern auf den Schwindvorgang zurückzuführen sein.

[3]) Zu dieser Frage, die seinerzeit wegen der Considèreschen Behauptungen, daß der bewehrte Beton gegenüber dem unbewehrten eine um ein Vielfaches (10—20faches) erhöhte Dehnungsfähigkeit durch den Verbund erhalten habe, viel Aufsehen in Fachkreisen erregte, vgl. u. a.: Comptes rendus des séances de l'académie des sciences Bd. 127, 1898 und Génie civil 1899, Nr. 1—17, sowie die weiteren Veröffentlichungen einer französischen Reg.-Kommission, über die in Beton u. Eisen 1903, V, S. 291, 1905 III, S. 58 u. V, S. 124 berichtet wird. Als die Behauptungen zurückweisende Arbeiten kommen in Frage: Bach, Mitteilgn. über Forschungsarbeiten, Heft 45—47; Forschungsarbeiten auf dem Gebiete des Eisenbetonbaues 1904, Heft 1 von Kleinlogel; Mitteilgn. aus dem Material-Prüfungsamte Groß-Lichterfelde 1904 von M. Rudeloff; Foerster, Das Material und die statische Berechnung der Eisenbetonbauten. Leipzig 1907 (W. Engelmann). S. 15 ff.

daran, daß die ersten sehr feinen Trennungen des Betongefüges nicht Beachtung gefunden haben, oder daß die unter Wasser abgebundenen Probekörper unter Anfangsspannungen — Druckspannungen im Beton — standen, welche erst durch eine Beseitigung der Zusammendrückungen der Betonfasern ausgelöst werden mußten, ehe der Beton spannungsfrei war und eine wirkliche Dehnungsbewegung auszuführen vermochte.

Stellt man die Forderung, daß ein auf Zug normal belastetes Verbundglied keinerlei Risse erhalten soll, so kann man höchstens im Beton Dehnungen von 0,1 mm auf 1 m zulassen. Da hierbei die Eisendehnung gleich der Betondehnung sein muß, so ergibt sich alsdann eine Eisenbeanspruchung von nur: $\sigma_e = \lambda_e E_e = 0{,}0001 \cdot 2\,100\,000$ kg/qcm $= 210$ kg/qcm, also ein außerordentlich geringer Wert. Das würde aber eine wirtschaftlich wenig günstige, sehr schlechte Ausnutzung des Eisens zur Folge haben. Deshalb wird man auch nach Möglichkeit normal beanspruchte Zugglieder aus Eisenbeton vermeiden, und sie lieber ganz in Eisen ausbilden oder damit rechnen müssen, daß der Beton feine Risse erhält, statisch unwirksam wird und somit das Eisen die gesamte Zugkraft aufnimmt.

Die nach Navier und bei konstantem E_b berechnete Biegungszugfestigkeit ist — entsprechend den Verhältnissen zwischen Normaldruck- und Biegungsdruckfestigkeit — ebenfalls erheblich größer als die Normalzugfestigkeit[1]). Das beweisen u. a. Versuche der Österreicher Spitzer und Hanisch, von Mörsch und endlich Folgerungen aus den Arbeiten des Deutschen Ausschusses für Eisenbeton. Hanisch und Spitzer fanden aus Versuchen mit Verbundplatten von 7,5—11,5 cm Stärke, die bis zum Bruche auf Biegung belastet wurden, und bei Normalzugversuchen, die sie an Probekörpern vornahmen, die mit größter Vorsicht nahe den Auflagern den gebrochenen Platten entnommen waren, das Folgende:

---

[1]) In seinem Eisenbetonbau, 5. Aufl., S. 70 ff. erbringt Mörsch auf Grund von Biegeversuchen mit Eisenbetonbalken den Beweis dafür, daß beim Bruch infolge Biegung keine wesentlich andere Zugfestigkeit vorhanden ist, als beim unmittelbaren Zugversuche, wenn man die erstere Zahl aus den tatsächlichen Spannungsdiagrammen herleitet. Die nach der gewöhnlichen Formel — also nach der Navierschen Biegungstheorie — berechnete Biegefestigkeit ergibt sich nur deshalb viel größer, weil dabei Proportionalität zwischen Spannungen und Dehnungen vorausgesetzt ist — vgl. hierzu auch die Spannungsdiagramme am Anfange von Abschn. 11, deren erstes der Navierschen Biegungslehre entspricht, während im Bruchstadium ein sehr viel stärkerer Verlauf der Spannungskurve, etwa nach der zweiten Abb., eintritt.

Probe	I	II	III	IV	V	VI
Normale Zugfestigkeit	29	24	27	23	20	29 kg/qm
Biegezugfestigkeit	54,6	43,2	46,1	49,1	46,2	49,1 „

Es zeigt sich, daß bei dem hier verwendeten Beton (1 : 3½), der 258
Tage alt war, die Biegezugfestigkeit rund das 1,9fache der Normal-
Zugfestigkeit beträgt. Ähnliche Ergebnisse lieferten die Versuche von
Mörsch.

Mischung:	1 : 3		1 : 4	
Wasserzusatz	8	14	8	14 v. H.
Normalzugfestigkeit	12,6	10,5	9,2	8,8 kg/qcm
Berechnete Biegungszugfestig- keit	21,4	23,2	16,1	16,7 „

Auch hier ergibt sich ein Verhältnis von rund **1 : 2,0 bis 1,8.** Demgemäß kann man auch annehmen, daß die errechnete Biegezugfestigkeit sich auf etwa 24—22 kg/qcm unter den vorerwähnten Annahmen
stellen wird, d. h. vor Überschreitung dieser rechnerischen Grenze in
gebogenen Verbundteilen an der Zugseite und in der äußersten Faser auch
keine Haarrisse zu erwarten stehen. Daß diese Größe auch der Wirklichkeit bei gebogenen Verbundbalken entspricht, beweisen u. a. endlich auch
die in Heft 38 des Deutschen Ausschusses für Eisenbeton aus den dort
behandelten Versuchen gezogenen Schlußfolgerungen[1]). Hier ergibt
sich (bei $n = 15$) für die verschieden gestalteten und bewehrten Balken
mit rechteckigem und Rippenquerschnitt die errechnete Betonzug-
biegungsspannung, und zwar kurz ehe die ersten Risse eintraten, zu:

Balken Nr.	1	2	3	4	5	6	7	8	9	10	11	12	13
σ_{b_i} in kg/qcm	25,8	28,8	27,3	30,8	28,9	28,7	27,2	26,4	26,9	27,0	27,2	25,2	26,9

Der Mittelwert aller dieser Zahlen liegt bei rund 27,4 kg/qcm, d. h.
auch hier zeigt sich, daß vor einer Grenze von **24 kg/qcm** der Biegungs-
zugbelastung mit dem Auftreten von Rissen in der Betonzugzone bei
Biegung nicht gerechnet zu werden braucht. Diese Zahl hat eine große
Bedeutung für alle die Ermittlungen, bei denen wegen Gefährdung des
Eisens bei etwaigen Rissen der Nachweis verlangt wird, daß eine solche
Gefahr nicht vorliegt. Also bei den Berechnungen, die den Beton in
der Zugzone ausnahmsweise als statisch wirksam in Rechnung stellen,

---

[1]) Vgl. Heft 38, das sich mit Versuchen mit Verbundbalken zur Ermittlung
der Beziehungen zwischen Formänderungswinkel und Biegungsmoment befaßt
und sich auf Versuche von C. Bach und O. Graf aufbaut, die 1912—1914 in
Stuttgart zur Ausführung gelangt sind. Vergl. hierzu auch die Nebenergebnisse
der Versuche in Heft 44, besprochen u. a. im Bauingenieur 1920 Heft 19 (von
M. Foerster).

ist (nach Navier) die Zahl 24 kg/qcm als Biegezugfestigkeit des Betons, wie er bei Verbundbauten üblich ist, zugrunde zu legen. Erst nach ihrer Überschreitung ist die Gefahr der Rissebildung gegeben.

Die Schubfestigkeit des Betons spielt namentlich bei Balken mit Rippenquerschnitt eine sehr bedeutsame Rolle.

Um die Schubfestigkeit, zunächst des Betons, zu bestimmen, wurden von Mörsch mit einfachen kurzen Balken aus Beton, dann weiterhin mit entsprechenden eisenbewehrten, Versuche zur Ausführung gebracht (s. Abb. 6, a—c). Bei diesen Versuchen war es aber nicht möglich, Normalspannungen infolge der Verbiegung der Balken ganz auszuschalten, so daß die Versuche über die tatsächliche Schubfestigkeit kein sicheres Ergebnis zu liefern vermögen. Bei einer Mischung von 1 : 4 ergab sich eine Betonschubspannung bei unbewehrten Betonbalken von im Mittel 37,1 kg/qcm, bei den bewehrten beiden Probekörpern von im Mittel 36,2 bzw. 34,0 kg/qcm. Es zeigt sich also das wert-

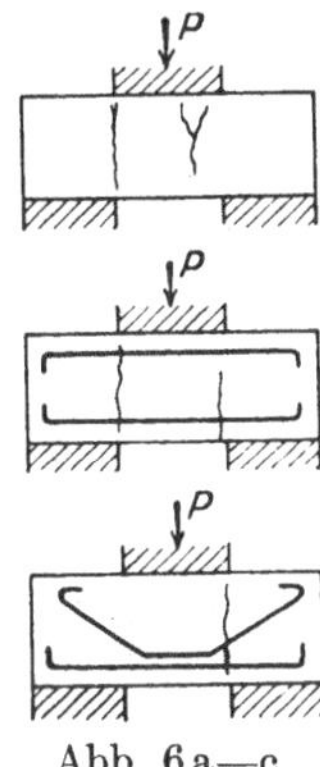

Abb. 6a—c.

volle, auch später stets bestätigte Gesetz, daß die Eisenbewehrung die Schubfestigkeit des Betons nicht erhöht, daß zunächst der Beton zerstört wird und daß alsdann erst das Eisen gegenüber der Schubbelastung zur Wirkung gelangt. Weitere Versuche von Mörsch erstrecken sich auf in der Längsachse geschlitzte

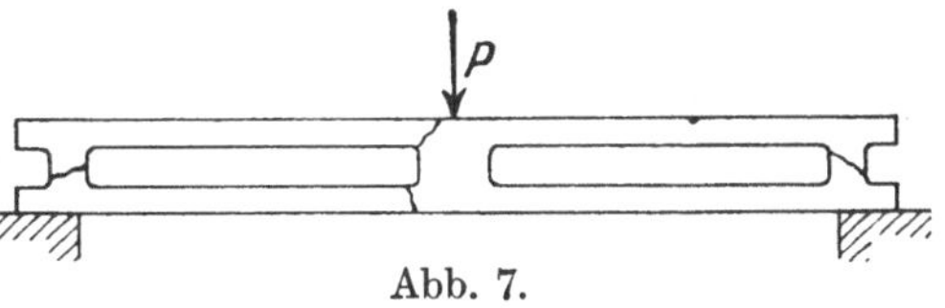

Abb. 7.

Betonbalken, bei denen also bei Biegungsbelastung nahe der Neutralachse ein Abschieben des oberen gegenüber dem unteren Balkenteil eintreten mußte, wobei die Biegungsspannungen ausgeschaltet wurden (Abb. 7). Hier ergab sich:

Mischung	1:3		1:4	
Wassergehalt	8%	14%	8%	14%
Schubfestigkeit in kg/qcm	30	30	31	28

Dem erheblich höheren Wassergehalt und ebenso der schwächeren Betonmischung entspricht also kein solch starker Festigkeitsrückgang wie bei der Druck- und Zugfestigkeit.

Um die Normalspannungen vollkommen auszuschalten, wurden von Föppl, dann weiter in besonders umfassender Weise von Bach (an der Stuttgarter Versuchsanstalt) Drehversuche mit unbewehrten und bewehrten Körpern durchgeführt. Aus den Versuchen von Föppl[1]), denen zylindrische Verbundwellen zugrunde lagen, wurde eine Schubfestigkeit von 20,1 kg/qcm nach 112 Tagen, von 29,8 kg/qcm nach 210 Tagen abgeleitet. Die Elastizitätszahl auf Schub wurde hier bestimmt zu 113 000 bzw. 138 000 kg/qcm, je nachdem der Mörtel feucht oder trocken war.

Die Bachschen Untersuchungen erstrecken sich auf quadratischen, rechteckigen, kreisrunden und ringförmigen Querschnitt reiner Beton- und Verbundwellen. Die Betonmischung betrug 1 : 2 : 3, der Wassergehalt 9 v. H., das Alter der Körper 45 Tage. Das Endergebnis der Versuche ist[2]):

	Quadratischer Querschnitt	Rechteckiger Querschnitt	Kreisförmiger Querschnitt	Ringförmiger Querschnitt
Schubfestigkeit in kg/qcm	30,4	32,5	25,6	17,1
Schubelastizitätszahl in kg/qcm	130 000	132 000—142 000	137 000—141 000	131 000—128 000

Sieht man von dem ringförmigen Querschnitte ab, so ergibt sich aus der Mehrheit der vorerwähnten Versuchsergebnisse, daß die Schubfestigkeit des Betons für den Verbundbau zu etwa 30 kg/qcm angenommen werden kann. Nach Mohr[3]) läßt sich zwischen der Schubfestigkeit des Betons und dessen Normaldruck- und Zugfestigkeit die Beziehung:

$$\tau_b = \tfrac{1}{2}\sqrt{\sigma_{bd} \cdot \sigma_{b_3}} \tag{3}$$

ableiten, eine Gleichung, die auch tatsächlich mit dem Endergebnisse der Bachschen und Föpplschen Versuche übereinstimmende Zahlen liefert[4]).

---

[1]) Vgl. Föppl, Verdrehungsversuche an Beton- und Eisenbetonwellen. Mitt. aus dem mech.-techn. Laboratorium der Techn. Hochschule München, 32. Heft (Verlag Th. Ackermann, München). Genaueres über die Föpplschen Versuche s. u. a. in E. Probst, Vorlesungen über Eisenbeton Bd. I, S. 308ff. (Verlag Jul. Springer, Berlin 1917).

[2]) Genaues s. in Heft 16 der Veröffentl. des Deutschen Ausschusses für Eisenbeton: Versuche über die Widerstandsfähigkeit von Beton und Eisenbeton gegen Verdrehung; von C. Bach u. O. Graf. 1912.

[3]) Vgl. Arm. Beton 1911. Mörsch stellt in seinem Werk für Eisenbeton die Gleichung: $\tau = \sqrt{\sigma_{bd} \cdot \sigma_{b_3}}$ auf, die Mohr als irrtümlich in dem vorgenannten Aufsatze nachweist.

[4]) Bei den Föpplschen Versuchen ist $\sigma_{bd} = 308$ kg/qcm gefunden. Rechnet man hier mit einer (angenommenen) Zugspannung in Beton von $\sigma_{b_3} = 15$ kg/qcm, so wird: $\tau_b = \tfrac{1}{2}\sqrt{308 \cdot 15} =$ rd. 34 kg/qcm, wohingegen rd. 30,0 kg/qcm gefunden wurde. Ebenso ist bei den Versuchen von Bach: $\sigma_{bd} = 248$ und $\sigma_{b_3} = 18,6$ kg/qcm, und somit: $\tau_b = \tfrac{1}{2}\sqrt{248 \cdot 18,6} =$ rd. 33,5 kg/qcm; also auch hier zeigt sich eine gute Übereinstimmung mit dem tatsächlich für rechteckige Querschnitte gefundenen Werte von im Mittel: $\dfrac{30,4 + 32,5}{2} = 31,45$ kg/qcm.

Die Mohrsche Gleichung zeigt uns zugleich bei der starken Überlegenheit der σ_{bd}-Spannung gegenüber σ_{b_3}, daß — wie auch ein Vergleich der in diesem Abschnitte mitgeteilten Werte erkennen läßt — die Größe τ_b stets größer als σ_{b_3} ist, d. h. daß die Schubfestigkeit des Betons höher ist als seine normale Zugfestigkeit[1]).

Die **zulässigen Spannungen für Beton** sind durch die neuen Bestimmungen unter der Voraussetzung festgelegt, daß der Beton, auch der flüssig angemachte, nach 28 Tagen Erhärtung eine Würfelfestigkeit von mindestens 150 kg/qcm und nach 45 Tagen von wenigstens 180 kg/qcm hat[2]). Ist der Beton für Säulen bestimmt, so muß seine Würfelfestigkeit in den vorgenannten Zeitabschnitten mindestens 180 bzw. 210 kg/qcm betragen. Im Streitfall entscheidet die Prüfung nach 45 Tagen (§ 18, 6). Wird jedoch bei Beton, auch dem flüssig angemachten, nach 45 Tagen eine Würfelfestigkeit von mehr als 245 kg/qcm nachgewiesen, so darf bei Hochbauten der Beton in Säulen und Stützen mit $^1/_7$, in Rahmen und Bögen mit $^1/_6$ der nachgewiesenen Würfelfestigkeit, jedoch **höchstens** mit 50 kg/qcm beansprucht werden[3]) (§ 18, 2). Die letztere Zahl gilt auch als Höchstwert für die zulässige Druckbeanspruchung an den Schrägen und Vouten von Plattenbalken am Anschlusse an die Mittelstütze; hier darf die Druckspannung im Hinblicke auf die Vermeidung einer Häufung von Eisen und eine einwandfreie Einbettung dieser im Beton um $^1/_3$ der sonst erlaubten erhöht werden (§ 18, 6).

1. Als **zulässige Belastung für zentrischen Druck** sind zugelassen:

    a) bei Hochbauten allgemein . . . . 35 kg/qcm

    b) bei Säulen mehrgeschossiger Gebäude im Dachgeschoß, in dem für die Stütze eine Mindest-Querschnittsseitenlänge von 25 cm empfohlen wird . . . 25   ,,

       in dem darunter liegenden Geschoß. 30   ,,

       in den weiter nach unten folgenden 35   ,,

In demselben Abstufungsverhältnisse ist auch die Spannung zu ermäßigen, wenn ein besonders druckfester Beton vorliegt und die zu-

---

[1]) Rechnet man mit $\sigma_{b_3} = \tfrac{1}{11}\,\sigma_{bd}$, so wird:

$$\tau_b = \tfrac{1}{2}\sqrt{11\,\sigma_{b_3}\cdot\sigma_{b_3}} = \tfrac{1}{2}\,3{,}32\,\sigma_{b_3} = 1{,}16\,\sigma_{b_3}.$$

[2]) Diese Anforderung läßt sich — namentlich bei den normalen Eisenformen der Würfel und flüssigem Beton — sehr oft nicht erfüllen.

[3]) Über die Ausführung der Würfelprobe vgl. S. 25 und die „Bestimmungen für Druckversuche an Würfeln bei Ausführung von Bauwerken aus Eisenbeton". Die jetzt vorgeschriebenen Würfel haben Kantenlängen von je 20 cm im Gegensatze zu den früher verlangten mit 30 cm Seite.

lässige Druckbelastung $= \frac{1}{7}$ der Würfeldruckfestigkeit für die untersten Stockwerke höhere Zahlen liefert.

Durch die Herabsetzung der Spannungen wird in zweckmäßiger Weise dem Umstande Rechnung getragen, daß im allgemeinen der Einfluß der Biegungsbelastung und Verbiegung bei einheitlichen, mit den Säulen unwandelbar verbundenen Deckenbauten, in den oberen Stockwerken wegen der geringeren Stützenquerschnitte größer ausfällt als weiter nach unten. Zudem werden auch aus dem gleichen Grunde dynamische Belastungen die oberen Säulen stärker in Mitleidenschaft ziehen als die unteren, bei denen zudem eine Vollbelastung aller von ihnen getragenen Decken um so unwahrscheinlicher ist, in je tieferen Stockwerken sie stehen.

c) Bei Stützen von Brücken . . . . 30 kg/qcm (§ 18, 3)

2. Bei Biegung und exzentrischem Druck ist die zulässige Betonspannung bei Hochbauten mit vorwiegend ruhender Last (einschließlich Fabriken mit entsprechend geringer dynamischer Belastung), bei Rahmen und Bögen zu 40 kg/qcm festgesetzt. Für alle Platten von weniger als 10 cm Stärke, für Bauteile, die der unmittelbaren Einwirkung von Stößen und Erschütterungen durch Maschinen (also auch für die hierher gehörenden Industriebauten) ausgesetzt sind, für Haupttreppen, Tanzsäle usw., darf die Betonbelastung aber nur 35 kg/qcm betragen. Dasselbe gilt für die Teile von Straßenbrücken, die eine unmittelbare Erschütterung durch die Verkehrslast erfahren, während die übrigen Teile mit 40 kg/qcm beansprucht werden dürfen. Bei Brücken unter Eisenbahngleisen bei einem Schotterbette von mindestens 10 cm Stärke sind aus denselben Gründen nur 30 kg/qcm zugelassen (§ 18, 4).

Falls auf Verlangen der Baupolizei bei den dynamisch belasteten Hochbauten und Straßenbrücken die Einführung der veränderlichen Last mit dem 1,5fachen ihres Betrages[1] in Rechnung gestellt wird, ist stets der Wert $\sigma_b = 40$ kg/qcm zuzulassen.

Bei Bauteilen, die exzentrisch auf Druck belastet sind, darf der Wert $\frac{P}{F}$ die unter 1. für zentrischen Druck angegebenen Spannungen nicht überschreiten. Wird zur Vereinfachung der Rechnung mit der Gleichung für homogenen Baustoff: $\sigma = \frac{P}{F} \pm \frac{M}{W}$ gerechnet, so darf

---

[1] Eine Erhöhung dieses Wertes ist nur für besonders starken Erschütterungen ausgesetzte Bauteile, z. B. bei Belastung mit Rotationsmaschinen, und auch nur bis 2 zulässig. Bei Brückenbauten ist hingegen der Beiwert 1,5 als Höchstwert einzuhalten. Ob der eine Weg: Erhöhung des Beiwertes oder Herabsetzung der Spannung σ_b, gewählt wird, bleibt der Entscheidung der ausschreibenden behördlichen Stelle bzw. der Baupolizei überlassen.

der Beton an einem Rande mit einer Zugspannung von 5 kg/qcm belastet werden.

Werden in der statischen Berechnung außer der ständigen und der ungünstigsten Verkehrslast noch alle anderen möglichen Kräfte (Schnee, Wind, Brems- und Reibungskräfte, bei Säulen des Hochbaus Verbiegung aus dem festen Balkenanschlusse, Wärmeschwankungen und Schwindwirkungen bei statisch unbestimmten Systemen usw.) mit ihrem Größtmaß in Rechnung gestellt, so können die vorstehend unter 1. und 2. angegebenen Betonspannungen um 30 v. H. überschritten werden, dürfen aber höchstens 60 kg/qcm erreichen.

Noch höhere Beanspruchungen können nur ausnahmsweise bei Gelenken und anderen besonderen Bauteilen zugelassen werden, sollen jedoch in der Regel durch Versuchsergebnisse begründet sein.

Für die Schubspannung im Beton (τ_0) ist ein Wert von 4 kg/qcm festgesetzt. Wie später bei der Behandlung der Schubspannungen noch genauer ausgeführt und durch Beispiele erläutert wird, nimmt bei gebogenen Bauteilen der Beton, wenn $\tau_0 \leqq 4$ kg/qcm ist, die Schubspannungen allein auf; abgebogene Eisen sind alsdann nicht erforderlich. Liegt τ_0 zwischen 4 und 14 kg/qcm, so treten Bügel und abgebogene Eisen bzw. letztere allein zur Mitübertragung der Schubspannungen hinzu. Überschreitet aber τ_0 die Grenze von 14 kg/qcm, so sind die Abmessungen der Bauteile unzureichend. Alsdann ist bei Rippenbalken, bei denen derartige Verhältnisse eigentlich nur vorkommen, die Rippenbreite zu verstärken, falls das nicht ausreicht oder angängig ist, die Balkenhöhe zu vergrößern, u. U. sind auch beide Maßnahmen zu treffen.

4. Das Eisen.

Für die Bewehrung der Verbundbauten wird in der Regel Flußeisen verwendet, welches den Vorschriften für Lieferung von Eisen und Stahl, aufgestellt vom Verein deutscher Eisenhüttenleute (1911), entspricht. Für Bauwerkseisen setzen diese Bestimmungen bestimmte Forderungen für die Festigkeit und andere Eigenschaften des Eisens fest, während für das Handelseisen solche Bedingungen nur in beschränktem Maße aufgestellt sind. Daß die vorgenannten Festsetzungen auch für das im Verbundbau verwendete Eisen Gültigkeit haben, ist durch § 5, 4 der neuen Eisenbetonbestimmungen festgelegt. Hier ist gesagt:

„Das Eisen muß den Mindestforderungen genügen, die für Bauwerkseisen enthalten sind in den Vorschriften für die Lieferung von Eisen und Stahl, aufgestellt vom Verein deutscher Eisenhüttenleute 1911. Das Eisen darf zum Zwecke der Prüfung weder abgedreht noch ausgeschmiedet oder ausgewalzt werden; es ist also stets in der Dicke zu prüfen, wie es angeliefert wird.

Anzahl und Durchführung der Proben richten sich ebenfalls nach den genannten Vorschriften.

Die Kaltbiegeprobe soll in der Regel auf jeder Baustelle durchgeführt werden; dabei muß der lichte Durchmesser der Schleife an der Biegestelle gleich dem Durchmesser des zu prüfenden Rundeisens sein (bei Flacheisen gleich der Dicke). Auf der Zugseite dürfen dabei keine Risse entstehen.

Für Bauteile, die besonders ungünstigen, rechnerisch nicht faßbaren Beanspruchungen ausgesetzt sind, kann die Baupolizeibehörde bei Prüfung der Bauvorlagen ausnahmsweise die Prüfung auf Zug verlangen, wobei die Mindestzahlen der obengenannten Vorschriften, 3700 kg/qcm Bruchspannung und 20 v. H. Bruchdehnung, eingehalten werden müssen".

Nach den Bestimmungen selbst ist für Bauwerkseisen bei Stärke der Stäbe von 7—28 mm eine Zugfestigkeit von 37—44 kg/qmm und eine Dehnung von mehr als 20 v. H., bei Stärken von 4—7 mm eine Zugfestigkeit von 37—46 kg/qmm und eine Dehnung von mindestens 18 v. H. gefordert.

Über die Auswahl und Anzahl der Proben wird bestimmt, daß bei einer satzweisen, vorher vereinbarten Prüfung aus jedem Satze drei Stücke, höchstens aber von je 20 oder angefangenen 20 Stück ein Stück entnommen und geprüft werden darf. Die satzweise Prüfung, die eine Absonderung des aus einem Ofeneinsatze entstammenden Materials bis zur Fertigwalzung voraussetzt, kann nur auf dem Werke erfolgen. Ist eine satzweise Abnahme nicht von vornherein ausbedungen, so kann die Prüfung an Material beliebiger Herkunft stattfinden. Hier können von je 100 Stück fünf, höchstens jedoch von je 2000 kg oder angefangenen 2000 kg desselben Walzprofils ein Stück zu Probezwecken entnommen werden. Eine solche Prüfung kann sowohl auf dem Werke wie auf jeder anderen Stelle erfolgen.

Die Versuchslänge der Stäbe beträgt $l = 10\,d$, nur für Stäbe über 20 mm Durchmesser allgemein 200 mm. Die Kaltbiegeprobe wird durch Herstellung eines Rundhakens ausgeführt. Hierbei ist ein Dorn vom Durchmesser des Eisens zu verwenden und das eine Stabende um einen Winkel von 180° abzubiegen. Diese Probe ist von ganz besonderer Bedeutung für den Verbundbau. Abgesehen davon, daß sie leicht ausführbar ist, sichert sie auch, daß kein sprödes Eisen zur Verwendung gelangt, ein Umstand, der bei dem vielfachen Biegen der Eisen im Bauwerk besondere Bedeutung und Aufmerksamkeit verdient. Bei Durchführung der Probe gilt das Eisen als gebrochen, also die Probe als nicht erfüllt, wenn auf der Außenzugseite Risse auftreten; hingegen geben kleinere Quetschfalten in der Innendruckseite keine Veranlassung zu Beanstandungen. Die Probe ist in der Regel auf jeder Baustelle durchzuführen; ein Unterlassen derselben und ein durch den Bruch spröden Eisens bedingter Unfall ist also in solchem Falle als ein Verstoß gegen die anerkannten Regeln der Baukunst zu beurteilen[1]).

Im allgemeinen sind Abnahmeproben nicht zu verlangen und die Forderung von Zugversuchen nur ausnahmsweise unter den im letzten Absatze der vorerwähnten Eisenbeton-Bestimmungen vorgesehenen besonderen Verhältnisse zugelassen.

Nach Versuchen von Bach[2]) mit deutschem Handelsflußeisen hat sich gezeigt, daß dieses in Stärken von 7—25 mm Durchmesser Zugfestigkeiten zwischen 4535 bis 3750 kg/qcm und eine Streckgrenze zwischen rund·3400 und 2400 kg/qcm besitzt, also die Forderungen erfüllt, die an Bauwerksflußeisen gestellt sind. Das gleiche bestätigen auch umfangreiche Versuche des Deutschen Betonvereins, die in den Jahren 1912—1913 im Großlichterfelder Material-Prüfungsamt zur Ausführung gelangten und mit Handelseisen aus Westfalen, Hannover, Lothringen und Schlesien angestellt wurden. Hier zeigten Rundeisen von 7—30 mm Durchmesser im Mittel Festigkeiten von 4220 bis 3880 kg/qcm, Streckgrenzen zwischen 2990 und 2420 kg/qcm, Bruchdehnungen von 26,7—29,9 v. H.; auch ergab sich nur einmal bei einem 25er Eisen eine Zugfestigkeit unter 3400 kg/qcm, und zwar von 3240 kg/qcm. Somit erbringen die vorerwähnten Versuche den Beweis, daß das deutsche Handelsflußrundeisen für den Verbundbau ohne Bedenken als Konstruktionseisen Verwendung finden kann.

Besondere Wichtigkeit für die Eisenbetonbauten haben beim Eisen die Streck- und die Quetschgrenze, da bei Überschreitung dieser das Eisen an Querschnittsstärke einbüßt und somit aus dem umgebenden Beton herausgerissen wird bzw. durch Querschnittsverstärkung den umgebenden Beton abdrückt und zum Abspringen bringt. In beiden Fällen hat also die Überschreitung dieser Grenzen eine Zerstörung des Verbundes zur Folge. Auf die genügende Sicherheit jenen Grenzen gegenüber ist somit besonders zu achten. Sie liegen, wie die vorgenannten Versuche zum Teil erkennen lassen, auf im Mittel 2700 kg/qcm; oft werden auch die Grenzen als bei rund 65 v. H. der Festigkeitszahl liegend angegeben. Für den Eisenbetonbau ist es im allgemeinen nicht empfehlenswert, Eisen mit besonders hoher Streckgrenze anzufordern bzw. zu verwenden. Abgesehen davon, daß die zulässige Beanspruchung

---

[1]) Vgl. Bürgerl. Gesetzbuch § 831 und Reichsstrafgesetzbuch § 330.

[2]) Siehe Bach, Mitteilungen über Forschungsarbeiten, Heft 45—47. Berlin 1904; vgl. auch Mörsch, Der Eisenbetonbau, 5. Aufl. 1920, S. 183ff. Hier sind die Einzelergebnisse übersichtlich zusammengestellt.

des Eisens stets noch weit unter jener Grenze beim normalen Handelseisen verbleibt, also ein besonderes Qualitätseisen nicht als wirtschaftlich bezeichnet werden kann, zeigt auch Eisen mit sehr hoher Streckgrenze eine nicht so hohe Dehnung wie ein solches mit niedriger stehender.
Das muß aber als Nachteil im Hinblicke auf die kalte Bearbeitung
des Eisens im Verbundbau angesprochen werden.

Die Elastizitätszahl des Flußeisens ist auf Zug und Druck gleich
groß und im Mittel zu 2 100 000 kg/qcm in Rechnung zu stellen.

Verwendet werden, abgesehen von ganz besonderen Fällen, für die
Hauptbewehrung der Verbundbauten in Deutschland fast ausschließlich Rundeisen. Sie haben sich als Einlagen durchaus bewährt und
allen an sie gestellten Anforderungen bestens genügt und sind dabei
wegen ihres verhältnismäßig geringen Einheitspreises, gegenüber Sondereisen, und ihrer nicht schwierigen Bearbeitungsmöglichkeit in kaltem
Zustande auch vom wirtschaftlichen Standpunkte zu empfehlen. Wenn
auch nicht zu leugnen ist, daß manche im Auslande, namentlich in
Amerika bevorzugten Eisen mit Verstärkungen, Einschnitten,
Knotenbildung usw., wegen ihrer größeren Haftfestigkeit ein festeres
Einbinden in den umgebenden Beton sichern, also auf eine größere „Verbundwirkung" hinarbeiten, so ist doch andererseits nicht zu verkennen,
daß gegenüber dem bestens bewährten Rundeisen ihr Preis höher steht,
und daß zum anderen, wie Versuche des Deutschen Ausschusses für
Eisenbeton[1]) in der Stuttgarter Material-Prüfungsanstalt einwandfrei
nachgewiesen haben, die Knoten der Eisen in den schmalen Rippen
der Plattenbalken, in den Platten usw. eine sprengende Wirkung auf den
Beton bei den kleinsten Bewegungen ausüben, so daß ein vorzeitiges
Aufhören der Haftung eintreten kann. Man sollte solche Eisen also
höchstens in stärkeren Betonbauten verwenden, in denen sie unwandelbar verankert werden; aber auch hier sind ihnen durch richtige
Umbiegung in dem Beton festgelegte Eisen — namentlich bezüglich
der einwandfreien Übertragung der Kräfte — nicht unterlegen. Das
haben auch die vorstehend erwähnten Stuttgarter Versuche klar gezeigt,
indem sie beweisen, daß die Belastungen, unter denen die ersten Risse
auftreten, für alle geprüften Sondereisen mit Verstärkungen usw. und
für die Rundeisen ziemlich gleich sind[2]). Einige Vertreter der amerikanischen Knoteneisen lassen die Abb. 8—11 erkennen. Da die Mehrzahl
dieser Eisen einem mehrfachen Walzprozesse unterliegen, so ist zu

---

[1]) Vgl. u. a. Mörsch: Der Eisenbetonbau, seine Theorie und Anwendung.
4. Aufl. S. 25. Stuttgart 1908.

[2]) Vgl. die Hefte 72—74 über Forschungsarbeiten des Vereins deutscher
Ingenieure, gleich Heft 1—3 der Veröffentl. des Deutschen Ausschusses für Eisenbeton, Bericht von Bach und Graf, und die Untersuchungen von Bach über
die Thacher-Eisen (Julius Springer 1907).

erwarten, daß hierdurch ihre Festigkeitsverhältnisse eine nicht unerhebliche Verbesserung erfahren werden.

Abb. 12 stellt die durch Drehung aus Quadrateisen gewonnenen Ransome-Eisen dar, welche die vorgeschilderten Nachteile bei dünnstegigen oder dünnplattigen Verbundbauteilen nicht besitzen, und durch sehr gute Haftung sich vorteilhaft auszeichnen, auch in ihrem

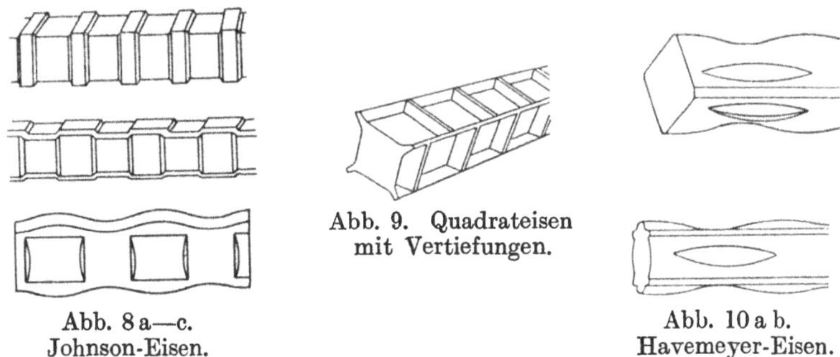

Abb. 9. Quadrateisen
mit Vertiefungen.

Abb. 8 a—c.
Johnson-Eisen.

Abb. 10 a b.
Havemeyer-Eisen.

Preise nicht erheblich höher als einfache Quadrateisen stehen. Zudem wird auch die Festigkeit durch ein Verdrehen in der Regel günstig beeinflußt[1]), allerdings aber auch eine starke Querschnittsverminderung, oft auch — namentlich bei kaltem Drehen — ein erheblicher Rückgang der Dehnung bedingt, so daß auch diese Eisen den Rundeisen gegenüber im allgemeinen nicht als überlegen bezeichnet werden können.

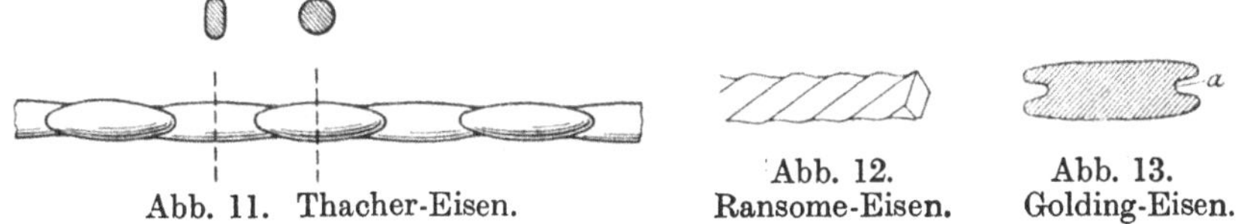

Abb. 11. Thacher-Eisen.

Abb. 12.
Ransome-Eisen.

Abb. 13.
Golding-Eisen.

Werden die Ransome-Eisen, wie dies häufig geschieht, mit eisernen Höckern versehen, so treten bei ihnen dieselben Vor- und Nachteile hinzu, die den Knoteneisen überhaupt eigen sind. Ein weiteres eigenartiges, amerikanisches Profileisen für den Verbundbau — das Golding-Eisen — zeigt Abb. 13. Bei ihm können ohne weiteres, durch Einfügen in die Nut „a" und Festklemmen hier, Flacheisen als Bügelbewehrung, zur Ersetzung hochgebogener Eisen usw., Anschluß finden.

Von besonderen, auch in Deutschland verwendeten Bewehrungseisen seien u. a. genannt: das Streckmetall, die Kahneisen, die nietlosen Träger, sowie die verschieden gestalteten Profile zum Anschlusse von besonderen Eisenteilen an Verbundbalken.

---

[1]) Vgl. u. a.: E. Probst, Vorlesungen über Eisenbeton, Bd. I, S. 92 ff. (Jul. Springer 1917), und Stahl u. Eisen 1914.

Das Streckmetall — amerikanischen Ursprungs — (Abb. 14) wird aus einer Flußeisenplatte durch Einschneiden von Schlitzen und nachträgliches Strecken hergestellt. Hierbei bildet sich ein rautenförmiges, in sich fest zusammenhängendes Gitterwerk, dessen Stege beim Strecken zum Teil aufgebogen werden und somit ein sehr gutes Haften im Beton bedingen. Da die Biegefestigkeit in der Längsrichtung der Maschen größer als in der Quere ist, so sind die Streckmetallplatten stets — wenn sie auf Biegung beansprucht sind — mit der Längsausdehnung der Maschen in die Haupttragrichtung zu legen. Da aber in dieser Richtung die Streckmetallplatten nur Größtabmessungen von 2,40 bzw. 4,80 m aufweisen, so sind ihre Spannweiten auch an diese Maße gebunden. Wenn auch das Streckmetall wegen des zusammenhängenden Netzes, das es für den Aufbau der Verbundkonstruktionen wertvoll erscheinen läßt, in manchen Fällen vorteilhaft sein dürfte, so hat es sich doch allgemein nicht eingeführt, da nicht verkannt werden darf, daß durch den Vorgang des Streckens, Biegens und Stanzens eine nicht unbeträchtliche, wenig günstige Beanspruchung des Eisens eintritt und gerade Flußmetall beim Einstanzen der Schlitze leicht Haarrisse erhalten kann[1]).

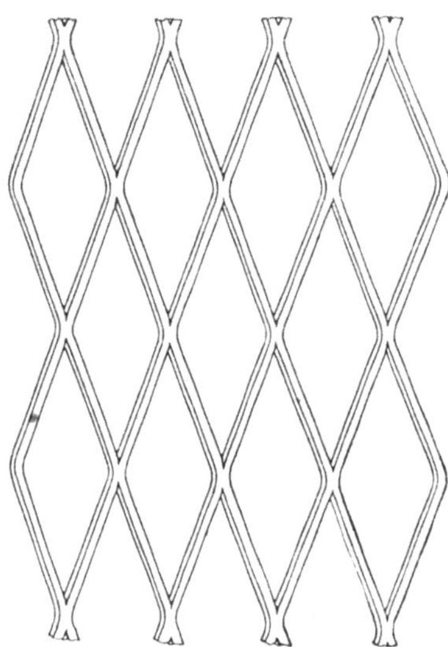

Abb. 14.   Streckmetall.

Die leichteren Sorten finden nur als Putzträger, die starken ausschließlich zu bewehrten Platten Verwendung.

Über die im Eisenbetonbau verwendeten Streckmetallprofile gibt die nachfolgende Zusammenstellung Auskunft.

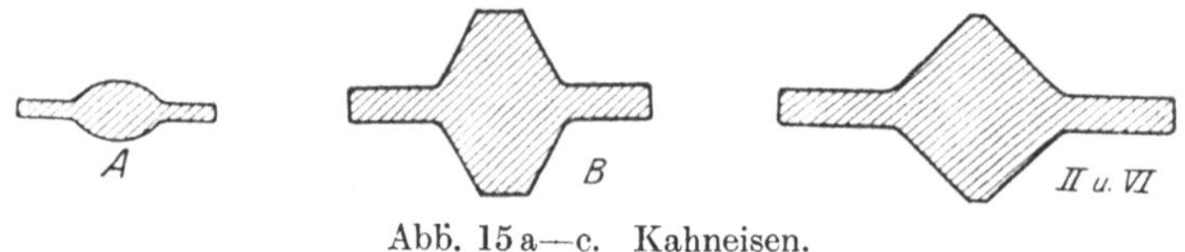

Abb. 15 a—c.   Kahneisen.

---

[1]) Hierdurch erklärt sich auch, daß bei amerikanischen Versuchen das Streckmetall gegenüber einer Rundeisenbewehrung von gleichem Stoffaufwande weniger günstige Festigkeitsverhältnisse aufwies, sich auch erhebliche Abweichungen in bezug auf seine Festigkeit zeigten, auch mit Streckmetall bewehrte Platten ohne vorherige stärkere Rißbildung plötzlich zum Bruche gelangten.

Streckmetall von Schüchtermann & Kremer, Dortmund. (1914.)

Nr.	Maschenweite in Richtung der Tafellänge mm	Steg-		Gewicht- (ohne Gewähr) kg/qm	Quer- schnitt f. e. Meter- streifen qcm	Größte Länge m	Größte Breite m
		Breite mm	Stärke mm				
14	150	4,5	3	1,45	1,80	25	2,4
12	150	6	3	2,04	2,40	18	2,4
13	150	6	4,5	3,12	3,60	20	2,4
15	75	3	3	2,17	2,35	18	4,8
16	75	3	2	1,25	1,60	15	4,8
9	75	4,5	3	3,15	3,60	12	4,8
8	75	6	3	4,34	4,80	9	4,8
11	75	4,5	4,5	5,00	5,40	13	4,8
10	75	6	4,5	6,25	7,20	9,5	4,8
17	75	8	5	9,00	10,60	7	4,8

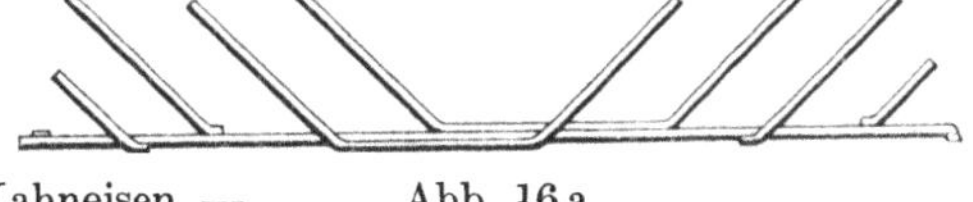

Kahneisen (Abb. 15a—d und 16a, b) werden in vier Profilformen und, wie die nachfolgende Tabelle erkennen läßt, in acht Profilen ver-wendet. Sie werden (u. a. von Krupp, von der Königin-Marien-Hütte) aus Flußstahl gewalzt und besitzen, wie Versuche ergeben

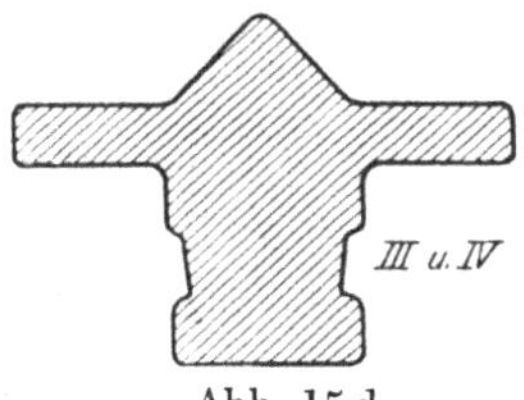

Abb. 15 d. — Kahneisen — Abb. 16 a.

haben, Zugfestigkeiten von mehr als 5000 kg/qcm. Ihre Sonderart besteht darin, daß die an dem mittleren Profilteil angeschlossenen, durch Walzung mit ihm fest verbundenen Flügelteile, wie Abb. 16a, b zeigen, aufgeschnitten und in Form von Bügeln nach aufwärts ab-gebogen werden können. Hierdurch ist eine namentlich für die Montage bedeut-same, feste Verbindung der Bügel bzw. der unter 45° nach oben gerichteten Aufbiegungen mit dem Tragprofile auf besonders einfachem Wege erreicht. Die Wirkung der Aufbiegungen kann noch dadurch verstärkt werden, daß sie im oberen Teile zur Vergrößerung der Anker-wirkung und zum besseren Einbinden in den Druckgurt umgebogen oder klauen-artig gespalten werden. Eine gute Wir-kung der Eisen hat aber zur Voraus-

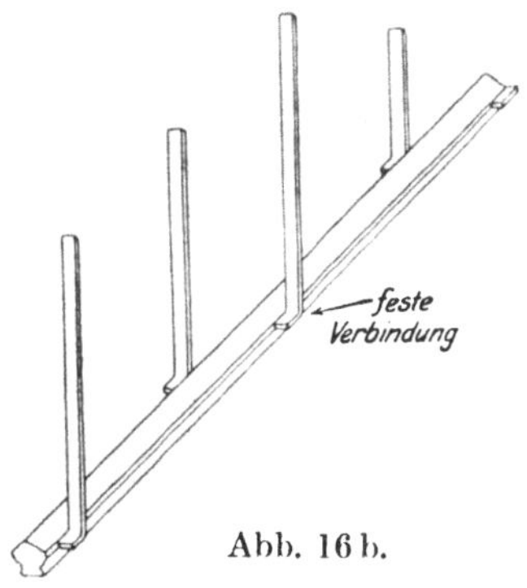

Abb. 16 b.

setzung, daß sie auch wirklich tief in den Beton der Druckzone ein-greifen, in sie die Kräfte übertragen und eine einwandfreie Ver-

bindung zwischen Zug- und Druckgurt bewirken. Um diesen Anforderungen zu genügen, werden die stärkeren Profile mit sechs Flügellängen hergestellt, und zwar von 15, 30, 45, 60, 75 und 90 cm Ausdehnung, während für die kleinen, vorwiegend für Platten geeigneten
Eisen, nur Flügellängen von 10 und 20 cm üblich sind.

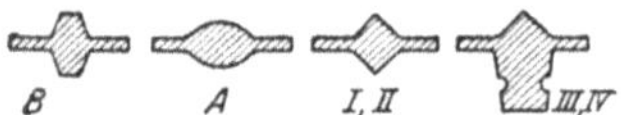

Kahn-Eisen der Deutschen Kahneisen-Gesellschaft Jordahl & Co., Berlin W 35.

D und C haben Trapezquerschnitt.

Profil	Voller Querschnitt qcm	Gewicht für 1 lfd. m kg	Querschnitt ohne Bügel qcm	Querschnitt eines Bügels qcm
D	2,20	1,70	1,64	0,28
C	1,80	1,40	1,58	0,21
B	0,70	0,56	—	—
A	0,85	0,65	—	—
I	2,55	2,00	1,59	0,48
II	5,10	4,00	3,34	0,88
III	9,50	7,4	7,70	0,90
IV	12,75	10,0	10,28	1,23

Die Kahneisenbewehrung kommt vollkommen verlegungsfertig auf
die Baustelle; sie wird vom Walzwerke bereits so geliefert, daß die
Länge der Stäbe und die Anzahl und Länge der Bügel genau der Ver-
wendungsweise entsprechen.

Dort, wo negative Momente auftreten, die Zugzone also bei Balken
in den Obergurt zu liegen kommt, werden die Kahneisen umgekehrt,
d. h. mit nach unten gerichteten Bügeln eingebettet.

Wie vergleichende Versuche zwischen mit Rundeisen und Kahneisen
gleich stark bewehrten einfachen Verbundbalken, ausgeführt an der Dresdener Materialprüfungsanstalt, ergeben haben, sind für die erste Rißbildung keine sehr erheblichen Unterschiede zu gewärtigen, während
die Bruchlast im allgemeinen bei Verwendung von Kahneisen zunimmt.
Besonders günstig stellten sich aber die Verhältnisse bezüglich der
Aufnahme der schiefen Hauptzugspannungen durch die Aufbiegungen der
Kahneisen. Obwohl diese nur $^2/_3$ gegenüber den abgebogenen Rund-
eisen-Querschnittsflächen betrugen, konnte doch bei der Kahneisenbewehrung eine Zunahme der Schubkräfte im Beton um rund 30 v. H.
festgestellt werden. Gleich günstige Ergebnisse lieferten Versuche der
Lichterfelder Prüfungsanstalt, die im besonderen erkennen ließen, daß,
wenn bei geeigneter Bewehrung ein Bruch des Balkens durch Zerreißen
der Zugbewehrung zu erwarten steht, die Zerstörung hierbei ganz all-

mählich vor sich geht, weil das Kahneisen selbst erst nach großer Dehnung zum Bruche gelangt[1]).

Nicht verkannt werden darf aber — trotz der günstigen Ergebnisse der Versuche —, daß, abgesehen von den oft nicht weit genug in die Druckzone hinaufreichenden, abgebogenen Flügeln, Erschwernisse für die praktische Verwendung darin gegeben sind, daß die ziemlich breiten Eisen, zumal sie sich kaum in zwei Reihen übereinander anordnen lassen, auch breite Balkenquerschnitte bedingen, und daß zudem bei durchgehenden Balken der statisch und konstruktiv gleich wichtige Zusammenhang zwischen der Bewehrung im Unter- und Obergurte hier vollkommen entfällt. Auch kann bei der Bauausführung unter Umständen gerade dadurch, daß die Kahneisenbewehrung fertig in den Bau geliefert wird, eine Verzögerung bedingt sein.

Nietlose Gitterträger — wie sie Abb. 17 in der Urform darstellt — werden aus Blechen oder flachgestalteten Walzprofilen durch Einschneiden und Auseinanderbiegen der einzelnen Teile gewonnen. Es entstehen hierbei gitterartige, räum-

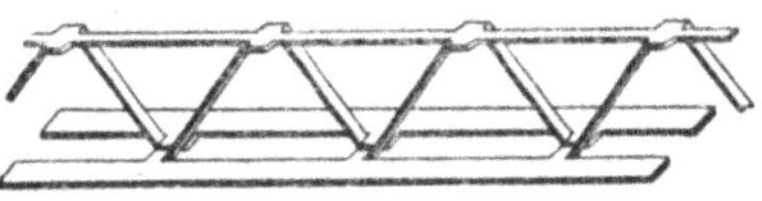

Abb. 17. Nietlose Gitterträger.

liche Trägergebilde mit einem in der Regel stärkeren Untergurte, einem schwächeren Obergurte und einfachen, aber auch doppelten Schrägstreben. Auch können die Untergurtteile, neben der aus den Flacheisen gewonnenen Rechtecksform, beliebige andere Querschnitte erhalten, Linsen-, Ellipsen-, Kreisform usw., um möglichst viel Material im Zuggurte zu vereinigen. Die „nietlosen“ Gitterträger leiden, wenn sie auch zugleich als Montageträger benutzt werden können und somit durch die Ersparung einer besonderen Einschalung vorteilhaft sind, an dem schweren Nachteile, daß sie sich einer durch statische Rücksichten bedingten, guten und wirtschaftlichen Materialausnutzung nicht einzufügen vermögen, da der Untergurt in der Regel nahe den Auflagern unnützes Material aufweist, die Schrägstäbe entweder nahe der Trägermitte zu große Querschnitte besitzen oder am Trägerende nicht ausreichend sind, um die schiefen Hauptzugspannungen einwandfrei aufzunehmen. Namentlich sind die Träger aber wenig geeignet für den Übergang von einer im Untergurt liegenden Zugzone in eine solche im Obergurte, wie das bei durchgehenden und eingespannten Trägern erfordert wird und bei Verwendung von Rundeisen ohne Schwierigkeiten sich in einfachster Art ausführen läßt. Hierbei tritt bei Verwendung der nietlosen Gitterträger noch die weitere Schwierigkeit auf, daß derselbe Träger, der für die Momente in Trägermitte

---

[1]) Bei den vorerwähnten Dresdener Versuchen wurde die Zugfestigkeit der Kahneisen im Mittel zu 5550 kg/qcm, die Streckgrenze zu 3570 kg/qcm, die Dehnung zu 24,5 im Mittel gefunden.

ausreicht, sich nicht dem höheren Stützen- bzw. Einspannungsmoment anzupassen vermag. Endlich sind die Schwierigkeiten zur Zeit noch nicht überwunden, welche sich der Herstellung hoher nietloser Träger, also zur Bewehrung hoher Verbundbalken, entgegenstellen.

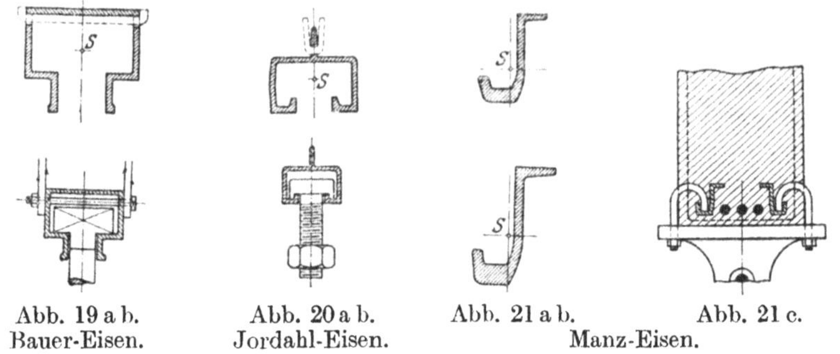

Abb. 19 a b.
Bauer-Eisen.

Abb. 20 a b.
Jordahl-Eisen.

Abb. 21 a b.

Abb. 21 c.

Manz-Eisen.

Als Sonderprofile sind endlich noch zu nennen: ⊥-Buckeleisen mit wechselnden runden Ausbeulungen im Steg auf je alle 100 mm, vorkommend in den in Anm.[1]) mitgeteilten Abmessungen, ferner die zum späteren beliebigen Anschlusse von Lagern usw. an fertige Verbundbalken, wertvollen, in den Abb. 19 a b, 20 a b, 21 a b wiedergegebenen Bauer-, Jordahl- und Manz-Eisen. Über ihre Querschnittsgrößen, Gewichte, Trägheits- und Widerstandsmomente gibt die nachfolgende Zusammenstellung Aufschluß:

	Deutsch.-Kahn-Ges.-Ankerschienen, System Jordahl	D. K.-G.-Ankerschienen-System Dr. Bauer	„L-Schienen", System Baurat Manz	
			L. 6	L. 8
Gesamtquerschnitt . . . qcm	6,75	9,2	6,46	10,42
Querschnitt . . . . . . „	6,50	8,8	nach Abzug der Löcher f. die Verankerungsbügel	
Gewicht für 1 lfd. m . kg	5,45	7,75	5,07	8,19
Trägheitsmoment J_x . . cm⁴	14,6	36,6	25,14	75,08
Trägheitsmoment J_y . . „	—	—	9,96	18,35
Widerstandsmoment W_x cm³	4,51	9,9	6,75	16,04
Widerstandsmoment W_y „	—	—	3,93	7,18

Die (patentgeschützten) Profile sind wegen ihrer festen Einbettung in Beton als Bewehrungseisen mit in Rechnung zu stellen.

---

[1]) ⊥-Buckeleisen.

Profil Nr.	A	C	B	F	G	Z	Gewicht kg/m
4543	80	70	7	10	4	12	8,18
4542	80	70	4,5	7	3,5	12	6,02
4541	100	80	8,25	10	4	13	10,50
4540	120	100	9	10	5	18	12,97

Abb. 18.

Während die Bauer- und Jordahl-Eisen für die nachträgliche Einführung der Befestigungsbolzen an beliebiger Stelle offene Rinnen
bilden und durch besondere Bügeleisen — bei Bauer an den Seiten,
bei Jordahl an dem zentralen oberen Stege — im Beton besonders gut
verankert werden, verlangt das vollkommen eingebettete Manz-Eisen
ein Abstemmen des Betons an der Befestigungsstelle und das Anschließen des Lagers usw. vermittels von Hakenschrauben.

In ganz besonderen Fällen werden, namentlich im Brückenbau,
.auch Normalprofile zur Bewehrung herangezogen, namentlich I-Eisen
und deren Abarten (Differdinger, Peiner-Träger usw.). Angaben
über sie sind im Anhange aufgenommen. Hierher gehört auch die
Bauart Melan, die die Eiseneinlagen in wenigen, weit voneinander
entfernten Querschnitten vereinigt, sie alsdann zugleich zum Tragen
der Rüstung heranzieht und eine Bewehrung in Form von I-Eisen,
Blech- und Gitterträgern mit bedeutenden Abmessungen vorsieht.

Verhältnismäßig selten werden Flacheisen liegend, noch
seltener stehend zu Eiseneinlagen herangezogen. In liegendem Zustande sind sie u. a. für
Bimsbetondecken, namentlich
zur Bildung von Dachhäuten
(Abb. 22), sowie in entsprechender Form als Bewehrung der
Möller - Träger und -Brücken
angewendet worden. In beiden

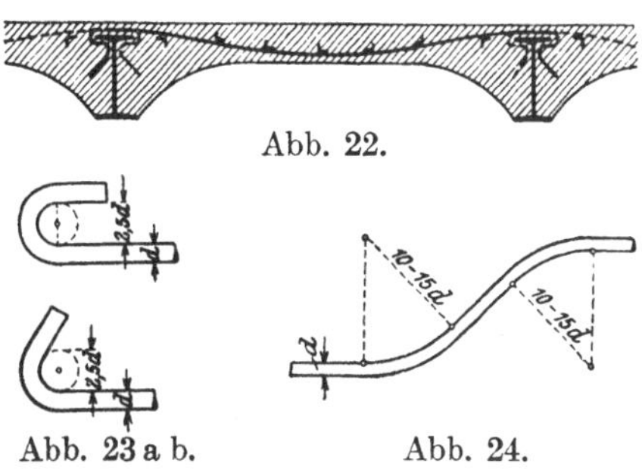

Abb. 22.

Abb. 23 a b.　　　　Abb. 24.

Fällen wird dem Gleiten des Flacheisens im Beton durch Aufnieten
von kleinen Winkeleisenstücken noch besonders gewehrt. Immerhin ist
aber die Anwendung von Flacheisen für Bewehrungszwecke selten und
von untergeordneter Bedeutung.

Wie vorerwähnt, wird die Bewehrung der Verbundbauten in Deutschland
fast ausschließlich durch **Rundeisen** bewirkt, die in dem Zustande, in dem
sie im Handel zu haben sind, also mit Walzhaut, zur Verwendung gelangen.

Nach den neuen Bestimmungen vom Jahre 1916 (§ 9) ist das Eisen
vor der Verwendung von Schmutz, Fett und losem Rost zu befreien
und in der durch die statische Berechnung bedingten Form und Lage
einzubauen, wobei auf eine gute Verknüpfung der durchlaufenden
Zug- oder Druckeisen mit Verteilungseisen und Bügeln zu achten ist.
In Plattenbalken sind hierbei stets Bügel anzuordnen, um den Zusammenhang zwischen Platte und Rippe zu gewährleisten. Die Zugeiseneinlagen sind an ihren Enden mit runden oder spitzwinkeligen
Haken zu versehen, deren lichter Durchmesser (Abb. 23a, b) mindestens
gleich dem 2,5fachen des Eisendurchmessers zu wählen ist. Ferner

soll der Krümmungshalbmesser der abgebogenen Eisen mindestens das 10—15fache der Rundeisenstärke betragen (Abb. 24).

In Balken ist der lichte Abstand der Eisen voneinander in jeder Richtung in der Regel mindestens gleich dem Eisendurchmesser, aber nicht kleiner als 2 cm auszuführen (Abb. 25). Lassen sich geringere Abstände nicht vermeiden, so muß durch einen feinen und fetten Mörtel für eine dichte Umhüllung der einzelnen Eisen Sorge getragen werden.

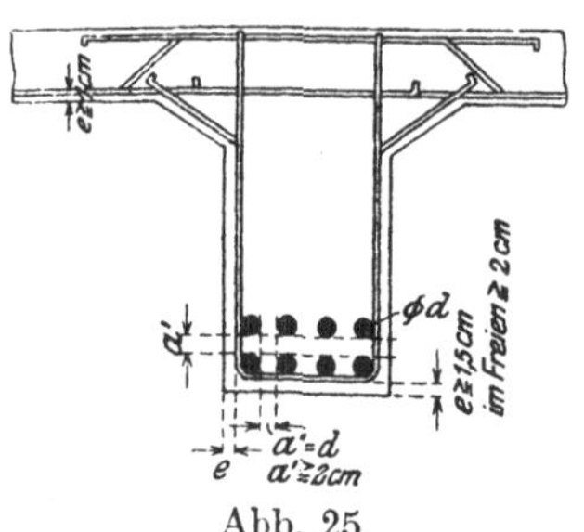

Abb. 25.

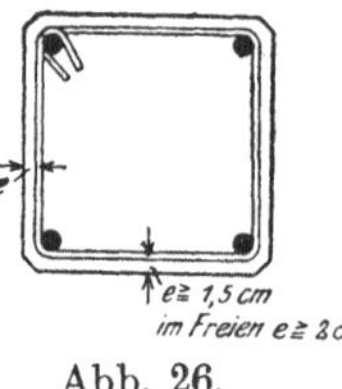

Abb. 26.

Die Betonüberdeckung der Eiseneinlagen an der Unterseite von Platten soll mindestens 1 cm stark sein; die Überdeckung der Bügel an den Rippen und bei den Säulen muß überall wenigstens 1,5 cm, bei Bauten im Freien 2 cm betragen (Abb. 26). Daß diese Maße unter Umständen bei besonders ungünstig gearteten örtlichen Verhältnissen, namentlich dem Auftreten von Säuren in der Luft, eine nicht unerhebliche Verstärkung, unter Umständen bis zu 3,5 cm, verlangen können, wurde schon auf S. 18 hervorgehoben und begründet.

Mit Zementbrei dürfen die Eisen nur unmittelbar vor dem Betonieren eingeschlämmt werden, da ein angetrockneter Zementmantel das Festhalten des Eisens im umgebenden Beton stört.

Die Stoßausbildung der Eisen könnte erfolgen durch Verwendung besonderer Schlösser, in die hinein die Rundeisen mit entgegengesetzt verlaufendem Gewinde geschraubt werden. Abgesehen davon, daß solche Schlösser Knoten bilden, die bei kleinsten Bewegungen der Eisen ein Absprengen des Betons zur Folge haben können, auch

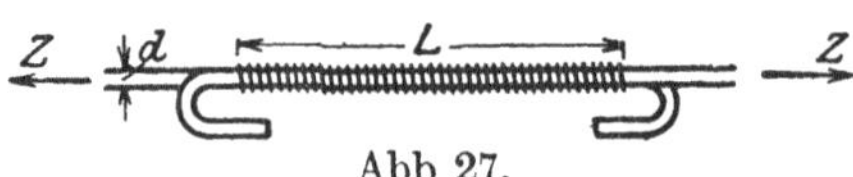

Abb 27.

wegen ihrer größeren Stärke und der notwendigen Überdeckung mit Beton eine tiefere Lage der Rundeisen in diesem als sonst notwendig bedingen würden, sind auch solche Konstruktionselemente teuer. Ferner kann der Stoß durch ein Verschweißen der Eisen bewirkt werden. Aber auch hier treten die Schwierigkeiten auf, die ein gutes Schweißen von Flußeisen stets mit sich bringt und die für solche Arbeit besonders geübte Arbeiter verlangen. Deshalb wird in der Regel die Stoßausbildung durch einfaches Überdecken der Enden der Eisen, Anbringung von Haken an sie und eine gute Verbündelung mit Draht (von etwa 1,25 mm Durchmesser) bewirkt. Die Länge des so auszubildenden

Stoßes folgt aus der Zug- (bzw. Druck-)Kraft Z im Eisen und der zulässigen Haftspannung τ_h zwischen Beton und Eisen (vgl. Abb. 27):

$$\tau_h \cdot d \cdot \pi \cdot L > Z,$$

worin $\tau_h = 4{,}5$ kg/qcm, wie in Abschnitt 5 erörtert wird, einzuführen ist.

Bei Versuchen des Deutschen Ausschusses für Eisenbeton[1]), die an der Dresdener Versuchsanstalt durchgeführt, die Widerstandsfähigkeit der Stoßverbindungen im Vergleiche zu ungestoßenen Eisen ergründen sollten, hat sich gezeigt, daß bei Verwendung schwacher Eisen — von 10 mm Durchmesser — bereits eine Stoßdeckung von $8\,d$ eine Verbindung liefert, die der durchgehenden Eiseneinlage gleichwertig ist, daß aber bei stärkerem Eisen — von 20—30 mm Durchmesser — selbst eine Überdeckungslänge von $40\,d$ bei Berücksichtigung der Bruchlast noch keine Verbindung sichert, die einem durchgehenden Eisen vollkommen gleichwertig ist. Wenn auch diese Ergebnisse zu erkennen geben, daß es zweckmäßig ist, bei stärkeren Eisen Stöße, soweit erreichbar, ganz zu vermeiden, so zeigen sie doch auch bei Berücksichtigung der Rißlasten, auf die es in der Praxis ja fast ausschließlich bei Beurteilung der Sicherheit ankommt, daß bereits Überdeckungen von $8—12\,d$ Länge zu annähernd gleichen bzw. höheren Rißlasten führen, als sie bei ungestoßenem Eisen gefunden wurden[2])

---

[1]) Vgl. Heft 37: Versuche mit Eisenbetonbalken zur Ermittelung der Widerstandsfähigkeit von Stoßverbindungen der Eiseneinlagen. Von H. Scheit, O. Wawrziniok und H. Amos. 1917.

[2]) Aus den vorgenannten Versuchen ergibt sich für die Probebalken mit 20 mm Eisen ohne Stoß eine erste Rißlast von im Mittel 2080 kg und bei einer Stoßüberdeckung von:

| $8\,d = 16$ cm | $12\,d = 24$ cm | $30\,d = 60$ cm | $40\,d = 80$ cm |

eine Rißlast von:

| 2000 | 1970 | 2230 | 2500 kg |

Bei 30-mm-Eisen sind die entsprechenden Zahlen die folgenden:

Rißlast bei ungestoßenem Eisen im Mittel 1170 kg.

| Stoßlänge . . $8\,d = 24$ cm | $12\,d = 36$ cm | $30\,d = 90$ cm | $40\,d = 120$ cm |
| Rißlast . . . . 2330 | 1430 | 1500 | 2863 kg |

Eine ausführliche Behandlung der „Stoßfrage der Eiseneinlagen im Eisenbeton" gibt Dipl.-Ing. H. Wolf in seiner Doktordissertation, Braunschweig 1917, Druck von Fr. Vieweg u. Sohn. Er kommt hierbei aus Vergleichsuntersuchungen und Rechnungen ebenfalls zu dem Schlusse, daß Stöße durch Übergreifen der Eiseneinlagen bei genügender Überdeckungslänge die sicherste Verbindung in sich schließen. Diese Länge berechnet er, wie oben, aus der Beziehung: $l = \dfrac{P}{\pi d \tau_h}$, worin P die im Eisen wirkende Längskraft, d sein Durchmesser, τ_h die erlaubte Haftspannung darstellen. Wird $P = \sigma_e F_e$; $F_e = \dfrac{\pi d^2}{4}$, $\sigma_e = 1000$ kg/qcm, $\tau_h = 4{,}5$ kg/qcm gesetzt, so wird:

$$l = 55\,d.$$

Dieser theoretische Wert ist erheblich größer als der aus Versuchen (vgl. Heft 37 der Veröffentl. des Deutschen Ausschusses) gefundene. Dies erklärt sich daraus,

Falls sich ein Stoß der Eisen vermeiden läßt, ist dies naturgemäß empfehlenswert; hierbei ist zu beachten, daß Eisen bis über 22,0 m Länge auf besondere Bestellung von den Hüttenwerken geliefert werden können, also erheblich über die Normallänge der Rundeisen von 15 m hinaus. Selbstverständlich sind Stoßstellen in die Querschnitte zu legen, in denen eine nur geringe oder mittlere Belastung der Eisen zu erwarten steht; daß ferner die Stoßstellen der einzelnen Eisen über die Länge des Trägers zu verteilen, also nicht in einzelnen Querschnitten zu vereinigen sind, bedarf kaum der Hervorhebung.

Über die Gewichte, Umfänge und Querschnitte der Rundeisen von 1—50 mm Durchmesser, sowie über die Werte: $n\,\dfrac{d^2\pi}{4} = 15\,\dfrac{d^2\pi}{4}$ geben die beiden nachfolgenden Zusammenstellungen Aufschluß; sie sind für die Durchführungen der Berechnung von Verbundbauten von ebenso allgemeiner wie grundlegender Bedeutung.

Die **zulässige Beanspruchung** des Flußeisens im Verbundbau und bei Hochbauten ist nach den neuen Bestimmungen im allgemeinen zu 1200 kg/qcm festgesetzt; nur bei Platten von geringerer Stärke als 10 cm, sowie bei Bauteilen, die stärkeren Erschütterungen ausgesetzt sind (also dort, wo auch die Betondruckspannung nur 35 kg/qcm betragen darf), ist 1000 kg/qcm vorgeschrieben.

Im Brückenbau sind die zulässigen Spannungen für die Eiseneinlage aber erheblich geringer; für die Teile der Straßenbrücken, die unmittelbar starker dynamischer Belastung ausgesetzt werden, sind nur 900 kg/qcm, für die übrigen Teile 1000 kg/qcm, für Brücken unter Eisenbahngleisen bei einem Schotterbett von mindestens 30 cm Stärke sogar nur 750 k/qcm als erlaubt angegeben (§ 18, 4, d, e und f).

Durch Verwendung von Stahl als Eiseneinlage könnte gegenüber dem Flußeisen infolge der höheren Zugfestigkeit und die weiter hinausliegende Streckgrenze eine Erhöhung der Bruchlast bei bewehrten Balken erreicht werden. Einer Anwendung von Stahl stehen aber erhebliche Nachteile gegenüber, die einmal in dem höheren Preise, zum anderen in der Schwierigkeit, dies Material kalt zu biegen[1]) und gut zu schweißen, liegen.

---

daß bei der praktischen Ausführung, die den Versuchen des Deutschen Ausschusses auch zugrunde lag, die beiden sich überdeckenden Stoßenden vermittelst Bindedraht fest verbunden und zudem durch Hakenbildung gut im Beton verankert waren, so daß einmal die Haftfestigkeit erhöht wurde, zum andern ein hoher Widerstand gegen Herausreißen gegeben war.

[1]) Ein Eisenmaterial wird sich um so besser kalt biegen lassen, je größer seine Dehnbarkeit und je geringer seine Streckgrenze ist, wie das bei Flußeisen der Fall. — Vgl. hierzu auch die Ausführungen auf S. 59 u. 60.

a) Tabelle für Rundeisen (Flußeisen).

Durchmesser mm	Gewicht f.1 lfd.m kg	Umfang qcm	Fläche qcm	Fläche von 2 Stück qcm	3 Stck. qcm	4 Stck. qcm	5 Stck. qcm	6 Stck. qcm	7 Stck. qcm	8 Stck. qcm	9 Stck. qcm	10 Stck. qcm
1	0,006	0,31	0,0079	0,016	0,024	0,031	0,039	0,047	0,055	0,063	0,071	0,079
2	0,025	0,63	0,031	0,063	0,094	0,128	0,157	0,188	0,222	0,25	0,28	0,31
3	0,055	0,94	0,07	0,14	0,21	0,28	0,35	0,42	0,49	0,56	0,63	0,71
4	0,098	1,26	0,13	0,25	0,38	0,50	0,63	0,76	0,88	1,00	1,13	1,26
5	0,154	1,57	0,20	0,39	0,59	0,78	0,98	1,18	1,37	1,57	1,77	1,96
6	0,222	1,89	0,28	0,56	0,85	1,13	1,41	1,70	1,98	2,26	2,54	2,83
7	0,302	2,20	0,38	0,77	1,15	1,54	1,92	2,31	2,69	3,08	3,46	3,85
8	0,395	2,51	0,50	1,00	1,51	2,01	2,51	3,01	3,52	4,02	4,52	5,03
9	0,499	2,83	0,64	1,27	1,91	2,54	3,18	3,82	4,45	5,09	5,73	6,36
10	0,617	3,14	0,79	1,57	2,36	3,14	3,93	4,71	5,50	6,28	7,07	7,85
11	0,746	3,46	0,95	1,90	2,85	3,80	4,75	5,70	6,65	7,60	8,55	9,50
12	0,888	3,77	1,13	2,26	3,39	4,52	5,65	6,79	7,91	9,05	10,18	11,31
13	1,042	4,08	1,33	2,65	3,98	5,31	6,64	7,96	9,29	10,62	11,95	13,27
14	1,208	4,40	1,54	3,08	4,62	6,16	7,70	9,24	10,77	12,32	13,86	15,39
15	1,387	4,71	1,77	3,53	5,30	7,07	8,84	10,60	12,37	14,14	15,91	17,67
16	1,578	5,03	2,01	4,02	6,03	8,04	10,05	12,06	14,07	16,08	18,09	20,11
17	1,782	5,34	2,27	4,54	6,81	9,08	11,35	13,62	15,89	18,16	20,43	22,70
18	1,998	5,65	2,54	5,09	7,63	10,18	12,72	15,26	17,81	20,36	22,90	25,45
19	2,226	5,97	2,84	5,67	8,51	11,34	14,18	17,02	19,85	22,68	25,52	28,35
20	2,466	6,28	3,14	6,28	9,42	12,57	15,71	18,84	21,99	25,14	28,28	31,42
21	2,719	6,60	3,46	6,93	10,39	13,85	17,32	20,78	24,24	27,17	31,70	34,64
22	2,948	6,91	3,80	7,60	11,40	15,21	19,01	22,81	26,61	30,41	34,21	38,01
23	3,261	7,23	4,15	8,31	12,46	16,62	20,77	24,93	29,08	33,24	37,40	41,55
24	3,551	7,54	4,52	9,05	13,57	18,10	22,62	27,14	31,67	36,19	40,71	45,24
25	3,853	7,85	4,91	9,82	14,73	19,63	24,54	29,45	34,36	39,27	44,18	49,09
26	4,186	8,17	5,31	10,62	15,93	21,24	26,55	31,86	37,17	42,47	47,78	53,09
27	4,495	8,48	5,73	11,45	17,18	22,90	28,63	34,35	40,08	45,80	51,53	57,26
28	4,834	8,80	6,16	12,31	18,47	24,63	30,79	36,94	43,10	49,26	55,42	61,58
29	5,185	9,11	6,60	13,21	19,81	26,42	33,02	39,62	46,23	52,84	59,44	66,05
30	5,549	9,42	7,07	14,14	21,21	28,27	35,34	42,41	49,48	56,55	63,62	70,68
31	5,930	9,74	7,55	15,09	22,64	30,19	37,74	45,29	52,83	60,38	67,93	75,48
32	6,313	10,05	8,04	16,08	24,13	32,17	40,21	48,26	56,30	64,34	72,38	80,42
33	6,720	10,37	8,55	17,11	25,66	34,21	42,76	51,32	59,87	68,42	76,97	85,53
34	7,127	10,68	9,08	18,16	27,24	36,32	45,40	54,48	63,56	72,63	81,71	90,79
35	7,560	11,00	9,62	19,24	28,86	38,48	48,11	57,73	67,34	76,97	86,59	96,21
36	7,999	11,31	10,18	20,36	30,54	40,72	50,90	61,07	71,26	81,43	91,61	101,79
37	8,450	11,62	10,75	21,50	32,26	43,01	53,76	64,51	75,27	86,02	96,77	107,52
38	8,893	11,94	11,34	22,68	34,02	45,36	56,70	68,04	79,38	90,73	102,07	113,41
39	9,400	12,25	11,94	23,89	35,84	47,78	59,73	71,68	83,62	95,57	107,51	119,46
40	9,865	12,57	12,56	25,13	37,70	50,26	62,83	75,40	87,96	100,53	113,09	125,66
41	10,350	12,88	13,20	26,41	39,61	52,81	66,01	79,22	92,42	105,63	118,82	132,03
42	10,876	13,20	13,85	27,71	41,56	55,42	69,27	83,12	96,98	110,83	124,68	138,54
43	11,400	13,51	14,52	29,04	43,56	58,09	72,61	87,13	101,65	116,18	130,70	145,22
44	11,936	13,82	15,20	30,41	45,61	60,82	76,03	91,23	106,43	121,64	136,84	152,05
45	12,480	14,14	15,90	31,81	47,71	63,62	79,52	95,42	111,33	127,23	143,13	149,04

Durchmesser mm	Gewicht f.1 lfd.m kg	Umfang qcm	Fläche qcm	Fläche von 2 Stück qcm	3 Stck. qcm	4 Stck. qcm	5 Stck. qcm	6 Stck. qcm	7 Stck. qcm	8 Stck. qcm	9 Stck. qcm	10 Stck. qcm
46	13,046	14,45	16,62	33,24	49,86	66,48	83,10	99,71	116,34	132,95	149,57	166,19
47	13,600	14,77	17,35	34,70	52,05	69,40	86,75	104,09	121,45	138,79	156,14	173,49
48	14,205	15,08	18,09	36,19	54,29	72,38	90,48	108,58	126,67	144,77	162,86	180,96
49	14,900	15,40	18,86	37,71	56,57	75,43	94,28	113,14	132,00	150,86	169,72	188,57
50	15,413	15,71	19,63	39,27	58,90	78,54	98,17	117,81	137,44	157,08	176,71	196,35

b) Tabelle für die Werte: $n\,r^2\pi = 15 \cdot r^2\pi$.

$d = 2r$ mm	$n \cdot 1\,r^2\pi$ qcm	$n \cdot 2\,r^2\pi$ qcm	$n \cdot 3\,r^2\pi$ qcm	$n \cdot 4\,r^2\pi$ qcm	$n \cdot 5\,r^2\pi$ qcm	$n \cdot 6\,r^2\pi$ qcm	$n \cdot 7\,r^2\pi$ qcm
1	0,118	0,235	0,353	0,471	0,590	0,706	0,942
2	0,471	0,942	1,413	1,884	2,355	2,826	3,768
3	1,06	2,12	3,18	4,24	5,30	6,36	8,48
4	1,88	3,76	5,64	7,52	9,40	11,28	15,04
5	2,95	5,90	8,85	11,80	14,75	17,70	23,60
6	4,25	8,50	12,75	17,00	21,25	25,50	34,00
7	5,70	11,40	17,10	22,80	28,50	34,20	45,60
8	7,50	15,00	22,50	30,00	37,50	45,00	60,00
9	9,54	19,08	28,62	38,16	47,70	57,24	76,32
10	11,85	23,70	35,55	47,40	59,25	71,10	94,80
11	14,25	28,50	42,75	57,00	71,25	85,50	114,00
12	17,00	34,00	51,00	68,00	85,00	102,00	136,00
13	19,95	39,90	59,85	79,80	99,75	119,70	159,60
14	23,10	46,20	69,30	92,40	115,50	138,60	184,80
15	26,50	53,00	79,50	106,00	132,50	159,00	212,00
16	30,16	60,32	90,48	120,64	150,80	180,96	241,28
17	34,05	68,10	102,15	136,20	170,25	204,30	272,40
18	38,10	76,20	114,30	152,40	190,50	228,60	304,80
19	42,52	85,04	127,56	170,08	212,60	255,12	340,16
20	47,10	94,20	141,30	188,40	235,50	282,60	376,80
22	57,02	114,04	171,06	228,08	285,10	342,12	456,16
24	67,85	135,70	203,55	271,40	339,25	407,10	542,80
25	73,65	147,30	220,95	294,60	368,25	441,90	589,20
26	79,65	159,30	238,95	318,60	398,25	477,90	639,20
28	92,36	184,72	277,08	369,44	461,80	554,16	738,88
30	106,00	212,00	318,00	424,00	530,00	636,00	848,00
32	120,64	241,28	361,92	482,56	603,20	723,84	965,12
34	136,18	272,36	408,54	544,72	680,90	817,08	1089,4
35	144,31	288,62	432,93	577,24	721,55	865,86	1154,5
36	152,67	305,34	458,01	610,68	763,35	916,02	1221,4
38	170,10	340,20	510,30	680,40	850,50	1020,6	1360,8
40	188,50	377,00	565,50	754,00	942,50	1131,0	1508,0
42	207,75	415,50	623,25	831,00	1038,7	1246,5	1662,0
43	228,10	456,20	684,30	912,40	1140,5	1368,6	1824,8
45	238,50	477,00	715,50	944,00	1192,5	1431,0	1888,0
46	249,30	498,60	747,90	997,2	1246,5	1495,8	1994,4
48	271,35	542,70	814,05	1085,4	1356,7	1628,1	2170,8
50	294,52	589,04	883,56	1178,1	1472,6	1767,1	2356,2

5. Das Haften des Eisens im Beton.

Das statisch einheitliche Zusammenwirken von Beton und Eisen im Verbunde wird in erster Linie durch das Festhaften des Eisens in dem umgebenden Beton oder durch den Widerstand bedingt, den der Beton einem Gleiten des Eisens in ihm entgegensetzt. Diese Erscheinung wird mit Haftfestigkeit oder — nach Bach — mit Gleitwiderstand bezeichnet. Sie kommt vorwiegend durch die mechanische Verbindung beider Baustoffe zustande, wobei einerseits Zusammenziehungen des Betons, die ein Anpressen dieses an das Eisen zur Folge haben, andererseits Klebewirkungen eine besonders bedeutsame Rolle spielen. Letztere werden von Rohland[1]) auf kolloidchemische Wirkungen zurückgeführt, da der Zement beim Anrühren mit Wasser Stoffe in kolloidem Zustande abspaltet, die sich um das Eisen herumballen, es fest umschließen und an ihm haften. Daß tatsächlich bei der Haftung solche Klebewirkungen sehr erheblich in Frage kommen, haben Versuche von Müller und Bach erwiesen, bei denen eine Eisenplatte, zwischen zwei Betonflächen eingefügt, durch Kräfte, senkrecht zu ihrer Fläche angreifend, gelöst wurde[2]). Hier hat sich gezeigt, daß die Haftfestigkeit bei rostigem Blech gegenüber glattem sehr erheblich höher liegt, daß also, da voraussichtlich die Rauheit der Fläche diese Wirkung auslöst, der mechanische Zusammenhang zwischen Beton und Eisen durch ein Festkleben bedingt, zum mindesten sehr erheblich beeinflußt wird. Ob in gleich bedeutsamer Weise auch das Zusammenziehen des Betons bei der Erhärtung an der Ausbildung des Gleitwiderstandes beteiligt ist, erscheint zweifelhaft, da alsdann Körper, die an der Luft abgebunden haben und hierbei schwinden, gegenüber solchen, die unter Wasser erhärten und sich während dieses Vorganges ausdehnen, in bezug auf das Festhaften der Eisen im Vorteil sein müßten. Wie die umfassenden Versuche — namentlich von Probst, Bach, Preuß u. a. m. — zeigen, auch die vorgenannten Versuche erwiesen haben[3]), tritt aber, wie weiter unten besonders hervorgehoben wird, gerade das Gegenteil ein. Immerhin wirkt aber auch eine Einklemmung des Eisens durch den Beton,

---

[1]) Vgl. Rohland: Der Eisenbeton, kolloidchemische und physikalische Untersuchungen. Leipzig 1912. Vgl. weiter: Tonind. 1920 Nr. 110 Auszug aus einem Vortrag über die Frage: Wodurch haftet Beton am Eisen, in der Sitzung der französ. Ak. d. Wiss. nach Génie civil v. 26. 7. 1919.

[2]) Vgl.: Dr. R. Müller, Neue Versuche mit Eisenbetonbalken, 1908 (namentlich die Versuche über reine Haftfestigkeit, S. 76 ff.), und Mitteil. über einige Nebenuntersuchungen auf dem Gebiete des Betons und Eisenbetons von C. Bach und O. Graf (Stuttgart). Arm. Beton 1910, Heft VII, S. 276.

[3]) Bei den Bachschen Untersuchungen (Arm. Beton 1910) ergab sich z. B., daß die Haftfestigkeit (Klebefestigkeit) bei feuchter Lagerung 19,2, bei Lagerung an der Luft aber nur 7,7 kg/qcm betrug.

d. h. die einen derartigen Zustand bedingende Umschnürung des Betons, günstig auf die Haftfestigkeit ein. Das erweisen u. a. Versuche von Mörsch und die einer französischen Regierungskommission [1]), aus denen zu folgern ist, daß einmal durch eine um das Eisen in ziemlichem Abstande von ihm herumgelegte Spirale, namentlich bei Lagerung in Wasser, die Haftfestigkeit stark vergrößert wird (Mörsch), und zum anderen die gleiche Wirkung bei Balken eintritt, wenn deren Bügel — wie das in der Praxis allerdings selten üblich ist — den Beton umschließen, also nicht unmittelbar an den Eisen anliegen.

In der großen Summe der Versuche zur Bestimmung des Verhaltens des Eisens im Beton im Hinblicke auf sein Haften und dessen absolute Größe sind Versuchsreihen zu trennen, bei denen unmittelbar die auf die Lösung des Verbundes hinarbeitende Kraft — sei es eine Druck- oder Zugkraft — in der Achse des Eisens wirkt und solche, bei denen durch Einwirkung einer Verbiegung eines Balkens ein Lockern der Eisen herbeigeführt werden soll [2]).

Aus den Versuchen, die die Haftfestigkeitsverhältnisse durch Herausziehen oder Herausdrücken des Eisens aus dem umgebenden Beton zu klären hatten, ergibt sich, daß die Haftfestigkeit abhängig ist von der Oberfläche des Eisens, daß Stäbe mit Walzhaut einen erheblich höheren Gleitwiderstand im Beton finden als sauber abgedrehte Eisen, bei denen die Haftung sich um rund 50 v. H. vermindert, daß ferner die Haftfestigkeit abhängig ist vom Wassergehalte des Betons und mit dessen Steigen abnimmt, daß ebenso die Lagerung des Probekörpers unter Wasser gegenüber einem Erhärten an der Luft zu höheren Gleitwiderständen führt, daß ein verschiedener Sandzusatz zum Beton in den üblichen Grenzen einen nur unerheblichen Einfluß auf die Haftung ausübt, daß aber die größere Stärke des Eisens den Gleitwiderstand günstig beeinflußt. So zeigte sich beispielsweise in letzterer Hinsicht, daß dem Durchmesser von Rundeisen: 10, 20 und 40 mm Haftfestigkeiten von: 14,1, 18,5 und 27,1 kg/qcm entsprachen. Deshalb kann der Verwendung vieler dünner Eisen zur Bewehrung, obwohl bei ihnen durch Vergrößerung der Haftfläche eine Vermehrung des Gleitwider-

---

[1]) Siehe Mörsch, Der Eisenbeton, 4. Aufl., Stuttgart 1912, S. 66 ff.; und: Commission du ciment armé. Expériences, rapports etc. relatives à l'emploi du béton armé. Paris 1907.

[2]) Vgl. hierzu u. a.: Heft 22 der Forschungsarbeiten des Vereins deutscher Ing., von Bach, 1905; Heft 1—4 der Veröffentl. des Deutschen Ausschusses für Eisenbeton: Versuche, namentlich zur Bestimmung des Gleitwiderstandes, = Heft 72 bis 74 u. 95 der Mitteil. über Forschungsarbeiten, herausgeg. v. Verein deutscher Ing., 1909 u. 1910; sowie Heft 7 der vorgen. Veröffentl.: Versuche mit Eisenbetonbalken zur Bestimmung des Gleitwiderstandes von H. Scheit u. O. Wawrziniok, 1911; Heft 9: Versuche mit Eisenbetonbalken zur Bestimmung des Einflusses der Hakenform der Eiseneinlagen von C. Bach und O. Graf, 1911.

standes bedingt ist und zudem auch eine gleichmäßigere Krafteintragung in den Beton zu erwarten steht, gegenüber der Verwendung weniger stärkerer Eisen im Hinblicke auf die Verbundwirkung nicht ohne weiteres ein Vorzug zuerkannt werden. Ferner zeigte sich, daß die Haftfestigkeit durchaus nicht gleichmäßig über die Stablänge verteilt ist und daß sie — wahrscheinlich eine Folge der Elastizität des Eisens — abnimmt mit der größeren Länge der in Beton gebetteten Stäbe[1]), und daß ferner der Widerstand beim Herausdrücken eines Stabes erheblich höher ist als beim Herausziehen. Das lassen die nachfolgenden Versuchsergebnisse deutlich erkennen:

Stablänge	100 mm	150 mm	200 mm	300 mm
Haftfestigkeit beim Herausziehen . .	25,1	30,6	15,6	15,3
Haftfestigkeit beim Herausdrücken .	27,4	32,9	22,3	21,2
Vergrößerung	9 v. H.	7,5 v. H.	44 v. H.	39 v. H.

Die Erscheinung, daß die Haftfestigkeit beim Herausdrücken des Stabes zum Teil erheblich höher ist als beim Herausziehen, hat ihren selbstverständlichen Grund darin, daß bei ersterem Vorgange durch das Zusammendrücken des Eisens dessen Querschnitte eine Verbreiterung erfahren und somit der Widerstand in den Berührungsflächen zunimmt, während bei einer Zugbelastung des Eisens das Entgegengesetzte: Verringerung der Querschnittsgrößen und der Pressung am Umfange der Eisen, eintritt. Deshalb wird auch im allgemeinen in gedrückten Konstruktionsteilen, bzw. in der Druckzone allgemein, die Haftfestigkeit höhere Werte zu erlangen vermögen als in der auf Zug beanspruchten Bewehrung.

Die absolute Größe der Haftfestigkeit, verschieden zudem nach der Art des Eisens, kann selbstverständlich, wie aus der vielgestaltigen Beeinflussung dieser Größe durch alle die vorerwähnten Umstände sich zur Genüge erklärt, kein konstanter Wert sein. Über die hier obwaltenden Verhältnisse gibt die nachstehende Zusammenstellung als Beispiel Auskunft:

---

[1]) Aus den Versuchen von Bach (vgl. auch Zeitschr. des Vereins deutscher Ing. 1911, S. 859) leitet Feret in derselben Zeitschrift (1911, S. 1270) die Beziehung für die am Stabe von der Länge $= x$ wirkende Kraft $= P_x$ ab: $P_x = 455 \cdot x^{\frac{3}{4}}$. Nimmt, wie Hager in seinem Werke: Vorlesungen über Theorie des Eisenbetons (1916, S. 49) ausführt, diese Kraft um die Größe dP_x zu und entspricht dieser Zunahme eine Veränderung der Stablänge x um dx, so wird bei einer Haftspannung $= \tau_x$ und einem Durchmesser des Eisens $= d$:

$$dP_x = \tau_x \cdot d \cdot \pi \cdot dx$$

$$\frac{dP_x}{dx} = \frac{3}{4} 455 \cdot \frac{1}{\sqrt[4]{x}} = \tau_x d\pi$$

$$\tau_x = \frac{3}{4} \cdot \frac{455}{d\pi} \cdot \frac{1}{\sqrt[4]{x}}.$$

1. Rundeisen Durchm. 10 mm . . . . . $= 0{,}78$ qcm $\tau_h = 14{,}1$ kg/qcm
2.   „   „   20 „ . . . . . $= 3{,}14$ „ „ $= 18{,}5$ „
3.   „   „   40 „ . . . . . $= 7{,}07$ „ „ $= 27{,}7$ „
4. Quadrateisen (hochkant) 20×20 mm . $= 4{,}00$ „ „ $= 26{,}2$ „
5. Flacheisen (hochkant) 4×40 mm . . $= 1{,}6$ „ „ $= 22{,}2$ „
6.   „   „ 10×40 „ . $= 4{,}00$ „ „ $= 19{,}6$ „

Es ergibt sich, daß der absolute Wert der Haftung bei Rundeisen mit dessen Querschnittsgröße allmählich steigt und daß die rechteckig gestalteten Querschnitte den Rundeisen gegenüber vergleichsweise größere Haftung aufweisen, daß aber eine Gesetzmäßigkeit betr. die zu erwartende Größe des Gleitwiderstandes aus den Zahlen nicht abgeleitet werden kann.

Im allgemeinen ähnliche Ergebnisse zeitigte die zweite Art von Versuchen, bei denen in der Regel Rechtecksbalken mit in ihrer Zugzone eingebetteten Eisen auf Biegung belastet und bis zur Lösung der Eisen aus dem Beton beansprucht wurden. Verwendung fanden u. a. bei den Bachschen Versuchen Rundeisen mit Walzhaut von 18 bis 32 mm Durchmesser. Das Ergebnis der Versuche ist das folgende:

Rundeisen, Durchm. 18 mm, Haftfestigkeit zwischen 19,9 u. 22,3 kg/qcm
    „   „   22 „   „   „   17,0 „ 21,7   „
    „   „   25 „   „   „   21,0 „ 22,7   „
    „   „   32 „   „   „   17,0 „ 22,1   „

Es ergibt sich also ein Mittelwert von etwa 21 kg/qcm. Zudem zeigen diese Versuche mit besonderer Deutlichkeit, daß die Haftfestigkeit der Eisen bei den unter Wasser gelagerten Balken erheblich höher ist als bei den an der Luft erhärteten, daß der Gleitwiderstand mit dem Alter des Verbundkörpers zunimmt, sehr stark vergrößert wird durch gute Umbiegung der Eisen und ihre hierdurch bewirkte Verankerung im Beton, daß endlich nicht nur die im Untergurte liegenden, gerade durchgeführten Eisen, sondern auch die schräg abgebogenen sich an der Übertragung der Zugkräfte beteiligen und demgemäß bei etwaiger Berechnung der Haftspannungen auch mit in Berücksichtigung gezogen werden müssen.

Es kann zum mindesten fraglich sein, ob alsdann, wenn die Eisen in der Zugzone durch Anbringung fester Endhaken im Beton unwandelbar festgelegt und verankert sind, überhaupt noch von einer Haftung oder einem Gleitwiderstande gesprochen werden darf, da einem Lösen des Eisens vom Beton jetzt ganz andere Kräfte — Ankerkräfte — widerstreben, als sie bei Eintritt der Gleitbewegungen bei gerade verlaufenden Eisen auftreten. Jedenfalls wird in solchen Fällen die Verteilung der Haftspannungen über die Länge des Eisens noch erheblich

unsicherer als ohne Verankerung und dementsprechend ein Rechnungs-
ergebnis ziemlich wertlos, und das um so mehr, wenn, wie bei normalen
Balkenausbildungen, sowohl gerade als abgebogene Eisen für die Eintragung der Zugkräfte in den Beton in Frage kommen. Diesen, namentlich von E. Probst zuerst vertretenen Gesichtspunkten haben auch die
neuen Bestimmungen Rechnung getragen, indem sie in § 17, 4 besagen,
daß die Haftspannungen nicht berechnet zu werden brauchen, wenn
die Enden der Eisen mit runden oder spitzwinkeligen Haken (vgl.
S. 53) versehen und dabei die Eisen nicht stärker als 26 mm sind.
Letztere Angabe hat in den Versuchen von Bach und Graf ihren
Grund [1]), bei denen mit Eisen von 25 mm Durchmesser, die mit runden
oder spitzen Verankerungshaken versehen waren, unter der Bruchlast
nahezu die Streckgrenze des Eisens erreicht wurde, hier also die Kraft,
die die Eisen infolge der Verankerung auszuhalten vermochten, etwa gleich
der Zugkraft ist, bei der die Eisen eine Streckung im Beton erfahren.

Die obige Bestimmung soll aber, wie W. Gehler [2]) mit Recht hervor-
hebt, nicht dazu führen, stärkere Durchmesser zu vermeiden, die bei Eintragung großer Kräfte in den Beton unter Umständen geboten sind,
zumal wie Saliger und Hager nachweisen, der Durchmesser der
Bewehrungseisen im Balken zweckmäßig eine Funktion der statischen
Verhältnisse des Balkens, vor allem aber seiner Stützweite ist. Nach Versuchen von Saliger [3]) ist bei Eisen mit Haken das Verhältnis $d:l$, welches
nicht überschritten werden sollte, wenn die Bruchbelastung durch Erreichung der Streckgrenze und nicht durch Herausreißen der Eisen
eintreten soll, $\dfrac{d}{l} = \dfrac{4}{1000}$ bis $\dfrac{8}{1000}$, während Hager [4]) auf theoretischem
Wege hierfür eine ähnliche Funktion: $d = \frac{3}{1000}$ bis $\frac{4}{1000}\, l$ ableitet.
Hieraus folgt, daß der Verbund am sichersten gewahrt wird, wenn der
Durchmesser des Eisens einen gewissen Bruchteil der Stützweite des
Balkens innehält und nicht überschreitet.

Die Bestimmung, in der Regel Haftspannungen nicht mehr zu
berechnen, wird auch durch das gute Verhalten der Eisenbetonbauten
in der Praxis, vorausgesetzt, daß sie einwandfrei entworfen und ausgeführt sind, gestützt, da wohl noch niemals bei richtig konstruierten
Verbundbauten ein Unfall durch Überwindung der Haftfestigkeit der
Eisen eingetreten ist.

[1]) Vgl. Heft 9 der Veröffentl. des Deutschen Ausschusses für Eisenbeton:
Versuche mit Eisenbetonbalken zur Bestimmung des Einflusses der Hakenform
der Eiseneinlagen von C. Bach und O. Graf. 1911.
[2]) Vgl. W. Gehler, Erläuterungen mit Beispielen zu den Eisenbetonbestimmungen 1916. 2. Aufl. 1918. S. 61.
[3]) Vgl. Saliger, Schubwiderstand und Verbund der Eisenbetonbalken. Berlin
1913. S. 62.
[4]) Vgl. Hager, Vorlesungen über Eisenbetonbau. 1916. S. 144—145.

Daß auch bei gebogenen Balken die Haftspannungen sich auf die Länge der Eisen verschieden verteilen, hat **Preuß** durch lehrreiche Versuche nachgewiesen [1]). Hier zeigte sich, daß eine nachweisbare Verschiebung zwischen Beton und Eisen schon bei geringen Belastungen, jedenfalls vor Eintritt der ersten Risse, und einer an den Stirnseiten der Probebalken meßbaren Gleitbewegung zu gewärtigen steht. Diese Verschiebungen zeigten sich größer in Balkenmitte als am Balkenende, waren also mehr eine Wirkung der Biegungsmomente als der Querkräfte. Daß dies zutreffend ist, beweisen auch die Darlegungen von **Engesser**[2]) und **Kleinlogel**[3]). Letzterer zeigt, daß die größten Haftspannungen an der Stelle der Risse, d. h. in der Nähe der Größtbiegungsmomente, auftreten.

Die Berechnung der Haftspannungen — τ_h — für einen in seiner Achse durch eine Kraft P belasteten Eisenstab (vom Durchmesser $= d$ und der Länge $= l$) kann unter Annahme gleichmäßiger Spannungsverteilung durch die Beziehung: $\tau_h \cdot d\pi \cdot l = P$; $\tau_h = \dfrac{P}{d\pi \cdot l}$ geschätzt werden. Bei

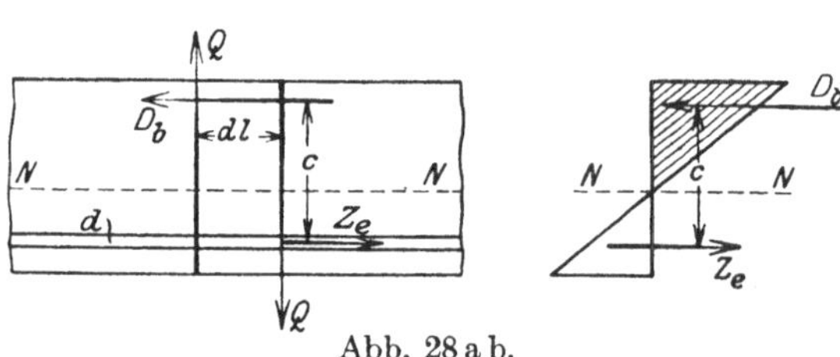

Abb. 28 a b.

einer Biegungsbeanspruchung (Abb. 28) stellt sich die angenäherte Rechnung, unter der in der Regel nicht zutreffenden Annahme, daß nur gerade Eisen die Zugkräfte aufnehmen, und ferner, daß der Beton in der Zugzone statisch nicht wirksam ist, folgendermaßen: Bezeichnet man mit Z_e die Zugkraft im Eisen, mit M das an der betrachteten Stelle wirkende Biegungsmoment, mit. Q die dort auftretende Querkraft, mit dl die Entfernung zweier nahe benachbarter Balkenquerschnitte, mit U den Umfang des oder der Eisen, mit τ_h die Haftspannung und mit c den Hebelarm der inneren Kräfte (der Betondruckkraft D_b und der Eisenzugkraft Z_e), so ergibt sich, allerdings unter der nicht ganz zutreffenden Annahme, daß die Querkraft Q in den beiden betrachteten Querschnitten keine Veränderung erleidet und aus der Überlegung, daß im Gleichgewichtszustande die beiden Kräftepaare $Z_e \cdot c$ und $Q \cdot dl$ sich das Gleichgewicht halten müssen:

------

[1]) Vgl. Arm. Beton 1910, Heft 9, S. 338.
[2]) Vgl. Arm. Beton 1910, Heft 2, S. 67.
[3]) A. Kleinlogel, Über das Wesen und die wahre Größe des Verbundes zwischen Eisen und Beton. Dr.-Diss. an der Dresdener Techn. Hochschule, 1911; auch als Sonderdruck erschienen.

a) $$Z_e \cdot c = Q \cdot dl \; ; \qquad Z_e = \frac{Q \cdot dl}{c} \; {}^{1)} ,$$

b) $$\tau_h \cdot U \cdot dl = Z_e = \frac{Q\,dl}{c} ,$$

c) $$\tau_h = \frac{Q}{c \cdot U} \; {}^{1)} . \tag{4}$$

Man erkennt, daß nach dieser Beziehung die Haftspannung ihren Höchstwert bei größtem Q und kleinstem U, d. h. am Auflager erhalten würde, da dort die Querkraft am größten und in der Regel die Eisen — wegen Abbiegung eines Teils von ihnen nach oben infolge des stark verkleinerten Momentes — am geringsten sind. Tatsächlich wird aber ein erheblich kleinerer Wert von τ_h hier auftreten, da einmal nahe dem Auflager keine Biegerisse den Betonzusammenhang in der Zugzone lockern werden und somit der Beton einen Teil der Zugkraft aufnehmen wird, und zum anderen in demselben Sinne auch die nicht in Rechnung gestellten aufgebogenen Eisen mitwirken. Deshalb ist vorgeschlagen worden, in die obige Gleichung unter U den Umfang aller Eisen, der geraden und der aufgebogenen, einzuführen, wodurch allerdings die Gleichung nur noch als eine empirische Beziehung zu bewerten sein wird. Daß aber diese veränderte Art der Berechnung zu durchaus wahrscheinlichen Werten führt, haben die in Anm. [2] erwähnten Bachschen Versuche und ihre Auswertung erwiesen.

Bezeichnet man deshalb an der Stelle der Querkraft Q den Umfang der nach oben abgebogenen, hierselbst im Obergurt liegenden — also bereits wagerecht geführten — Eisen mit U_1, so würde die vorentwickelte Gleichung in die Form übergehen:

d) $$\tau_h = \frac{Q}{c\,(U + U_1)} . \tag{5}$$

---

[1] Hager leitet dieselbe Gleichung in seinen Vorlesungen über Eisenbeton auf S. 143 folgendermaßen ab: Ist dZ_e die Differenz der Zugkräfte auf die Einheitsstrecke dl in den beiden sie begrenzenden Querschnitten, so folgt:

a) $$\tau_h \cdot U \cdot dl = d Z_e; \; \tau_h = \frac{d Z_e}{U \cdot dl} ,$$

b) $$M = Z_e \cdot c \; ; \quad Z_e = \frac{M}{c} \; ; \quad \frac{d Z_e}{dl} = \frac{d M}{dl} \frac{1}{c} = \frac{Q}{c} ,$$

da das Moment, nach der Länge differenziert, die Querkraft liefert. Durch Vereinigung der Gleichungen a und b entsteht:

c) $$\tau_h = \frac{Q}{c \cdot U} .$$

[2] Vgl. u. a.: Engesser, Haftspannungen in Eisenbetonbalken (Arm. Beton 1910, Heft 2, S. 73; und Heft 12 des Deutschen Ausschusses für Eisenbeton: Versuche mit Eisenbetonbalken zur Ermittelung der Widerstandsfähigkeit verschiedener Bewehrung gegen Schubkräfte von C. Bach u. O. Graf, 1911, S. 106.

Ist $U = U_1$, so wird für diesen besonderen Fall:

e) $$\tau_h = \frac{Q}{2\,e\,U}\;.$$

Hierin stellt alsdann e den senkrechten Abstand der oberen und unteren Eisen dar.

Dieselbe Gleichung kann man auch unter der Annahme ableiten, daß die Eisenbewehrung des Balkens (Abb. 29 und 30) mit gedachten Druckdiagonalen im Beton einen Parallelträger mit einfachen bzw. doppelten Schrägstäben bildet.

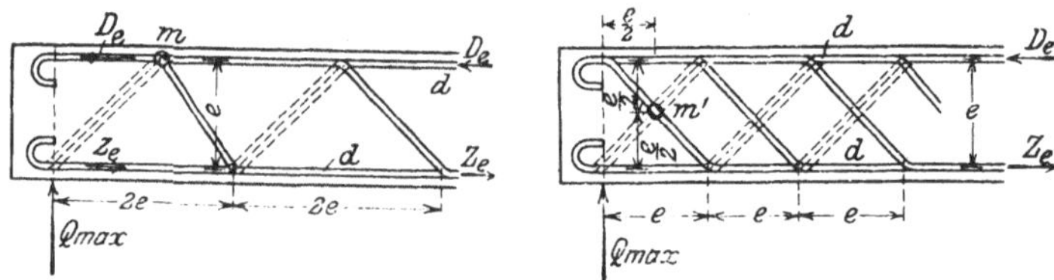

Abb. 29 und 30.

Bezieht man bei weiterem Abstande der einzelnen Abbiegungen (Abb. 29) eine Momentengleichung auf Punkt m, so wird: $Q_{max} \cdot e = Z_e \cdot e$; $Z_e = Q_{max}$. Nimmt man an, daß für das einzelne, hier $2\,e$ lange Feld sich die Kraft Z_e gleichmäßig durch die Haftwirkung auf den Beton verteilt, so ergibt sich:

$$Z_e = \tau_h \cdot U \cdot 2\,e\;. \qquad \tau_h = \frac{Z_e}{2\,e\,U} = \frac{Q_{max}}{2\,e\,U}\;. \qquad (5)$$

Ebenso liefert — Abb. 30 — bei naher Lage der Abbiegungen in der Entfernung $= e$ voneinander, eine Momentengleichung in bezug auf m':

$$Q_{max} \cdot \frac{e}{2} = Z_e\,\frac{e}{2} + D_e\,\frac{e}{2}\;.$$

Unter der Voraussetzung $Z_e = D_e$, also gleicher Eisenquerschnitte oben und unten, ergibt sich:

$$Z_e = \frac{Q_{max}}{2}$$

und ferner, da hier die Feldlänge $= e$ ist:

$$Z_e = \tau_h \cdot U \cdot e\;; \qquad \tau_h = \frac{Z_e}{U \cdot e} = \frac{Q_{max}}{2\,e\,U}\,,$$

wie vorstehend. Alle diese Gleichungen haben aber nur so lange eine beschränkte Gültigkeit, als innerhalb der betrachteten Strecke keine Risse im Betonzuggurte auftreten[1]).

---

[1]) In den schweizerischen Vorschriften für arm. Beton vom Jahre 1909 ist der Nachweis, daß Haftspannungen gewisse Grenzen nicht überschreiten, überhaupt

Die zulässige Haftspannung ist nach den neuen Vorschriften vom Jahre 1916 (§ 18, 11) zu 4,5 kg/qcm festgesetzt. Dabei ist für die auf Biegung beanspruchten Platten und Balken vorausgesetzt, daß Haftspannungen, wenn nur gerade Eisen mit oder ohne Bügel vorhanden sind, im Sinne der vorstehenden Erörterungen nach Gleichung 4 berechnet werden. Sind dagegen Eisen nach der einfachen oder mehrfachen Strebenanordnung abgebogen, so daß sie imstande sind, die gesamten schrägen Zugspannungen allein aufzunehmen, so ist für die Berechnung der Haftspannungen an den unteren gerade geführten (Zug-) Eisen nur die halbe Querkraft in Ansatz zu bringen. Diese Bestimmung entspricht den vorstehend gegebenen Entwicklungen und abgeleiteten Gleichungen (5). Auf die Berechnung der Haftspannungen unter Zugrundelegung der Schubspannungen wird bei dem diese behandelnden Abschnitte eingegangen.

Kapitel II.

Die Konstruktionselemente des Verbundbaues.

6. Die allgemeine Anordnung eines Verbundbaues und die Aufgaben der Eiseneinlagen.

Ein neuzeitlicher Eisenbetonbau zeichnet sich (Abb. 31) durch seine Monolithät, d. h. durch die Gleichartigkeit aller seiner einzelnen, zu einem Steinbau verbundenen Konstruktionsteile und deren einheitliche Zusammenfassung zu einem, überall mit den gleichen Stoffen und Mitteln und nach denselben Konstruktionsgesichtspunkten errichteten Massivbau aus. Hierbei sind als einzelne Konstruktionselemente zu trennen: die Platte, der Balken, die Stütze; unter Umständen tritt zu ihnen, namentlich bei Ausführungen des Ingenieurbaus, noch das Gewölbe hinzu. Die einfache Platte hat in der Regel rechteckigen Querschnitt und dient in erster Linie dazu, die Lasten aufzunehmen und sie auf die die Platte stützenden, mit ihr einheitlich verbundenen Balken — in seltenen Fällen auch unmittelbar auf Stützen und Mauern — zu übertragen. Von den Balken bildet die Platte selbst einen wichtigen Bauteil, indem sie den Gurt, in der Regel den Druckgurt derselben darstellt, der Balken selbst also in Form

---

nicht gefordert, sondern nur verlangt, daß die Endhaken bei Eisen über 15 mm Durchmesser nicht kalt und allgemein nach einem Radius über 3 d gebogen werden. Nach den österreichischen Vorschriften vom 15. Juni 1911 ist ein Nachweis, dem vorstehend entwickelten entsprechend, gefordert, mit dem Zusatze, daß der geraden Beitragsstrecke bei Rundhaken noch der 12fache, bei rechtwinkligen und Spitzhaken der 4fache Eisendurchmesser zuzuschlagen ist.

eines „ $\top$ " erscheint — Plattenbalken oder Rippenbalken benannt. Da die Platte in der Regel über mehrere Balken hinweggeht, ihnen gegenüber also wie ein durchgehender Tragteil wirkt, ist es zweckmäßig, zudem auch vom architektonischen Standpunkte erwünscht, sie am Anschlusse an die Balken zu verstärken und sie in diese mit Verstärkungsschrägen — Vouten — einlaufen zu lassen. Hierdurch wird zugleich den statischen Rücksichten Rechnung getragen, daß das Biegungsmoment bei durchgehenden Trägern an der Stütze größer als in Feldmitte ist und somit, da hier der Druckgurt sich wegen des negativen Momentes nach unten verlegt, eine Vergrößerung der Plattenhöhe und der Druckzone sehr willkommen ist. Namentlich im Brückenbau, bei eingespannten Balken, Rahmen und Gewölben, kann es sehr zweckmäßig sein, je nach den Vorzeichen des Biegungsmomentes mit der Platte von dem einen Gurt nach dem anderen zu gehen, sie also z. B. bei einem eingespannten Balken nahe seiner Mitte nach oben, in der Nähe des Auflagers nach unten zu legen. Hierdurch erreicht man, daß die breite Betonplatte, die an und für sich nur für den Druckgurt sich eignet, tatsächlich als solcher ausgenutzt werden kann. Der Übergang zwischen der einen und der anderen Lage ist alsdann dort zu bewirken, wo die Momente gering sind bzw. die Momentenfläche einen Nullpunkt hat. Bei Hochbauten, namentlich bei Deckenkonstruktionen mit Nebenträgern und Hauptunterzügen, wird sich eine derartige Anordnung, da hier die Platte zu beiden gehört, zudem in der Regel den Fußboden bildet, nicht ausführen lassen.

Abb. 31.

In vielen Fällen lagert der Balken unmittelbar auf der Stütze auf, sehr oft aber überträgt er die Last der Platte und seine eigene Belastung erst auf Hauptunterzüge, die dann ihrerseits erst mit den Stützen verbunden werden (Abb. 31). In solchem Falle stoßen die

Nebenbalken stumpf gegen die Unterzüge, sind auch mit ihnen ohne Bildung einer Fuge zu einem einheitlichen Betonkörper am Verbindungspunkte zusammengefaßt und aus denselben Gründen wie bei der Platte mit Schrägen an der Unterseite besonders fest in den Hauptbalken eingebunden, also mehr oder weniger fest in ihn eingespannt. Gleiche Anschlußformen zeigt auch die Verbindung von Säule und Hauptunterzug. Auch hier wird stets auf einen Übergang durch Schrägen, also ein unwandelbares, monolithisches Einbinden der Hauptbalken in die Stütze ganz besonderes Gewicht gelegt, so daß von einem eigentlichen Auflagern des Balkens auf der Säule kaum mehr gesprochen werden kann; vielmehr liegt auch hier ein vollkommenes Zusammenwachsen beider Konstruktionsglieder unter sich vor, das sich u. a. auch darin zu erkennen gibt, daß die Stützenbewehrung bis zur Deckenunterfläche in vollem Querschnitte durchgeführt wird und die Balkeneisen sie durchdringen. Die monolithische Wirkung zeigt sich hier besonders alsdann, wenn zur Herstellung des Verbundbaus Gußbeton verwendet wird und das Gießen der Säule, Unterzüge und Platte ohne Aufenthalt in einem Zuge vor sich geht. Wird hingegen — ausnahmsweise und im allgemeinen nicht zum Vorteile des Baues — Stampfbeton verwendet und auf die Säulen der Träger aufgestampft, so kann noch eher von einer Lagerung des letzteren auf der Säule gesprochen werden, wenn auch hier ein Aneinanderwachsen beider Bauteile zu erwarten steht. Die feste monolithische Verbindung von Balken und Säule zieht noch die weitere statische Folge nach sich, daß nur in seltenen Fällen eine genau zentrische Belastung der Säule eintritt, in der Regel aber diese durch die Verbiegung der anschließenden Träger und deren einseitige oder unregelmäßige Belastung verbogen, d. h. zusätzlich auf Biegung beansprucht wird. Gleichwie bei den Nebenträgern gehört auch die Platte als Druckgurt zum Hauptbalken, in welchem Umfange, wird bei Behandlung der Rippenbalken besonders ausgeführt werden. Das alles hat naturgemäß in statischer Hinsicht, so wertvoll die hierdurch gewonnene Steifigkeit auch für den Gesamtbau ist, die Erschwerung zur Folge, daß sich eigentlich vielfach statisch unbestimmte Konstruktionen bilden, bei denen neben vollkommener oder mehr oder weniger vollkommener Einspannung zwischen Platten und Nebenträgern, zwischen diesen und den Hauptunterzügen, auch Rahmenwirkungen — zwischen letzteren und den Stützen — sich ausbilden. Deshalb wird die statische Berechnung der Verbundbauten, zumal der Grad dieser Wirkungen sich nur schwer richtig einschätzen läßt, auch nur als eine angenäherte anzusehen sein, bei der es vor allem darauf ankommen wird, unter möglichster Wahrung der Wirtschaftlichkeit des Baus diesem, gegenüber den angreifenden Kräften, eine ausreichende Sicherheit zu bieten. Hierbei wird der Entwerfende und Ausführende

durch die Ergebnisse zahlreicher umfassender Versuche auf dem Gebiete
des Verbundbaus wirksam unterstützt, auf die bei den einzelnen Kon-
struktionselementen in den nachfolgenden Abschnitten im besonderen
eingegangen wird, und deren Ermittelungen viele Fragen einer Klärung
zugeführt haben, die auf rein theoretischem Wege nicht erreichbar war.

Die Eiseneinlagen der Konstruktionselemente (vgl. als
Beispiel Abb. 32)[1]) verfolgen in erster Linie, dem Sinne des Verbundbaus
angepaßt und der mangelnden Zugfestigkeit des Betons Rechnung tragend,
die Aufgabe, Zugkräfte aufzunehmen. Sie liegen deshalb in erster Linie
in der Zugzone, und zwar unter Wahrung der erforderlichen Rostschutz-
überdeckungsgröße, möglichst nahe der Außenseite, also der meist
beanspruchten Zugfaser, um hier auch möglichst gut ausgenutzt zu
werden. Da in der Regel damit gerechnet wird, daß der Beton sich

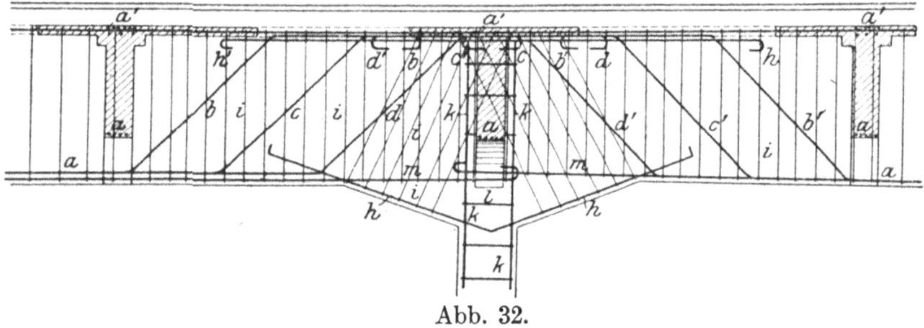

Abb. 32.

nicht an der Übertragung der Zugkräfte beteiligt, also als statisch
unwirksam angesehen wird, so sind die Eisen in der Zugzone bestimmt,
die gesamten Zugkräfte zu übernehmen. Da aber tatsächlich bei der
Mehrheit guter Ausführungen der Beton die vorausgesetzten Risse im
Betriebe nicht erhält, sich also an der Aufnahme der Zugspannungen
beteiligt, so wird hierdurch eine Entlastung der Eisen bedingt sein,
und diese werden erheblich geringer beansprucht, als die Rechnung
voraussetzt. Zugeisen in Abb. 32 sind u. a. die Eisen a, der mittlere
Teil von a', die oberen Teile von b, c, d, d', c', b' usw.

Sehr häufig wird es notwendig, die Eisen aus der Zugzone in die
über oder unter ihr liegende Druckzone abzubiegen. Das geschieht in
der Regel unter einem Winkel zur Wagerechten von 45°, entsprechend
der Richtung der schiefen Hauptzugspannungen, zu deren Aufnahme,
wie an anderer Stelle erläutert wird, die Aufbiegungen herangezogen
werden (b, c, d, d', c', b'). Dieser ihrer zweiten Aufgabe werden die Eiseneinlagen gerecht in der Form dieser Abbiegungen, daneben in Form von
Bügeln (i,), welche die Zug- bzw. Druckeisen umschließen und zu ihrer
Richtung senkrecht verlaufen. Während bei Platten die Schubspannungen

<hr>

[1]) Die weiter im Text folgenden Buchstabenbezeichnungen beziehen sich auf
die einzelnen Eisen der Abb. 32.

meist nur eine solche Größe erlangen, daß der Beton sie bereits einwandfrei aufnimmt, wird eine Eisenbewehrung bei Balken gegenüber den wagerecht verlaufenden Schubkräften und den schiefen, aus der Wirkung der Schubkräfte sich ergebenden Hauptzugkräften in der Regel in hohem Maße notwendig.

Während die Stelle der Abbiegung und die Größe der aufzunehmenden Kräfte, demgemäß auch die erforderlichen Querschnitte der Eisen, aus der in Abschnitt 12 u. 15 gegebenen besonderen Berechnung zu entnehmen sind, also statischen Überlegungen folgen, sind die B ü g e l mehr konstruktive Glieder, zumal ihnen in dieser Hinsicht die wichtige Aufgabe zufällt, eine feste Verbindung zwischen dem Obergurt und dem Untergurt der Balken, den Leibungen der Gewölbe usw., zu bilden. Deshalb sind Bügel — wenigstens bei Balken — auch dort am Platze, wo es die Schubspannungen nicht fordern, d. h. auch bis in Balkenmitte, und somit auf die ganze Balkenlänge hin durchzuführen (s. Abb. 32). Zum dritten, wenn auch statisch oft in untergeordneter Linie, dienen die Eisen dazu, auch eine V e r s t ä r k u n g d e r D r u c k z o n e zu bewirken. Wie die späteren Berechnungen stets zeigen, kann hierbei das Eisen nur schlecht ausgenutzt werden, da seine Beanspruchung an das Verhältnis der Elastizitätszahlen von Beton und von Eisen und die zulässige Druckspannung für Beton gebunden ist. — Wenn man trotzdem bei stärkeren, schwer belasteten Platten und Balken sowie Gewölben Eisen in den Druckzonen verwendet, so kann das einmal durch statische Verhältnisse geboten sein, wenn die Betondruckzone für sich allein nicht ausreicht, um die auf sie entfallenden Biegungsmomente zu übernehmen, ihre Verstärkung in Beton aber nicht angängig ist, und zum anderen durch konstruktive Überlegungen verlangt werden, um die Möglichkeit guter Verankerung zwischen Druck- und Zuggurt zu gewähren, um etwaigen zusätzlichen Biegungsbelastungen — namentlich bei Gurtstäben von Fachwerksbauten — Rechnung zu tragen, um Temperatur- und Schwindbewegungen entgegenzutreten (Abb. 32, *m*), eine vollkommen feuersichere Bauart zu erzielen, plötzlichen gefahrbringenden Formänderungen vorzubeugen usf.

Im besonderen wird bei geringer Konstruktionshöhe von Platten und Balken oder sehr starker Belastung eine Druckbewehrung nicht zu umgehen sein, während sie bei Säulen, auch zentrisch belasteten, die Regel bildet (*k*). Hier trägt sie, abgesehen davon, daß die feste Verbindung von Trägern und Stützen — wie vorerwähnt — unter Umständen zur Verbiegung dieser, also gegebenenfalls sogar zum Auftreten von Zugspannungen, führt, dem Anschlusse von Querverbänden, der Verzögerung des Bruchstadiums und der Möglichkeit eines organischen Anschlusses anderer Verbundbauteile, namentlich auch der Bügel und Umschnürungen, Rechnung.

Endlich finden neben den rein statischen Eisen noch solche Anwendung, die einem gleichmäßigen Verteilen der Kräfte auf eine Anzahl der Einlagestäbe dienen, in der Regel senkrecht zu ihnen und nach dem Innern des Bauteils zu liegen. Sie werden zugleich für Montagezwecke herangezogen, um die Haupteiseneinlagen, die mit ihnen durch Draht gebündelt zu werden pflegen, in bestimmtem Abstande während der Betonierungsarbeiten zu halten. Daß solche Quereisen bei gebogenen Platten und konzentrierter Belastung für den Eintritt der ersten Risse, namentlich in Plattenmitte, u. U. nicht günstig sind, lehren die in Heft 44 des Deutschen Ausschusses für Eisenbeton vorgeführten Versuchsergebnisse[1]), vgl. Abschnitt 8. Ähnlichen untergeordneten Zwecken dienen — namentlich im Brückenbau — lang durchgehende Temperatureisen in Fahrbahnplatten und ähnlichen ausgedehnten Bauteilen (Abb. 32, *m*), die einem Ausbilden von Rissen unter hohen Temperaturen zu wehren haben, ferner Eisen, die zum sicheren Anschlusse und zu organischer Einfügung der Schrägen, namentlich an Stützen, angewendet werden (*h*) oder sonstwie zur Ausbildung besonderer architektonischer Formen und deren Eingliederung in den Verbundbau notwendig sind.

Nahe der Außenfläche liegende Abstandseisen zu verwenden, welche einen Abstand der Bewehrung von den Betonaußenflächen und -kanten sichern, empfiehlt sich nicht, da gerade solche Eisen einem Verrosten besonders stark ausgesetzt sind, alsdann zum mindesten Rostflecke erzeugen, wenn nicht sogar die Weiterbildung von Rost im Bauwerk fördern oder zur Vermeidung dieses eine besonders große Stärke der Überdeckungsschicht der Hauptbewehrung zur Folge haben. Will man solche Abstandshalter für das Eisengerippe gegenüber der Schalform anordnen, so empfiehlt es sich, sie aus kleinen Betonleisten zu bilden, die sich organisch in den späteren Beton einfügen.

Kreuzen sich Eisen bei dem Aufeinandertreffen der einzelnen Bauglieder, so ist einmal (gemäß S. 68) für einen ausreichenden Zwischenraum bei der Übereinanderführung, und zum anderen darauf zu achten, daß das Eisen des Hauptbauteils möglichst wenig aus seiner normalen Lage verschoben wird.

Allgemein ist zu empfehlen (s. auch Abb. 31), die Kanten aller Säulen, unter Umständen auch die der Balken usw., abzufasen, um einmal die Ausbildung guter Außenflächen zu ermöglichen und zum anderen um scharfe Kanten, die besonders leicht einer Beschädigung ausgesetzt sind, zu vermeiden; zudem gestattet die Anordnung der die Abfasung bedingenden Leisten innerhalb der Schalung gegebenenfalls deren besonders genaue Ausrichtung und Herstellung.

---

[1]) Vgl. hierzu Heft 44; sowie dessen ausführliche Besprechung im Bauingenieur 1920 Heft 19.

7. Die Verbundsäule[1]).

Eines der wichtigsten Konstruktionselemente des Verbundbaus stellt die Verbundstütze dar. Nach der Bewehrung sind zu trennen Säulen, welche vorwiegend eine Verstärkung durch Längsstäbe, daneben durch diese verbindende senkrecht zur Achse verlaufende, in größeren Entfernungen angeordnete Bügel erfahren (Abb. 33) und solche, bei denen an einzelnen Längsstäben angeschlossen — und zwar meist auf der Grundlage eines mehrseitigen, meist achtseitigen, Querschnittes — ein innerer Säulenkern durch eine Spirale umschlossen wird — umschnürte Säulen (Abb. 34).

Je nach der Belastung und Knickgefahr wechseln Seitenabmessung bzw. Durchmesser der Verbundsäulen zwischen 20 und 100 cm; für die Längseisen werden in der Regel Rundeisen von 12—40 mm, für die Bügel oder Spiralen solche von 6—10 mm verwendet.

Nach den neuen Bestimmungen (vgl. S. 55) ist für die Festigkeit von Säulenbeton eine Würfelfestigkeit von mindestens 180 kg/qcm nach 4 Wochen, von 210 kg/qcm nach 45 Tagen verlangt. Wie Bach nachgewiesen[2]), nimmt aber die Druckfestigkeit eines primatischen — also säulenartigen — Körpers mit dessen Höhe im Verhältnis zum Würfel nicht unerheblich ab. Setzt man die Druckfestigkeit des Würfels $= 1$, so ergeben sich bei Prismen von m-facher Höhe, sonst aber derselben Querschnittsabmessung, Zusammensetzung, Herstellung und Behandlung wie beim Würfel, die nachfolgenden Festigkeitszahlen:

$$m = 1 \quad = 2 \quad = 4 \quad = 8 \quad = 12$$
Druckfestigkeiten $= 1 \quad 0{,}95 \quad 0{,}87 \quad 0{,}86 \quad 0{,}84$

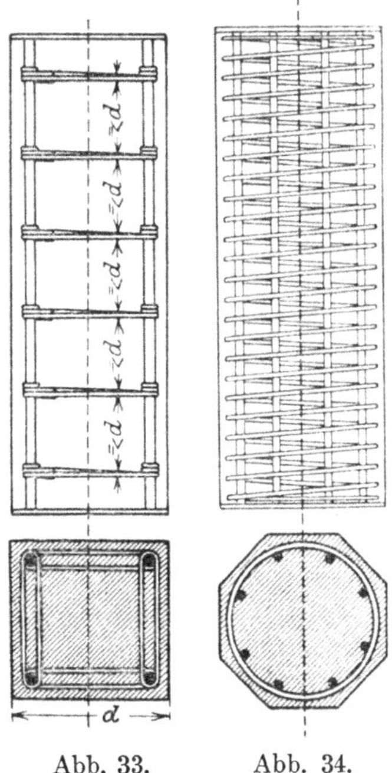

Abb. 33.   Abb. 34.

---

[1]) Als Verbundsäulen sind selbstverständlich solche Stützen nicht anzusehen, die als eigentliches Tragwerk eine irgendwie geartete Eisenkonstruktion in sich tragen und nur eine Ummantelung dieser mit Beton zum Rost- bzw. Feuerschutz besitzen.

[2]) Vgl. u. a. Deutsche Bauzeitung, 1914, Beton-Beilage Nr. 5: Vortrag von Bach in der 17. Hauptversammlung des Deutschen Betonvereins über die Ergebnisse zur Ermittlung der Druckfestigkeit. Nach Ansicht von Bach bedingt nicht der Baustoff an sich diese Herabsetzung der Festigkeit bei hohem Prisma, sondern es ist das eine Folge des Einflusses der Druckübertragungsflächen, der um so weniger sich geltend macht, je stärker die Länge zunimmt.

Man erkennt, daß die Abnahme der Festigkeit bei größerer Prismenhöhe keine erhebliche mehr ist und daß man damit rechnen kann, daß — vorausgesetzt, daß bei der Druckbelastung der Stütze eine Knickgefahr ausgeschlossen ist — der Säulenbeton rund $^4/_5$ der Festigkeit des Würfels aufweisen wird. Demgemäß wird auch ein Beton von der Mindestwürfeldruckfestigkeit von 180 kg/qcm nach 28 Tagen in der Stütze eine Druckfestigkeit von rund 144 kg/qcm besitzen; da die Normalbeanspruchung des Betons in Säulen (S. 55) nur zu 35 kg/qcm zugelassen ist, wird also alsdann bereits eine etwas mehr als vierfache Sicherheit vorhanden sein.

Weniger günstig ist bei Säulen die Ausnutzung des Eisens, da wie in Abschnitt 18 noch näher nachgewiesen wird, das Eisen in der Regel nur mit dem n fachen der Betonspannung, also auch nur mit $15 \cdot 35 = 520$ kg/qcm im besten Falle belastet werden darf. Deshalb ist auch der Prozentgehalt an Eisen (φ) der mit Längsstäben bewehrten Säulen begrenzt, und zwar zwischen 0,8 und 3,0 v. H. des Betonquerschnittes. Allzu klein den Wert φ zu wählen, empfiehlt sich deshalb nicht, weil, wie im voranstehenden Paragraphen ausgeführt wurde, die Balken und Säulen monolithisch miteinander verbunden werden und hierbei auf letztere, auch bei zentrischer Balkenlage, Biegungsbeanspruchungen übertragen werden, die alsdann vorwiegend die Eisen aufzu nehmen haben. Das gilt in erhöhtem Maße für die Stützen oberer Geschosse. In welcher Weise sich im Säulenquerschnitte die Spannungen zwischen Beton und Eisen verteilen, ist eine zur Zeit noch ungelöste Frage. Aus den Messungen der Formänderung leitet Rudeloff[1]) ab, daß diese Spannungsverteilung sich sowohl mit wachsender Belastung als auch bei wiederholtem Lastwechsel stetig ändert und daß die Spannungsverteilung in den einzelnen Querschnitten je nach der Höhenlage in der Säule verschieden ist. Wenn Rudeloff bei seinen Versuchen ferner gefunden hat, daß bei bewehrten Säulen die Betonfestigkeit gegenüber gleichartigen unbewehrten abnimmt, so ist das nur ein Zeichen dafür, daß bei der Herstellung der bewehrten Säulen nicht unbeachtliche Schwierigkeiten vorliegen, hier namentlich unter den Bügeln beim Gießen leicht Hohlräume entstehen können, welche dann die Druckfestigkeit des Betons herabsetzen. Das lehrt, ganz besonders große Vorsicht bei der Herstellung der Verbundsäulen walten zu lassen. Von welchem bestimmenden Einflusse eine gute Stampfarbeit für die Säulen ist, zeigen weiter Versuche von Rude-

---

[1]) Vgl. Heft 28 u. 34 der Veröffentl. des Deutschen Ausschusses für Eisenbeton: Untersuchung von Eisenbetonsäulen mit verschiedenartiger Querbewehrung (1914), und Erfahrungen bei der Herstellung von Eisenbetonsäulen, Längenänderungen der Eiseneinlagen im erhärtenden Beton, 1915, von M. Rudeloff.

loff[1]), die nachweisen, daß ihr gegenüber sogar die Einwirkung verschiedenartiger Querbewehrungen in den Hintergrund tritt.

Bei der ersten Hauptbewehrungsart der Verbundsäulen: Längseisen und in größeren Abständen aufeinander folgende Querbügel, haben beide Bewehrungen statische Bedeutung und unterstützen sich in ihrer Wirkung gegenseitig. Hierbei ist es allerdings unbedingt notwendig, daß die Querbügel unwandelbar und spannungsfest an die Längseisen anschließen. Alsdann werden bei einer zentrischen Belastung der Stütze die Längseisen und der Beton die Druckkräfte aufnehmen, während die Bügel vornehmlich eine Querdehnung der Querschnitte verhindern und damit mittelbar die Längsverdrückung der Stütze ebenfalls beschränken und ihre Tragfähigkeit somit vergrößern. Dieser durch die Eiseneinlagen bewirkte vermehrte Widerstand der Säule macht sich — wie es durchaus zu erwarten steht, und in Versuchsergebnissen sich widerspiegelt, im Vergleiche zu unbewehrten Säulen besonders bemerkbar bei weniger gutem Beton; hier bewirkt also die Bewehrung eine besonders erhebliche Zunahme der Tragkraft. Über die Größe der zu erwartenden Querdehnung des Betons und den Widerstand, den ihr gegenüber die Bügel zu leisten haben, liegen zwar eine größere Anzahl Versuche, aber mit immerhin weit abweichenden Ergebnissen vor, so daß allgemeingültige Festsetzungen noch nicht möglich sind[2]).

Der wertvolle Einfluß der Längs- und Bügelbewehrung gibt sich auch bei der Brucherscheinung zu erkennen. Während unbewehrte Betonsäulen in der Regel ohne vorhergehende Anzeichen plötzlich zum Bruche gelangen, treten bei den bewehrten Säulen zunächst Risse ein, denen erst später die Brucherscheinung folgt. Diese ist als Einwirkung der zentralen Druckkräfte, also bei Ausschließung einer Knickerscheinung, dadurch gekennzeichnet, daß sich innerhalb des Säulenschafts die vom Würfel her bekannten Druckpyramiden ausbilden, und zwar den unter einem Winkel von etwa 60°, jedenfalls größer als 45°, zur Wagerechten geneigten Rißbildungen folgend[3]), also unter Entstehung von

---

[1]) Vgl. Heft 5 der Veröffentl. d. Deutschen Ausschusses für Eisenbeton, Vers. mit Eisenbeton-Säulen Reihe I u. II von M. Rudeloff 1910.

[2]) Aus den Versuchen zeigt sich, daß die Querdehnung des Betons ähnlichen Verhältnissen unterworfen ist, wie die Längsdehnung. So findet Bach (Heft 16 der Veröffentl. des Deutschen Ausschusses, S. 26 u. 54), daß die Poissonsche Zahl (m) mit der Spannung von 3,4—7,0 steigt, während Rudeloff (Heft 5 der vorgen. Veröffentl. S. 46) m zu 3,4—7,0 bzw. (S. 96) zu 1,5—3,1 bestimmt. Da die Spannungen höher ausfallen, wenn diese Größe klein genommen wird, empfiehlt Hager in seinen Vorlesungen über Eisenbetonbau (1916) für m den Wert 2,0 zu wählen.

[3]) Vgl. hierzu u. a. die Veröffentlichungen des Deutschen Ausschusses für Eisenbeton: Heft 5, 21, 28, 34, sowie die Zusammenfassung aller dieser Versuche im Handbuche für den Eisenbetonbau, 1912, 2. Aufl., I. Bd., II. Kap., von v. Thullie.

dieser Neigung entsprechenden Bruchflächen. Nach Versuchen von Saliger ist der Abstand zwischen dem Auftreten der Riß- und der Bruchlast um so größer, je kräftiger die Querbewehrung ist[1]). Hierbei wird zugleich nachgewiesen, daß für die Ermittlung der Spannungen in den Verbundsäulenquerschnitten bei größerer Bügelentfernung der Wert von $n = \dfrac{E_e}{E_b} = 15$ zutreffend ist.

Die Längseisen sind in der Regel (vgl. S. 60) Rundeisen[2]), von etwa 12—40 mm Durchmesser; sie liegen stets, wenigstens unter normalen Verhältnissen, symmetrisch zu den Achsen des selbst symmetrischen Querschnittes. Wenn möglich sollte man nur Eisen nahe den Ecken verwenden, um sie ausschließlich mit Umschließungsbügeln festzuhalten und somit ein, bei Anwendung von Eisen auch in den Mitten der Querschnittsseiten nicht zu umgehendes Durchbrechen des Betonquerschnittes durch mittlere Bügel zu vermeiden. Durch Verstärkung des Querschnittes der Längseisen läßt sich zwar die Tragfähigkeit einer Säule erhöhen; wie aber E. Probst und C. Bach einwandfrei nachweisen, steht diese Vermehrung durchaus nicht im Verhältnis zur Zunahme des Eisenquerschnittes, so daß eine stärkere Bewehrung durch Längseisen im allgemeinen als unwirtschaftlich bezeichnet werden muß[3]). Die Längseisen sind so selten als angängig zu stoßen. Ist ein Stoß bei über mehrere Stockwerke sich erstreckenden Eisen nicht zu vermeiden, so wird er (Abb. 35) in die Nähe eines Fußendes der durchgehenden Säule gelegt und unter Verwendung einer namentlich für die Montage wertvollen Bündelung durch Übereinandergreifen der Eisen auf 60—80 cm Länge gebildet. Da nicht selten die obere Säule kleinere Querschnittsabmessungen wie die untere erhält, ist ein Kröpfen der Eisen an der Stoßstelle oft nicht zu umgehen. Bei der Fußausbildung der Säule (Abb. 36a—c und 37a, b) werden die Eisen nach innen zu umgebogen, oft aber auch geradlinig durchgeführt und in den umgebenden, besonders guten, druckfesten Sockelbeton auf diese Weise eingespannt. Der eigentliche Fuß wird bei unsicherem Baugrunde durch eine in der Regel doppelt, senkrecht zu den Seiten oder parallel zu den Diagonalen bewehrte Platte gebildet,

---

[1]) Vgl. Zeitschr. f. Betonbau, Wien 1915, Heft 4, S. 43.

[2]) Daß Rundeisen anderen Eisen überlegen sind, weist u. a. Probst in Arm. Beton, 1909, nach.

[3]) Vgl. namentlich die Frankfurter Versuche von E. Probst: Armierter Beton 1909, und die von Bach, veröffentlicht in den Mitteil. über Forschungsarbeiten des Vereins deutscher Ing., Heft 29, Abhandlung 1, sowie die Betonbeilage der Deutschen Bauzeitung 1905, Nr. 17, S. 68. Hier wurden a. a. drei Säulenarten untersucht, die sonst unter sich gleich, mit je vier Rundeisen von 15, 20 und 30 mm bewehrt waren und Druckfestigkeiten von 168, 170 und 190 kg/qcm aufwiesen, die also in gar keinem Verhältnisse zu dem vermehrten Eisenaufwand (1,14: 2,04 : 4,60 v. H.) stehen.

deren über die Säule herausspringende Teile als Konsolträger gegenüber der von unten aus wirkenden, durch die zulässige Bodenpressung gegebenen Belastung auf Abbiegen nachzurechnen sind, bei normalen Gründungsverhältnissen heute aber meist durch eine unbewehrte, den

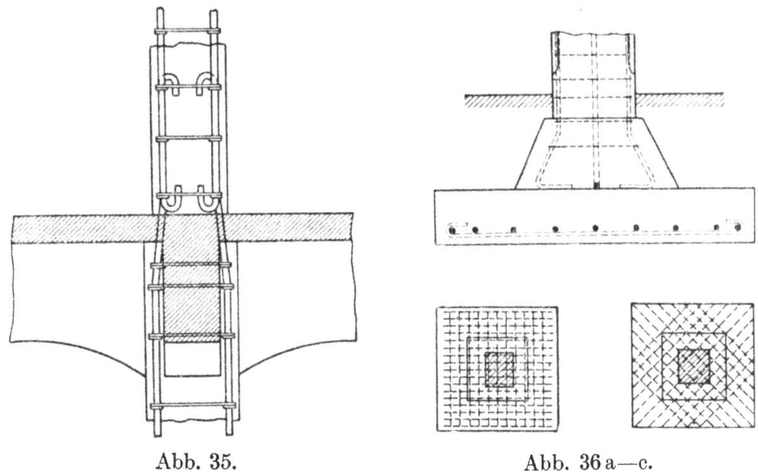

Abb. 35.　　　　　　　　Abb. 36 a—c.

Druck verteilende, einfache Stampfbetonplatte erzeugt. Soll die Säule auf ihrem Fundamente gelenkartig gelagert werden, statisch also als Pendelsäule wirken, so können — Abb. 36d — die Haupteiseneinlagen im Gelenkpunkte entweder zusammengezogen oder — Abb. 36e —

oberhalb des Gelenkpunktes abgeschlossen und alsdann durch eine dünne, biegsame, umschnürte Bewehrung in Säulenachse ersetzt werden. In beiden Fällen findet eine Unterschneidung der Gelenkfuge statt, um eine Säuleneinspannung im Fundamente auszuschließen.

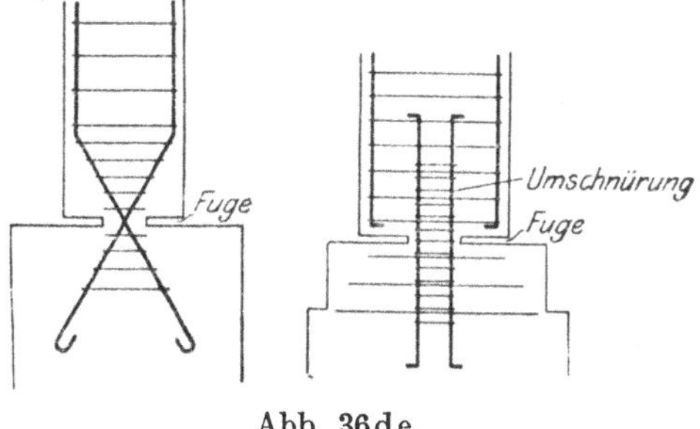

Abb. 36 d e.

Die Bügel werden fast stets in Rundeisen von 7—10 mm Stärke gebildet. Daß Rundeisen hierfür am geeignetsten sind, ist durch Versuche von E. Probst[1]) nachgewiesen. Eine Verstärkung der Bügel hat, wie Bach zeigt (Forschungsheft des Vereins deutscher Ing. Nr. 29), eine Erhöhung der Säulentragfähigkeit zur Folge, und zwar ergibt sich, daß der Einfluß von 1 kg Eisen in den Bügeln auf die Er-

---

[1]) Vgl. Arm. Beton 1909.

höhung der Widerstandsfähigkeit der Säule etwa doppelt so groß ist als derjenige von 1 kg in den Längsstangen. Andererseits wird man aber auch die Bügel nicht zu stark nehmen können, weil hiermit die Gefahr der Bildung von Hohlräumen im Beton unter den Bügeln wächst.

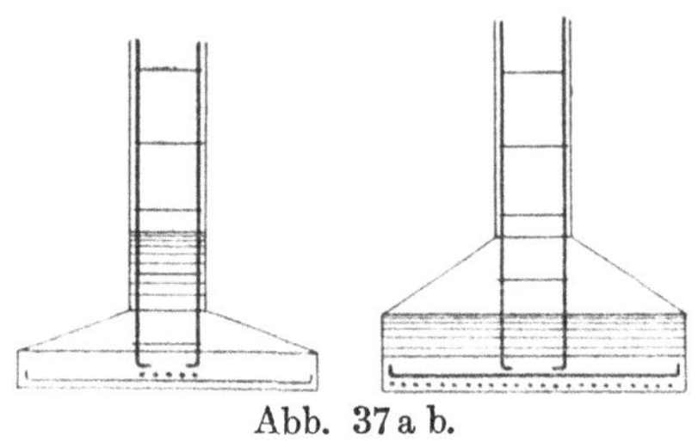

Abb. 37 a b.

Sehr günstig wirkt, wie aus der alsdann noch mehr verringerten Querdehnung des Betons und des mittelbar verstärken Widerstandes dieses in der Säulenachse zu erwarten steht, auf die Tragfähigkeit der Säule eine Verminderung des Abstandes der Bügel ein. Als zweckmäßiger Bügelabstand wird in der Regel die kleinste Seite des Querschnittes, bei quadratischen Säulen die Quadratseite innegehalten. Aus den 1905er Versuchen von Bach ergab sich z. B., daß einer Bügelentfernung von 25 bzw. 12,5 bzw. 6,25 cm bei sonst gleichen Versuchskörpern Druckfestigkeiten von 168 bzw. 177 bzw. 205 kg/qcm entsprechen.

Die Bügel selbst können die in den Abb. 38a—d dargestellten Formen und Lagen zum Querschnitte erhalten. Am besten von ihnen allen sind, wie Erfahrungen der Praxis und Versuche ergeben haben, die in Abb. 38 a dargestellten sogenannten Umschließungs-

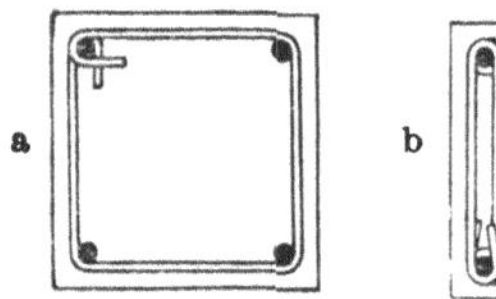

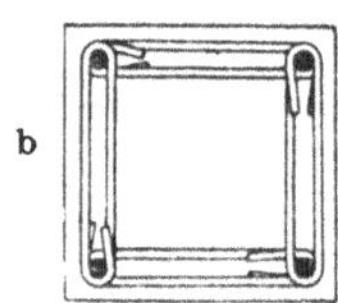

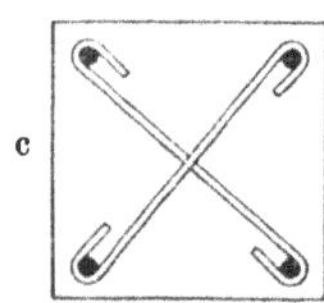

Abb. 38 a—d.

bügel, welche alle Eisen umfassen, und bei einem dieser mittels Anbiegung eines Hakens ihren Anfang und ihr Ende finden. Werden diese Bügel gut angezogen, so erfüllen sie — auf Ringspannung bei Beanspruchung der Säule belastet — in bester Weise ihren statischen Zweck. Es empfiehlt sich, die Befestigungsstelle bald an das eine, bald an das andere Eisen zu legen, mit ihr also in der Höhe der Eiseneinlagen zu wechseln. Weniger gut, weil einmal mehr Eisen verlangend, und zum anderen wegen der gegenseitigen Bindung von immer nur zwei Eisen, sind die vier Umfangsbügel in Abb. 38b. Zu vermeiden sind die in Abb. 38c und d. wiedergegebenen Diagonalbügel, die eine unwillkommene Unterbrechung des Betonquerschnittes, also dessen Schwächung, zur Folge haben und somit, wie namentlich Rudeloff nachweist, das Auftreten von Rissen weit unterhalb der Bruchlast im Gegensatze zu einfachen Umschließungsbügeln bedingen, bei denen Riß- und Bruch-

last nahe aneinander zu liegen pflegen. Daß eine engere Lage der
Bügel auch deshalb günstig wirkt, weil hierdurch die Knicklänge der
einzelnen Teile der Längseisen verringert wird, bedarf kaum der besonderen Hervorhebung.

In Abb. 38 e u. f sind zwei Beispiele dargestellt, bei denen wegen der
größeren Anzahl der Bewehrungs-Längseisen noch mittlere Querbügel —
namentlich im Hinblicke auf die Knick-
sicherheit der mittleren Eisen — notwendig
sind; auch hier sind wegen Verringerung
der Querschnittsschwächung nur einfache
Bügel zu verwenden.

Die neuen Bestimmungen vom
Jahre 1916 schreiben, auf den vorerwähnten Versuchsergebnissen aufbauend, be-

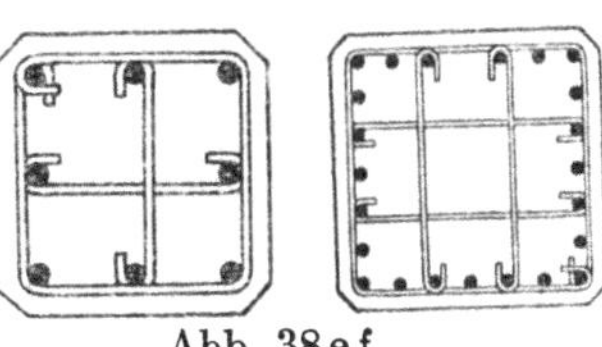
Abb. 38 e f.

züglich der Ausbildung der Säulen mit Längsbewehrung und einzelnen
Querbügeln vor, daß (§ 17, 6) die Längseisen zusammen mindestens 0,8,
aber nicht mehr als 3,0 v. H. des Betonquerschnitts ausmachen dürfen,
und daß sie durch Bügel zu verbinden sind, deren Abstand, von Mitte
zu Mitte gemessen, nicht größer als die kleinste Abmessung des Säulen-
querschnittes sein und nicht über das Zwölffache des Durchmessers
der Längsstäbe hinausgehen darf. Unter Innehaltung dieser Verhältnisse
kann mit einer gleichmäßigen Verteilung der Druckkraft über den
Querschnitt gerechnet werden, wobei das Eisen mit dem n-fachen seines
Querschnittes gegenüber dem Beton in Rechnung zu stellen ist. —

In erheblich höherem Maße wie die Bewehrung durch Längsstäbe
und einzelne, in weiteren Abständen liegende Bügel, vermag (Abb. 39 a u. b)
eine Spiralbewehrung oder eine Ringbewehrung mit enger Einteilung[1]),
wie sie M. Koenen bereits im Jahre
1892[2]) vorgeschlagen hat, die Tragfähig-

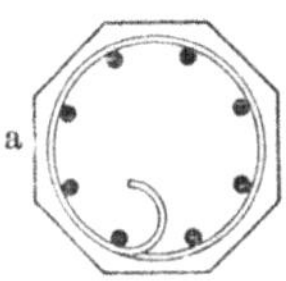

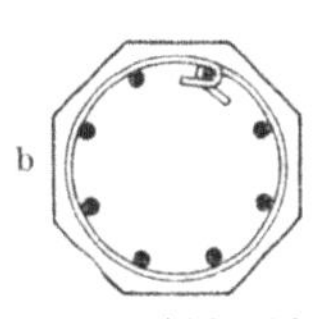

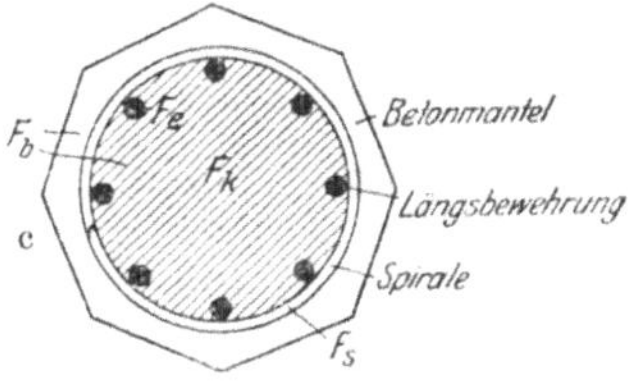

Abb. 39 a—c.

keit einer Verbundsäule zu erhöhen[3]). Die Umschnürung selbst, eine Erfindung des Franzosen Considère[4]), und in Deutschland früher patent-

---

[1]) Vgl. Heft 5 der Veröffentl. des Deutschen Ausschusses für Eisenbeton:
Versuche mit Eisenbetonsäulen I—II von M. Rudeloff, 1910.
[2]) Schweizer Patent Nr. 4881.
[3]) Vgl. u. a. Mörsch, Eisenbetonbau. 4. Aufl. S. 134.
[4]) Vgl. Génie civil 1902.

geschützt[1]), beruht in erster Linie auf der Verwendung einer engen, auf besonderen Wickelmaschinen hergestellten Drahtspirale, welche sich an Längsstäbe anschließt, von ihnen gehalten wird und einen inneren Säulenbetonkern eng umschließt. Die Wirkung dieser Spirale ist die sehr eng aneinander liegender Bügel. Je enger die Umschnürung ist, um so weniger kann der von ihr umschlossene Beton eine Querdehnung ausführen, und desto mehr steigt die Verkürzung der Säule in der Längsrichtung und damit ihre Tragfähigkeit. Im allgemeinen liegen also gleichartige Formänderungen und durch sie bedingte Wirkungen vor wie bei den Säulen mit vorwiegender Längsbewehrung, nur in ungleich verstärktem Maße. Während bei reinen Betonstützen höchstens eine Zusammendrückung von 1,5 mm auf 1 m beobachtet worden ist, lassen — nach Versuchen von Mörsch und Bach — gut umschnürte Säulen eine Zusammenpressung bis zu 4 mm auf 1 m zu. Hierbei bleibt trotz der hohen Pressung der Beton innerhalb der Umschnürung dauernd eine einheitliche druckfeste Masse. So ergaben Versuche von Mörsch mit 90 cm hohen umschnürten Versuchskörpern, die bis um 2,5 cm zusammengedrückt wurden, und bei denen nach einjährigem Lagern die Spirale abgewickelt wurde, nicht nur die volle frühere, sondern sogar eine durch das Alter noch erhöhte Druckfestigkeit[2]).

Diese günstige Wirkung wird sowohl durch die Spirale als auch durch die Längseisen, also durch eine gemeinsame, sich ergänzende Tätigkeit beider bedingt, da, wie Bach nachweist, eine kräftige Spiralbewehrung auch starke Längsstäbe erfordert, wenn die Gesamttragfähigkeit der Säule groß sein soll. Deshalb ist auch eine Bewehrung ausschließlich durch eine Spirale nicht angängig, ganz abgesehen davon, daß die Längsstäbe außerordentlich wichtig sind, wenn, wegen des monolithischen Anschlusses des Gebälkes an die Säule, diese zusätzlich auf Biegung belastet wird. Im allgemeinen wird aber eine derartige Beanspruchung für die umschnürte Säule nicht am Platze sein, da ihr gegenüber die Spirale in nur untergeordneter Weise zur Geltung kommt. Deshalb werden umschnürte Säulen allgemein dort Verwendung finden, wo eine zentrale Belastung oder keine sehr starke Abweichung von ihr die Regel bilden. Nach Mörsch soll die Summe der Längs- und Spiralbewehrung nicht unter 1,5 und nicht über 8 v. H. des umschnürten inneren Betonkerns betragen und die Querschnittsfläche der Längsstäbe sich zu der einer gedachten, mit der Spirale inhaltsgleichen Längsbewehrung verhalten wie 1 : 1 bis 1 : 3[3]). Ähnliche Ergebnisse

---

[1]) D. R. P. 149 944 der Firma Wayß & Freytag A.-G., zu Neustadt a. d. H. vom 10. Mai 1902, also z. Z. bereits abgelaufen.

[2]) Vgl. Mörsch. 5. Auflg. S. 224—225.

[3]) Vgl. u. a. Mörsch, Eisenbetonbau. 4. Aufl. 1912. S. 117ff., im besonderen S. 136—137.

zeitigten auch Versuche von Kleinlogel, auf die in der Anmerkung eingegangen ist[1]).

Besonders wertvoll ist die Einwirkung der Spirale, wenn sie eng aufeinander folgende Windungen erhält. Bereits Considère wies in dieser Hinsicht nach, daß bei Steigungen der Spirale von im Mittel $1/_6$—$1/_8$ die Spirale eine um das 2,4fache gegenüber den Längseisen gesteigerte Wirkung besitzt, eine Feststellung, die durch umfangreiche Versuche in der Stuttgarter Versuchsanstalt als durchaus zutreffend bestätigt wurde. Neuere ausgedehnte Versuche, auf deren Ergebnisse in Abschnitt 18 besonders eingegangen wird, die Mörsch für die Firma Wayß & Freytag zu Neustadt a. d. H. in Stuttgart ausführte, lassen die Steigerung in dieser Hinsicht sogar als eine dreifache erkennen.

Bei der starken Wirkung der Spirale ist es durchaus erklärlich, daß bei Bruchversuchen umschnürter Säulen Risse zunächst im Beton mantel auftreten und von ihm Stücke zum Abspringen gebracht werden. Das Abspringen der Betonschale findet nach Mörsch bei Zusammendrückungen des Betons statt, die bei einem nicht bewehrten Betonprisma den Bruch herbeiführen, während die Rißbelastung der umschnürten Säule — nach annähernd zu gleichen Ergebnissen führenden Versuchen von Kleinlogel, Mörsch und einer französischen Regierungskommission — um 30—38 v. H. höher liegt als die Rißlast eines unbewehrten gleichartigen Betonkörpers. Mit Recht führt das Verhalten des äußeren Betonmantels bei Bruchversuchen dazu, den Beton außerhalb der Spirale bei der Berechnung der auftretenden Spannungen außer acht zu lassen. Bis zum Eintritt der Risse in der äußeren Schale sind die Beanspruchungen der Spirale und der Längseisen noch gering, erst nach der Rißbildung tritt die Wirkung der Umschnürung ein, und zwar auch hier, wie bei den vorwiegend längsbewehrten Körpern, in erheblich höherem Maße bei magerer als bei fetter Mischung. Ersterer muß also auch eine besonders starke Spiralbewehrung entsprechen. Eigentliche schräge Flächen, wie bei den längsbewehrten Stützen, bilden sich im Bruchstadium des Kernes nicht. Hier zerreißt in der Regel nach

---

[1]) Vgl. Kleinlogel, Eisenbeton und umschnürter Beton, Leipzig 1910, und dessen Versuche mit umschnürten Säulen im Auftrage der Firma Odorico-Dresden (in deren Selbstverlag erschienen). Auch Kleinlogel empfiehlt ein Verhältnis der Längs- und Spiralbewehrung = 1 : 2 bis 1 : 3, und für erstere $0{,}0154\,F_k$, für letztere $0{,}0354\,F_k$, wobei F_k — vgl. Abb. 39 c — wiederum den inneren umschnürten Betonquerschnittsteil darstellt. Auch empfiehlt er für schwächere Säulen in Achtecksform bis 30 cm Durchmesser ein Verhältnis von $F_b : F_k = 1{,}4 : 1$, für stärkere von 1,3 : 1 (vgl. Abb. 39c). Hieraus leitet Hager (Vorlesungen über Eisenbetonbau S. 32) unter der Voraussetzung, daß das Eisen in der Spirale doppelt so tragfähig ist als wie in den Längsstäben, die Beziehung für einen ideellen Säulenquerschnitt F_i ab: $F_i = 1{,}3\,F_k + 15 \cdot 0{,}0154\,F_k + 2 \cdot 15 \cdot 0{,}0354\,F_k = 2{,}6\,F_k$, bzw. bei $F_b = 1{,}4\,F_k : F_i = 2{,}7\,F_k$. Hieraus folgt dann die Belastung $P = \sigma_b \cdot 2{,}6\,F_k$ bzw. $= \sigma_b\,2{,}7\,F_k$.

Überwindung ihrer Streckgrenze die Spirale, während — wie vorerwähnt — der eigentliche Kernbeton noch unberührt bleibt.

Die nach den Mörschschen Versuchen und denen Kleinlogels zweckmäßigen Steigungsverhältnisse der 5—10 mm starken Spiralen liegen zwischen $^1/_5$—$^1/_8$ des Spiraldurchmessers. Auch soll der Abstand der einzelnen Spiralwindungen oder der diese ersetzenden, einzelnen kreisförmigen, auf Ringspannung belasteten Ringe nicht über 8 cm hinausgehen. Für umschnürte Säulen wird in der Regel ein Querschnitt gewählt, der sich der Spirale im Grundriß gut anpaßt. Im besonderen ist das Achteck beliebt, nach dessen Ecken alsdann sich auch (Abb. 39) die Lage der Längseisen richtet. Eine Spiralbewehrung auf rechteckiger Querschnittsgrundlage kann wegen mangelnder Ringspannung nicht als Umschnürung betrachtet werden. Derartige Säulen sind statisch wie Stützen mit vorwiegender Längsbewehrung zu behandeln. Wenn irgend möglich, wird die Spirale innerhalb einer Säule nicht gestoßen, sonst der Stoß durch Schweißung gebildet. Einzelne Ringe zur Ersetzung der durchgehenden Spirale sind entweder zusammenzuschweißen oder mit Haken an den Längseisen anzuschließen — Abb. 39b —. In letzterem Falle sind die Anschlußstellen der Haken einer Spirallinie folgend — also allmählich im Grundrisse wandernd — an den einzelnen Eisen anzuordnen.

Über die allgemeine Anordnung der umschnürten Säulen sagen die neuen Bestimmungen (§ 17, 7 u. 8): „Als umschnürte Säulen sind solche mit Querbewehrung nach der Schraubenlinie (Spiralbewehrung) und gleichwertigen Wickelungen[1]) oder mit Ringbewehrung versehen Säulen mit kreisförmigem Kernquerschnitt anzusehen, bei denen das Verhältnis der Ganghöhe zur Schraubenlinie oder des Abstandes der Ringe zum Durchmesser kleiner als $\frac{1}{5}$ ist. Der Abstand der Schraubenwindungen oder der Ringe soll nicht über 8 cm hinausgehen. Die Längsbewehrung soll mindestens $\frac{1}{3}$ der Querbewehrung sein.

Quadratischen oder rechteckigen Umschnürungen wird eine Erhöhung der Tragfähigkeit nicht zuerkannt; nach dieser Art bewehrte Stützen und Druckglieder sind daher wie Säulen mit Längsbewehrung zu berechnen.“

Fuß- und Stoßausbildung der Längseisen ist der bei den Stützen mit Längsbewehrung durchaus entsprechend.

Eine besondere Art von umschnürten Stützen stellen die von v. Emperger-Wien erfundenen und durch Patent geschützten[2])

---

[1]) Die Gleichwertigkeit ist nachzuweisen.
[2]) Das D. R. P. (Nr. 291068) bezieht sich nicht allgemein auf den Schutz umschnürten Gußeisens, sondern nur auf die besondere Form der Spiralbewehrung, die zum mindesten ebenso weit von der Außenfläche absteht wie die Entfernung ihrer Windungen beträgt.

umschnürten Gußeisensäulen dar (Abb. 40). In ihrem Innern befindet sich eine hohle — oder auch volle — gußeiserne Säule irgendwelcher Querschnittsform, die durch einen umschnürten Mantel umgeben wird. Hierdurch ist wiederum bedingt, daß der Gußeisenkern nicht nach außen auszuweichen vermag, größere Stauchungen erleiden kann und somit erheblich tragfähiger wird, als wenn die Gußeisensäule ohne Umschnürung belastet wird.

Das zeigen auch die von v. Emperger durchgeführten vergleichenden Versuche[1]). Sie lassen z. B. erkennen, daß eine gußeiserne Stütze, die an und für sich nur 137 t zu tragen vermag, durch eine Umschnürung mit einer Spirale von 10 mm Durchmesser, 4 cm Ganghöhe und durch 8 Längseisen von je 8 mm Durchmesser gehalten, eine Last von 315 t, bei einer Spiralganghöhe von nur 2 cm und sogar verringertem Spiraldurchmesser von 7 mm sogar von 342 t zu tragen vermochte, daß also eine $2^1/_2$fache Tragfähigkeitsvermehrung eintrat. In gleicher Weise ist auch bereits vorgeschlagen worden, anstatt der Gußeisensäule ein hochdruckfestes, wenn auch sprödes Material zur Kernausfüllung der Säule zu verwenden, hier also Granit, Klinker usw. einzubauen. Da naturgemäß durch die feste, unwandelbare Umschnürung auch die Druckfestigkeit dieser Stoffe stark heraufgesetzt wird, dürfte es sich auf diese Weise erreichen lassen, hochdruckfeste, dabei wirtschaftlich zweckmäßige Säulen zu gewinnen[2]). Wenn

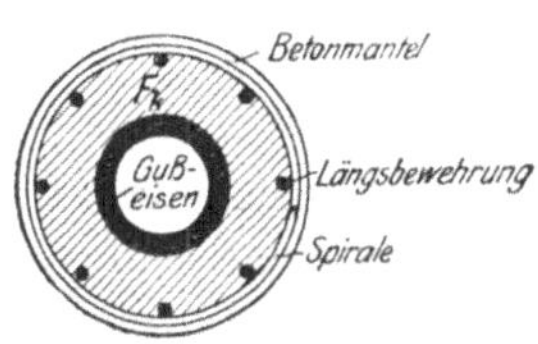

Abb. 40.

auch durch die feste Umschnürung das Gußeisen seine Sprödigkeit verliert, so bleibt doch auch in der hier vorliegenden Bewehrungsform bei Biegung der Stütze eine Unsicherheit über das alsdann eintretende Verhalten des Gußeisens bestehen. Hinzu tritt die — namentlich bei durchgehenden Stützen — konstruktive Erschwerung des organischen, monolithischen Anschlusses der Träger an die Säulen und die Schwierigkeit eines sicheren, statisch einwandfreien Durchführens der Bewehrungseisen der Balken durch die Stütze hindurch.

Die neuen Bestimmungen für Eisenbeton vom Jahre 1916 finden für umschnürtes Gußeisen keine Anwendung. In Preußen ist durch Ministerialerlaß bestimmt, daß ehe der mit diesen Konstruktionsgliedern zu errichtende Bau genehmigt wird, Druckversuche mit Körpern auszuführen sind, die tunlichst den für den bestimmten Fall

---

[1]) Siehe u. a. Beton u. Eisen 1912 (namentlich in Heft IV die Untersuchungen von Domke) und 1913.

[2]) Vgl. u. a. hierzu: Umschnürte Betonsäulen mit Steinkernen. Deutsche Bztg. Mitt. 1920 Nr. 14.

vorgesehenen Querschnitt haben. Auch ist besonders darauf zu achten, daß das Gußeisen die angegebene hohe Druckfestigkeit und gleichmäßige Beschaffenheit hat.

Eine untergeordnete Bedeutung für die Verbundsäule besitzt die Frage ihrer **Knicksicherheit**, weil die Stützen in der Regel ein solches Schlankheitsverhältnis erhalten, daß eine Untersuchung auf Knickung sich erübrigt, auch meist so hohe Trägheitsmomente besitzen, daß eine Gefahr des Zerknickens nicht vorliegt. Nach den neuen Bestimmungen (§ 17, 9) ist ein solcher Nachweis nur alsdann erforderlich, wenn bei einer zentrisch belasteten Stütze die Höhe mehr als das 15fache der kleinsten Querschnittsabmessung beträgt. Knickversuche mit Eisenbetonsäulen — wenigstens solchen von richtiger Baugröße — liegen zur Zeit nur in geringer Zahl vor[1]).

Aus den Bachschen Versuchen, die mit einem Schlankheitsgrad von

$$\frac{h}{l} = \frac{1}{28}$$

ausgeführt wurden, hat sich gezeigt, daß weder die Größe der Eiseneinlagen noch der Wassergehalt des Betons einen bestimmenden Einfluß auf die Bruchlast ausüben und daß die Rißbildung bei der Belastung einsetzt, bei der eine nicht bewehrte Säule brechen würde. Kurz vor Eintritt der Risse wurden hier bei den verschiedenen Versuchsreihen Werte der Elastizitätszahl des Betons von 199 300 bzw. 131 400 kg/qcm gefunden. Ein Nachrechnen der Versuchsergebnisse zeigt, daß die **Eulersche** Gleichung für die Beurteilung der Knickung von Verbundsäulen einen nur sehr fraglichen Wert besitzt (vgl. Abschnitt 19).

Die beim Bruch auf Knicken eintretenden Erscheinungen sind von denen bei Überwindung der Druckfestigkeit innerhalb der Säule insofern verschieden, als sich hier nicht die schrägen Pyramidenflächen ausbilden (S. 89), sondern ein deutliches Einknicken der Säule, verbunden mit dem Auftreten von Zugrissen auf der einen, von Ausknickungen der Eisen und dem Abplatzen von flachen Betonschalen und Kanten auf der anderen zu beobachten ist.

---

[1]) Vgl. die Untersuchungen von v. Thullie, allerdings mit Modellsäulen, die zwar gerade im Betonbau als wenig zuverlässig und maßgebend anzusprechen sind, im Forscherheft für Eisenbetonbau (Verlag Ernst & Sohn), Nr. 10, 1907; ferner C. Bach: Knickversuche mit Eisenbetonsäulen, in der Zeitschr. des Vereins deutscher Ing. 1913, S. 1969, und Spitzer, Heft 3 der Mitteilungen des Eisenbetonausschusses des österreich. Ing.- u. Architekten-Vereins, Wien 1912 (Verlag W. Deuticke).

Über die statische Berechnung der Säulen bei zentraler Belastung und Knicken vgl. Abschnitt 18, 19 u. 20, über die Beanspruchung ihrer Querschnitte zugleich durch ein Moment und eine Normalkraft Abschnitt 21.

8. Die Verbundplatte.

In den nachfolgenden Betrachtungen wird die Platte vorwiegend in engerem Sinne, d. h. als ein wirklich plattenförmiger Körper, bei dem die Stärkenabmessung gegenüber der Breite und Länge nicht bedeutend ist, behandelt. Der einfache rechteckige Balkenquerschnitt, einfach oder doppelt bewehrt, ist somit nur insoweit als Plattenquerschnitt in den Bereich der Betrachtungen gezogen, als es nicht zu umgehen war; seine Behandlung wird vorwiegend gemeinsam mit dem Rippenbalken, zu dem er als Balkenelement gehört, in nachstehendem Abschnitte ausführlich gegeben werden.

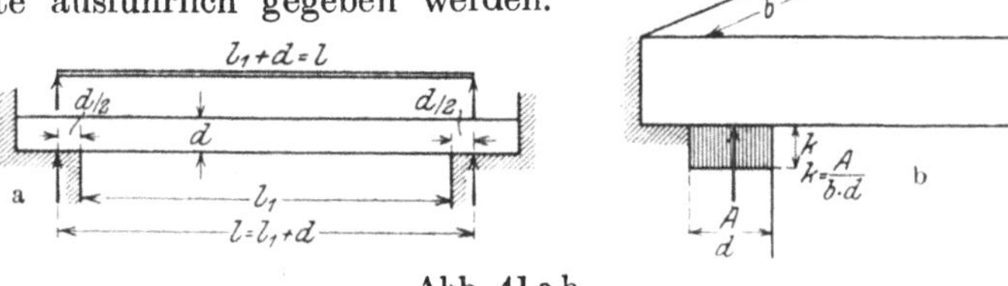

Abb. 41 a b.

Die einfache Platte erscheint im Verbundbau als selbständiger Konstruktionsteil — statisch als Träger auf zwei bzw. mehr Stützen oder allseitig gelagert —, oder in inniger monolithischer Verbindung mit dem Rechtecksquerschnitt in Form des Platten- oder Rippenbalkens, alsdann in der Regel als durchgehender Träger.

Für die einfache Platte als Träger auf zwei Stützen ist in den neuen Bestimmungen (§ 16, 2) festgesetzt, daß ihre Stützweite gleich der Lichtweite, zuzüglich ihrer Stärke, anzunehmen ist, daß aber bei außergewöhnlich großen Auflagerlängen die Stützweite nur gleich der um 5 v. H. vergrößerten Lichtweite zu wählen ist (Abb. 41 a—d). In ersterem Falle wird mithin für die Ermittelung der Auflagerpressungen eine Länge von d, an zweiter Stelle von $0{,}05\, l_1$ einzuführen sein (Abb. 41 b und d)[1]).

[1]) Wollte man in Abb. 41b u. d für die Übertragung des Auflagendruckes die Fläche rechnen, welche bei Ausschaltung von Zugspannungen sich ergibt, so wäre eine Länge von höchstens $3 \cdot \dfrac{d}{2}$ bzw. $3 \cdot 0{,}025\, l_1$ einzuführen und hieraus die vordere Kantenpressung zu:

$$k_1 = 2 \cdot \frac{A}{1{,}5\, d\, b} = 1{,}33\, \frac{A}{d\, b} > k \text{ in Fig. 41b },$$

$$\text{bzw. } k_1 = 2 \cdot \frac{A}{0{,}075\, l_1\, b} = 1{,}33\, \frac{A}{0{,}05\, l_1\, b} > k \text{ in Fig. 41d}$$

abzuleiten, während die hintere Druckspannung $= 0$ wird. Die oben angenommene, gleichmäßige Druckverteilung ist also die günstigere für die Beanspruchung des Pfeilermauerwerks.

Als geringste Plattenstärke ist allgemein (§ 16, 12), also sowohl für selbständige Platten als auch für den plattenförmigen Teil der Rippenbalken, das Maß von 8 cm vorgeschrieben. Dieser Bestimmung liegt die Beobachtung der Praxis und von Versuchen zugrunde, daß bei dünnen Platten ein Festhalten der Eisen in ihrer richtigen Lage während der Ausführung sehr erschwert ist. Ausgenommen von dieser Forderung sind Dachplatten und untergehängte Decken, die nur zum Abschlusse dienen oder nur aus Betriebsgründen begangen werden, sowie fabrikmäßig hergestellte, fertig verlegte Verbundplatten. Eine weitere Ausnahme ist für Rippendecken mit einem Rippenabstande von höchstens 0,6 m zugelassen; hier brauchen die Druckplatten nur 5 cm stark

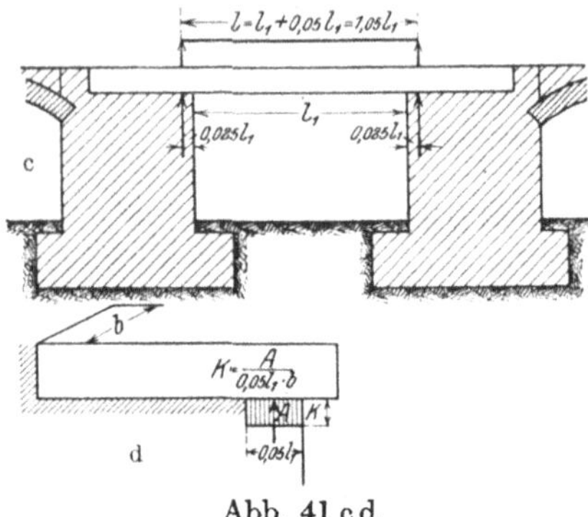

Abb. 41 c d.

zu sein, wenn zur Lastverteilung Querrippen von der Bewehrung und Stärke der Tragrippen eingefügt werden, und zwar bei Spannweiten der Decken von 4—6 m eine solche, bei größerer Tragweite mindestens zwei. Jedoch ist auch hier für stärkere Einzellasten ein besonderer Festigkeitsnachweis erfordert.

Im Hinblicke auf die Vermeidung allzu starker Durchbiegungen ist ferner bestimmt, daß die wirksame Plattenhöhe, d. h. der Abstand der äußeren Betonkante der Druckzone vom Schwerpunkte der Zugeiseneinlagen, mindestens $1/27$ der Stützweite betragen soll. Bei durchlaufenden Platten ist hierbei als Stützweite die größte Entfernung der Momenten-Nullpunkte innezuhalten (§ 16, 10).

Da im allgemeinen bei selbständigen massiven Verbundplatten und ebenso bei Hohlsteindeckenplatten die vorerwähnte wirksame Höhe zu rund $9/10$ der tatsächlichen Plattenstärke angenommen werden kann, so ergibt sich, auf letzteres Maß bezogen, ein tatsächliches Verhältnis, das nicht unterschritten werden darf, zwischen Plattenstärke und Stützweite von $h : l = 1 : 27 \cdot 0{,}9 = 1 : 24$.

Hieraus ergeben sich für frei aufliegende Verbundplatten bei einer Stärke zwischen 8—15 cm die nachfolgend aufgeführten, höchstens zulässigen Deckenspannweiten, — Zahlen, die für den Entwurf der Gesamtkonstruktion eine besondere Bedeutung haben:

Deckenstärke . . $d =$	8	9	10	11	12	13	14	15 cm
Stützweite bei frei aufliegender Platte $l =$	1,92	2,16	2,40	2,64	2,88	3,12	3,36	3,60 m

Bei **durchgehenden Platten** ist — da die Stützweiten sich nach den Entfernungen der Momenten-Nullpunkte (l_0) richten sollen — zu unterscheiden zwischen einem Rand- und einem Mittelfelde. Für ersteres ist $l_0 = 0,853\,l$, für letzteres $= 0,756\,l$, wobei unter l die tatsächliche Stützweite der Platte, d. h. in der Regel die Entfernung der Mitten der Plattenbalken, zu verstehen ist [1]). Demgemäß stellen sich unter Benutzung dieser Werte die tatsächlich für durchgehende Platten zugelassenen Verhältnisse $h : l$ auf:

$$\text{bei einem Randfeld} \quad . \quad . \quad h : l = 0,853 : 24 = \frac{1}{28,2}\,,$$

$$\text{bei einem Mittelfeld} \quad . \quad . \quad h : l = 0,756 : 24 = \frac{1}{32}\,,$$

Zahlen, die in zweckmäßiger Weise der Steifigkeit durchgehender Verbundplatten und der meist über den Stützen vorhandenen kleineren oder größeren Einspannung Rechnung tragen. Unter Innehaltung dieser Werte ergeben sich die zulässigen Stützweiten l der durchgehenden Platten bei bestimmten Deckenstärken von 8—15 cm aus der nachfolgenden Zusammenstellung:

Deckenstärke . . .	8	9	10	11	12	13	14	15 cm
Randfeld } zulässige Stütz- {	2,26	2,54	2,82	3,10	3,38	3,66	3,94	4,22 m
Mittelfeld } weite l {	2,56	2,88	3,20	3,52	3,84	4,16	4,48	4,80 m

Die **Bewehrung der Platten** richtet sich naturgemäß nach der Größe der Momente und ihrem Vorzeichen. Auf zwei Stützen frei aufliegende Platten werden zwar in der Regel nur im Untergurte eine Zugbewehrung erfordern; meist aber wird diese zu einem erheblichen Teile auch nach dem Druckgurte abgebogen und in ihm durch U- oder Spitzhaken fest verankert. Ein Teil der Zugeinlagen ist aber stets im Untergurte bis über das Auflager durchzuführen. Als durchaus fehlerhaft ist es anzusehen, Zugeinlagen im Untergurte, auch wenn scheinbar der Verlauf der Momentenkurve das gestattet, aufhören zu lassen, und sie hier

---

[1]) Diese Zahlen leitet Gehler in seinen Erläuterungen zu den neuen Eisenbetonbestimmungen (1917, Ernst & Sohn) daraus ab, daß als Biegungsmoment für ein Endfeld $\frac{p\,l^2}{11}$, für ein Mittelfeld $\frac{p\,l^2}{14}$ vorgeschrieben ist (§ 16, 8). Da der Trägerteil zwischen den Momenten-Nullpunkten als Träger auf zwei Stützen aufzufassen ist, bei seiner Stützlänge $= l_0$, also ein Moment von $\frac{p\,l_0}{8}$ zugrunde zu legen ist, beide Momente aber ihrem Werte nach gleich sein müssen, so ergeben sich für l_0 die Beziehungsgleichungen:

$$\text{im Randfelde:} \quad \frac{p\,l_0^2}{8} = \frac{p\,l^2}{11}\,,$$

$$\text{im Mittelfelde:} \quad \frac{p\,l_0^2}{8} = \frac{p\,l^2}{14}\,.$$

Hieraus folgt:

$$l_0 = l\sqrt{\tfrac{8}{11}} = 0,853\,l \text{ für das Randfeld,}$$

$$l_0 = l\sqrt{\tfrac{8}{14}} = 0,756\,l \text{ für das Mittelfeld.}$$

durch Haken abzuschließen (Abb. 42 links). Tritt bei solcher falschen Eisenlage ein Riß in der Platte außerhalb des Eisenendes ein, so kann dieses keine Kraft mehr nach dem Auflager übertragen; die zwischen dem Risse und letzterem verbliebenen Eisen müßten alsdann die Gesamt-Gurtzugkraft aufnehmen, wären überlastet und die Folge könnte eine weitere Rißbildung und eine Zerstörung der Platte sein. In welcher Weise die teilweise Abbiegung der Eisen nach dem Druckgurte erfolgt, lassen Abb. 42b und c erkennen. Im allgemeinen wird man mit der Führung dieser Abbiegungen bei Platten, da sie in der Regel keine erhebliche Schubbeanspruchung erleiden, ziemlich freie Hand haben. Naturgemäß ist aber darauf zu achten, daß nur so viel Eisen nach oben abgebogen werden können, als der Verlauf der Momente gestattet,

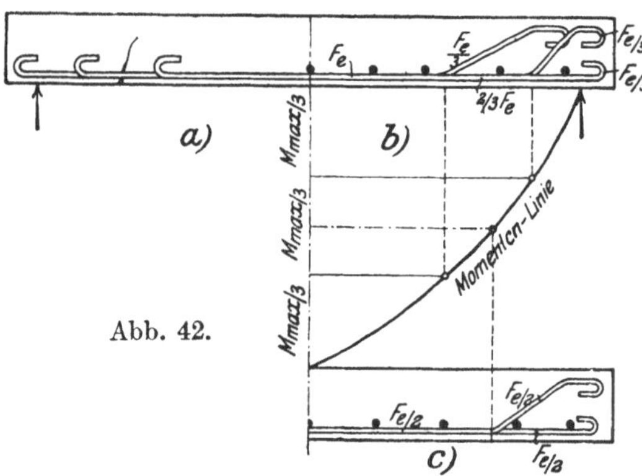

Abb. 42.

und daß eine Anzahl Eisen bis zum Auflager durchzuführen ist. In Abb. 42b und c sind zwei Möglichkeiten grundsätzlich dargestellt, bei denen einmal zwei Drittel der für das Größtmoment notwendigen Eisen nach oben abgebogen werden, zum anderen nur die Hälfte der Eisen nach dem Druckgurte geführt ist. Die Querschnittsgröße der abzubiegenden Eisen schlägt Mörsch vor[1]), so zu bemessen, daß falls Risse in der Abbiegungstelle auftreten, die abgebogenen Eisen allein die Last des alsdann als eingehängter Träger wirkenden Mittelteiles nach den Trägerteilen über dem Auflager übertragen können, eine Anordnung, die namentlich alsdann wertvoll ist, wenn die Platte Zugwirkungen durch Schwindung und Wärmeänderung ausgesetzt ist, und bei kontinuierlicher Durchführung die oben durchgehende Eiseneinlage gering ist. Wenn auch diese Forderung nicht immer ohne besondere Verstärkung der Bewehrung möglich sein wird, weist sie doch darauf hin, daß es durchaus notwendig ist, die untere und obere Bewehrung, soweit möglich, in einem Stück auszuführen. In der Richtung der abgebogenen Eisen ist man, vorausgesetzt daß keine stärkeren Schubspannungen auftreten und alsdann ein Abbiegen unter 45° zur Plattenachse notwendig wird, nicht beschränkt; vielfach üblich ist es bei schwächeren, bis 10 cm starken Platten, die Abbiegungen etwa in einer Neigung von 1:3,

---

[1]) Vgl. Mörsch, Eisenbetonbau, 4. Aufl., 1912, S. 8; 5. Aufl., 1920, S. 7.

bei stärkeren Platten 1 : 2 bis 1 : 1$^1/_2$ geneigt zu führen. Hin und wieder finden sich auch verschiedene Abbiegungswinkel bei derselben Platte, und zwar flachere in der Mitte, größere nahe den Stützen (Abb. 42 b). Aber auch gegen eine Neigung von 45°, namentlich nahe dem Auflager, wie sie vorwiegend bei durchgehenden Platten, um möglichst bald in die obere Zugzone zu gelangen, die Regel bildet, sind Bedenken nicht zu erheben. Liegt die Einspannung einer besonders dünnen Platte vor, bei der eine Durchbrechung des Betons durch Aufbiegungen nicht erwünscht sein sollte, so können in der oberen Zugzone nahe dem Auflager auch besondere Bewehrungseisen Anwendung finden und alsdann die Untergurteisen bis zum Auflager in voller Stärke durchgeführt werden (Abb. 43). Solche Z u l a g e e i s e n sind im allgemeinen nicht zu vermeiden, wenn das negative Moment über der Stütze — wie das die Regel bei durchgehenden und eingespannten Platten bildet — erheblich größer ist als das positive in Feldmitte, die Plattenhöhe aber gleich bleibt, sind aber vermeidbar, wenn bei Einspannung des Trägers dessen Höhe am

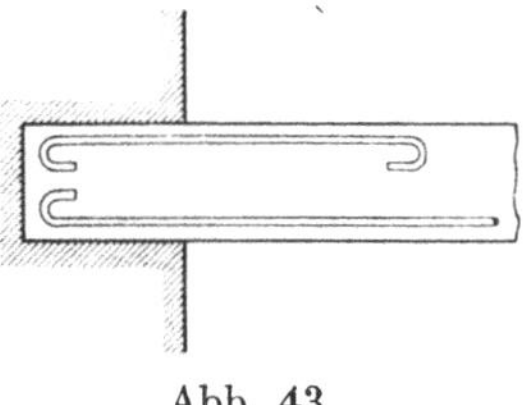

Abb. 43.

Auflager größer ist als in der Trägermitte, oder bei einem Träger auf zwei Stützen frei gelagert, die Möglichkeit einer Einspannung (unter Umständen später) zu berücksichtigen ist. Den letzteren Fall veranschaulicht Abb. 44 a. Hier ist zunächst das dem einfachen Balken entsprechende Größtmoment in Trägermitte $= \dfrac{p\,l^2}{8}$ in 2 gleiche Teile, der untere hiervon nochmals in 3 solche geteilt, und in dem oberen Abschnitte der Wert $\dfrac{M}{6}$ abgesetzt. Hieraus sind die Punkte 2, 3, 4 und 5 gewonnen, in denen eine Abbiegung der Zugbewehrung F_e um je $\dfrac{F_e}{6}$ nach oben stattfinden kann. Hier verbleibt also beispielsweise die Eisenmenge von $\dfrac{F_e}{3}$ im Untergurte. In ähnlicher Weise ist, da der positive Teil der Momentenfläche bei Annahme einer vollkommenen Einspannung im vorliegenden Falle im Hinblicke auf die größeren positiven Momente bei Freilage unberücksichtigt bleiben kann, die größte (negative) Momentenordinate $\dfrac{p\,l^2}{12} = {}^2/_3$ von $\dfrac{p\,l^2}{8}$ entsprechend der Größe der einzelnen Abbiegungen von $\dfrac{F_e}{6}$ in 4 gleiche Teile geteilt, deren jeder somit einer Momentengröße von $\dfrac{{}^2/_3\,M_{max}}{4}$ d. h. $\dfrac{M_{max}}{6}$ entspricht. Hieraus bestimmen sich die Punkte 6, 7, 8 und 9, die angeben, an welcher Stelle im O b e r gurte Zugeisen von den Größen je $\dfrac{F_e}{6}$ erfordert werden. Damit sind ${}^4/_6\,F_e = {}^2/_3\,F_e$ in den

Obergurt gelangt, so daß dem größten negativen Momente $= {}^2/_3\, M_{max}$ vollkommen Rechnung getragen ist, besondere Zulageeisen also nicht erforderlich werden. In ähnlicher Weise zeigt Abb. 44b — in ebenso schematischer Art wie Abb. 44a — die Aufbiegungen und die hier nicht zu umgehenden Zulageeisen unter der Annahme einer allein vorliegenden vollkommenen Einspannung der Platte. Hier ist beispielsweise das Eisen F_e im Untergurte nur in zwei Teile geteilt, von denen der eine aufgebogen, der andere im Untergurte bis zum Auflager belassen ist. Da das Einspannungsmoment doppelt so groß als das Mittelmoment ist, wird auch hier bei sonst gleichen Plattenquerschnittsverhältnissen, die obere Bewehrung den doppelten Wert erlangen müssen $= 2\,F_e$; deshalb sind auch hier Zulageeisen in Summe von

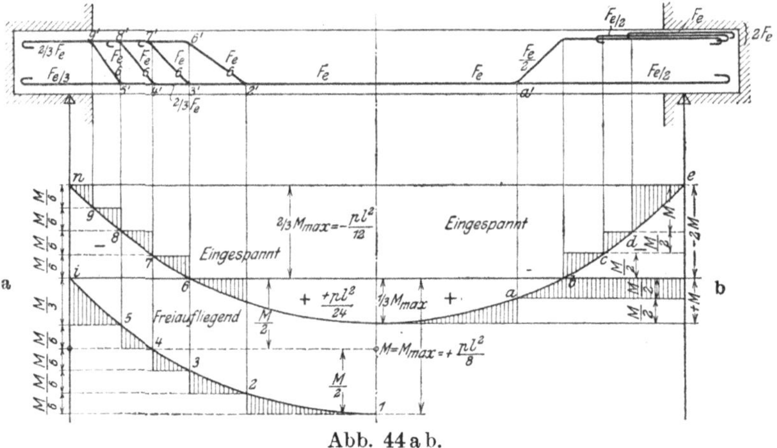

Abb. 44 a b.

$1{,}5\,F_e$ notwendig, deren allmähliche Einführung in den Träger die Punkte c und d bestimmen.

Die in Abb. 44ab dargestellte Eisenverteilung ist naturgemäß eine rein theoretische. Wird die Platte durch eine gleichförmige, gleichmäßig verteilte Last beansprucht, so wird — entsprechend dem Verlaufe der Momentenlinie — eine Zugbewehrung im Untergurt auf rund 0,58 l, im Obergurt, nahe dem Auflager, auf je rund 0,21 l notwendig. Hierbei ist aber für die praktische Ausgestaltung der Bewehrung daran zu denken, daß einmal eine vollkommene Einspannung nur selten eintritt, daß zum anderen Einzellasten oder Teilbelastung die Momentenfläche und somit das Spannungsbild stark verschieben, und endlich Wärme und Schwindspannungen Zugwirkungen im Ober- und Untergurte auszulösen vermögen. Aus allen diesen Gründen wird es sich empfehlen, fest eingespannte Platten durchgehend im Ober- und Untergurte zu bewehren und zudem, wenn erreichbar, den vergleichsweise höheren Momenten über dem Auflager durch Vergrößerung der Trägerhöhe, am besten durch Anordnung einer allmählich verlaufenden Voute — Abb. 45 — Rechnung zu tragen.

Durch die abgetreppte, an die Momentenkurven sich anschließende Umhüllung dieser ist in Abb. 44a und b gezeigt, wie die von den Eisen tatsächlich übertragenen Momente im vorliegenden Falle stets größer sind als die geforderten, eine Überlastung der Eisen durch Biegekräfte also nirgends zu befürchten steht.

Daß bei einer derartigen Eisenverteilung bei den Verbundbalken noch andere Verhältnisse zu berücksichtigen sind, daß es sich hier vor allem bei der Lage der Abbiegungen und ihrer Führung um die Aufnahme von schiefen Hauptzugkräften (aus den Schubspannungen) handelt, wird ausführlich in dem nachfolgenden Abschnitte und bei Behandlung der Schubkräfte erörtert werden. Werden ausnahmsweise[1]) — vorwiegend im Brückenbau — bei einer Platte einmal Aufbiegungen aus den schiefen Hauptzugspannungen notwendig, so sind sie zunächst nach ihnen allein zu bemessen (Abschnitt 15), und nachträglich nach

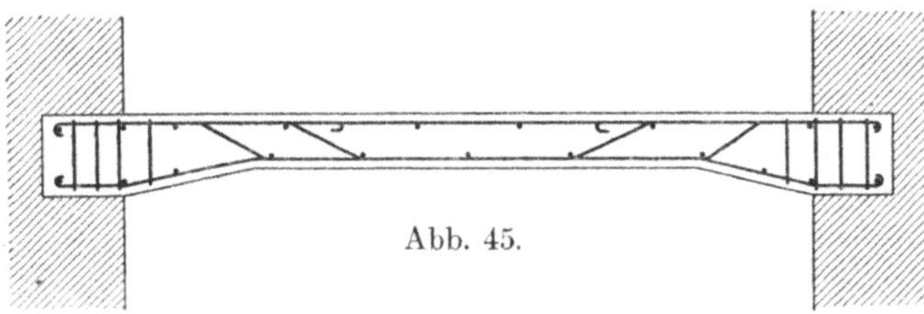

Abb. 45.

ihrer richtigen, die unschädliche Aufnahme der Biegungsspannungen sichernden Lage zu den Momentenflächen zu prüfen. In diesem Sonderfall können auch Bügel erforderlich werden, über deren Anordnung und Wert ebenfalls auf die späteren Ausführungen verwiesen sei.

Die Tragstäbe der Platten erhalten je nach deren Belastung Stärken zwischen 8 und 20 mm. Ihre Abstände richten sich nach den statischen Verhältnissen, sollen aber so gewählt werden, daß überall eine möglichst gleiche Krafteintragung in die Eisen stattfindet. Aus diesem Grunde ist auch der Anordnung einer größeren Anzahl kleinerer Eisen gegenüber wenigen starken der Vorzug zu geben. Aus demselben Grunde verlangen auch die neuen Bestimmungen, daß in der Gegend der größten Momente — in Frage kommen hier die größten Feld- und Stützenmomente — der Abstand der Eisen 15 cm nicht überschreiten darf.

---

[1]) In § 17, 3 der neuen Bestimmungen vom Jahre 1916 ist nur verlangt, daß in Balken die Schubspannungen nachzuprüfen sind. Auch Gehler vertritt diesen Standpunkt in seinen Erläuterungen zu den Bestimmungen (2. Aufl., S. 60): „In Platten erübrigt sich diese Berechnung. Nur bei großen Verkehrslasten ist die Nachprüfung der Schubspannung empfehlenswert. Hierbei können die Betonzugspannungen vernachlässigt werden."

Die gleichmäßige Anspannung der Trageisen, also die gleichmäßige Kraftübertragung auf sie, wird befördert durch über ersteren und zu ihrer Richtung senkrecht liegende, durch Drahtbündelung angeschlossene Verteilungseisen, wie sie z. B. in den Abb. 42b, c und 45 in ihren Querschnitten dargestellt sind. Diese Eisen zeigen in der Regel Durchmesser von 5—10 mm und werden in Entfernungen von 10—30 cm verlegt. Neben der gleichmäßigen Verteilung der Last auf die Tragstäbe sind sie zugleich als willkommene Montageeisen für die Festlegung der Haupteinlage zu bewerten.

Zudem wirken diese zu den Trageisen senkrecht liegenden Verteilungsstäbe auch alsdann besonders günstig, wenn sich in Richtung der Hauptbewehrung die Platte infolge ihrer Lagerbedingungen oder Beanspruchung durch Temperatur oder Schwindungsvorgänge zusammenzieht; alsdann treten mit der Verkürzung der Stützlänge in der Querrichtung der Platte Zugspannungen auf, zu deren Aufnahme die Quereisen dienen. Da dierdurch einem Entstehen etwaiger Risse parallel zu den Haupteisen vorgebeugt wird, sollten die Quereisen auch bei Verwendung im Hochbau nicht fortgelassen, im Brückenbau aber als unbedingt erforderlich bezeichnet werden.

Nach Versuchen des deutschen Ausschusses[1]) hat sich allerdings bei konzentrierter Belastung von zweiseitig freigelagerten Platten ergeben, daß das Auftreten der ersten Risse bei einer Überbelastung der Platten gerade an den Stellen zu erwarten steht, an denen Quereisen liegen, und daß die Risse vergleichsweise bei höherer Belastung sich bei den Platten ausbilden, die im mittleren Teil keine Quereisen aufweisen. Der Grund für diese Erscheinung dürfte wohl darin zu suchen sein, daß an den Stellen, an denen Quereisen liegen, der Beton in seinem Gesamtzusammenhange eine Unterbrechung findet, und hier seine, wenn auch nicht bedeutende, so doch — namentlich bei Biegungsbelastung — immerhin mitsprechende Zugfestigkeit nicht gut ausgenutzt werden kann. Da die ungünstige Wirkung der Quereisen aber erst bei der Rißbildung, also dem Vorläufer des Bruchstadiums, sich gezeigt hat, so erleiden — diesen Nachteilen gegenüber — die oben hervorgehobenen, bedeutsamen Vorzüge der Quereisen keine Abschwächung, rechtfertigen also durchaus deren Beibehaltung im Bau.

Es tritt hier die gleiche Erscheinung ein, welche eine Bügelbewehrung rechteckiger Balken zur Folge hat. Auch hier findet durch die Bügel unmittelbar eine kleine Schwächung des Querschnittes insofern statt, als die ersten Risse auf der Zugseite in der Regel mit der Lage der Bügel zusammenfallen und sich hier früher ausbilden als bei Fehlen

---

[1]) Vgl. Heft 44. Versuche mit zweiseitig aufliegenden Eisenbetonplatten bei konzentrierter Belastung — Teil I, ausgeführt in der Material-Prüfungsanstalt Stuttgart von C. Bach und O. Graf. 1920.

von Bügeln, namentlich bei geringer Überdeckung mit Beton. — Alles
das besagt also, daß in gewissem, wenn auch praktisch bedeutungs-
losem Maße die Eisenanordnung quer zu den Hauptbewehrungseisen
eine gewisse Unterbrechung in der Gleichartigkeit des Verbundquerschnittes bedeutet.

Wählt man eine Größe der Hauptbewehrung von rund 0,75 v. H.,
so ist rechnerisch eine gute Ausnutzung der Eisen zu erwarten.
Hierbei darf man freilich nicht verkennen, daß dieser rechnerischen Größe
— wie auch viele Versuchsbeobachtungen gezeigt haben — die tatsächliche Spannung so lange nicht entspricht, sondern sich erheblich
niedriger stellt, als der Beton im Zuggurte rissefrei ist und selbst an
der Übertragung der Zugkräfte einen tätigen Anteil nimmt. Steigt die
Hauptbewehrung über $^3/_4$ v. H., so wird die Grenze der zulässigen Beanspruchung — also auch die der Belastung — durch die entsprechenden
Zahlen der erlaubten Betondruckspannung bedingt. Bei geschickter
Wahl der Hauptabmessungsteile der Platte wird es aber immerhin möglich sein, unter Innehaltung der zulässigen Höchstwerte für Beton- und
Eisenspannung sich auch einem wirtschaftlich guten Querschnitte zu
nähern. Das Weitere hierüber ist in Abschnitt 11 gegeben.

Bei über Verbundrippen durchlaufenden Platten, die zum Teil alsdann deren Obergurt bilden, sind die Platten eigentlich als durchgehende Träger auf elastisch senkbaren und drehbaren Stützen anzusehen; nur dort, wo die Platten über langen, schmalen und deshalb leicht verdrehbaren Rippen aufliegen, können sie als auf ihnen frei drehbar gelagert, behandelt, d. h. als normale durchgehende Balken berechnet werden. Platten der ersteren Art, die also einerseits oder beiderseits mit Eisenbetonrippen unwandelbar starr verbunden sind, können bei annähernd gleicher Feldweite und gleichmäßiger Belastung zur Vereinfachung der Rechnung als derart eingespannt angenommen

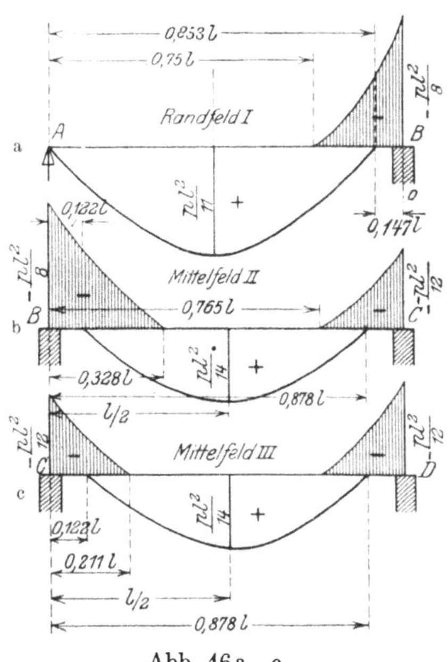

Abb. 46 a—c.

werden, daß die größten Feldmomente der Mittelfelder zu $\dfrac{p l^2}{14}$, der Endfelder zu $\dfrac{p l^2}{11}$ angenommen werden, unter l den Rippenabstand verstanden.

An den Rippen selbst ist vollkommene Einspannung anzunehmen (§ 16, 7 der neuen Bestimmungen). Die demgemäß für ein Randfeld, das anschließende und ein Mittelfeld sich ergebenden Momentenkurven sind einschließlich der zugehörenden, zu ihrem Aufzeichnen erforderlichen Abstände in den Abb. 46a—c dargestellt[1]).

Bei wesentlich verschiedenen Feldweiten sind die Feldmomente bei ungünstigster Laststellung unter Annahme eines durchgehenden Trägers nachzuweisen; aufwärts biegende Momente in den Feldmitten sind zu berücksichtigen (§ 16, 7).

Für derartige Berechnungen empfehlen sich die Zusammenstellungen über kontinuierliche Träger im Anhange; hier sind die Tabellen von Winkler, Dr. Lewe und Pedersen aufgenommen.

Es liegt auf der Hand, daß sich die Bewehrung der durchgehenden Platten dem Verlaufe der Momente anpassen wird. Hierbei ergeben sich von selbst die Stellen, an denen eine Abbiegung vom Untergurte nach dem Obergurte zu erfolgen hat. Da in den meisten Fällen die durchgehenden Platten mittels Vouten an ihre Unterzüge anschließen, hier also größere statische Höhe erhalten und somit das Moment der inneren Kräfte sich hier auch vergrößert, wird man oft ohne besondere Zulageeisen über den Stützen auszukommen vermögen. Vouten werden alsdann — namentlich wirtschaftlich — notwendig, wenn die Platte in der Mitte so dünn ist, daß hier die erlaubte Druckspannung im Beton ausgenützt wird. Eine über das theoretische Erfordernis hinausgehende Bewehrung der Platte an den Vouten ist deshalb notwendig, weil — nach der Theorie des durchgehenden Trägers mit veränderlichem Querschnitte — dessen Verstärkung über den Stützen zwar eine Verminderung der Normalmomente in Trägermitte, aber zugleich auch deren Erhöhung über den Lagerpunkten zur Folge hat. Gut ist es, falls abgebogene Eisen über den Stützen, also in der Zugzone enden und sich hier übergreifen, sie nicht nur mit einfachen Haken zu versehen, sondern sie senkrecht nach unten abzubiegen

---

[1]) Handelt es sich darum, die in Abb. 46a—c dargestellten Kurven bzw. Kurvenstücke zum Zwecke der Bestimmung der Abbiegungen zu verwenden, so können die positiven Momentenflächen bequem aufgezeichnet werden als quadratische Parabeln, am besten nach der nebenstehend dargestellten Konstruktion, während die Kurvenstücke der negativen Momente ohne erhebliche Fehler für die vorliegende Aufgabe durch gerade Linien ersetzt werden können. Alsdann bestimmen sich auch die den Dritteilen der Momente bzw. ihren Hälften entsprechenden Abstände von den Auflagersenkrechten, d. h. die Punkte, an denen die Eisen allmählich nach oben bzw. unten geführt werden können, zwangsläufig (vgl. auch die Abb. 42 u. 44).

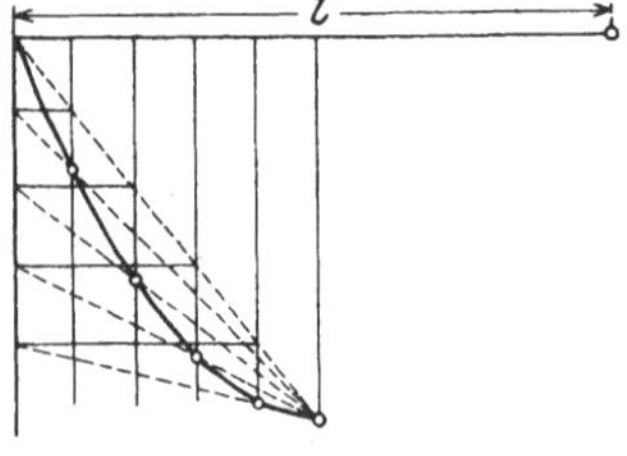

und somit im Druckgurte der Voute noch besonders zu verankern. Allerdings wird man diese konstruktive Verstärkung, die zudem gegenüber Verdrehungen der Unterzüge recht wirksam ist, nur ausführen können bei höherer Voute.

Ruht eine Platte auf allen vier Seiten auf, so wird sich, je nach dem Verhältnisse der Länge zur Breite der Platte, die auf ihr ruhende Last nach beiden Richtungen mehr oder weniger gleichmäßig verteilen, vorausgesetzt, daß die Verbundplatte nach beiden Richtungen Haupttrageisen aufweist. Wie Versuche des Deutschen Ausschusses[1]) ergeben haben, hebt sich, wenn auch im Verhältnis zur Durchbiegung in der Mitte unerheblich, die Platte bei Belastung an ihren Ecken ein wenig hoch. Sowohl bei gleichmäßiger Vollbelastung als auch bei Beanspruchung durch eine Einzellast in Plattenmitte, verlaufen die Linien gleicher Einsenkung ziemlich regelmäßig zu den Symmetrieachsen der Platte. Neben den Diagonalrichtungen sind die Ecken die gefährlichen Stellen, an denen zuerst und weiterhin erhebliche Risse auftreten. Auch folgt aus den Versuchen, daß es nicht angebracht ist, die auf vier Seiten gestützten Platten mit einem allzu engen Netz von Eisenstäben zu bewehren, da sich der Beton bei einem Netz engmaschiger Bewehrungsstäbe weniger widerstandsfähig erzeigte als bei einer nur nach einer Richtung durchgeführten Bewehrung. Diese Versuche lassen auch erkennen, daß für eine angenäherte (in der Praxis durchaus zu empfehlende) Berechnung der auf vier Seiten aufruhenden Platte den genauen Ermittelungen[2]) eine Lastverteilung am nächsten kommt, bei der für die Stützweiten der Platte von der Länge a bzw. b als Belastung

$$\text{für die Stützweite } a: \quad p_a = p \cdot \frac{b^4}{a^4 + b^4} = \beta\,p\,,$$

$$\text{für die Stützweite } b: \quad p_b = p \cdot \frac{a^4}{a^4 + b^4} = \alpha\,p\;[3])$$

---

[1]) Heft 30: Versuche mit allseitig aufliegenden quadratischen und rechteckigen Eisenbetonplatten, ausgeführt in Stuttgart von C. Bach und O. Graf, 1915.

[2]) Vgl. u. a.: Hager, Berechnung ebener, rechteckiger Platten mittels trigonometrischer Reihen (München 1911, Verlag R. Oldenbourg), und Deutsche Bauzeitung 1912, Zement-Beilage Nr. 1, sowie Theorie des Eisenbetons (München 1916, ders. Verlag), S. 237—257, und Mörsch, Deutsche Bauzeitung 1916, Nr. 3. In der Schweiz wird mit $p_a = \dfrac{b^2}{a^2 + b^2}$ usw. gerechnet.

[3]) Für ein Verhältnis $a:b = 1,00$ bis $1,50$, abgestuft zu je $0,05$, liefert die nachfolgende Zusammenstellung die Werte α bzw. β.

$a:b$	1,00	1,05	1,10	1,15	1,20	1,25	1,30	1,35	1,40	1,45	1,50
α	0,500	0,549	0,594	0,636	0,675	0,709	0,741	0,769	0,794	0,816	0,834
β	0,500	0,451	0,406	0,364	0,325	0,291	0,259	0,231	0,206	0,184	0,166

eingeführt wird, wenn p die Einheitsbelastung darstellt (§ 16, 10 der neuen Bestimmungen).

Für eine quadratische Platte werden, da $a = b$ ist, beide Größen gleich: $p_a = p_b = \dfrac{p}{2}$, d. h. nach beiden Richtungen verteilt sich die Last gleichmäßig. Liegt eine rechteckige Platte vor, bei der $a = \tfrac{3}{2} b$ wird, so ergibt sich: $p_b = 0{,}834\,p$, $p_a = 0{,}166\,p$, für $a = 2\,b$ wird $p_b = 0{,}94\,p$, $p_a = 0{,}06\,p$, d. h. in der kürzeren Tragrichtung b wird in diesem Fall bereits ein sehr erheblicher Teil, bei $a = 2\,b$ sogar fast die ganze Summe der Last übertragen. Es hat demgemäß keinen praktischen oder wirtschaftlichen Wert, rechteckige Platten, bei denen eine Abmessung mehr als das $1\frac{1}{2}$fache der anderen beträgt, nach beiden Hauptrichtungen zu bewehren und sie als Platten, auf allen Seiten gelagert, aufzufassen. In solchem Falle ist es allein richtig, die Platten nur in der kurzen Richtung durch Trageisen zu bewehren, und in der anderen — längeren — nur Verteilungseisen anzuordnen.

Werden Belastungen p_a und p_b in Rechnung gestellt, so ist mit ihnen die Berechnung nach denselben Regeln durchzuführen, die für frei aufliegende Platten, eingespannte oder durchgehende, gelten. Hierbei wird, falls nicht die Plattenstärke von vornherein gegeben ist, der Rechnungsgang der sein, daß man für die kürzere Stützweite, also für die größere Belastung, die Plattenstärke nebst ihrer Tragbewehrung zuerst ermittelt, für die andere Richtung dann diese so gewonnene Plattenstärke zugrunde legt[1]) und nach ihr die für die größere Stützlänge erforderlichen Eisen berechnet (vgl. Abschnitt 13). Während bei quadratischen Platten der Gewinn ein nicht unerheblicher ist, wird bei einem Verhältnis von $a : b = 3 : 2$ nach Hager[2]) unter normalen Verhältnissen durch die Doppelbewehrung eine Verminderung der Plattenstärke und des Eigengewichtes von etwa nur 10 v. H. gewonnen. Die errechnete Eisenmenge braucht nur im inneren Drittelstreifen jeder Stützweite eingehalten zu werden. Von da an darf die normale Eisenentfernung allmählich abnehmen, bis sie an den Plattenauflagern deren doppelte Größe — bzw. den erlaubten größten Abstand — erreicht. Abgebogene Eisen finden — falls gefordert — nur in der Haupttragrichtung Anwendung.

Nicht allein aus architektonischen Gründen, sondern auch aus statischen Gesichtspunkten werden die Platten — namentlich bei vollkommen monolithischer Bauart — an ihre Träger, Mauern usw. mit Schrägen angeschlossen (Abb. 47a). Für die Aufnahme des Stützen-

---

[1]) Hierbei ist zu beachten, daß die Plattenstücke für das größere Moment wegen der Überkreuzung der Eiseneinlagen (wenigstens um eine Eisenstärke) die für das kleinere Moment übertreffen muß.

[2]) Vgl. Hager, Theorie des Eisenbetons, 1916, S. 253.

momentes ist hierbei eine Neigung von höchstens 1 : 3 in Rechnung
zu stellen, bei steileren Schrägen also das in Abb. 47a eingezeichnete
Maß h hierbei zu Grunde zu legen (§ 16, 4)[1]). Außerhalb des Auflagers ist jedoch die tatsächlich vorhandene Höhe für die Spannungsermittelung maßgebend, also mit der
durch die Schräge bedingten Ver-

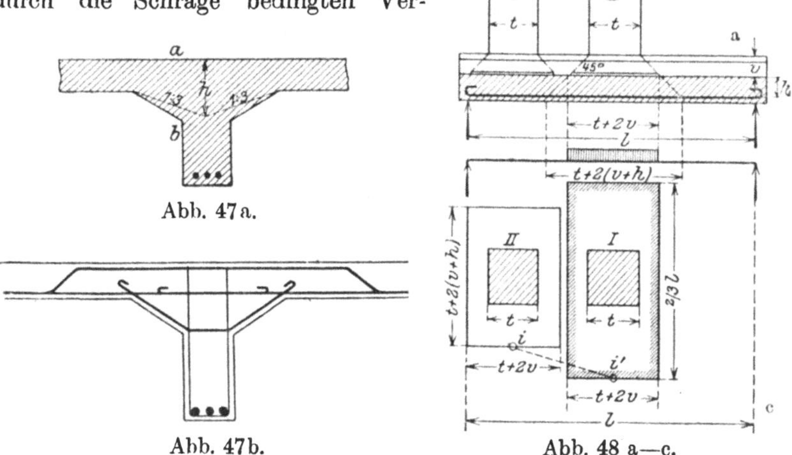

Abb. 47a.

Abb. 47b.

Abb. 48 a—c.

stärkung der Druckzone in den Anschlußquerschnitten zu rechnen. Falls
bei Platten Eisen aufgebogen werden und besondere Eisen in die Schräge
zu deren Sicherung verlegt werden, so ist der Anfangspunkt der Schräge
in der Plattenunterkante zur Vermeidung verwickelter Eisenanordnung
nicht allzu nahe an den Abbiegungspunkt zu legen (Abb. 47b).

Haben Platten mit oder ohne verteilende Deckschicht von der
Stützweite $= l$ Einzellasten, wie Raddrücke, Drücke von Maschinen-
fundamenten usw., aufzunehmen, so ist für die Druckverteilung der
Einzellast in der Richtung senkrecht zu den Trageisen eine Verteilungslänge von $^2/_3\,l$ zu rechnen, während die Verteilungsbreite sich nach
einem Winkel von 45° richtet (Abb. 48). Beträgt die Stärke der Deckschicht v, die Breite der Last in der Tragrichtung der Platte t, so
ist mithin eine Breite für die Lastübertragung auf die Platte von
$t + 2\,v$ (Abb. 48 a und c) in Rechnung zu stellen. Die Platte ist
alsdann durch eine auf die Länge $= ^2/_3\,l$ sich erstreckende
gleichmäßig verteilte Last von der Breite $= t + 2\,v$ beansprucht
(§ 16, 13).

Für die Ermittelung der Schubspannungen kann in Plattenmitte
ebenfalls eine Verteilungslänge $= ^2/_3\,l$, am Auflager dagegen nur von

---

[1]) Die Verstärkung der Deckenplatten durch Kehlen oder Schrägen darf also nur
soweit in Rechnung gestellt werden, als die Neigung nicht steiler als 1 : 3 ist.

$t + 2\,(v + h)$ (s. Abb. 48a und c) in Rechnung gestellt werden. Zwischenwerte sind einzuschalten, also je nach der Lastlage auf der Platte nach der Linie $i\,i'$ der Abb. 48c zu wählen.

Nach neuesten Untersuchungen des Deutschen Ausschusses für Eisenbeton (Heft 44[1])) ist die vorgenannte Verteilungsbreite der Einzellast auf eine Ausdehnung von nur $^2/_3\,l$ nicht zutreffend. Die Versuche haben zunächst bei nach beiden Richtungen gleich stark bewehrten, auf 2 Seiten und auf 2,00 m Länge frei aufliegenden Platten ergeben, daß bei der Berechnung der Platten bis 140 cm Breite, d. h. bei 0,7 l volle Anteilnahme an der Kraftübertragung vorausgesetzt werden kann. Da bis zu dieser Breite die Höchstlasten nahezu proportional mit der Plattenbreite zugenommen haben, so erscheint die Grenze für eine gleichmäßige Erstreckung der Kraftwirkung in der Plattenbreite mit $b = 0,7\,l$ noch nicht erreicht.

Bei weiteren Versuchen mit zum Teil nur in der Haupttragrichtung, zum Teil aber auch nach beiden Richtungen bewehrten Platten von 300 bzw. 40 cm Breite, ergab sich das Bruchmoment der 300 cm-Platte = dem 7,3- bzw. 5,0fachen des Bruchmomentes der 40 cm breiten Platte; dem entspricht also eine voll wirksame Plattenbreite von $7,3 \times 40 = 292$ cm bzw. $5,0 \times 40 = 200$ cm, d. i. bei der Stützweite der Platten von auch hier 2,00 m, 1,46 l bzw. 1,0 l.

Hierin gibt sich deutlich zu erkennen, daß die oben erwähnte Bestimmung die Widerstandsfähigkeit der breiten Platten für Einzelbelastung erheblich unterschätzt. Bis weitere Versuchsreihen vorliegen, dürfte es sich empfehlen, bei Platten die Verteilungsbreite der Einzellasten zum mindesten zu 1,0 l anzunehmen, also eine Verteilungsbreite = der Stützweite vorauszusetzen.

Eine besondere Verwendung der Platte in Form einer trägerlosen Deckenkonstruktion — P i l z d e c k e — läßt Abb. 49 erkennen. Hier wird die Decke ausschließlich durch eine monolithische Platte gebildet, die sich mit ihren Ecken auf Säulen stützt und in Verbindung mit dem breit, „pilzartig", ausgebildeten Kopfe eine diagonale Bewehrung, sowie solche in den Grundrißseiten des in der Regel quadratischen Deckenfeldes erhält. Die Anordnung zeichnet sich bei erheblicher freier Spannweite durch geringe Konstruktionshöhe, vollkommen ebene Unterfläche, also auch den Fortfall aller Schrägen, durch sehr geringe Schal- und Putzarbeit, überhaupt durch Einfachheit der Herstellung und Billigkeit, daneben durch alle die ästhetischen und hygienischen Vorzüge aus, welche die ebene Deckenunterfläche als solche mit sich bringt. Wegen der sich

---

[1]) Heft 44, 1920 erschienen, behandelt Versuche mit zweiseitig aufliegenden Eisenbetonplatten bei konzentrierter Belastung. Die Untersuchungen sind in Stuttgart ausgeführt. Der Bericht wird von C. Bach und O. Graf erstattet. Vgl. hierzu auch u. a. Der Bauingenieur 1920, Heft 19.

über der Säule kreuzenden Eisen und wegen der gesamten Lastüberleitung an dieser Stelle wird der Säulenkopf besonders steif und kräftig ausgebildet. Hier kann somit auch mit einer allseitig festen Einspannung der Platte gerechnet werden.

Die genaue Verfolgung des Kräftespiels in der Pilzdecke ist keine einfache und leicht zu lösende Aufgabe, und zwar um so weniger, als die Pilzdecken in der Regel über eine Anzahl Felder nach zwei Richtungen

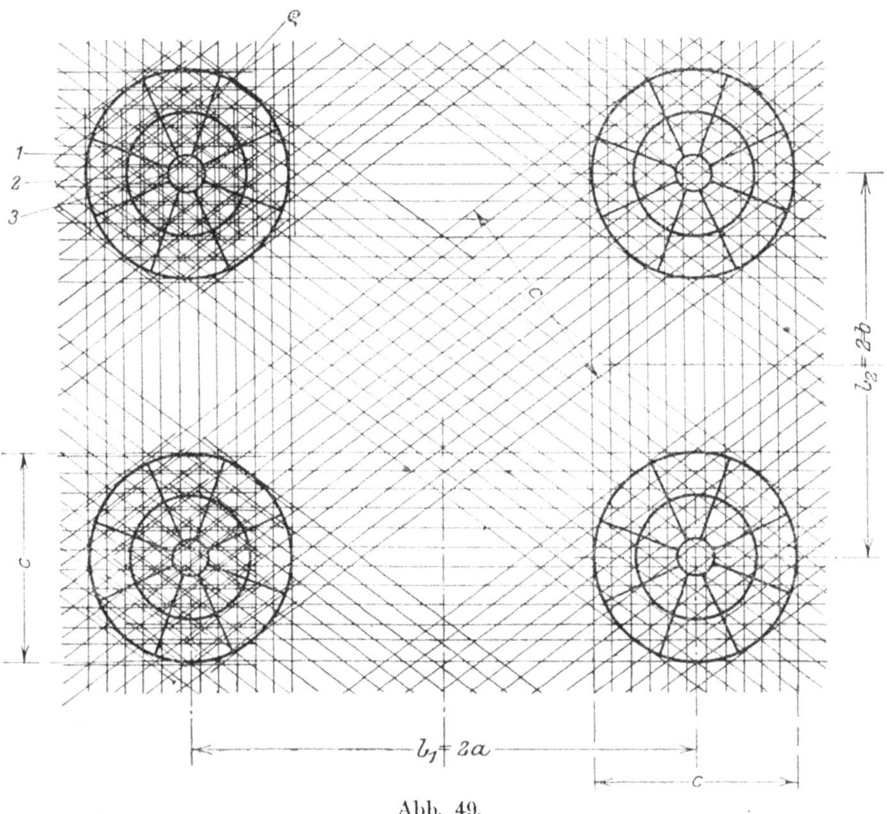

Abb. 49.

sich erstrecken, hier also neben der statischen Unbestimmtheit des einzelnen Feldes noch dessen Beeinflussung von zwei Seiten als durchgehende Konstruktion in Frage kommt. Zur Zeit sind vom Deutschen Ausschusse für Eisenbeton großzügige Versuche in die Wege geleitet, die über das elastische Verhalten kontinuierlicher Pilzdecken Kenntnis geben und die Aufstellung einer, den wirklichen Verhältnissen Rechnung tragenden Theorie ermöglichen sollen. Die bisherigen

Berechnungsarten, über die Anm.[1]) Auskunft gibt, beziehen sich nur auf das einzelne Feld der Pilzdecke, können also nicht als einwandfreie Lösungen ihrer Berechnung angesehen werden.

9. Der Verbundbalken mit rechteckigem Querschnitt und der Rippenbalken.

Die am meisten gebräuchliche Querschnittsform der Verbundbalken ist in Form eines T, der „Platten- oder Rippenbalken", bei dem die Platte den vorwiegenden Teil des Druckgurtes bildet und die Hauptzugeiseneinlage nahe dem unteren Rande der Rippe liegt. Daneben findet sich die einfache Rechtecksform, welche im Zusammenhange mit dem Plattenbalken überall alsdann auftritt, wenn die Platte im Obergurte verbleibt, das Biegungsmoment aber negativ wird. Da alsdann die Platte in dem Zuggurt zu liegen kommt, der Beton bei normaler Rechnungsart in der Zugzone aber als statisch nicht wirksam angenommen wird, geht hier der Rippenbalken für die statische Betrachtung in den einfachen Rechtecksquerschnitt über. Dies tritt also vorwiegend bei durchgehendem Träger über und

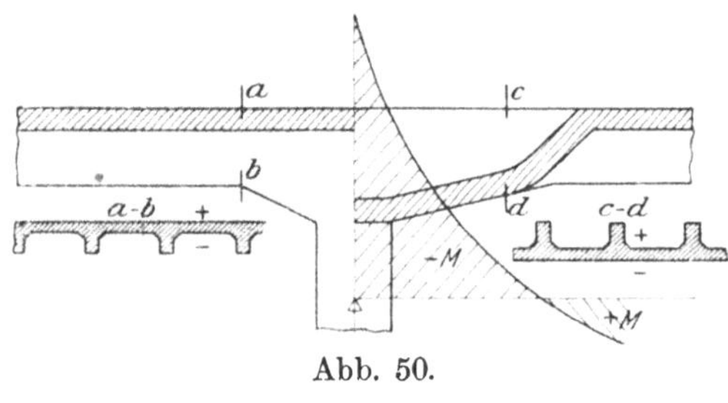

Abb. 50.

in der Nähe der Zwischenstützen und bei eingespannten Balken an ihren Auflagern ein. Wenn man aber hier, wie Abb. 50 erkennen läßt, die Platte vom Obergurt nach dem Untergurt führt, sie also auch an letzterer Stelle in die Zugzone verlegt, so wird diese fast überall zu statischer Arbeit herangezogen und der normale T- bzw. ⊥-Querschnitt gewahrt, — eine Anordnung, wie sie wegen der Ausbildung der Deckenoberflächen und der erschwerten Schalarbeit weniger im Hochbau, mehr im Brückenbau Anwendung findet und hier zu wirtschaftlich besonders guten Bauten führt, da jetzt die Platte fast an allen Stellen als Druckgurt ausgenutzt wird. Hin und wieder wird im Hochbau, noch seltener im Brückenbau, die durchgehende Platte unter die Rippen gelegt. Alsdann wirkt sie nur an der Stelle der negativen Momente als Druckplatte und ist statisch in Trägermitte unwirksam. Bei dieser Anordnung wird die Platte zweckmäßig ebenflächig, also ohne Voutenführung durch-

---

[1]) Vgl. Probst, Vorlesungen über Eisenbeton, Bd. 1, S. 496ff., und Hager, Theorie des Eisenbetons, S. 266ff. sowie Marcus, Die Theorie elastischer Gewebe und ihre Anwendung auf die Berechnung elastischer Platten. Arm. Beton 1919, Heft 5 u. folg. Grundlegende Arbeit für die Inangriffnahme der Berechnung von Pilzdecken.

gebildet, da jetzt der Druckgurt zur Aufnahme der größeren Stützenmomente durch die breite Platte eine organische Verstärkung erhält. In besonderen Fällen, namentlich als Randträger, wird auch die ⌐-Form des Plattenbalkens benutzt.

Mit der einfachen Platte kann der durch seine Einschalungskosten teurere Balken im wirtschaftlichen Sinne erst von etwa 3—4 m an in Wettbewerb treten. Als S t ü t z w e i t e d e s B a l k e n s ist — den neuen Bestimmungen folgend — bei frei aufliegendem Träger mit den Auflagerlängen b_1 und b_2 im allgemeinen $l_1 + \dfrac{b_1}{2} + \dfrac{b_2}{2}$ einzuführen; bei außergewöhnlich großen Auflagerlängen kann jedoch bei der Bemessung des Balkens eine Vergünstigung dadurch zugebilligt werden, daß (Abb. 41 c) mit Auf-

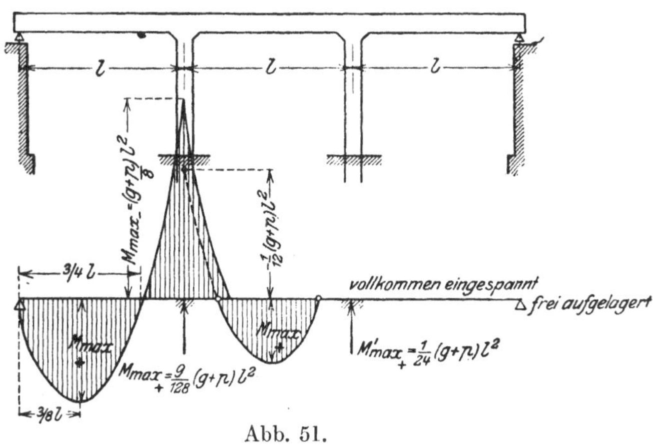

Abb. 51.

lagerbreiten von je 0,025 l_1, d. h. also mit einer Stützweite von $l_1 + 0,05\, l_1$ = 1,05 l_1 gerechnet werden kann. Naturgemäß ist alsdann die Auflagerpressung auch nur nach dieser Lagerlänge zu bemessen. Bei durchgehenden Balken gilt als Stützweite die Entfernung zwischen den Mitten der Stützen.

Ist bei Hochbauten die Breite der Stütze gleich oder größer als der fünfte Teil der Stockwerkshöhe, so sind durchgehende Träger nicht mehr als durchgehend, sondern als an der Stütze voll eingespannt, zu berechnen, vorausgesetzt jedoch, daß der Balken entweder mit der Stütze durchaus biegefest verbunden ist oder daß die vollkommene Einspannung durch eine entsprechende Auflast über den Stützen nachgewiesen wird. Hierbei ist als Stützweite wiederum die um 5 v. H. vergrößerte Lichtweite in Rechnung zu stellen (§ 16, 2 und 3). Im ersteren Falle würde somit für die Außenöffnung des durchgehenden Balkens die Stützungsart des auf der einen Seite frei aufliegenden, auf der anderen Seite vollkommen eingespannten Balkens, für die Mittelöffnung die des beiderseits fest eingespannten Trägers maßgebend sein. Demgemäß stellen sich die positiven Mittelmomente in den äußeren Feldern auf $+ \frac{9}{128}(g + p)\, l^2 = 0{,}070\,(g + p)\, l^2$, in den Mittelfeldern auf $\frac{1}{24}(g + p)\, l^2$, während an den Stützen mit $-\left(\dfrac{g + p}{8}\right) l^2$ zu rechnen ist (Abb. 51). Gegenüber dem Momente eines normal, d. h. auf drehbaren Lagern gestützten, durchgehenden Balkens bedingt diese (in § 16, 3 und 7) vorgeschriebene Momentenbemessung eine Erhöhung der negativen Stützmomente, eine Herabminderung der positiven Momente in den Seiten-, zum Teil auch in den Mittelöffnungen[1]), während die Auflagerkräfte verhältnismäßig nicht stark verändert werden. Diese Berechnungsart setzt aber ausdrücklich voraus, daß die Pfeilerstärke größer als ein Fünftel der Stockwerkshöhe ist und daß (§ 16, 7) nur ständige Last bei gleichen Stützweiten vorkommt, denn nur alsdann darf in den Mittelfeldern mit einem positiven Größtmoment von $\dfrac{p\,l^2}{24}$ gerechnet werden, während sonst die Momentenermittlung für die ungünstigste Stellung der Nutzlast durchzuführen wäre und auch alle aufwärts biegenden Momente in Feldmitte zu berücksichtigen sind[2]).

Ist die Stütze jedoch — bei Vorhandensein des oben zugrunde gelegten Verhältnisses von Stützbreite : Stockwerkshöhe — nicht biege-

---

[1]) Bei einem Balken auf 4 Stützpunkten stellen sich z. B. die Momente folgendermaßen:

$M_{\max} +$	in Öffnung I	II	III
	$= 0{,}08\,g\,l^2 + 0{,}10\,p\,l^2$	$0{,}025\,g\,l^2 + 0{,}075\,p\,l^2$	$0{,}08\,g\,l^2 + 0{,}10\,p\,l^2$
$M_{\max} -$	über Stütze 1	$\overset{2\qquad\qquad 3}{\overbrace{}}$	4
	0	$-(0{,}01\,g\,l^2 + 0{,}0117\,p\,l^2)$	0
Auflagerkraft bei Stütze 1		$\overset{2\qquad\qquad 3}{\overbrace{}}$	4
	$0{,}4\,g\,l + 0{,}45\,p\,l$	$1{,}1\,g\,l + 1{,}2\,p\,l$	$0{,}4\,g\,l + 0{,}45\,p\,l$

Bei der nach den Bestimmungen anzunehmenden Trägerlagerung ergibt sich aber:

$M_{\max} +$	Öffnung I	II	III
	$+ 0{,}07\,(g + p)\, l^2$	$+ \frac{1}{24}(g + p)\, l^2$	$+ 0{,}07\,(g + p)\, l^2$
$M_{\max} -$	über Stütze 1	$\overset{2\qquad\qquad 3}{\overbrace{}}$	4
	0	$- \frac{1}{8}\,(g + p)\, l^2$	0
Auflagerkraft bei Stütze 1		$\overset{2\qquad\qquad 3}{\overbrace{}}$	4
	$0{,}375\,(g + p)\, l$	$1{,}25\,(g + p)\, l$	$0{,}375\,(g + p)\, l$

[2]) Vgl. hierzu die Hilfstabelle des Anhanges, namentlich auch die von Dr. Lewe, sowie die interpolierbaren Tabellen zum Auftragen der Einflußlinien durchgehender Träger von Griot. Zürich 1914.

sicher mit dem Pfeiler verbunden, so ist der Nachweis der tatsächlich vorhandenen festen Einspannung zu erbringen. Zu diesem Zwecke ist der Träger der Seitenöffnung wiederum als ein Balken frei aufgelagert bzw. fest (an der Mittelstütze) eingespannt, zu berechnen, und zwar unter Zugrundelegung einer Stützweite von $l = 1{,}05\,l_1$. Hieraus folgt dann einerseits das Einspannungsmoment an der Mittelstütze $= -\frac{1}{8}\,q\,l^2$, die Auflagerlänge an dieser Stelle $= 0{,}025\,l_1$, und hieraus die Stützweite l_0 (Abb. 52) eines gedachten kurzen, beiderseits eingespannten Balkens über dem Mittelpfeiler. Beträgt dessen gleichmäßig angenommene Belastung, also die Auflast auf den Träger über der

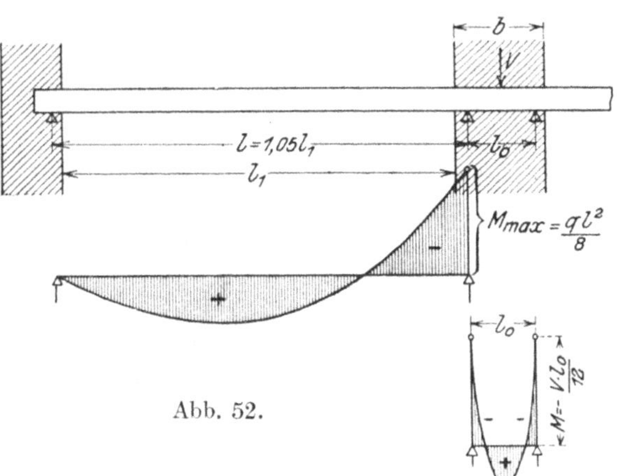

Abb. 52.

Mittelstütze, V, so entspricht ihr ein Einspannungsmoment $= -\dfrac{V \cdot l_0}{12}$, und somit folgt V aus der Beziehung, daß die beiden Momente wegen des Durchgehens des Trägers identisch sein müssen:

$$\frac{V\,l_0}{12} = \frac{1}{8}\,q\,l^2\,;\qquad V = \frac{12}{8}\,\frac{q\,l^2}{l_0} = \frac{3}{2}\,\frac{q\,l^2}{l_0}\;{}^1).$$

---

[1]) Gehler gibt in seinen Erläuterungen mit Beispielen zu den Eisenbetonbestimmungen, 1916, 2. Aufl., S. 46, hierzu das folgende Zahlenbeispiel: $l_1 = 5{,}00$ m, $l = 5{,}25$ m. Stützenbreite $= 77$ cm (3 Stein starke Mauer); Auflagerlänge $= 12{,}5$ cm; $\;l_0 = 77 - 25 = 52$ cm; $\quad q\,l = 4\,t\,;\quad V = \dfrac{3}{2}\,\dfrac{4 \cdot 5{,}25}{0{,}52} = 60{,}6\,t$.

Die geringe Belastung von $q = $ rd. $0{,}8\,t$ bedingt also somit bereits die sehr bedeutende Auflast über dem Träger an seinem Mittellager von $60{,}6\,t$, um hier eine volle Einspannung zu gewährleisten. Solche Last wird in praktischen Fällen kaum je vorhanden sein, ganz abgesehen davon, daß auch der Druck, den alsdann der Balken auf das Mauerwerk ausüben würde, ein sehr hoher wird. Rechnet man z. B. im vorliegenden Falle sehr günstig mit einer gleichmäßigen Belastung der Mauer durch die ganze Balkenauflagerlänge von 77 cm und einer Balkenbreite von 35 cm, so würde sich — ohne das Eigengewicht des Balkens — eine Pressung an seiner Unterfläche und auf das Mauerwerk der Zwischenstütze ergeben von:

$$k = \frac{60{,}6 + q\,l}{77 \cdot 35} = \frac{60\,600 + 4000}{2695} = \text{rd. } 24 \text{ kg/qcm.}$$

In den seltensten Fällen der Praxis werden ausreichende Auflasten vorhanden sein, die eine derartige Einspannung sichern; alsdann wird von der durch die vorgenannte Bestimmung eingeräumten Vergünstigung kein Gebrauch gemacht werden können und eine Bewehrung des durchgehenden Trägers unter Annahme frei drehbarer Lager durchzuführen sein.

Da in sehr vielen Fällen die Plattenbalken in Form statisch äußerlich unbestimmter Tragsysteme Anordnung finden, ist ganz besonders auf

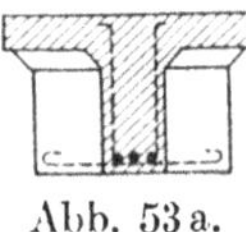
Abb. 53 a.

eine gleichartige Unterstützung ihrer Lagerpunkte zu sehen, damit, falls Senkungen der Stützpunkte eintreten, diese gleichmäßig verlaufen. Hierauf ist besonders zu achten, wenn durchgehende Träger einerseits auf Verbundzwischenstützen, andererseits auf Mauern aufruhen, die alsdann in ihrem Baustoff und ihrer Herstellung an besondere Bedingungen gebunden sind und eine besonders gute Ausführung verlangen. Unter Umständen ist auch durch

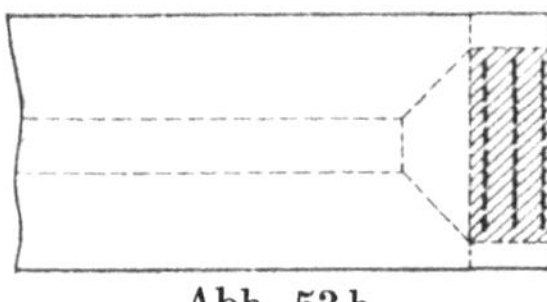
Abb. 53 b.

Einschaltung eiserner Lagerplatten unter dem Träger oder durch Schaffung breiterer Auflagerflächen im Anschlusse an die Rippe (Abb. 53a, b) für eine Verminderung der Pressung im Balkenlager Sorge zu tragen.

Gleichwie bei Platten kann auch bei Balken durchgehender Art zur Aufnahme des Stützenmomentes die durch Verlängerung der flachen Balkenschrägen bis zur Stützenmitte sich ergebende Balkenhöhe (h in Abb. 54) als wirksam angenommen werden. Die hierbei zugrunde zu legende

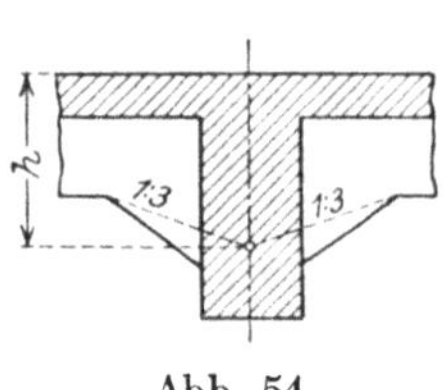
Abb. 54.

Neigung der Schrägen soll nicht steiler als 1 : 3 sein und ihr Anfangspunkt am Balkenuntergurt eine solche Lage haben, daß der Momentennullpunkt außerhalb der Schräge zu liegen kommt (§ 16, 4). Während durch letztere Vorschrift einer verwickelten und schwer herstellbaren Eiseneinlage gewehrt werden soll, gilt die erstere Bestimmung bezüglich des Wertes „h" nur für die statische Berechnung, während für die Spannungsermittlung im Balkenquerschnitt die tatsächlich vorhandene Verstärkung, also auch eine, die steiler als 1 : 3 geneigt ist, berücksichtigt werden darf[1]).

Der Anschluß der Balken durch Schrägen oder Vouten an die Mittelstütze hat infolge der größeren hierdurch bedingten Trägerhöhe — gleich wie bei den Platten — den Vorteil der Verringerung der Druck-, daneben aber auch der Schubspannungen zur Folge; letzteres rührt neben der Vergrößerung des Hebelarmes der inneren Kräfte daher, daß durch die

---

[1]) Vgl. Gehler, Erläuterungen usw. zu den Eisenbetonbestimmungen 1916. 2. Aufl. 1917. S. 48.

Voute die Druckkraft am Auflager selbst eine schräge Lage erhält, und hierdurch bereits einem Teile der Querkraft das Gleichgewicht gehalten wird. Dies wirkt dann wieder günstig ein auf die durch Abbiegungen aufzunehmende schiefe Zugkraft, vgl. Abb. 55; hierin stellt der punktierte Linienzug schematisch die Abänderung der Kräftezerlegung dar, wenn der Untergurt gerade verläuft, also auch D wagerecht gerichtet ist.

Die in fester Verbindung mit den Balken stehenden Verbundstützen sind (ausnahmsweise, auf Verlangen der Baupolizeibehörde) auf Biegung zu untersuchen, insbesondere bei Brücken und ähnlichen Ingenieurbauten. Bei Endstützen ist, wenn eine genaue Berechnung auf Rahmenwirkung nicht angestellt wird, wenigstens ein solches Biegungsmoment zu berücksichtigen, das gleich einem Drittel des Momentes im Endfelde bei freier Auflagerung des Balkens über der Endstütze ist. Hieraus ergibt sich für die üblichen Hochbauten eine sehr erhebliche Vereinfachung der

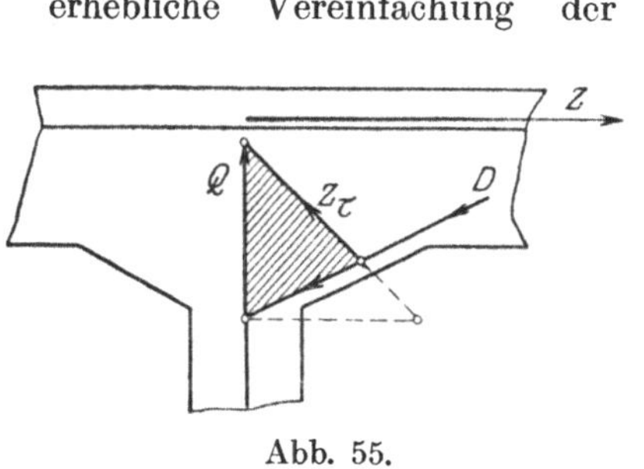

Abb. 55.

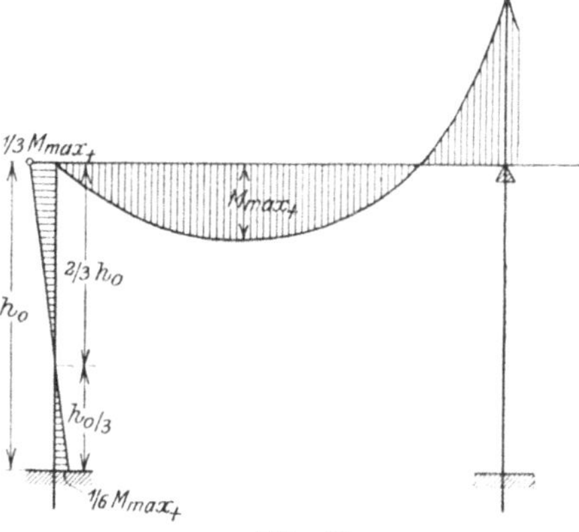

Abb. 56.

statischen Berechnung (vgl. Abb. 56). Nimmt man die Endstütze unten als fest eingespannt an, so liegt für die angenommene Momentenwirkung, also bei Ausschluß wagerechter Belastung, der Momentennullpunkt für die Biegungsbelastung der Stütze in deren

unterem Drittelpunkt, das Einspannungsmoment beträgt also hier $\dfrac{M_{\max}}{6}$.

Für die **wirksame Balkenhöhe**, d. h. den Abstand der äußersten Betondruckfaser von dem Schwerpunkte der gezogenen Eiseneinlagen, ist im Hinblicke auf die Verminderung der Durchbiegung und eine günstige Lage der Eisen im Querschnitte des Balkens, d. h. um im besonderen eine Häufung der Bewehrungseisen zu verhindern, $^1/_{20}$ der Stützweite als Mindestmaß vorgeschrieben (§ 16, 10). Geht man davon aus, daß die wirksame Höhe rund 0,95 der tatsächlichen Höhe beträgt, so entspricht dem Höhenverhältnis $^1/_{20}$ ein Maß:

$$h : l = 1 : (20 \cdot 0{,}95) = 1 : 19.$$

Die monolithisch mit dem Stege verbundene Deckenplatte bildet bei positivem Momente den Druckgurt des Balkens, je nach der Nulllinienlage in teilweiser oder ganzer Ausdehnung oder in Verbindung mit einem Teil der Rippe; in der Regel ist letzteres bei wirtschaftlich guten Ausführungen der Fall. Daß hierbei keine beliebige Breite der Platte angenommen werden darf, also nicht damit gerechnet werden kann, daß die Platte in beliebiger Ausdehnung als Druckgurt des Plattenbalkens gleichmäßig arbeitet, lassen ausgedehnte Versuche von Bach in Stuttgart erkennen[1]).

Aus Messungen, die hier bei gebogenem Balken über den Verlauf der Formänderungen an der Oberfläche der Platten ausgeführt sind, geht hervor, daß bei deren größerer Breitenausdehnung die Ränder weniger Spannung erhalten als die Plattenmitte, die Platte also nicht mehr gleichmäßig zu statischer Arbeit herangezogen wird, (Abb. 57) und daß ferner die Schubbelastungen zwischen Platte und Steg nicht unbe-

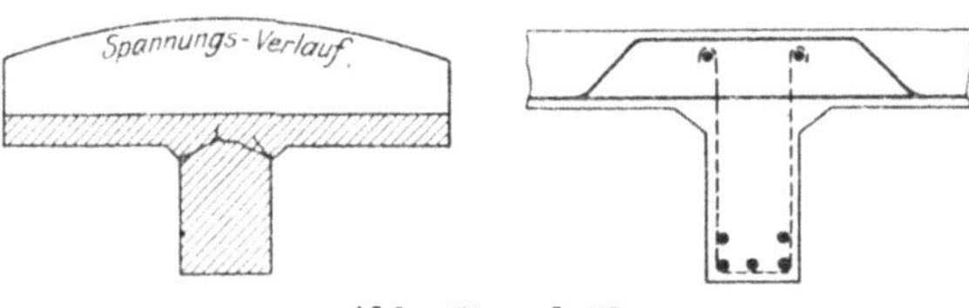

Abb. 57 und 58.

achtet bleiben dürfen, da sie (Abb. 57) unter Umständen eine Trennung von Platte und Rippe zur Folge haben können, also hier eine Eisenbewehrung erfordern. Als solche hat sich sowohl eine Konsolbewehrung der Platte, als auch die Einschaltung senkrechter, bis tief in die Platte hineinreichender Bügel im Steg wirksam gezeigt. In ersterer Hinsicht ist — falls nicht die Berechnung der Platte als durchgehender Träger eine andere höhere Bewehrung über der Rippe verlangt — zu empfehlen, etwa die Hälfte der im Plattenuntergurt liegenden Eisen nach oben abzubiegen, ein Untergurteisen zum mindesten aber vollkommen durchgehen zu lassen (Abb. 58). Da sich aus den Bachschen Versuchen zeigt, daß die Schubspannung in der Platte am Rippenanschlusse mit wachsender Plattenbreite zunimmt (während die Randspannung zugleich abnimmt), so wird eine Eisenbewehrung gegen Schub namentlich bei breiteren Platten besonders notwendig. Zugleich ist die mitwirkende Plattenbreite bei größerer Ausdehnung auch durch die Schubspannungen im Beton begrenzt, welche in den senkrechten und wagerechten Anschlußflächen zwischen Platte und Rippen auftreten, da die Platte als Gurt oder Teil dieser durch die Normalkräfte um so mehr belastet wird, je breiter und stärker sie ist. Daß gerade auch gegenüber der Einwirkung der Schubkräfte ein kräftiger Anschluß der Platte an

---

[1]) Vgl. u. a. Mitteil. über Forschungsarbeiten, herausgeg. vom Verein deutscher Ing., Heft 90—91, 122/123, von C. Bach.

die Rippe vermittelst Schrägen bedeutungsvoll ist, bedarf nur kurzen Hinweises.

Früher war es allgemein üblich, für die **statisch wirksame Plattenbreite** „b" das Maß $\leq \dfrac{l}{3}$, also kleiner als ein Drittel der Stützweite des Balkens, einzuführen — vorausgesetzt, daß dieses Maß nicht größer war, als die Rippenentfernung, also die Feldbreite —, und zwar wiederum auf den **Bachschen** Versuchen fußend, die erkennen lassen, daß bis zu dieser Grenze auf eine volle Mitwirkung der Platte zu rechnen ist. Da aber diese Annahme unter Umständen zu wenig wahrscheinlichen statischen Verhältnissen führt, auch fraglos zwischen anderen Querschnittsgrößen und der Plattenbreite Beziehungen obwalten, setzen **die neuen Bestimmungen** fest (§ 16, 9), daß die **Breite der Druckplatte eines Plattenbalkens, von der Rippenachse aus nach jeder Seite gemessen**[1]), nicht größer angenommen werden darf als die vierfache Rippenbreite, die achtfache Plattendicke, die zweifache Trägerhöhe oder die halbe zugehörende Feldbreite. Bei einseitigen Plattenbalken in Γ-Form ist die dreifache Rippenbreite, die sechsfache Plattendicke und die einundeinhalbfache Trägerhöhe maßgebend. Das kleinste dieser Maße ist zu wählen.

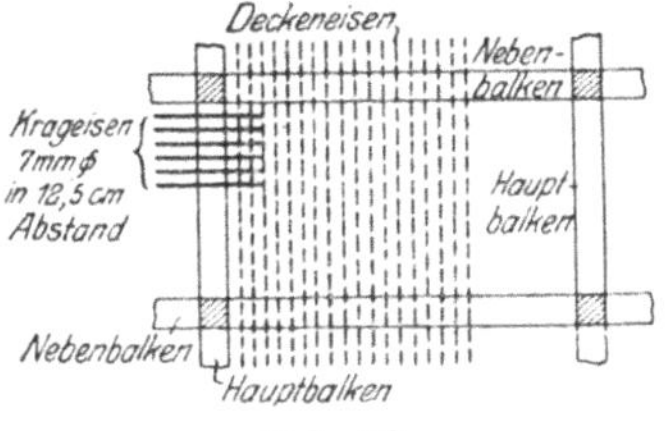

Abb. 59.

Liegt eine **Decke mit Neben- und Hauptträgern** vor, bei der also die **Platte auf vier Seiten** gestützt ist, und statisch mit ihren jeweilig in Frage kommenden Teilen sowohl Druckgurt der Neben- als auch der Hauptträger ist, und liegen hierbei Deckeneisen nur gleichlaufend mit den Hauptbalken, so sind rechtwinklig zu ihnen besondere Eiseneinlagen (Konsol-, Überlags- oder Krageisen genannt) anzuordnen, die die Mitwirkung der anschließenden Deckenplatten für die Hauptträger auf die gerechnete Breite sichern, und zwar wenigstens acht Eisen von 7 mm Durchmesser auf 1 m Balkenlänge, also in je 12,5 cm Entfernung (Abb. 59). Einer besonderen Berechnung dieser Eisen bedarf es nicht, sie sind ausschließlich konstruktiv zu behandeln, aber naturgemäß wegen der Aufnahme des Einspannungsmomentes am Anschlusse von Platte und Hauptträger-Rippe von besonderer Bedeutung.

Für die **Bemessung der Rippen nach Höhe und Breite** sprechen in der Regel konstruktive, meist durch die vorliegende Örtlichkeit gegebene Bedingungen, sowie statische und wirtschaftliche Rück-

---

[1]) Die Gesamtbreite der Platte kann also sein $\leq \lambda \leq 4\,h \leq 8\,b_0 \leq 16\,d$, wenn λ die Feldbreite, d. h. die Rippenentfernung, h die Trägerhöhe, b_0 die Rippenbreite und d die Dicke der Platte darstellen.

sichten mit. In erster Linie wird nicht selten die Konstruktionshöhe beschränkt, also die Aufgabe zu lösen sein, mit einem Mindesthöhenaufwand auszukommen, oder auch die Beziehung: $h = \frac{1}{19} l$ ausschlaggebend sein, während in anderer Beziehung die Rücksicht auf Schubspannungen, die im Beton des Balkenquerschnittes keinesfalls höher als auf 14 kg/qcm steigen dürfen und sonst eine Querschnittsänderung fordern, auf gute Unterbringung der Eisen, auf deren bequeme Montage und Kontrolle vor Einbringen des Betons usw. ein entscheidendes Wort mitsprechen. Für die Rippenbreite sollte man bei schwerer belasteten Balken mit stärkerer Bewehrung das Maß $b_0 = 35$ cm nicht unterschreiten, da sonst Montageschwierigkeiten auftreten können[1]).

Dadurch, daß die Platte fest mit den Rippen verbunden ist und zwischen ihnen einmal auf Biegung beansprucht wird, zum anderen Druckgurt ist, treten naturgemäß in der Platte, namentlich nahe den Rippen und über ihnen, nicht unerhebliche Nebenspannungen auf, die aber im Hinblicke auf die durch die allseitige Eisenbewehrung und Monolithät des Betonbaus gesicherte Übertragung aller Arten von Kräften und Spannungen und die Bewährung der Verbundbauweise, gerade auch in dieser Hinsicht, in der Praxis eine besondere Berücksichtigung und rechnerische Verfolgung nicht erfahren. Hierzu kommt, daß im allgemeinen die aus der Messung der Formänderung bei Versuchen abgeleiteten Spannungen sich in der Regel kleiner herausstellen als die auf rein theoretischem Wege abgeleiteten, also tatsächlich meistens eine noch größere Sicherheit als angenommen, vorhanden ist, die Nebenspannungen in den Kauf zu nehmen gestattet. Über die Art des Verlaufes letzterer, beispielsweise auf der Plattenoberseite, gibt Abb. 60 Aufschluß, bei der die Hauptspannungen durch einen Pfeil, die Nebenspannungen durch zwei Pfeile hervorgehoben sind[2]).

---

[1]) Eine Schätzung dieser Abmessung gewährt zudem die Formel: $b_0 = 15 + 0,4\,F_e$ bzw. aus der Schubbelastung: $b_0 = \dfrac{Q}{\tau_0\left(h' - \dfrac{d}{2}\right)}$, worin F_e die Summe des Eisens im Untergurt, τ_0 die zulässige Schubspannung im Querschnitt (14 kg/qcm), h' die nutzbare Querschnittshöhe, d die Plattenstärke, Q die Querkraft bedeuten; weniger zuverlässig ist die Beziehung $b_0 = \dfrac{h}{2}$.

[2]) In der oben genannten Abbildung sind die auftretenden Hauptspannungen und Nebenspannungen an im ganzen 7 Punkten dargestellt. In Punkt 1, über dem Kreuzungspunkte des Haupt- und Nebenträgers, treten in den beiden Rippen Gurtspannungen auf, von denen die im Hauptunterzug als Hauptspannung aufgefaßt ist. Zudem sind aber auch hier die Platten nach beiden Richtungen hin eingespannt, erfahren also hier zusätzliche Zugspannungen in beiden Richtungen. Punkt 2 über der Mitte des Hauptträgers erleidet Hauptdruck und — aus der Platte — Zugspannungen, Punkt 3 am Rande der Platte wird ähnlich beansprucht,

Eine **normale Bewehrung** eines Rippenbalkens — als Beispiel ist ein Träger auf zwei Stützen gewählt — stellt Abb. 61 dar. Die Bewehrung besteht aus den Zugeisen im Untergurte, die zum Teil nach dem Auflager aufgebogen sind, und aus senkrecht verlaufenden Bügeln. Die **Größe der Zugeisenbewehrung** schwankt bei normaler Anordnung und wirtschaftlicher Ausgestaltung des Querschnittes nicht in allzu weiten Grenzen und beträgt etwa 1,0—1,3 v. H. Allerdings kann bei einer derartigen Bewehrungsgröße und bei reiner Biegung die Druckfestigkeit des Betons und

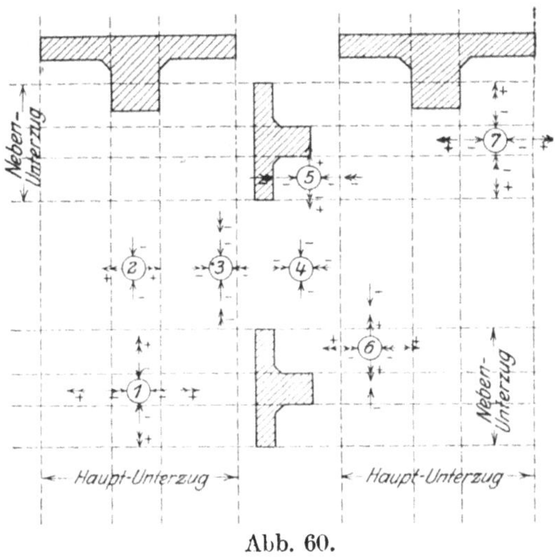

Abb. 60.

die Zugfestigkeit des Eisens zugleich nicht **ausgenutzt** werden, da die Sicherheit des Balkens hier nur abhängig wird von der Streckgrenze des Eisens. Während bei einem einfachen Rechtecksquerschnitt, auch bei **wirtschaftlich guten Verhältnissen** dieses, oft zugleich mit der

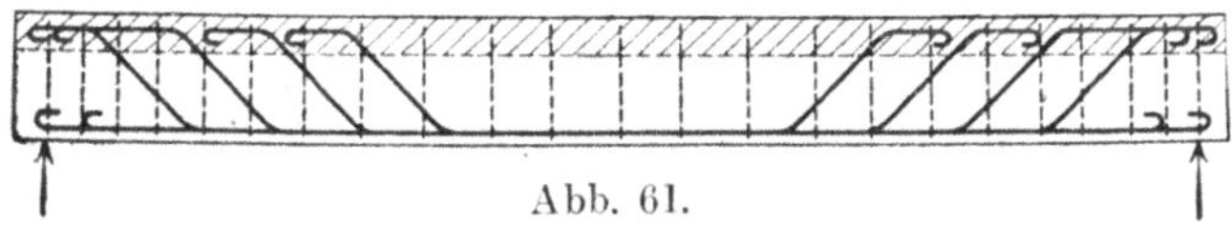

Abb. 61.

zugelassenen höchsten Betondruckspannung die erlaubte Zugspannung im Eisen Hand in Hand geht, ist das beim T nicht zu erreichen; hier entspricht unter Innehaltung der vorgenannten Bewehrungszahl einer wirtschaftlichen Querschnittsform in der Regel eine im Druckgurt auftretende Betonspannung von etwa 25—30 kg/qcm, die also kleiner ist als der zulässige Höchstwert. Nur dort, wo man genötigt ist, eine Mindesthöhe des Plattenbalkens auszuführen, also meist eine ziemlich hohe Zugbewehrung erhält, wird der zulässige Spannungsgrenzwert für den gedrückten Beton erreicht.

Punkt 4 in der Mitte der Platte und außerhalb der Gurte gelegen, wird von beiden Richtungen aus gedrückt, Punkt 5 ist ähnlich wie Punkt 3 belastet, Punkt 6, beiden Gurten angehörend, in beiden Richtungen gedrückt und gezogen; das gleiche gilt endlich von Punkt 7.

Da das Eisen im Preise sehr erheblich höher steht als der Beton, wird naturgemäß die wirtschaftliche Ausnutzung vorwiegend nach der Seite der Bewehrung zu suchen sein. Nach Versuchen geht bei einer Bewehrung von 1,4—1,5 v. H. die Eisenspannung beim Bruche des Trägers zwar nahe an die Streckgrenze heran, erreicht sie aber nicht mehr, so daß der Bruch in der Druckzone erfolgt, also eine vollkommen wirtschaftliche Eisenausnutzung nicht mehr vorliegt.

Da bei einem auf reine Biegung belasteten Balken die R i s s e zuerst an den Stellen eintreten[1]), an denen die Eisen am weitesten voneinander entfernt liegen, ist auf deren gleichmäßige, und unter Wahrung der notwendigen Abstände (s. S. 68) enge Lage zu achten. Aus demselben Grunde ist im Hinblicke auf eine gleichmäßige Eintragung der Kräfte in den Verbund, der Anordnung mehrerer schwächerer, näher aneinander liegender Eisen vor wenigen starken und dementsprechend mit weiten Abständen verlegten Eisen der Vorzug einzuräumen[2]).

Daß alle Eisen m i t W a l z h a u t einzubringen und im Beton durch Anbringung von Haken fest zu verankern sind, wurde bereits in Abschnitt 4 erwähnt. Aus den Versuchen von B a c h ergibt sich, daß, gegenüber einfacher gradliniger Einführung der Eisen, einfach senkrecht

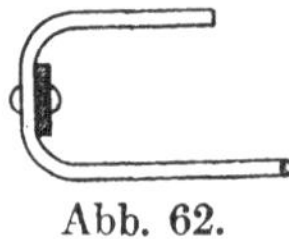

Abb. 62.

aufgebogene Haken die Tragfähigkeit des Balkens um 69 v. H., schief gebogene bzw. U-Haken sogar um 80 bzw. 96 v. H. zu erhöhen vermögen, und daß die Walzhaut gegenüber glatt bearbeiteter Bewehrung eine Steigerung der Höchstlast um 25—45 v. H. zur Folge hat; zudem gibt sich eine günstige Wirkung der Walzhaut auch darin zu erkennen, daß die Risse sich hier erheblich langsamer öffnen als bei glatten Eisen. Durch die Haken wird eine sehr hohe Pressung auf den Beton ausgeübt, der u. U. sogar b e i m B r u c h auseinandergesprengt wird. Will man dies vermeiden, so hat sich nach Versuchen die Einfügung einer Querschiene in Gestalt eines an die Haken angefügten Flacheisens (Abb. 62) als wirksamer Schutz erwiesen, da bei seiner Einschaltung für den Bruch die Streckgrenze des Eisens maßgebend wird. Im besonderen sollten starke Eisen — namentlich im Brückenbau — deshalb nur mit Quereisen im Beton über dem Auflager festgelegt werden.

Eine D r u c k b e w e h r u n g ist bei frei aufliegenden Balken von ⊤-Form nur bei starker Belastung und beschränkter Konstruktionshöhe theoretisch erforderlich, wird aber auch hier durch die neuen Bestimmungen (§ 16,6) erfordert, ist auch in der Regel durch die An-

---

[1]) Vgl. u. a.: Mitteil. über Forschungsarbeiten, herausgeg. vom Verein deutscher Ing., Heft 39, 72, 74 u. 95 aus den Jahren 1909 u. 1910.

[2]) Hierher gehört auch sinngemäß die für P l a t t e n bereits auf S. 89 erwähnte Bestimmung: „Bei vollen D e c k e n p l a t t e n darf in der Gegend der größten Momente der Eisenabstand 15 cm nicht überschreiten." (§ 16, 12.)

ordnung der notwendigen Aufbiegungen unvermeidbar. „Wenn freie Auflagerung im Mauerwerk angenommen wird, muß gleichwohl durch obere Eiseneinlagen und einen ausreichenden Betonquerschnitt an der Unterseite einer doch vorhandenen, unbeabsichtigten Einspannung Rechnung getragen werden; dies ist namentlich bei Rippendecken mit oder ohne Ausfüllung der Zwischenräume zu beachten." Daß eine obere Bewehrung bei negativem Stützen- oder Einspannungsmoment geboten ist, bedarf kaum der Hervorhebung. Sie kann als Längsbewehrung normaler Bauart oder als Umschnürung auftreten.

Da es sich hier um Einlagen in der Druckzone handelt, sind sie wegen der Knickgefahr einmal durch stärkere Eisen zu bilden und zum anderen durch Bügel und deren guten Anschluß in kleine Knicklängen zu teilen. Im besonderen sei in dieser Hinsicht hervorgehoben, daß, wie Schüle und Bach nachweisen[1]), keine erhebliche Tragfähigkeitsvermehrung durch eine Obergurtbewehrung eintritt, wenn nicht die eingefügte Druckeiseneinlage gut gegen Knicken gesichert und ausreichend mit Bügeln bewehrt wird, bzw. daß sie durch stärkere Eisen günstig beeinflußt werden kann. Je stärker die Druckbewehrung bei den Versuchen war, um so feiner waren die Risse in der Zugzone, je später erschöpfte sich der Widerstand in der Druckzone.

Den gleichen Erfolg hat die Ersetzung von Flußeisen durch Stahl im vorliegenden Falle. Während bei den Bachschen Versuchen bei Flußmetall die Eisen zwischen den Bügeln zum Knicken gelangten, zeigte sich bei Stahl die Zerstörungserscheinung erst in dem Auftreten von Absprengungen des Betons durch die Haken der Eisenenden, während zugleich die Stahleinlage eine Verminderung der Verkürzungen in der Druckzone, damit eine Vermehrung der Tragfähigkeit und eine Hinausschiebung des Bruchstadiums zur Folge hatte. Hierbei erlitt der Beton so große Verkürzungen, daß das mitwirkende Eisen seine Stauchgrenze erreichte.

Wird die Verstärkung der Druckzone durch eine Umschnürung bewirkt, so ist hier auch zu beachten, daß der Beton innerhalb seiner Umschnürung eine andere Zusammenpressung erfährt, wie außerhalb, daß deshalb die Umschnürung zur Erzielung eines gleichförmigen Widerstandes in der Druckzone über sie mindestens bis zur Nulllinie, besser noch über sie hinaus, ausgedehnt werden sollte (Abb. 63 und 64). Hier wird im besonderen eine Umschnürungsbewehrung sich empfehlen, welche — wie Abb. 63 zu erkennen gibt — auch dem Übergange zwischen Platte und Rippe Rechnung trägt und möglichst tief

---

[1]) Vgl. Bach, Mitteil. über Forscherarbeiten, herausgeg. vom Verein deutscher Ing., Heft 90/91 (Vergleichende Versuche über den Einfluß einer Druckbewehrung auf die Tragfähigkeit rechteckiger Eisenbetonbalken) u. Heft 122/123.

in den Steg einbindet. Liegt die Druckzone bei negativem Moment im Untergurt, so wird sinngemäß eine Anordnung, wie sie Abb. 65 darstellt, Platz greifen.

Gleich günstig wegen Verstärkung der Beton- und damit der Druckfestigkeit innerhalb des Druckgurtes wirkt auf die Tragfähigkeit des

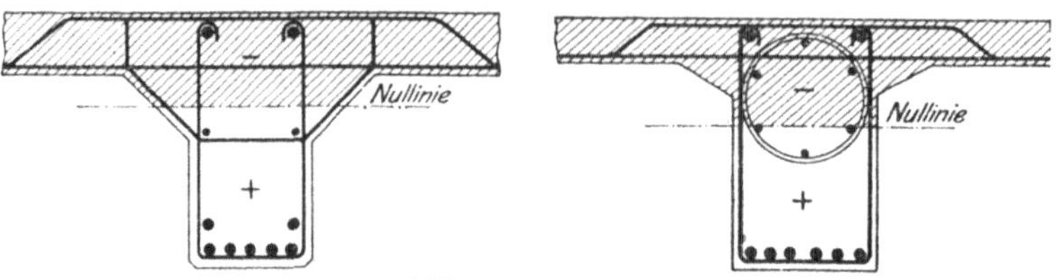

Abb. 63 und 64.

Balkens eine **f e t t e B e t o n m i s c h u n g** ein. Nach Versuchen von B a c h vergrößerte sich die Bruchlast bei einer Betonmischung von 1 : 2 : 3 gegenüber einer Zusammensetzung von 1 : 3 : 4 um 55 v. H.[1]). Eine Verbesserung des Betondruckmaterials hat also denselben Erfolg wie eine Bewehrung durch Druckeisen. Das lassen auch weitere Versuche erkennen, die **K r e ü g e r** mit Plattenbalken ausführte[2]), in denen der mittlere Teil des Druckgurtes (Abb. 66) durch Klinker gebildet

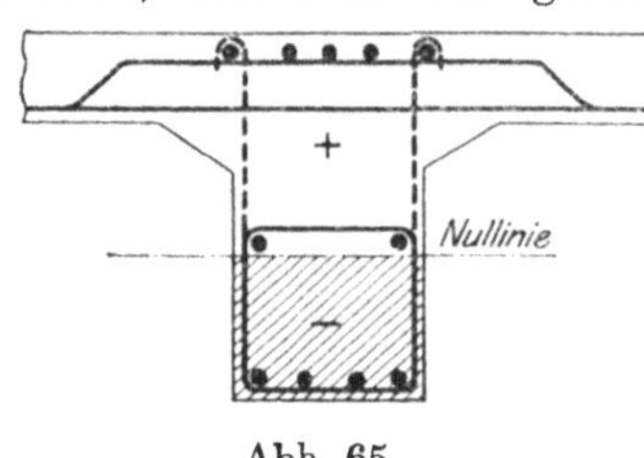

Abb. 65.

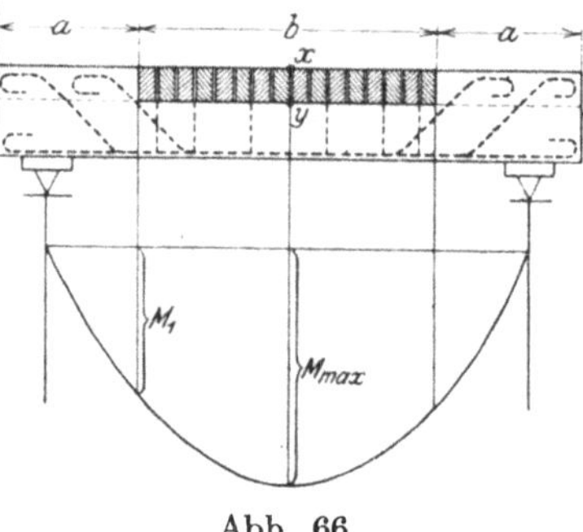

Abb. 66.

war, die auf d e r Strecke der Druckzone eingelegt waren, innerhalb welcher durch das Biegungsmoment größere Spannungen auftreten, als sie für Beton zulässig sind. Hierbei tritt insofern eine Überlegenheit ein, als der Beton in der Regel nur mit 40 kg/qcm, ein gutes Klinkermaterial von 1000 kg/qcm Druckfestigkeit aber bis zu 120—150 kg/qcm beansprucht werden kann. Ist M_1 das Moment (Abb. 66), welchem ein $\sigma_{bd} = 40$ kg/qcm entspricht, so ist mithin auf der mittleren Strecke $= b$ das härtere Material anzuordnen. Hierbei könnte theoretisch die

---

[1]) Vgl. Forscherheft 122/123 von B a c h.
[2]) Vgl. Arm. Beton 1918, Heft 5: Eisenziegelbeton von Prof. H. K r e ü g e r.

Höhe der Klinkerschicht so bemessen werden, daß beim Punkte y ihre Spannung gleich der im Beton zulässigen wird; in jedem Falle aber darf die Spannung bei y — abhängig vorwiegend von der Belastung und der im Handel üblichen Steinabmessung — die zulässige Betonspannung nicht überschreiten. In Vergleich wurden auch Balken (Abb. 67 a b) mit

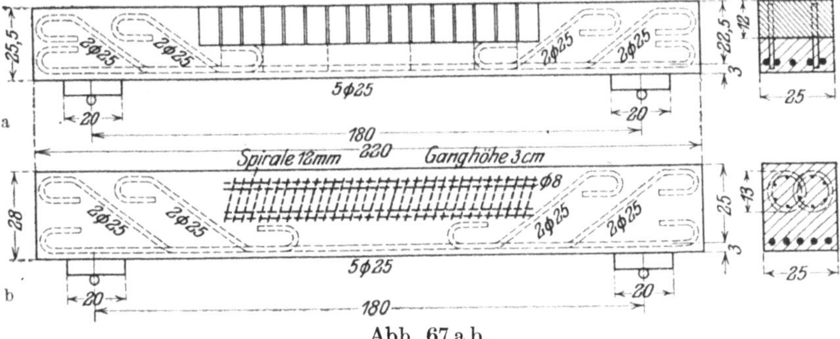

Abb. 67 a b.

eng umschnürtem Obergurt gezogen, bei denen sich zeigte, daß selbst die stärkste Spiralbewehrung dem Balken nicht dieselbe Biegefestigkeit verleiht, wie die Einfügung der Klinker[1]). Da diese nur in der mittleren Zone verwendet werden, gestatten sie eine sonst durchaus normale Ausbildung des Balkens, namentlich also auch das Aufbiegen

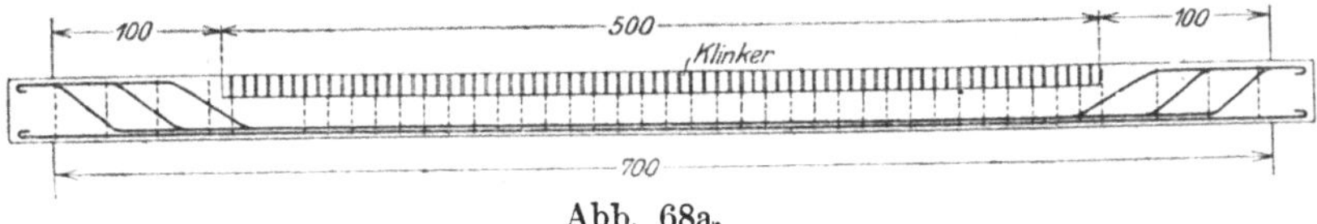

Abb. 68a.

von Eisen, die Anordnung von Bügeln usw. (Abb. 68 a—c). Die Beschränkung der Konstruktionshöhe kann bei dieser Bauart so weit getrieben werden, daß die Balkenhöhe geringer wird als die eines gleich tragfähigen I-Eisens normaler Art.

Die Klinkereinfügung kann naturgemäß auch für andere Bauteile als Träger auf zwei Stützen Anwendung finden; im besonderen dürfte es oft bei durchgehenden Trägern, Rahmenkonstruktionen, Gewölben und dergleichen erwünscht sein, durch Anordnung von Klinkern die

---

[1]) In Abb. 67 a—b sind zwei Versuchsbalken wiedergegeben. Der Klinkerbalken war für Druckspannung des Steins von 120 kg/qcm bemessen. Die Momente, berechnet aus den Bruchlasten, stellen sich bei a auf 1 110 000 bzw. bei b auf 725 000 kg · cm; der Klinkerbalken ist somit bei weitem dem mit Umschnürung bewehrten Träger überlegen. Schubrisse traten bei keinem der Versuche auf; überall zeigte sich der Bruch durch senkrechte Risse in der Mitte der Balkenunterkanten.

Konstruktionshöhe zu verringern. Zudem können naturgemäß außer Klinkern auch andere geeignete, hochdruckfeste Baustoffe, Natursteine, unter Umständen auch Gußeisen, für den vorliegenden Zweck benutzt werden.

Das **Aufbiegen der Eisen** unter einem Winkel von 45° zur Wagerechten, dient, wie in Abschnitt 15 ausführlich nachgewiesen wird, der

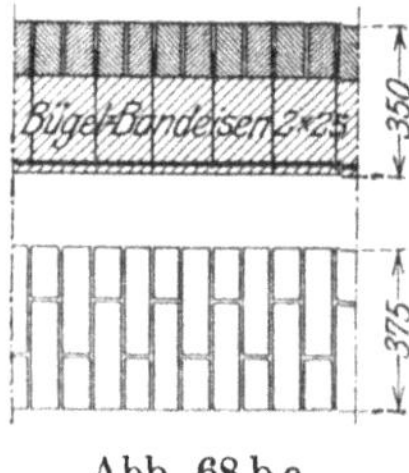

Abb. 68 b c.

Aufnahme der aus den Schubspannungen abgeleiteten schiefen Hauptzugkräfte, die sich bemühen, im Stege der Rippe vom Auflager nach der Balkenmitte zu verlaufende, nach letzterer zu steigende, in hohem Grade gefahrbringende Risse hervorzurufen. In der Regel gibt man bei Bauausführungen allen Aufbiegungen dieselbe Neigung, führt sie also der Einfachheit der Montage halber und auch, um möglichst schnell mit einem unten abgebogenen Eisen in die obere Zone zu gelangen, alle parallel und unter 45° zur Wagerechten geneigt aus. Wollte man sich genauer dem Verlaufe der Spannungstrajektorien anpassen, so brauchten die Abbiegungen nur nahe dem Auflager unter 45° geführt zu werden, könnten aber weiterhin, je näher sie der Mitte kommen, um so flacher liegen. Die von vielen Seiten gemachte Annahme, daß die **Anordnung der Aufbiegungen das Entstehen eines Fachwerkträgers** im Innern des Verbundbalkens in sich schließe, dessen Zugdiagonalen durch die Aufbiegungen, dessen Druckfüllstäbe durch die Zwischenteile im Beton gebildet würden, ist nach neuen Versuchen als wenig wahrscheinlich erwiesen worden[1]), zudem auch in bezug auf die Form des Trägerwerkes an immerhin ziemlich willkürliche Annahmen gebunden.

Bei der Abbiegung der Eisen hat man sich zunächst darüber Sicherheit zu verschaffen, ob auch der Verlauf der Biegungsmomente eine entsprechende Abschwächung der Eiseneinlage zuläßt, das abzubiegende Eisen also wirklich bei Übertragung der Biegungsspannungen entbehrt werden kann. Ferner ist zu beachten, daß wenn irgend angängig, die Eisen in den einzelnen Querschnitten symmetrisch zur Balkenachse abzubiegen sind, daß also zweckmäßig je zwei Eisenquerschnitte zugleich und symmetrisch zur Querschnittsmittellinie gelegen, nach oben

---

[1]) Vgl. hierzu u. a.: Saliger, Schubwiderstand und Verbund der Eisenbetonbalken auf Grund von Versuch und Erfahrung. Verlag Jul. Springer, Berlin 1912. Heft 12 der Veröffentl. des Deutschen Ausschusses für Eisenbeton: Versuche mit Eisenbetonbalken zur Ermittelung der Widerstandsfähigkeit verschiedener Bewehrung gegen Schubkräfte, von C. Bach und O. Graf. II. Teil, 1911, und III. Teil, Heft 20, 1912; H. Schlüter. Die Schubsicherung der Eisenbetonbalken durch abgeb. Hauptarmierung und Bügel, Berlin 1917. Verlag H. Meusser.

geführt werden. Auch diese Überlegung führt — in Ergänzung der früheren Betrachtungen — dazu, für die Untergurtbewehrung eine größere Anzahl schwächerer Eisen an Stelle weniger starker zu verwenden, um möglichst immer zwei Eisen in jedem Querschnitte für die Abbiegung zur Verfügung zu haben. Wie Versuche gezeigt, bilden sich, je besser die Verteilung der aufgebogenen Eisen ist, um so gleichmäßiger auch die schiefen Risse in größerer Nähe des Auflagers aus.

Eine Gleichmäßigkeit der Verteilung der schiefen Zugkräfte kann alsdann angenommen werden, wenn in jedem senkrechten Schnitte, unweit vom Auflager, aufgebogene Eisen getroffen werden. Selbstverständlich dürfen nicht alle Eisen hochgebogen werden, mindestens zwei von ihnen sollen geradlinig bis zum Balkenende durchlaufen. Wichtig ist — wie namentlich Saliger und Bach nachweisen — eine

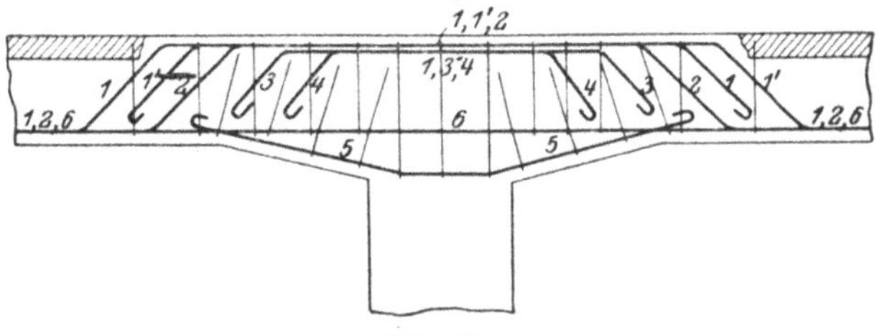

Abb. 69.

gute Verankerung der aufgebogenen Eisen durch kräftige Haken. Diese sollen sich aber nicht unmittelbar an die Enden der oberen Abbiegungen anschließen, sondern hier soll zunächst erst ein gerades Stück folgen, das etwa bis zur oberen Biegestelle des nach dem Auflager zu folgenden nächsten Eisens reichen soll (Abb. 61, S. 123). Die Durchführung sämtlicher abgebogener Eisen bis zum Auflager ist nicht erforderlich. Wie die Versuche des Deutschen Ausschusses für Eisenbeton nachweisen, genügt es vielmehr, wenn die beiden letzten Abbiegungen eine Durchführung bis zum Auflager erfahren. In diesem Sinne schreiben auch die neuen Bestimmungen vom Jahre 1916 vor (§ 16, 6), daß mit Rücksicht auf die Querkräfte bei Balken — auch bei freier Auflagerung — einige abgebogene Eisen bis über das Auflager hinweg zu führen sind.. Enden bei durchgehenden Trägern in der Zugzone oberhalb der Stütze abgebogene Eisen, so ist es empfehlenswert (Abb. 69), sie im Hinblicke auf die Schubspannungen und zum Zwecke der Verankerung in dem hier unten liegenden Druckgurt, noch bis in diesen hinein, abzubiegen.

Liegen die Zugeisen in mehreren — zwei — Schichten übereinander, so sind zunächst die Eisen der oberen Schicht, alsdann erst solche aus der unteren abzubiegen.

Selbstverständlich ist die Anordnung der Eisen in zwei Schichten nur ein Notbehelf, da hierbei der Schwerpunkt der Eiseneinlage sich in für Bildung des Momentes der inneren Kräfte ungünstiger Weise nach der Nullinie zu verschiebt, und somit die Eisenausnutzung keine vollkommene bzw. die Innehaltung der erlaubten Spannung nicht möglich wird.

Neben den aufgebogenen Eisen sind auch die B ü g e l befähigt, Schubspannungen aufzunehmen; daneben wirken sie aber vorwiegend konstruktiv zur gegenseitigen Verankerung der beiden Balkengurte. Es wird weiterhin betont werden, daß sie vorwiegend für letzteren Zweck herangezogen werden sollten, die Aufnahme der Schubspannungen also in der Regel den Aufbiegungen allein zu überlassen ist. Am Auflager haben die Bügel noch den weiteren Zweck, den Gleitwiderstand der Eisen zu vergrößern und somit ein Zersprengen des Betonsteges zu verhindern.

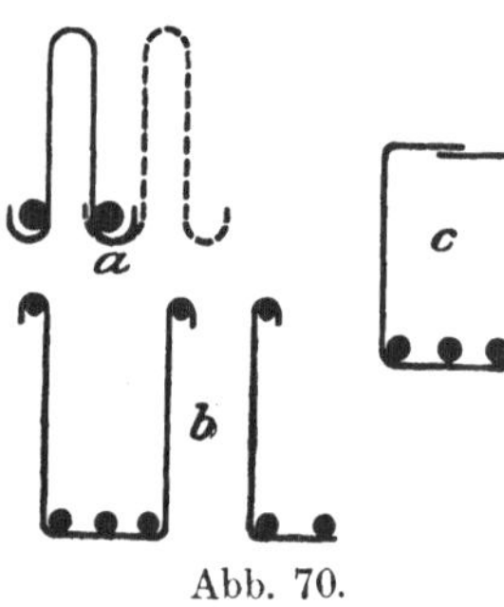

Abb. 70.

Von den meist üblichen Bügelformen (Abb. 70) sind zu nennen: die A- (a) und die Umschließungsform (b), letztere mit nach innen und außen gerichteten Enden. Im allgemeinen kann d i e Form als beste angesprochen werden, die eine möglichst geringe Querschnittsschwächung zur Folge hat, eine gute Verankerung und eine einfache Drahtbindung mit den Hauptbewehrungseisen zuläßt, da eine gute Bügelwirkung — nach den Versuchen von B a c h[1] — nur zu erwarten steht, wenn eine gute mechanische Verbindung zwischen den Bügeln und dem Beton und ein gutes Anliegen an den Eisen, u n t e r denen sie selbstverständlich durchzuführen sind, gesichert ist[2]. Daß die Bügel, sowohl für sich allein, als naturgemäß in Verbindung mit Aufbiegungen, den Widerstand des Balkens, seine Bruchlast, erheblich — um 20—80 v. H. je nach Stärke und Abstand — erhöhen, lehren Versuche von L u f t, B a c h, P r o b s t u. a. Sie geben zugleich darüber Aufschluß, daß die schwächeren Bügel in kleineren Abständen wirtschaftlicher sind als stärkere in größerer gegenseitiger Entfernung, daß die Form der Bügel keinen wesentlichen Einfluß auf ihre Einwirkung hat, daß die Bruchlast bei gleicher Bügelentfernung mit deren Durchmessern, bei gleichem Bügelquerschnitt mit Abnahme ihres Abstandes zunimmt, daß die Verwendung von Flach- oder Rundeisen für die Bügel ziemlich gleichwertig ist, daß ein Anschluß an leichte Montageeisen im Obergurte (Durchmesser 10—15 mm), die aber ausreichende Überdeckung durch Beton erhalten müssen, um der Knickgefahr zu

---

[1] Heft 10 der Veröffentl. des Deutschen Ausschusses für Eisenbeton.

[2] Aus Versuchen von B a c h gibt sich zu erkennen, daß unter Umständen auch die ersten Zugrisse an den Bügelstellen auftreten, ein guter Anschluß der Bügel an die Haupteisen also von besonderem Werte ist.

begegnen, sehr wertvoll ist und daß die Bügel bei Rippenbalken so hoch als möglich in die Platte einzuführen sind. Daß die Bügel weiter als wertvolle Schubbewehrung für den Anschluß von Platte und Rippe wirksam sind, wurde bereits auf S. 120 hervorgehoben. Zugleich verhüten auch Bügel die mehrfach erwähnte, sprengende Wirkung der Haken am Ende der Eisen.

In der Regel werden, ihrer leichten Handhabung, Biegung und Anschlußfähigkeit halber, Rundeisenbügel bevorzugt, und zwar mit Stärken von 6—12 mm. Da die Bügel vorwiegend konstruktive Zwecke verfolgen, so verlangen die neuen Bestimmungen mit Recht, daß sie sich über die ganze Balkenlänge zu erstrecken haben, also auch in Balkenmitte anzuordnen sind, auch wenn hier die auftretenden Schubspannungen keine besondere Eisenbewehrung verlangen (§ 9, 4)[1]). Der Abstand der Bügel wird dort, wo die Schubspannung im Beton ≤ 4 kg/qcm ist, etwa zu b_0 d. h. der Rippenbreite, sonst zu etwa $^3/_4 b_0$ gewählt. Handelt es sich um den Anschluß von Bügeln an Druckeisen mit dem Durchmesser $= d$, so ist wegen der Knickgefahr der Bügelabstand $\leq 12 d$ zu bemessen bzw. in dieser Richtung nachzuprüfen. Eine Bewehrung der Balken allein mit Bügeln, also ohne schiefe Aufbiegungen, ist zu vermeiden, da hierbei dem Auftreten schiefer Zugrisse nicht ausreichend gewehrt wird und kein richtiger Verbund zustandekommt.

In bezug auf die Aufnahme der Schubspannungen durch die besondere Bewehrung schreiben die neuen Bestimmungen in § 16, 3 vor:

„In Balken sind die Schubspannungen τ_0 nachzuweisen.

Geht der ohne Rücksicht auf abgebogene Eisen oder Bügel errechnete Wert der Schubspannung über 14 kg/qcm hinaus, so ist zunächst die Rippenstärke zu vergrößern, bis dieser Wert erreicht oder unterschritten wird. Sodann sind die Anordnungen so zu treffen, daß die Schubspannungen in denjenigen Balkenteilen, wo der für Beton zulässige Wert von 4 kg/qcm überschritten wird, durch aufgebogene Eisen, durch die Bügel oder durch beide zusammen vollkommen aufgenommen werden.“

Diese Bestimmungen lassen mithin frei, ob die Schubspannungen durch beide besonderen Bewehrungseisen (Bügel und Aufbiegungen) oder nur durch eines dieser Mittel übertragen werden sollen. Da — wie vorerwähnt — den Bügeln noch eine ganze Menge anderer Funktionen zufallen, wird es angebracht sein, auf ihre Mitwirkung zum mindesten so lange zu verzichten, als genügend Eisen vorhanden sind bzw. abgebogen werden können, um die schiefen Zugspannungen

---

[1]) „In Plattenbalken sind stets Bügel anzuordnen, um den Zusammenhang zwischen Platte und Balken zu gewährleisten.“

einwandfrei zu übertragen. Nur dort, wo die zur Verfügung stehenden Haupteinlagen nicht ausreichen, wird man demgemäß, um nicht besondere schiefe Eisen einlegen zu müssen, erst die Hilfe der Bügel bei der Bewehrung heranziehen. Es kommt hinzu, daß Bügel, die nicht fest im Betondruckgurt verankert sind, in ihren Querschnitten keine hohen Schubspannungen aufzunehmen vermögen, da letztere durch die Haftspannung in diesem Fall beschränkt werden[1]). Zudem ist auch durch Versuche erwiesen, daß die Wirkung der Bügel gegenüber den Schubkräften erst bei Ausbildung der schiefen Risse einsetzt (Versuche von Luft)[2]), die nach Versuchen von Saliger bei einer schiefen Zugspannung von 12,8—18,1 kg/qcm, also im Mittel bei der Zugspannung von rund 15 kg/qcm zu erwarten stehen, der die Normalzugfestigkeit des Betons entspricht. Es werden demgemäß die Bügel innerhalb der zulässigen Spannungsgrenzen erst alsdann für die Übertragung der Schubbelastung in Frage kommen, wenn die Aufbiegungen zur Aufnahme der schiefen Hauptzugspannungen nicht mehr ausreichen, also Schrägeisen nicht oder in nicht ausreichender Stärke vorhanden sind. Erfüllen letztere aber ihre Aufgabe einwandfrei, so wird auf die Mitwirkung der Bügel bei der Schubübertragung verzichtet, die Schubwirkung also allein von den Aufbiegungen aufgenommen werden können.

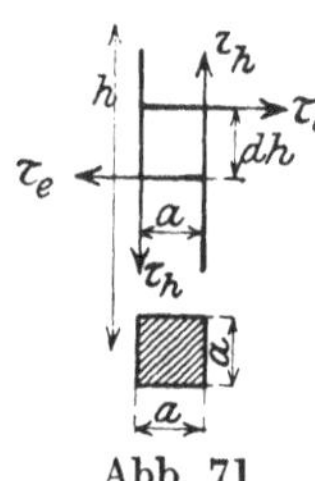

Abb. 71.

Das Entstehen von Rissen bei Balken und aus ihnen zusammengefügten Konstruktionen kann einmal durch sehr verschiedene Gründe bedingt sein, zum anderen den Balken sehr verschiedenartig in Mitleidenschaft ziehen. Begründet können Risse sein entweder in einer schlechten Ausführung, mangelhaftem Baustoff, in fehlerhafter Anordnung der Eisen, in einem mangelnden guten Verbunde zwischen Beton und Bewehrung, oder durch statische Verhältnisse. Je nach den sie auslösenden Beanspruchungen können die Risse Zug-, Druck- oder Schubrisse sein, auch — allerdings seltener — durch eine Lösung des Verbundes infolge Gleitens der Eisen, endlich durch zu starke Schwindung und durch ungleichmäßige Krafteinleitung hervorgerufen werden. Zugrisse treten auf als Biegungsrisse in Plattenunterkante und nahe Platten-

---

[1]) Unter der (vereinfachten) Annahme quadratischer Bügelquerschnitte ist das Moment aus dem Kräftepaar der Schubspannungen im Eisenquerschnitte in Abb. 71 $\tau_c \cdot a^2 dh$, und das aus den Haftspannungen am Umfange der Eisen: $\tau_h (a d h) \cdot a = \tau_h a^2 d h$, woraus, da beide Momente unter sich im Gleichgewicht sein müssen, folgt: $\tau_c = \tau_h$, d. h. es wird die Aufnahme der Schubspannung im Eisen durch die Haftspannung am Eisenumfang begrenzt, solange das Eisen nicht fest im Beton verankert ist und hierdurch die Wirkung der Haftspannungen durch die größere Ankerkraft im Bügel ersetzt wird.

[2]) Vgl. Vortrag auf der 11. Hauptversammlung des Deutschen Beton-Vereins und den Vereins-Bericht hierüber Jg. 1908.

mitte parallel zu den Balken, also senkrecht zur Plattenbewehrung, sowie in der Untergurtzone der Balken, unter Umständen auch über der Rippe, also im Zug-(Ober-)Gurte der durchgehend durchgeführten Platte. Druckrisse sind verhältnismäßig selten und nur in den Druckgurten der Balken und im unteren Anschlusse der Schrägen an ihre Einbindefläche zu erwarten; sie sind fast stets als Ausfluß gefahrdrohender Formänderungen und unzulässig hoher Spannungen einzuschätzen. Schubrisse treten bei schlechter Bewehrung zwischen Rippe und Platte und mangelhaftem Anschlusse dieser nahe den Rippenaußenflächen, und zwar in wagerechter Richtung zwischen Platte und Rippe, in senkrechter am Plattenanschlusse, ferner in den Rippenaußenflächen, unter 45° gerichtet, als schiefe Zugrisse auf. Letztere sind besonders stark in der Nähe der Nullinie, nehmen hier auch bei zunehmender Belastung verhältnismäßig stark zu, und verschmälern sich erheblich nach den Gurten hin. Gleitrisse sind im allgemeinen als einzelne kürzere oder längere, der Balkenachse parallellaufende Risse in der Unterfläche und den Seitenflächen der Balken zu erkennen, während Risse aus einer ungleichmäßigen Eisenlage — namentlich in den Platten und bei Fehlen von Verteilungseisen — sich als Risse parallel zu den Haupteisen der Platten äußern; hierher gehören auch die Bügelrisse, die sich bei mangelhaftem Anliegen der Bügel an der Bewehrung, durch Trennung dieser beiden Eisen usw. kennzeichnen. Schwindrisse endlich sind ihrer Art und ihrem Verlaufe nach Zugrisse und oft von großer Ausdehnung; alsdann deuten sie auf den Mangel an Trennungsfugen hin und sind nur durch Anordnung solcher in entsprechenden Abständen zu beheben.

Sehr häufig geht der Ausbildung von Rissen das Entstehen von **Wasserflecken** als Vorbote voraus. Diese Erscheinung scheint sich nur bei feucht gelagerten Balken einzustellen, wenigstens haben die Versuche des österreichischen Eisenbetonausschusses[1]) mit trocken gelagerten Balken derartige Flecke nicht festgestellt[2]). Die Wasserflecke sind nur als Anzeichen demnächst beginnender Rißbildung, also nicht als deren Anfangszustand, anzusprechen. Das ergibt sich u. a. aus Versuchen von Probst und Bach, die zeigen, daß die Dehnung des Betons beim Auftreten der Wasserflecke eine erheblich geringere ist als später bei der ersten feinen Rißbildung (z. B. 0,08 mm gegenüber 0,125 mm).

---

[1]) Vgl. Heft 2, 1912, S. 44 der Veröffentl. des Eisenbetonausschusses des österreich. Ing.- u. Arch.-Vereins.

[2]) Über Wasserflecke usw. vgl. u. a.: Probst, Dinglers polytechn. Journal 1907, Heft 22, sowie die Ausführungen von Probst in seinem Werk: Vorlesungen über Eisenbetonbau Bd. 1 (Jul. Springer, 1917), S. 154ff. Bach, Mitteil. über Forschungsarbeiten, herausgeg. vom Verein deutscher Ing. Heft 39, 1907 und Heft 45—47, 1907; sowie die Balkenversuche des Deutschen Ausschusses für Eisenbeton, Heft 10, 12, 19, 20 u. 24, vgl. auch die Ausführungen auf S. 50.

Zugleich lassen aber die Versuche mit bewehrten Balken im Vergleiche zu unbewehrten deutlich erkennen, daß die Risse in letzteren erheblich früher auftreten als bei Verbundbalken. Wie Probst[1]) nachweist, besteht aber hier nur scheinbar eine größere Dehnungsfähigkeit der Verbundbalken, da durch das Eisen nur die jeweilig schwächste Stelle entlastet und nur die Dehnungsverteilung über den ganzen Eisenbetonkörper geändert wird. Das bedingt weiterhin im Vergleiche zu einem unbewehrten Balken größere Sicherheit gegenüber dem Auftreten der Risse. Die Rißbelastung kann zudem erhöht werden, wenn der Beton während der Erhärtung sehr naß gehalten wird und wenn die Bewehrungseisen so verteilt werden, daß alle Eisen gleichmäßig zur Wirkung gelangen. Je besser diese Verteilung ist, um so mehr Wasserflecke bilden sich aus, um so günstiger wird auch die Rißbildung beeinflußt.

Für die Rißbildung und ihren Beginn sind auch die durch die Art der Lagerung bedingten Eigenspannungen, daneben die Dauer der Lagerung von entscheidender Bedeutung. So ergeben sich beispielsweise bei Luftlagerung des Verbundbalkens, wegen der hierbei im Beton sich bereits ausbildenden Zugeigenspannungen, die Risse frühzeitiger als bei Wasserlagerung, und zudem um so eher, je höher der Wasserzusatz zum Beton gewesen ist. Das erklärt sich daraus, daß der hohe Wassergehalt ein übermäßiges Schwinden bei der Erhärtung und Trocknung des Eisenbetons zur Folge hat, und durch den Schwindvorgang weitere Zugeigenspannungen im Beton des Verbundes bedingt werden. Ferner wirkt allgemein auf eine Herausschiebung der ersten Risse das Alter der Balken und das fettere Mischungsverhältnis des Betons[2]) ein.

Nimmt die Rißbildung in der Zugzone sehr stark zu, so ist anzunehmen, daß entweder ein Gleiten der Eisen im Beton eingetreten ist oder die Streckgrenze der Eisen überschritten wurde.

Die Brucherscheinungen bei auf Biegung belasteten Balken können sehr verschieden sein, je nach der Art und Stärke ihrer Bewehrung. Bei Balken mit der meist üblichen Zugbewehrung von 0,8—1,3 v. H., wird in der Regel der Bruchzustand durch Überschreiten der Streckgrenze der Zugeisen eingeleitet, da nach Eintritt der ersten Risse die Beanspruchung der Eisen schnell und stark zunimmt. Der sich in der Zugzone bildende Riß reißt unter Verschiebung der Nullinie nach oben bis zur Druckzone bzw. bis in diese

---

[1]) Vgl. Dinglers polytechn. Journal 1907, Heft 22 und E. Probst: Vorlesungen über Eisenbeton Bd. I, S. 155.

[2]) Beispielsweise zeigten sich in bezug auf die Einwirkung des Alters bei Verbundbalken von einem Erhärtungsalter von 28 Tagen, 45 Tagen und 6 Monaten die ersten Rißlasten bei einer Belastung von $P = 5,4$, $5,7$ und $7,2\ t$, während — Beispiel für den Einfluß der Betonmischung — bei Mischungen von 1 Zement : 3 Sand : 4 Kies bzw. 1 : 2 : 3 und 1 : 1,5 : 2 Rißlasten sich ausbildeten von: 4,5, 5,7 und 7,8 t.

hinein durch. Diese — nunmehr verringert — vermag den auf sie ausgeübten Druck nicht mehr auszuhalten und gelangt ihrerseits unter Bildung muschelförmiger Ausbrüche durch Zerdrücken selbst zum Bruche. Nur bei sehr geringer Balkenhöhe kann von vornherein ein Durchreißen durch die ganze Druckzone, eine vollkommene Trennung der Querschnitte und eine starke Durchbiegung eintreten.

Verhältnismäßig selten ist die Überwindung der Druckfestigkeit — also die Zerstörung des Druckgurtes — die primäre Ursache zum Bruche; alsdann muß mit hoher Eisenbewehrung ($> 1,4$ v. H.) ein verhältnismäßig wenig widerstandsfähiger Beton sich vereinigen. Hier gehen die Risse nicht bis zum Zuggurte durch. Zwischen den schalenförmig abplatzenden Teilen des Druckgurtes und der Zugzone verbleibt noch unversehrter Beton.

Bei Ausbildung des Bruches infolge Gleitens der Eisen entsteht — wegen Aufhebung der gesamten Verbundwirkung — eine sehr viel stärkere und schneller sich ausbildende, plötzlich eintretende Brucherscheinung. Hier reißt der Beton vom Zuggurte bis zur Balkenoberkante durch Bildung von in der Regel wenig weit verzweigten Rissen vollkommen durch, ein Ausplatzen schalenförmiger Bruchstücke in der Druckzone findet nicht statt, sondern vielmehr ein Zusammenknicken des ganzen Balkens an der Rißstelle. Bei geringer Betonüberdeckung der Eisen zeigen sich zudem nicht selten Längsrisse an der Unterkante oder an den Seitenflächen der Rippen.

Wird der Bruch durch Überwindung der Schubfestigkeit herbeigeführt, so bilden sich die schon mehrfach erwähnten, unter einem Winkel von 45° geneigten, schiefen Zugrisse nahe dem Auflager aus, und zwar meist in Verbindung mit Gleitrissen, da eine gefährliche Schubspannung auch hohe Haftspannungen im Gefolge hat. Bemerkenswert ist, daß die stärksten schiefen Schubrisse nicht unmittelbar am Auflager, wie aus der Größe der Querkraft zu erwarten stände, sondern etwa in Entfernung von einem Fünftel der Stützweite

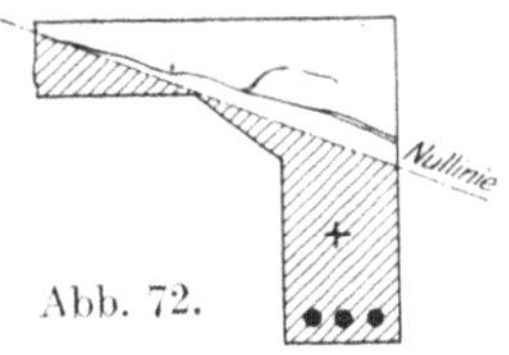

auftreten. Daß endlich eine mangelnde Schubbewehrung zwischen Rippe und Platte durch Abschieben der Platte über der Rippe zu einem Bruche führen kann, wurde schon auf S. 133 hervorgehoben.

Liegt ein einseitiger Plattenbalken (nach Art eines ⌐) vor, so tritt bei reiner Biegungsbelastung des unsymmetrischen Querschnittes[1] (Abb. 72), wie Versuche von Bach erkennen lassen[2], ein schiefer

---

[1]) Hierbei bildet also der ⌐-Balken nicht den Randträger einer zusammenhängenden Plattenbalkendecke, sondern ist ein Konstruktionsteil für sich.

[2]) Vgl. Mitteil. über Forscherarbeiten, herausgeg. vom Verein deutscher Ing. Heft 122/123.

Bruch nach der Nullinie, also nach der Seite ein, an der die Druckzone fehlt.

In welcher Weise man, um allen diesen schädlichen Wirkungen
entgegenzutreten, und sowohl gegenüber den verbiegenden Kräften
wie gegenüber der Schubwirkung stets ausreichende Sicherheit zu
haben, die Eisenbewehrung den Momenten und der Querkraftwirkung
anpassen muß, wird in den nachfolgenden Abschnitten und den in ihnen
behandelten Zahlenbeispielen ausführlich dargelegt werden.

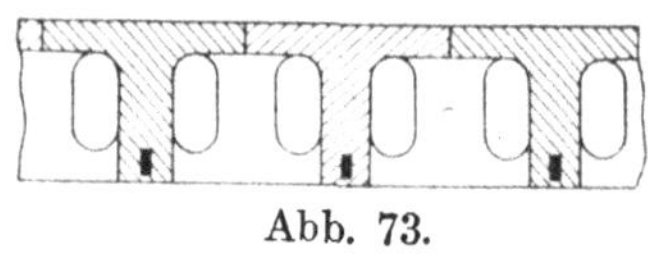

Abb. 73.

Als Konstruktionselement, wenn
auch nicht selten wenig gut ausgenutzt,
findet der Plattenbalken bei sehr vielen
Deckenbauten Anwendung, sei es als fertig
in den Bau gebrachter Teil, sei es als Rippe,
die zwischen verschieden gestaltete Hohlkörper, die meist nur als Füllstoff dienen, einbetoniert wird und mit ihnen gemeinsam die Decke bildet.
Wenige Beispiele dieser Art lassen die Abb. 73—77 erkennen. In der
Regel sind beide Bal-
kengurte — einer ein
fachen Schalung und
AusführungRechnung
tragend — einander
parallel [1]). Daneben
kommen aber auch,
namentlich im Brückenbau, Formen vor, bei denen die Höhe des Unter-
oder Obergurtes nach der Mitte zu erheblich zunimmt, also den nach der

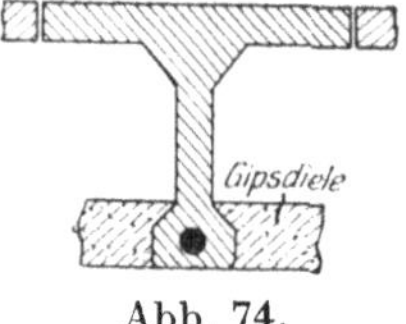

Gipsdiele

Abb. 74.

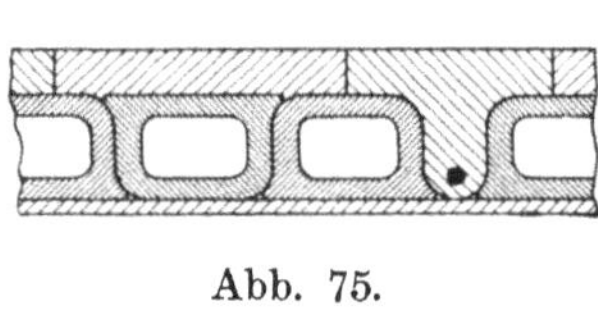

Abb. 75.

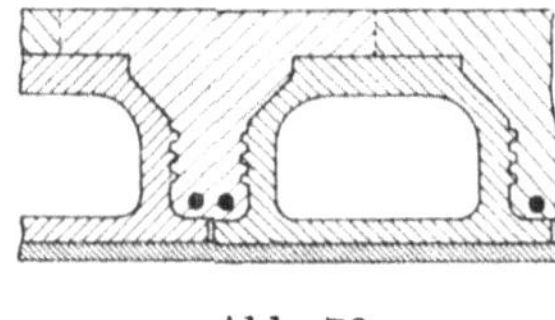

Abb. 76.

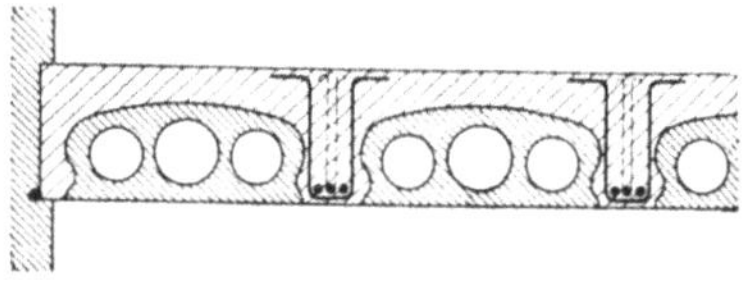

Abb. 77.

Balkenmitte zu sich vergrößernden Biegungsmomenten Rechnung trägt.
Hier sind im besonderen die Fischbauch-Möller-Träger (Abb. 78) und
Formen nach Art der Halbparabelträger (Abb. 79) erwähnenswert.

---

[1]) Abb. 73 stellt die bekannte Form der Zementdielen mit Eiseneinlagen
dar, die, wie die Schraffur der Abb. erkennen läßt, auf dem Grundzuge des
Rippenbalkens bezügl. ihrer Tragfähigkeit beruhen; Fig. 74 zeigt eine T-förmige
Decke, bei der der untere Abschluß durch eine eingeschobene, nicht tragfähige
Gipsplatte od. dgl. bewirkt wird, während in den Abb. 75, 76 und 77 Decken-
ausbildungen mit verschiedensten Füllkörpern wiedergegeben sind, bei denen
die tragenden Rippenbalken zwischen die Füllkörper einbetoniert werden.

Von **Fachwerksträgern in Verbundkonstruktion**, deren
Spannkraftsberechnung genau wie bei den Eisenbauten zu erfolgen hat,

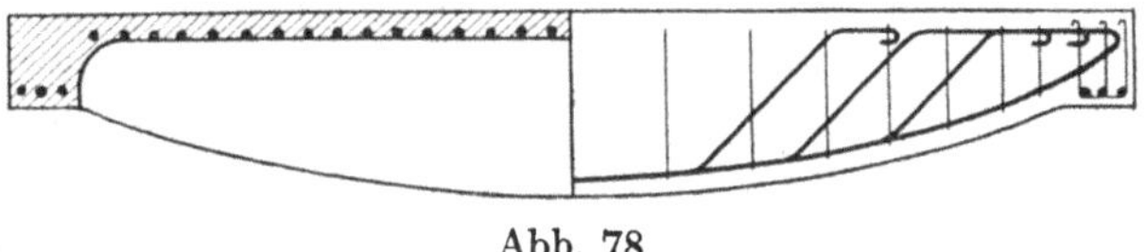

Abb. 78.

sind neben reinen Dreiecksystemen — namentlich Parallel-(Visintini-)
Trägern —, reine Ständerfachwerke — Vierendeel-Träger — hervorhebens-

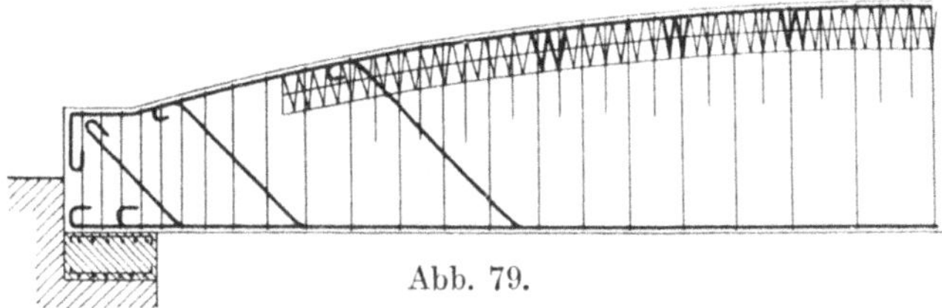

Abb. 79.

wert. Bei ihrer konstruktiven Durchbildung ist darauf zu achten, daß auch
die nur auf Druck belasteten Fachwerkstäbe eine Bewehrung erhalten,
einmal, um ein einheitliches, in sich ge-
schlossenes Bewehrungsnetz über die ganzen Träger zu erstrecken und der Unsicherheit nur aus Beton gebildeter Stäbe
vorzubeugen, und zum anderen, um namentlich die gedrückten Obergurte zu be-
fähigen, durch zwischen ihren Knoten-

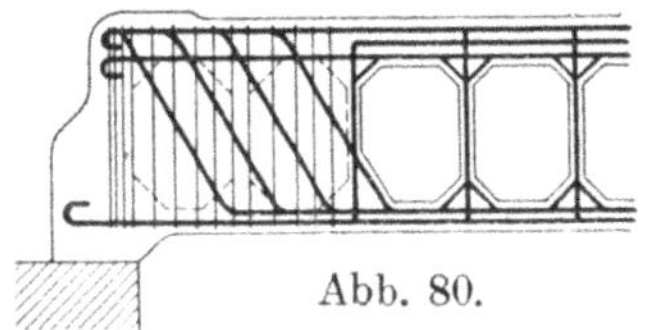

Abb. 80.

punkten einwirkende Lasten hervorgerufene zusätzliche Biegungs-
belastungen einwandfrei zu übertragen. Deshalb liegt auch hier die
Bewehrung zweckmäßig nahe der Unterkante der Obergurtstäbe. Ein
Beispiel eines Vierendeel-Trägers gibt Abb. 80 wieder.

10. Das Verbund-Tonnengewölbe.

Abgesehen von der Anwendung großer Gewölbe im Brückenbau
spielt das Tonnen-Verbundgewölbe mit rechteckigem Querschnitte als
Konstruktionselement eine im Vergleiche zur Platte und zum Balken
untergeordnete Rolle. Das hat seinen Grund darin, daß für die meisten
Hochbauwerke, namentlich im Industriebau, der ebenen Decke
wegen ihrer geringen Konstruktionshöhe, der Fernhaltung schief wir-
kender Auflagerkräfte und ihrer besseren Ausnutzungsfähigkeit mit
Recht der Vorzug gebührt, daß ferner auch die Schalungs- und Her-

stellungskosten sich niedriger stellen, die Bauzeit abgekürzt wird, also auch wirtschaftliche Gesichtspunkte die ebene Abschlußkonstruktion der gewölbten gegenüber vorteilhaft erscheinen lassen. Wird das Gewölbe, ohne besondere Belastung, nur als Verkleidung oder gewölbter Abschluß verwendet bzw. bei geringer Spannweite nicht stark belastet, so wird es in der Regel mit einer nur an der inneren Gewölbeleibung angeordneten Bewehrung (mit einzelnen Verteilungseisen) versehen (Abb. 81).

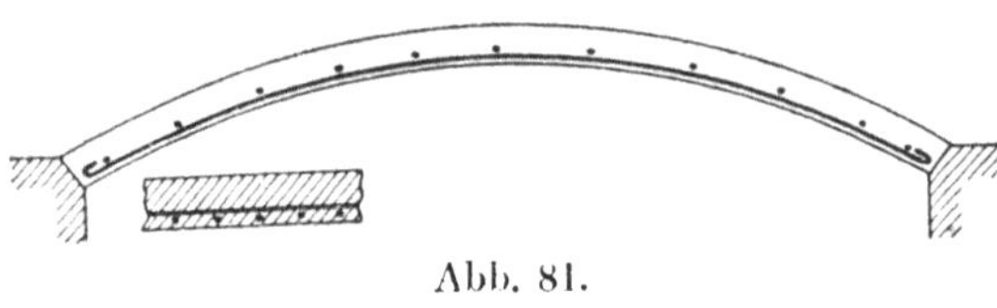

Abb. 81.

Ist jedoch die Spannweite oder die Belastung erheblich größer, so tritt auf Grund der statischen Berechnung zweckmäßig eine Bewehrung sowohl in der unteren Leibung, nahe dem Scheitel, als auch in der oberen, nahe dem Kämpfer, also an den Stellen ein, an denen mit dem Auftreten von Zugspannungen zu rechnen ist (Abb. 82). Falls es bei dem je

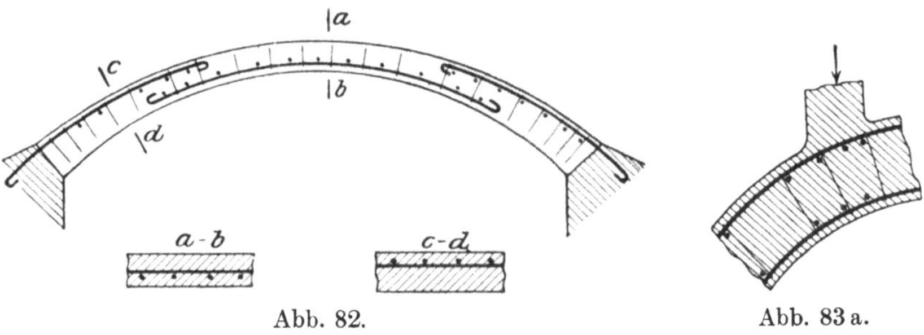

Abb. 82.   Abb. 83 a.

vorliegenden Falle als erwünscht oder erforderlich erachtet wird, auch die Druckzone zu bewehren, gehen die Eiseneinlagen an beiden Gewölbeleibungen meist vollkommen durch (Abb. 83) und sind bei einem eingespannten Bogen fest im Kämpfer verankert, bei einem Dreigelenkgewölbe nahe den Gelenken im Beton festgelegt. Hierbei werden besonders kräftige Eisen an den aus Abb. 82 ersichtlichen Bewehrungsstellen eingefügt, oft auch die Zugeinlage in der inneren Gewölbeleibung durch Abbiegen unmittelbar in die obere geführt. Der Stoß der Eisen, mit ausreichender Überdeckung und kräftiger Hakenausbildung zu bewirken, ist in den einzelnen Querschnitten zu versetzen und, wenn möglich, nicht nahe der $\frac{l}{5}$ Fuge beim eingespannten, der $\frac{l}{4}$ Fuge beim Dreigelenkgewölbe zu legen, da gerade hier die höchsten Beanspruchungen, entsprechend der stärksten Stützlinienabweichung, auftreten. Neben den Hauptbewehrungseisen sind in allen diesen Fällen — und zwar nach dem Gewölbeinnern zu — Verteilungseisen in etwa 25—40 cm gegenseitigem Abstande, aus dünnen Rundeisen gebildet, zu verwenden; dort, wo Einzellasten auf das Gewölbe übergeführt werden (Abb. 83a), sind diese Verteilungseisen enger und in dem Bereich der Bewehrung unmittelbar unter der Einzellast anzuordnen. Zudem sind auch bei Gewölben, gleichwie bei den Balken, Bügel notwendig, welche entweder ein einfaches Eisen

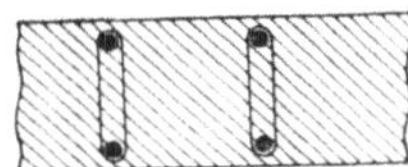

Abb. 83b.

umfassen und in dem gegenüberliegenden Beton verankert sind, oder beide Eiseneinlagen (Abb. 83b) schleifenartig umgreifen. Durch die Eiseneinlage ist es selbstverständlich möglich, die Stärke der Gewölbe gegenüber dem reinen Stein- und Betonbau sehr erheblich zu verringern, da jetzt die in den Querschnitten auftretenden Zugspannungen durch Eisen aufgenommen werden, die Querschnitte also geringere Höhe erhalten können, und nicht mehr die Forderung zu stellen ist, daß die Stützlinien im mittleren Gewölbedrittel zu verbleiben haben.

Neben einer gleichmäßigen Bewehrung mit Rundeisen kommt bei Gewölben mit rechteckigem Querschnitte auch eine Vereinigung der Eisen in einzelnen, weiter voneinander entfernten Querschnitten und in Form weniger starker Profile in ⊥- oder I-Form bzw. beim Brückenbau in Form eines genieteten Blech- bzw. Gitterbogens vor (Bauart Melan). Hier

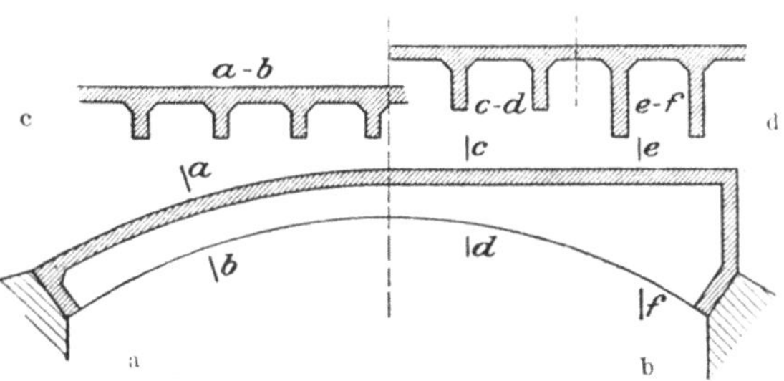

Abb. 84a—d.

liegen in der Regel die einzelnen Bewehrungseisen, je nach der Größe des Gewölbes und ihrer Stärke, in Abständen von 0,5—1,25 m und dienen, da sie selbst für sich tragfähig sind, meist dazu, die Schalung für den zwischen die Eisen einzubringenden Beton ganz oder teilweise zu tragen.

Auch die Form des Plattenbalkens hat im Gewölbebau Eingang gefunden; hier kann entweder (Abb. 84a) die Platte der oberen Gewölbeleibung folgen, also selbst nach einer Kurve verlaufen, oder bei allerdings nach dem Kämpfer alsdann sehr stark zunehmender Rippenhöhe wagerecht geführt sein (Abb. 84b). Will man beim eingespannten Gewölbe — also namentlich im Brückenbau — dem Umstande Rechnung tragen, daß die Biegungsmomente nahe dem Scheitel positiv, nahe dem Kämpfer negativ sind, Druckspannungen also an erster Stelle in der oberen Gewölbeleibung, an zweiter an der Gewölbeunterkante auftreten, so kann man zu besserer wirtschaftlicher Ausnutzung des Rippenbalkenquerschnittes die Platte vom Scheitel oben nach den Kämpfern unten führen (siehe Abb. 85).

Sowohl bei den Anordnungen der Abb. 84 als auch 85 sind naturgemäß die Bewehrungen der Rippen entsprechend den Ergebnissen der statischen Berechnung, ebenso die der als eingespannt zu betrachtenden Platte zu wählen. Glaubt man auf die für die Querversteifung des Gesamtgewölbes und die gleichmäßige Belastung der einzelnen Rippen sehr wertvolle durchgehende Platte verzichten zu können, so entstehen Gewölbebauten,

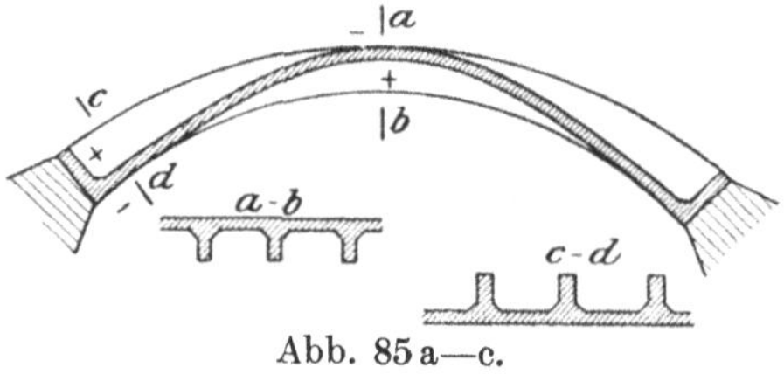

Abb. 85 a—c.

eisernen Bogenbrücken nachgebildet, welche nur noch durch einzelne Verbundrippen rechteckigen oder T-förmigen Querschnittes gebildet sind, auf die mittels einzelner Stützen, bzw. bei an den Bogen angehängter Konstruktion durch Hängestangen, die Last übertragen wird.

Es liegt auf der Hand, daß eine derartige aufgelöste Bauart, wenn bei ihr jede einzelne Rippe für sich gegründet wird, auch dann, wenn man die einzelnen Bögen unter sich durch einige Querriegel konstruktiv faßt, nur dort am Platze ist, wo ein vollkommen sicherer Baugrund zu erwarten steht, und ein verschieden starkes Setzen der Rippen ausgeschlossen ist.

Endlich sei erwähnt, daß neue große Betongewölbe, deren Querschnitt so bestimmt ist, daß sie keinerlei Zugspannung erhalten, trotzdessen an der inneren und äußeren Leibung mit einer vollkommen durchgehenden Bewehrung versehen worden sind, um etwaige durch eine nicht vorhergesehene Störung des normalen Zustandes im Gewölbe auftretende Zugspannungen einwandfrei aufnehmen zu können.

Kapitel III.
Die Ermittlung der inneren Spannungen.

11. Die Biegungsspannungen in dem auf reine Biegung belasteten rechteckigen Querschnitte.

Durch Versuche, namentlich von Schüle, Probst und Müller[1] u. a. ist zwar der Beweis erbracht, daß — wie bei dem nicht homogenen Baustoffe „Eisenbeton" zu erwarten steht — die vorher ebenen Quer-

---

[1] Vgl. Schüle, Mitteilungen aus der Material-Prüfungsanstalt Zürich 1906, Heft 10 und 1907, Heft 12. E. Probst, Mitteilungen aus dem Material-Prüfungs-

schnitte der Verbundbalken bei Biegung nicht mehr eben bleiben, aber auch zugleich gezeigt, daß innerhalb der bei Eisenbetonbauten vorkommenden Spannungsgrenzen die Abweichung keine sehr erhebliche ist, so daß für praktische Fälle damit gerechnet werden kann, daß die Querschnitte auch bei der Biegung eben verbleiben.

Mit dem Ebenbleiben der Querschnitte bleiben zugleich die Längenänderungen der einzelnen Balkenfasern proportional ihrem Abstande zur Nullinie, und bei konstanter Elastizitätszahl verlaufen alsdann die Spannungen nach einer geraden Linie, welche den Querschnitt in der Nullinie schneidet. Da aber, wie bereits in Abschnitt 3 ausführlich behandelt wurde, bei Beton das Dehnungsmaß eine, u. a. namentlich von der Spannung, dem Alter usw. abhängige Größe, auch für Druck- und Zugbelastung verschieden hoch ist, so werden mithin im Beton- und Verbundquerschnitte die Spannungen im allgemeinen nicht nach einer Geraden verlaufen. Da der Spannungsverlauf aber von einer größeren Anzahl von Einflüssen bedingt ist, sich auch vom Beginn der Biegung an mit deren vergrößerter Wirkung stets ändert, auch von dem jeweilig vorliegenden Baustoff, seinem Alter usw. abhängt, so läßt sich keine allgemein gültige Kurvenform für das Spannungsdiagramm von vornherein als wahrscheinlich festlegen. Bei der Spannungsverteilung werden gewöhnlich, je nach dem Eintreten der durch die Stärke der Biegung bedingten Formänderungen, vier Stadien unterschieden. Bei geringer Belastung und Spannungshöhe wird man mit ausschließlich elastischen Formänderungen und einem konstanten E_b sowohl in der Druck- wie in der Zugzone rechnen, also einen geradlinigen Verlauf der Spannungen voraussetzen können — Stadium I. Mit sich vergrößerndem Biegungsmomente werden die Elastizitätszahlen für E_{b_d} und E_{b_z} verschieden werden, an Stelle der geraden Linie treten Kurven, die in der Zugzone steiler verlaufen als in der Druckzone, und solange noch keine Überanstrengung des Betons auf Zug eingetreten ist, also noch keinerlei Risse sich ausgebildet haben, einen ununterbrochenen Verlauf über die ganze Querschnittshöhe erkennen lassen — Stadium IIa. Bei nur wenig weiter zunehmender Belastung beginnt die Rißbildung im Zuggurt. Die Betonzugzone wird zunächst nur zu einem kleinen Teil, weiterhin in verstärktem Maße an der Zugübertragung ausgeschaltet, und das Eisen übernimmt immer mehr und mehr die Gesamtzugkraft — Stadium IIb. Da in der Regel bei der statischen Berechnung die

<hr>

amt Groß-Lichterfelde W. Ergänzungsheft I, 1907 (Dr.-Diss.). Probst, Vorlesungen über Eisenbeton Bd. I, S. 253ff. (Versuche in Dresden ausgeführt.) R. Müller, Neue Versuche mit Eisenbetonbalken über die Lage und das Wandern der Nullinie und die Verbiegung. Herausgeg. von R. Wolle, Leipzig. (Verlag Ernst & Sohn, Berlin.)

Zugwirkung des Betons außer acht gelassen, also angenommen wird, daß das Eisen allein die gesamten Zugspannungen im Querschnitte aufnimmt, so ist Stadium IIb für die theoretische Behandlung des Verbundes das wichtigste. Mit der Zunahme des Biegungsmomentes und dem durch sie veränderten Spannungsverlaufe schiebt sich (vgl. Abb. 86) die Nullinie im Querschnitte nach oben. Daß dies tatsächlich eintritt, beweisen u. a. einmal die Untersuchungen von Dr. R. Müller[1]), zum anderen aber die Untersuchungen von

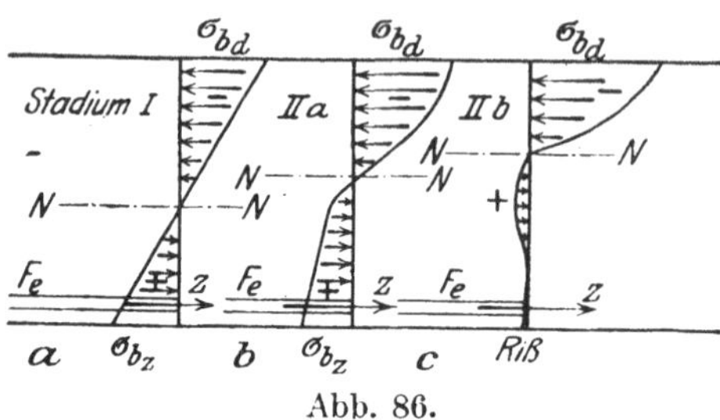

Abb. 86.

Bach in Heft 38 der Veröffentlichungen des Deutschen Ausschusses[2]). Diese Versuche lassen zunächst erkennen, daß die Nullinie, ermittelt aus den bei der Biegung gemessenen Formänderungen des Balkens, mit zunehmendem Momente steigt, und zeigen zudem, daß bis etwa zum Ein-

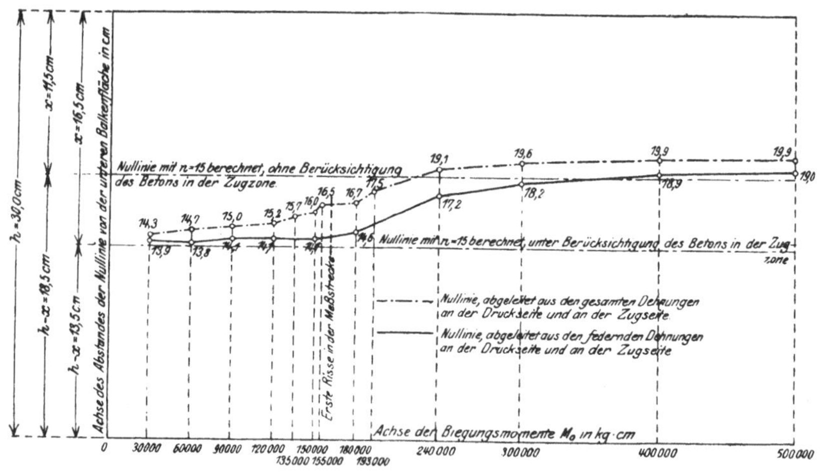

Abb. 87.

tritte der ersten Risse — wie das auch zu erwarten steht — die Nullinie unter Einrechnung der alsdann noch wirksamen Zugzone des Betons der

---

[1]) Vgl. die auf S. 141 in Anm. 1 angeführte Arbeit von Dr. R. Müller.
[2]) Vgl. Heft 38, Versuche mit Eisenbetonbalken zur Ermittelung der Beziehungen zwischen Formänderungswinkel und Biegungsmoment, I. Teil. Stuttgarter Versuche 1912—1914. Von C. Bach und O. Graf. Berlin 1917. Vgl. auch Arm. Beton 1918, Heft 7.

aus den beobachteten Formänderungen ermittelten Neutralachse nahe-
liegt, daß sie aber nach Eintritt der Risse in bessere Übereinstimmung

mit der Nullinie, die ohne Berücksichtigung des Betons in der
Zugzone gefunden wurde, kommt.
Als Beispiel für den Verlauf der
Nullinie seien zwei Diagramme
(Abb. 87 und 88) aus den vorgenannten Bachschen Ermittelungen wiedergegeben. Aus ihnen
zeigt sich zugleich, wie gleichmäßig die Balken bald nach Eintritt der ersten Risse arbeiten,
da die Nullinie alsdann nur eine
noch geringe Verschiebung erfährt.

An das Stadium II b schließt
sich bei weiterer Belastung das
Bruchstadium an, das — wie in
Abschnitt 9 ausführlich dargelegt
wurde, in der Regel durch Überwindung der Streckgrenze des
Eisens eingeleitet wird.

Berücksichtigt man die Zugspannungen im Beton, so kann zur
Vereinfachung der Rechnung nach
Vorschlag von Neumann-Brünn
mit konstantem und gleichem E_b,
also einem Spannungsverlauf
nach Abb. 86 a gerechnet werden;
nimmt man aber beide Dehnungs-
zahlen verschieden, jede für sich
aber als konstant an — Vorschlag von Melan —, setzt also:
$E_{b_3} = \mu E_{b_d} =$ Festwert, so ergibt sich je nach der Größe von
μ eine Spannungsverteilung mit
Hilfe zweier verschieden geneig-
ter Geraden nach Abb. 89. In
letzterer Art rechnen z. B. die
amtlichen österreichischen Be-
stimmungen vom Jahre 1911, die für μ den Wert 0,4 festsetzen. Da
tatsächlich für die Beanspruchungsgrenzen, innerhalb deren man noch

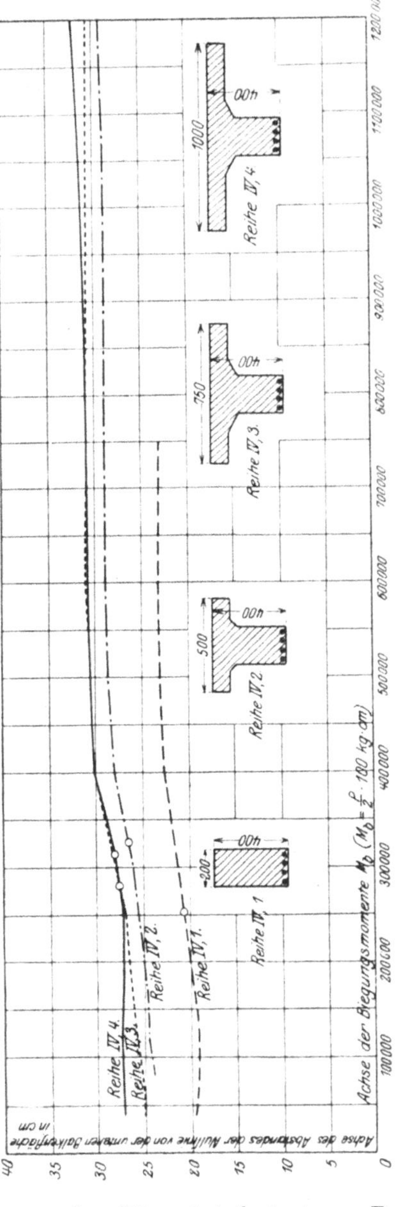

mit Sicherheit ein Eintreten von Rissen nicht zu befürchten braucht, E_{b_3} und E_{b_d} als angenähert gleich angenommen werden können, namentlich für die im Verbundbau üblichen Mischungen (vgl. Abschnitt 3), so wird für solche Rechnungen der Spannungsverteilung nach Abb. 86a der Vorzug einzuräumen sein. Hierbei ist auch zu berücksichtigen, daß im Laufe der Zeit E_{b_3} erheblicher steigt als E_{b_d}.

Rechnet man mit dem Stadium IIb, also mit bereits außer Wirkung getretener Betonzugzone, so wird bei konstantem E_{b_d} die Spannungsverteilung, wie das schon M. Koenen im Jahre 1886 in seiner grundlegenden, ersten theoretischen Behandlung des Verbundbaus getan hat[1]), einer geraden Linie folgen — Abb. 90. Unter Annahme dieser ideellen Verteilungslinie werden die in den gebogenen Querschnitten auftretenden Spannungen mit Recht auch heute noch berechnet. Dabei darf man allerdings nicht übersehen, daß das Endergebnis nur ein angenähertes

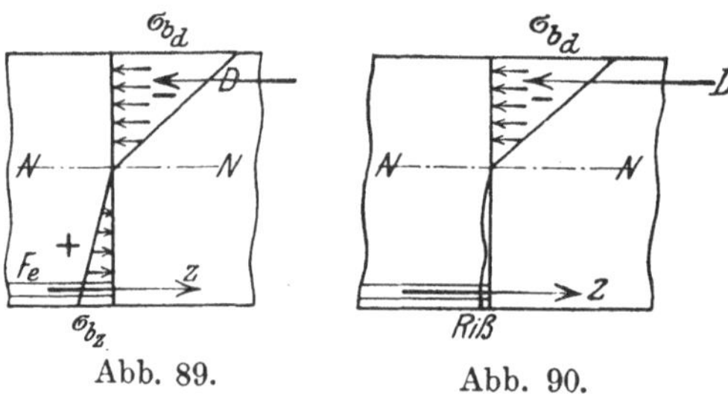

ist, daß es aber auch tatsächlich, wenn man zu praktisch verwendbaren Rechnungsmethoden gelangen will, nicht möglich ist, alle die verschiedenartigen Einflüsse zu berücksichtigen, die auf die Spannungsverteilung einwirken, und daß die

Abb. 89.   Abb. 90.

vereinfachte, dem Stadium IIb und $E_{b_d} = $ Festwert entsprechende Berechnungsart sich bisher bewährt hat, wie Versuche zeigen, auch nahe der Bruchgrenze zu durchaus übereinstimmenden Ergebnissen mit der Praxis führt. Die Annahme einer konstanten Größe für E_{b_d} steht auch in Übereinstimmung mit der Annahme $n = \dfrac{E_e}{E_{b_d}}$ = Konstante, da E_e, die Elastizitätszahl des Flußeisens, ja tatsächlich eine bleibende Größe ist.

Berechnung ohne Berücksichtigung der Betonzugspannungen.

Sind Abb. 91 AB und CD zwei vor der Biegung nahe aneinander gelegene, nach der Biegung aber zueinander geneigt liegende ebene Querschnitte, stellt CC' die Zusammendrückung $= \alpha_b$, DD' die Formänderung an der Zugseite, EE' die der unteren Eisenbewehrung dar

---

[1]) Vgl. Abschnitt 1 S. 4, und Zentralbl. d. Bauverw. 1886, sowie die Monier-Broschüre: Das System Monier, Eisengerippe mit Zementumhüllung; herausgeg. von G. A. Wayß, Berlin 1887.

$= \alpha_e$, ist ferner der Abstand der Nullinie von der oberen Druckkante x, und von der Schwerachse des Eisens y, die größte Druckspannung im Beton σ_{bd}, die Zugspannung im Eisen — als konstant anzunehmen — $= \sigma_e$, weiter $n = \dfrac{E_e}{E_{bd}} = 15$, so ergibt sich zunächst nach dem Hookschen Gesetze:

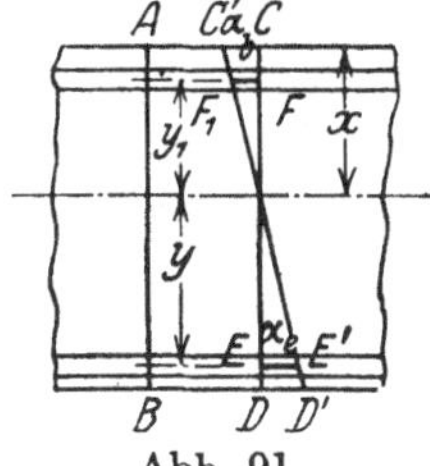

Abb. 91.

$$\alpha_b = \frac{\sigma_{bd}}{E_{bd}}; \qquad \alpha_e = \frac{\sigma_e}{E_e}$$

und aus der Abb. 91

$$\alpha_b : \alpha_e = x : y ;$$

hieraus folgt

$$\frac{\alpha_b}{\alpha_e} = \frac{x}{y} = \frac{\sigma_{bd}}{\sigma_e} \cdot \frac{E_e}{E_{bd}} = n \cdot \frac{\sigma_{bd}}{\sigma_e} \tag{6}$$

und somit

$$\sigma_{bd} = \frac{\sigma_e}{n} \frac{x}{y} = \frac{1}{15}\, \sigma_e\, \frac{x}{y}, \tag{7a}$$

$$\sigma_e = n\, \sigma_{bd}\, \frac{y}{x} = 15 \cdot \sigma_{bd}\, \frac{y}{x}, \tag{7b}$$

das Hauptgesetz der auf reine Biegung beanspruchten Verbundquerschnitte. Ist auch in der Druckzone eine obere Bewehrung vorhanden, so wird in gleicher Weise für die hier auftretende Spannung σ_e'

$$\sigma_e' = n\, \sigma_{bd}\, \frac{y'}{x}, \tag{7c}$$

wenn y' den Abstand dieser Bewehrung von der Nullinie darstellt.

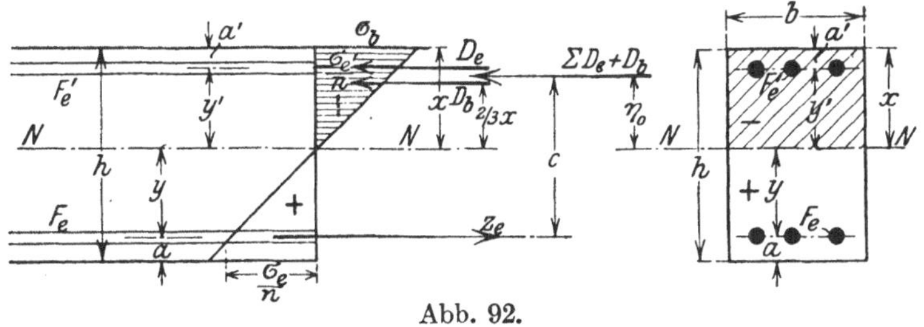

Abb. 92.

Die Biegungsspannung im doppelt und einfach bewehrten Rechtecksquerschnitte.

Die Ermittelung der Spannungen bei doppelter Bewehrung.

Der Querschnitt sei durch ein $+M$ beansprucht, seine Unterseite also gezogen, die Oberseite gedrückt. Die Querschnittsabmessungen und alle wichtigen Bezeichnungen sind aus der Abb. 92 zu entnehmen.

Handelt es sich um eine Prüfung der gewählten Abmessungen d. h. um Bestimmung der unter der Wirkung des Momentes in dem in allen seinen Teilen gegebenen Querschnitte auftretenden Spannungen, so werden als Unbekannte der Bestimmung harren: die Spannungsgrößen σ_b, σ_e' σ_e und die Größe x zur Bestimmung der Nullinie. Zur Auffindung dieser vier Unbekannten stehen die nachfolgenden vier Beziehungen zur Verfügung:

Aus der Forderung, daß im Gleichgewichtszustande die Summe der inneren Kräfte $= 0$ sein muß, folgt:

a) $$\sum (D_b + D_e) = Z_e = \sigma_b \frac{x\,b}{2} + F_e' \sigma_e' = F_e \sigma_e\,, \quad \text{oder}$$

a') $$\sigma_b \frac{x\,b}{2} + F_e' \sigma_e' - F_e \sigma_e = 0\,.$$

Ferner ergibt sich aus der Gleichheit der Momente der inneren und äußeren Kräfte, und zwar in bezug auf die Nullinie als Achse:

b) $$M = D_b \cdot \frac{2}{3}\,x + D_e' \cdot y' + Z_e\,y = \sigma_b \frac{x\,b}{2} \cdot \frac{2}{3}\,x + F_e' \sigma_e'\,y' + F_e \sigma_e\,y\,.$$

Endlich liefert das vorstehend entwickelte Hauptgesetz die beiden letzten Beziehungsgleichungen:

c) $$\sigma_e = \sigma_b \cdot n\,\frac{y}{x}$$

und

d) $$\sigma_e' = \sigma_b\,n \cdot \frac{y'}{x}\,.$$

Werden die beiden Werte σ_e und σ_e' in Gleichung (a') eingesetzt, so ergibt sich:

e) $$\frac{1}{2}\,\sigma_b\,x\,b + F_e' \sigma_b\,n\,\frac{y'}{x} - F_e\,\sigma_b\,n\,\frac{y}{x} = 0\,,$$

f) $$\tfrac{1}{2}\,x^2 b + n\,(F_e'\,y' - F_e\,y) = \tfrac{1}{2}\,x^2 b + n\,F_e'\,y' - n\,F_e\,y = 0\,.$$

Diese Gleichung stellt die bekannte Beziehung dar, daß die Summe der statischen Momente der einzelnen Flächenteilchen in bezug auf die Nullinie selbst $= 0$ ist. Der erste Summand ist das statische Moment der gedrückten Betonquerschnittsfläche, der zweite des mit n erweiterten, oberen Eisenquerschnittes, also gewissermaßen eines elastisch gleichwertigen, in Beton umgerechneten Querschnittes, und das dritte Glied endlich das Moment der gezogenen Bewehrung bei der gleichen Umwandlung F_e. Gleichung (f) hätte also auch ohne weitere Rechnung angeschrieben werden können.

Setzt man in (f) für y' und y ihre Werte nach Abbildung 92 ein, also

$$y' = x - a'\,; \quad y = h - x - a\,,$$

so geht (f) über in:

g) $\qquad \frac{1}{2} x^2 b + n F'_e(x - a') - n F_e(h - x - a) = 0$.

Löst man hieraus x aus, so wird:

$$x = -\frac{n(F'_e + F_e)}{b} + \sqrt{\frac{n^2(F'_e + F_e)^2}{b^2} + \frac{2n}{b}[F'_e a' + F_e(h - a)]}, \quad (8)$$

eine Gleichung, die die Unbekannte x, mit ihr also die Lage der Null-linie, liefert.

Setzt man in gleicher Weise die Werte σ'_e und σ_e aus Gleichung (c) und (d) in Gleichung (b) ein, so wird:

$$M = \frac{1}{3} x^2 b\, \sigma_b + F'_e\, \sigma_b\, n\, \frac{y'^2}{x} + F_e\, \sigma_b\, n\, \frac{y^2}{x} =$$

$$\frac{\sigma_b}{x}\left(\frac{1}{3} x^3 b + n F'_e y'^2 + n F_e y^2\right) = \frac{\sigma_b}{x} J_{nn} . \quad (9)$$

Der Klammerausdruck enthält das Trägheitsmoment des wirk-samen Verbundquerschnittes, das Verbundträgheitsmoment, in bezug auf die Nullinie, wobei wiederum die Eisenquerschnitte durch gleich elastische Betonquerschnitte ($n \cdot F'_e$ bzw. $n \cdot F_e$) ersetzt sind[1]). Hier-aus folgt die bekannte Biegungsbeziehung:

$$\sigma_b = \frac{M \cdot x}{J_{nn}} . \quad (10)$$

Verbindet man die Beziehung, die sich aus der Gleichheit der stati-schen Momente der Druck- und Zugflächen ergibt:

$$\frac{b x^2}{2} + n F'_e(x - a') = n F_e(h' - x) \cdot$$

mit dem Ausdrucke für das Trägheitsmoment:

$$J_{nn} = \frac{b x^3}{3} + n F'_e(x - a')^2 + n F_e(h' - x)^2,$$

so ergibt sich eine, für die Zahlenrechnung oft nicht unzweckmäßige Form für J_{nn}.

$$J_{nn} = \frac{b x^3}{3} + n F'_e(x - a')^2 + \left[\frac{b x^2}{2} + n F'_e(x - a')\right],$$

$$J_{nn} = \frac{b x^2}{2}\left(h' - \frac{x}{3}\right) + n F'_e(x - a').(h' - a') . \quad (9')$$

---

[1]) Hierbei sind allerdings die Trägheitsmomente der Eiseneinlagen auf ihre eigene Schwerachse nicht berücksichtigt, da sie vernachlässigbar klein sind in bezug auf den Wert: $n F'_e y'^2$ bzw. $n F_e y^2$.

Ist σ_b gefunden, so sind, da auch alle x- und y-Werte bekannt sind, die Eisenspannungen σ_e' und σ_e aus den beiden Grundgleichungen (c) und (d) abzuleiten:

$$\sigma_e' = \sigma_b \cdot n \, \frac{y'}{x} = n \cdot \frac{M \, y'}{J_{nn}} \cdot \, , \tag{11}$$

$$\sigma_e = \sigma_b \, n \, \frac{y}{x} = n \, \frac{M \, y}{J_{nn}} \, . \tag{12}$$

Bezieht man die Momentengleichung auf die Angriffslinie von Z_e, so erhält man (Abb. 92):

$$M = D_b \left(h - a - \frac{x}{3} \right) + D_e (h - a - a') = \sigma_b \frac{x \, b}{2} \left(h - a - \frac{x}{3} \right)$$

$$+ F_e' \sigma_e' (h - a - a') = \sigma_b \frac{x \, b}{2} \left(h - a - \frac{x}{3} \right) + n \, F_e' \cdot \sigma_b \, \frac{x - a'}{x} (h - a - a') .$$

Hieraus folgt ein anderer Ausdruck für σ_b als voranstehend, der — unter Umständen empfehlenswert — die Berechnung von J_{nn} erübrigt, aber alsdann nicht zu benutzen ist, wenn man im Hinblicke auf andere Ermittelungen J_{nn} sowieso ermitteln muß.

$$\sigma_b = \frac{2 \, M \cdot x}{b \, x^2 \left(h - a - \dfrac{x}{3} \right) + 2 \, n \, F_e' (x - a') (h - a - a')} \, . \tag{13}[1]$$

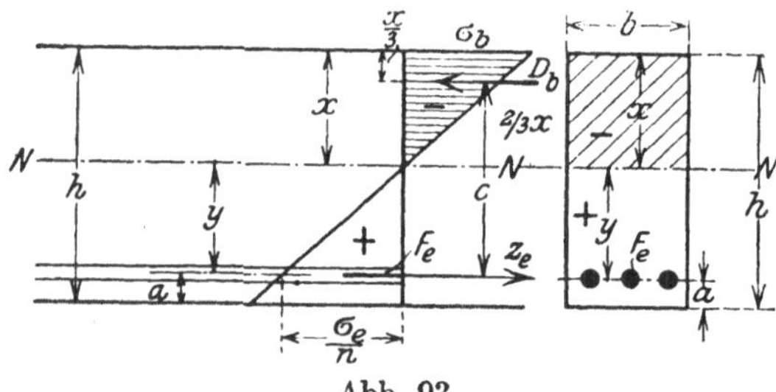

Bei den voranstehenden Entwicklungen ist die im allgemeinen geringe Querschnittsverminderung der Betondruckzone durch das hier liegende Eisen nicht in Rechnung gestellt. Will man das tun, so ist

Abb. 93.

daran zu denken, daß an Stelle der Druckeiseneinlage nun nicht mehr der n fache Querschnitt, wenn man das Eisen in Beton umwertet, sondern der $(n-1)$ fache zu setzen ist, also an allen Stellen der vorstehenden Berechnungen, wo es sich um $n \cdot F_e'$ handelt, an seiner Stelle der Wert $(n-1) F_e' = 14 F_e'$ einzuführen wäre. Eine solche genauere Rechnung wird sich besonders bei hohen Bewehrungszahlen empfehlen.

---

[1] Mittelbar stellt dieses Ergebnis eine Kontrolle für die Richtigkeit von Gl. (9′) dar. Da der Nennerausdruck : 2 im vorliegenden Fall = dem besonderen Ausdrucke von J_{nn} in (9′) ist, also auch hier eigentlich die Beziehung:

$$\sigma_b = \frac{M \cdot x}{J_{nn}} \text{ vorliegt.}$$

Durch Einsetzen des Wertes J_{nn} aus Gl. (9′) hätte sich demgemäß die obige Beziehung auch unmittelbar entwickeln lassen.

Die Ermittlung der Spannungen bei einfacher Bewehrung.

Ist die **Eiseneinlage** (Abb. 93) **eine einfache**, also nur die Zugzone bewehrt, so ergeben sich die entsprechenden Beziehungen aus den voranstehenden Gleichungen, wenn in ihnen der Wert $F'_e = 0$ gesetzt wird.

Es ergibt sich [1]:

(g*)
$$\tfrac{1}{2} x^2 b - n F_e y = 0 \, .$$

$$\left.\begin{aligned}
x &= -\frac{n F_e}{b} + \sqrt{\frac{n^2 F_e^2}{b^2} + \frac{2\,n}{b} F_e (h - a)} \\
&= \frac{n F_e}{b}\left(-1 + \sqrt{1 + \frac{2\,b\,(h - a)}{n F_e}}\right) \\
&= \frac{n F_e}{b}\left(\sqrt{1 + \frac{2\,b\,(h - a)}{n F_e}} - 1\right) .
\end{aligned}\right\} \qquad (8*)$$

$$J_{nn} = (\tfrac{1}{3} x^3 b + n F_e y^2) \, . \qquad (9*)$$

Mit diesem Werte wird:

$$\sigma_b = \frac{M \cdot x}{J_{nn}} \, ; \quad \sigma_e = \frac{n\,M\,y}{J_{nn}} \, . \qquad (10*) \text{ u. } (12*)$$

Führt man den Hebelarm „c" der inneren Kräfte $=\left(h - a - \dfrac{x}{3}\right)$ (Abb. 93) ein, so liefert die Beziehung, daß das Moment der äußeren Kräfte $=$ dem der inneren sein muß, die Gleichung:

$$\boldsymbol{M} = \boldsymbol{D_b} \cdot \boldsymbol{c} = \boldsymbol{Z_e} \cdot \boldsymbol{c} = \sigma_b \frac{x\,b}{2}\left(h - a - \frac{x}{3}\right) = \sigma_e F_e \left(h - a - \frac{x}{3}\right) .$$

Hieraus folgt:

$$\sigma_b = \frac{2\,M}{b \cdot x \left(h - a - \dfrac{x}{3}\right)} \qquad (14)$$

$$\sigma_e = \frac{M}{F_e \left(h - a - \dfrac{x}{3}\right)} \, . \qquad (15)$$

Verbindet man Gleichung (g*) mit (9*) und setzt man für y den Wert $(h - a - x)$, so kann man für das Trägheitsmoment J_{nn} den folgenden weiteren Ausdruck gewinnen:

$$J_{nn} = \frac{b\,x^3}{3} + n F_e y^2 = \frac{b\,x^3}{3} + \frac{b\,x^2}{2}(h - a - x) = \frac{b\,x^2}{2}\left(h - a - \frac{x}{3}\right) = \frac{b\,x^2}{2}\,c, \ (9^{*\prime})$$

worin „c" der Hebelarm der inneren Kräfte $=\left(h - a - \dfrac{x}{3}\right)$ ist.

Ferner ist, da nach Gl. (g*): $\tfrac{1}{2} x^2 b = n F_e y$ ist:

$$J_{nn} = \frac{b\,x^3}{3} + n F_e y^2 = \frac{2}{3} n F_e y\,x + n F_e y^2$$

$$= n F_e (h - a - x)\left(\frac{2}{3} x + h - a - x\right) = n F_e (h - a - x)\,c = n F_e y\,c \, . \quad (9'')$$

---

[1] Die Gleichungsnummern entsprechen den für doppelte Bewehrung gefundenen; sie sind ihnen gegenüber nur durch einen * unterschieden.

Setzt man diese J_{nn}-Werte in die obigen Gleichungen für σ_b und σ_e ein, so wird:

$$\sigma_b = \frac{M \cdot x}{J_{nn}} = \frac{2\,M}{b\,x\,c} \tag{14'}$$

$$\sigma_e = \frac{n\,M\,y}{J_{nn}} = \frac{M}{F_e \cdot c} \tag{15'}$$

$$\sigma_b = \frac{2\,M}{b\,x\,c} = \frac{2\,\sigma_e\,F_e\,c}{b\,x\,c} = \sigma_e \frac{2\,F_e}{b\,x} = \sigma_e \frac{x}{n\,(h-a-x)} = \frac{\sigma_e\,x}{n\,y} {}^1) \tag{14''}$$

Will man entsprechende Gleichungen für den doppelt bewehrten Querschnitt aufstellen, so muß c als Abstand zwischen den Kräften D_b und D_e einerseits, Z_e andererseits gesucht werden. Wird der Abstand $\Sigma(D_b + D_e)$ von der Nullinie mit η_0 bezeichnet, so ergibt sich c aus der Abb. 92 zu:

$$c = y + \eta_0 = h - a - x + \eta_0 , \tag{16}$$

d. h. sobald η_0 bekannt ist, ist auch (nach Bestimmung von x) c gefunden. Für η_0 gilt die Beziehung:

$$\eta_0 \, \Sigma\,(D_b + D_e) = D_b \tfrac{2}{3} x + D_e \cdot (x - a') .$$

Hieraus folgt, da $D_b = \dfrac{x\,\sigma_b}{2} \cdot b$ und $D_e = F'_e\,\sigma'_e$ ist:

$$\eta_0 = \frac{\sigma_b \dfrac{x\,b}{2} \cdot \dfrac{2}{3} x + F'_e\,\sigma'_e\,(x - a')}{\sigma_b \dfrac{x \cdot b}{2} + F'_e\,\sigma'_e} .$$

Setzt man hierin $\sigma'_e \doteq n\,\sigma_b \dfrac{x - a'}{x}$ ein, so folgt:

$$\eta_0 = \frac{\sigma_b \dfrac{b\,x^2}{3} + n\,\sigma_b \dfrac{x - a'}{x}\,F'_e\,(x - a')}{\sigma_b \dfrac{x\,b}{2} + n\,\sigma_b \dfrac{x - a'}{x}\,F'_e}$$

und nach Kürzung durch σ_b:

$$\eta_0 = \frac{\dfrac{b\,x^3}{3} + n\,F'_e\,(x - a')^2}{\dfrac{b\,x^2}{2} + n\,F'_e\,(x - a')} , \tag{17}$$

${}^1)$ Es ist nach Gl. (g*): $F_e = \dfrac{b\,x^2}{2\,n\,(h-a-x)}$. Setzt man diesen Wert oben ein, ergibt sich Gl. (14'').

Die Gleichungen (14') und 15') sind identisch mit den Gleichungen (14) und (15), in denen nur der Wert von $c = \left(h - a - \dfrac{x}{3}\right)$ enthalten ist. Gleichung (9*') ist ebenfalls nur eine durch Setzen der Werte $F'_e = 0$ abgeleitete Form der Gleichung (9') auf S. 147. In Gleichung (14'') erscheint zum Schlusse das allgemein bekannte Spannungsgesetz zwischen σ_b und σ_e, vgl. S. 145.

woraus dann der vorgenannte c-Wert folgt; mit seiner Hilfe kann für den **doppelt bewehrten** Querschnitt mithin die Gleichung aufgestellt werden:

$$\sigma_e = \frac{M}{F_e\,(h - a - x + \eta_0)} \,. \tag{18}$$

Besteht die Eiseneinlage nicht aus Rundeisen, deren eigenes Trägheitsmoment bei Berechnung des Verbundträgheitsmomentes vernachlässigt werden kann, so ist (Abb. 94) die Größe J_{nn} nach der Gleichung:

$$J_{nn} = \frac{b\,x^3}{3} + n\,F'_e\,(h - a - x)^2 + n\,J_s$$

zu bestimmen, wo J_s das Trägheitsmoment des Bewehrungseisens auf seine zur Nullinie parallele eigene Schwerachse darstellt. Daß hierbei auch der Wert J_s mit n zu erweitern ist, folgt daraus, daß die Eiseneinlage durch

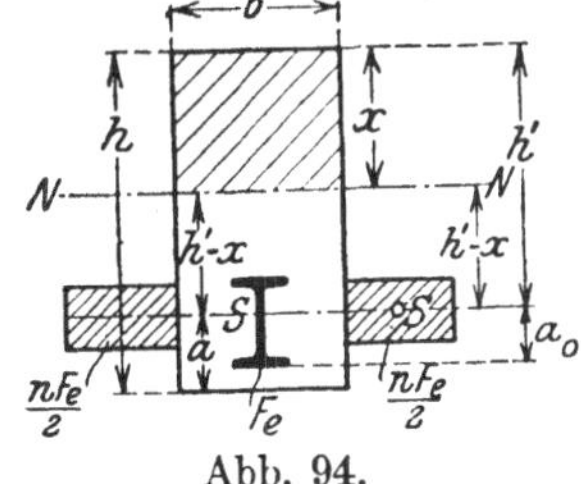

Abb. 94.

einen n-mal so großen Betonquerschnitt ersetzt werden kann und für ihn das Trägheitsmoment auch n-mal so groß wird[1]).

Zur Vereinfachung der Rechnung für den meist, wenigstens bei Platten, vorkommenden **einfach bewehrten Rechtecksquerschnitt**, und zwar im Hinblicke auf die Ermittelung der Werte x, σ_b und σ_e bei gegebenem Querschnitte und bekanntem Angriffsmoment M, also zum Zwecke einer **Nachprüfung der auftretenden Spannungen**, sei zunächst das Verhältnis zwischen dem nutzbaren Betonquerschnitte $b\,(h - a) = b\,h'$ und der Eiseneinlage $F_e = m$ gesetzt: $m = \dfrac{b \cdot h'}{F_e}$, $F_e = \dfrac{b \cdot h'}{m}$. Hierin wird m zweckmäßig in Teilen v. H. ausgedrückt. Üblich sind Werte bei Platten zwischen 1 und 0,5 v. H.

Fügt man diesen Wert m in die **für x** gefundene Gleichung (8) ein, so ergibt sich:

$$x = \frac{n F_e}{b}\left[\sqrt{1 + \frac{2\,b\,h'}{n F_e}} - 1\right] = \frac{n\,h'}{m}\left[\sqrt{1 + \frac{2\,m}{n}} - 1\right] = k\,h', \tag{20}$$

worin k eine Konstante $= \dfrac{n}{m}\left[\sqrt{1 + \dfrac{2\,m}{n}} - 1\right]$, also eine Zahl dar-

---

[1]) Wäre z. B. die Eiseneinlage ein Quadratstab von 1 cm Seitenlänge, so würde seine Ersetzung durch ein Rechteck von 15 cm Seite und 1 cm Höhe zu erfolgen haben, das mit dem Eisenquadrat die gleiche Achse erhält. Die Trägheitsmomente wären alsdann: $\dfrac{a^4}{12} = \dfrac{1^4}{12} = \dfrac{1}{12}$ und $\dfrac{15 \cdot 1^3}{12} = \dfrac{15 \cdot 1}{12}$,

ständen also auch im Verhältnisse von $1 : 15$, was zu beweisen war.

stellt, die nur abhängig ist von dem jeweiligen Prozentgehalt des Querschnitts an Eisen und der Zahl $n = \dfrac{E_e}{E_b} = 15$. Für bestimmt angenommene m-Werte kann somit der Abstand der Nullinie von der oberen Druckkante leicht ausgerechnet und tabellarisch zusammengestellt werden (vgl. in der nachfolgenden Zusammenstellung I [S. 153] die dritte Reihe).

Für σ_b war gefunden (Gl. 14):

$$\sigma_b = \frac{2\,M}{b \cdot x\left(h - a - \dfrac{x}{3}\right)} = \frac{2\,M}{b\,k\,h'\left(h' - \dfrac{k\,h'}{3}\right)} = k'\,\frac{M}{b\,h'^2}\,, \qquad (21)$$

worin $k' = \dfrac{2}{k\left(1 - \dfrac{k}{3}\right)}$ ist.

In Reihe 4 der Zusammenstellung I sind die entsprechenden Werte k' rechnerisch angegeben. Endlich ergibt sich für σ_e:

$$\sigma_e = n\,\sigma_b\,\frac{y}{x} = n\,\sigma_b\,\frac{h' - x}{x} = n\,\sigma_b\,\frac{h' - k\,h'}{k\,h'} = n\,\sigma_b\,\frac{1 - k}{k} = k''\,\sigma_b\,, \qquad (22)$$

worin $k'' = \dfrac{n\,(1 - k)}{k}$ ist.

Geht man von der Beziehung (Gl. 15) für σ_e aus:

$$\sigma_e = \frac{M}{F_e\left(h - a - \dfrac{x}{3}\right)} = \frac{M}{F_e\left(h' - \dfrac{x}{3}\right)}$$

und setzt hierin den für F_e festgelegten Wert: $= \dfrac{b\,h'}{m}$ und für x die Größe $k\,h'$ ein, so ergibt sich für σ_e eine zweite Form:

$$\sigma_e = \frac{M}{\dfrac{b\,h'}{m}\left(h' - \dfrac{h'\,k}{3}\right)} = \frac{M}{b\,h'^2 \cdot \dfrac{1 - \dfrac{k}{3}}{m}} = k'''\,\frac{M}{b\,h'^2}\,, \qquad (23)$$

worin $k''' = \dfrac{m}{1 - \dfrac{k}{3}}$ ist.

Die beiden Zahlenwerte k'' und k''' liefert in Zusammenstellung I die letzte Reihe. Da man zur Ermittelung von σ_b bereits die Größe $\dfrac{M}{b\,h'^2}$ berechnen muß, so wird es ohne erhebliche Bedeutung sein, ob man die eine oder andere Form für die Ermittelung von σ_e benutzt. Die Zusammenstellung ist — wie auch die beispielsweise Anwendung in Abschnitt 13 erkennen läßt, in hohem Grade geeignet, die Rechenarbeit zu vereinfachen.

Zusammensetzung I

der bei der Berechnung von einfach bewehrten Platten und Balken rechteckigen Querschnittes bei $n = 15$ sich bei **gegebenem Prozentgehalt an Eisen** unter Einführung des Hilfswertes $m = \dfrac{b(h - a)}{F_e} = \dfrac{b\,h'}{F_e}$ ergebenden Werte x, σ_b und σ_e [1]).

F_e in %	$m = \dfrac{b\,h'}{F_e}$	$x = k\,h'$	$\sigma_b = k'\,\dfrac{M}{b\,h'^2}$	$\sigma_e = k'''\,\dfrac{M}{b\,h'^2} = k''\,\sigma_b$
1,00	100	$0,418 \cdot h'$	$5,561 \cdot \dfrac{M}{b \cdot h'^2}$	$116,2 \cdot \dfrac{M}{b \cdot h'^2} = 20,894 \cdot \sigma_b$
0,95	105	$0,410 \cdot ,,$	$5,645 \cdot\ ,,$	$121,6 \cdot\quad ,, \quad = 21,548 \cdot ,,$
0,91	110	$0,403 \cdot ,,$	$5,728 \cdot\ ,,$	$127,1 \cdot\quad ,, \quad = 22,186 \cdot ,,$
0,87	115	$0,397 \cdot ,,$	$5,810 \cdot\ ,,$	$132,5 \cdot\quad ,, \quad = 22,810 \cdot ,,$
0,83	120	$0,390 \cdot ,,$	$5,890 \cdot\ ,,$	$138,0 \cdot\quad ,, \quad = 23,423 \cdot ,,$
0,80	125	$0,384 \cdot ,,$	$5,968 \cdot\ ,,$	$143,4 \cdot\quad ,, \quad = 24,024 \cdot ,,$
0,77	130	$0,379 \cdot ,,$	$6,045 \cdot\ ,,$	$148,8 \cdot\quad ,, \quad = 24,612 \cdot ,,$
0,74	135	$0,373 \cdot ,,$	$6,120 \cdot\ ,,$	$154,2 \cdot\quad ,, \quad = 25,191 \cdot ,,$
0,71	140	$0,368 \cdot ,,$	$6,195 \cdot\ ,,$	$159,6 \cdot\quad ,, \quad = 25,760 \cdot ,,$
0,69	145	$0,363 \cdot ,,$	$6,268 \cdot\ ,,$	$165,0 \cdot\quad ,, \quad = 26,320 \cdot ,,$
0,67	150	$0,358 \cdot ,,$	$6,340 \cdot\ ,,$	$170,3 \cdot\quad ,, \quad = 26,870 \cdot ,,$
0,645	155	$0,354 \cdot ,,$	$6,411 \cdot\ ,,$	$175,7 \cdot\quad ,, \quad = 27,411 \cdot ,,$
0,63	160	$0,349 \cdot ,,$	$6,480 \cdot\ ,,$	$181,1 \cdot\quad ,, \quad = 27,943 \cdot ,,$
0,61	165	$0,345 \cdot ,,$	$6,549 \cdot\ ,,$	$186,4 \cdot\quad ,, \quad = 28,468 \cdot ,,$
0,59	170	$0,341 \cdot ,,$	$6,617 \cdot\ ,,$	$191,8 \cdot\quad ,, \quad = 28,987 \cdot ,,$
0,57	175	$0,337 \cdot ,,$	$6,684 \cdot\ ,,$	$197,2 \cdot\quad ,, \quad = 29,496 \cdot ,,$
0,56	180	$0,333 \cdot ,,$	$6,750 \cdot\ ,,$	$202,5 \cdot\quad ,, \quad = 30,000 \cdot ,,$
0,54	185	$0,330 \cdot ,,$	$6,816 \cdot\ ,,$	$207,9 \cdot\quad ,, \quad = 30,497 \cdot ,,$
0,52	190	$0,326 \cdot ,,$	$6,878 \cdot\ ,,$	$213,1 \cdot\quad ,, \quad = 30,987 \cdot ,,$
0,51	195	$0,323 \cdot ,,$	$6,943 \cdot\ ,,$	$218,5 \cdot\quad ,, \quad = 31,471 \cdot ,,$
0,50	200	$0,319 \cdot ,,$	$7,008 \cdot\ ,,$	$223,9 \cdot\quad ,, \quad = 31,949 \cdot ,,$
0,48	205	$0,316 \cdot ,,$	$7,068 \cdot\ ,,$	$229,2 \cdot\quad ,, \quad = 32,422 \cdot ,,$
0,476	210	$0,313 \cdot ,,$	$7,130 \cdot\ ,,$	$234,5 \cdot\quad ,, \quad = 32,889 \cdot ,,$
0,465	215	$0,310 \cdot ,,$	$7,190 \cdot\ ,,$	$239,8 \cdot\quad ,, \quad = 33,350 \cdot ,,$
0,455	220	$0,307 \cdot ,,$	$7,250 \cdot\ ,,$	$245,1 \cdot\quad ,, \quad = 33,807 \cdot ,,$
0,445	225	$0,305 \cdot ,,$	$7,309 \cdot\ ,,$	$250,4 \cdot\quad ,, \quad = 34,259 \cdot ,,$
0,435	230	$0,302 \cdot ,,$	$7,368 \cdot\ ,,$	$255,7 \cdot\quad ,, \quad = 34,706 \cdot ,,$
0,425	235	$0,299 \cdot ,,$	$7,427 \cdot\ ,,$	$261,0 \cdot\quad ,, \quad = 35,146 \cdot ,,$
0,416	240	$0,297 \cdot ,,$	$7,484 \cdot\ ,,$	$266,3 \cdot\quad ,, \quad = 35,584 \cdot ,,$
0,410	245	$0,294 \cdot ,,$	$7,542 \cdot\ ,,$	$271,6 \cdot\quad ,, \quad = 36,017 \cdot ,,$
0,400	250	$0,292 \cdot ,,$	$7,598 \cdot\ ,,$	$276,9 \cdot\quad ,, \quad = 36,445 \cdot ,,$
0,393	255	$0,289 \cdot ,,$	$7,654 \cdot\ ,,$	$282,2 \cdot\quad ,, \quad = 36,871 \cdot ,,$
0,386	260	$0,287 \cdot ,,$	$7,709 \cdot\ ,,$	$287,5 \cdot\quad ,, \quad = 37,292 \cdot ,,$
0,378	265	$0,285 \cdot ,,$	$7,764 \cdot\ ,,$	$292,8 \cdot\quad ,, \quad = 37,708 \cdot ,,$
0,371	270	$0,282 \cdot ,,$	$7,819 \cdot\ ,,$	$298,1 \cdot\quad ,, \quad = 38,121 \cdot ,,$
0,364	275	$0,280 \cdot ,,$	$7,873 \cdot\ ,,$	$303,3 \cdot\quad ,, \quad = 38,529 \cdot ,,$

[1]) Für $n = 10$ und bestimmte Prozentgehalte des Eisens im Vergleiche zu dem nutzbaren Betonquerschnitte $(b\,h') = \varphi$ sind in der nachstehenden Zusammenstellung die Werte x angegeben:

φ %	$x =$	φ %	$x =$	φ %	$x =$	φ %	$x =$
1,00	$0,358\,h'$	0,80	$0,328\,h'$	0,60	$0,292\,h'$	0,40	$0,246\,h'$
0,95	$0,351\,h'$	0,75	$0,321\,h'$	0,55	$0,287\,h'$		
0,90	$0,344\,h'$	0,70	$0,311\,h'$	0,50	$0,270\,h'$		
0,85	$0,336\,h'$	0,65	$0,302\,h'$	0,45	$0,258\,h'$		

Die Querschnittbemessung einfach und doppelt bewehrter Rechtecksquerschnitte.

In der Mehrzahl der Fälle wird es sich nicht um eine (baupolizei-liche) Nachprüfung der im gegebenen Querschnitte bei bestimmter Be-lastung auftretenden Spannungen, sondern um eine Bestimmung der Hauptquerschnittsabmessungen $h' = h - a$ und F_e bzw. beim doppelt bewehrten Rechtecksquerschnitte zudem um F_e' handeln, bei ihm auch unter Umständen um die Entscheidung, ob eine einfache Bewehrung ausreicht oder eine Doppelarmierung am Platze ist. Hier-bei wird davon auszugehen sein, daß die Spannungen bekannt, und zur guten wirtschaftlichen Querschnittsausnutzung möglichst ihre zugelassenen Größtwerte zugrunde zu legen sind. Die Breite b wird im allgemeinen angenommen werden können, namentlich bei Platten = der Einheit 100 cm oder 1 cm, bei Rechtecks-Balkenquerschnitten aber in der Regel durch die örtlichen Verhältnisse in engen Grenzen liegen bzw. fest bestimmt sein.

Aus der Hauptgleichung:

$$\sigma_e = n \, \sigma_b \, \frac{y}{x} = n \, \sigma_b \, \frac{h' - x}{x}$$

folgt:

$$x = \frac{n \, \sigma_b \, h' - n \, \sigma_b \, x}{\sigma_e} \; ; \qquad x + \frac{n \, \sigma_b \, x}{\sigma_e} = \frac{n \, \sigma_b \, h'}{\sigma_e} \; ;$$

$$x = \frac{n \, \sigma_b}{\sigma_e + n \, \sigma_b} \, h' = s \, h' = k_1 \, h'{}^1). \qquad (24)$$

Hierin ist der Festwert $s = k_1$ ein Ausdruck, der nur abhängig ist von der Größe $n = \dfrac{E_e}{E_b} = 15$ (bzw. in besonderen Fällen $= 10$) und den zulässigen Spannungen σ_b bzw. σ_e. Ist z. B. $\sigma_b = 40$, $\sigma_e = 1200$ kg/qcm, so wird $s = k_1 = \dfrac{15 \cdot 40}{1200 + 15 \cdot 40} = \dfrac{600}{1800} = 0{,}333$. Führt man somit die Grenz-werte der erlaubten Spannungen ein, so ist die Lage der neutralen Achse, ähnlich wie in Zusammenstellung I, eine einfache Funktion von h', nur daß jetzt die Spannungswerte, vorher der Prozentgehalt an Eisen, bestimmend sind. Für Werte von $n = 15$ bzw. $n = 10$ und Span-nungen $\sigma_e = 1200, 1000, 900$ und 750, sowie $\sigma_b = 60$ bis 20 stellen die nach-folgenden Zusammenstellungen II und III in ihren dritten bzw. letzten

---

[1]) Dieselbe Beziehung läßt sich auch ohne weiteres aus der Gleichung:

$$\frac{x}{h' - x} = \frac{n \, \sigma_b}{\sigma_e}$$

unter Anwendung der bekannten mathematischen Regel herleiten:

$$\frac{a}{b} = \frac{c}{d} \; ; \quad \frac{a}{b + a} = \frac{c}{d + c} \; ; \quad \frac{x}{h' - x + x} = \frac{n \, \sigma_b}{\sigma_e + n \, \sigma_b} \; ; \quad x = \frac{n \, \sigma_b}{\sigma_e + n \, \sigma_b} \cdot h' = s \, h' = k_1 \, h'$$

wie zu beweisen.

Reihen die Werte k_1 dar. Vergleicht man die Tabellenwerte mit denen der Zusammenstellung I, so kann man hieraus entnehmen bzw. besonders berechnen, welches Bewehrungsverhältnis der Innehaltung bestimmter zulässiger Spannungen entspricht. So ergibt sich z. B. bei $n = 15$ für:

σ_b	σ_e	das Prozentverhältnis der Bewehrung =	bei der Konstanten:
50 kg/qcm	1200 kg/qcm	0,80	$k_1 = s = 0,385$
50 ,,	1000 ,,	1,10	$k_1 = s = 0,429$
45 ,,	1200 ,,	0,68	$k_1 = s = 0,360$
45 ,,	1000 ,,	0,91	$k_1 = s = 0,403$
40 ,,	1200 ,,	0,56	$k_1 = s = 0,333$
40 ,,	1000 ,,	0,75	$k_1 = s = 0,375$
35 ,,	1200 ,,	0,44	$k_1 = s = 0,304$
35 ,,	1000 ,,	0,60	$k_1 = s = 0,344$
30 ,,	1200 ,,	0,333	$k_1 = s = 0,273$
30 ,,	1000 ,,	0,47	$k_1 = s = 0,310$

Nach Auffindung von x ist auch c, der Hebelarm der inneren Kräfte, bekannt:

$$c = h' - \frac{x}{3} = h' - k_1 \frac{h'}{3} = \left(1 - \frac{k_1}{3}\right) h' = k_2 h' , \qquad (24\,\text{a})$$

worin also $k_2 = 1 - \dfrac{k_1}{3}$, also z. B. für

$$\sigma_b = 40 , \; \sigma_e = 1200 \text{ kg/qcm} = 1 - \frac{0,333}{3} = 0,889$$

ist.

Um das bisher noch nicht bekannte $h' = h - a$ zu finden, geht man von Gleichung (14) aus:

$$\sigma_b = \frac{2\,M}{b\,x\left(h' - \dfrac{x}{3}\right)} = \frac{2\,M}{b\,s\,h'\left(h' - \dfrac{s\,h'}{3}\right)} = \frac{2\,M}{b\,h'^2\,s\left(1 - \dfrac{s}{3}\right)} .$$

Hieraus folgt:

$$h' = h - a = \sqrt{\frac{M}{b}} \cdot \sqrt{\frac{2}{\left(1 - \dfrac{s}{3}\right) s \cdot \sigma_b}} = r \sqrt{\frac{M}{b}} = k_3 \sqrt{\frac{M}{b}} , \qquad (25)$$

worin $r = k_3$ den Zahlenwert unter der zweiten Wurzel, also einen Wert, der sich wiederum nur aus den zulässigen Spannungen und n zusammensetzt, darstellt. In den Zusammenstellungen II und III sind die Werte für r in den vierten bzw. zweiten Spalten enthalten.

Aus der Beziehung, daß das Moment der inneren Kräfte = dem der äußeren Kräfte sein muß, folgt:

$$Z_e\,c = F_e\,\sigma_e\,k_2\,h' = M .$$

Demgemäß ist:

$$F_c = \frac{M}{h'\,\sigma_e\,k_2} \quad \text{und da} \quad h' = k_3\sqrt{\frac{M}{b}};\quad \text{oder}\quad M = \frac{h'^2 \cdot b}{k_3^2}\ \text{ist,}$$

$$F_e = \frac{h'^2 \cdot b}{k_3^2\,h'\,\sigma_e\,k_2} = \frac{h'\,b}{k_4} = w\,h'\,b = 100\,w\,h' \ \text{für eine Plattenbreite} = 100\ \text{cm} \quad (26^{\mathrm{a}})$$

Hierin ist:

$$k_4 = \sigma_c\,k_2\,k_3^2\,.$$

Ferner gilt für F_e (Gl. 15):

$$F_e = \frac{M}{\sigma_e\left(h - a - \dfrac{x}{3}\right)} = \frac{M}{\sigma_e\left(h' - \dfrac{x}{3}\right)} = \frac{M}{\sigma_e\,h'\left(1 - \dfrac{s}{3}\right)} = \frac{M}{\sigma_e\,r\sqrt{\dfrac{M}{b}}\left(1 - \dfrac{s}{3}\right)}$$

$$= \sqrt{M \cdot b}\cdot\frac{1}{\sigma_e\,r\left(1 - \dfrac{s}{3}\right)} = t\cdot\sqrt{M \cdot b} = k_5'\,\sqrt{M \cdot b}\,. \quad (26^{\mathrm{b}})$$

Hierin ist $t = k_5'$ wiederum, da sein Wert sich ausschließlich aus r und s, also aus Spannungswerten und n zusammensetzt, eine bekannte Größe, wenn man die zulässigen Spannungszahlen einsetzt. In den Tabellen II und III enthalten die Reihen 5 bzw. 3 die Werte für t.

Setzt man in die obige Gleichung $F_e = \dfrac{M}{h'\,\sigma_e\,k_2}$ für h' den Wert $k_3\sqrt{\dfrac{M}{b}}$ ein, so wird

$$F_e\,\sigma_e\,k_2\,k_3\sqrt{\frac{M}{b}} = M\,.$$

$$F_e = \frac{M}{\sqrt{\dfrac{M}{b}}\,\sigma_e\,k_2\,k_3} = \frac{\sqrt{M \cdot b}}{\sigma_e\,k_2\,k_3} = \sqrt{\frac{M \cdot b}{k_5}}\,, \quad (26^{\mathrm{c}})$$

worin also $k_5 = (\sigma_e\,k_2\,k_3)^2$ ist. Endlich ergibt eine Zusammenfassung der oben gefundenen Beziehungen für F_e:

$$F_e = \frac{b\,h'}{k_4} = \sqrt{\frac{M \cdot b}{k_5}} \quad \text{eine Gleichung für } M\,.$$

$$M = \frac{b\,h'^2 \cdot k_5}{k_4^2} = \frac{b\,h'^2}{\dfrac{k_4^2}{k_5}} = \frac{b\,h'^2}{k_6}\,. \quad (27)$$

Die nachfolgenden Zusammenstellungen enthalten einen Teil bzw. alle der voranstehend errechneten Festwerte. Tabelle II — aufgeführt in den Musterbeispielen zu den Bestimmungen für Ausführung von Bauten aus Eisenbeton vom 13. I. 1916[1]) — enthält für $n = 15$ und eine größere Anzahl von Spannungsverhältnissen die Festwerte $s = k_1$, $r = k_3$, $t = k_5'$ und $w = \dfrac{1}{k_4}$. Tabelle III enthält für einige häufiger

---

[1]) Vgl. Zentralbl. d Bauw. 1919, Nr. 48.

vorkommende Spannungsverhältnisse die Werte $s = k_1$, $r = k_3$ und $t = k_5'$ für $n = 10$. Tabelle IV a—d endlich gibt für die Spannungen $\sigma_e = 750, 900, 1000$ und 1200 kg/qcm, und für $\sigma_b = 10$—60 kg/qcm die Zahlwerte $k_1, k_2, k_3, k_4, k_5, k_6$; sie eignet sich besonders für alle entsprechenden Aufgaben der Praxis. Bei Benutzung der Tabellen ist genau auf die Einheiten zu achten. Während die Zusammenstellungen II und III alle Einheiten in cm bzw. kg oder deren Vereinigung voraussetzen, sind (vgl. auch den Tabellenkopf) bei Zusammenstellung IV a—d die Momente in t · cm —, die Längen und F_e in cm bzw. cm² —, die Spannungen in t/qcm Einheiten zugrunde gelegt.

Zusammenstellung II

zur Bestimmung der Nullinie (x), zur Berechnung der Plattenhöhe (h') und der Eiseneinlage F_e aus gegebenem Moment und den zulässigen Spannungen für $n = 15$;

$$x = k_1 h'; \qquad h' = k_3 \sqrt{\frac{M}{b}}; \qquad F_e = k_5' \sqrt{M \cdot b} = \frac{1}{k_4} h' b = w \cdot 100\, h'.$$

Werte in kg/qcm von		Zugehörige Werte von			
σ_e	σ_b	$s = k_1$ für x	$r = k_3$ für h'	$t = k_5'$ für F_e	$w = \dfrac{1}{k_4}$ für F_e (für $b = 100$ cm)
1200	60	$0{,}429 \cdot h'$	$0{,}302 \cdot \sqrt{\dfrac{M}{b}}$	$0{,}00323 \cdot \sqrt{M \cdot b} =$	$1{,}071 \cdot h'$
1200	58	$0{,}420 \cdot ,,$	$0{,}309 \cdot ,,$	$0{,}00314 \cdot \quad ,, \quad =$	$1{,}016 \cdot ,,$
1200	56	$0{,}412 \cdot ,,$	$0{,}317 \cdot ,,$	$0{,}00305 \cdot \quad ,, \quad =$	$0{,}961 \cdot ,,$
1200	54	$0{,}403 \cdot ,,$	$0{,}326 \quad ,,$	$0{,}00295 \cdot \quad ,, \quad =$	$0{,}907 \cdot ,,$
1200	52	$0{,}394 \cdot ,,$	$0{,}335 \quad ,,$	$0{,}00286 \cdot \quad ,, \quad =$	$0{,}854 \cdot ,,$
1200	50	$0{,}385 \cdot ,,$	$0{,}345 \quad ,,$	$0{,}00277 \cdot \quad ,, \quad =$	$0{,}801 \cdot ,,$
1200	48	$0{,}375 \cdot ,,$	$0{,}356 \quad ,,$	$0{,}00267 \cdot \quad ,, \quad =$	$0{,}750 \cdot ,,$
1200	46	$0{,}365 \cdot ,,$	$0{,}368 \cdot ,,$	$0{,}00258 \cdot \quad ,, \quad =$	$0{,}700 \cdot ,,$
1200	44	$0{,}355 \cdot ,,$	$0{,}381 \cdot ,,$	$0{,}00248 \cdot \quad ,, \quad =$	$0{,}651 \cdot ,,$
1200	42	$0{,}344 \cdot ,,$	$0{,}395 \cdot ,,$	$0{,}00238 \cdot \quad ,, \quad =$	$0{,}602 \cdot ,,$
1200	40	$0{,}333 \cdot ,,$	$0{,}411 \cdot ,,$	$0{,}00228 \cdot \quad ,, \quad =$	$0{,}556 \cdot ,,$
1200	38	$0{,}322 \cdot ,,$	$0{,}428 \cdot ,,$	$0{,}00218 \cdot \quad ,, \quad =$	$0{,}510 \cdot ,,$
1200	36	$0{,}310 \cdot ,,$	$0{,}447 \cdot ,,$	$0{,}00208 \cdot \quad ,, \quad =$	$0{,}466 \cdot ,,$
1200	34	$0{,}298 \cdot ,,$	$0{,}468 \cdot ,,$	$0{,}00198 \cdot \quad ,, \quad =$	$0{,}423 \cdot ,,$
1200	32	$0{,}286 \cdot ,,$	$0{,}492 \cdot ,,$	$0{,}00187 \cdot \quad ,, \quad =$	$0{,}381 \cdot ,,$
1200	30	$0{,}273 \cdot ,,$	$0{,}519 \cdot ,,$	$0{,}00177 \cdot \quad ,, \quad =$	$0{,}341 \cdot ,,$
1200	28	$0{,}259 \cdot ,,$	$0{,}549 \cdot ,,$	$0{,}00166 \cdot \quad ,, \quad =$	$0{,}302 \cdot ,,$
1200	26	$0{,}245 \cdot ,,$	$0{,}584 \cdot ,,$	$0{,}00155 \cdot \quad ,, \quad =$	$0{,}266 \cdot ,,$
1200	24	$0{,}231 \cdot ,,$	$0{,}625 \cdot ,,$	$0{,}00144 \cdot \quad ,, \quad =$	$0{,}231 \cdot ,,$
1200	22	$0{,}216 \cdot ,,$	$0{,}674 \cdot ,,$	$0{,}00133 \cdot \quad ,, \quad =$	$0{,}198 \cdot ,,$
1200	20	$0{,}200 \cdot ,,$	$0{,}732 \cdot ,,$	$0{,}00122 \cdot \quad ,, \quad =$	$0{,}167 \cdot ,,$
1000	50	$0{,}429 \cdot ,,$	$0{,}330 \cdot ,,$	$0{,}00354 \cdot \quad ,, \quad =$	$1{,}071 \cdot ,,$
1000	48	$0{,}419 \cdot ,,$	$0{,}340 \cdot ,,$	$0{,}00342 \cdot \quad ,, \quad =$	$1{,}005 \cdot ,,$
1000	46	$0{,}408 \cdot ,,$	$0{,}351 \cdot ,,$	$0{,}00330 \cdot \quad ,, \quad =$	$0{,}939 \cdot ,,$
1000	44	$0{,}398 \cdot ,,$	$0{,}363 \cdot ,,$	$0{,}00318 \cdot \quad ,, \quad =$	$0{,}875 \cdot ,,$
1000	42	$0{,}387 \cdot ,,$	$0{,}376 \cdot ,,$	$0{,}00305 \cdot \quad ,, \quad =$	$0{,}812 \cdot ,,$
1000	40	$0{,}375 \cdot ,,$	$0{,}390 \cdot ,,$	$0{,}00293 \cdot \quad ,, \quad =$	$0{,}750 \cdot ,,$
1000	38	$0{,}363 \cdot ,,$	$0{,}406 \cdot ,,$	$0{,}00280 \cdot \quad ,, \quad =$	$0{,}690 \cdot ,,$

Werte in kg/qcm von		Zugehörige Werte von			$w = \dfrac{1}{k_4}$ für F_e (für $b = 100$ cm)
σ_e	σ_b	$s = k_1$ für x	$r = k_2$ für h'	$t = k_5'$ für F_e	
1000	36	$0{,}351 \cdot h'$	$0{,}424 \cdot \sqrt{\dfrac{M}{b}}$	$0{,}00267 \cdot \sqrt{M \cdot b} =$	$0{,}631 \cdot h'$
1000	35	$0{,}344 \cdot {,,}$	$0{,}433 \cdot {,,}$	$0{,}00261 \cdot {,,} =$	$0{,}602 \cdot {,,}$
1000	34	$0{,}338 \cdot {,,}$	$0{,}443 \cdot {,,}$	$0{,}00254 \cdot {,,} =$	$0{,}574 \cdot {,,}$
1000	32	$0{,}324 \cdot {,,}$	$0{,}465 \cdot {,,}$	$0{,}00241 \cdot {,,} =$	$0{,}519 \cdot {,,}$
1000	30	$0{,}310 \cdot {,,}$	$0{,}489 \cdot {,,}$	$0{,}00228 \cdot {,,} =$	$0{,}466 \cdot {,,}$
1000	28	$0{,}296 \cdot {,,}$	$0{,}518 \cdot {,,}$	$0{,}00214 \cdot {,,} =$	$0{,}414 \cdot {,,}$
1000	26	$0{,}281 \cdot {,,}$	$0{,}550 \cdot {,,}$	$0{,}00201 \cdot {,,} =$	$0{,}365 \cdot {,,}$
1000	24	$0{,}265 \cdot {,,}$	$0{,}588 \cdot {,,}$	$0{,}00187 \cdot {,,} =$	$0{,}318 \cdot {,,}$
1000	22	$0{,}248 \cdot {,,}$	$0{,}632 \cdot {,,}$	$0{,}00172 \cdot {,,} =$	$0{,}273 \cdot {,,}$
1000	20	$0{,}231 \cdot {,,}$	$0{,}685 \cdot {,,}$	$0{,}00158 \cdot {,,} =$	$0{,}231 \cdot {,,}$
900	35	$0{,}368 \cdot {,,}$	$0{,}420 \cdot {,,}$	$0{,}00301 \cdot {,,} =$	$0{,}716 \cdot {,,}$
900	34	$0{,}362 \cdot {,,}$	$0{,}430 \cdot {,,}$	$0{,}00294 \cdot {,,} =$	$0{,}683 \cdot {,,}$
900	32	$0{,}348 \cdot {,,}$	$0{,}451 \cdot {,,}$	$0{,}00279 \cdot {,,} =$	$0{,}618 \cdot {,,}$
900	30	$0{,}333 \cdot {,,}$	$0{,}474 \cdot {,,}$	$0{,}00264 \cdot {,,} =$	$0{,}556 \cdot {,,}$
900	28	$0{,}318 \cdot {,,}$	$0{,}501 \cdot {,,}$	$0{,}00248 \cdot {,,} =$	$0{,}495 \cdot {,,}$
900	26	$0{,}302 \cdot {,,}$	$0{,}532 \cdot {,,}$	$0{,}00232 \cdot {,,} =$	$0{,}437 \cdot {,,}$
900	24	$0{,}286 \cdot {,,}$	$0{,}568 \cdot {,,}$	$0{,}00216 \cdot {,,} =$	$0{,}381 \cdot {,,}$
900	22	$0{,}268 \cdot {,,}$	$0{,}610 \cdot {,,}$	$0{,}00200 \cdot {,,} =$	$0{,}328 \cdot {,,}$
900	20	$0{,}250 \cdot {,,}$	$0{,}661 \cdot {,,}$	$0{,}00183 \cdot {,,} =$	$0{,}278 \cdot {,,}$
750	30	$0{,}375 \cdot {,,}$	$0{,}451 \cdot {,,}$	$0{,}00338 \cdot {,,} =$	$0{,}750 \cdot {,,}$
750	28	$0{,}359 \cdot {,,}$	$0{,}476 \cdot {,,}$	$0{,}00319 \cdot {,,} =$	$0{,}670 \cdot {,,}$
750	26	$0{,}342 \cdot {,,}$	$0{,}504 \cdot {,,}$	$0{,}00299 \cdot {,,} =$	$0{,}593 \cdot {,,}$
750	24	$0{,}324 \cdot {,,}$	$0{,}537 \cdot {,,}$	$0{,}00279 \cdot {,,} =$	$0{,}519 \cdot {,,}$
750	22	$0{,}306 \cdot {,,}$	$0{,}576 \cdot {,,}$	$0{,}00258 \cdot {,,} =$	$0{,}448 \cdot {,,}$
750	20	$0{,}286 \cdot {,,}$	$0{,}622 \cdot {,,}$	$0{,}00237 \cdot {,,} =$	$0{,}381 \cdot {,,}$

Zusammenstellung III

zur Berechnung der Plattenhöhe $h' = h - a$ und der Eiseneinlage F_e aus gegebenem Moment und zulässiger Spannung für $n = 10$;

$$h' = h - a = r \sqrt{\dfrac{M}{b}}\,; \qquad F_e = t \sqrt{M \cdot b}\,; \qquad x = s(h - a)\,.$$

σ_b	$\sigma_e = 1200$			σ_b	$\sigma_e = 1000$		
	$r = k_2$	$t = k_5'$	$s = k_1$		$r = k_2$	$t = k_5'$	$s = k_1$
45	0,422	0,002158	0,272	45	0,396	0,002765	0,311
40	0,468	0,001950	0,250	40	0,438	0,002503	0,286
35	0,523	0,001722	0,226	35	0,490	0,002223	0,266
30	0,595	0,001487	0,200	30	0,559	0,001935	0,231
25	0,702	0,001260	0,172	25	0,655	0,001638	0,200
20	0,854	0,001016	0,143	20	0,798	0,001330	0,167

σ_b	$\sigma_e = 900$			σ_b	$\sigma_e = 800$		
	$r = k_2$	$t = k_5'$	$s = k_1$		$r = k_2$	$t = k_5'$	$s = k_1$
45	0,387	0,003225	0,333	45	0,381	0,003858	0,360
40	0,426	0,002912	0,308	40	0,401	0,003342	0,333
35	0,475	0,002586	0,280	35	0,457	0,003042	0,304
30	0,540	0,002250	0,250	30	0,517	0,002644	0,272
25	0,630	0,001902	0,217	25	0,605	0,002251	0,238
20	0,765	0,001545	0,182	20	0,730	0,001825	0,200

Zusammenstellung IVa—IVd
für einfach bewehrte Rechtecksquerschnitte (ohne Berücksichtigung der Zugspannungen im Beton)[1]).

Tabelle IVa u. IVb.

Spannungen in t/qcm, Momente in t · cm, Längen in cm. Bewehrung in qcm[2]).

	IVa						IVb					
	$\sigma_e = 0{,}750$ t/cm².						$\sigma_e = 0{,}900$ t/cm².					
σ_b	$z = k_1 \cdot h'$	$c = k_2 \cdot h'$	$h' = k_3 \cdot \sqrt{\dfrac{M}{b}}$	$F_e = \dfrac{b \cdot h'}{k_4}$	$F_e = \sqrt{\dfrac{M \cdot b}{k_5}}$	$M = \dfrac{b \cdot h'^2}{k_6}$	$z = k_1 \cdot h'$	$c = k_2 \cdot h'$	$h' = k_3 \cdot \sqrt{\dfrac{M}{b}}$	$F_e = \dfrac{b \cdot h'}{k_4}$	$F_e = \sqrt{\dfrac{M \cdot b}{k_5}}$	$M = \dfrac{b \cdot h'^2}{k_6}$
1	2	3	4	5	6	7	2	3	4	5	6	7
0,010	0,167	0,944	35,6	900	638	1271	0,143	0,952	38,3	1260	1080	1470
0,012	0,194	0,935	30,3	646	453	920	0,167	0,944	32,5	900	765	1059
0,014	0,219	0,927	26,5	490	340	704	0,189	0,937	28,4	629	573	806
0,015	0,231	0,923	25,0	433	300	626	0,200	0,933	26,7	600	504	714
0,016	0,242	0,919	23,7	387	267	561	0,211	0,930	25,3	534	447	639
0,018	0,265	0,912	21,5	315	215	460	0,231	0,923	22,8	433	358	522
0,020	0,286	0,905	19,67	263	178	387	0,250	0,917	20,9	360	297	436
0,022	0,306	0,898	18,20	223	150	331	0,268	0,911	19,29	305	250	372
0,024	0,324	0,892	16,97	193	129	288	0,286	0,905	17,96	263	214	322
0,025	0,333	0,889	16,43	180	120	270	0,294	0,902	17,37	245	199	302
0,026	0,342	0,886	15,93	169	112	254	0,302	0,899	16,82	229	185	283
0,028	0,359	0,880	15,03	149	98,5	226	0,318	0,894	15,85	202	163	251
0,030	0,375	0,875	14,25	133	87,5	203	0,333	0,889	15,00	180	144	225
0,032	0,390	0,870	13,57	120	78,4	184	0,348	0,884	14,26	162	129	203
0,034	0,405	0,865	12,96	109	70,7	168	0,362	0,879	13,60	146	116	185
0,035	0,412	0,863	12,68	104	67,3	161	0,368	0,877	13,30	140	110	177
0,036	0,419	0,860	12,42	99,5	64,2	154	0,375	0,875	13,01	133	105	169
0,038	0,432	0,856	11,93	91,4	58,7	142	0,388	0,871	12,49	122	95,7	156
0,040	0,444	0,852	11,49	84,3	53,9	132	0,400	0,867	12,01	113	87,8	144
0,042	0,457	0,848	11,09	78,2	49,7	123	0,412	0,863	11,58	104	80,8	134
0,044	0,468	0,844	10,73	72,8	46,1	115	0,423	0,859	11,18	96,7	74,8	125
0,045	0,474	0,842	10,56	70,3	44,4	111	0,429	0,857	11,00	93,3	72,0	121
0,046	0,479	0,840	10,39	68,1	42,9	108	0,434	0,855	10,82	90,2	69,4	117
0,048	0,490	0,837	10,08	63,8	40,0	102	0,444	0,852	10,49	84,4	64,7	110
0,050	0,500	0,833	9,80	60,0	37,5	96,0	0,455	0,848	10,18	79,2	60,5	104
0,060	0,545	0,818	8,64	45,8	28,1	74,7	0,500	0,833	8,95	60,0	45,0	80,0
σ_b	k_1	k_2	k_3	k_4	k_5	k_6	k_1	k_2	k_3	k_4	k_5	k_6

[1]) Berechnet von B. Loeser, Dresden. — [2]) Vgl. S. 157 und 161.

Tabelle IVc u. IVd[1]

	IVc						IVd					
	$\sigma_e = 1{,}000$ t/cm².						$\sigma_e = 1{,}200$ t/cm².					
σ_b	$x = k_1 \cdot h'$	$c = k_2 \cdot h'$	$h' = k_3 \cdot \sqrt{\dfrac{M}{b}}$	$F_4 = \dfrac{b \cdot h'}{k_4}$	$F_e = \sqrt{\dfrac{M \cdot b}{k_5}}$	$M = \dfrac{l \cdot h'^2}{k_6}$	$x = k_1 \cdot h'$	$c = k_2 \cdot h'$	$h' = k_3 \cdot \sqrt{\dfrac{M}{b}}$	$F_4 = \dfrac{b \cdot h'}{k_4}$	$F_e = \sqrt{\dfrac{M \cdot b}{k_5}}$	$M = \dfrac{b \cdot h'^2}{k_6}$
1	2	3	4	5	6	7	2	3	4	5	6	7
0,010	0,130	0,957	40,0	1533	1467	1603	0,111	0,963	43,2	2160	2496	1869
0,012	0,153	0,949	33,9	1092	1037	1151	0,130	0,957	36,6	1533	1760	1336
0,014	0,174	0,942	29,6	823	776	874	0,149	0,950	31,8	1151	1312	1009
0,015	0,184	0,939	27,8	726	681	773	0,158	0,947	29,9	1013	1152	891
0,016	0,194	0,936	26,3	646	604	691	0,167	0,944	28,2	900	1020	974
0,018	0,213	0,929	23,8	523	486	565	0,184	0,939	25,4	726	818	645
0,020	0,231	0,923	21,7	433	400	470	0,200	0,933	23,2	600	672	536
0,022	0,248	0,917	19,99	366	336	400	0,216	0,928	21,3	506	563	446
0,024	0,265	0,912	18,58	315	287	345	0,231	0,923	19,78	433	480	391
0,025	0,273	0,909	17,96	293	267	323	0,238	0,921	19,11	403	445	365
0,026	0,281	0,907	17,39	274	249	302	0,245	0,918	18,48	376	415	342
0,028	0,296	0,901	16,37	241	218	268	0,259	0,914	17,37	331	362	302
0,030	0,310	0,897	15,48	215	193	240	0,273	0,909	16,40	293	320	269
0,032	0,324	0,892	14,70	193	172	216	0,286	0,905	15,55	263	285	242
0,034	0,338	0,887	14,01	174	155	196	0,298	0,901	14,80	237	256	219
0,035	0,344	0,885	13,69	166	147	187	0,304	0,899	14,46	225	243	209
0,036	0,351	0,883	13,40	158	140	180	0,310	0,897	14,13	215	231	200
0,038	0,363	0,879	12,84	145	127	165	0,322	0,893	13,53	196	210	183
0,040	0,375	0,875	12,34	133	117	152	0,333	0,889	12,99	180	192	169
0,042	0,387	0,871	11,89	123	107	141	0,344	0,885	12,50	166	176	156
0,044	0,399	0,867	11,48	114	99,2	132	0,355	0,882	12,05	154	163	145
0,045	0,403	0,866	11,28	110	95,5	127	0,360	0,880	11,84	148	156	140
0,046	0,408	0,864	11,10	106	92,0	123	0,365	0,878	11,65	143	151	136
0,048	0,419	0,861	10,75	99,5	85,6	116	0,375	0,875	11,27	133	140	127
0,050	0,429	0,857	10,43	93,3	78,3	109	0,385	0,872	10,92	125	131	119
0,060	0,474	0,842	9,14	70,4	59,2	83,6	0,429	0,857	9,53	93,3	96	90
σ_b	k_1	k_2	k_3	k_4	k_5	k_6	k_1	k_2	k_3	k_4	k_5	k_6

[1] Anm. vgl. S. 159.

Anmerkung zu Tabelle IV.

Die Tabelle ist, wie aus ihrem Kopfe hervorgeht, aufgestellt für Spannungsverhältnisse in der Einheit von t/qcm und für Momente in t · cm; b und h' sowie F_e ergeben sich aber in cm-Einheit, bzw. sind in dieser einzuführen. Hierdurch ist erreicht, daß die Reihen 4—7 der Tabellen große Zahlen enthalten und die für die Rechnung lästigen Dezimalen entfallen.

Als Beispiel der Festwertberechnung seien die Zahlen für eine Spannung im Beton $= \sigma_b = 40$ kg/qcm $= 0,04$ t/qcm und für eine solche in Eisen $= 1000$ kg/qcm $= 1$ t/qcm nachstehend berechnet. Es ergibt sich:

$$k_1 = \frac{n\,\sigma_b}{\sigma_b + n\,\sigma_b} = \frac{15 \cdot 0,04}{1 + 15 \cdot 0,04} = \frac{0,60}{1,60} = \frac{3}{8} = 0,375 \,.$$

$$k_2 = 1 - \frac{k_1}{3} = 1 - \frac{0,375}{3} = 0,875 \,.$$

$$k_3 = \sqrt{\frac{2}{\left(1 - \dfrac{k_1}{3}\right) k_1 \cdot \sigma_b}} = \sqrt{\frac{2}{\left(1 - \dfrac{0,375}{3}\right) 0,375 \cdot 0,040}}$$

$$= \sqrt{\frac{2}{(1 - 0,125)\,0,375 \cdot 40}} \cdot \sqrt{1000} = 0,390 \cdot 31,72 = 12,34 \,.$$

$$k_4 = \sigma_e k_2 k_3^2 = 1 \cdot 0,875 \cdot 12,34^2 = 0,875 \cdot 152,28 = 133 \,.$$

$$k_5 = (\sigma_e k_2 k_3)^2 = (1 \cdot 0,875 \cdot 12,34)^2 = (10,8)^2 = 116,6 = \text{rd. } 117 \,.$$

$$k_6 = \frac{k_4^2}{k_5} = \frac{133^2}{117} = \frac{17\,689}{117} = 152 \,.$$

Gleich wie Tabellen II und III eignen sich auch die Tabellen IV a—d zunächst zur Ermittelung der Größen x, h' und F_e, also zur Auffindung der wichtigsten Querschnittsabmessungen. Daneben aber sind sie in nicht minder einfacher und zeitsparender Weise für Nachprüfung eines vollkommen gegebenen Querschnittes zu verwenden, also zu baupolizeilicher Prüfung zu benutzen. Näheres hierüber lassen die Zahlenbeispiele am Ende dieses Abschnittes erkennen.

Handelt es sich um die Querschnittsermittelung bei rechteckigem Querschnitte und doppelter Bewehrung, so ist für den Fall, daß zunächst die äußeren Abmessungen des Betonquerschnittes bekannt (oder angenommen), also nur die Größen F_e' und F_e zu finden sind, die Rechnung folgendermaßen durchzuführen. Auch hier gilt die Beziehung zur Bestimmung von x:

$$x = \frac{n\,\sigma_b}{n\,\sigma_b + \sigma_e} \cdot h' \,,$$

da bei ihrer Herleitung nur von dem allgemeinen, für eine einfache

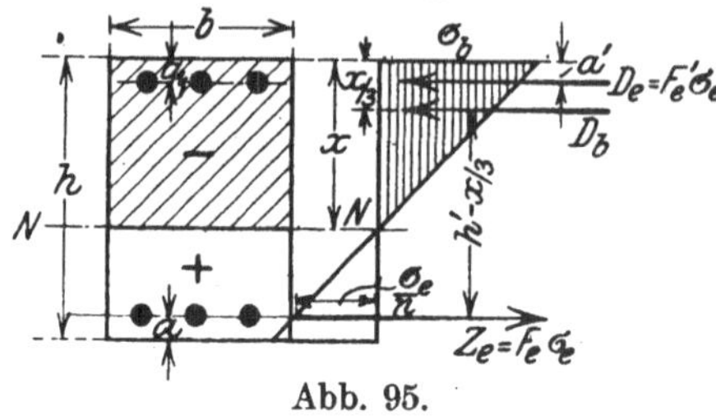

Abb. 95.

und doppelte Bewehrung gleich gültigen Hauptgesetz (S. 154, namentlich auch Anm. 1) ausgegangen ist. Stellt man eine Momentengleichung in bezug auf den Angriffspunkt der Mittelkraft des Betondruckes auf, so wird (Abb. 95):

a)
$$M = D_e \left(\frac{x}{3} - a'\right) + Z_e \left(h' - \frac{x}{3}\right)$$

$$= F'_e \sigma'_e \left(\frac{x}{3} - a'\right) + F_e \sigma_e \left(h' - \frac{x}{3}\right).$$

Ferner ist:
$$D_b + D_e = Z_e;$$

b)
$$\sigma_b \cdot \frac{x}{2} \cdot b + F'_e \sigma'_e = F_e \cdot \sigma_e.$$

Setzt man diesen Wert von $F_e \cdot \sigma_e$ in der obigen Gleichung ein, so wird:

$$M = F'_e \cdot \sigma'_e \left(\frac{x}{3} - a'\right) + \left(x \frac{\sigma_b b}{2} + F'_e \sigma'_e\right) \cdot \left(h' - \frac{x}{3}\right)$$

$$M - \sigma_b \frac{x b}{2} \left(h' - \frac{x}{3}\right) = F'_e \sigma'_e \left(h' - \frac{x}{3}\right) + F'_e \sigma'_e \left(\frac{x}{3} - a'\right)$$

$$= F'_e \sigma'_e \left(\frac{x}{3} - a' + h' - \frac{x}{3}\right) = F'_e \sigma'_e (h' - a').$$

Hieraus ergibt sich der gesuchte Wert für F'_e:

$$F'_e = \frac{M - b \left(\dfrac{3h' - x}{6}\right) x \cdot \sigma_b}{\sigma'_e (h' - a')}. \tag{28a}$$

Hiermit ist auch aus Gl. (b) F_e bekannt:

$$F_e = \frac{\dfrac{x b \sigma_b}{2} + F'_e \sigma'_e}{\sigma_e} = \frac{\dfrac{x b \sigma_b}{2 \sigma'_e} + F'_e}{\dfrac{\sigma_e}{\sigma'_e}} \;\; [1]. \tag{28b}$$

---

[1] Zur Entwickelung dieser Berechnung vgl. Arm. Beton 1918, Heft 7, von Dr. L. Wierzbicki-Wien.

Für Bemessungsfragen des einfach bewehrten Rechtecksquerschnittes und weiterhin des doppelt bewehrten, sowie auch für die Entscheidung der Frage, ob eine Bewehrung auch in der Druckzone notwendig ist, werden die Tabellen Va—c auf S. 167—172 in sehr vielen Fällen zweckmäßige Anwendung finden können. Sie setzen voraus, daß das Moment in t·cm, die Längen in cm, die Spannungen in t/qcm, die Bewehrungen in qcm eingeführt sind. M_1 ist das Moment, welches der Querschnitt $h·100$, d. h. also auf 100 cm Breite $= b_1$, bei einer einfachen Bewehrung $= f_{e1}$, aufnimmt.

Die Herleitung der Tabellen beruht auf den folgenden Gleichungen und Überlegungen:

Für den einfach bewehrten Querschnitt ist für $n = 15$ (Gl. 24):

$$\text{a)} \quad x = \frac{15\,\sigma_b}{15\,\sigma_b + \sigma_e}\,h';$$

$$\text{b)} \quad c, \text{ der Hebelarm der inneren Kräfte} = h' - \frac{x}{3} = \frac{10\,\sigma_b + \sigma_e}{15\,\sigma_b + \sigma_e}\,h'; \quad (29)$$

$$\text{c)} \quad D_b = \tfrac{1}{2} b_1 x\,\sigma_b = 50\,x.\sigma_b = 50 \cdot \frac{15\,\sigma_b}{15\,\sigma_b + \sigma_e} \cdot \sigma_b\,h';$$

$$Z_e = f_{e1} \cdot \sigma_e; \quad D_b = Z_e, \text{ also auch } f_{e1}\,\sigma_e = 50\,x\,\sigma_b;$$

$$\text{d)} \quad f_{e1} = \frac{50\,x\,\sigma_b}{\sigma_e} = 50 \cdot \frac{15\,\sigma_b}{15\,\sigma_b + \sigma_e} \frac{\sigma_b}{\sigma_e}\,h'; \quad (30)$$

$$\text{Ferner ist e)} \quad M_1 = D_b \cdot c = 50\,x\,\sigma_b\,c = 50 \cdot \frac{15\,\sigma_b}{15\,\sigma_b + \sigma_e}\,h' \cdot \frac{10\,\sigma_b + \sigma_e}{15\,\sigma_b + \sigma_e}\,h'\,\sigma_b$$

$$= \frac{750\,\sigma_b^2(10\,\sigma_b + \sigma_e)}{(15\,\sigma_b + \sigma_e)^2}\,h'^2. \quad (31)$$

Wie in Abschn. 12 späterhin nachgewiesen wird, ist für den Rechtecksquerschnitt die Schubspannung im Beton $= \tau_0. = \dfrac{Q}{b \cdot c}$, bzw. für den 100 cm breiten Querschnitt $\tau_0 = \dfrac{Q}{100\,c}$.

Für die Grenze der Schubspannung $\tau_0 = 4$ kg/qcm $= 0{,}004$ t/qcm, von der an eine Aufnahme aller Schubspannungen durch Eisen erfolgen muß und die Grenze $\tau_0 = 14 = 0{,}014$ t/qcm, bei der der gewählte Querschnitt als unzureichend abzuändern ist, ergeben sich Q-Werte:

$$\text{f)} \quad Q_4 = 100\,c \cdot 0{,}004 = 0{,}4\,h' \frac{10\,\sigma_b + \sigma_e}{15\,\sigma_b + \sigma_e}\,; \tag{32}$$

$$\text{g)} \quad Q_{14} = 1{,}4\,h' \frac{10\,\sigma_b + \sigma_e}{15\,\sigma_b + \sigma_e}. \tag{33}$$

Es sind somit alle vorentwickelten Gleichungen a—g als Funktion der nutzbaren Querschnittshöhen h' und der zulässigen Spannnngen dargestellt, also bei Festlegung von σ_b und σ_e als einfache Größen von h' darstellbar.

Nimmt man für die Spannungen die Verhältnisse von

$$\begin{aligned}
\sigma_b &= 0{,}035 \text{ t/qcm} & \sigma_e &= 1{,}000 \text{ t/qcm,} \\
\sigma_b &= 0{,}040 \quad\text{,,} & \sigma_e &= 1{,}200 \quad\text{,,} \\
\sigma_b &= 0{,}050 \quad\text{,,} & \sigma_e &= 1{,}200 \quad\text{,,}
\end{aligned}$$

so ergeben sich, auf h' bezogen, die vorgenannten Werte allgemein in der nachfolgenden Zusammenstellung:

Gleichung	Spannungen		$\sigma_b = 0{,}035$ $\sigma_e = 1{,}000$	$\sigma_b = 0{,}040$ $\sigma_e = 1{,}200$	$\sigma_b = 0{,}050$ $\sigma_e = 1{,}200$
a	Höhe der Druckzone der inneren Kräfte	$x =$	$\dfrac{21}{61}\,h'$	$\dfrac{1}{3}\,h'$	$\dfrac{5}{13}\,h'$
b	Hebelarm	$c =$	$\dfrac{54}{61}\,h'$	$\dfrac{8}{9}\,h'$	$\dfrac{34}{39}\cdot h'$
c	Druckkraft	$D_b =$	$\dfrac{147}{244}\cdot h'$	$\dfrac{2}{3}\,h'$	$\dfrac{25}{26}\,h'$
d	Bewehrung	$f_{e1} =$	$\dfrac{147}{244}\cdot h'$	$\dfrac{h'}{1{,}8}$	$\dfrac{25}{31{,}2}\cdot h'$
e	Moment	$M_1 =$	$\dfrac{3969}{7442}\,h'^2$	$\dfrac{16}{27}\,h'^2$	$\dfrac{425}{507}\,h'^2$
f	Querkraft bei $\tau_0 = 0{,}004$ t/qcm	$Q_4 =$	$\dfrac{21{,}6}{61}\cdot h'$	$\dfrac{3{,}2}{9}\cdot h'$	$\dfrac{13{,}6}{39}\cdot h'$
g	Querkraft $\tau_0 = 0{,}014$ t/qcm	$Q_{14} =$	$\dfrac{75{,}6}{61}\cdot h'$	$\dfrac{11{,}2}{9}\cdot h'$	$\dfrac{47{,}6}{39}\cdot h'$

Für nutzbare Höhen $h' = 5$—100 cm sind in den nachfolgenden Tabellen Va—c die Werte für die oben angegebenen Spannungsverhältnisse berechnet.

Für die Verwendung bei einfach bewehrtem Querschnitt gestatten die Tabellen die Lösung folgender Aufgaben:

1. Gegeben M und b; gesucht h' und F_e. Man berechnet aus M und b den Wert $M_1 = \dfrac{100\,M}{b}$, sucht zu diesem Werte M_1 in Spalte 4 die zugehörige Nutzhöhe h' aus Spalte 1 und aus 5 f_{e1}, und findet demgemäß:

$$F_e = \frac{b\,f_{e1}}{100}.$$

2. Gegeben M und h'; gesucht b und F_e. Mit Hilfe von h' wird M_1 gefunden in Spalte 4. Hieraus folgt: $b = \dfrac{100\,M}{M_1}$ und

$$F_e = \frac{b\,f_{e1}}{100} = f_{e1} \cdot \frac{M}{M_1}\,,$$ wobei Spalte 5 den Wert f_{e1} liefert.

3. Gegeben h' und b; gesucht F_e und M. Hier findet man: $F_e = \dfrac{f_{e1} \cdot b}{100}$; $M = \dfrac{M_1\,b}{100}$, wobei f_{e1} und M_1 für die gegebene Höhe h' aus Spalte 4 und 5 entnommen werden.

4. Die Tabelle gestattet sofort, über die Notwendigkeit von aufzubiegendem Eisen oder die Ungeeignetheit des gewählten Querschnittes Aufschluß zu erlangen. Auf 100 cm Breite wird

$$Q_1 = \frac{100\,Q}{b}.$$

Ist $Q_1 < Q_4$, so sind keine besonderen Eisen zur Aufnahme der Schubkräfte notwendig; ist $Q_1 > Q_{14}$, so versagt der gewählte Querschnitt. Innerhalb der Grenzen $Q_1 < Q_4 > Q_{14}$ sind Eisen abzubiegen bzw. solche und Bügel erforderlich.

Für eine doppelte Bewehrung des Querschnittes gewährt die Tabelle zunächst die wichtige Entscheidung, ob eine Bewehrung im Obergurte auch tatsächlich notwendig ist; weiterhin gibt sie Anhalte zur unmittelbaren Auffindung der Bewehrungsgrößen bei gegebenen Werten h' und a.

Eine doppelte Bewehrung eines Rechteckquerschnittes ist alsdann notwendig, wenn $\dfrac{M\,100}{b} > M_1$ ist, worin M_1 das Moment in Spalte 4 der Tabellen darstellt, denn alsdann reicht der einfach bewehrte Querschnitt nicht mehr aus, um das Moment M aufzunehmen. Bezeichnet man das eine Druckbewehrung bedingende Moment mit M_e, die zugehörende Zugkraft im Eisen mit $Z'_e = f_{e_2}\sigma_e$, so ergibt sich aus der Beziehung (Abb. 93):

$$M_e = Z'_e(h' - a) = f_{e_2}\sigma_e(h' - a),$$

die Größe der durch M_e bedingten Verstärkung der Eiseneinlage in der Zugzone

$$f_{e_2} = \frac{M_e}{\sigma_e(h'-a)} = \frac{M - \dfrac{M_1 b}{100}}{k} = \frac{M - 0{,}01\,M_1 b}{k}, \qquad (34)$$

worin $k = \sigma_e(h' - a)$ ist. Hierbei ist also vorausgesetzt, daß die Größen h' und a gegeben sind. Die Druckbewehrung F'_e ist aus der Bedingung abzuleiten, daß die Nullinie gegenüber der durch $x = \dfrac{15\,\sigma_b}{15\,\sigma_b + \sigma_e}\,h'$ festgelegten Lage eine Veränderung nicht erfährt und für sie ein statisches Moment $= 0$ entsteht.

$$F'_e \cdot (x - a') = f_{e_2}(h' - x)$$

$$F'_e = f_{e_2}\frac{h' - x}{x - a'} = \frac{M - 0{,}01\,M_1 b}{\sigma_e(h' - a)} \cdot \frac{h' - x}{x - a'}.$$

Hieraus folgt:

$$F'_e = \frac{M - 0{,}01\,M_1 b}{k_1} = \frac{M_e}{k_1}, \qquad (35)$$

worin bei bekannten Werten h', a und a', gegebenen Spannungswerten und somit auch leicht zu findendem x

$$k_1 = \frac{\sigma_e(h' - a)(x - a')}{h' - x} \quad \text{ist.}$$

In den Zusammenstellungen Va—c auf S. 167—172 sind die Größen k und k_1 für die angenommenen Spannungsverhältnisse und für die angegebenen h'-Werte ausgerechnet[1]); hierbei ist weiter angenommen, daß der Wert $a = a'$ bei niedriger Querschnittshöhe 1,5 und 2,0 cm beträgt, bei größerem h'-Werte aber bis zu 4,0 cm steigt; hierüber geben die Tabellen selbst Auskunft.

Zahlenbeispiele zur Anwendung der Tabelle siehe in Abschnitt 13.

---

[1]) Die Tabellen sind berechnet von B. Löser-Dresden.

Zusammenstellungen Va—Vc
zur Querschnittsbestimmung und Nachrechnung für einfach und doppelt bewehrten Rechtecksquerschnitt.

Tabelle Va für Rechtecksquerschnitte bei $\sigma_b = 0{,}035$ t/qcm
und $\sigma_e = 1{,}000$ t/qcm.

h'	Einfache Bewehrung für $b_1 = 100$ cm						Doppelte Bewehrung			
	x	c	M_1	f_{e1}	Q_4	Q_{14}	$a = a' = 1{,}5$ cm		$a = a' = 2{,}0$ cm	
cm	cm	cm	t · cm	cm³	t	t	k	k_1	k	k_1
1	2	3	4	5	6	7	8	9	10	11
5,0	1,72	4,43	13,33	3,01	1,770	6,197	3,50	0,236	—	—
5,5	1,89	4,87	16,13	3,31	1,947	6,816	4,00	0,436	—	—
6,0	2,06	5,31	19,20	3,61	2,124	7,434	4,50	0,647	4,00	0,067
6,5	2,24	5,75	22,53	3,92	2,302	8,056	5,00	0,865	4,50	0,251
7,0	2,41	6,20	26,13	4,22	2,479	8,675	5,50	1,09	5,00	0,446
7,5	2,58	6,64	30,00	4,52	2,656	9,295	6,00	1,32	5,50	0,651
8,0	2,75	7,08	34,13	4,82	2,833	9,915	6,50	1,55	6,00	0,862
8,5	2,93	7,52	38,54	5,12	3,010	10,53	7,00	1,79	6,50	1,08
9,0	3,10	7,97	43,20	5,42	3,187	11,15	7,50	2,03	7,00	1,30
9,5	3,27	8,41	48,13	5,72	3,364	11,77	8,00	2,27	7,50	1,53
10,0	3,44	8,85	53,33	6,02	3,541	12,32	8,50	2,52	8,00	1,76
10,5	3,61	9,30	58,80	6,33	3,718	13,01	9,00	2,76	8,50	1,99
11,0	3,79	9,74	64,53	6,63	3,895	13,63	9,50	3,01	9,00	2,23
11,5	3,96	10,2	70,53	6,93	4,072	14,25	10,0	3,26	9,50	2,47
12,0	4,13	10,6	76,80	7,23	4,249	14,87	10,5	3,51	10,0	2,71
12,5	4,30	11,1	83,33	7,53	4,426	15,49	11,0	3,76	10,5	2,95
13,0	4,48	11,5	90,13	7,83	4,603	16,11	11,5	4,01	11,0	3,19
13,5	4,65	12,0	97,20	8,13	4,780	16,73	12,0	4,27	11,5	3,44
14,0	4,82	12,4	104,5	8,43	4,957	17,35	12,5	4,52	12,0	3,69
14,5	4,99	12,8	112,1	8,74	5,134	17,97	13,0	4,77	12,5	3,93
							$a = a' = 2{,}0$ cm		$a = a' = 3{,}0$ cm	
15	5,16	13,3	120,0	9,04	5,311	18,52	13,0	4,18	12,0	2,64
16	5,51	14,2	136,5	9,64	5,666	19,83	14,0	4,68	13,0	3,11
17	5,85	15,0	154,1	10,2	6,020	21,07	15,0	5,18	14,0	3,58
18	6,20	15,9	172,8	10,8	6,373	22,31	16,0	5,69	15,0	4,06
19	6,54	16,8	192,5	11,4	6,728	23,55	17,0	6,20	16,0	4,55
20	6,88	17,7	213,3	12,0	7,082	24,79	18,0	6,70	17,0	5,05
21	7,23	18,6	235,2	12,7	7,436	26,03	19,0	7,22	18,0	5,53
22	7,57	19,5	258,1	13,3	7,790	27,27	20,0	7,73	19,0	6,02
23	7,92	20,4	282,1	13,9	8,144	28,50	21,0	8,24	20,0	6,52
24	8,26	21,2	307,2	14,5	8,498	29,74	22,0	8,75	21,0	7,02

	Einfache Bewehrung für $b_1 = 100$ cm						Doppelte Bewehrung			
h'	x	c	M_1	f_{e1}	Q_4	Q_{14}	$a = a' = 2{,}0$ cm		$a = a' = 3{,}0$ cm	
cm	cm	cm	t · cm	cm²	t	t	k	k_1	k	k_1
1	2	3	4	5	6	7	8	9	10	11
25	8,61	22,1	333,3	15,1	8,852	30,98	23,0	9,27	22,0	7,52
26	8,95	23,0	360,5	15,7	9,207	32,22	24,0	9,78	23,0	8,03
27	9,30	23,9	388,8	16,3	9,561	33,46	25,0	10,3	24,0	8,53
28	9,64	24,8	418,1	16,9	9,915	34,70	26,0	10,8	25,0	9,04
29	9,98	25,7	448,5	17,5	10,27	35,94	27,0	11,3	26,0	9,55
30	10,3	26,6	480,0	18,1	10,62	37,18	28,0	11,9	27,0	10,1
32	11,0	28,3	546,1	19,3	11,33	39,65	30,0	12,9	29,0	11,1
34	11,7	30,1	616,5	20,5	12,04	42,14	32,0	13,9	31,0	12,1
36	12,4	31,9	691,2	21,7	12,75	44,62	34,0	15,0	33,0	13,1
38	13,1	33,6	770,1	22,9	13,46	47,09	36,0	16,0	35,0	14,2
							$a = a' = 3{,}0$ cm		$a = a' = 4{,}0$ cm	
40	13,8	35,4	853,3	24,1	14,16	49,57	37,0	15,2	36,0	13,4
42	14,5	37,2	940,8	25,3	14,87	52,05	39,0	16,2	38,0	14,4
44	15,1	39,0	1033	26,5	15,58	54,53	41,0	17,3	40,0	15,5
46	15,8	40,7	1129	27,7	16,29	57,01	43,0	18,3	42,0	16,5
48	16,5	42,5	1229	28,9	17,00	59,49	45,0	19,3	44,0	17,5
50	17,2	44,3	1333	30,1	17,70	61,97	47,0	20,4	46,0	18,5
52	17,9	46,0	1442	31,3	18,41	64,45	49,0	21,4	48,0	19,6
54	18,6	47,8	1555	32,5	19,12	66,92	51,0	22,5	50,0	20,6
56	19,3	49,6	1673	33,7	19,83	69,40	53,0	23,5	52,0	21,6
58	20,0	51,3	1794	34,9	20,54	71,88	55,0	24,5	54,0	22,7
60	20,6	53,1	1920	36,1	21,25	74,36	57,0	25,6	56,0	23,7
62	21,3	54,9	2050	37,4	21,95	76,84	59,0	26,6	58,0	24,7
64	22,0	56,7	2184	38,6	22,66	79,32	61,0	27,7	60,0	25,8
66	22,7	58,4	2323	39,8	23,37	81,80	63,0	28,7	62,0	26,8
68	23,4	60,2	2466	41,0	24,08	84,28	65,0	29,7	64,0	27,9
70	24,1	62,0	2613	42,2	24,79	86,75	67,0	30,8	66,0	28,9
72	24,8	63,7	2765	43,4	25,50	89,23	69,0	31,8	68,0	29,9
74	25,5	65,5	2920	44,6	26,20	91,71	71,0	32,9	70,0	31,0
76	26,2	67,3	3080	45,8	26,91	94,19	73,0	33,9	72,0	32,0
78	26,9	69,0	3245	47,0	27,62	96,67	75,0	35,0	74,0	33,1
80	27,5	70,8	3413	48,2	28,33	99,15	77,0	36,0	76,0	34,1
82	28,2	72,6	3586	49,4	29,04	101,6	79,0	37,1	78,0	35,1
84	28,9	74,4	3763	50,6	29,74	104,1	81,0	38,1	80,0	36,2
86	29,6	76,1	3944	51,8	30,45	106,6	83,0	39,2	82,0	37,2
88	30,3	77,9	4130	53,0	31,16	109,1	85,0	40,2	84,0	38,3
90	31,0	79,7	4320	54,2	31,87	111,5	87,0	41,3	86,0	39,3
92	31,7	81,4	4514	55,4	32,58	114,0	89,0	42,3	88,0	40,4
94	32,4	83,2	4712	56,6	33,29	116,5	91,0	43,3	90,0	41,4
96	33,0	85,0	4915	57,8	33,99	119,0	93,0	44,4	92,0	42,5
98	33,7	86,8	5122	59,0	34,70	121,5	95,0	45,4	94,0	43,5
100	34,4	88,5	5333	60,2	35,41	123,2	97,0	46,5	96,0	44,5

Tabelle Vb für Rechtecksquerschnitte bei $\sigma_b = 0{,}040$ t/cm² und $\sigma_e = 1{,}200$ t/cm².

	Einfache Bewehrung für $b_1 = 100$ cm						Doppelte Bewehrung			
							$a = a' = 1{,}5$ cm		$a = a' = 2{,}0$ cm	
h'	ω	c	M_1	f_{o1}	Q_4	Q_{14}	k	k_1	k	k_1
cm	cm	cm	t · cm	cm²	t	t				
1	2	3	4	5	6	7	8	9	10	11
5,0	1,67	4,44	14,82	2,78	1,778	6,222	4,20	0,210	—	—
5,5	1,83	4,89	17,93	3,06	1,956	6,844	4,80	0,436	—	—
6,0	2,00	5,33	21,33	3,33	2,133	7,467	5,40	0,675	—	—
6,5	2,17	5,78	25,04	3,61	2,311	8,089	6,00	0,923	5,40	0,208
7,0	2,33	6,22	29,04	3,89	2,489	8,711	6,60	1,18	6,00	0,429
7,5	2,50	6,67	33,33	4,17	2,667	9,333	7,20	1,44	6,60	0,660
8,0	2,67	7,11	37,93	4,44	2,844	9,956	7,80	1,71	7,20	0,900
8,5	2,83	7,56	42,81	4,72	3,022	10,58	8,40	1,98	7,80	1,15
9,0	3,00	8,00	48,00	5,00	3,200	11,20	9,00	2,25	8,40	1,40
9,5	3,17	8,44	53,48	5,28	3,378	11,82	9,60	2,53	9,00	1,66
10,0	3,33	8,89	59,26	5,56	3,556	12,44	10,2	2,81	9,60	1,92
10,5	3,50	9,33	65,33	5,83	3,733	13,07	10,8	3,09	10,2	2,18
11,0	3,67	9,78	71,70	6,11	3,911	13,69	11,4	3,37	10,8	2,45
11,5	3,83	10,2	78,37	6,39	4,089	14,31	12,0	3,65	11,4	2,73
12,0	4,00	10,7	85,53	6,67	4,267	14,93	12,6	3,94	12,0	3,00
12,5	4,17	11,1	92,59	6,94	4,444	15,56	13,2	4,22	12,6	3,28
13,0	4,33	11,6	100,2	7,22	4,622	16,18	13,8	4,51	13,2	3,55
13,5	4,50	12,0	108,0	7,50	4,800	16,80	14,4	4,80	13,8	3,83
14,0	4,67	12,4	116,2	7,78	4,978	17,42	15,0	5,09	14,4	4,11
14,5	4,83	12,9	124,6	8,06	5,156	18,04	15,6	5,38	15,0	4,40
							$a = a' = 2{,}0$ cm		$a = a' = 3{,}0$ cm	
15	5,00	13,3	133,3	8,33	5,333	18,66	15,6	4,68	14,4	2,88
16	5,33	14,2	151,7	8,89	5,689	19,91	16,8	5,25	15,6	3,41
17	5,67	15,1	171,3	9,44	6,044	21,16	18,0	5,82	16,8	3,95
18	6,00	16,0	192,0	10,0	6,400	22,40	19,2	6,40	18,0	4,50
19	6,33	16,9	213,9	10,6	6,756	23,64	20,4	6,98	19,2	5,05
20	6,67	17,8	237,0	11,1	7,111	24,88	21,6	7,56	20,4	5,61
21	7,00	18,7	261,3	11,7	7,467	26,13	22,8	8,14	21,6	6,17
22	7,33	19,6	286,8	12,2	7,822	27,38	24,0	8,73	22,8	6,74
23	7,67	20,4	313,5	12,8	8,178	28,62	25,2	9,31	24,0	7,30
24	8,00	21,3	341,3	13,3	8,533	29,87	26,4	9,90	25,2	7,88

	Einfache Bewehrung für $b_1 = 100$ cm						Doppelte Bewehrung			
h'	x	c	M_1	f_{e1}	Q_4	Q_{14}	$a = a' = 2,0$ cm		$a = a' = 3,0$ cm	
cm	cm	cm	t · cm	cm²	t	t	k	k_1	k	k_1
1	2	3	4	5	6	7	8	9	10	11
25	8,33	22,2	370,4	13,9	8,889	31,11	27,6	10,5	26,4	8,45
26	8,67	23,1	400,6	14,4	9,244	32,35	28,8	11,1	27,6	9,02
27	9,00	24,0	432,0	15,0	9,600	33,60	30,0	11,7	28,8	9,23
28	9,33	24,9	464,6	15,6	9,956	34,84	31,2	12,3	30,0	10,2
29	9,67	25,8	498,4	16,1	10,31	36,09	32,4	12,8	31,2	10,8
30	10,0	26,7	533,3	16,7	10,67	37,33	33,6	13,4	32,4	11,3
32	10,7	28,4	606,8	17,8	11,38	39,82	36,0	14,6	34,8	12,5
34	11,3	30,2	685,0	18,9	12,09	42,31	38,4	15,8	37,2	13,7
36	12,0	32,0	768,0	20,0	12,80	44,80	40,8	17,0	39,6	14,9
38	12,7	33,8	855,7	21,1	13,51	47,29	43,2	18,2	42,0	16,0
							$a = a' = 3,0$ cm		$a = a' = 4,0$ cm	
40	13,3	35,6	948,2	22,2	14,22	49,78	44,4	17,2	43,2	15,1
42	14,0	37,3	1045	23,3	14,93	52,27	46,8	18,4	45,6	16,3
44	14,7	39,1	1147	24,4	15,64	54,76	49,2	19,6	48,0	17,5
46	15,3	40,9	1254	25,6	16,36	57,24	51,6	20,8	50,4	18,6
48	16,0	42,7	1365	26,7	17,07	59,73	54,0	21,9	52,8	19,8
50	16,7	44,4	1482	27,8	17,78	62,22	56,4	23,1	55,2	21,0
52	17,3	46,2	1602	28,9	18,49	64,71	58,8	24,3	57,6	22,2
54	18,0	48,0	1728	30,0	19,20	67,20	61,2	25,5	60,0	23,3
56	18,7	49,8	1858	31,1	19,91	69,69	63,6	26,7	62,4	24,5
58	19,3	51,6	1994	32,2	20,62	72,18	66,0	27,9	64,8	25,7
60	20,0	53,3	2133	33,3	21,33	74,67	68,4	29,1	67,2	26,9
62	20,7	55,1	2278	34,4	22,04	77,16	70,8	30,3	69,6	28,1
64	21,3	56,9	2427	35,6	22,76	79,64	73,2	31,5	72,0	29,3
66	22,0	58,7	2581	36,7	23,47	82,13	75,6	32,7	74,4	30,4
68	22,7	60,4	2740	37,8	24,18	84,62	78,0	33,8	76,8	31,6
70	23,3	62,2	2904	38,9	24,89	87,11	80,4	35,0	79,2	32,8
72	24,0	64,0	3072	40,0	25,60	89,60	82,8	36,2	81,6	34,0
74	24,7	65,8	3245	41,1	26,31	92,09	85,2	37,4	84,0	35,2
76	25,3	67,6	3423	42,2	27,02	94,58	87,6	38,6	86,4	36,4
78	26,0	69,3	3605	43,3	27,73	97,06	90,0	39,8	88,8	37,6
80	26,7	71,1	3793	44,4	28,44	99,56	92,4	41,0	91,2	38,8
82	27,3	72,9	4020	45,6	29,16	102,0	94,8	42,2	93,6	39,9
84	28,0	74,7	4181	46,7	29,87	104,5	97,2	43,4	96,0	41,1
86	28,7	76,4	4442	47,8	30,58	107,0	99,6	44,6	98,4	42,3
88	29,3	78,2	4589	48,9	31,29	109,5	102	45,8	101	43,5
90	30,0	80,0	4800	50,0	32,00	112,0	104	47,0	103	44,7
92	30,7	81,8	5016	51,1	32,71	114,5	107	48,2	106	45,9
94	31,3	83,6	5236	52,2	33,42	117,0	109	49,4	108	47,1
96	32,0	85,3	5461	53,3	34,13	119,5	112	50,6	110	48,3
98	32,7	87,1	5691	54,4	34,84	122,0	114	51,8	113	49,5
100	33,3	88,9	5926	55,6	35,56	124,4	116	53,0	115	50,7

Tabelle Vc für Rechtecksquerschnitte bei $\sigma_b = 0{,}050$ t/cm² und $\sigma_e = 1{,}200$ t/cm².

h'	x	c	M_1	f_{e1}	Q_4	Q_{14}	$a=a'=1{,}5$ cm		$a=a'=2{,}0$ cm	
cm	cm	cm	t·cm	cm²	t	t	k	k_1	k	k_1
1	2	3	4	5	6	7	8	9	10	11
5,0	1,92	4,36	20,96	4,01	1,744	6,102	4,20	0,58	—	—
5,5	2,12	4,79	25,36	4,41	1,918	6,713	4,80	0,87	4,20	0,143
6,0	2,31	5,23	30,18	4,81	2,092	7,323	5,40	1,18	4,80	0,400
6,5	2,50	5,67	35,42	5,21	2,267	7,933	6,00	1,50	5,40	0,675
7,0	2,69	6,10	41,08	5,61	2,441	8,544	6,60	1,83	6,00	0,964
7,5	2,88	6,54	47,15	6,01	2,615	9,154	7,20	2,16	6,60	1,26
8,0	3,08	6,97	53,65	6,41	2,790	9,764	7,80	2,50	7,20	1,58
8,5	3,27	7,41	60,56	6,81	2,964	10,37	8,40	2,84	7,80	1,89
9,0	3,46	7,85	67,90	7,21	3,138	10,98	9,00	3,19	8,40	2,21
9,5	3,65	8,28	75,53	7,61	3,313	11,59	9,60	3,54	9,00	2,55
10,0	3,85	8,72	83,83	8,01	3,487	12,20	10,2	3,89	9,60	2,88
10,5	4,04	9,15	92,42	8,41	3,661	12,82	10,8	4,24	10,2	3,22
11,0	4,23	9,59	101,4	8,81	3,836	13,42	11,4	4,60	10,8	3,56
11,5	4,42	10,0	110,9	9,21	4,010	14,04	12,0	4,96	11,4	3,90
12,0	4,62	10,5	120,7	9,62	4,185	14,65	12,6	5,32	12,0	4,25
12,5	4,81	10,9	131,0	10,0	4,359	15,26	13,2	5,68	12,6	4,60
13,0	5,00	11,3	141,7	10,4	4,533	15,87	13,8	6,03	13,2	4,95
13,5	5,19	11,8	152,8	10,8	4,708	16,48	14,4	6,40	13,8	5,30
14,0	5,38	12,2	164,3	11,2	4,882	17,09	15,0	6,76	14,4	5,66
14,5	5,58	12,6	176,2	11,6	5,056	17,70	15,6	7,12	15,0	6,01
							$a=a'=2{,}0$ cm		$a=a'=3{,}0$ cm	
15	5,77	13,1	188,6	12,0	5,231	18,31	15,6	6,37	14,4	4,32
16	6,15	14,0	214,6	12,8	5,579	19,53	16,8	7,09	15,6	5,00
17	6,54	14,8	242,3	13,6	5,928	20,75	18,0	7,81	16,8	5,68
18	6,92	15,7	271,6	14,4	6,277	21,97	19,2	8,53	18,0	6,38
19	7,31	16,6	302,6	15,2	6,626	23,19	20,4	9,26	19,2	7,07
20	7,69	17,4	335,3	16,0	6,974	24,41	21,6	9,99	20,4	7,78
21	8,08	18,3	369,7	16,8	7,323	25,63	22,8	10,7	21,6	8,49
22	8,46	19,2	405,7	17,6	7,672	28,85	24,0	11,5	22,8	9,20
23	8,85	20,1	443,4	18,4	8,021	29,07	25,2	12,2	24,0	9,91
24	9,23	20,9	482,8	19,2	8,369	29,29	26,4	12,9	25,2	10,6

	Einfache Bewehrung für $b_1 = 100$ cm						Doppelte Bewehrung			
h'	x	c	M_1	f_{01}	Q_4	Q_{14}	$a=a'=2,0$ cm		$a=a'=3,0$ cm	
cm	cm	cm	t · cm	cm²	t	t	k	k_1	k	k_1
1	2	3	4	5	6	7	8	9	10	11
25	9,62	21,8	523,9	20,0	8,718	30,51	27,6	13,7	26,4	11,4
26	10,0	22,7	566,7	20,8	9,067	31,73	28,8	14,4	27,6	12,1
27	10,4	23,5	611,1	21,6	9,415	32,95	30,0	15,1	28,8	12,8
28	10,8	24,4	657,2	22,4	9,764	34,17	31,2	15,9	30,0	13,5
29	11,2	25,3	705,0	23,2	10,11	35,39	32,4	16,6	31,2	14,3
30	11,5	26,2	754,4	24,0	10,46	36,62	33,6	17,4	32,4	15,0
32	12,3	27,9	858,4	25,6	11,16	39,06	36,0	18,8	34,8	16,5
34	13,1	29,6	969,0	27,2	11,86	41,50	38,4	20,3	37,2	17,9
36	13,9	31,4	1086	28,9	12,55	43,94	40,8	21,8	39,6	19,4
38	14,6	33,1	1210	30,5	13,25	46,38	43,2	23,3	42,0	20,9
							$a=a'=3,0$ cm		$a=a'=4,0$ cm	
40	15,4	34,9	1341	32,1	13,95	48,82	44,4	22,3	43,2	20,0
42	16,2	36,6	1479	33,7	14,65	51,26	46,8	23,8	45,6	21,4
44	16,9	38,4	1623	35,3	15,34	53,70	49,2	25,3	48,0	22,9
46	17,7	40,1	1774	36,9	16,04	56,14	51,6	26,8	50,4	24,4
48	18,5	41,9	1931	38,5	16,74	58,58	54,0	28,3	52,8	25,9
50	19,2	43,6	2096	40,1	17,44	61,02	56,4	29,8	55,2	27,3
52	20,0	45,3	2267	41,7	18,13	63,47	58,8	31,2	57,6	28,8
54	20,8	47,1	2444	43,3	18,83	65,91	61,2	32,7	60,0	30,3
56	21,5	48,8	2629	44,9	19,53	68,35	63,6	34,2	62,4	31,8
58	22,3	50,6	2820	46,5	20,23	70,79	66,0	35,7	64,8	33,2
60	23,1	52,3	3018	48,1	20,92	73,23	68,4	37,2	67,2	34,7
62	23,9	54,1	3222	49,7	21,62	75,67	70,8	38,7	69,6	36,2
64	24,6	55,8	3434	51,3	22,32	78,11	73,2	40,2	72,0	37,7
66	25,4	57,5	3652	52,9	23,02	80,55	75,6	41,7	74,4	39,2
68	26,2	59,3	3876	54,5	23,71	82,99	78,0	43,2	76,8	40,7
70	26,9	61,0	4108	56,1	24,41	85,44	80,4	44,6	79,2	42,2
72	27,7	62,8	4346	57,7	25,11	87,88	82,8	46,1	81,6	43,6
74	28,5	64,5	4590	59,3	25,80	90,32	85,2	47,6	84,0	45,1
76	29,2	66,3	4842	60,9	26,50	92,76	87,6	49,1	86,4	46,6
78	30,0	68,0	5100	62,5	27,20	95,20	90,0	50,6	88,8	48,1
80	30,8	69,7	5365	64,1	27,90	97,64	92,4	52,1	91,2	49,6
82	31,5	71,5	5687	65,7	28,60	100,1	94,8	53,6	93,6	51,1
84	32,3	73,2	5915	67,3	29,29	102,5	97,2	55,1	96,0	52,6
86	33,1	75,0	6200	68,9	29,99	104,9	99,6	56,6	98,4	54,6
88	33,9	76,7	6492	70,5	30,69	107,4	102	58,1	101	55,1
90	34,6	78,5	6790	72,1	31,38	109,8	104	59,6	103	57,9
92	35,4	80,2	7095	73,7	32.08	112,3	107	61,1	106	58,5
94	36,2	82,0	7407	75,3	32,78	114,7	109	62,6	108	60,0
96	36,9	83,7	7725	76,9	33,48	117,2	112	64,1	110	61.5
98	37,7	85,4	8051	78,5	34,17	119,6	114	65,6	113	63,0
100	38,5	87,2	8383	80,1	34,87	122,1	116	67,1	115	64,5

Handelt es sich nicht nur um die Bestimmung der **Eisenbewehrung, sondern auch der Höhe** h', so kann die Querschnittsbemessung auf folgendem Wege erfolgen, der ebenfalls durch Anwendung von Tabellen besonders für praktische Fälle gut gangbar ist.

Geht man wiederum (Abb 96) von der Gleichheit der Momente der inneren und äußeren Kräfte aus und bezieht die ersteren auf den Angriffspunkt einmal der Zugkraft Z_e,

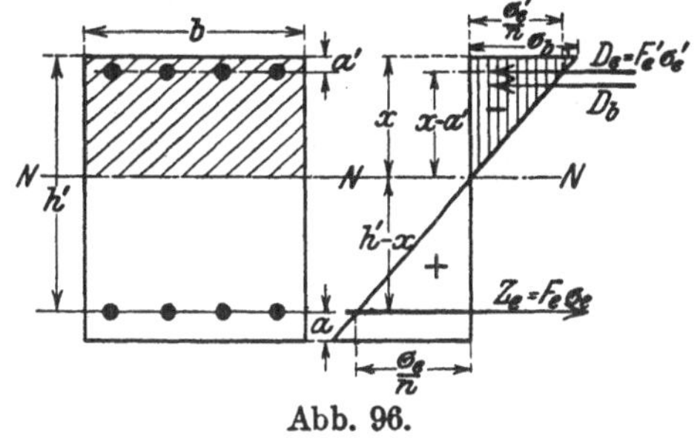

Abb. 96.

zum anderen auf den der Druckkraft im Beton, so erhält man zunächst[1]):

a)
$$M = \sigma_b \frac{b\,x}{2}\left(h' - \frac{x}{3}\right) + F'_e \sigma'_e (h' - a') \,.$$

Hieraus folgt nach Einsetzung von $\sigma'_e = n\,\sigma_b \dfrac{x - a'}{x}$ und weiterer Berücksichtigung, daß an Stelle des Eisens kein Beton sich befindet, um den Eisenquerschnitt also der Beton geschwächt ist[2]):

b)
$$M = \sigma_b \frac{b\,x}{2}\left(h' - \frac{x}{3}\right) + (n - 1)\,F'_e\,\sigma_b \frac{x - a'}{x}\,(h' - a')$$
$$= \sigma_b\left[\frac{b\,x}{2}\left(h' - \frac{x}{3}\right) + (n - 1)\,F'_e \frac{x - a'}{x}\,(h' - a')\right].$$

In bezug auf den Angriffspunkt der Betondruckkraft wird weiter:

c)
$$M = F_e \cdot \sigma_e \left(h' - \frac{x}{3}\right) + F'_e \sigma'_e \left(\frac{x}{3} - a'\right).$$

Wird hierin $\sigma'_e = \sigma_e \dfrac{x - a'}{h' - x}$ eingesetzt, so geht Gl. (c) in die Form über:

d)
$$M = \sigma_e\left[F_e\left(h' - \frac{x}{3}\right) + F'_e \frac{x - a'}{h' - x}\left(\frac{x}{3} - a'\right)\right].$$

---

[1]) Vgl. Arm. Beton 1917, Heft 7, S. 159: Querschnittsbemessung doppelt bewehrter Eisenbetonplatten und Balken. Von Dipl.-Ing. Bundschuh-Essen a. d. R.

[2]) Es empfiehlt sich, die Querschnittsverminderung durch die Druckeisen alsdann stets zu berücksichtigen, wenn eine starke Druckbewehrung zu erwarten steht. Bei der praktischen Ausführung ergeben sich in solchem Falle durch die enge Aufeinanderfolge der Druckeisen im Querschnitte schon solche konstruktiven Mängel, daß man für eine möglichst große Sicherheit bei der Berechnung Sorge tragen, jedenfalls die Unsicherheit aber nicht vermehren soll.

Setzt man in der Gleichung:

$$\sigma_e' = \frac{n(x - a')}{x}\,\sigma_b = \frac{x - a'}{h' - x}\,\sigma_e$$

$\sigma_b = 40\ \text{kg/qcm}$, $\sigma_e = 1000\ \text{kg/qcm}$, $n = 15$ ein, so ergibt sich aus:

$$\frac{(x - a')(h' - x)}{x} = \frac{(x - a')\,\sigma_e}{n \cdot \sigma_b}\,; \qquad \frac{h' - x}{x} = \frac{1000}{15 \cdot 40} = \frac{1000}{600} = \frac{5}{3}\,.$$

$$\frac{h'}{x} - 1 = \frac{5}{3}\,; \qquad \frac{h'}{x} = \frac{8}{3}\,; \qquad x = \frac{3}{8}\,h'\,,$$

ein Wert, der auch mit den wirklichen Ergebnissen durchaus übereinstimmt. Der Wert von a' schwankt sehr erheblich und liegt etwa zwischen $\dfrac{h'}{5}$ und $\dfrac{h'}{25}$. Sein Einfluß wird in den weiter unten gegebenen Tabellen berücksichtigt werden. Nimmt man beispielsweise $a' = \dfrac{h'}{5}$ an, so ergibt sich bei Einsetzung von: $n = 15$, $\sigma_b = 40$, $\sigma_e = 1000$, $x = \frac{3}{8}\,h'$ und $a' = \dfrac{h'}{5}$ aus den beiden vorentwickelten Gleichungen (b und d):

b') $\qquad M = 40\left[\dfrac{b \cdot \frac{3}{8}\,h'}{2}\left(h' - \dfrac{h'}{8}\right) + 14\,F_e'\,\dfrac{\frac{3}{8}\,h' - \frac{1}{5}\,h'}{\frac{3}{8}\,h'} \cdot \left(h' - \dfrac{h'}{5}\right)\right]\,,$

d') $\qquad M = 1000\left[F_e\left(h' - \dfrac{h'}{8}\right) + F_e'\,\dfrac{\frac{3}{8}\,h' - \frac{1}{5}\,h'}{h' - \frac{3}{8}\,h'}\left(\dfrac{h'}{8} - \dfrac{h'}{5}\right)\right]\,,$

oder:

b'') $\qquad\qquad\qquad M = 6{,}57\,b\,h'^2 + 209\,F_e'\,h'\,.$

d'') $\qquad\qquad\qquad M = 875\,F_e\,h' - 21\,F_e'\,h'\,.$

Zur Bestimmung der drei Unbekannten h', F_e und F_e' stehen mithin nur zwei Gleichungen zur Verfügung, die aber doch eine Ermittelung von F_e und h' gestatten, da F_e' als Funktion von F_e in der Form: $F_e' = \lambda\,F_e$ dargestellt werden kann. Hierin ist (vgl. die weiter folgenden Tabellen) $\lambda = 0{,}1$, $0{,}2$, $0{,}3$ usw. einzuführen. Nimmt man beispielsweise $\lambda = 0{,}1$ an, so ergibt sich:

$$M = 6{,}57\,b\,h'^2 + 20{,}9\,F_e\,h'\,.$$

$$M = 875\,F_e\,h' - 2{,}1\,F_e\,h' = 872{,}9\,F_e\,h'\,.$$

In dieser Form gestatten die Gleichungen eine Auflösung nach h':

$$h'^2 = \frac{40{,}6}{273}\,\frac{M}{b}\,; \qquad h' = 0{,}385\,\sqrt{\frac{M}{b}}\,.$$

Durch Einsetzen dieses Wertes wird ferner:

$$M = 872,9\,F_e \cdot 0,385 \sqrt{\frac{M}{b}}\,,$$

$$F_e = \frac{1}{872,9 \cdot 0,385}\,\frac{M}{\sqrt{\dfrac{M}{b}}} = 0,00299\,\sqrt{M \cdot b}$$

und bei $\lambda = 0,1$:

$$F'_e = 0,1\,F_e = 0,000\,299\,\sqrt{M \cdot b}\,.$$

Es ist mithin für bestimmte Werte von σ_e, σ_b, λ und a :

$$h' = \alpha \sqrt{\frac{M}{b}}\,; \qquad F_e = \beta\sqrt{M \cdot b}\,; \qquad F'_e = \gamma\sqrt{M \cdot b}\,. \qquad \text{(36a, b, c)}$$

In der nachfolgenden Zusammenstellung VI hat Dipl.-Ing. Bundschuh für die Spannungen: $\sigma_e = 1000$ $\sigma_b = 40$ kg/qcm, für Werte von $\lambda = 0,1,\,0,2$ usw., endlich für verschiedene Verhältnisse von $\dfrac{a}{h'} = \dfrac{1}{5}$ bis $\dfrac{1}{26}$ die Zahlenwerte α, β und γ ausgerechnet und zusammengestellt. Die Tabelle ist so eingerichtet, daß α — wie auch in den nachfolgenden Zusammenstellungen — in runden Zahlen erscheint. Zur Vereinfachung sind auch die Werte $(\beta + \gamma)$ bestimmend für die Gesamteisenmenge des Querschnittes angegeben, da gerade diese Größen für Vergleichsrechnungen und Kostenermittelungen von besonderer Bedeutung sind. Auch für den häufiger vorkommenden Fall, daß die Gesamteisenmenge gegeben und ihre Verteilung vorzunehmen ist, erweist sich diese Summe als notwendig. Endlich enthält die letzte Reihe der Tabelle für bestimmte α-Werte und Verhältnisse $\dfrac{h'}{\delta}$ die Werte $\beta = \gamma$ für den in der Praxis häufiger vorkommenden Fall (z. B. bei Silowänden) gleichstarker Bewehrung in der Druck- und Zugzone. Bei den Werten β und γ und $\beta + \gamma$ sind der Raumersparnis halber die Stellen 0,00 bzw. 0,000 fortgelassen; die in der Tabelle enthaltene Zahl 328 bedeutet also 0,00328, die Zahl 30 0,00030 usw. In gleicher Art sind auch die Tabellen VII—IX aufgestellt und berechnet, und zwar sind zugrunde gelegt, wie an den Köpfen der einzelnen Tabellen besonders vermerkt, vor allem verschiedene Spannungswerte. Für Tabelle VII ist: $\sigma_e = 1200$, $\sigma_b = 40$ kg/qcm. Unter dieser Annahme wird: $x = \dfrac{h'}{3}$.

Da die Tabelle nur bei bedeutender Balkenhöhe wirtschaftlichen Vorteil bietet, sind hier die Verhältnisse auch nur diesen größeren Höhen angepaßt und demgemäß $\dfrac{a}{h'} = \dfrac{1}{12}$ bis $\dfrac{1}{26}$ zugrunde gelegt. Ein Vergleich mit den Zahlenwerten $(\beta + \gamma)$ der Tabelle VI läßt erkennen, ob eine

Zusammenstellung VI[1]).

Zur Bemessung der Zahlenwerte α, β, γ, und $(\beta+\gamma)$ in den Gleichungen: $h' = \alpha \sqrt{\dfrac{M}{b}}$; $F_e = \beta \sqrt{M \cdot b}$ $F'_e = \gamma \sqrt{M \cdot b}$ für doppelt bewehrte rechteckige Querschnitte und: $\sigma_b = 40$ kg/qcm: $\sigma_e = 1000$ kg/qcm; $x = \tfrac{3}{8} h'$.

α	$a=\frac{h'}{5}$			$a=\frac{h'}{6}$			$a=\frac{h'}{7}$			$a=\frac{h'}{8}$			$a=\frac{h'}{10}$			$a=\frac{h'}{12}$			$a=\frac{h'}{15}$			$a=\frac{h'}{18}$			$a=\frac{h'}{22}$			$a=\frac{h'}{26}$			α	$a=\frac{h'}{\delta}$	
	β	γ	$\beta+\gamma$	β	γ	$\beta+\gamma$	β	γ	$\beta+\gamma$	β	γ	$\beta+\gamma$	β	γ	$\beta+\gamma$	β	γ	$\beta+\gamma$	β	γ	$\beta+\gamma$	β	γ	$\beta+\gamma$	β	γ	$\beta+\gamma$	β	γ	$\beta+\gamma$		$\beta=\gamma$	δ
0,385	298	30	328	297	27	324	296	24	320	296	22	318	296	20	316	296	18	314	296	16	312	296	14	310	295	13	308	295	12	307	0,385		
0,38	302	60	362	301	54	355	301	48	349	301	42	343	300	38	338	300	35	335	300	33	333	300	30	330	299	29	328	299	27	326	0,38		
0,37	312	128	440	310	106	416	309	94	403	309	84	393	308	73	381	307	68	375	306	64	370	306	61	367	305	58	363	305	55	360	0,37		
0,36	322	196	518	319	160	479	317	140	457	317	126	443	316	111	427	315	103	418	314	96	410	313	91	404	312	87	399	311	84	395	0,36		
0,35	333	264	597	329	214	543	327	187	514	326	168	494	325	150	475	323	139	462	322	130	452	321	123	444	320	117	437	318	115	433	0,35		
0,34	344	334	678	339	271	610	337	237	574	336	219	555	333	190	523	332	176	508	330	166	496	329	157	486	328	150	478	326	146	472	0,34		
0,33	356	406	762	351	331	682	348	288	636	347	267	614	344	234	578	342	216	558	340	204	544	338	190	528	337	184	521	335	178	513	0,33	345	5,0
0,32	370	485	855	363	395	758	360	342	702	358	315	673	354	279	633	352	252	604	350	242	592	348	227	575	346	217	563	344	211	555	0,32	353	5,6
0,31	384	568	952	376	463	839	372	398	770	370	367	737	365	325	680	363	298	661	360	281	641	358	265	623	356	253	609	354	245	599	0,31	361	6,5
0,30	398	653	1051	390	533	923	385	457	842	382	420	802	377	373	750	374	341	715	371	320	691	369	303	672	367	290	657	365	281	646	0,30	369	7,8
0,29	413	741	1154	404	602	1006	399	519	918	396	475	871	390	421	811	386	386	772	383	360	743	380	342	722	378	328	706	376	318	694	0,29	378	9,6
0,28	430	835	1265	419	675	1094	414	583	997	410	533	943	404	473	877	399	434	833	395	403	798	392	384	776	390	367	757	388	357	745	0,28	386	12,0
0,27	448	930	1378	436	755	1191	430	648	1078	425	594	1019	418	527	935	413	483	896	409	448	857	406	428	834	404	408	812	402	398	800	0,27	394	16,6
0,26	467	1030	1497	454	842	1296	446	717	1163	440	657	1097	432	583	1015	427	535	962	423	495	918	420	474	894	418	452	870	416	441	857	0,26	402	24,4
0,25	487	1138	1625	473	930	1403	465	793	1258	458	724	1182	449	642	1091	444	589	1033	439	547	986	435	522	957	433	498	931	431	487	918	0,25	410	33,0
0,24	508	1253	1761	494	1017	1511	484	872	1356	477	795	1272	468	704	1172	461	645	1106	456	602	1058	452	575	1027	450	548	998	448	536	984	0,24		
0,23	532	1370	1902	516	1111	1627	506	955	1461	498	867	1365	487	772	1259	481	706	1187	476	662	1138	472	632	1104	469	602	1071	466	587	1053	0,23		
0,22	557	1495	2052	540	1210	1750	529	1045	1574	522	943	1465	511	848	1359	504	774	1278	497	727	1224	493	694	1187	489	660	1149	486	641	1127	0,22		
0,21	583	1627	2210	565	1314	1879	554	1140	1694	547	1023	1570	535	925	1460	528	847	1375	521	797	1318	515	758	1273	511	721	1232	507	699	1206	0,21		
0,20	610	1760	2370	592	1425	2017	581	1243	1824	573	1107	1680	560	1005	1565	552	925	1477	545	867	1412	539	825	1364	534	785	1319	530	763	1293	0,20		

Anm. Der Einfachheit und Raumersparnis wegen wurden die Werte für β, γ und $\beta + \gamma$ nicht 0,002 98 . . . . . 0,000 30 . . . . 0,003 28, sondern 298 . . . . 30 . . . . . 328 usw. geschrieben.

---

[1]) Aufgestellt von Dipl.-Ing. Bundschuh, Arm. Beton 1917, S. 161.

Zusammenstellung VII[1]).

Zur Bemessung der Zahlenwerte α, β, γ und $(\beta + \gamma)$ in den Gleichungen:

$$h' = \alpha\,\sqrt{\frac{M}{b}}\;;\qquad F_e = \beta\sqrt{M \cdot b}\;;\qquad F'_e = \gamma\sqrt{M \cdot b}$$

für doppelt bewehrte rechteckige Querschnitte und

$$\sigma_b = 40\ \text{kg/qcm};\qquad \sigma_e = 1200\ \text{kg/qcm};\qquad x = \frac{h'}{3}\,.$$

α	$a = \dfrac{h'}{12}$			$a = \dfrac{h'}{15}$			$a = \dfrac{h'}{18}$			$a = \dfrac{h'}{22}$			$a = \dfrac{h'}{26}$			α
	β	γ	$\beta+\gamma$	β	γ	$\beta+\gamma$	β	γ	$\beta+\gamma$	β	γ	$\beta+\gamma$	β	γ	$\beta+\gamma$	
0,405	235	22	257	234	22	256	234	21	255	234	21	255	234	20	254	0,045
0,40	237	33	270	237	31	268	237	31	268	237	28	265	237	28	265	0,40
0,39	243	66	309	243	61	304	243	58	301	243	56	299	242	56	298	0,39
0,38	249	97	346	249	92	341	249	87	336	249	84	333	248	84	332	0,38
0,37	256	131	387	255	123	378	255	116	371	255	112	367	254	110	364	0,37
0,36	263	166	429	262	155	417	261	146	407	261	141	402	260	139	399	0,36
0,35	270	202	472	269	188	457	268	177	445	267	171	438	266	168	434	0,35
0,34	277	238	515	276	222	498	275	209	484	273	202	475	272	199	471	0,34
0,33	285	276	561	283	258	541	282	243	525	280	233	513	279	229	508	0,33
0,32	293	316	609	292	295	587	290	278	568	288	265	553	287	261	548	0,32
0,31	303	357	660	301	333	634	299	314	613	297	300	597	295	295	590	0,31
0,30	313	401	714	311	375	686	309	351	660	306	335	641	304	328	632	0,30
0,29	323	446	769	321	418	739	318	390	709	315	375	690	313	363	676	0,29
0,28	334	493	827	332	462	794	329	430	759	326	418	744	324	402	726	0,28
0,27	345	541	886	343	507	850	340	472	812	337	453	790	335	442	777	0,27
0,26	358	594	952	355	553	908	352	516	868	349	499	848	347	482	829	0,26
0,25	373	648	1021	369	604	973	366	563	929	363	549	912	360	526	886	0,25
0,24	388	706	1094	383	658	1041	380	614	994	377	592	969	374	572	946	0,24
0,23	404	768	1173	399	718	1117	396	668	1064	392	646	1038	389	622	1011	0,23
0,22	422	834	1257	416	777	1193	413	727	1140	408	702	1110	405	672	1077	0,22
0,21	442	902	1344	435	843	1278	431	790	1222	426	762	1188	422	725	1147	0,21
0,20	464	975	1439	457	912	1369	453	857	1310	447	826	1273	443	788	1231	0,20

Spannung $\sigma_e = 1200$ oder 1000 zu dem wirtschaftlich besseren Querschnitte führt. **Tabelle VIII** ist aufgestellt für Werte: $\sigma_e = 900$, $\sigma_b = 35\ \text{kg/qcm}$, und dem hieraus sich ergebenden Werte: $x = \frac{7}{19}\,h'$, während endlich **Tabelle IX** für $\sigma_e = 1000$, und $\sigma_b = 35\ \text{kg/qcm}$ und $x = \frac{21}{61}\,h'$ berechnet ist. Auch hier ist durch Vergleich der Tabellenzahlen für die entsprechenden Verhältnisse die Entscheidung ermöglicht, ob durch Innehaltung der Spannungen $\sigma_e = 1000$, $\sigma_b = 35$ gegenüber (Tabelle VIII) $\sigma_e = 900$, $\sigma_b = 35$ eine wirtschaftlichere Querschnittswahl gesichert wird.

Auf die zur Lösung praktischer Fragen namentlich alsdann sehr bequeme Benutzung der Tabellen, wenn die Größe h' von vornherein eingeschätzt werden kann oder nach der Stützweite angenommen wird (vgl. S. 100/101), wird bei den nachfolgenden Zahlenbeispielen (Abschnitt 13) eingegangen werden.

---

[1]) Aufgestellt von Dipl.-Ing. Bundschuh, Arm. Beton 1917, S. 162.

Zusammenstellung VIII[1].

Zur Bemessung der Zahlenwerte α, β, γ, und $(\beta+\gamma)$ in den Gleichungen: $h' = \alpha\sqrt{\dfrac{M}{b}}$; $\quad F_e = \beta\sqrt{M\cdot b}$; $\quad F'_e = \gamma\sqrt{M\cdot b}$ für doppelt bewehrte rechteckige Querschnitte und: $\quad \sigma_b = 35$ kg/qcm; $\quad \sigma_e = 900$ kg/qcm; $\quad x = \tfrac{7}{19} h'$,

α	$a=\frac{h'}{5}$			$a=\frac{h'}{6}$			$a=\frac{h'}{7}$			$a=\frac{h'}{8}$			$a=\frac{h'}{10}$			$a=\frac{h'}{12}$			$a=\frac{h'}{15}$			$a=\frac{h'}{18}$			$a=\frac{h'}{22}$			$a=\frac{h'}{26}$			α	$a=\frac{h'}{\delta}$	
	β	γ	$\beta+\gamma$	β	γ	$\beta+\gamma$	β	γ	$\beta+\gamma$	β	γ	$\beta+\gamma$	β	γ	$\beta+\gamma$	β	γ	$\beta+\gamma$	β	γ	$\beta+\gamma$	β	γ	$\beta+\gamma$	β	γ	$\beta+\gamma$	β	γ	$\beta+\gamma$		$\beta=\gamma$	δ
0,415	307	31	338	306	28	334	305	25	330	305	23	328	305	21	326	305	20	325	304	18	322	304	17	321	304	16	320	303	15	318	0,415		
0,41	311	59	370	310	53	363	309	43	352	309	42	351	309	37	346	309	36	345	308	31	339	308	30	338	308	29	337	307	28	335	0,41		
0,40	319	112	431	318	105	423	317	91	408	317	87	404	316	76	392	315	71	386	314	63	377	314	60	374	314	57	371	313	56	369	0,40		
0,39	327	168	495	326	160	486	326	140	466	325	132	457	324	116	439	323	106	429	322	96	418	321	90	411	321	87	408	320	86	406	0,39		
0,38	338	227	565	336	215	551	335	191	526	334	177	511	332	159	491	331	142	473	330	129	459	329	122	451	328	119	447	327	114	441	0,38		
0,37	348	289	637	346	271	617	344	242	586	343	222	565	341	196	537	339	177	516	338	163	504	337	153	490	336	151	487	335	144	479	0,37	359	4,8
0,36	360	354	714	357	329	686	354	295	649	352	268	620	350	236	580	348	213	561	346	198	544	345	187	532	344	183	527	343	175	518	0,36	367	6,2
0,35	372	421	793	368	389	757	365	349	714	363	319	682	360	278	638	357	260	607	355	235	590	354	221	575	353	215	568	352	207	559	0,35	375	7,3
0,34	384	491	875	380	452	832	376	404	780	374	371	745	370	319	689	367	290	657	364	273	637	363	257	620	362	250	612	361	243	604	0,34	382	9,1
0,33	397	561	958	392	518	910	388	459	847	385	415	800	380	371	751	377	332	709	374	311	685	372	294	666	371	286	657	370	277	647	0,33	390	11,1
0,32	410	633	1043	405	587	992	400	516	916	397	470	867	392	408	800	388	377	765	385	351	736	383	333	716	382	324	706	380	312	692	0,32	398	14,6
0,31	424	708	1132	419	657	1076	413	574	987	410	528	938	404	458	862	400	423	823	396	392	788	394	374	768	393	362	755	391	349	740	0,31	405	21
0,30	442	787	1229	434	729	1163	427	635	1062	423	588	1011	417	510	927	413	471	884	409	438	847	406	417	828	405	401	806	403	387	790	0,30	413	33
0,29	458	870	1328	449	803	1252	442	702	1144	437	650	1087	431	567	998	428	521	949	423	485	908	419	461	880	418	443	861	416	428	844	0,29		
0,28	476	956	1432	466	883	1349	459	774	1243	453	714	1167	446	623	1069	441	574	1015	436	532	968	433	506	939	431	488	919	429	472	901	0,28		
0,27	495	1047	1542	484	968	1452	476	837	1313	470	779	1249	462	682	1144	457	630	1087	452	582	1034	448	556	1004	446	536	982	443	518	961	0,27		
0,26	516	1145	1661	504	1059	1563	495	936	1431	489	849	1338	480	748	1228	474	688	1162	468	636	1104	464	607	1071	462	586	1048	459	565	1024	0,26		
0,25	539	1250	1789	525	1155	1680	515	1017	1532	508	923	1431	498	812	1310	492	749	1241	486	693	1179	482	660	1142	480	638	1118	477	615	1092	0,25		
0,24	563	1360	1923	547	1255	1802	537	1106	1643	528	1001	1529	518	885	1403	512	813	1325	505	752	1257	501	726	1227	498	692	1190	495	668	1163	0,24		
0,23	589	1475	2064	572	1365	1937	560	1198	1758	551	1083	1634	540	955	1495	532	877	1409	525	815	1340	521	777	1298	518	749	1267	515	724	1239	0,23		
0,22	616	1595	2211	598	1480	2078	585	1294	1879	576	1170	1746	563	1037	1600	556	950	1506	547	880	1427	543	842	1385	540	811	1351	537	783	1320	0,22		
0,21	645	1720	2365	625	1598	2223	611	1397	2008	601	1264	1865	588	1124	1712	574	1025	1599	571	948	1519	566	911	1477	563	877	1440	560	845	1405	0,21		
0,20	676	1855	2531	655	1722	2377	640	1505	2145	630	1367	1997	615	1213	1828	606	1110	1716	598	1023	1621	593	984	1577	588	948	1536	584	910	1494	0,20		

Anm. Der Einfachheit und Raumersparnis wegen wurden die Werte für β, γ und $\beta+\gamma$ nicht 0 00307 ..... 0 00031 ..... 0 00338, sondern 307 ..... 31 ..... 338 usw. geschrieben.

[1] Aufgestellt von Dipl.-Ing. Bundschuh, Arm. Beton 1917, S. 163.

Zusammenstellung IX [1]).

Zur Bemessung der Zahlenwerte α, β, γ, $(\beta + \gamma)$ in den Gleichungen:

$$h' = \alpha \sqrt{\frac{M}{b}}\;;\quad F_e = \beta \sqrt{M \cdot b}\;;\quad F'_e = \gamma \sqrt{M \cdot b}$$

für doppelt bewehrte rechteckige Querschnitte und

$$\sigma_e = 35 \text{ kg qcm}\;;\quad \sigma_b = 1000 \text{ kg/qcm}\;;\quad x = \tfrac{24}{64}\,h'$$

α	$a = \dfrac{h_1}{10}$			$a = \dfrac{h_1}{12}$			$a = \dfrac{h_1}{15}$			$a = \dfrac{h_1}{18}$			$a = \dfrac{h_1}{22}$			$a = \dfrac{h_1}{26}$			α
	β	γ	$\beta + \gamma$	β	γ	$\beta + \gamma$	β	γ	$\beta + \gamma$	β	γ	$\beta + \gamma$	β	γ	$\beta + \gamma$	β	γ	$\beta + \gamma$	
0,425	265	29	294	264	26	290	264	23	287	263	21	284	262	18	280	262	16	278	0,425
0,42	269	46	315	268	40	306	268	38	306	268	37	305	267	37	304	267	35	302	0,42
0,41	275	80	355	274	73	347	274	68	342	274	66	340	273	63	336	273	60	333	0,41
0,40	281	115	396	280	107	387	280	98	378	280	94	374	279	89	368	279	87	366	0,40
0,39	288	153	441	287	141	428	286	129	415	286	123	409	285	117	402	285	114	399	0,39
0,38	295	192	487	294	177	471	293	161	454	293	152	445	291	146	437	291	143	434	0,38
0,37	303	233	536	302	214	516	301	196	497	300	183	483	299	176	475	299	173	472	0,37
0,36	311	275	586	310	251	561	309	232	541	308	216	524	307	209	516	307	204	511	0,36
0,35	319	312	631	318	289	607	317	269	586	316	251	567	315	243	558	315	236	551	0,35
0,34	328	363	691	327	330	657	326	307	633	325	288	613	323	277	600	323	268	591	0,34
0,33	338	409	747	337	372	709	335	345	680	334	327	661	332	312	644	331	302	633	0,33
0,32	348	456	804	347	415	762	344	385	729	344	367	711	342	349	691	340	337	677	0,32
0,31	358	505	863	357	458	815	355	427	782	354	407	761	352	387	739	350	375	725	0,31
0,30	369	557	926	368	505	873	366	472	838	365	448	813	363	428	791	360	414	774	0,30
0,29	381	611	992	380	554	934	378	518	896	376	493	869	374	470	844	371	455	826	0,29
0,28	395	667	1062	394	607	1001	391	567	958	389	540	929	386	513	899	383	497	880	0,28
0,27	409	725	1134	408	662	1070	406	617	1023	403	589	992	400	560	960	397	543	940	0,27
0,26	425	786	1211	424	720	1144	421	671	1092	418	640	1058	415	609	1024	411	590	1001	0,26
0,25	442	851	1293	441	784	1225	437	728	1165	433	693	1126	430	660	1090	426	639	1065	0,25
0,24	461	922	1383	460	852	1312	454	790	1244	450	750	1200	447	714	1161	443	691	1134	0,24
0,23	481	1000	1481	479	923	1402	473	854	1327	468	810	1278	465	773	1238	461	747	1208	0,23
0,22	504	1084	1588	500	997	1497	494	923	1417	488	875	1363	485	838	1323	481	808	1289	0,22
0,21	529	1176	1705	524	1070	1594	517	990	1507	511	945	1456	507	907	1414	504	875	1379	0,21
0,20	557	1275	1832	550	1160	1710	542	1072	1614	536	1018	1554	532	980	1512	529	946	1475	0,20

Berechnung unter Berücksichtigung der Zugspannungen im Beton.

Die Zugspannungen im Beton müssen in manchen Fällen geschätzt werden, wenn es sich um die Sicherheit handelt, daß keine Risse in der Zugzone auftreten. Eine solche Untersuchung ist namentlich dort bedingt, wo das Eisen nach Öffnung feiner Risse durch die Ungunst örtlicher Verhältnisse — durch Rauchgase u. dgl. — eine erhebliche Schädigung erleiden könnte. Bei den hier anzustellenden Untersuchungen wird es sich also vorwiegend um die Kontrollrechnung handeln, ob bei statischer Mitwirkung der Zugzone eine Rißgefahr vorliegt. Eine solche Ermittelung wird sich also in der Regel an eine normale Berechnung

---

[1]) Aufgestellt von Dipl.-Ing. Bundschuh, Arm. Beton 1917, S. 164.

12*

anschließen, da bei ihr mit der Wirkung des Betons in der Zugzone zunächst nicht gerechnet wird. Querschnittsbestimmungen werden hierbei also in der Regel nicht in Frage kommen, abgesehen von Ausnahmefällen, vorwiegend im Brückenbau, auf die am Schlusse dieser Betrachtungen eingegangen werden soll. Bei der somit meist vorliegenden

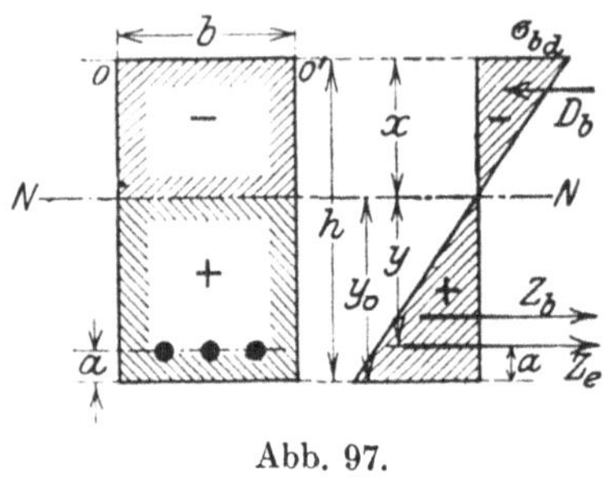

Abb. 97.

Prüfung im „baupolizeilichen" Sinne wird der Querschnitt als homogen behandelt und das Eisen durch eine elastisch gleichwertige Betonfläche ersetzt.

Liegt (Abb. 97) zunächst ein einfach bewehrter Verbundquerschnitt vor, so ist zuerst die Lage der Nullinie aus der Beziehung der statischen Momente auf die Querschnittsoberkante zu ermitteln. Bezeichnet man mit F_i den ideellen Querschnitt, gebildet aus der Betonfläche und der $n$fachen Eisenfläche, so wird:

1.
$$x \cdot F_i = x \cdot (b\,h + n\,F_e) = b\,h\,\frac{h}{2} + n\,F_e\,(h - a)$$

2.
$$x = \frac{\dfrac{b\,h^2}{2} + n\,F_e\,(h - a)}{b\,h + n\,F_e} = \frac{b\,h^2 + 2\,n\,F_e\,(h - a)}{2\,b\,h + 2\,n\,F_e} \,. \qquad (37)$$

Ferner liefert die Gleichheit der statischen Momente der Druck- und Zugflächen die Beziehung:

3.
$$\frac{b\,x^2}{2} = \frac{b}{2}(h - x)^2 + n\,F_e\,(h' - x).$$

Hieraus folgt:

4.
$$b\,h\left(x - \frac{h}{2}\right) = n\,F_e\,(h' - x).$$

Ferner ergibt sich J_{nn}, da jetzt sowohl ein oberer wie ein unterer Betonquerschnittsteil in Rechnung zu stellen sind:

5.
$$J_{nn} = \frac{b\,x^3}{3} + \frac{b\,(h - x)^3}{3} + n\,F_e\,(h - x - a)^2\ {}^1)\,. \qquad (38)$$

---

[1] Man kann J_{nn} auch ermitteln, wenn man zunächst J_{00} auf die Querschnittsoberkante bezieht:

$$J_{00} = \frac{b\,h^3}{3} + n\,F_e\,(h - a)^2$$

und dann J_{nn} aus der Beziehung ableitet:

$$J_{nn} = J_{00} - F_i\,x^2\,.$$

Hieraus folgt nach Auflösung des Ausdruckes $(h - x)^3$ und Einsetzung des Wertes für $n F_e (h' - x)$ aus Gleichung 4:

$$6. \quad J_{nn} = b h \left(\frac{h^2}{3} - h x + x^2 \right) + b h \left(x - \frac{h}{2} \right) (h - x - a)$$

$$= \frac{b h}{2} \left[x (h - 2 a) - \frac{h}{3} (h - 3 a) \right]. \tag{38*}$$

Nunmehr ergeben sich die Spannungen bei gegebenem M:

$$7. \quad \sigma_{bd} = - \frac{M \cdot x}{J_{nn}}$$

$$8. \quad \sigma_{bz} = + \frac{M \cdot y_0}{J_{nn}}$$

$$9. \quad \sigma_e = + n \frac{M \cdot y}{J_{nn}} .$$

Ist (Abb. 98) der Querschnitt doppelt bewehrt, so gestaltet sich die Rechnung durchaus entsprechend; hier tritt nur F_e' hinzu. Es ergibt sich:

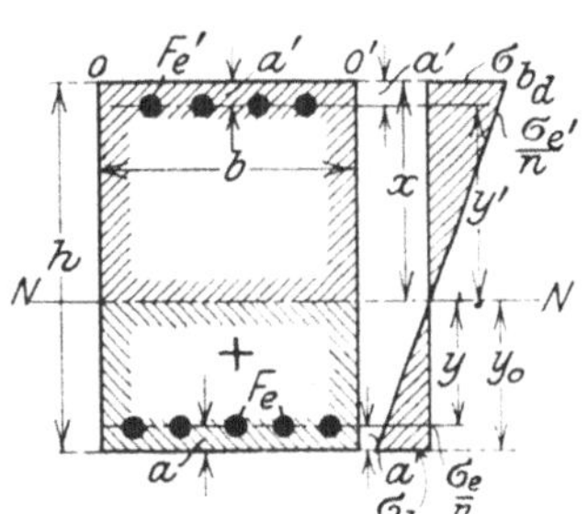

Abb. 98.

$$1. \quad x F_i = x \cdot (b h + n F_e' + n F_e) = \frac{b h^2}{2} + n F_e' a' + n F_e (h - a) .$$

$$2. \quad x = \frac{\dfrac{b h^2}{2} + n [F_e' a' + F_e (h - a)]}{b h + n (F_e' + F_e)}$$

$$= \frac{b h^2 + 2 n [F_e' a' + F_e (h - a)]}{2 b h + 2 n (F_e' + F_e)} . \tag{37a}$$

Ferner wird

$$3. \quad J_{nn} = \frac{b x^3}{3} + \frac{b}{3} (h - x)^3 + n F_e' (x - a')^2 + n F_e (h - x - a)^2 \tag{38a}[1]$$

und hiermit, wie vorstehend:

$$4. \quad \sigma_{bd} = - \frac{M \cdot x}{J_{nn}}$$

$$5. \quad \sigma_{bz} = + \frac{M \cdot y_0}{J_{nn}}$$

$$6. \quad \sigma_e' = - n \frac{M \cdot y'}{J_{nn}} = n \frac{M \cdot (x - a')}{J_{nn}}$$

$$7. \quad \sigma_e = + n \frac{M \cdot y}{J_{nn}} = n \frac{M \cdot (h - x - a)}{J_{nn}} .$$

---

[1] Dieser J_{nn}-Wert läßt sich auch, entsprechend der oben unter 6. gezeigten Rechnung, in der Form darstellen:

$$J_{nn} = \frac{b h}{2} \left[x (h - 2 a) - \frac{h}{3} (h - 3 a) \right] + n F_e' (x - a') (h - a - a') .$$

Naturgemäß kann man auch, wenn eine der Spannungen — σ_{bd} z. B. — auf dem allgemeinen Wege gefunden ist, die anderen Werte nach dem Hauptgesetze ermitteln:

$$\sigma_e' = n\,\frac{x - a'}{x}\,\sigma_{bd}$$

$$\sigma_e = n\,\frac{h - x - a}{x}\,\sigma_{bd}$$

$$\sigma_{b_z} = \frac{h - x}{x}\,\sigma_{bd}\,.$$

Ist ausnahmsweise die Druckzone besonders stark bewehrt, so ist die Schwächung des Betons durch das Druckeisen in Rechnung zu stellen und in den letzten Gleichungen an Stelle von $n\,F_e'$ der Wert $(n - 1)\,F_e' = 14\,F_e'$ einzuführen.

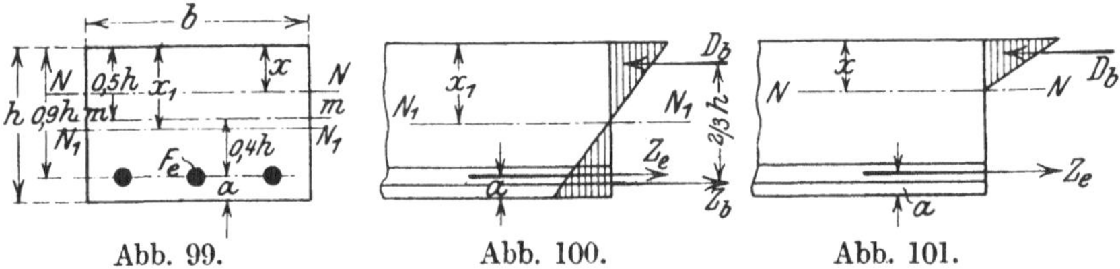

Abb. 99.   Abb. 100.   Abb. 101.

Wie bereits auf S. 52 ausführlich erwähnt wurde, ist nach den Versuchen des Deutschen Ausschusses für Eisenbeton für die übliche, normale Berechnungsart nach Navier, d. h. also eine Spannungsverteilung gemäß Abb. 86a, die Grenze der Betonzugspannung, von der an sich feine Risse bei Biegungsbelastung auszubilden pflegen, etwa **24 kg/qcm**. Wird dieser Wert von den rechnerisch gefundenen Spannungen σ_{b_z} nicht erreicht, so ist somit auch in der Regel eine Rißgefahr nicht zu befürchten. Überschreitet aber σ_{b_z} erheblich die Größe von $= 24\,\text{kg/qcm}$, so ist — falls Risse Gefahr für den Bestand der Eiseneinlagen nach sich ziehen können — der Querschnitt zu ändern.

Auf Anregung des Deutschen Ausschusses für Eisenbeton ist von Mörsch ein Verfahren abgeleitet worden, nach dem bei Zugrundelegung des Zustandes „II b", also unter Annahme, daß die Zugzone bereits gerissen ist und der Zugbeton keine statische Arbeit mehr verrichtet, gleichzeitig eine obere Grenze von σ_{b_z} eingehalten wird, eine besondere Kontrollrechnung also erspart werden kann. Dies wird bei Platten, also Rechtecksquerschnitten, durch geeignete Wahl des Verhältnisses der Spannung σ_e zur Betonspannung σ_b zu erreichen sein.

Mit ausreichender Genauigkeit kann man bei Platten mit $h - a = 0,9\,h$ rechnen. Für den Spannungszustand „I" (Abb. 99) ergibt sich die Lage der Nullinie $N_1 N_1$, aus der Bedingung (Gleichsetzung der statischen Momente bezogen auf die Mittellinie der Platte mm in Abb. 99):

$$\left(x_1 - \frac{h}{2}\right)(b\,h + n\,F_e) = 0{,}4\,h \cdot n\,F_e\,.$$

Setzt man $F_e = \varphi \cdot b\,h$, bezeichnet man also das Bewehrungsverhältnis mit φ, so wird:

$$\left(x_1 - \frac{h}{2}\right)(b\,h + n\,\varphi\,b\,h) = n\,0{,}4\,h\,\varphi\,b\,h$$

und für $n = 15$:

$$x_1 = h\left(0{,}5 + \frac{6\,\varphi}{1 + 15\,\varphi}\right)\,. \tag{39}$$

Liegt das Stadium „IIb" (Abb. 101) vor, so ist für x die Beziehung (auf S. 149) ermittelt (Gl. 8*):

$$x = \frac{n\,F_e}{b}\left(-1 + \sqrt{1 + \frac{2\,b\,(h - a)}{n\,F_e}}\right)$$

$$= n\,\varphi\,h\left(-1 + \sqrt{1 + \frac{1{,}8}{n\,\varphi}}\right)\,.$$

Da ferner die Momente der inneren Kräfte sowohl im Zustand I als IIb dem Momente der äußeren Kräfte M das Gleichgewicht halten müssen, so ergeben sich die Beziehungen (Momentengleichung in bezug auf den Angriffspunkt von D_b) für Zustand „I":

$$M = n\,F_e\,\sigma_e\left(0{,}9\,h - \frac{x_1}{3}\right) + \sigma_{b_z}\,b\,\frac{(h - x_1)}{2}\,\frac{2}{3}\,h$$

und nach Einsetzung von:

$$\sigma_e = \sigma_{b_z}\frac{0{,}9\,h - x_1}{h - x_1}$$

$$M = n\,F_e\,\sigma_{b_z}\frac{0{,}9\,h - x_1}{h - x_1}\left(0{,}9\,h - \frac{x_1}{3}\right) + \sigma_{b_z}\frac{b\,(h - x_1)}{2}\,\frac{2}{3}\,h,$$

und bei Berücksichtigung von Stadium IIb entsprechend:

$$M = F_e\,\sigma_e\left(0{,}9\,h - \frac{x}{3}\right)\,.$$

Aus der Gleichsetzung beider Beziehungen folgt:

$$\sigma_{b_z} = \frac{F_e \cdot \sigma_e\left(0{,}9\,h - \dfrac{x}{3}\right)}{n\,F_e\dfrac{0{,}9\,h - x_1}{h - x_1}\left(0{,}9\,h - \dfrac{x_1}{3}\right) + \dfrac{b\,h}{3}(h - x_1)}$$

oder nach Einführung von $Fe = \varphi\,b\,h$ und $n = 15$:

$$\sigma_{b_z} = \frac{\varphi\left(0,9\,h - \dfrac{x}{3}\right)\cdot\sigma_e}{15\,\varphi\,\dfrac{0,9\,h - x_1}{h - x_1}\left(0,9\,h - \dfrac{x_1}{3}\right) + \dfrac{1}{3}\,(h - x_1)}\,. \tag{40}$$

Mit Hilfe der Zusammenstellung II auf S. 157/158 kann man für Zustand IIb zu gegebenen Spannungen σ_e und σ_b die Werte x, $h - a$ und F_e, und aus ihnen alsdann h und φ berechnen. Alsdann ergeben die vorstehenden Gleichungen (39) bzw. (40) die Werte x_1 bzw. σ_{b_z}. In der nachfolgenden Zusammenstellung sind für eine Anzahl Spannungswerte von σ_e (1200, 1000, 900 und 750 kg/qcm) und σ_b (40, 35 und 30 kg/qcm) die betreffenden Rechnungsergebnisse, die aus Zusammenstellung II leicht abzuleiten sind, mitgeteilt[1]).

---

[1]) Die Rechnung sei für die ersten Zahlenwerte der Zusammenstellung, d. h. für $\sigma_e = 1200$ und $\sigma_b = 40$ kg/qcm nachfolgend wiedergegeben: Nach Zusammenstellung II ist für diese Werte: $h' = 0,411\sqrt{\dfrac{M}{b}}$; $F_e = 0,00228\sqrt{M\cdot b}$; $x = 0,333\,h'$. Da $\varphi = \dfrac{F_e}{b\,h'}$ ist, so ergibt sich dieser Wert aus den Beziehungen:

$$b\,h' = 0,411\sqrt{\frac{M}{b}}\,b = 0,411\sqrt{M\cdot b}\,.$$

$$F_e = 0,00228\sqrt{M\cdot b}$$

$$\varphi = \frac{0,00228}{0,401} = 0,0056\,.$$

Demgemäß wird nach Gl. 39

$$x_1 = h\left(0,5 + \frac{6\,\varphi}{1 + 15\,\varphi}\right) = h\left(0,5 + \frac{6\cdot 0,0056}{1 + 15\cdot 0,0056}\right) = 0,531\,h$$

und nunmehr

$$\sigma_{b_z} = \frac{\varphi\left(0,9\,h - \dfrac{x}{3}\right)\sigma_e}{15\,\varphi\,\dfrac{0,9\,h - x_1}{h - x_1}\left(0,9\,h - \dfrac{x_1}{3}\right) + \dfrac{1}{3}\left(h - x_1\right)}$$

(nach Kürzung mit h)

$$= \frac{0,0056\left(0,9 - \dfrac{0,333\cdot 0,9}{3}\right)\cdot 1200}{15\cdot 0,0056\cdot\dfrac{0,9 - 0,531}{1 - 0,531}\left(0,9 - \dfrac{0,531}{3}\right) + \dfrac{1}{3}\left(1 - 0,531\right)}$$

$$\sigma_{b_z} = \frac{0,00448}{0,207}\cdot 1200 = 25,8\ \text{kg/qcm}\,.$$

Bemerkenswert bei der Rechnung ist die gute Verwendbarkeit der Zusammenstellung II zur Ermittlung von φ.

Zusammenstellung X.

Die Werte σ_{b_z} bei rechteckigem Querschnitte und zulässigen Spannungen σ_b bzw. σ_c.

σ_e kg/qcm	σ_b kg/qcm	$h' =$	$F_e =$	$x =$	$\varphi =$	$x_1 =$	σ_{b_z} kg/qcm
1200	40	$0{,}411 \sqrt{\dfrac{M}{b}}$	$0{,}00228 \sqrt{M\cdot b}$	$0{,}333\ h'$	$0{,}0056$	$0{,}531\ h$	25,8
1200	35	$0{,}458$,,	$0{,}00203$,,	$0{,}304\ h'$	$0{,}0044$	$0{,}522\ h$	21,6
1000	40	$0{,}390$,,	$0{,}00293$,,	$0{,}375\ h'$	$0{,}00675$	$0{,}537\ h$	25,1
1000	35	$0{,}433$,,	$0{,}00261$,,	$0{,}344\ h'$	$0{,}00542$	$0{,}530\ h$	21,2
900	35	$0{,}420$,,	$0{,}00301$,,	$0{,}368\ h'$	$0{,}00645$	$0{,}535\ h$	21,9
900	30	$0{,}474$,,	$0{,}00264$,,	$0{,}333\ h'$	$0{,}00500$	$0{,}528\ h$	17,7
750	35	$0{,}401$,,	$0{,}00385$,,	$0{,}412\ h'$	$0{,}00864$	$0{,}546\ h$	22,5
750	30	$0{,}451$,,	$0{,}00338$,,	$0{,}375\ h'$	$0{,}00675$	$0{,}537\ h$	18,8

Aus der Zusammenstellung ergibt sich die **wichtige Folgerung**, **daß nur bei den Spannungsverhältnissen** $\sigma_b = 40$ **und** $\sigma_e = 1200$ **bis** 1000 **überhaupt eine Überschreitung der als zulässig erachteten** σ_{b_z}**-Grenze** $= 24{,}0$ **kg/qcm zu erwarten steht, daß also eine Nachrechnung bei Platten und Rechtecksquerschnitten sich bis auf die Fälle, welche innerhalb der obigen Grenzen liegen, erübrigt.** Im besonderen zeigen auch die letzten Reihen der Zusammenstellung, daß bei Eisenbahnbrücken in Verbundbau, bei denen nur Spannungen von 750 kg/qcm im Eisen und von 30 kg/qcm im Beton zugelassen sind (§ 18, 4 der neuen Bestimmungen vom Jahre 1916), **eine Kontrollrechnung rechteckiger Querschnitte wegen der auftretenden Zugspannungen im Beton entfallen kann,** da hier nur ein σ_{b_z}-Wert von höchstens 18,8 kg/qcm aufzutreten vermag.

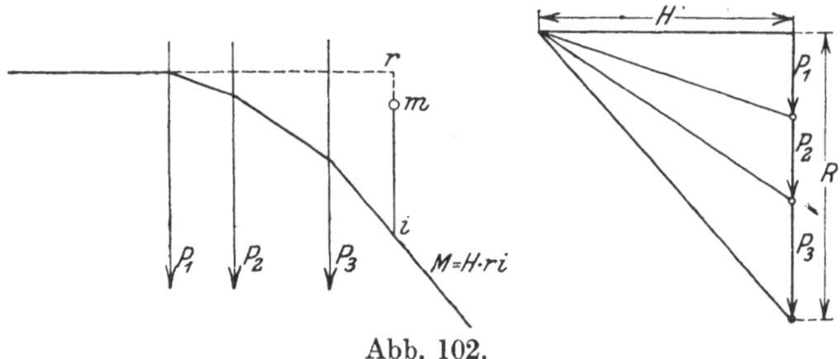

Abb. 102.

Die zeichnerische Bestimmung der Nullinie und die auf ihr beruhende Spannungsermittlung.

Gegeben sei ein Querschnitt, der symmetrisch zur Kraftebene, sonst aber beliebig gestaltet und bewehrt sei.

Bei der zeichnerischen Bestimmung der Nullinie für diese Querschnittsform geht man von Stadium II b aus, rechnet also nicht mit Zugkräften im Beton und benutzt die in Abb. 102 dargestellte be-

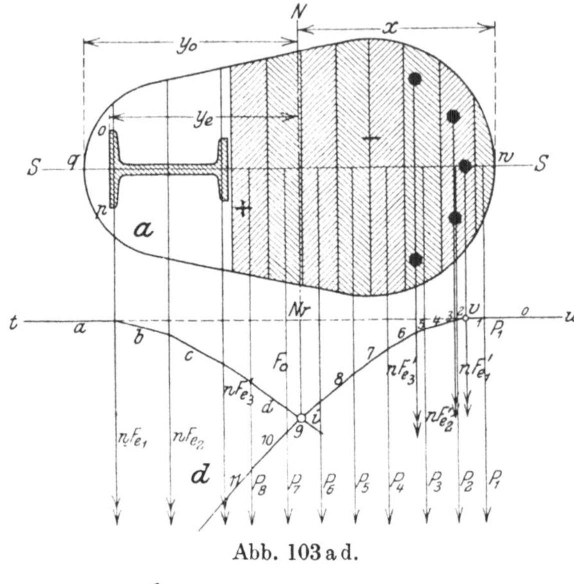

Abb. 103 a d.

kannte zeichnerische Ermittlung des Momentes gegebener (hier paralleler) Kräfte unter Verwendung von Kraft- und Seileck. Es sei daran erinnert, daß das Moment der hier dargestellten Kräfte P_1, P_2, P_3 in bezug auf Punkt $m = H \cdot r\,i$ ist, wobei $r\,i$, parallel zur Resultierenden der Kräfte (hier also parallel zur P-Richtung) von den für die Kräfte maßgebenden äußersten Seileckstrahlen abgeschnitten wird, und H die Polweite des Kraftecks darstellt. Da bei einem Querschnitte, wie dem hier vorliegenden, die Nullinie Schwerlinie ist und in bezug auf sie die statischen Momente der gedrückten und gezogenen Flächenteile einander gleich sein müssen, also bei Verwendung von Kraftecken mit denselben Polweiten auch die gleiche Seileckordinate (wie $r\,i$ in Abb. 102) besitzen müssen, so liegt in der Bestimmung dieser, beiden Seilecken gleichen Linie auch ein Weg zur Auffindung eines Punktes der Nullinie und damit ihrer selbst.

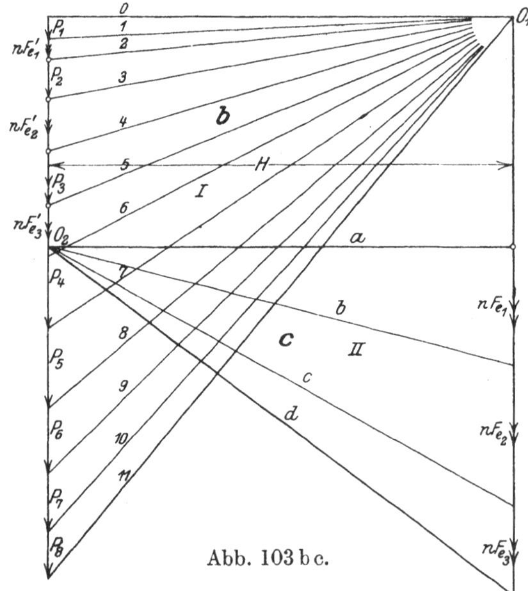

Abb. 103 b c.

Die auf diese Überlegung aufgebaute Lösung ist in Abb. 103 a—d dargestellt. Um eine gleichartige Querschnittsfläche zu erhalten, sind alle Eiseneinlagen mit dem n-fachen ihrer Fläche einzuführen, also ein

„ideeller" Betonquerschnitt zugrunde zu legen. Zur Bestimmung der gemeinsamen Seileckordinate wird der Querschnitt in Abb. 103a senkrecht zu der mit dem Schnitte der Kraftebene zusammenfallenden Schwerachse SS in einzelne Streifen zerteilt, die als Kräfte aufgefaßt, im bestimmten Kräftemaßstab und in Verbindung mit den $n\,F_e'$-Werten in der Reihe, wie sie von links nach rechts aufeinanderfolgen, zur Aufzeichnung des Kraftecks I in Abb. 103b benutzt werden. Mit der gleichen Polweite H wird dann ein zweites Krafteck II für die Eisenbewehrung der Zugzone ($n\,F_{e1}$, $n\,F_{e2}$, $n\,F_{e3}$ in Abb. 103a) konstruiert (Abb. 103d). Beide Kraftecke sind der Einfachheit der Zeichnung halber so gezeichnet, daß ihr erster Strahl je wagerecht verläuft. Von derselben Wagerechten $t\,u$ aus werden alsdann für beide Kraftecke, für I von rechts nach links, für II in umgekehrter Richtung die zugehörenden Seilpolygone gezeichnet (Abb. 103d), die sich im Punkte i schneiden und damit die Strecke $r\,i$ als gemeinsame Ordinate ergeben. Da nunmehr nach jeder Seite das Moment $= r\,i \cdot H$ ist, so ist auch die Nullinie NN in Abb. 103a durch $r\,i \perp t\,u$ und $\perp SS$ bestimmt. Das Verfahren gilt, einen zur Kraftebene symmetrisch gestalteten Querschnitt vorausgesetzt, allgemein. Liegt in der Druckzone keine Bewehrung vor, so entfallen die Kräfte $n\,F_{e1}'$, $n\,F_{e2}'$ usw.; alsdann verbleiben hier nur die aus den Betonflächenstreifen abgeleiteten Kräfte P_1, P_2, P_3 usw. Ist die Bewehrung in der Druckzone eine besonders starke, so daß die durch die Eisen bedingte Betonschwächung zweckmäßig in Rechnung gestellt wird, so sind die hier gelegenen Eisenquerschnitte nicht mit dem n-, sondern mit dem $(n-1)$-fachen ihrer Fläche in die Rechnung einzuführen. Soll die Zugwirkung des Betons endlich mit in Rechnung gestellt werden, so sind auch auf der linken Querschnittsseite neben den F_e-Werten Streifen des Betons zu berücksichtigen, sonst aber die Ermittlungen genau so durchzuführen, wie vorstehend geschehen.

Nach den Grundsätzen der graphischen Statik gibt die von den Seilecken und der Geraden $t\,u$ begrenzte Fläche F_0 (Fläche $a\,i\,v$) die Möglichkeit, auch unmittelbar das Trägheitsmoment des Querschnittes anzuschreiben: $J_{nn} = F_0 \cdot 2\,H$. Alsdann sind auch die auftretenden Spannungen — nach Entnahme der Abstände x, y_e und y_0 aus der Abb. 103a — gegeben:

bei w:

$$\sigma_{b_d} = -\frac{M \cdot x}{J_{nn}};$$

bei q:

$$\sigma_{b_z} = +\frac{M \cdot y_0}{J_{nn}};$$

in der Kante $o\,p$:

$$\sigma_e = +\frac{n\,M \cdot y_e}{J_{nn}}\,^1).$$

---

[1]) Siehe Anmerkung [1]) folgende Seite.

12. Die Schubspannungen in dem auf reine Biegung belasteten rechteckigen Querschnitte.

Der doppelt bewehrte Querschnitt.

Wie bereits in Abschnitt 3, 6, 8 und 9 hervorgehoben wurde, sind bei Verbundbauten die Schubspannungen und die durch sie mittelbar bedingten schiefen Hauptzugspannungen von besonderer Bedeutung. Deshalb sind sie auch rechnerisch zu verfolgen, im besonderen bei höheren Querschnitten. Bei einfachen Platten und normaler Belastung sind die Schubspannungen in der Regel gering und ohne besondere Bedeutung für die Bewehrung. Hier reicht der Betonquerschnitt meist allein zu ihrer Übertragung aus.

Schubspannungen entstehen aus der Differenz der Normal- (Biege-) Spannungen in zwei benachbarten Querschnitten. Hieraus folgt die Schubkraft im Beton der Druckzone in einer wagerechten Querschnittsfaser im Abstande von v von der Nullinie, und für zwei um $d\,l$ entfernte, nahe liegende Querschnitte (Abb. 105):

$$T = \tau_b\, b\; dl = \int\limits_{v}^{x} b\; dv\; d\sigma,$$

wenn τ_b die Einheitsschubspannung im Beton, $d\,\sigma$ die Differenz der Normalspannungen innerhalb der Strecke $d\,l$ in dem kleinen Querschnittsteilchen $b\,d\,v$ darstellt. Summiert man alle diese zwischen den Grenzen x und v, so erhält man die bis zur betrachteten Faser von oben aus auftretenden Normaldifferenzkräfte, die innerhalb der Fasern eine Abscherwirkung bedingen.

---

[1]) Bei Ausführung der Rechnung ist auf die Einheiten besonders zu achten: Da J_{nn} vom 4. Grade ist, ist auch H z. B. in Quadratzentimetern zu messen, d. h. in dem Maßstabe einzuführen, der bei Aufzeichnung der Kräfte P und F_e bzw. F'_e benutzt worden ist. Ist z. B. der Kräftemaßstab: 1 mm $= 20$ cm² und $H = 50$ mm gemessen, so stellt H den Wert von $20 \cdot 50 = 1000$ cm² dar. Für beispielsweise $F_0 = 330$ cm² wird somit $J_{nn} = 2 \cdot 330 \cdot 1000 = 660\,000$ cm⁴.

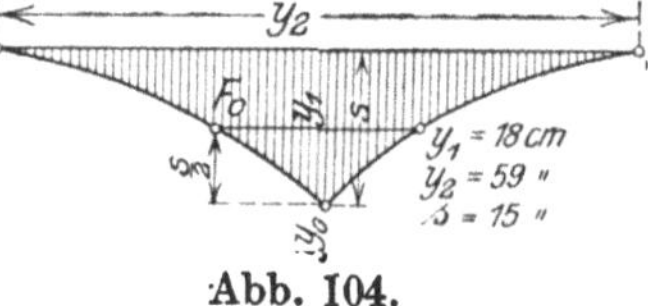

Abb. 104.

Die Größe F_0 wird, namentlich wenn man das gebrochene Seileck durch eine Kurve ausgleicht, zweckmäßig nach der Simpsonschen Regel (Abb. 104) ermittelt werden können:

$$F_0 = \frac{s}{6}\,(y_0 + 4\,y_1 + y_2)\,.$$

In dem dargestellten Beispiele wird:

$$F_0 = \frac{15}{6}\,(0 + 4 \cdot 18 + 59) = 330 \text{ cm}^2\,.$$

Da $\sigma_b = \dfrac{M \cdot x}{J_{nn}}$ ist, so wird: $\dfrac{d\sigma_b}{dl} = \dfrac{dM}{dl}\dfrac{x}{J_{nn}}$; und da $\dfrac{dM}{dl} = Q =$ der Querkraft in dem betrachteten Querschnitte ist, in dem M wirkt, folgt:

$$d\sigma_b = \frac{Q \cdot x}{J_{nn}}\,dl\,.$$

Ferner ergibt sich aus Abb. 105: $\dfrac{\sigma_b}{\sigma} = \dfrac{x}{v}$ und somit:

$$\frac{d\sigma_b}{d\sigma} = \frac{x}{v}\,; \qquad d\sigma = \frac{v}{x}\,d\sigma_b = \frac{v}{x}\frac{Qx}{J_{nn}}\,dl = \frac{vQ\,dl}{J_{nn}}\,.$$

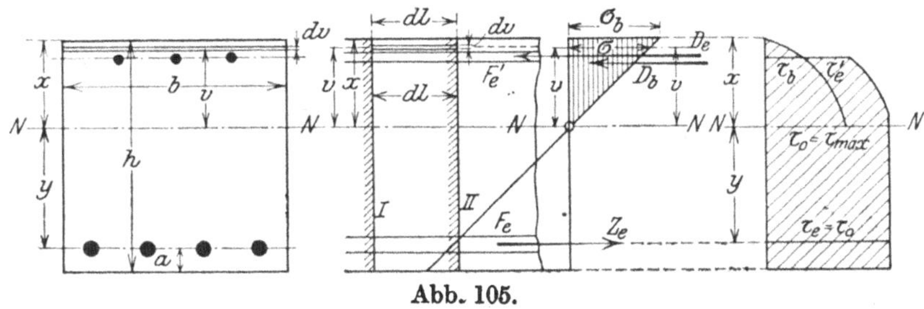

Abb. 105.

Führt man diesen Wert in die Ausgangsgleichung ein, so wird:

$$\tau_b\,b\,dl = \int_v^x b\,dv\,\frac{vQ\,dl}{J_{nn}}\,.$$

$$\tau_b \cdot b = \frac{Qb}{J_{nn}}\int_v^x v\,dv = \frac{Qb}{2J_{nn}}\,(x^2 - v^2)\,.$$

In dieser Gleichung stellt: $\dfrac{x^2 - v^2}{2} \cdot b$ das statische Moment des auf Abscherung belasteten oberen Betonquerschnittsteils dar, bezogen auf die Nullinie $= S_{nn}$. Mithin ergibt sich auch hier die bekannte Form der Schubkraftsgleichung:

$$\tau_b \cdot b = \frac{Q \cdot S_{nn}}{J_{nn}} \tag{41}$$

Aus der Beziehung:

$$\tau_b \cdot b = \frac{b \cdot Q}{2J_{nn}}\,(x^2 - v^2)$$

folgt, daß für $x = v$, also den oberen Querschnittsrand, die Schubspannung $= 0$ ist, daß sie ihren Größtwert für $v = 0$, also in der Nulllinie erreicht, und im allgemeinen einer Parabel folgt.

$$\tau_{b\max} \cdot b = \frac{Q}{J_{nn}} \frac{1}{2} x^2 b \, .$$

$$\tau_{b\max} = \frac{Q \, x^2}{2 \, J_{nn}} \, .$$

Da die **Druckeisenbewehrung**, auch Normalspannungen aufnimmt, wird an ihrer Stelle eine Verstärkung der Schubspannung eintreten. Bezeichnet man die Schubspannung in dem F'_e-Eisen mit τ'_e und
denkt sich diese gleichmäßig über die Querschnittsbreite b verteilt,
bezeichnet man ferner die Differenz der Normalkräfte im Druckeisen
in zwei naheliegenden Querschnitten mit $d\,D_e$, so folgt:

$$b\,\tau'_e\,dl = d\,D_e\,; \qquad \text{nun ist} \qquad \sigma'_c = \frac{n\,M\,y'}{J_{nn}}\,;$$

$$\sigma'_e\,F'_e = D_e = \frac{n\,M\,y'}{J_{nn}}\,F'_e\,; \qquad \frac{d\,D_e}{dl} = \frac{dM}{dl}\,\frac{n\,y'}{J_{nn}}\,F'_e = \frac{Q\,n\,y'}{J_{nn}}\,F'_e\,;$$

$$d\,D_e = \frac{Q\,n\,y'\,F'_e}{J_{nn}}\,dl\,;$$

Demgemäß ergibt die Ausgangsgleichung die Beziehung:

$$b\,\tau'_e = \frac{Q \cdot n\,y'\,F'_e}{J_{nn}} = \frac{Q \cdot S'_{nn}}{J_{nn}}\,.$$

Denn der Ausdruck $n\,y'\,F'_e$ ist wiederum das statische Moment der in
Beton umgewandelten Eisenfläche, bezogen auf die Nullinie. Hieraus
folgt weiter:

$$\sum \tau = \tau_0 = \tau_{b\max} + \tau'_e = \frac{Q}{J_{nn} \cdot b}\left(\frac{1}{2}\,x^2\,b + n\,y'\,F'_e\right) = \frac{Q}{J_{nn} \cdot b}\sum S_{nn} \quad (41\,\text{a})$$

Von der Nullinie an bleibt $\sum \tau$ konstant.

Für die Schubspannung in **der gezogenen Eiseneinlage** läßt
sich, unter Berücksichtigung, daß der Beton innerhalb der Zugzone
als statisch unwirksam betrachtet wird, entsprechend der vorstehend
gegebenen Entwicklung, ganz gleichartig ableiten:

$$\tau_e = \frac{Q \cdot n\,y\,F_e}{J_{nn} \cdot b}\,. \qquad\qquad (41\,\text{b})$$

Dieser Wert ist $= \sum \tau = \tau_0$; denn die Gleichung:

$$\tau_e = \frac{Q}{J_{nn}\,b}\,n\,y\,F_e = \tau_0 = \frac{Q}{J_{nn}\,b}\left(\frac{1}{2}\,x^2\,b + n\,y'\,F'_e\right)$$

ist erfüllt, da die Beziehung: $n\,y\,F_e = \frac{1}{2}\,x^2\,b + n\,y'\,F'_e$ aus der Gleichheit
der statischen Momente der gedrückten und gezogenen Querschnittsteile
in bezug auf die Nullinie sich als richtig erweist. Da sich beide Werte
τ_e und $\sum \tau$ aber nur in diesen Gliedern unterscheiden, sind sie auch
unter sich gleich.

Führt man den Hebelarm der inneren Kräfte ein: c (nach Seite 150) $= h - a - x + \eta_0$), so kann man auch der Gleichung für $\tau_0 = \tau_e$ eine andere und einfachere Form geben:

$$\tau_0 = \frac{Q \cdot n\,y\,F_e}{J_{nn}\,b} = \frac{Q \cdot n\,y\,F_e\,\sigma_e\,c}{J_{nn}\,b \cdot \sigma_e \cdot c} = \frac{Q \cdot n\,y\,(Z_e \cdot c)}{J_{nn}\,b \cdot \sigma_e \cdot c} = \frac{Q\,n\,y\,M}{J_{nn}\,b\,\sigma_e\,c}.$$

Da $\sigma_e = \dfrac{n\,M}{J_{nn}} \cdot y$ ist, so wird:

$$\tau_0 = \frac{Q}{b \cdot c} = \frac{Q}{b\,(h - a - x + \eta_0)}\ {}^1). \qquad (42)$$

Aus diesen Gleichungen lassen sich ohne weiteres die entsprechenden Beziehungen für den

einfach bewehrten Rechtecksquerschnitt

ableiten.

Hier ist nur F_e' bzw. $\tau_e' = 0$ zu setzen:

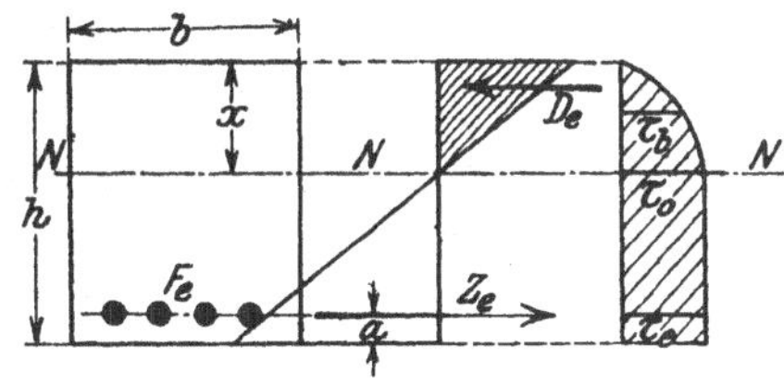

$$\tau_{b\,\text{max}} = \tau_0 = \frac{Q\,x^2}{2\,J_{nn}} = \frac{Q}{b \cdot c} \quad (43a)$$

Abb. 106.

$$\tau_e = \tau_0 = \frac{Q \cdot n\,y\,F_c}{J_{nn} \cdot b} = \frac{Q}{b \cdot c} = \frac{Q}{b\left(h - a - \dfrac{x}{3}\right)}\ {}^2). \qquad (43b)$$

Die dem Schubspannungsverlauf bei doppelter Bewehrung entsprechende Spannungskurve bei einfacher Bewehrung läßt Abb. 106 erkennen.

---

[1]) Vgl. S. 150.

[2]) Diese Gleichung kann man auch unmittelbar herleiten:

$$\tau_0 = \frac{Q\,x^2}{2\,J_{nn}}; \quad M = D_b \cdot c = \sigma_b \frac{x}{2}\,b \cdot c$$

$$\sigma_b = \frac{M \cdot x}{J_{nn}}; \quad J_{nn} = \frac{M \cdot x}{\sigma_b} = \frac{\sigma_b \dfrac{x}{2}\,b \cdot c \cdot x}{\sigma_b} = \frac{x^2 \cdot b \cdot c}{2}$$

$$\tau_0 = \frac{Q\,x^2}{2\,x^2\dfrac{b}{2} \cdot c} = \frac{Q}{b \cdot c};$$

ebenso ist für die Zugeinlage F_e:

$$b\,\tau_e\,dl = dZ_e; \quad Z_e = \frac{M}{c}; \quad \frac{dZ_e}{dl} = \frac{dM}{dl}\frac{1}{c} = \frac{Q}{c}$$

$$b\,\tau_e\,dl = \frac{Q\,dl}{c}. \quad \tau_e = \frac{Q}{b \cdot c}$$

was zu beweisen war.

Das Verhältnis von Haft- und Schubspannung.

Auf S. 79, Gl. (4) wurde für die Haftspannung die Bedingung nachgewiesen:

$$\tau_h = \frac{Q}{U \cdot c} \, .$$

Da $\tau_0 = \dfrac{Q}{b \cdot c}$ ist, so steht mithin die Haftspannung zur Schubspannung im Verhältnisse von $b : U$.

$$\tau_h : \tau_0 = b : U \, ; \qquad \tau_h = \frac{\tau_0 b}{U} \, , \tag{44}$$

d. h. ist $b > U$, so ist $\tau_h > \tau_0$, und ist $U > b$, so ist $\tau_0 > \tau_{max}$. Erreicht mithin im letzteren Falle τ_0 eine geringe Größe, so wird das erst recht für τ_h zutreffen.

Da $\tau_h = \dfrac{\tau_0 \cdot b}{U}$ ist, so kann man auch, wenn man den Wert

$$\tau_0 = \frac{Q}{J_{nn} b} \, n y F_e \quad \text{bzw.:} \quad \frac{Q}{J_{nn} b} \left(\frac{1}{2} x^2 b + n y' F'_e \right)$$

einführt, τ_h in der Form:

$$\tau_h = \frac{Q}{J_{nn} U} \, n y F_e \, , \tag{45a}$$

und zwar am gezogenen Eisen, und:

$$\tau'_h = \frac{Q}{J_{nn} U} \left(\frac{1}{2} x^2 b + n y' F'_e \right) \tag{45b}$$

an der Eiseneinlage der Druckzone ausdrücken.

13. Zahlenbeispiele zur Spannungsberechnung und Querschnittsbestimmung in einfach und doppelt bewehrten, auf Biegung beanspruchten Rechtecksquerschnitten.

1. Bei einer 2,0 m weit freiliegenden Wohnhausdecke von 10 cm Stärke, bewehrt auf 1 m Breite, mit 10 Rundeisen von 8 mm Durchmesser ($= 5,02$ qcm/m), deren Mitten einen Abstand von 1,5 cm von der Plattenunterkante haben, sollen zum Zwecke der (baupolizeilichen) Nachprüfung die auftretenden größten Spannungen im Beton und im Eisen ermittelt werden.

Belastung: Eigengewicht der Decke . . . 340 kg/qm
Nutzlast 250   ,,
Zusammen . . . . 590 kg/qm

Biegungsmoment in Plattenmitte:

$$M = \frac{590 \cdot 2{,}1^2 \cdot 100}{8} = 32\,500 \text{ kg} \cdot \text{cm}$$

(Stützweite = Lichtweite + Plattenstärke gesetzt.)

$$x = \frac{15 \cdot 5{,}02}{100} \left(\sqrt{\frac{1 + 2 \cdot 100 \cdot 8{,}5}{15 \cdot 5{,}02}} - 1 \right) = 2{,}9 \text{ cm} \qquad (8^*)$$

$$\sigma_b = \frac{2 \cdot 32\,500}{100 \cdot 2{,}9\,(8{,}5 - 0{,}97)} = 29{,}8 \text{ kg/qcm} \qquad (14)$$

$$\sigma_e = \frac{32\,500}{5{,}02\,(8{,}5 - 0{,}97)} = 860 \text{ kg/qcm.} \qquad (15)$$

Benutzt man die Zusammenstellung I (S. 153), so findet man, da
$F_e = 5{,}02$ qcm, und somit:

$$m = \frac{100 \cdot 8{,}5}{5{,}02} = \text{rd. } 170$$

$$\sigma_b = \frac{6{,}617 \cdot 32\,500}{100 \cdot 8{,}5^2} = 29{,}8 \text{ kg/qcm}$$

$$\sigma_e = 28{,}987 \cdot 29{,}8 = 863 \text{ kg/qcm.}$$

Es ergeben sich also auch hier die oben gefundenen Werte.

Zur Berechnung der Schubspannungen am Auflager wird ermittelt
die Querkraft an dieser Stelle:

$$Q = \frac{590 \cdot 2{,}10}{2} = 620 \text{ kg}$$

$$\tau_e = \frac{Q}{b \left(h - a - \dfrac{x}{3} \right)} = \frac{620}{100 \left(8{,}5 - \dfrac{2{,}9}{3} \right)} = 0{,}83 \text{ kg/qcm.} \qquad (43)$$

Der sehr geringe Wert zeigt, daß man bei Platten die Schubspannungen gewöhnlich nicht zu untersuchen braucht (vgl. § 18 Ziff. 3
der neuen Bestimmungen).

Die Haftspannungen brauchen, wenn die Eiseneinlagen nicht stärker
als 26 mm und mit ordnungsmäßigen Endhaken versehen sind, nicht
nachgerechnet zu werden (§ 17 Ziff. 4), obwohl hier $U = 10 \cdot 2\,r\,\pi$
$= 10 \cdot 2 \cdot 0{,}4\,\pi = 10 \cdot 2{,}513$ cm $= 25{,}13$ cm, also $< b < 100$ cm ist, und
somit $\tau_h > \tau_0$ werden wird[1]).

---

[1]) Es ergibt sich:

$$\tau_h = \frac{\tau_0\,b}{U} = \frac{\tau_0\,100}{25{,}13} = \text{rd } 3{,}3 \text{ kg/qcm.} \qquad (44)$$

2. Für ein Fabrikgebäude mit stoßenden Lasten ist eine Deckenplatte von 2,0 m Spannweite zu entwerfen. Die Nutzlast beträgt 1500 kg/qm. In diesem Falle ist nach den neuen Bestimmungen (§ 18 Ziff. 4) die größte zulässige Betondruckspannung 35 kg/qcm, die Eisenzugspannung 1000 kg/qcm. Die Dicke der Platte werde zur Ermittelung des Eigengewichtes usw. zunächst zu 16 cm angenommen; demnach ist die rechnungsmäßige Stützweite = 2,00 + 0,16 = 2,16 m. Einschließlich des Fußbodenbelages sei das Eigengewicht 500 kg/qm.

$$\text{Mittenmoment}: M = \frac{500 + 1500}{8} \cdot 2{,}16^2 \cdot 100 = 116\,600 \; \text{kg} \cdot \text{cm}$$

Mit $\sigma_b = 35$ kg/qcm und $\sigma_e = 1000$ kg/qcm wird nach Seite 154:

$$x = \frac{15 \cdot 35}{1000 + 15 \cdot 35}\,(h - a) = 0{,}344\,(h - a) = s \cdot (h - a) \qquad (24)$$

ferner:

$$h - a = \sqrt{\frac{2}{\left(1 - \dfrac{s}{3}\right) s \cdot \sigma_b}} \cdot \sqrt{\frac{M}{b}} \qquad (25)$$

$$= \sqrt{\frac{2}{\left(1 - \dfrac{0{,}344}{3}\right) \cdot 0{,}344 \cdot 35}} \cdot \sqrt{\frac{116\,600}{100}} = 0{,}434 \cdot 341 = 14{,}8 \; \text{cm}.$$

Ferner ergibt sich aus der Beziehung der statischen Momente auf die Nullinie:

$$b\,\frac{x^2}{2} = n\,F_e \cdot (h - a - x)$$

$$F_e = \frac{b \cdot x^2}{2 \cdot n\,(h - a - x)} = \frac{100 \cdot 0{,}344^2 \cdot 14{,}8^2}{2 \cdot 15\,(14{,}8 - 0{,}344 \cdot 14{,}8)} = 8{,}9 \; \text{qcm}.$$

$$x = 0{,}344 \cdot 14{,}8 = 5{,}09 \; \text{cm (Abb. 107, S. 195)}.$$

Es werden 10 Rundeisen vom Durchmesser 11 mm mit 9,5 qcm Gesamtquerschnitt verwendet.

Die Überdeckungsstärke der Eisen soll bei Platten in Innenräumen (nach § 9, 7) mindestens 1 cm betragen. Die gesamte Plattenstärke wird deshalb auf 14,8 + 0,55 + 1,0 = rund 16,5 cm gebracht.

Aus der Zusammenstellung II hätte man ohne besondere Rechnung für $\sigma_e = 1000$ kg/qcm und $\sigma_b = 35$ kg/qcm unmittelbar gefunden:

$$h' = h - a = r\sqrt{\frac{M}{b}} = 0{,}433\,\sqrt{1166} = 14{,}8 \; \text{cm} \qquad (25)$$

$$F_e = t\,\sqrt{M \cdot b} = 0{,}00261\,\sqrt{11\,660\,000} = 8{,}9 \; \text{qcm}. \qquad (26)$$

3. Auf eine Eisenbetonplatte wirke auf eine Tiefe von 1,00 m ein Moment von $+52\,900$ kg·cm. Der durch dieses Moment beanspruchte Querschnitt ist unter der Annahme von $\sigma_e = 1000$ kg/qcm und $\sigma_b = 40$ kg/qcm zu bestimmen. $n = 15$.

Zusammenstellung II liefert für $\sigma_e = 1000$ und $\sigma_b = 40$ ohne weiteres:

$$h' = h - a = 0,390 \sqrt{\frac{M}{b}} = 0,390 \cdot \sqrt{\frac{52\,900}{100}} = 0,390 \cdot 23,0 = \text{rd. } 9,0 \text{ cm}$$

$$F_e = 0,00293 \sqrt{M \cdot b} = 0,00293 \cdot 2300 = 6,74 \text{ qcm}$$

$$(x = 0,375 \cdot (h - a) = 0,375 \cdot 9,0 = 3,37 \text{ cm}).$$

4. Die unter 2 berechnete Decke ist darauf zu untersuchen, welche Spannungen unter der Voraussetzung entstehen, daß der Beton auch in der Zugzone Spannungen aufnehmen soll (vgl. Abb. 107).

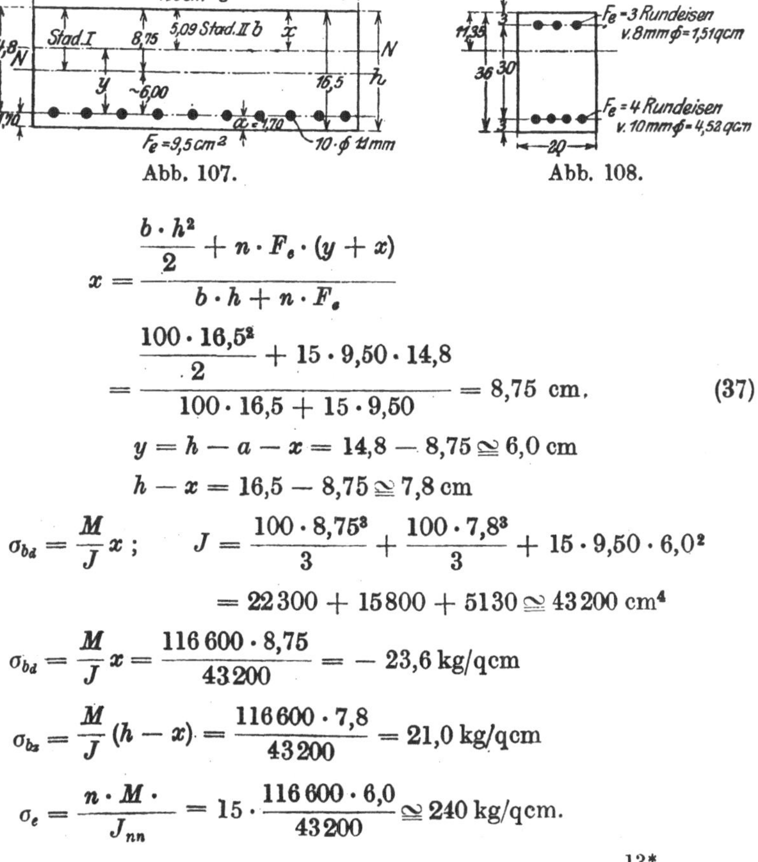

Abb. 107.   Abb. 108.

$$x = \frac{\dfrac{b \cdot h^2}{2} + n \cdot F_e \cdot (y + x)}{b \cdot h + n \cdot F_e}$$

$$= \frac{\dfrac{100 \cdot 16,5^2}{2} + 15 \cdot 9,50 \cdot 14,8}{100 \cdot 16,5 + 15 \cdot 9,50} = 8,75 \text{ cm.} \qquad (37)$$

$$y = h - a - x = 14,8 - 8,75 \cong 6,0 \text{ cm}$$

$$h - x = 16,5 - 8,75 \cong 7,8 \text{ cm}$$

$$\sigma_{bd} = \frac{M}{J}x\,; \qquad J = \frac{100 \cdot 8,75^3}{3} + \frac{100 \cdot 7,8^3}{3} + 15 \cdot 9,50 \cdot 6,0^2$$

$$= 22\,300 + 15\,800 + 5130 \cong 43\,200 \text{ cm}^4$$

$$\sigma_{bd} = \frac{M}{J}x = \frac{116\,600 \cdot 8,75}{43\,200} = -\,23,6 \text{ kg/qcm}$$

$$\sigma_{bz} = \frac{M}{J}(h - x) = \frac{116\,600 \cdot 7,8}{43\,200} = 21,0 \text{ kg/qcm}$$

$$\sigma_e = \frac{n \cdot M \cdot}{J_{nn}} = 15 \cdot \frac{116\,600 \cdot 6,0}{43\,200} \cong 240 \text{ kg/qcm.}$$

Die berechneten Betonzugspannungen halten sich unter dem zulässigen Höchstwerte ($\sigma_{b_z} = 24$ kg/qcm, § 17, 5).

5. Ein Eisenbetonbalken habe den in Abb. 108 angegebenen Querschnitt und eine Stützweite von 4,00 m. Ihn beanspruche infolge einer gleichmäßigen Belastung von 600 kg/qcm ein Angriffsmoment von

$$\frac{q\,l^2}{8} = \frac{600\cdot 4\cdot 400}{8} = 120\,000 \text{ kg}\cdot\text{cm. Wie groß sind die Spannungen,}$$

wenn man die Betonzugzone als statisch unwirksam betrachtet und die Schwächung des Betons durch die Druckbewehrung in Rücksicht stellt, bei F'_e also mit $(n-1)$ rechnet?

$$x = -\frac{(n-1)\,F'_e + n\cdot F_e}{b}$$

$$+ \sqrt{\left(\frac{(n-1)\cdot F'_e + n\cdot F_e}{b}\right)^2 + \frac{2}{b}\left[(n-1)\cdot F'_e\cdot a' + n\cdot F_e\,(h-a)\right]}$$

$$= -\frac{14\cdot 1{,}51 + 15\cdot 4{,}52}{20} \tag{8}$$

$$+ \sqrt{\left(\frac{14\cdot 1{,}51 + 15\cdot 4{,}52}{20}\right)^2 + \frac{2}{20}\,(14\cdot 1{,}51\cdot 3 + 15\cdot 4{,}52\cdot 33)}$$

$$= 11{,}35 \text{ cm.}$$

Demgemäß wird, wenn man auch weiterhin die Schwächung des Betons in der Druckzone durch die Druckeiseneinlage in Rechnung stellt:

$$\sigma_b = \frac{M}{\dfrac{b\cdot x}{2}\left(h-a-\dfrac{x}{3}\right) + (n-1)\cdot F'_e\cdot \dfrac{x-a'}{x}\,(h-a-a')} \quad {}^{1)}$$

$$= \frac{120\,000}{\dfrac{20\cdot 11{,}35}{2}\cdot (33-3{,}78) + 14\cdot 1{,}51\cdot \dfrac{8{,}35}{11{,}35}\cdot 30}$$

$$= 31{,}7 \text{ kg/qcm.}$$

$$\sigma'_e = -n\cdot\frac{x-a'}{x}\cdot\sigma_b = -15\cdot\frac{8{,}35}{11{,}35}\cdot 31{,}7 = -350 \text{ kg/qcm.}$$

---

[1] Es ist:

$$M = \sigma_b\,\frac{b\,x}{2}\left(h-a-\frac{x}{3}\right) + \sigma'_e\,F'_e\,(h-a-a')\,,$$

wenn man die Momentengleichung auf den Angriffspunkt von Z_e — also die Achse der Zugeiseneinlage bezieht. Setzt man hierin $\sigma'_e = n\,\dfrac{x-a'}{x}\cdot\sigma_b$ ein, so ergibt sich die obige Beziehung.

(Man erkennt die stets nur unvollkommene Ausnutzung der Druck-
eiseneinlagen, die den 15fachen Betrag der Randspannungen des Betons
nicht erreichen kann.)

$$\sigma_e = \sigma_e' \frac{h - a - x}{x - a'} = 350 \cdot \frac{21{,}65}{8{,}35} = 908 \text{ kg/qcm}$$

oder nach

$$\sigma_e = n \cdot \sigma_b \cdot \frac{h - a - x}{x} = 15 \cdot 31{,}7 \cdot \frac{21{,}65}{11{,}35} = 907 \text{ kg/qcm}.$$

Zur Ermittlung der Schubspannung wird zunächst der Wert η_0,
der den Abstand des Schwerpunktes der inneren Druckkräfte von der
Nullinie angibt, bestimmt.

$$\eta_0 = \frac{b \dfrac{x^3}{3} + (n - 1) \cdot F_e' \cdot (x - a')^2}{\dfrac{b \cdot x^2}{2} + (n - 1) \cdot F_e' \cdot (x - a')} = \frac{\dfrac{20 \cdot 11{,}35^3}{3} + 14 \cdot 1{,}51 \cdot 8{,}35^2}{\dfrac{20 \cdot 11{,}35^2}{2} + 14 \cdot 1{,}51 \cdot 8{,}35} \tag{17}$$

$$= 7{,}67 \text{ cm}.$$

Infolge der gleichmäßig verteilten Belastung von 600 kg/m wird
die Querkraft am Auflager $Q = 2{,}00 \cdot 600 = 1200$ kg, und somit:

$$\tau_0 = \frac{Q}{b \cdot (h - a - x + \eta_0)} = \frac{1200}{20 \, (21{,}65 + 7{,}67)} = 2{,}05 \text{ kg/qcm}$$

wobei $(h - a - x + \eta_0)$ der Hebelarm der inneren Kräfte $(= c)$ ist.

Da die Schubspannungen 4,0 kg/qcm erreichen dürfen, sind zu ihrer
Aufnahme besondere Vorkehrungen nicht zu treffen (§ 18, 10). Die
Haftspannungen sind hier, da die Durchmesser der Eisen unter 26 mm
liegen, nicht nachzuprüfen.

Die nachfolgenden Beispiele 5a—c, 6a—b, 7, 8 und 9a—b mögen
die Anwendung der Tabellen IV und V klarlegen:

I. Zu Tabelle IV.

Beispiel 5a: Es sei: $M = 950$ t · cm, $b = 30$ cm. Als Spannungen sind zugelassen: $\sigma_b = 40$ kg/qcm, $\sigma_e = 1000$ kg/qcm. Nach

Tafel IVc wird: Nutzhöhe $h' = 12{,}34 \sqrt{\dfrac{M}{b}} = 12{,}34 \sqrt{\dfrac{950}{30}} = 69{,}5$ cm;

$F_e = \dfrac{69{,}5 \cdot 30}{133} = 15{,}66$ cm². Gewählt werden: 5 Rundeisen von 20 mm

Durchmesser $(F_e = 15{,}71$ qcm), die mit je 4 cm lichtem Abstande
bei $b = 30$ cm verlegt werden können. Gewählt wird $h = 69{,}5 + 2{,}5$
$= 72$ cm.

5b. Ist $\sigma_e = 1200$ kg/qcm zugelassen, so folgt aus Tabelle IVd:

$$h' = 12{,}99 \sqrt{\frac{950}{30}} \backsimeq 73 \text{ cm}; \qquad F_e = \frac{73 \cdot 30}{180} = 12{,}2 \text{ qcm},$$

Hier sind alsdann nur vier 20 mm - Eisen ($F_e = 12{,}57$) notwendig. Die Querschnittshöhe wird zu 75,5 bis 76 cm zu wählen sein.

Beispiel 5c: Will man nur F_e berechnen, ohne erst (bei Vergleichsrechnung) h' zu finden, so würde hierzu die Beziehung: $F_e = \sqrt{\dfrac{M\,b}{k_5}}$ am schnellsten zum Ziele führen (für $\sigma_e = 1000$ kg/qcm):

$$F_e = \sqrt{\frac{950 \cdot 30}{117}} = \sqrt{243} = 15{,}58 = 15{,}6 \text{ cm}^2 \text{ wie vorstehend.}$$

Die Tabellen sind, wie bereits auf S. 161 herausgehoben wurde, zudem auch sehr geeignet, eine Nachprüfung eines gegebenen Querschnittes bei bekannten Momenten und zugelassenen Spannungen zu bewirken — also im baupolizeilichen Sinne zu prüfen.

Beispiel 6: Es sei für $M = 120\,000$ kg $\cdot$ cm $= 120$ t $\cdot$ cm sowie für $\sigma_b = 40$, $\sigma_e = 1000$ kg/qcm ein Querschnitt in Vorschlag gebracht von: $b = 100$ cm; $h' = 16$ cm; $h = 18{,}5$; $F_e = 9{,}08$ qcm, d. h. bewehrt mit vier 17 mm-Rundeisen. Will man die Richtigkeit der Rechnung mit Hilfe der Tabelle prüfen, so kann man z. B. a) entweder die auftretende Betonspannung σ_b oder auch b) das Moment aus der Tabelle ableiten, welches der Querschnitt einwandfrei überträgt. Es ergibt sich hiernach:

a) mit Hilfe von Reihe 5 der Tabelle IVc

$$k_4 = \frac{b\,h'}{F_e} = \frac{100 \cdot 16}{9{,}08} = 176\,.$$

Aus der Tabelle folgt aus diesem k_4-Werte unmittelbar, daß die auftretende Betondruckspannung zwischen 34 und 33 kg/qcm liegt, also die erlaubte Grenze 40 kg/qcm nicht erreicht ist. Hierin liegt zugleich da die Tabelle für $\sigma_e = 1000$ kg/qcm aufgestellt ist, auch der Beweis, daß die Eisenspannung diesen Wert nicht übersteigen kann. (Das gleiche Ergebnis hätte sich auch — allerdings nicht so einfach und schnell — aus Tabelle I auf S. 153 ableiten lassen; hier ist $m = \dfrac{b\,h'}{F_e}$ $= \dfrac{1600}{9{,}08} = $ rd. 176. Demgemäß liefert die Tabelle — nach Zwischenrechnung — $\sigma_b = 6{,}70\,\dfrac{M}{b\,h'^2} = 6{,}70 \cdot \dfrac{120\,000}{100 \cdot 16^2} = $ rd. $32 < 40$ kg/qcm; weiter wird alsdann $\sigma_e \cong 29{,}7 \cdot 32 = $ rd. 950 kg/qcm.)

b) Nach Reihe 7 der Tabelle IVc folgt:

$$M = \frac{b\,h'^2}{k_6} \text{ für die hier zugelassenen } \sigma_b\text{- und } \sigma_e\text{-Werte wird } k_6 = 152$$

und demgemäß kann der Querschnitt ein Moment übertragen von:

$$M = \frac{100 \cdot 16^2}{152} = \text{rd. } 164 \text{ t} \cdot \text{cm} > 120 \text{ t} \cdot \text{cm.}$$

7. Es sei gefunden für $M = 1000\,\text{t}\cdot\text{cm}$: $h' = 80$ cm, $b = 30$ cm, $F_e = 10{,}18$ qcm (4 Rundeisen von 18 mm Durchmesser). Die zulässigen Spannungen betragen höchstens $\sigma_b = 40$, $\sigma_e = 1200$ kg/qcm. Im Hinblicke auf Tabelle IV d, Spalte 5 folgt:

$$k_4 = \frac{b\,h'}{F_e} = \frac{30\cdot 80}{10{,}18} = 226;$$

man erkennt auch hier aus diesem k_4-Werte, daß eine Betonspannung von nicht ganz 35 kg/qcm anftritt.

Der Querschnitt trägt ein $M = \dfrac{b\,h_2'}{k_6} = \dfrac{30\cdot 80^2}{169} = \text{rd. } 1135\,\text{t}\cdot\text{cm}$,

also $> 1000\,\text{t}\cdot\text{cm}$.

II. Zu Tabelle V.

8. Gegeben sei $h = 65$ cm, $a = 3$ cm, $h' = 62$ cm, $b = 36$ cm, $M = 980\,\text{t}\cdot\text{cm}$. Als Spannungen sind zugelassen $\sigma_e = 1{,}20$ t/qcm, $\sigma_b = 0{,}040$ t/qcm.

Es ist zunächst zu untersuchen, ob eine doppelte Bewehrung notwendig ist, und alsdann die Innehaltung der zulässigen Spannungen nachzuweisen. Aus Tabelle V b folgt unmittelbar für $h' = 62$ cm: $M_1 = 2278\,\text{t}\cdot\text{cm}$, $f_{e_1} = 34{,}4$ qcm, $k = 70{,}8$ (für $a = 3$ cm), $k_1 = 30{,}3$.

Hieraus ergibt sich:

$$M_e = M - 0{,}01\,b\,M_1 = 980 - 22{,}78\cdot 36 = 159{,}9\,\text{t}\cdot\text{cm}.$$

Dementsprechend ist eine obere Druckbewehrung und die Verstärkung der Zugbewehrung notwendig:

$$F_e' = \frac{M_e}{k_1} = \frac{159{,}9}{30{,}3} = 5{,}27\ \text{qcm}.$$

$$f_{e_2} = \frac{M_e}{k} = \frac{159{,}9}{70{,}8}.$$

Hierzu tritt noch

$$F_e = \frac{b\cdot f_{e_1}}{100} = \frac{36\cdot 34{,}4}{100},$$

so daß die Gesamtbewehrung in der Zugzone wird:

$$\sum F_e = 0{,}36\cdot 34{,}4 + \frac{159{,}9}{70{,}8} = 14{,}64\,\text{qcm}.$$

Gewählt werden im Obergurte 3 Eisen von je 15 mm Durchmesser ($F_e' = 5{,}30$ qcm), im Untergurte 5 20-mm-Eisen ($F_e = 15{,}71$) oder 3 25-mm-Eisen ($F_e = 14{,}75$).

9a.) Gegeben sei bei einem durchlaufenden Balken über der Stütze ein konstanter Querschnitt von $h = 46$ cm; $b = 20$ cm; $M = 510\,\text{t}\cdot\text{cm}$; $a' = a = 4$ cm, also $h' = 42$ cm. Die zulässigen Spannungen sind:

$\sigma_b = 40$, $\sigma_e = 1200$ kg/qcm. Aus der Tabelle Vb folgt für $h' = 42$ cm ein $M_1 = 1045$ t · cm, für $b = 100$ cm. Da hier $b = 0{,}20$ m ist, so ist nur mit einem Fünftel von M_1 zu rechnen:

$$M_1 = \frac{1045}{5} = 209 \text{ t} \cdot \text{cm} \, .$$

$$M_e = M - M_1 = 510 - 209 = 301 \text{ t} \cdot \text{cm} \, .$$

Ferner ist nach der Tabelle:

$$k = 45{,}6 \, ; \; k_1 = 16{,}3 \; (\text{für } a = a' = 4 \, \text{cm}), \; f_{e_1} = 23{,}3 \text{ qcm} \, .$$

Demgemäß wird:

$$F'_e = \frac{301}{k_1} = \frac{301}{16{,}3} = 18{,}5 \text{ qcm} \, .$$

$$\sum F_e = f_{e_2} + F_e = \frac{301}{45{,}6} + \frac{20 \cdot f_{e_1}}{100} = 6{,}6 + \frac{20 \cdot 23{,}3}{100} = 6{,}6 + 4{,}7 = 11{,}3 \text{ qcm} .$$

9 b. Würde man in letzterem Falle $\sigma_b = 50$ kg/qcm erlauben und für $\sigma_e = 1200$ kg/qcm bestehen lassen, so ergibt Tabelle Vc:

$$M_1 = \frac{1479}{50} \; (\text{unter Berücksichtigung von } b = 20 \text{ cm}) = \text{rd. } 296 \text{ t} \cdot \text{cm} \, ;$$

$$M_e = 510 - 296 = 214 \text{ t} \cdot \text{cm}; \; f_{e_1} = 33{,}7 \, ; \; k = 45{,}6 \, ; \; k_1 = 21{,}4 \, .$$

Daraus folgt weiter:

$$F'_e = \frac{M_e}{k_1} = \frac{214}{21{,}4} = 10 \text{ qcm} \, .$$

$$\sum F_e = f_{e_2} + F_e = \frac{M_e}{k} + \frac{20 \cdot f_{e_1}}{100} = \frac{214}{45{,}6} + \frac{20 \cdot 33{,}7}{100} = 4{,}7 + 6{,}72 = 11{,}42 \text{ qcm} .$$

Es ergibt sich, wie zu erwarten stand, daß nun in der Druckzone durch den erhöhten σ_e-Wert eine Ersparnis eingetreten ist.

Die vorstehenden, vielgestaltigen Rechnungen lassen erkennen, wie außerordentlich einfach und bequem sich die Rechnung nach den Tabellen IV und V gestaltet und wie diese zu allen möglichen Ermittelungen benutzbar sind.

Die nächsten Zahlenbeispiele 10a—c sollen die Benutzung der Tabellen VI—IX von Bundschuh (vgl. S. 176—179) erläutern.

10 a. Für die zulässigen Spannungen $\sigma_b = 40$ kg/qcm, $\sigma_e = 1000$ kg/qcm, $b = 40$ cm, $M = 2\,400\,000$ kg · cm kommen Querschnitte von $h' \cong 70$ cm in Frage.

$$h' = 70 = \alpha \sqrt{\frac{2\,400\,000}{40}} = \alpha \cdot 244{,}95 \, ; \qquad \alpha = 0{,}28 \, .$$

Wählt man $a = 4{,}7$ cm, so wird $h \cong 75$ cm, und somit $a \cong \dfrac{h'}{15}$. Hieraus folgt weiter mit Hilfe der Tabelle VI: $\beta = 0{,}00395$. $\gamma = 0{,}00403$, $\beta + \gamma = 0{,}00798$ und somit:

$$F_e = 0{,}00395 \sqrt{2\,400\,000 \cdot 40} \cong 38{,}6 \text{ qcm}$$
$$F'_e = 0{,}00403 \sqrt{2\,400\,000 \cdot 40} \cong 39{,}5 \text{ qcm} .$$

Gewählt werden für die Zugeiseneinlage 8 Rundeisen, Durchmesser 25 mm mit $F_e = 39{,}3$ qcm, und für die Druckzone 8 Rundeisen, Durchmesser 26 mm ($F'_e = 42{,}5$ qcm).

10b. Es sei gegeben $M = 8\,000\,000$ kg·cm; $b = 32$; $h' \cong 130$ cm angenommen, $= \alpha \sqrt{\dfrac{8\,000\,000}{32}}$; $\alpha = 0{,}26$; gewählt $a' = 6$ cm; $a' = \dfrac{h'}{22}$. Für $\sigma_e = 1200$, $\sigma_b = 40$ ergibt sich aus Tabelle VII:

$$F_e = 0{,}00349 \sqrt{8\,000\,000 \cdot 32} = 56 \text{ qcm}$$
$$F'_e = 0{,}00499 \sqrt{8\,000\,000 \cdot 32} = 80 \text{ qcm.}$$

Gewählt werden für die Zugbewehrung 8 Rundeisen, Durchmesser 30 mm ($F_e = 56{,}55$ qcm), und für den Druckgurt 8 Rundeisen, Durchmesser 36 mm ($F'_e = 81{,}43$ qcm).

Rechnet man die im Querschnitte bei Innehaltung der oben gefundenen theoretischen Eisenbewehrung auftretenden Spannungen nach, so ergibt sich:

$$x = 43{,}5 \text{ cm,}$$
$$\sigma_b = 39{,}8 \text{ kg/qcm,}$$
$$\sigma_e = 1170 \text{ kg/qcm.}$$

Die Werte stimmen also durchaus genügend mit den zugrunde gelegten zulässigen Spannungen überein. Bemerkenswert ist, daß, wie bei besonders hohen Querschnitten zu erwarten steht, das Verhältnis $\dfrac{h'}{3} \cong x$ sich ergibt: $\dfrac{h'}{3} = 43{,}4$ cm $\cong x = 43{,}5$ cm.

10c. Es sei gegeben: $M = 3\,200\,000$ kg·cm; $b = 40$ cm; $F_e + F'_e = 18$ Rundeisen, Durchmesser 25 mm $= 88{,}36$ qcm. Aus der Beziehung: $F_e + F'_e = (\beta + \gamma) \cdot \sqrt{M \cdot b}$ folgt:

$$\beta + \gamma = \frac{88{,}36}{\sqrt{3\,200\,000 \cdot 40}} = 0{,}00780 .$$

Sucht man zu diesem Wert in Tabelle VI einen zugehörenden α-Wert, so findet man als passendsten: $\alpha = 0{,}28$. Hieraus folgt:

$$h' = 0{,}28 \sqrt{\frac{3\,200\,000}{40}} = 80 \text{ cm.}$$

Wählt man $a' = \dfrac{h'}{15} \cong 5{,}3$ cm, also $h = 85{,}3$ cm, so teilt sich $F_e + F'_e$

nach den Größen β und γ der Tabelle VI im Verhältnis von 395 : 403, d. h. es teilen sich beide Bewehrungen fast genau in die Eisensumme; jede ist durch 9 Rundeisen, Durchmesser 25 mm (= 44,18 qcm genau) zu bilden.

Eine Nachrechnung des Querschnitts liefert Spannungen, die auch hier sich den zugelassenen sehr nahe zeigen ($\sigma_b \cong 39,2$; $\sigma_e = 990$ kg/qcm).

11.[1]) Eine befahrbare, frei aufliegende Hofkellerdecke von 3 m Stützweite ist zu berechnen.

Die Stärke werde vorläufig zu 20 cm angenommen; dann findet sich das Eigengewicht wie folgt:

$$\begin{array}{lr}
\text{Eisenbeton } 0,20 \cdot 2400 \ldots\ldots & 480 \text{ kg/qm} \\
10 \text{ cm Schlackenbeton} \ldots\ldots & 100 \quad,, \\
2 \text{ cm Asphaltdecke} \ldots\ldots & 28 \quad,, \\
\hline
\text{zusammen rd.} & 610 \text{ kg/qm} \\
\text{Nutzlast} \ldots\ldots\ldots\ldots & 800 \quad,, \\
\hline
\text{im Ganzen} & 1410 \text{ kg/qm.}
\end{array}$$

Das Moment in der Mitte für 1 m Plattenbreite wird

$$\frac{1410 \cdot 3,0^2}{8} = 1586 \text{ kg} \cdot \text{m.}$$

Statt der gleichmäßig verteilten Nutzlast kommt auch ein Lastwagen mit 2500 kg Raddruck in Betracht; Spurweite 1,40 m; Achsabstand 3 m.

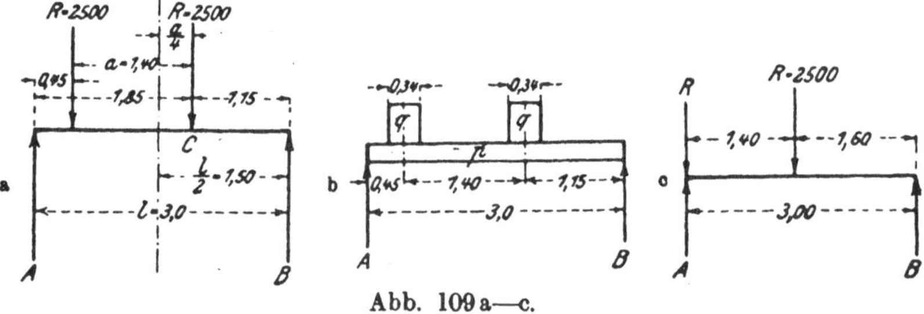

Abb. 109 a—c.

Die Raddrücke, zunächst in einem Punkt wirkend gedacht, ergeben das größte Moment in der nebenstehend angegebenen Lage bei C (Abb. 109 a): Es ist

$$B \cdot 3,0 = R\,(0,45 + 1,85)\,, \quad \text{daraus folgt } B = 0,767\,R\,.$$

Nach § 16, Ziffer 13 der Best. v. 13. I. 1916 verteilt sich der Raddruck auf eine Breite von $^2/_3 \cdot 3,0 = 2,0$ m senkrecht zu den Zugeisen gemessen[2]); auf 1 m Plattenbreite kommt somit ein Druck von

[1]) Entnommen den Musterbeispielen für Ausführung der Bauten aus Eisenbeton vom 13. Januar 1916. Vgl. Zentralbl. d. Bauw. 1919, Nr. 48, S. 265.

[2]) Vgl. hierzu auch die Ausführungen auf S. 112; sie lassen erkennen, daß die Beschränkung auf $^2/_3\,l$ nicht wahrscheinlich ist.

$\dfrac{2500}{2,0} = 1250$ kg.. In der Richtung der Zugeisen kommt dieser Raddruck auf eine Länge von $t + 2\,s$ zur Geltung. Nimmt man t (Radbreite) zu 10 cm an, so wird $t + 2\,s = 0,10 + 2 \cdot 0,12 = 0,34$ m[1]).

Die Belastung der Platte von 1 m Breite zeigt Abb. 109 b.

In ihr ist $p = 610$ kg/m (Eigengewicht) und $q = \dfrac{1250}{0,34} = 3676$ kg/m (Nutzlast). Das größte Moment wird

$$M = B \cdot 1,15 - \left(p \cdot \frac{1,15^2}{2} + q \cdot \frac{0,17^2}{2} \right);$$

darin ist

$$B = 0,767 \cdot 1250 + 610 \cdot \frac{3,0}{2} = 1874\,\text{kg};$$

also wird: $\quad M = 2155 - 456 = 1699\ \text{kg} \cdot \text{m} > 1586\ \text{kg} \cdot \text{m}$.

Bei Belastung durch Raddrücke ergibt sich somit in vorliegendem Falle das größere Moment gegenüber der Nutzlast.

Nach § 18, Ziffer 4d ist

$$\sigma_b = 35\ \text{kg/qcm und}\ \sigma_e = 900\ \text{kg/qcm anzunehmen.}$$

Nach Tabelle II, S. 157/158 wird:

$$h' = 0,420 \sqrt{\frac{169\,900}{100}} = 17,3\,\text{cm}$$

$$F_e = 0,00301 \sqrt{169\,900 \cdot 100} = 12,39\,\text{qcm}$$

Gewählt wird eine

$$\text{Eiseneinlage:}\ 8 \cdot \varnothing\,14\,\text{mm} = 12,32\,\text{qcm}$$

$$a = 1,7\ \text{cm};\ h = 17,3 + 1,7 = 19,0\ \text{rd. 20 cm.}$$

Die tatsächlichen Spannungen finden sich aus Zusammenstellung I:

$$m = \frac{100\,(20 - 1,7)}{12,32} = \text{rd. 150}$$

$$x = 0,358 \cdot 18,3 = 6,6\,\text{cm}$$

$$\sigma_b = 6,340 \cdot \frac{169\,900}{100 \cdot 18,3^2} = 32,2\ \text{kg/qcm}$$

$$\sigma_e = 170,3 \cdot \frac{169\,900}{100 \cdot 18,3^2} = 864\ \text{kg/qcm}$$

Demgemäß wird:

$$c = h' - \frac{x}{3} = 18,3 - 2,2 = 16,1\,\text{cm}$$

$$U = 8 \cdot 4,4 = 35,2\,\text{cm.}$$

---

[1]) 12 cm besteht aus der Abdeckung von Schlackenbeton von 10 cm Dicke und der 2 cm starken Asphaltschicht. Vgl. oben.

Für die Berechnung der Schubspannungen ist der Auflagerdruck zu berechnen.

Bei gleichmäßig verteilter Last findet man für 1 m Plattenbreite:

$$\frac{1410 \cdot 3{,}0}{2} = 2115 \text{ kg.}$$

Ein wesentlich größerer Wert ergibt sich unter dem Raddruck. Das eine Rad stehe an der Kante, das andere annähernd in der Mitte.

Nach § 16, Ziffer 14 verteilt sich der Druck an der Kante auf $(10 + 2 \cdot 32) = 74$ cm und in der Mitte auf $^2/_3 \cdot 300 = 200$ cm; für 100 cm Breite umgerechnet findet sich somit der Auflagerdruck zu:

$$2500 \left(\frac{100}{74} + \frac{1{,}6 \cdot 100}{3{,}0 \cdot 200} \right) = 4045 \text{ kg}$$

$$\text{Eigengewicht} \qquad\qquad 610 \cdot \frac{3{,}0}{2} = 915 \text{ ,,}$$

$$\overline{ 4960 \text{ kg .}}$$

Nach § 18, Ziffer 10 und 11 und Gl. (43b, 44) wird

$$\tau_0 = \frac{4960}{100 \cdot 16{,}1} = 3{,}08 \text{ kg/qcm}$$

$$\tau_h = \frac{100 \cdot 3{,}08}{35{,}2} = 8{,}75 \quad \text{,,}$$

Nach § 17, Ziffer 4 ist die gewählte Anordnung trotz des hohen Wertes von τ_h zulässig, wenn die Eisen mit runden oder spitzwinkligen Haken versehen werden. Da der Durchmesser kleiner ist als 26 mm, hätte sich in diesem Falle die Berechnung der Haftspannungen überhaupt erübrigt.

12[1]). Eine Wohnhausdecke mit einem Eigengewicht von 340 kg/qm und einer Nutzlast von 250 kg/qm, zusammen 590 kg/qm, sei als durchgehende Platte über vier Feldern ausgebildet; die Entfernung der Rippen von Mitte zu Mitte beträgt $l = 2{,}8$ m.

Nach § 16, Ziffer 8 kann das größte Feldmoment im Endfeld zu $\frac{p\,l^2}{11}$, im Mittelfeld zu $\frac{p\,l^2}{14}$ angenommen werden, während an den Rippen vollkommene Einspannung anzunehmen ist.

$$\alpha) \text{ Im Endfelde.}$$

Das Feldmoment wird für 1 m Plattenbreite

$$M = \frac{590 \cdot 2{,}8^2}{11} = 420 \text{ kg} \cdot \text{m} = 42\,000 \text{ kg} \cdot \text{cm;}$$

---

[1]) Vgl. Anm. [1]) auf S. 202.

nach Zusammenstellung II wird für $\sigma_e = 1200$ kg/qcm und $\sigma_b = 40$ kg/qcm

$$h' = 0{,}411 \sqrt{\frac{42\,000}{100}} = 8{,}4 \text{ cm}$$

$$F_e = 0{,}566 \cdot 8{,}4 = 4{,}75 \text{ qcm};$$

gewählt werden auf 1 m 12,5 $\varnothing$ 7 mm mit $F_e = 4{,}81$ qcm, dabei wird der Abstand der Eisen 8 cm (also < 15 cm).

$$h = 8{,}4 + \frac{0{,}7}{2} + 1{,}0 = 9{,}8 \text{ cm} = \text{rd. } 10 \text{ cm}$$

$$h' = 10{,}0 - 1{,}4 = 8{,}6 \text{ cm}.$$

Mit Rücksicht darauf, daß die Platte im Endfeld als einseitig eingespannter Balken zu betrachten ist, findet man das Moment über der Stütze für 1 m Plattenbreite:

$$M_1 = -\frac{590 \cdot 2{,}8^2}{8} = -578 \text{ kg} \cdot \text{m} = -57\,800 \text{ kg} \cdot \text{cm}.$$

Die Schräge habe die Neigung 1 : 3 (vgl. § 16, Ziffer 8) und sei nach Abb. 110a ausgebildet; der Plattenquerschnitt am Beginn der Schräge bei Punkt a ist stärker beansprucht als der Querschnitt über der Stützenmitte (vgl. § 16, Ziffer 4).

Bei einseitig eingespannten Balken liegt der Momentennullpunkt um $\dfrac{l}{4}$ von der Einspannungsstelle entfernt; daraus berechnet sich unter der angenäherten Annahme eines geradlinigen Verlaufes der Momentenlinien das Moment bei a, d. h. dem Anfangspunkte der Schräge, genügend genau zu

$$M_a = 578 \cdot \frac{0{,}70 - 0{,}24}{0{,}70} = 380 \text{ kg} \cdot \text{m} = -38\,000 \text{ kg} \cdot \text{cm},$$

gewählt 11 $\varnothing$ 7 mm mit $F_e = 4{,}23$ qcm.

(Davon, daß der 10 cm hohe Betonquerschnitt mit $h' = 8{,}6$ cm ausreichen wird, kann man sich am einfachsten nach Tabelle Vb überzeugen. Für $\sigma_b = 40$ kg/qcm, $\sigma_e = 1200$ kg/qcm trägt bei $F_e = 4{,}72$ qcm, also etwa den hier vorliegendem Eisen der Querschnitt ein $M = 42{,}81$ t $\cdot$ cm, während hier nur ein solches von 38 t $\cdot$ cm verlangt ist.) Die genauere Nachrechnung des Querschnittes folgt für die angenommene Eiseneinlage aus den Gleichungen (8*, 14, 15):

$$x = \frac{15 \cdot 4{,}23}{100} \left(\sqrt{1 + \frac{200 \cdot 8{,}6}{15 \cdot 4{,}23}} - 1 \right) = 2{,}7 \text{ cm}.$$

$$h' - \frac{x}{3} = 8{,}6 - 0{,}9 = 7{,}7 \text{ cm} = c.$$

$$\sigma_e = \frac{37\,800}{4{,}23 \cdot 7{,}7} = 1160 \text{ kg/qcm}.$$

$$\sigma_b = \frac{2 \cdot 37\,800}{100 \cdot 2{,}7 \cdot 7{,}7} = 36{,}4 \text{ kg/qcm}.$$

Die Entfernung des Momentennullpunktes vom Auflager beträgt $2,80 - 0,70 = 2,10$ m. Nach § 16, Ziffer 10 muß h' mindestens gleich $\dfrac{210}{27} = 7,8$ cm sein; diese Bedingung ist ebenfalls erfüllt.

$\beta)$ Im Mittelfelde.

Die Einspannungsmomente sind an beiden Seiten $\dfrac{p\,l^2}{12}$. An der nach dem Endfelde zu gelegenen Stütze wird man jedoch die für das Endfeld berechneten 11 Eisen über der Stütze durchführen, ebenso als ob beiderseits der Stütze das Moment $\dfrac{p\,l^2}{8}$ vorhanden sei.

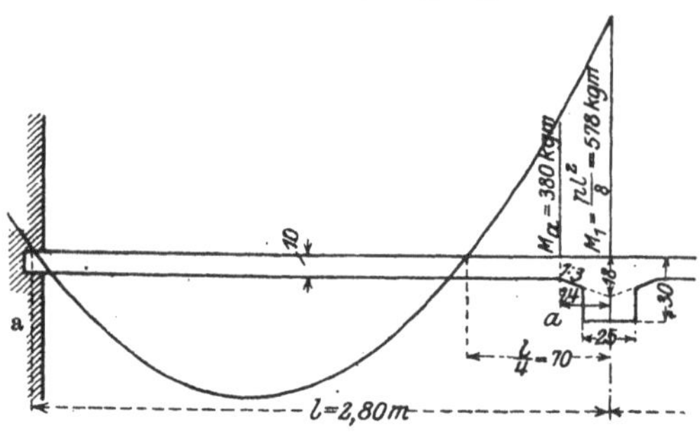

Das Feldmoment wird für 1 m Plattenbreite

$$M = \frac{590 \cdot 2,8^2}{14} = 330\,\text{kg} \cdot \text{m}$$

$$= 33\,000\,\text{kg} \cdot \text{cm}\ ;$$

gewählt werden $10 \oslash 7\,$mm mit $F_e = 3,85$ qcm.

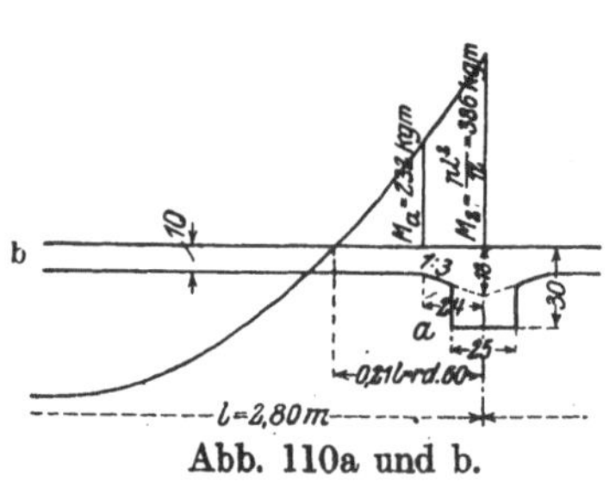

Abb. 110a und b.

Auch hier läßt Tabelle V b unmittelbar erkennen, daß die Spannungen $\sigma_b = 40$ bzw. $\sigma_e = 1200$ kg/qcm nicht erreicht werden; für $h' = 8,5 < 8,6$ ist $M = 42,81 > 33,0$ t $\cdot$ cm. Dasselbe Ergebnis liefert die Nachrechnung:

$$x = \frac{15 \cdot 3,85}{100}\left(\sqrt{1 + \frac{200 \cdot 8,6}{15 \cdot 3,85}} - 1\right) = 2,6\,\text{cm}$$

$$h' - \frac{x}{3} = 8,6 - 0,9 = 7,7\,\text{cm} = c$$

$$\sigma_e = \frac{33\,000}{3,85 \cdot 7,7} = 1113\,\text{kg/qcm}$$

$$\sigma_b = \frac{2 \cdot 33\,000}{100 \cdot 2,6 \cdot 7,7} = 33\,\text{kg/qcm}\ .$$

Das Moment über der Mittelstütze wird für 1 m Plattenbreite

$$M_2 = \frac{590 \cdot 2,8^2}{12} = 386\,\text{kg} \cdot \text{m} = -38\,600\,\text{kg} \cdot \text{cm}\ .$$

Am Ende der Schräge findet man genügend genau, vgl. Abb. 110b,

$$M_a = 386 \cdot \frac{0{,}60 - 0{,}24}{0{,}60} = 232 \text{ kg/m} = 23\,200 \text{ kg/cm} \; ;$$

ausreichend sind 7 $\varnothing$ 7 mm mit $F_e = 2{,}69$ qcm; dabei wird der Abstand der Eisen $\dfrac{100}{7} = 14{,}3$ cm < 15 cm.

$$x = \frac{15 \cdot 2{,}69}{100} \left(\sqrt{1 + \frac{200 \cdot 8{,}6}{15 \cdot 2{,}69}} - 1 \right) = 2{,}3 \text{ cm}$$

$$h' - \frac{x}{3} = 8{,}6 - 0{,}8 = 7{,}8 \text{ cm} = c$$

$$\sigma_e = \frac{23\,200}{2{,}69 \cdot 7{,}8} = 1106 \text{ kg/qcm}$$

$$\sigma_b = \frac{2 \cdot 23\,200}{100 \cdot 2{,}3 \cdot 7{,}8} = 25{,}9 \text{ kg/qcm} \,.$$

Da beiderseits der Mittelstütze je 4 Eisen aufgebogen werden, sind dort tatsächlich nicht 7, sondern 8 Eisen im Obergurt vorhanden.

Außer den bisher erwähnten Eisen sind noch weitere 4 durchgehende Eisen im Obergurt verlegt zur Aufnahme von gelegentlich auftretenden, aufwärts biegenden Momenten in den Feldern.

13^1). Ein in einem Wohnhause angebrachter Balken, gemäß Abb. 111, auf 2 Stützen, sei bei 4,0 m Stützweite mit 750 kg/m belastet: dann wird

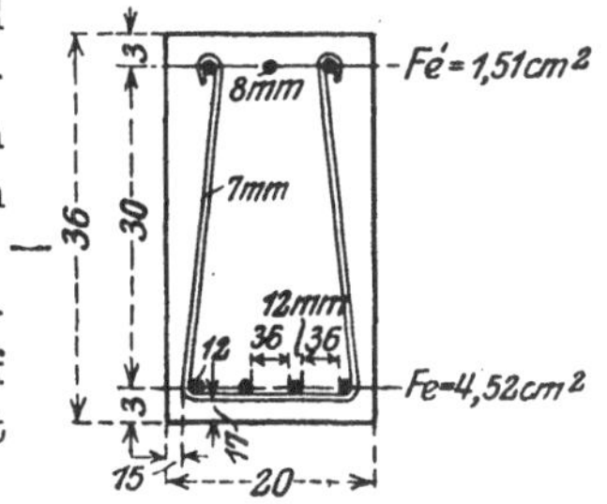

Abb. 111.

$$M = \frac{750 \cdot 4{,}0^2}{8} = 1500 \text{ kg} \cdot \text{m} = 150\,000 \text{ kg} \cdot \text{cm}$$

Der Auflagerdruck ist $= \dfrac{750 \cdot 4{,}0}{2} = 1500 \text{ kg} \,.$

Da der Balken nicht im Freien liegt, genügt eine Überdeckung der Bügel von 1,5 cm (s. § 9, Ziffer 7); der Vorschrift, daß der Abstand der Eisen mindestens 2 cm betragen soll (s. § 9, Ziffer 6), ist ebenfalls genügt.

Es wird nach Gleichung 8 u. ff. (S. 147)

$$x = - \frac{15}{20}(1{,}51 + 4{,}52) + \sqrt{\left(\frac{15 \cdot 6{,}03}{20} \right)^2 + \frac{2 \cdot 15}{20}(4{,}52 \cdot 33 + 1{,}51 \cdot 3)}$$
$$= 11{,}3 \text{ cm}$$

$$h' - x = 33{,}0 - 11{,}3 = 21{,}7 \text{ cm}$$

$$h' - \frac{x}{3} = 33{,}0 - 3{,}8 = 29{,}2$$

$$x - a' = 8{,}3 \text{ cm}$$

---

^{1}) Vgl. Anm. ^{1}) auf S. 202.

208 Die Ermittlung der inneren Spannungen.

$$J_{nn} = \frac{b\,x^2}{2}\left(h' - \frac{x}{3}\right) + n\,F_e'\,(x - a')\,(h' - a') = \frac{20 \cdot 11{,}3^2}{2} \cdot 29{,}2$$

$$+\; 15 \cdot 1{,}51 \cdot 8{,}3 \cdot 30 = 42\,900 \text{ cm}^4 \qquad \text{(Gl. 9, S. 147)}$$

$$\sigma_b = \frac{150\,000}{42\,900} \cdot 11{,}3 = 39{,}5 \text{ kg/qcm}$$

$$\sigma_e = \frac{150\,000}{42\,900} \cdot 15 \cdot 21{,}7 = 1138 \text{ kg/qcm}$$

$$\sigma_e' = \frac{150\,000}{42\,900} \cdot 15 \cdot 8{,}3 = 435 \text{ kg/qcm} .$$

Schub- und Haftspannung (oben und unten). Der Umfang der unteren Eiseneinlagen ist $U = 4 \cdot 3{,}8 = 15{,}2$ cm und derjenige der oberen $U_1 = 3 \cdot 2{,}5 = 7{,}5$ cm.

Im Untergurte:

Nach Gleichung 18, S. 151 ist:

$$c = \frac{M}{\sigma_e \cdot F_e} = \frac{150\,000}{1138 \cdot 4{,}52} = 29{,}2 \text{ cm}$$

$$Q = \frac{4{,}0 \cdot 750}{2} = 1500 \text{ kg}.$$

Hieraus folgt:

$$\tau_0 = \frac{1500}{20 \cdot 29{,}2} = 2{,}57 \text{ kg/qcm}$$

$$\tau_h = \frac{20 \cdot 2{,}57}{15{,}2} = 3{,}38 \qquad \text{,,}$$

Im Obergurte:

Das statische Moment des über den oberen Eisen liegenden Teils (einschl. der Eisen) bezogen auf die Nullinie ist:

$$S' = \frac{11{,}3^2 - 8{,}3^2}{2} \cdot 20 + 15 \cdot 1{,}51 \cdot 8{,}3 = 776 \text{ cm}^3$$

$$\tau_0 = \frac{Q \cdot S'}{b \cdot J_{nn}} = \frac{1500 \cdot 776}{20 \cdot 42\,900} = 1{,}36 \text{ kg/qcm}$$

$$\tau_h = \frac{b \cdot \tau_0}{U_1} = \frac{20 \cdot 1{,}36}{7{,}5} = 3{,}63 \text{ kg/qcm} .$$

Berechnet man die Spannungen, die sich in demselben Balken — aber ohne die oberen Eiseneinlagen — ergeben würden, so findet sich nach Tabelle I:

$$m = \frac{20 \cdot 33}{4{,}52} = \text{rd. } 145$$

$$x = 0{,}363 \cdot 33 = 12 \text{ cm}$$

$$\sigma_b = 6{,}268 \cdot \frac{150\,000}{20 \cdot 33^2} = 43{,}1 \text{ kg/qcm}$$

$$\sigma_e = 26{,}310 \cdot 43{,}1 = 1134 \text{ kg/qcm} \,.$$

σ_b überschreitet jetzt das zulässige Maß, σ_e wird etwas kleiner als vorher. Hierin gibt sich also die Notwendigkeit einer oberen Bewehrung zu erkennen.

14. Ein Deckenfeld von 3,00 m Breite und 4,00 m Länge soll mit einer ringsum aufliegenden, ebenen Betonplatte mit gekreuzten Eiseneinlagen, die zu den Rechteckseiten parallel laufen, überdeckt werden. Nutz- und Eigenlast betragen zusammen 600 kg/qm.

Nach § 16, 11 der neuen Bestimmungen ist die Belastung $p = 600$ kg/qm (oder auch 600 kg/lfd. m) nach den beiden Bewehrungsrichtungen zu verteilen. Man denkt sich eine einfach bewehrte Platte von $a = 3{,}0$ m Stützweite belastet mit:

$$p_a = p \cdot \frac{b^4}{a^4 + b^4} = 600 \cdot \frac{4{,}0^4}{3{,}0^4 + 4{,}0^4}$$

und eine zweite Platte von der Stützweite

$$b = 4{,}0 \text{ m}$$

mit
$$p_b = p \cdot \frac{a^4}{a^4 + b^4} = 600 \cdot \frac{3{,}0^4}{3{,}0^4 + 4{,}0^4}$$

beansprucht.

$$p_a = \frac{256}{337} \cdot 600 = 456 \text{ kg/qm}$$

$$p_b = \frac{81}{337} \cdot 600 = 144 \text{ kg/qm}$$

$$(p_a + p_b = 456 + 144 = 600 \text{ kg/qm})$$

$$M_a = p_a \cdot \frac{a^2}{8} = \frac{456 \cdot 3{,}0^2}{8} = 513 \text{ kg} \cdot \text{m} = 51\,300 \text{ kg} \cdot \text{cm}$$

$$M_b = p_b \cdot \frac{b^2}{8} = \frac{144 \cdot 4{,}0^2}{8} = 288 \text{ kg} \cdot \text{m} = 28\,800 \text{ kg} \cdot \text{cm}.$$

Sind $\sigma_b = 35{,}0$ und $\sigma_e = 1000$ kg/qcm, wie bei unmittelbar von stoßenden Lasten getroffenen Platten zugelassen wird, so ergeben sich nach der Zusammenstellung II:

$$\text{Aus } M_a\colon \quad h' = h - a = 0{,}433 \cdot \sqrt{\frac{M_a}{b}} = 0{,}432 \sqrt{\frac{51\,300}{100}} = 9{,}8 \text{ cm}$$

$$F_e = t \cdot \sqrt{M_a \cdot b} = 0{,}00261 \cdot \sqrt{M_a \cdot b} = 0{,}00261 \sqrt{51\,300 \cdot 100} = 5{,}90 \text{ qcm/lfd.m.}$$

Gewählt werden $12 \oslash 8$ mm; $F_e = 6{,}02 > 5{,}90$ qcm.

Da die Plattenstärke aus der Belastung p_a in Richtung a bedingt ist, folgt für die Richtung b aus: $h' = h - a - d^{1)} = r \sqrt{\dfrac{28\,800}{100}}$ die Größe r: $9{,}8 - 0{,}8 = r \cdot 17{,}0$; $r = 0{,}529$, und aus r mit Hilfe der Tabelle II (für $\sigma_e = 1000$, $n = 15$) die Größe der für Richtung b notwendigen Eiseneinlage. Durch Zwischenschaltung findet sich der zu $r = 0{,}529$ gehörige t-Wert wie folgt:

$$
\begin{array}{ll}
r = 0{,}518; & t = 0{,}00214 \\
r = 0{,}550; & t = 0{,}00201 \\
\hline
r = 0{,}529; & t = 0{,}00209
\end{array}
$$

Die in der Längsrichtung notwendige Bewehrung ist also:

$$F_{e_b} = t \cdot \sqrt{M_b \cdot b} = 0{,}00209 \sqrt{28\,800 \cdot 100} \cong 3{,}54 \text{ qcm/lfd. m.}$$

Die Platte wird wie folgt ausgeführt:

Hauptbewehrung für 1 lfd. m.: $F_{e_a} = 12$ Rundeisen, Durchmesser 8 mm $= 6{,}02$ qcm (statt den erforderlichen 5,90 qcm).

Querbewehrung für 1 lfd. m.: $F_{e_b} = 7$ Rundeisen, Durchmesser 8 mm $= 3{,}52$ qcm (statt der erforderlichen 3,54 qcm).

Plattenstärke. § 9 schreibt eine Mindeststärke der Betondeckschicht unter den Eisen (bei Platten) von 1 cm vor. Erforderliche Plattenstärke also:

$$9{,}8 + \frac{0{,}8}{2} + 1{,}0 = 11{,}2 \text{ cm.}$$

Die Platte wird 12 cm stark ausgeführt.

14. Die Biegungsspannungen in auf reine Biegung belasteten Plattenbalken- (Rippenbalken-) Querschnitten.

Der doppelt bewehrte Plattenbalken, ohne Berücksichtigung der Zugzone im Beton.

Die Lage der Nullinie kann (Abb. 112) hier eine solche sein, daß sie entweder die Platte schneidet (I I), sie an ihrer Unterkante berührt (II II) oder unterhalb von ihr die Rippe trifft (III III). Diese letztere Lage wird im allgemeinen die normale sein, zumal mit ihr ein stärker ausgedehnter Betondruckgurt und mit ihm die Heranziehung eines

---

$^{1)}$ Es ist zu berücksichtigen, daß die 2. Bewehrung um den Durchmesser der Eisen höher liegt.

größeren Betonteiles zu statischer Mitwirkung verbunden ist. Liegt Fall I bzw. II vor, so gelten für die Berechnung der Spannungen und die Bestimmung der Lage der Nullinie die in Abschnitt 11 gegebenen Gleichungen unverändert, solange auf eine Mitwirkung des Betons in der Zugzone verzichtet, also das Stadium II b als vorliegend angenommen wird. Alsdann liegt entweder ein Teil der Deckplatte mit der Rippe oder

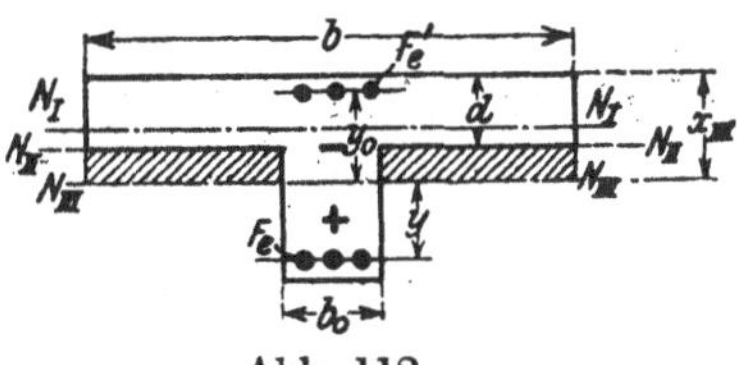

Abb. 112.

die Rippe — auf ihrer ganzen Höhe unterhalb der Platte — in der Zugzone, und solch ein Querschnitt ist demgemäß wie ein einfacher Rechtecksquerschnitt mit einer Breite $= b$, einer Höhe $= h$ und den Eiseneinlagen F'_e und F_e zu behandeln. Liegt jedoch Fall III vor, so fehlen in der Druckzone im Vergleiche zu einer einfachen Rechtecksplatte $(b \cdot h)$ die in Abb. 112 durch Schraffur herausgehobenen beiden Rechtecke mit einer Breite von $2 \cdot \left(\dfrac{b}{2} - \dfrac{b_0}{2} \right) = b - b_0$ und einer Höhe von $(x - d)$. Diesen fehlenden Querschnittsteilen entsprechend, sind demgemäß die für die einfachen Rechtecksquerschnitte gefundenen Beziehungen zu verbessern, um sie unmittelbar auch auf die vorliegende Querschnittsform (bei Lage III der Nullinie) anwenden zu können.

Für den doppelt bewehrten Rechtecksquerschnitt war aus der Gleichheit der statischen Momente in bezug auf NN gefunden (S. 146):

$$\tfrac{1}{2} x^2 b + n \left(F'_e y' - F_e y \right) = 0 \, .$$

Durch den Abzug der beiden vorerwähnten Rechtecksflächen geht diese Gleichung in die Form über:

$$\tfrac{1}{2} x^2 b - \tfrac{1}{2} (x - d)^2 (b - b_0) + n \left(F'_e y' - F_e y \right) = 0 \, .$$

Setzt man hierin $y' = x - a'$; $y = h - x - a$, so erhält man eine Bedingungsgleichung für die Unbekannte x, die nach Auflösung das Ergebnis liefert:

$$x = - \frac{1}{b_0} \{ d (b - b_0) + n (F'_e + F_e) \}$$

$$+ \sqrt{\frac{1}{b_0^2} \{ d (b - b_0) + n (F'_e + F_e) \}^2 + \frac{2}{b_0} \{ \tfrac{1}{2} d^2 (b - b_0) + n (F'_e a' + F_e (h - a)) \}^{1)}} \, . \tag{46}$$

[1]) Es sei darauf verwiesen, daß, wenn in dieser Gleichung $b_0 = b$ gesetzt, der Rippenbalken also in einen einfachen Rechtecksquerschnitt übergeführt wird, sich die Gleichung für x bei doppelter Bewehrung und Rechtecksquerschnitt aus der obigen Beziehung ergibt:

$$x = - \frac{1}{b} n (F'_e + F_e) + \sqrt{\frac{n^2 (F'_e + F_e)^2}{b^2} + \frac{2 n}{b} [F'_e a' + F_e (h - a)]} \, .$$

Zur Auffindung der Nullinie vgl. u. a.: Eine einfache Beziehung zum Aufsuchen der Nullachsenlagen im Rippenbalken von Ing. L. Herzka, Staatsbahnrat. Österr. Wochenbl. f. d. öffentl. Baudienst 1919, Heft 15.

Die Gleichung für das auf NN bezogene Trägheitsmoment des ein
fachen Rechtecksquerschnitts bei doppelter Bewehrung lautete:

$$J_{nn} = \tfrac{1}{3}\, x^3 b + n\,(F'_e y'^2 + F_e y^2)\,,$$

und nimmt bei Lage III der Nullinie die Form an:

$$J_{nn_{III}} = \tfrac{1}{3}\, x^3 b - \tfrac{1}{3}\,(x - d)^3\,(b - b_0) + n\,(F'_e y'^2 + F_e y^2)\,. \qquad (47)$$

Demgemäß werden die Spannungen σ_b, σ'_e und σ_e:

$$\sigma_b = -\frac{M\,x}{J_{nn_{III}}}\,;$$

$$\sigma'_e = -\frac{n\,M\,y'}{J_{nn_{III}}} = -\,n\,\sigma_b\,\frac{x - a'}{x}\,.$$

$$\sigma_e = +\frac{n\,M\,y}{J_{nn_{III}}} = n\,\sigma_b\,\frac{h - a - x}{x}\,.$$

Will man auch hier die Schwächung des Betons in der Druckzone
durch die Druckbewehrung in Rechnung stellen, so ist in den vorstehen-

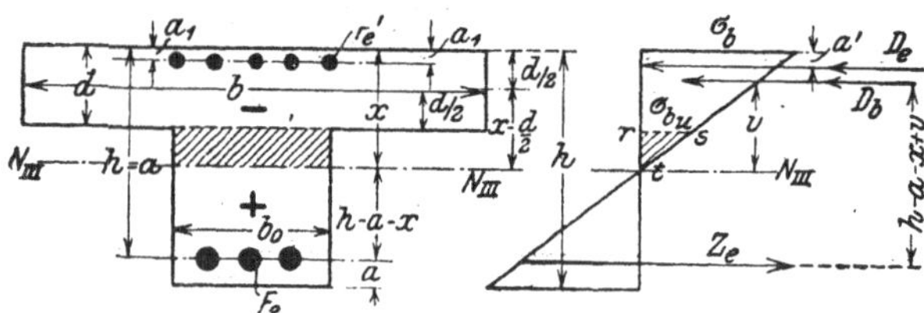

Abb. 113.

den Gleichungen bei F'_e der Wert $(n - 1) = 14$ an Stelle von $n = 15$ zu
setzen, sonst aber die Form der Gleichungen vollkommen beizubehalten.

Zur Vereinfachung der Rechnung wird in der Regel bei
Lage III der Nullinie (Abb. 113) auf die Anteilnahme des Betonteiles zwischen Plattenunterkante und Nullinie bei der Übertragung
der Druckkräfte verzichtet, also die Mitwirkung des, der schraffierten
Dreiecksfläche rst im Druckdiagramm entsprechenden Querschnittsteils
nicht in Rechnung gestellt, somit nur mit dem verbleibenden Drucktrapez gerechnet. Die Ermittelung der Spannungen stellt sich alsdann
folgendermaßen (vgl. Abb. 113):

$$\sigma_{b_u} = \sigma_b\,\frac{x - d}{x}\,; \qquad \sigma'_e = n\,\sigma_b\,\frac{x - a'}{x}\,;$$

$$\sigma_e = n\,\sigma_b\,\frac{y}{x} = n\,\sigma_b\,\frac{h - x - a}{x}$$

$$D_b + D_e = \Sigma D = \frac{\sigma_b + \sigma_{b_u}}{2}\,d \cdot b + \sigma'_e F'_e = Z_e = \sigma_e F_e\,.$$

Setzt man hierin die Werte von σ_u, σ_e', σ_e ein, so ergibt sich:

$$\frac{\sigma_b + \sigma_b \dfrac{(x-d)}{x}}{2}\, d \cdot b + n\,\sigma_b \frac{x-a'}{x} F_e' - n\,\sigma_b \frac{h-x-a}{x} F_e = 0\ .$$

Durch Erweiterung mit x und Kürzung durch σ_b folgt weiter:

$$x\,(d \cdot b + n\,F_e' + n\,F_e) = \frac{d^2\,b}{2} + n\,a'\,F_e' + n\,(h-a)\,F_e$$

$$x = \frac{\dfrac{d^2 \cdot b}{2} + n\,a'\,F_e' + n\,(h-a)\,F_e}{d \cdot b + n\,F_e' + n\,F_e}$$

$$x = \frac{\dfrac{d^2 \cdot b}{2} + n\,[F_c'\,a' + F_e\,(h-a)]}{d \cdot b + n\,(F_e' + F_e)}\ , \tag{48}$$

eine Beziehung, die auch aus der Aufstellung der statischen Momente des gesamten ideellen Querschnitts F_i in bezug auf die Balkenoberkante $(x \cdot F_i)$ und ihrer Einzelteile hätte angeschrieben werden können.

Bei Vernachlässigung des Beitrages durch den gedrückten Rippenteil wird

$$J_{nn_{\mathrm{III}}} = \tfrac{1}{3}\,x^3\,b - \tfrac{1}{3}\,(x-d)^3\,b + n\,(F_e'\,y'^2 + F_e\,y^2)\,^{1)}\ , \tag{49}$$

da jetzt ein Rechteck von der Breite $= b$ — also nicht mehr von $(b-b_0)$ — abzuziehen ist.

Führt man den Abstand der Betondruckkraft von der Plattenoberkante — d. h. den Schwerpunktsabstand des Trapezes von seiner längeren Seite — $= x - v$ in die Rechnung ein:

$$x - v = \frac{d}{3}\,\frac{3x - 2d}{2x - d}$$

so läßt sich der vorstehend entwickelte Ausdruck für $J_{nn_{\mathrm{III}}}$ in die nachfolgende Form bringen:

Es ist:

$$v = x - \frac{d}{6}\,\frac{3x - 2d}{x - \dfrac{d}{2}}$$

$$v\left(x - \frac{d}{2}\right) = x^2 - xd + \frac{d^2}{3} = \left[\frac{x^3}{3} - \frac{(x-d)^3}{3}\right] : d\ .$$

$^{1)}$ An Stelle der ersten beiden Summanden kann man naturgemäß auch schreiben: $\dfrac{1}{12}\,b\,d^3 + b\,d \cdot \left(x - \dfrac{d}{2}\right)^2$.

$$J_{nn_{III}} = b\left[\frac{x^3}{3} - \frac{(x-d)^3}{3}\right] + n\left[F_e''y'^2 + F_e y^2\right]$$

$$J_{nn_{III}} = b \cdot v \cdot d\left(x - \frac{d}{2}\right) + n\left(F_e'y'^2 + F_e y^2\right). \tag{49a}$$

Über die Bestimmung des Wertes v, der also den Abstand von D_b von der Nullinie darstellt, vgl. S. 220. Für die rechnerische Ermittelung ist die Form (49a) wegen Mangels der Größen dritten Grades wertvoll.

Für die Ermittelung der Spannungen gelten auch hier die bekannten Beziehungen.

Will man (Abb. 114) auf einem Annäherungswege, unter Berücksichtigung der Betondruckzone auch im Stege, die Größe x finden, so kann man diese zunächst abschätzen (x) und unter dieser Annahme die Nullinienlage wiederum aus den statischen Momenten ableiten:

$$\begin{aligned} x \cdot F_i &= x\left[(F_1 + F_2) + n(F_e' + F_e)\right] \\ &= F_1 v_1 + F_2 v_2 + nF_e'(x - a') + nF_e(h - x - a). \end{aligned}$$

Dies Verfahren ist, falls keine gute Annäherung zwischen dem berechneten und dem geschätzten x-Wert stattfindet, so lange zu wiederholen, bis eine ausreichende Übereinstimmung erreicht ist. Das Verfahren läuft also auf ein Ausprobieren hinaus[1]).

Sind die einzelnen Eisen sowohl im Druck- wie im Zuggurte sehr stark, also z. B. durch besondere Walzprofile gebildet, so wird deren eigenes Trägheitsmoment bei Bildung des Verbund-Trägheitsmomentes nicht außer acht gelassen werden dürfen und dieses somit (Abb. 115) in der Form zu bilden sein:

$$J_{nn_{III}} = \tfrac{1}{3}x^3 b - \tfrac{1}{3}(x-d)^3(b - b_0) + nJ_0' + nF_e'y'^2 + nJ_0 + nF_e y^2, \tag{50}$$

wenn J_0' und J_0 die Trägheitsmomente der Eiseneinlagen auf
ihre eigene Schwerachse dar-

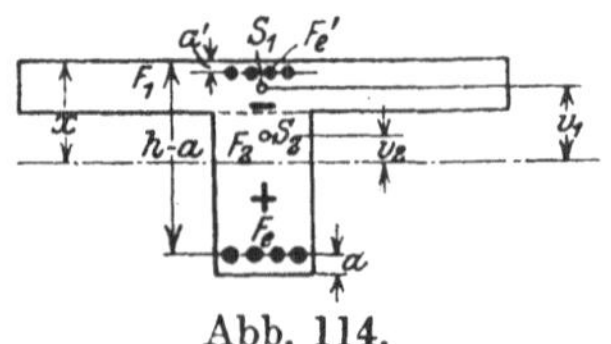

Abb. 114.

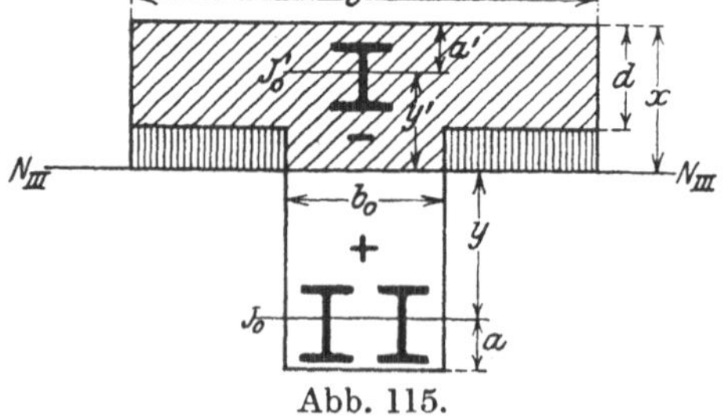

Abb. 115.

stellen. Alsdann ist unter Umrechnung des Eisens in einen gleich elastisch arbeitenden Betonquerschnitt die Beziehung gewahrt, daß das Trägheitsmoment eines Querschnittes in bezug auf eine zu seiner

---

[1]) Naturgemäß kann man bei dieser Probierart auch die Momente auf die obere Querschnittskante als Achse beziehen.

eigenen Schwerachse parallele Achse = der Summe aus dem Trägheitsmomente auf erstere und dem Produkte aus der Querschnittsfläche
mit dem Quadrat des Abstandes der Achsen ist.

Handelt es sich bei dem in seinen äußeren Querschnittsabmessungen
gegebenen, doppeltbewehrten Plattenbalken um die angenäherte Ermittelung des zu seiner Bewehrung erforderlichen Eisens, dabei auch um die Frage, ob eine obere Bewehrung
überhaupt notwendig ist, so kann man im allgemeinen so vorgehen,
wie es auf den Seiten 163 u. ff. für den doppelt bewehrten Rechtecksquerschnitt gezeigt wurde, d. h. nach Auffindung von x (aus den
gegebenen zulässigen Spannungen) das Moment berechnen, das der
Beton im Druckgurte aufnimmt, daraus ableiten, ob eine Druckeiseneinlage notwendig ist, sie gegebenen Falles aus der Spannung im Beton
an der Bewehrungsstelle, dem Restmoment und dem zugehörenden
Hebelsarm der inneren Kräfte bestimmen, und endlich in bekannter
Weise die Zugeinlage ermitteln. Der Weg ist durch die nachfolgenden
Beziehungen gegeben.

Da die Spannungen in ihren zulässigen Werten bekannt sind, wird:

$$x = s\,(h - a) = s\,h' = k_1\,h'\,.$$

Ferner wird, unter Benutzung des für den einfach bewehrten Plattenbalken nachfolgend auf S. 220 bestimmten Wertes v (Abb. 113), also
des Abstandes der Kraft D_b von NN, unter ausschließlicher Berücksichtigung der Trapezfläche als Druckfläche das Moment der Druckkraft
D_b, bezogen auf den Angriffspunkt von Z_e, aufgestellt:

$$M_1 = b\,\frac{\sigma_b + \sigma_{bu}}{2}\cdot d\,(h - a - x + v)\,.$$

Wird hierin $\sigma_{bu} = \sigma_b\,\dfrac{x - d}{x}$ gesetzt, so wird:

$$M_1 = \frac{b\,d\,\sigma_b}{2}\left(2 - \frac{d}{x}\right)(h - a - x + v)\,.$$

Ist das gegebene Moment $= M$ und $M_1 < M$, so ist eine obere Eiseneinlage erforderlich, welche das Restmoment $Mr = M - M_1$ aufnimmt.

An der Stelle der oberen Eiseneinlage (Abstand $= a'$) ist eine Betonspannung vorhanden: $\sigma_{b_1} = \sigma_b\,\dfrac{x - a'}{x}$ und somit hier eine Eisenspannung zu erwarten: $\sigma'_e = n\,\sigma_{b_1}$.

Da der Hebelsarm der inneren Kräfte, bezogen auf Z_e, $h - a - a'$
ist, so wird:

$$M_r = F'_e\,\sigma'_e\,(h - a - a')$$

$$F'_e = \frac{M_r}{\sigma'_e\,(h - a - a')}\,.$$

Zu dem Biegungsmoment M_1 gehört eine untere Zugbewehrung $= F_{e_1}$, die sich aus der Gleichnng:

$$F_{e_1}\,\sigma_e = \frac{M_1}{h - a - x + v}$$

ergibt, während Mr eine solche $= F_{e_2}$ entspricht, abzuleiten aus der Beziehung:

$$F_{e_2}\,\sigma_e = \frac{M_r}{(h - a - a')}\ .$$

Die gesamte Zugbewehrung wird demgemäß:

$$F_e = F_{e_1} + F_{e_2} = \frac{1}{\sigma_e}\left(\frac{M_1}{h - a - x + v} + \frac{M_r}{h - a - a'}\right)\ .$$

Will man in dieser Gleichung die Berechnung des Wertes v vermeiden, so kann man auch für $\dfrac{M_1}{h - a - x + v}$ den Wert: $\dfrac{b\,d\,\sigma_b}{2}\left(2 - \dfrac{d}{x}\right)$ aus der voranstehenden Gleichung (S. 215) für M_1 einführen:

$$F_e = \frac{b\,d\,\sigma_b}{2\,\sigma_e}\left(2 - \frac{d}{x}\right) + \frac{M_r}{\sigma_e\,(h - a - a')}\ . \qquad (51)$$

In gleicher Weise kann man auch zur Bestimmung der Bewehrung das Dimensionierungsverfahren auf S. 162 auf den Plattenbalken anwenden (Abb. 113). Aus der Gleichsetzung der inneren Kräfte folgt:

1) $$\qquad b\,\frac{\sigma_b + \sigma_{b_u}}{2}\,d + F'_e\sigma'_e = F_e\,\sigma_e\ .$$

Ferner ergibt die Momentengleichung in bezug auf den Angriffspunkt von D_b, also den Schwerpunkt des auch hier nur als wirksam angenommenen Drucktrapezes sowie unter der Annahme $a' = a$:

2) $$\qquad M = + F'_e\,\sigma'_e\,(x - a - v) + F_e\,\sigma_e\,(h - a - x + v)\ .$$

Hieraus folgt:

2') $$\qquad F_e\,\sigma_e = \frac{M - F'_e\,\sigma'_e\,(x - a - v)}{h - a - x + v}\ .$$

Setzt man die Werte von $F_e\,\sigma_e$ aus Gleichung (1) und (2') einander gleich, so ergibt sich eine Bestimmungsgleichung für F'_e:

$$\frac{M - F'_e\,\sigma'_e\,(x - a - v)}{h - a - x + v} = b\,\frac{\sigma_b + \sigma_{b_u}}{2}\,d + F'_e\,\sigma'_e\ .$$

3) $$F'_e\,\sigma'_e + \frac{F'_e\,\sigma'_e\,(x - a - v)}{h - a - x + v} = \frac{M}{h - a - x + v} - b\,\frac{\sigma_b + \sigma_{b_u}}{2}\,d$$

4)
$$\frac{F'_e \, \sigma'_e \, (h - 2a)}{h - a - x + v} = \frac{M}{h - a - x + v} - b \, \frac{\sigma_b + \sigma_b \dfrac{x - d}{x}}{2} \cdot d$$

$$= \frac{M}{h - a - x + v} - b \, d \, \sigma_b \left(1 - \frac{d}{2x}\right).$$

Setzt man für σ'_e seinen Wert: $n \, \sigma_b \dfrac{x - a'}{x}$ ein, so wird:

$$F'_e \, n \, \sigma_b \frac{x - a'}{x} \frac{(h - 2a)}{h - a - x + v} = \frac{M}{h - a - x + v} - b \, d \, \sigma_b \left(1 - \frac{d}{2x}\right)$$

$$F'_e = \frac{M \cdot x - b \, d \, \sigma_b \left(1 - \dfrac{d}{2x}\right) x \, (h - a - x + v)}{n \, \sigma_b \, (x - a') \, (h - 2a)} \,. \qquad (52\,\text{a})$$

Aus F'_e ergibt sich alsdann (nach 1):

$$F_e = \frac{F'_e \, \sigma'_e + b \left(\dfrac{\sigma_b + \sigma_{bu}}{2}\right) d}{\sigma_e}$$

$$= \frac{F'_e \, n \, \sigma_b \dfrac{x - a}{x} + b \, \dfrac{\sigma_b + \sigma_b \dfrac{x - d}{x}}{2} \, d}{\sigma_e}$$

$$= \frac{\sigma_b}{\sigma_e} \left[n \, F'_e \frac{x - a}{x} + b \, d \left(1 - \frac{d}{2x}\right) \right]. \qquad (52\,\text{b})\,^{[1]}$$

Ein entsprechendes Zahlenbeispiel ist Abschnitt 17 gegeben.

Der doppelt bewehrte Plattenbalken mit Berücksichtigung der Zugspannungen im Beton.

Werden die Zugspannungen im Beton berücksichtigt, so wird (Abb. 116), ähnlich wie beim Rechtecksquerschnitt ausgeführt wurde, F_i (der ideelle Querschnitt) $= b_0 \, h + (b - b_0) \, d + n \, (F'_e + F_e)$, und das

---

[1]) Bei Benutzung dieser Gleichungen ist es ohne Bedeutung, ob die Druckkraft im Eisen ober- oder unterhalb der Druckkraft im Beton liegt. Ersteres ist die Regel und auch im vorliegenden Falle der Rechnung zugrunde gelegt. Tritt der andere Fall ein, so ist zwar das Moment von D'_e mit anderen Vorzeichen als das von Z_e einzuführen; dafür ändert sich aber auch der Hebelsarm von D'_e gegenüber D_b, der bei oberhalb von D_b liegendem Druckeisen den Wert $(x - v - a)$, bei unterhalb liegenden: $(-x + v + a) = -(x - v - a)$ erhält. Es findet also eine gegenseitige Aufhebung der beiden sich ändernden Vorzeichen statt. — Vgl. hierzu das Beispiel in Abschnitt 17.

statische Moment der einzelnen Querschnittsteile, bezogen auf die obere Plattenbegrenzung $o\,o$:

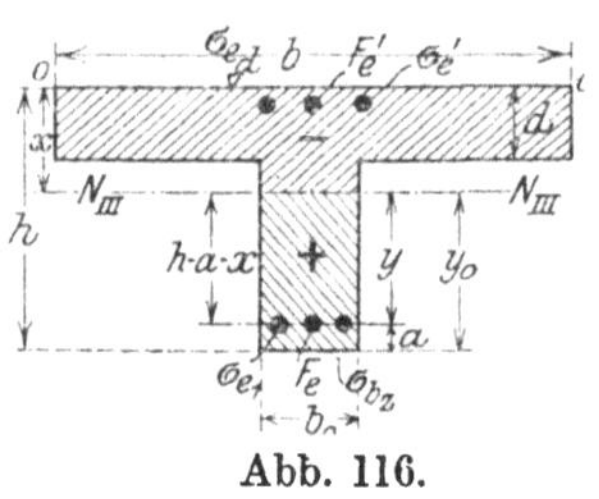

Abb. 116.

$$S_{00} = b_0\, h\, \frac{h}{2} + (b - b_0)\, d\, \frac{d}{2} + n\, F'_e\, a' + n\, F_e\, (h - a)$$

und aus der Beziehung $S_{00} = x\, F_i$:

$$x = \frac{\dfrac{b_0 h^2}{2} + (b - b_0)\dfrac{d^2}{2} + n\, F'_e\, a' + n\, F_e\, (h - a)}{b_0\, h + (b - b_0)\, d + n\,(F'_e + F_e)}$$

$$= \frac{b_0 h^2 + (b - b_0)\, d^2 + 2\, n\, [F'_e\, a' + F_e\, (h - a)]}{2\, b_0\, h + 2\,(b - b_0)\, d + 2\, n\,(F'_e + F_e)} \, . \tag{53}$$

Ferner wird in diesem Falle:

$$J_{nn_{\mathrm{III}}} = \frac{b_0\, x^3}{3} + \frac{b_0\,(h - x)^3}{3} + \frac{(b - b_0)\, x^3}{3} - (b - b_0)\frac{(x - d)^3}{3}$$

$$+ n\, F'_e\, y'^2 + n\, F_e\, y^2 = \frac{b_0}{3}\,[x^3 + (h - x)^3] + \frac{b - b_0}{3}\,[x^3 - (x - d)^3]$$

$$+ n\,[F'_e\,(x - a')^2 + F_e\,(h - a - x)^2]\,^1) \, . \tag{54}$$

In bekannter Weise ergeben sich dann die Spannungen:

$$\sigma_{b_d} = -\frac{M \cdot x}{J_{nn_{\mathrm{III}}}}$$

$$\sigma_{b_z} = +\frac{M \cdot y_0}{J_{nn_{\mathrm{III}}}} = +\sigma_{b_d}\frac{y_0}{x} = +\sigma_{b_d}\frac{h - x}{x}$$

$$\sigma'_e = -n\,\frac{M\, y'}{J_{nn_{\mathrm{III}}}} = -n\,\sigma_{b_d}\frac{y'}{x} = -n\,\sigma_b\frac{x - a'}{x}$$

$$\sigma_e = +n\,\frac{M\, y}{J_{nn_{\mathrm{III}}}} = +n\,\sigma_{b_d}\frac{y}{x} = +n\,\sigma_b\frac{h - x - a'}{x} \, .$$

Der einfach bewehrte Plattenbalkenquerschnitt ohne Berücksichtigung der Zugzone im Beton.

Die hier zu entwickelnden Beziehungen lassen sich entweder aus den vorausgehenden, für den doppelt bewehrten Plattenbalken gefundenen Gleichungen durch Setzung der oberen Druckeinlage $= 0$

---

^{1}) Führt man auch in dieser Gleichung, wie auf S. 213, geschehen den Abstand $(x - v)$ der Druckkraft D_b von der Plattenoberkante ein, so läßt sich, gleich wie dort, $J_{nn_{\mathrm{III}}}$, in der folgenden, für die Rechnung u. U. bequemeren Form darstellen:

$$J_{nn_{\mathrm{III}}} = b \cdot d \cdot v\left(x - \frac{d}{2}\right) + \frac{b_0}{3}\,[(x - d)^3 + (h - x)^3] + n\,[F_e\,(h' - x)^2$$

$$+ F'_e\,(x - a')^2]\, .$$

ableiten oder unter Einführung der notwendigen Verbesserungen unmittelbar aus den entsprechenden Formeln des einfach bewehrten Plattenquerschnitts gewinnen. Dem letzteren Rechnungsgange sei hier gefolgt.

Bei einfach bewehrtem Rechtecksquerschnitte lautet die Gleichung der statischen Momente:

$$\tfrac{1}{2}\, x^2 b - n F_e y = 0 \, ,$$

Hat die Nullinie (Abb. 117a) die Lage I bzw. II (die Platte also schneidend oder sie berührend), so gelten die Gleichungen für den einfach bewehrten Rechtecksquerschnitt ohne weiteres. Liegt Lage III vor, so ist das beiderseitige (schraffierte) Rechteck sinngemäß in Abzug zu bringen:

$$\tfrac{1}{2}\, x^2 b - \tfrac{1}{2} (x - d)^2 (b - b_0) - n F_e y = 0 \, .$$

Hieraus folgt, nach Einführung von $y = (h - a - x)$:

$$x = - \frac{1}{b_0}\Big\{ d (b - b_0) + n F_e \Big\}$$

$$+ \sqrt{ \frac{1}{b_0{}^2}\Big\{ d (b - b_0) + n F_e \Big\}^2 + \frac{2}{b_0}\Big\{ \tfrac{1}{2} d^2 (b - b_0) + n F_e (h - a) \Big\} } \, . \quad (55)\,[1]$$

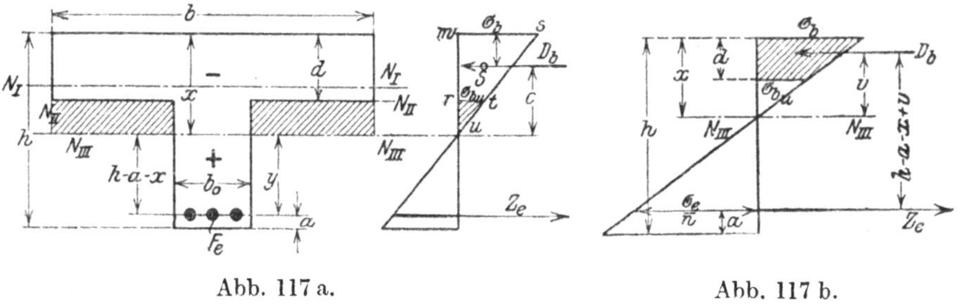

Abb. 117 a.

Abb. 117 b.

In gleicher Weise ist das Trägheitsmoment $J_{nn} = \tfrac{1}{3} x^3 b + n F_e y^2$ zu verbessern in:

$$J_{nn_{\mathrm{III}}} = \tfrac{1}{3} x^3 b - \tfrac{1}{3} (x - d)^3 (b - b_0) + n F_e y^2 \, . \quad (56)$$

und mit seiner Hilfe an die Ableitung der Spannungen in bekannter Weise zu gehen:

$$\sigma_b = \frac{M x}{J_{nn_{\mathrm{III}}}} \, ; \qquad \sigma_e = n\,\frac{M (h - a - x)}{J_{nn_{\mathrm{III}}}} \, .$$

Wird auch hier zur Vereinfachung der Rechnung der Beitrag der Druckzone im Beton unterhalb der Platte nicht

---

[1] Dieselbe Gleichung folgt naturgemäß, wenn man auf S. 211 in Gleichung 46 $F_e' = o$ setzt.

berücksichtigt, also auf die statische Wirkung des Dreiecks oberhalb NN (in Abb. 117 b) verzichtet, so lassen sich einfache Formeln für $J_{nn_{III}}$ und σ_e auffinden.

Aus der Gleichsetzung der statischen Momente in bezug auf die Nullinie: $b\,d\left(x - \dfrac{d}{2}\right) = n\,F_e\,y = n\,F_e\,(h' - x)$ folgt:

$$x = \frac{(h - a)\,n\,F_e + \dfrac{b\,d^2}{2}}{n\,F_e + b\,d}\,. \tag{55a}$$

Ferner ergibt sich das Trägheitsmoment $J_{nn_{III}}$ jetzt zu:

$$J_{nn_{III}} = \frac{b}{3}\,[x^3 - (x - d)^3] + n\,F_e\,y^2\,. \tag{56a}$$

Unter Vereinfachung des ersten Gliedes und Ersetzung von $n\,F_e\,y$ durch $b\,d\left(x - \dfrac{d}{2}\right)$ folgt hieraus:

$$J_{nn_{III}} = b\,d\left(x^2 - x\,d + \frac{d^2}{3}\right) + b\,d\left(x - \frac{d}{2}\right)(h' - x)$$

$$= \frac{b\,d}{2}\,(2\,x - d)\left(h' - \frac{d}{3}\,\frac{3\,x - 2\,d}{2\,x - d}\right).$$

Wird hierin der Abstand der Druckkraft D_b von der oberen Plattenkante:

$$x - v = \frac{d}{3}\,\frac{3\,x - 2\,d}{2\,x - d}$$

eingesetzt, so wird:

$$J_{nn_{III}} = b\,d\left(x - \frac{d}{2}\right)(h' - x + v) = b\,d\left(x - \frac{d}{2}\right)c\,, \tag{56b}$$

worin c, wie stets, den Hebelarm der inneren Kräfte $= h - a - x + v = (h' - x + v)$ darstellt: Endlich ist auch

$$J_{nn_{III}} = n\,F_e\,(h' - x)\,c\,. \tag{56c}$$

Zur Ermittelung der „v-Werte" bestimmt man zunächst wieder die Lage des Schwerpunktes des in Abb. 117 b schraffierten Trapezes von oben aus:

$$x - v = \frac{d}{3}\,\frac{\sigma_b + 2\,\sigma_{b_u}}{\sigma_b + \sigma_{b_u}}\,;$$

nach Einführung des Wertes von $\sigma_{b_u} = \sigma_b\,\dfrac{x - d}{x}$ ergibt sich:

$$v = x - \frac{d}{2} + \frac{d^2}{6\,(2\,x - d)}\,. \tag{57}$$

Daraus leitet sich alsdann der vorstehend bereits oft benutzte Hebelsarm der inneren Kräfte „c" ab: $c = h - a - x + v$. Mit ihm liefert die Momentengleichung, bezogen auf die Angriffslinie der Druckkraft im Beton, die Beziehung:

$$\sigma_e F_e c = M \; ; \qquad \sigma_e = \frac{M}{F_e (h - a - x + v)} \, , \tag{58}$$

woraus dann weiter $\sigma_b = \sigma_e \dfrac{1}{n} \dfrac{x}{y}$ folgt.

Der Wert v kann auch, wie vorstehend auf S. 213 bis 217 dargelegt, zur angenäherten Querschnittsbestimmung (Auffindung der Eiseneinlagen) bei doppelt bewehrten Plattenbalken sowie zur Bildung der Trägheitsmomente für diese mit Erfolg benutzt werden.

Handelt es sich um die **Bestimmung der Hauptabmessungen des einfach bewehrten Plattenbalkens** bei gegebenen zulässigen Höchstspannungen, so wurde schon auf S. 123/124 darauf hingewiesen, daß bei Plattenbalken die gleichzeitige Innehaltung der erlaubten Höchstspannungen σ_b und σ_e in der Regel nicht zu dem wirtschaftlichsten Querschnitte führt, da die durch die Innehaltung dieser Spannungen bedingte verhältnismäßig geringe Trägerhöhe leicht eine starke Bewehrung der Zugzone bedingt. Bei **sehr beschränkter Konstruktionshöhe** wird man jedoch ein **Mindestmaß dieser** unter Innehaltung der zulässigen Spannungsgrenzwerte finden können. Ebenso wird es in vielen Fällen zweckmäßig und erwünscht sein, diejenige Mindestbalkenhöhe zu kennen, von der an eine Überschreitung der zulässigen Spannungen zu befürchten steht. Der Gang einer derartigen Rechnung ist (nach Stock) der folgende[1]:

Angenommen sei Fall III, die Nullinie liege also unterhalb der Platte und schneide die Rippe. Aus dem in Abb. 117b dargestellten Spannungsdiagramm ergibt sich, wenn M das Moment der äußeren Kräfte darstellt:

1) $$M = D_b (h - a - x + v) \, ,$$

ferner ist:

2) $$D_b = \frac{\sigma_b + \sigma_{b_u}}{2} b \cdot d = b \cdot d \cdot \sigma_b \left(1 - \frac{d}{2x} \right) = Z_e = \sigma_e F_e \, ,$$

wenn man für σ_{b_u} seinen Wert: $\sigma_b \dfrac{x - d}{x}$

einsetzt. Die Größe D_b greift von oben aus in dem Abstande: $x - v$ an:

3) $$x - v = - (- x + v) = \frac{d}{2} - \frac{d^2}{6 (2x - d)} \, .$$

---

[1] Vgl. Stock: Bestimmung der Mindesthöhe von einfach armierten Plattenbalken. Arm. Beton 1910, Augustheft (Nr. 8), S. 316—320.

Nach Einführung dieses Wertes und des für D_b in Gleichung 1) folgt nach Vereinfachung:

4)
$$M = b\, d\, \sigma_b \left[h - a - \frac{d}{2} - \frac{d\,(h-a)}{2\,x} + \frac{4\,d^2}{12\,x} \right].$$

Setzt man in Gleichung 4) den bekannten Wert $x = s\,(h-a)$ ein und entwickelt aus ihr $(h-a)$ als Unbekannte, so ergibt sich:

$$h - a = h' = \frac{M}{2\,\sigma_b\, b \cdot d} + d\,\frac{1 + \dfrac{1}{s}}{4}$$

$$+ \sqrt{\left[\frac{M}{2\,\sigma_b\, b \cdot d} + d\,\frac{1 + \dfrac{1}{s}}{4} \right]^2 - \frac{d^2}{3\,s}}. \qquad (59)$$

Wird in dieser Schlußgleichung zur Vereinfachung gesetzt:

$$z = \frac{M}{2\,\sigma_b\, b\, d} + d\,\frac{1 + \dfrac{1}{s}}{4}$$

$$m = \frac{1 + \dfrac{1}{s}}{4} \quad \text{und} \quad w = \frac{1}{3\,s},$$

so wird:

$$z = \frac{M}{2\,\sigma_b\, b\, d} + m\, d \qquad (59\,a)$$

und

$$h - a = z + \sqrt{z^2 - w\, d^2}. \qquad (59\,b)$$

Für grobe Annäherung kann man, da der Ausdruck $-w\, d^2$ die Wurzelwerte nicht sehr erheblich beeinflußt, das letzte Glied fortlassen, also alsdann nur mit der Beziehung: $h - a = z + \sqrt{z^2} = 2\,z$ rechnen.

Bezeichnet man den Abstand der Nullinie von Oberkante Plattenbalken, der bei voller Ausnutzung von σ_b und σ_e, also bei der Mindesthöhe eintreten soll, mit x', so ist: $x' = s\, h'$.

Für den Fall, daß die neutrale Achse innerhalb der Platte liegt, gilt die bekannte, alsdann gültige Beziehung für den Rechtecksquerschnitt:

$$h' = r\,\sqrt{\frac{M}{b}}.$$

Demgemäß wird:

$$x' = s\, r\,\sqrt{\frac{M}{b}}. \qquad (60)$$

Hierbei sind s und r nur Werte (vgl. S. 154 u. 155), welche abhängig sind

von den zulässigen Spannungen, hier also den Höchstwerten. Die Größe
$s \cdot r = k_0$ gesetzt, gibt:

$$x' = k_0 \sqrt{\frac{M}{b}} . \tag{60 a}$$

Diese Gleichung, welche zur Bestimmung der Lage der neutralen
Achse dient, liefert alsdann, wenn $x' > d$ sich aus ihr ergibt, also die
Nullinie unterhalb der Platte die Rippe schneidet, einen etwas zu
kleinen Wert, läßt aber mit Sicherheit erkennen, und dazu dient
die Gleichung, daß es sich tatsächlich, wie bei der Berechnung
vorausgesetzt wird, um Fall III der Nullinienlage handelt.

Die nachfolgende Zusammenstellung liefert, für praktische Zwecke
sehr gut verwendbar, die Werte m, w und k_0, für die meist vorkommenden Spannungsverhältnisse und für die Werte $n = 15$ bzw. $n = 10$.

Zusammenstellung XI.

Stocksche Tabelle für die Zahlenwerte m, w und k_o:

1. $n = 15$; $\sigma_e = 1200$ kg/qcm[1]).

σ_b kg/qcm	m	w	k_0
50	0,900	0,867	0,133
45	0,944	0,926	0,135
40	1,000	1,000	0,137
35	1,071	1,095	0,139
30	1,167	1,222	0,141
25	1,300	1,400	0,144

2. $n = 15$; $\sigma_e = 1000$ kg/qcm.

σ_b kg/qcm	m	w	k_0
50	0,833	0,778	0,141
45	0,870	0,827	0,144
40	0,917	0,889	0,146
35	0,976	0,968	0,149
30	1,056	1,074	0,152
25	1,167	1,222	0,155

3. $n = 10$; $\sigma_e = 1200$ kg/qcm.

σ_b kg/qcm	m	w	k_o
50	1,100	1,133	0,114
45	1,167	1,222	0,115
40	1,250	1,333	0,117
35	1,355	1,473	0,118
30	1,500	1,667	0,120
25	1,700	1,933	0,121

4. $n = 10$; $\sigma_e = 1000$ kg/qcm.

σ_b kg/qcm	m	w	k_o
50	1,000	1,100	0,122
45	1,056	1,074	0,124
40	1,125	1,167	0,126
35	1,214	1,286	0,127
30	1,333	1,444	0,129
25	1,500	1,667	0,131

Die in Abschnitt 17 gegebenen Zahlenbeispiele erläutern die Benutzung der Stockschen Gleichungen und Tabellen. In den meisten
Fällen wird man zwar aus wirtschaftlichen Gründen die Konstruktions-
größe höher wählen, als sie sich aus den Stockschen Gleichungen ergibt. Sie dienen alsdann, wie vorerwähnt, in erster Linie zum Nachweis dafür, daß bei einer angenommenen Konstruktionshöhe die zulässigen Betondruckspannungen nicht überschritten werden.

Bei der Anfertigung statischer Berechnungen, namentlich im Hochbau,
werden diese Gleichungen also gute Dienste leisten, da nach Ermitte-

---

[1]) Die Tabelle 1 gilt auch für $n = 10$ und $\sigma_e = 800$ kg/qcm.

lung der Mindesthöhe eine größere Höhe sofort in sich schließt, daß die zulässigen Betondruckspannungen nicht erreicht werden und alsdann nur noch die Zugbewehrung zu bemessen ist. Hierfür dienen aber ganz einfache Beziehungen, wie z. B.:

$$F_e = \frac{M}{\sigma_e\,(h - a - x + v)} \quad [1]).$$

Will man für den Fall der Mindesthöhe die Eisenbewehrung in der Zugzone finden, so dient hierzu am besten (nach Auffindung von x) die vorentwickelte Beziehung:

$$D_b = b\,d\,\sigma_b \left(1 - \frac{d}{2\,x}\right) = F_e \cdot \sigma_e$$

$$F_e = \frac{\sigma_b\,b}{\sigma_e}\,d \left(1 - \frac{d}{2\,x}\right). \qquad (60\,\mathrm{b})$$

Wie bereits auf S. 123 und auch vorstehend erwähnt wurde, ist eine für die Querschnittsbemessung des Plattenbalkens besonders bedeutsame Frage die nach seiner **wirtschaftlichen Höhe**, es sei denn, daß durch die Gesamtanordnung des Baus schon eine größte verfügbare oder eine bestimmte Höhe gegeben ist.

Wollte man beim Plattenbalken — was bei der einfachen, in bezug auf ihre Höhe nicht sehr veränderbaren Platte durchaus angängig — nur nach den zulässigen Spannungen dimensionieren, so würde dem wirtschaftlichen Standpunkt nicht ausreichend Rechnung getragen werden und oft eine unnötig teure Konstruktion das Ergebnis bilden.

Zur **Berechnung der Plattenbalken in wirtschaftlichem Sinne**[2]) wird von der Gleichung ausgegangen:

$$M = F_e \cdot \sigma_e \cdot m,$$

---

[1]) Eine Vereinfachung wird auch manchmal dadurch gewonnen, daß man den Angriffspunkt von D_b in der halben Plattenhöhe, also im Abstande von $\dfrac{d}{2}$ von Plattenoberkante annimmt. Alsdann ist der Hebelarm der inneren Kräfte

$$c = h - a - \frac{d}{2}\,; \qquad F_e = \frac{M}{\sigma_e\left(h - a - \dfrac{d}{2}\right)}.$$

Naturgemäß ist eine solche Berechnung eine nur angenäherte und mithin auch nur bei der wirtschaftlichen Dimensionierung am Platze.

[2]) Vgl. hierzu die Abhandlung von B. Barck - München im Arm. Beton 1917, Nr. 9, S. 201 in der zudem die bekannteren wirtschaftlichen Dimensionierungsverfahren der Plattenbalken kritisch gegeneinander und gegen das von Barck vorgeschlagene Verfahren abgewogen werden, und zwar werden zum Vergleiche benutzt die Rechnungsart von Ed. Proksch (Beton u. Eisen 1911 S. 200) und die von A. M. Mayer (Die Wirtschaftlichkeit als Konstruktionsprinzip im Eisenbeton S. 56—63; Verlag Jul. Springer 1915). Durch eingehende Untersuchungen

worin (Abb. 118) m den Abstand zwischen den Zugeisen und dem Angriffspunkte der Betondruckkraft darstellt. Mit für die vorliegende Schätzung ausreichender Genauigkeit kann für m der Wert:

$$m = h - a - \frac{d}{2}$$

eingeführt werden, d. h. auch hier wird die Betondruckfläche im Stege der Rippe nicht in Rechnung gestellt. Die Wahl der Balkenhöhe wird so zu treffen sein, daß die Kostensumme für 1 lfd. m Steg ein Minimum wird. Bezeichnet man mit $\Re$ diese Kosten, ferner mit $\mathfrak{B}$ die Kosten für $\frac{1}{100}$ cbm Beton, mit $\mathfrak{S}$ die für 1 qm Träger-schalung (unter Umständen unter Zuschlag des Putzes), mit $\mathfrak{E}$ die Kosten von $\frac{1}{100}$ cbm Eisen und mit r den sogenannten Massen-koeffizient, der nach M. Mayer im allgemeinen für frei aufliegende Träger zu 1,0, für durch-gehende zu 1,4 anzunehmen ist, so ergibt sich:

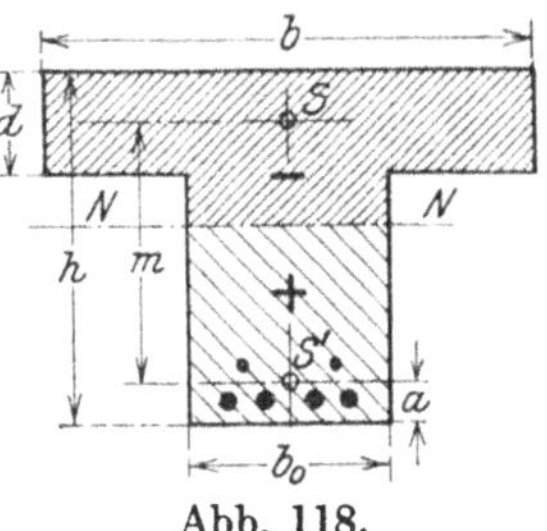

Abb. 118.

$$\Re = b_0\,(h - d)\,\mathfrak{B} + [b_0 + 2\,(h - d)]\,\mathfrak{S} + F_e \cdot r\,\mathfrak{E}$$

$$\approx b_0\,m\,\mathfrak{B} + (b_0 + 2\,m)\,\mathfrak{S} + \frac{r \cdot M}{\sigma_e \cdot m}\,\mathfrak{E}\,{}^1).$$

Die Gleichung lehrt, daß die Annahme der Breite b_0 von großem Einflusse auf die Gesamtkosten und somit auch auf die Bestimmung der wirtschaftlichen Höhe m sein muß.

Die geringsten Abmessungen, die in der Praxis für Plattenbalken üblich sind, und auf die demgemäß als Mindestabmessungen die nach-folgenden Berechnungen Rücksicht nehmen sollen, sind etwa $h = 25$,

---

weist Barck nach, daß bei Trägerhöhen bis zu 70 cm das Mayersche Ver-fahren zwar die geringsten Kosten liefert, bei größeren Höhen aber seine Anwend-barkeit verliert und daß das Verfahren von Procksch, da es die Wahl der Steg-breite der persönlichen Schätzung des Konstrukteurs überläßt, eine erhebliche Unbestimmtheit in sich schließt, zumal eine nicht günstige Wahl von b_0 den Plattenbalken wirtschaftlich sehr ungünstig zu beeinflussen vermag. Hiergegen bietet das Barcksche Verfahren innerhalb des ganzen Spielraums von Höhen zwischen 25 und 125 cm brauchbare Ergebnisse, die, wenn sie auch in manchen Fällen nicht die rechnerisch billigste Konstruktion ergeben, sich aber durch erheb-liche Herabminderung der Trägerhöhe gegenüber den Feststellungen nach Mayer vorteilhaft auszeichnen.

${}^1)$ Hierbei ist also $a = \frac{d}{2}$ angenommen:

$$m = h - \frac{d}{2} - a = h - \frac{d}{2} - \frac{d}{2} = h - d.$$

m = 20, $b_0 = 16$ cm, die größte Höhe etwa $h = 125$ cm[1]); für b_0 ist auch hier, wegen der Kostenersparnis, ein möglichst geringer Wert zu wählen. Bei der Wahl von b_0 wird einmal zu berücksichtigen sein, daß die Eisen in höchstens 2 Lagen übereinander im Steg gut Platz finden, auch die Schubspannungen hier nach den neuen Bestimmungen den Wert von 14 kg/qcm (vgl. S. 122) nicht übersteigen dürfen; zum anderen wird daran zu denken sein, daß innerhalb der Schalung die zusammengesetzte Gesamtbewehrung vor der Einbringung des Betons noch eine Nacharbeitungsmöglichkeit bieten sollte. In dieser Hinsicht ist für b_0 der Wert 35 cm als zutreffend und bei höheren Trägern als Mindestmaß anzusehen.

Differenziert man die vorstehend entwickelte Gleichung nach der Veränderlichen m und setzt man zur Ermittelung des Minimums die erste Abgeleitete $= 0$, so ergibt sich:

$$\frac{d\,\mathfrak{K}}{d\,m} = b_0\,\mathfrak{B} + 2\,\mathfrak{S} - \frac{M \cdot r \cdot \mathfrak{E}}{\sigma_e \cdot m^2} = 0\,.$$

Hieraus folgt:

$$m = \sqrt{\frac{M}{\sigma_e}}\,\sqrt{\frac{r\,\mathfrak{E}}{b_0\,\mathfrak{B} + 2\,\mathfrak{S}}}\,,$$

$$m = \sqrt{M_{\mathrm{red}}}\,\sqrt{\frac{r\,\mathfrak{E}}{b_0\,\mathfrak{B} + 2\,\mathfrak{S}}}\,, \tag{61}$$

wobei M_{red} ein durch die Spannung σ_e reduziertes Moment darstellt.

Für die Bemessung von b_0 ist der Einfluß zu verfolgen, den eine höhere Balkenhöhe auf b_0 ausübt und die hierdurch mittelbar bedingte Rücksicht auf die konstruktive Ausgestaltung und Ausführung. Während in ersterer Hinsicht einem höheren Balken vom statischen und rein wirtschaftlichen Standpunkte aus bei konstantem Moment, allein schon um für die Schubspannungen die Fläche $b_0 \cdot m$ zu wahren, eine kleinere Breite entspricht, verlangen konstruktive Überlegungen bei größerer Höhe auch eine größere Breite. Da beide Interessen einander widersprechen, ist (von Barck a. o. O.) vorgeschlagen, die Stegbreite

---

[1]) Hierbei darf nicht übersehen werden, daß die Annahme $m = h - a - \dfrac{d}{2}$, namentlich bei dünner Platte, wenig zutrifft, da jetzt ein erheblicher Teil des Steges als Betondruckfläche herangezogen wird. Da es sich aber im vorliegenden Falle nur um Schätzungen dreht und eine genaue Behandlung der vorliegenden Frage überhaupt wohl kaum möglich ist, kann die oben erwähnte Ungenauigkeit in Kauf genommen werden.

unabhängig von der Trägerhöhe anzunehmen und sie nur als Funktion
des angreifenden Momentes darzustellen.

$$b_0 = C_1 - C_2\, r\; M_{\mathrm{red}} + C_3 \sqrt{r\, M_{\mathrm{red}}}$$
$$b_0 = 6 - \tfrac{1}{300}\, r\; M_{\mathrm{red}} + 0{,}7 \sqrt{r\, M_{\mathrm{red}}}\;{}^{1}).\qquad(62)$$

Nach Bestimmung von b_0 ist aus Gleichung (61) die wirtschaftliche
Höhe m abzuleiten.

Ist beispielsweise der Betonpreis 0,24 M für $\tfrac{1}{100}$ cbm[2]), der Eisenpreis
18 M. für $\tfrac{1}{100}$ cbm, der Preis der Schalung 2,50 M. für 1 qm, alles bezogen
auf das fertige Bauwerk, dieses ein kontinuierlicher Träger, also $r=1{,}4$
und das Moment $30\, \mathrm{t}\cdot\mathrm{m} = 3\,000\,000\ \mathrm{kg}\cdot\mathrm{cm}$, $\sigma_b = 1200\ \mathrm{kg/qcm}$, so wird:

$$M_{\mathrm{red}} = \frac{3\,000\,000}{1200} = 2500\ \mathrm{cm}^3,$$

$$b_0 = 6 - \frac{1}{300}\cdot 1{,}4 \cdot 2500 + 0{,}7 \sqrt{1{,}4 \cdot 2500} = \mathbf{35{,}7}\ \mathrm{cm}.$$

$$m = \sqrt{2500}\sqrt{\frac{1{,}4 \cdot 18}{35{,}7 \cdot 0{,}24 + 2 \cdot 2{,}50}} = 68{,}3\ \mathrm{cm}.$$

$$F_e = \frac{M}{\sigma_e\, m} = \frac{M_{\mathrm{red}}}{m} = \frac{2500}{68{,}3} = \mathbf{36{,}6}\ \mathrm{cm}^2.$$

Die Kosten ergeben sich zu:

Beton: $0{,}683 \cdot 0{,}357 \cdot 1{,}00 \cdot 24{,}0$ . . $=$ 5,85 M.
Eisen: $0{,}366 \cdot 1{,}4 \cdot 18^3)$ . . . . . . $=$ 9,22 M.
Schalung: $(2 \cdot 0{,}638 + 0{,}357) \cdot 2{,}5$. $=$ 4,31 M.
 $\mathfrak{K} = \mathbf{19{,}38}$ M./lfd. m.

Nach der unten stehenden Annäherungsgleichung (Anm. ^{1}):

$$\boldsymbol{b_0 = 10 \sqrt{r} + 0{,}45 \sqrt{M_{\mathrm{red}}}}$$

hätte man erhalten: $\boldsymbol{b_0 = 10\sqrt{1{,}4} + 0{,}45\sqrt{2500}} = 34{,}3\ \mathrm{cm}$, $m = 69{,}0\ \mathrm{cm}$,
$\boldsymbol{F_e} = 36{,}3\ \mathrm{qcm}$, $\mathfrak{K} = 19{,}12$ M. lfd. m.

Wäre der Träger bei denselben Preisverhältnissen frei aufliegend
gewesen ($r = \mathbf{1{,}0}$), so hätte sich ergeben:

$$b_0 = \mathbf{32{,}7};\quad m = \mathbf{59{,}2};\quad F_e = \mathbf{42{,}2};\quad \mathfrak{K} = \mathbf{16{,}03}\ \mathrm{M/lfd.\ m.}$$

---

^{1}) Barck weist in der auf S. 197 genannten Veröffentlichung darauf hin, daß
b_0 eigentlich auch abhängig von den Preisen sein sollte, da z. B. mit einem Steigen
des Eisenpreises die Trägerhöhe wächst und infolgedessen auch größere Breite
notwendig wird. Hierdurch würde aber die Formel für die Verwendung zu be-
schwerlich. Barck gibt auch noch eine einfachere Formel für b_0:

$$b_0 = 10\sqrt{r} + 0{,}45\sqrt{M_{\mathrm{red}}}\;.\qquad(62\mathrm{a})$$

^{2}) Wegen der zur Zeit stetig wechselnden Einheitspreise sind noch die früheren
Preise oben eingesetzt.

^{3}) $F_e = 36{,}6$ cm^2; mithin auf 1 lf. m Träger $36{,}6 \cdot 100 = 3660$ cbcm $= 0{,}366$
bezogen auf die Einheit von $\tfrac{1}{100}$ cbm $= 10\,000$ cbcm.

Bei einem Preisverhältnis:

$$\mathfrak{B} : \mathfrak{S} : \mathfrak{E} = 0{,}24 : 2{,}50 : 27,$$

also bei einem Steigen des **Eisenpreises um die Hälfte** gegenüber der früheren Annahme, zeigt sich:

$$b_0 = 32{,}7;\ \mathrm{m} = 72{,}5;\ F_e = 34{,}5;\ \mathfrak{K} = 19{,}34\ \mathrm{M.\ lfd.\ m},$$

d. h. das Steigen des Eisenpreises gegenüber dem von Beton und Schalung äußert sich in einem Steigen der wirtschaftlichen Trägerhöhe.

Läßt man den Betonpreis um die Hälfte zunehmen:

$$\mathfrak{B} : \mathfrak{S} : \mathfrak{E} = 0{,}36 : 2{,}50 : 18,$$

so wird:

$$b_0 = 32{,}7;\ m = 51{,}8;\ F_e = 48{,}3;\ K = 18{,}21\ \mathrm{M.\ lfd.\ m},$$

und endlich bei einer Erhöhung der **Schalungskosten** um 50 v. H., ergibt sich:

$$b_0 = 32{,}7;\ m = 54{,}2;\ F_e = 46{,}2;\ \mathfrak{K} = 17{,}85\ \mathrm{M.\ lfd.\ m},$$

d. h. sowohl ein Steigen des Betonpreises, als auch ein Hochgehen des Schalungspreises bewirkt sofort ein Sinken der wirtschaftlichen Höhe.

In der Praxis wird es sich empfehlen, in Fällen größerer Wichtigkeit, also z. B. bei ausgedehnten, stark belasteten Deckenbauten, nach den voranstehenden Barckschen Gleichungen die wirtschaftlichen Trägerabmessungen zu bestimmen und von diesen ausgehend zu versuchen, im Anschlusse an die gegebene Örtlichkeit die Gesamtkosten noch weiter herabzudrücken.

Einen anderen Weg bei Behandlung derselben Frage geht **S. Kasarnowsky (Zürich)** [1].

Bei dem einfachen Rechtecksquerschnitt ist:

$$F_e = \frac{M}{\sigma_e \left(h' - \dfrac{x}{3}\right)},$$

bei Plattenbalken angenähert:

$$F_e = \frac{M}{\sigma_e \left(h' - \dfrac{d}{2}\right)}.$$

Bei konstantem M ist hierin F_e eine $F(h')$. Ist wieder $\mathfrak{B}$ der Preis der Volumeneinheit des Betons, $\mathfrak{E}$ der des Eisens, so kostet ein Balkenelement von der Länge dx:

$$d\mathfrak{K} = (\mathfrak{B} \cdot b \cdot h' + \mathfrak{E} \cdot F_e)\, dx,$$

---

[1] Vgl. Arm. Bet. 1912, Heft XI, S. 429 über wirtschaftliches Dimensionieren der Eisenbetonbalken.

und der ganze Balken auf die Länge $= l$:

$$\Re = \int_0^l (\mathfrak{B}\cdot b\,h' + \mathfrak{E}\cdot F_e)\,dx = \mathfrak{B}\int_0^l (b\,h' + \lambda F_e)\cdot dx\,,$$

worin $\lambda = \dfrac{\mathfrak{E}}{\mathfrak{B}}$ das **Preisverhältnis** der beiden Baustoffe bedeutet. Da $\mathfrak{B}$ konstant ist, muß das $\int_0^l (b\,h' + \lambda F_e)\cdot dx$ ein Minimum werden, damit $\Re$ ein solches ist. Hieraus folgt:

$$d\int_0^l (b\,h' + \lambda F_e)\cdot dx = 0\,.$$

Da nun in sehr vielen Fällen $(b\,h' + \lambda F_e)$ über den ganzen Balken konstant ist, so wird:

$$\int_0^l (b\,h' + \lambda F_e)\,dx = (b\,h' + \lambda F_e)\,l$$

d. h. $d\,(b\cdot h' + \lambda F_e) = 0$, wenn $\Re$ ein Minimum werden soll.

Ist der Querschnitt rechteckig, so ist:

$$F_e = \frac{M}{\sigma_e\left(h' - \dfrac{x}{3}\right)} = \frac{M}{\sigma_e h' - \sigma_e\dfrac{x}{3}} = \frac{M}{\sigma_e h' - \sigma_e\dfrac{s\,(h - a)}{3}} = \frac{M}{\sigma_e h' - \dfrac{\sigma_e h' s}{3}}$$

$$= \frac{M}{\sigma_e h'\left(1 - \dfrac{s}{3}\right)} = \frac{M}{\sigma_e h'}\cdot c\,,$$

worin c, da es nur vom Bewehrungsverhältnis abhängig ist und in normalen Fällen zwischen 1,2 und 1,3 schwankt, als konstant angesehen werden kann.

Hieraus folgt in Verbindung mit der obigen Hauptgleichung:

$$d\left(b\,h' + \frac{\lambda M}{h'\,\sigma_e}c\right) = 0\,.$$

Die erste Abgeleitete $= 0$ gesetzt, liefert hieraus:

$$h' = \sqrt{\frac{\lambda M\cdot c}{\sigma_e\cdot b}}\,. \tag{63}$$

Liegt ein Plattenbalkenquerschnitt vor, so wird in ähnlicher Weise:

$$F_e = \frac{M}{\sigma_e\left(h' - \dfrac{d}{2}\right)}\,; \qquad d\left(b\,h' + \frac{\lambda M}{\sigma_e\left(h' - \dfrac{d}{2}\right)}\right) = 0\,;$$

$$b - \frac{\lambda M}{\sigma_e\left(h' - \dfrac{d}{2}\right)^2} = 0\,; \qquad \left(h' - \frac{d}{2}\right) = \sqrt{\frac{\lambda M}{\sigma_e\cdot b}}\,. \tag{64}$$

Der einfach bewehrte Plattenbalken mit Berücksichtigung der Zugzone im Beton.

Die entsprechenden Berechnungen sind denen auf S. 218 für die doppeltbewehrten Plattenbalken vollkommen entsprechend. Es ergibt sich (Abb. 119):

$$F_i = b_0 h + (b - b_0) d + n F_e$$

$$x = \frac{\dfrac{b_0 h^2}{2} + (b - b_0) \dfrac{d^2}{2} + n F_e (h - a)}{F_i}$$

$$= \frac{b_0 h^2 + (b - b_0) d^2 + 2 n F_e (h - a)}{2 b h_0 + 2 (b - b_0) d + 2 n F_e} \tag{65}$$

$$J_{nn\,\mathrm{III}} = \frac{b_0}{3} x^3 + \frac{b_0 (h - x)^3}{3} + (b - b_0) \frac{x^3}{3} - \frac{(b - b_0) (x - d)^3}{3}$$

$$+ n F_e (h - a - x)^2 = \frac{b_0}{3} [x^3 + (h - x)^3]$$

$$+ \frac{b - b_0}{3} [x^3 - (x - d)^3] + n F_e (h - a - x)^{2\,[1]}. \tag{66}$$

Die Spannungen folgen nach Auffindung von x und J_{nn_III} aus den bekannten Gleichungen:

$$\sigma_{bd} = - \frac{M \cdot x}{J_{nn_\mathrm{III}}}$$

$$\sigma_e = + n \frac{M \cdot y}{J_{nn_\mathrm{III}}} = n \sigma_{bd} \frac{y}{x}$$

$$\sigma_{bz} = + \frac{M \cdot y_0}{J_{nn_\mathrm{III}}} = \sigma_{bd} \frac{y_0}{x} .$$

Der Wert σ_{b_z} hängt bei Plattenbalken sehr stark von den Abmessungsverhältnissen und der Bewehrungsgröße ab. Um die Ermittelung der Abmessungen zu ersparen, welche einer bestimmten zugelassenen Zugspannung im Beton entsprechen, ist von Mörsch

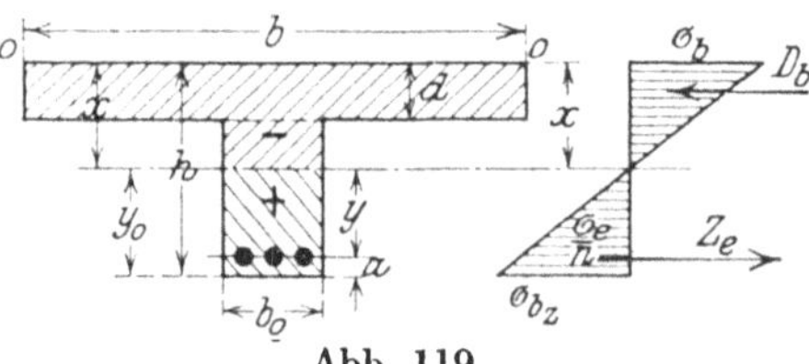

Abb. 119.

[1] Man kann auch zunächst J_{00} auf die obere Plattenbegrenzung bilden: $J_{00} = \dfrac{(b - b_0) d^3}{3} + \dfrac{b_0 h^3}{3} + n F_e (h - a)^2$ und hieraus J_{nn_III} finden nach der Beziehung: $J_{nn_\mathrm{III}} = J_{00} - F_i x^2$.

Verbindet man J_{nn_III} gleich wie auf S. 218 mit der Beziehung:

$$x - v = \frac{d}{3} \cdot \frac{3 x - 2 d}{2 x - d},$$ so kann man J_{nn_III} die für die Rechnung nicht unzweckmäßige Form geben:

$$J_{nn_\mathrm{III}} = b d v \left(x - \frac{d}{2}\right) + \frac{b_0}{3} \cdot [(x - d)^3 + (h - x)^3] + n F_e (h' - x)^2 .$$

und Hager[1]) ein Verfahren ermittelt, welches die erforderlichen Unterlagen unter Verwendung tabellarischer Zusammenstellung bzw. graphischer Auftragungen unmittelbar liefert.

Hierbei werden die Plattenbreite b und die Plattendicke d als Vielfaches der Rippenbreite b_0 bzw. der „nutzbaren" Rippenhöhe h_1 dargestellt und der Abstand $a = 0{,}08\,h_1$ angenommen:

$$b = \alpha\,b_0; \quad d = \beta\,h_1; \quad h_1 - a = 0{,}92\,h_1; \quad F_e = \varphi\,b_0\,h_1.$$

Für den Zustand II b folgt aus Abb. 120 angenähert:

1) $\quad M = F_e \cdot \sigma_e\left(0{,}92\,h_1 + \dfrac{d}{2}\right),$

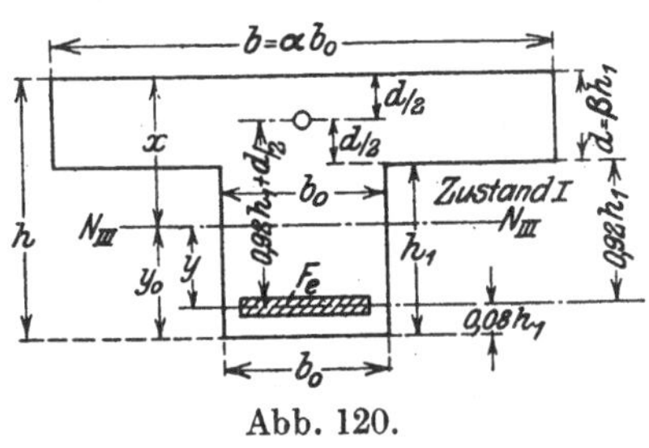

worin also angenommen ist, daß die Druckkraft im Beton in Entfernung von $\dfrac{d}{2}$ von der Plattenoberkante angreift. Unter derselben Voraussetzung ergibt sich für Zustand I, also bei statisch wirksamer Zugzone im Beton:

Abb. 120.

$$M = F_e\,\sigma_e\left(0{,}92\,h_1 + \frac{d}{2}\right) + \sigma_{bz}\frac{b_0\,y_0}{2}\left(h_1 + \frac{d}{2} - \frac{y_0}{3}\right)$$

und nach Einsetzung von:

$$\sigma_e = n\,\sigma_{bz} \cdot \frac{y_0 - 0{,}08\,h_1}{y_0}$$

2) $\quad M = n\,F_e\,\sigma_{ez}\dfrac{y_0 - 0{,}08\,h_1}{y_0}\left(0{,}92\,h_1 + \dfrac{d}{2}\right) + \sigma_{bz}\dfrac{b_0\,y_0}{2}\left(h_1 + \dfrac{d}{2} - \dfrac{y_0}{3}\right).$

Setzt man beide M-Werte einander gleich, so wird:

3) $\quad F_e\,\sigma_e\left(0{,}92\,h_1 + \dfrac{d}{2}\right) = \sigma_e\,\varphi\,b_0\,h_1\left(0{,}92\,h_1 + \dfrac{\beta\,h_1}{2}\right)$

$$= \sigma_e\,\varphi\,b_0\,h_1{}^2\left(0{,}92 + \frac{\beta}{2}\right)$$

$$= \sigma_{bz}\left[n\,F_e\frac{y_0 - 0{,}08\,h_1}{y_0}\left(0{,}92\,h_1 + \frac{d}{2}\right) + \frac{b_0\,y_0}{2}\left(h_1 + \frac{d}{2} - \frac{y_0}{3}\right)\right]$$

$$= \sigma_{bz}\left[n\,\varphi\cdot b_0\,h_1^2\frac{y_0 - 0{,}08\,h_1}{y_0}\left(0{,}92 + \frac{\beta}{2}\right) + \frac{b_0\,h_1{}^2\,y_0}{2\,h_1}\left(1 + \frac{d}{2\,h_1} - \frac{y_0}{3\,h_1}\right)\right].$$

Kürzt man die ganze Gleichung durch $b_0\,h_1{}^2$, so ergibt sich:

(4) $\qquad\qquad \sigma_e\,\varphi\left(0{,}92 + \dfrac{\beta}{2}\right)$

$$= \sigma_{bz}\left[n\,\varphi\frac{y_0 - 0{,}08\,h_1}{y_0}\left(0{,}92 + \frac{\beta}{2}\right) + \frac{y_0}{2\,h_1}\left(1 + \frac{\beta}{2} - \frac{y_0}{3\,h_1}\right)\right].$$

---

[1]) Vgl. Zentralbl. d. Bauverw. 1914, Nr. 25, S. 204 und 1905, S. 391.

$$\sigma_{b_z} = \frac{\varphi\left(0{,}92 + \dfrac{\beta}{2}\right)\sigma_e}{\varphi \cdot n\,\dfrac{y_0 - 0{,}08\,h_1}{y_0}\left(0{,}92 + \dfrac{\beta}{2}\right) + \dfrac{y_0}{2\,h_1}\left(1 + \dfrac{\beta}{2} - \dfrac{y_0}{3\,h_1}\right)} \, . \qquad (67)$$

y_0 folgt aus der Gleichung der statischen Momente in bezug auf die Querschnittsunterkante:

$$y_0 = \frac{\dfrac{b_0\,h_1^2}{2} + b\,d\left(h_1 + \dfrac{d}{2}\right) + n\,F_e\,0{,}08\,h_1}{b_0\,h_1 + b\,d + n\,F_e}$$

$$y_0 = h_1\,\frac{\dfrac{b_0\,h_1}{2} + b\,\beta\left(h_1 + \dfrac{\beta\,h_1}{2}\right) + 0{,}08\,n\,\varphi\,b_0\,h_1}{b_0\,h_1 + b\,h_1\,\beta + n\,\varphi\,b_0\,h_1}$$

und nach Kürzung durch $b_0\,h_1$:

$$y_0 = h_1\,\frac{\dfrac{1}{2} + \dfrac{b}{b_0}\,\beta\left(1 + \dfrac{\beta}{2}\right) + 0{,}08\,n\,\varphi}{1 + \dfrac{b}{b_0}\,\beta + n\,\varphi}$$

$$y_0 = h_1\,\frac{0{,}08\,n\,\varphi + 0{,}50 + \alpha\,\beta\left(1 + \dfrac{\beta}{2}\right)}{n\,\varphi + 1{,}00 + \alpha\,\beta} \, . \qquad (68)$$

Zu bestimmten Werten α, β und φ kann man nunmehr die Größen $\underline{\sigma}_{b_j}$ und y_0 berechnen. Will man was beim Entwerfen wertvoll ist, auch die zu den Verhältniszahlen α, β, φ gehörenden, bei Stadium IIb auftretenden σ_{b_d}- $= \sigma_b$-Werte ermitteln, so dienen hierzu die bekannten Beziehungen:

$$x = \frac{n\,(h - a)\,F_e + \dfrac{b\,d^2}{2}}{n\,F_e + b\,d} \,; \qquad \sigma_b = \frac{\sigma_e}{n} \cdot \frac{x}{h - a - x}$$

$$= \frac{\sigma_e}{n} \cdot \frac{2\,n\,(h - a)\,F_e + b\,d^2}{2\,(n\,F_e + b\,d)\,(h - a - x)} = \frac{\sigma_e}{n} \cdot \frac{2\,n\,(h - a)\,F_e + b\,d^2}{2\,[n\,F_e\,(h - a - x) + b\,d\,(h - a - x)]}$$

$$= \frac{\sigma_e}{n} \cdot \frac{2\,n\,(h - a)\,F_e + b\,d^2}{2\left[b\,d\left(x - \dfrac{d}{2}\right) + b\,d\,(h - a - x)\right]} = \frac{\sigma_e}{n} \cdot \frac{2\,n\,(h - a)\,F_e + b\,d^2}{b\,d\,(2\,h - 2\,a - d)} \; {}^1).$$

---

[1]) Hierbei ist benutzt, daß $n\,F_e\,(h - a - x) = n\,F_e\,y$ das statische Moment der gezogenen Eiseneinlage $=$ dem statischen Moment des gedrückten Betonquerschnittsteils sein muß $= b\,d\left(x - \dfrac{d}{2}\right)$.

Setzt man hierin $F_e = \varphi\, b_0\, h_1$; $b = \alpha\, b_0$; $d = \beta\, h_1$; $h = h_1 + d$, so wird:

$$\sigma_b = \frac{\sigma_e}{n}\, \frac{2\, n\,(0{,}92\, h_1 + \beta\, h_1)\, \varphi\, b_0\, h_1 + \alpha\, b_0\, \beta^2 h_1^2}{\alpha\, b_0\, \beta\, h_1\,(2\,(h_1 + \beta\, h_1) - 2\cdot 0{,}08\, h_1 - \beta\, h_1)},$$

kürzt man mit $b_0\, h_1^2$, so wird:

$$\sigma_b = \frac{\sigma_e}{n}\, \frac{2\, n\, \varphi\,(0{,}92 + \beta) + \alpha\, \beta^2}{\alpha\, \beta\,(1{,}84 + \beta)}. \qquad (69)$$

Diese Gleichung ermöglicht es, für die α-, β- und φ-Größen die Verhältnisse von $\dfrac{\sigma_b}{\sigma_e}$ zu berechnen. In den nachfolgenden Hager-Mörsch-schen Tabellen sind für die Verhältniszahlen $\alpha = 5$, 4, 3 und 2, für

Zusammenstellung XII für die Spannungsverhältnisse $\dfrac{\sigma_{bz}}{\sigma_e}$ und $\dfrac{\sigma_b}{\sigma_e}$ für die Verhältniszahlen α, β und φ (Tabellen von **Hager** und **Mörsch**.)

A	$\alpha = 5$					B	$\alpha = 4$			
φ	$\beta = 0{,}1$	$\beta = 0{,}2$	$\beta = 0{,}3$	$\beta = 0{,}4$	$\beta = 0{,}5$	$\beta = 0{,}1$	$\beta = 0{,}2$	$\beta = 0{,}3$	$\beta = 0{,}4$	$\beta = 0{,}5$
$\sigma_{bz}:\sigma_e =$						$\sigma_{bz}:\sigma_e =$				
0,010	0,0248	0,0224	0,0209	0,0198	0,0189	0,0254	0,0230	0,0214	0,0202	0,0193
0,015	0,0326	0,0297	0,0278	0,0264	0,0253	0,0334	0,0304	0,0284	0,0270	0,0256
0,020	0,0388	0,0354	0,0333	0,0317	0,0305	0,0397	0,0362	0,0341	0,0324	0,0311
0,025	0,0437	0,0400	0,0377	0,0361	0,0347	0,0447	0,0410	0,0386	0,0368	0,0356
0,030	0,0478	0,0439	0,0415	0,0397	0,0383	0,0488	0,0450	0,0424	0,0405	0,0392
$\sigma_b:\sigma_e =$						$\sigma_b:\sigma_c =$				
0,010	0,0245	0,0175	0,0170	0,0178	0,0191	0,0297	0,0203	0,0188	0,0193	0,0203
0,015	0,0350	0,0230	0,0208	0,0207	0,0215	0,0429	0,0271	0,0236	0,0230	0,0233
0,020	0,0455	0,0285	0,0246	0,0237	0,0240	0,0560	0,0340	0,0283	0,0266	0,0264
0,025	0,0560	0,0340	0,0284	0,0266	0,0264	0,0692	0,0409	0,0331	0,0303	0,0294
0,030	0,0665	0,0395	0,0322	0,0296	0,0288	0,0883	0,0477	0,0379	0,0340	0,0325

C	$\alpha = 3$					D	$\alpha = 2$			
φ	$\beta = 0{,}1$	$\beta = 0{,}2$	$\beta = 0{,}3$	$\beta = 0{,}4$	$\beta = 0{,}5$	$\beta = 0{,}1$	$\beta = 0{,}2$	$\beta = 0{,}3$	$\beta = 0{,}4$	$\beta = 0{,}5$
$\sigma_{bz}:\sigma_e =$						$\sigma_{bz}:\sigma_e =$				
0,010	0,0262	0,0238	0,0222	0,0309	0,0199	0,0272	0,0250	0,0234	0,0220	0,0209
0,015	0,0344	0,0314	0,0294	0,0279	0,0266	0,0354	0,0329	0,0309	0,0293	0,0279
0,020	0,0407	0,0374	0,0352	0,0334	0,0320	0,0421	0,0391	0,0369	0,0350	0,0335
0,025	0,0459	0,0423	0,0396	0,0380	0,0364	0,0474	0,0441	0,0417	0,0398	0,0382
0,030	0,0501	0,0463	0,0437	0,0417	0,0401	0,0517	0,0484	0,0457	0,0437	0,0420
$\sigma_b:\sigma_e =$						$\sigma_b:\sigma_c =$				
0,010	0,0385	0,0248	0,0220	0,0217	0,0223	0,0560	0,0340	0,0284	0,0266	0,0264
0,015	0,0560	0,0340	0,0284	0,0266	0,0264	0,0823	0,0477	0,0379	0,0340	0,0325
0,020	0,0735	0,0431	0,0347	0,0316	0,0304	0,1086	0,0614	0,0474	0,0414	0,0385
0,025	0,0911	0,0523	0,0410	0,0365	0,0345	0,1349	0,0752	0,0569	0,0487	0,0446
0,030	0,1086	0,0614	0,0474	0,0414	0,0385	0,1612	0,0889	0,0664	0,0561	0,0507

β = d/h₁
φ/α = J_c/(d·b) β
β = 0,5
β = 0,4
β = 0,3
β = 0,2
β = 0,1
φ = 0,2 α/β
φ = 0,4
b = α·b₁
h₁
b₁
0,025
0,024
0,023
0,022
0,021
0,020
0,019
(0,0183)
0,018
0,017
0,016
0,015
0,014
0,013
0,012
0,011
α = 1

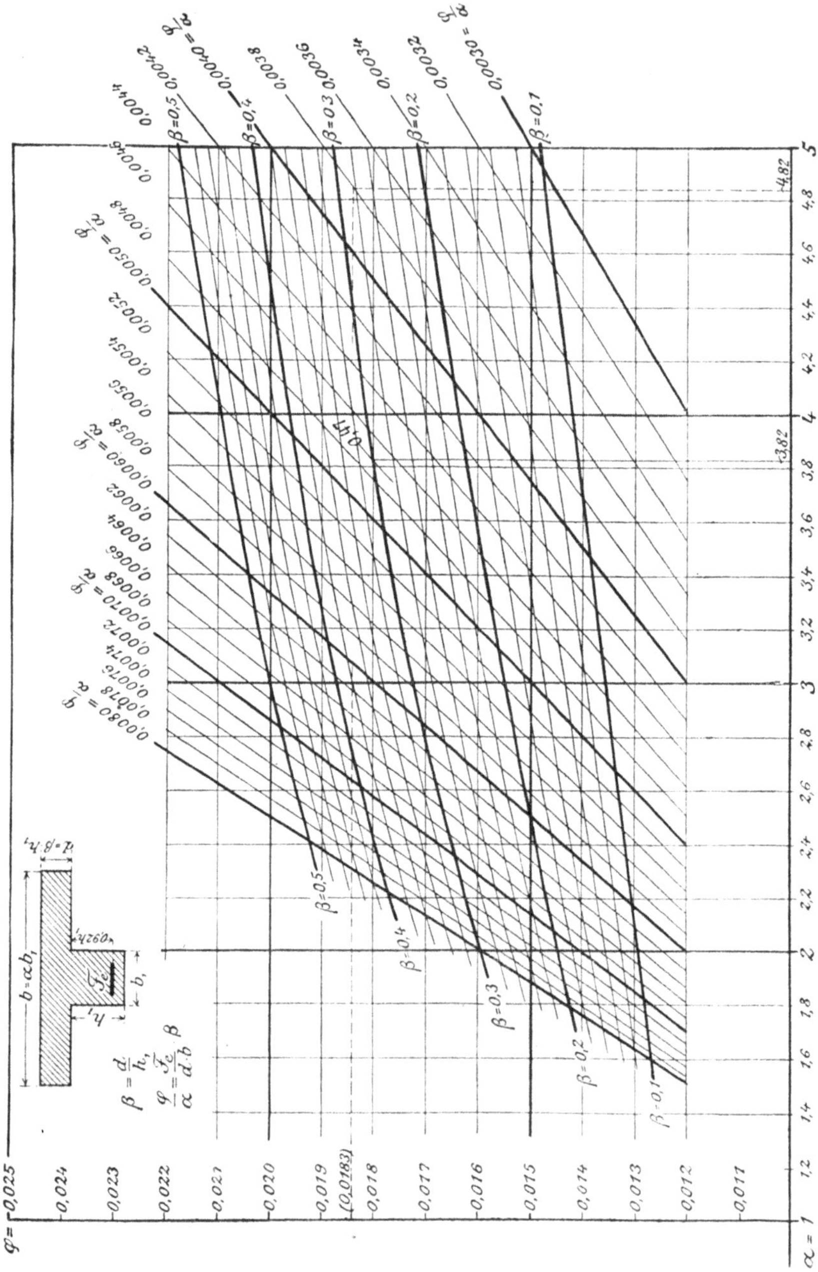

Abb. 121.

$\varphi = 0{,}01$—$0{,}03$ und für $\beta = 0{,}1$—$0{,}5$ die Verhältnisse $\sigma_{b_z} : \sigma_e$ und $\sigma_b : \sigma_e$ angegeben. Für die Spannungswerte $\sigma_e = 750$ kg/qcm und $\sigma_{b_z} = 24$ kg/qcm, die nach den neuen Bestimmungen in Brücken unter Eisenbahngleisen nicht überschritten werden dürfen, sind die Werte in der graphischen Tafel (Abb. 121) zusammengestellt.

Bei Durchführung der Rechnung selbst wird folgender Weg empfohlen:

Die Plattenstärke d ist in der Regel durch die vorangehende Berechnung der Platte gegeben, also d bekannt. Die Rippenhöhe ist zunächst zu schätzen, so daß weiterhin $\beta = \dfrac{d}{h_1}$ sich ergibt. Alsdann wird die Eiseneinlage geschätzt:

$$F_e = \frac{M}{750\left(0{,}92\,h_1 + \dfrac{d}{2}\right)} \qquad \text{und} \qquad \varphi = \frac{F_e}{b_0\,h_1} = \frac{F_e}{d\,b}\,\alpha \cdot \beta$$

bestimmt. Hieraus folgt dann:

$$\frac{\varphi}{\alpha} = \frac{F}{d\,b}\,\beta\,,$$

eine Beziehung, die zweckmäßig als Kontrollgleichung benutzt wird. Aus der σ_{b_z}- und y_0-Gleichung wird für die innezuhaltenden Werte $\dfrac{\sigma_{b_z}}{\sigma_e}$, also hier z. B. $\dfrac{24}{750} = 0{,}032$ die Größe φ als $F(\alpha,\ \beta)$ dargestellt. Auf der Tafel sind für Werte von β Linien gezeichnet, deren Abszissen die α und deren Ordinaten die φ sind, die Punkte mit konstanten $\dfrac{\varphi}{\alpha}$ liegen auf durch die Koordinatenanfangspunkte gehenden Geraden. Hat man die Werte $\dfrac{\varphi}{\alpha}$ und β berechnet, so sucht man in der Tafel den Schnittpunkt der β- und $\dfrac{\varphi}{\alpha}$-Linien, liest hier die Abszisse α und die Ordinate φ ab und ermittelt nun endlich die gesuchte Rippenbreite $b_0 = \dfrac{b}{\alpha}$. Die bei Stadium IIb auftretende Spannung σ_b ist aus dem zweiten Teil der voranstehenden Zusammenstellung für $\sigma_e = 750$ kg/qcm zu entnehmen. Die mit der Tabelle ermittelten Werte bedürfen naturgemäß, wie aus ihrer Herleitung sich ergibt, keiner Prüfung mehr. Die Anwendung der Tafel und der Tabellen möge das nachfolgende, hier gleich angeschlossene Beispiel erläutern[1]).

---

[1]) Vgl. Hager, Theorie des Eisenbetons, 1916, S. 105, und Gehler, Erläuterungen mit Beispielen zu den Eisenbetonbestimmungen, 1916, 2. Aufl., 1917, S. 64.

Für ein $M = 760\,000$ kg·cm, $b = 100$, $d = 14$ cm und ein ein-
geschätztes $h_1 = 50$ cm wird:

$$\beta = \frac{14}{50} = 0{,}28 \; ; \qquad F_e = \frac{760\,000}{750\left(0{,}92 \cdot 50 + \dfrac{14}{2}\right)} = 19 \text{ qcm}$$

$$\frac{\varphi}{\alpha} = \frac{F_e}{d\,b}\,\beta = \frac{19}{14 \cdot 100} \cdot 0{,}28 = 0{,}0038 \; .$$

Für die Schnittpunkte der beiden Linien auf der Tafel (Abb. 121)
findet man: $\alpha = 4{,}82$, $\varphi = 0{,}0183$. (Der Punkt und die Koordinaten
sind in der Tafel angegeben.)

Demgemäß ist:

$$b_0 = \frac{b}{\alpha} = \frac{100}{4{,}82} = 20{,}7 \text{ cm}, \qquad \varphi = \frac{19}{20{,}7 \cdot 50} = 0{,}0183 \; ,$$

als Kontrolle berechnet, und das gleiche Ergebnis wie die Tafel
zeigend.

Nach der Zusammenstellung XII „Abteilung A" ergibt sich für $\alpha = 4{,}82$,
$\beta = 0{,}28$, $\varphi = 0{,}0183$ ein angenäherter Wert (für $\alpha = 5{,}0$, $\beta = 0{,}30$,
$\varphi = 0{,}02$) von $\sigma_b : \sigma_e = 0{,}0246$, so daß angenähert: $\sigma_b = 750 \cdot 0{,}0246$
$= 18{,}4$ kg/qcm wird.

Ist $M = 600\,000$ kg·cm, $b = 100$ cm, $d = 12$ cm, $h_1 = 40$ cm, so
wird:

$$\beta = \frac{d}{h_1} = \frac{12}{40} = 0{,}30$$

$$F_e = \frac{600\,000}{750\left(0{,}92\,h_1 + \dfrac{d}{2}\right)} = \frac{600\,000}{750 \cdot (0{,}92 \cdot 40 + 6)} = 18{,}7 \text{ qcm.}$$

$$\frac{\varphi}{\alpha} = \frac{F_e}{d \cdot b}\,\beta = \frac{18{,}7}{12 \cdot 100}\,0{,}30 = 0{,}0047.$$

Aus der Tafel folgt: $\alpha = 3{,}82$; $\varphi = 0{,}018$ und somit

$$b_0 = \frac{100}{\alpha} = \frac{100}{3{,}82} \cong 26 \text{ cm.}$$

Der Prüfung dient:

$$\varphi = \frac{F_e}{b_0\,h_1} = \frac{18{,}7}{26 \cdot 40} = 0{,}018 \; .$$

Die Tabelle (Abschnitt B) liefert angenähert für $\alpha = 4{,}00$,
$\varphi = 0{,}020$ und $\beta = 0{,}30$, $\sigma_b : \sigma_e = 0{,}0283$, d. h. $\sigma_b = 750 \cdot 0{,}0283$
$= 21{,}23$ kg/qcm.

Die Berechnung einfach bewehrter Plattenbalken vermittels Tabellen
(nach B. Loeser, Dresden) [1].

Für den rechteckigen, einseitig bewehrten Querschnitt wurden auf
S. 156 die Beziehungen:

$$F_e = \frac{b\,h'}{k_4}\,;\; M = \frac{b\,h'^2}{k_6}$$

entwickelt; die bez. Festwerte k_4 und k_6, nur abhängig von den zulässigen
Spannungen σ_e und σ_b und der Größe $n = 15$, sind in den Tabellen IV a—d,
S. 159—160 enthalten.

Für den einseitig bewehrten Plattenbalken, dessen Plattenstärke kleiner als x ist, dessen Nullinie also den Steg schneidet, gelten
entsprechende Beziehungen:

$$F_e = \alpha\, \frac{b\,h'}{k_4} \qquad\qquad\qquad (70\,\text{a})$$

$$M = \beta\, \frac{b\,h'^2}{k_6}\,. \qquad\qquad\qquad (70\,\text{b})$$

Die hierin vorkommenden Festwerte α und β sind einmal abhängig
von dem Verhältnis (φ) der Plattenstärke d zur nutzbaren Querschnittshöhe h': $\varphi = \dfrac{d}{h'}$, zum anderen von der bekannten, mehrfach im Abschnitt 11 erwähnten Größe k_1 in $x = k_1\,h'$.

Es ist nach Löser:

$$\alpha = \frac{\varphi\,(2\,k_1 - \varphi)}{k_1^2}$$

$$\beta = \alpha + \frac{2\,\varphi\,(k_1 - \varphi)^2}{k_1^2\,(3 - k_1)}\,.$$

Diese Zahlenwerte enthalten die nachstehenden Zusammenstellungen XIII zusammen mit einem Werte k_7, der zur Ermittlung des
Hebelarmes der inneren Kräfte führt: $c = k_7 \cdot h'$, und für die Ermittlung der auftretenden Zug-Eisenspannung besonders wertvoll ist.

Die Tabelle ist aufgestellt für eine größere Anzahl φ-Werte von
0,08 an bis 0,37 bzw. 0,38 und für die Spannungsverhältnisse
$\sigma_b : \sigma_e = 35 : 900,\quad 35 : 1000,\quad 40 : 1000,\quad 35 : 1200,\quad 40 : 1200$ und
endlich 50 : 1200. Die diesen Spannungsverhältnissen entsprechenden
k_1-, k_4- und k_6-Werte sind je am Kopfe der Tabellen angegeben. Naturgemäß sind die Tabellen nur so weit geführt, bis der Festwert $\alpha = 1,00$
ist oder diesen Wert erreicht, d. h. bis also der Plattenbalken in den
einfach bewehrten Rechtecksquerschnitt übergeht.

---

[1] Vgl. Taschenbuch für Bauingenieure, III. Aufl. Jul. Springer, 1919, S. 783 ff.
in dem Abschnitt: Anwendungen des Eisenbetons im Hochbau von Ing. u. Dozent
B. Loeser, Dresden.

Zusammenstellung XIII zur Berechnung von Plattenbalken für die angegebenen Verhältnisse φ und σ_b/σ_e.

$\varphi = d:h'$	I 35:900 $k_4=140,0$ $k_6=176,8$ $x=0,368\cdot h'$			II 35:1000 $k_4=166,0$ $k_6=187,5$ $x=0,344\cdot h'$			III 40:1000 $k_4=133,3$ $k_6=152,4$ $x=0,375\cdot h'$			IV 35:1200 $k_4=225,3$ $k_6=209,0$ $x=0,304\cdot h'$			V 40:1200 $k_4=180,0$ $k_6=168,7$ $x=0,333\cdot h'$			VI 50:1200 $k_4=124,8$ $k_6=119,1$ $x=0,385\cdot h'$			$\varphi = d:h$
	α	β	k_7	α	β	k_7	α	β	k_7	α	β	k_7	α	β	k_7	α	β	k_7	
1	2	3	4	5	6	7	8	9	10	11	12	13	14	15	16	17	18	19	20
0,08	0,387	0,424	0,962	0,411	0,446	0,962	0,381	0,419	0,962	0,457	0,489	0,962	0,422	0,457	0,962	0,373	0,411	0,961	0,08
0,09	0,429	0,468	0,957	0,454	0,492	0,958	0,422	0,462	0,956	0,504	0,537	0,958	0,467	0,503	0,957	0,413	0,454	0,957	0,09
0,10	0,469	0,509	0,952	0,496	0,534	0,953	0,462	0,503	0,952	0,549	0,583	0,953	0,510	0,547	0,953	0,452	0,494	0,952	0,10
0,11	0,508	0,549	0,948	0,537	0,575	0,949	0,501	0,542	0,948	0,592	0,626	0,949	0,551	0,588	0,949	0,490	0,533	0,948	0,11
0,12	0,545	0,587	0,944	0,576	0,614	0,944	0,538	0,580	0,944	0,633	0,666	0,945	0,590	0,627	0,944	0,527	0,570	0,944	0,12
0,13	0,581	0,623	0,940	0,613	0,651	0,940	0,573	0,615	0,939	0,672	0,703	0,941	0,628	0,664	0,940	0,562	0,605	0,939	0,13
0,14	0,615	0,656	0,935	0,648	0,685	0,936	0,607	0,649	0,935	0,708	0,739	0,937	0,664	0,699	0,936	0,595	0,639	0,935	0,14
0,15	0,648	0,689	0,931	0,682	0,718	0,932	0,640	0,681	0,931	0,743	0,771	0,933	0,697	0,732	0,932	0,628	0,671	0,931	0,15
0,16	0,680	0,719	0,926	0,713	0,748	0,928	0,671	0,711	0,926	0,775	0,802	0,930	0,730	0,762	0,928	0,659	0,700	0,926	0,16
0,17	0,710	0,748	0,923	0,744	0,776	0,924	0,701	0,740	0,923	0,805	0,830	0,926	0,760	0,791	0,925	0,689	0,729	0,923	0,17
0,18	0,738	0,774	0,919	0,772	0,803	0,921	0,730	0,767	0,919	0,833	0,855	0,923	0,788	0,817	0,921	0,717	0,756	0,919	0,18
0,19	0,765	0,799	0,915	0,799	0,828	0,917	0,757	0,792	0,915	0,859	0,879	0,919	0,815	0,841	0,917	0,744	0,781	0,915	0,19
0,20	0,791	0,823	0,911	0,824	0,851	0,914	0,782	0,816	0,911	0,882	0,900	0,916	0,840	0,864	0,914	0,770	0,805	0,911	0,20
0,21	0,815	0,845	0,908	0,848	0,872	0,910	0,806	0,838	0,908	0,904	0,919	0,913	0,863	0,885	0,911	0,794	0,827	0,908	0,21
0,22	0,838	0,865	0,905	0,870	0,891	0,907	0,830	0,858	0,905	0,923	0,936	0,911	0,884	0,904	0,908	0,817	0,848	0,905	0,22
0,23	0,859	0,884	0,902	0,890	0,909	0,904	0,850	0,877	0,901	0,941	0,951	0,908	0,904	0,921	0,905	0,838	0,866	0,901	0,23
0,24	0,878	0,901	0,899	0,908	0,925	0,901	0,870	0,894	0,898	0,955	0,963	0,906	0,922	0,936	0,902	0,859	0,885	0,898	0,24
0,25	0,897	0,916	0,896	0,925	0,939	0,899	0,889	0,910	0,895	0,968	0,974	0,904	0,937	0,949	0,900	0,877	0,901	0,895	0,25
0,26	0,913	0,930	0,894	0,940	0,952	0,896	0,906	0,925	0,892	0,978	0,983	0,902	0,952	0,961	0,898	0,895	0,916	0,892	0,26
0,27	0,929	0,943	0,891	0,953	0,963	0,894	0,922	0,938	0,889	0,987	0,990	0,900	0,964	0,971	0,896	0,911	0,930	0,889	0,27
0,28	0,943	0,955	0,888	0,965	0,973	0,892	0,936	0,950	0,887	0,993	0,995	0,899	0,974	0,980	0,894	0,926	0,942	0,886	0,28
0,29	0,954	0,964	0,886	0,975	0,980	0,890	0,949	0,960	0,885	0,998	0,998	0,899	0,983	0,987	0,892	0,939	0,953	0,884	0,29
0,30	0,965	0,973	0,884	0,983	0,987	0,888	0,960	0,969	0,883	1,000	1,000	0,899	0,990	0,992	0,891	0,952	0,963	0,882	0,30
0,31	0,975	0,981	0,883	0,990	0,992	0,887	0,970	0,977	0,881				0,995	0,996	0,890	0,962	0,971	0,879	0,31
0,32	0,983	0,987	0,881	0,995	0,996	0,886	0,978	0,984	0,880				0,998	0,999	0,889	0,972	0,979	0,877	0,32
0,33	0,989	0,992	0,879	0,998	0,999	0,886	0,985	0,989	0,878				1,000	1,000	0,889	0,980	0,985	0,876	0,33
0,34	0,994	0,995	0,878	1,000	1,000	0,885	0,991	0,994	0,877							0,986	0,990	0,875	0,34
0,35	0,997	0,998	0,877				0,995	0,997	0,876							0,992	0,994	0,874	0,35
0,36	0,999	0,999	0,877				0,998	0,999	0,875							0,996	0,997	0,873	0,36
0,37							1,000	1,000	0,875							0,999	0,999	0,872	0,37
0,38																1,000	1,000	0,872	0,38

Die Tabellen gestatten die Lösung der folgenden Aufgaben:

A. Bei einseitiger Bewehrung des Plattenbalkens.

a) Ist die Plattenstärke d — wie in den meisten praktischen Fällen — gegeben, ferner die Nutzhöhe h' und die Rippenbreite b_0 gewählt, also die Größe $\varphi = \dfrac{d}{h'}$ bekannt, so kann die Größe der Bewehrung F_e und die erforderliche Plattenbreite unmittelbar aus den Tabellen bestimmt werden, und zwar a) wenn die Spannungen im Steg keine Berücksichtigung finden sollen:

$$1)\qquad b = \frac{k_6\,M}{\beta\,h'^2}\,;\qquad\qquad 2)\ F_e = \alpha\cdot\frac{b\,h'}{k_4}\,.$$

Sollen aber b) die Stegspannungen auch in Rechnung gestellt werden, also eine genauere Ermittelung stattfinden, wie sich das besonders bei höheren Plattenbalken durchaus empfiehlt, so dienen dem obigen Zwecke die Gleichungen:

$$1')\qquad b = \frac{k_6\,M}{\beta\,h'^2} - \frac{1-\beta}{\beta}\,b_0$$

$$2')\qquad F_e = \frac{h'}{k_4}\cdot[b_0 + \alpha\,(b - b_0)]$$

Nach Ausführung der Rechnung ist nachzuprüfen, ob auch der errechnete Wert b nicht eine nach den Bestimmungen vom 13. I. 1916 unerlaubte Größe erhält, also sich innerhalb der Grenzen hält:

$$b \gtrless 16\,d \gtrless 8\,b_0 \gtrless 4\,h\,.$$

b) Sind die Werte bekannt bzw. zunächst eingeschätzt: d = Plattenstärke, b = Plattenbreite, b_0 = Stegbreite und $\varphi = \dfrac{d}{h'}$, so liefert Zusammenstellung XIII die Größen F_e und h'.

α) Unter Vernachlässigung der Spannungen im Steg:

$$3)\qquad h' = \sqrt{\frac{k_6\,M}{b\,\beta}}\,;\qquad\qquad 4)\ F_e = \alpha\,\frac{b\,h'}{k_4}\,.$$

β) Mit Berücksichtigung der Stegspannungen:

$$3')\qquad h' = \sqrt{\frac{k_6\,M}{b_0 + \beta\,(b - b_0)}}\qquad 4')\ F_e = \frac{h'}{k_4}\,[b_0 + \alpha\,(b - b_0)]\,.$$

Hier bleibt nachzuprüfen, ob nach Ermittelung von h' das zunächst angenommene Verhältnis von $\dot\varphi = \dfrac{d}{h'}$ ausreichend genau innegehalten wird; sonst ist die Rechnung bis zu genügender Übereinstimmung zu wiederholen.

B. Bei doppelter Bewehrung des Plattenbalkens.

Hier wird es sich in der Regel bei gegebenen Werten; M, d, b, b_0 und h' um eine Bestimmung der Bewehrung F_e und F'_e handeln, wobei es sich empfiehlt, der Eisenersparnis halber, stets die Spannungen im Steg zu berücksichtigen.

Nach Löser ist:

$$\text{Druckbewehrung: } F'_e = \frac{k_6\,M - h'^2\,[b_0 + \beta\,(b - b_0)]}{k_6\,k_1} \qquad (70\,\mathrm{c})$$

$$\text{Zugbewehrung: } F_e = \frac{h'}{k_4}\cdot[b_0 + \alpha\,(b - b_0)] + F'_e\,\frac{k_1}{k}. \qquad (70\,\mathrm{d})$$

Hierbei sind die Zahlenwerte k_4, k_6 der Zusammenstellung IV bzw. dem Kopfe von XIII, die von der nutzbaren Höhe h' und dem Abstande der Eisen von der Außenfläche a' bzw. a abhängigen Werte k bzw. k_1 der Zusammenstellung V für doppelt bewehrte, einfache Rechtecksquerschnitte zu entnehmen.

Bei allen Ermittelungen, also sowohl bei Berücksichtigung der Stegspannungen und deren Vernachlässigung, als auch bei einfach und doppelt bewehrten Plattenbalken gilt ganz allgemein:

$$c = \frac{M}{F_e\,\sigma_e}.$$

Wird die Stegspannung vernachlässigt, so ist $c = k_7\,h'$ — vgl. Zusammenstellung XIII. Für angenäherte Rechnung kann man auch mit dem Werte: $c = h - 0{,}4\,d$ rechnen.

Die nachfolgende Zusammenstellung XIV enthält für ein bestimmtes Spannungsverhältnis $\sigma_b = 0{,}040$ t/qcm : $\sigma_e = 1{,}2$ t/qcm für symmetrisch gestaltete Plattenbalken die größten zulässigen Momente und die zugehörende Zugbewehrung F_e, und zwar unter voller Inanspruchnahme der nach den Bestimmungen erlaubten größten Plattenbreite b_{max} und unter Berücksichtigung der Spannungen im Steg.

Zusammenstellung XIV.

Größtmomente von Plattenbalken mit beiderseitiger Platte bei
$\sigma_b = 0,040$ t/qcm, $\sigma_e = 1,2$ t/qcm und unter Berücksichtigung der Spannungen
im Stege[1]).

Teil 1.

h	h'	b_0	$d = 10$ cm			$d = 11$ cm			$d = 12$ cm		
cm	cm	cm	b_{max}	M_{max}	F_e	b_{max}	M_{max}	F_e	b_{max}	M_{max}	F_e
1	2	3	4	5	6	7	8	9	10	11	12
23	20	25	92	218	10,22	92	218	10,22	92	218	10,22
25	22	25	100	287	12,22	100	287	12,22	100	287	12,22
27	24	25	108	369	14,40	108	369	14,40	108	369	14,40
29	26	25	116	465	16,75	116	465	16,75	116	465	16,75
31	28	25	124	576	19,29	124	576	19,29	124	576	19,29
33	30	25	132	704	22,00	132	704	22,00	132	704	22,00
35	32	25	140	847	24,81	140	849	24,89	140	849	24,89
37	34	25	148	997	27,64	148	1013	27,93	148	1014	27,96
39	36	25	156	1176	30,47	156	1193	31,02	156	1198	31,20
41	38	25	160	1328	32,52	164	1387	34,12	164	1401	34,54
44	40	25	160	1452	33,68	176	1634	38,08	176	1658	38,78
46	42	25	160	1578	34,76	176	1781	39,45	184	1897	42,19
48	44	25	160	1705	35,77	176	1931	40,72	192	2152	45,59
50	46	25	160	1835	36,71	176	2083	41,89	192	2328	47,05
52	48	25	160	1966	37,61	176	2236	43,00	192	2506	48,42
54	50	30	160	2108	38,66	176	2398	44,21	192	2690	49,81
56	52	30	160	2245	39,50	176	2557	45,21	192	2873	51,03
58	54	30	160	2382	40,29	176	2718	46,17	192	3059	52,21
60	56	30	160	2522	41,05	176	2880	47,09	192	3246	53,30
62	58	30	160	2663	41,79	176	3045	47,98	192	3435	54,36
64	60	30	160	2807	42,50	176	3211	48,81	192	3626	55,36
66	62	30	160	2952	43,18	176	3378	49,62	192	3819	56,33
68	64	30	160	3097	43,84	176	3548	50,39	192	4014	57,24
70	66	30	160	3246	44,49	176	3719	51,15	192	4210	58,13
72	68	30	160	3396	45,11	176	3891	51,88	192	4408	58,98
74	70	35	160	3589	46,35	176	4101	53,12	192	4638	60,25
76	72	35	160	3746	46,99	176	4282	53,85	192	4843	61,10
78	74	35	160	3904	47,61	176	4463	54,56	192	5050	61,91
80	76	35	160	4064	48,21	176	4647	55,26	192	5257	62,68
82	78	35	160	4226	48,82	176	4832	55,93	192	5470	63,47
85	80	35	160	4389	49,40	176	5019	56,59	192	5683	64,22
87	82	35	160	4555	50,00	176	5208	57,23	192	5898	64,76
89	84	35	160	4725	50,57	176	5399	57,87	192	6114	65,68
91	86	35	160	4883	51,12	176	5592	58,50	192	6332	66,38
93	88	35	160	5063	51,67	176	5789	59,11	192	6552	67,07
95	90	35	160	5236	52,23	176	5982	59,72	192	6774	67,74
97	92	35	160	5410	52,76	176	6180	60,32	192	6998	68,40
99	94	35	160	5586	53,29	176	6379	60,90	192	7223	69,05
101	96	35	160	5784	53,82	176	6580	61,47	192	7450	69,69
103	98	35	160	5943	54,34	176	6784	62,05	192	7679	70,31
105	100	35	160	6124	54,86	176	6988	62,62	192	7910	70,94

[1]) Berechnet v. B. Löser, Dresden; vgl. Taschenbuch für Bauingenieure, IV. Auflage, Abschnitt: Die Anwendung des Eisenbetonbaus
im Hochbau.

Zusammenstellung XIV, Teil 2.

h	h'	b_0	$d = 13$ cm			$d = 14$ cm			$d = 15$ cm		
cm	cm	cm	b_{max}	M_{max}	F_e	b_{max}	M_{max}	F_e	b_{max}	M_{max}	F_e
13	14	15	16	17	18	19	20	21	22	23	24
23	20	25	92	218	10,22	92	218	10,22	92	218	10,22
25	22	25	100	287	12,22	100	287	12,22	100	287	12,22
27	24	25	108	369	14,40	108	369	14,40	108	369	14,40
29	26	25	116	465	16,75	116	465	16,75	116	465	16,75
31	28	25	124	576	19,29	124	576	19,29	124	576	19,29
33	30	25	132	704	22,00	132	704	22,00	132	704	22,00
35	32	25	140	849	24,89	140	849	24,89	140	849	24,89
37	34	25	148	1014	27,96	148	1014	27,96	148	1014	27,96
39	36	25	156	1198	31,20	156	1198	31,20	156	1198	31,20
41	38	25	164	1403	34,62	164	1403	34,62	164	1403	34,62
44	40	25	176	1668	39,09	176	1669	39,11	176	1669	39,11
46	42	25	184	1917	42,74	184	1923	42,93	184	1923	42,93
48	44	25	192	2183	46,40	192	2194	46,85	192	2203	46,93
50	46	25	200	2468	50,07	200	2489	50,77	200	2507	51,09
52	48	30	208	2769	53,80	208	2805	54,72	208	2832	55,28
54	50	30	208	2979	55,38	216	3139	58,68	216	3179	59,48
56	52	30	208	3188	56,87	224	3493	62,64	224	3545	63,69
58	54	30	208	3400	58,28	224	3733	64,32	232	3932	67,93
60	56	30	208	3614	59,61	224	3976	65,92	240	4340	72,27
62	58	30	208	3830	60,87	224	4221	67,42	240	4615	73,93
64	60	30	208	4048	62,06	224	4468	68,85	240	4892	75,62
66	62	30	208	4268	63,21	224	4718	70,20	240	5172	77,23
68	64	30	208	4490	64,30	224	4965	71,49	240	5455	78,75
70	66	30	208	4714	65,34	224	5223	72,73	240	5740	80,20
72	68	30	208	4939	66,35	224	5478	73,91	240	6027	81,59
74	70	35	208	5191	67,69	224	5756	75,35	240	6331	83,16
76	72	35	208	5424	68,66	224	6018	76,47	240	6626	84,47
78	74	35	208	5659	69,60	224	6283	77,56	240	6922	85,72
80	76	35	208	5896	70,51	224	6549	78,60	240	7220	86,93
82	78	35	208	6135	71,39	224	6818	79,62	240	7520	88,10
85	80	35	208	6375	72,21	224	7089	80,60	240	7823	89,23
87	82	35	208	6618	73,08	224	7361	81,56	240	8128	90,32
89	84	35	208	6862	73,90	224	7634	82,48	240	8435	91,38
91	86	35	208	7108	74,69	224	7912	83,38	240	8744	92,40
93	88	35	208	7354	75,47	224	8191	84,26	240	9054	93,40
95	90	35	208	7608	76,22	224	8471	85,12	240	9367	94,38
97	92	35	208	7858	76,96	224	8753	85,96	240	9682	95,32
99	94	35	208	8111	77,69	224	9037	86,78	240	9999	96,24
101	96	35	208	8367	78,41	224	9323	87,57	240	10318	97,14
103	98	35	208	8624	79,10	224	9611	88,35	240	10638	98,02
105	100	35	208	8883	79,79	224	9901	89,12	240	10961	98,88

Zusammenstellung XIV, Teil 3.

h	h'	b_0	$d = 16$ cm			$d = 17$ cm			$d = 18$ cm		
cm	cm	cm	b_{max}	M_{max}	F_e	b_{max}	M_{max}	F_e	b_{max}	M_{max}	F_e
25	26	27	28	29	30	31	32	33	34	35	36
23	20	25	92	218	10,22	92	218	10,22	92	218	10,22
25	22	25	100	287	12,22	100	287	12,22	100	287	12,22
27	24	25	108	369	14,40	108	369	14,40	108	369	14,40
29	26	25	116	465	16,75	116	465	16,75	116	465	16,75
31	28	25	124	576	19,29	124	576	19,29	124	576	19,29
33	30	25	132	704	22,00	132	704	22,00	132	704	22,00
35	32	25	140	849	24,89	140	849	24,89	140	849	24,89
37	34	25	148	1014	27,96	148	1014	27,96	148	1014	27,96
39	36	25	156	1198	31,20	156	1198	31,20	156	1198	31,20
41	38	25	164	1403	34,62	164	1403	34,62	164	1403	34,62
44	40	30	176	1669	39,11	176	1669	39,11	176	1669	39,11
46	42	30	184	1923	42,93	184	1923	42,93	184	1923	42,93
48	44	30	192	2203	46,93	192	2203	46,93	192	2203	46,93
50	46	30	200	2508	51,12	200	2508	51,12	200	2508	51,12
52	48	30	208	2840	55,47	208	2840	55,47	208	2840	55,47
54	50	30	216	3197	59,92	216	3200	60,00	216	3200	60,00
56	52	30	224	3575	64,38	224	3586	64,69	224	3589	64,71
58	54	30	232	3975	68,85	232	4001	69,41	232	4009	69,60
60	56	30	240	4398	73,33	240	4436	74,15	240	4456	74,58
62	58	35	248	4844	77,87	248	4895	78,91	248	4928	79,58
64	60	35	256	5310	82,39	256	5378	83,67	256	5425	84,60
66	62	35	256	5624	84,30	264	5883	88,45	264	5946	89,62
68	64	35	256	5941	86,11	272	6412	93,23	272	6491	94,65
70	66	35	256	6261	87,84	272	6766	95,24	280	7061	99,70
72	68	35	256	6583	89,49	272	7123	97,16	288[1]	7656	104,75
74	70	35	256	6908	91,06	272	7483	98,99	288	8053	106,87
76	72	35	256	7236	92,58	272	7846	100,73	288	8453	108,88
78	74	35	256	7565	94,03	272	8211	102,41	288	8855	110,81
80	76	35	256	7898	95,42	272	8579	104,02	288	9261	112,64
82	78	35	256	8232	96,77	272	8950	105,56	288	9669	114,42
85	80	35	256	8569	98,06	272	9323	107,05	288	10080	116,12
87	82	35	256	8908	99,31	272	9698	108,48	288	10506	117,76
89	84	35	256	9249	100,52	272	10076	109,86	288	10910	119,33
91	86	35	256	9592	101,69	272	10456	111,20	288	11349	120,85
93	88	35	256	9938	102,83	272	10838	112,49	288	11749	122,33
95	90	35	256	10286	103,94	272	11222	113,75	288	12172	123,76
97	92	35	256	10635	104,97	272	11609	114,96	288	12598	125,14
99	94	35	256	10987	106,05	272	11998	116,14	288	13025	126,49
101	96	35	256	11341	107,07	272	12388	117,29	288	13456	127,78
103	98	35	256	11696	108,06	272	12781	118,41	288	13888	129,03
105	100	35	256	12054	109,02	272	13176	119,50	288	14322	130,25

[1]) Rippenbreite $b_0 = 36$ cm.

16*

Die für Aufgaben der Praxis besonders wertvolle Tabelle gestattet bei gegebenen äußeren Abmessungen eines Plattenbalkens die Auffindung des Momentes und der Zugbewehrung für das angegebene Spannungsverhältnis, und damit einmal eine sehr einfache Kontrolle in „baupolizeilicher" Hinsicht; zum anderen kann man, da in der Regel die Plattenstärke d bekannt ist, aus der Zusammenstellung sofort für ein gegebenes Moment M die zugehörige Mindesthöhe des Plattenbalkens und die zugehörige Größe F_e ablesen. Steht eine größere Höhe zur Verfügung, so empfiehlt es sich alsdann den Plattenbalken unter Vernachlässigung der Stegspannungen nach Zusammenstellung XIII zu berechnen.

Ist hingegen die vorhandene Höhe kleiner als die aus der Zusammenstellung XIV für ein bestimmtes M und d abgeleitete, so erfordert der Plattenbalken eine doppelte Bewehrung. Diese in hohem Grade wichtige Entscheidung vermittelt also auch die Zusammenstellung XIV in einfachster Weise.

Ist M das vom Querschnitte zu übertragende Biegungsmoment, M_{max} das aus der Tabelle XIV entnommene, so muß durch die Verstärkung der Bewehrung ein Restmoment $M_r = M - M_{max}$ aufgenommen werden. Die **Zusatzbewehrung** wird nach Löser:

$$\text{in der Zugzone: } F_{e_2} = \frac{M_r}{k}, \quad \text{in der Druckzone: } F'_e = \frac{M_r}{k_1}$$

worin wiederum die Werte k und k_1 der Zusammenstellung V, und zwar entsprechend den im vorliegenden Falle zugrunde gelegten Spannungswerten der Tabelle Vb (rechte Seite, Doppelbewehrung) auf S. 169/170 zu entnehmen sind. Hierbei ist nur noch die Festsetzung des Wertes a' notwendig. Der Gang der Rechnung ist demgemäß der folgende:

Aus dem Werte M_{max} und d der Tabelle XIV bestimmt man: $h <$ als die zur Verfügung stehende Konstruktionshöhe, findet $M_r = M - M_{max}$ und hieraus die Zusatzbewehrungen F_{e_2} und F'_e nach den obigen Gleichungen für bestimmte a- bzw. a'-Werte. Die für M_{max} zudem bei der Höhe h bzw. der nutzbaren Höhe h' notwendige Zugbewehrung F_{e_1} folgt unmittelbar aus Zusammenstellung XIV aus h.

Will man F_{e_1} unter Benutzung der Tabelle XIII entwickeln, so kann hierzu einmal nach Auffindung des Wertes $\dfrac{d}{h'} = q$ die Gleichung:

$$F_{e_1} = \alpha \, \frac{b\,h'}{k_4}$$

oder nach Ermittelung des Wertes k_7 die Beziehung:

$$F_{e_1} = \frac{M_{max}}{\sigma_e \cdot k_7 \cdot h'} = \frac{M_{max}}{\sigma_e \cdot c}$$

benutzt werden. Hierbei sind die Zahlenwerte α bzw. k_7 der Reihe V der Tabelle und hier den Spalten 14 und 16 zu entnehmen; k_4 findet sich am Kopfe von Reihe V Tabelle XIII ($= 180$).

Endlich wird die gesamte Zugbewehrung:

$$F_e = F_{e1} + F_{e2}\,.$$

Die sehr einfache und praktische Anwendung der Zusammenstellungen XIII und XIV lassen die nachfolgenden Zahlenbeispiele in Abschnitt 17 erkennen.

Eine ähnliche Tabelle wie die voranstehende unter XIII findet sich in: Der Bauingenieur 1920, Heft 7/8 und 15 von Hartschen. Hier wird für verschiedene Querschnitts- und Spannungsverhältnisse ebenfalls die Ermittelung der nutzbaren Höhe des Plattenbalkens und des Hebelarmes der inneren Kräfte behandelt. Auch unter Benutzung dieser Zusammenstellung vereinfacht sich bei großer Genauigkeit die Rechnung sehr erheblich.

15. Die Schubspannungen in den auf Biegung belasteten Plattenbalken, die schiefen Hauptzugspannungen, die Berechnung der aufgebogenen Eisen und der Bügel.

Die Schubspannungen.

Für den einfach und doppelt bewehrten Rechtecksquerschnitt war früher (S. 188—191) gefunden worden:

$$\tau_0 = \tau_{max} = \frac{Q \cdot S_{nn}}{J_{nn}\,b} = \frac{Q}{b \cdot c}\,,$$

worin die einzelnen Bezeichnungen die bekannte Bedeutung haben und c den Hebelarm der inneren Kräfte darstellt, d. h. bei einfach bewehrtem Querschnitt $= \left(h - a - \dfrac{x}{3}\right)$, beim doppelt bewehrten $= (h - a - x + \eta_0)$ ist.

Da die Querschnittsbreite b im Nenner steht, so wird τ_0 um so kleiner, je größer b ist. Einem kleinen Wert von b entspricht umgekehrt ein großer τ_0-Wert. Deshalb ist von vornherein zu erkennen, daß bei den Plattenbalken die größere Schubspannung in der Rippe gegenüber der Platte eintreten wird, und daß demgemäß in den vorstehenden Gleichungen bei ihrer Anwendung auf Plattenbalken b durch b_0 zu ersetzen ist. In gleicher Weise ist bei Lage III der Nullinie, also normalen Verhältnissen, J_{nn} durch das auf S. 212—214 bzw. 219—220 entwickelte $J_{nn_{III}}$ und c bei einfach bewehrten Rippenbalken durch $(h - a - x + v)$[1],

---

[1] Vgl. S. 220.

bei doppelter Bewehrung durch den Annäherungswert $\left(h - a - \dfrac{d}{2}\right)$[1] zu ersetzen. Will man im letzteren Falle genauer rechnen, so ist die Gleichungsform, das statische Moment enthaltend, zu bevorzugen. Es dienen also zur Ermittelung der Schubspannungen die Gleichungen:

bei einfach bewehrtem Plattenbalkenquerschnitt:

$$\tau_0 = \frac{Q \cdot S_{nn}}{J_{nn_{III}} b_0} = \frac{Q}{b_0\,(h - a - x + v)} = \frac{Q}{b_0\,c}\,; \qquad (71\,\mathrm{a})$$

bei doppelt bewehrtem Plattenbalkenquerschnitt:

$$\tau_0 = \frac{Q \cdot S_{nn}}{J_{nn_{III}} b_0} \cong \frac{Q}{b_0\left(h - a - \dfrac{d}{2}\right)}\,. \qquad (71\,\mathrm{b})$$

Hierbei wird S_{nn} zweckmäßig in der Form: $S_{nn} = n\,F_e\,(h' - x)$ gebildet werden.

Bereits auf S. 131 wurde erwähnt, daß der Beton nur mit 4 kg/qcm auf Schub belastet werden dürfe, daß falls die Schubspannung 4 kg/qcm überschreitet, alle Schubspannungen durch Eisen aufzunehmen sind, und daß, wenn die Schubspannung den Wert 14 kg/qcm übertrifft (= der Normalzugfestigkeit des Betons), der Querschnitt des Balkens zu ändern ist, also b_0 bzw. h oder beide anders zu wählen sind. Die Querkraft, von der an $\tau_0 \gtrless 4$ kg/qcm ist, von der an also alle auftretenden Schubspannungen durch Eiseneinlagen aufzunehmen sind, findet sich bei einer geradlinig begrenzten Querkraftsfläche aus der Beziehung (Abb. 122):

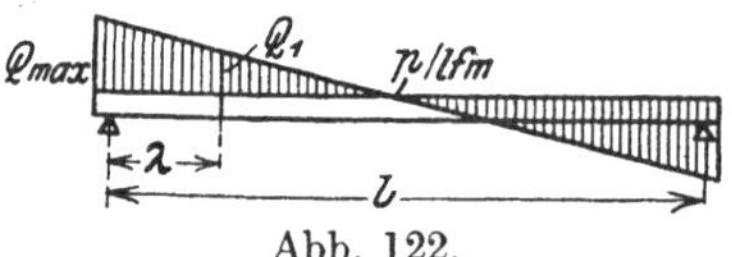

Abb. 122.

$$\tau_0 = 4{,}0 = \frac{Q_1}{b_0\,c}\,;\quad Q_1 = 4{,}0\,b_0\,c \qquad (72\,\mathrm{a})$$

und bei gleichmäßig verteilter Last aus der Gleichung:

$$\lambda = \frac{Q_{max} - Q_1}{p} = \frac{l}{2}\,\frac{Q_{max} - Q_1}{Q_{max}}\,[2]. \qquad (72\,\mathrm{b})$$

---

[1] Hier ist also wieder vorausgesetzt, daß die Mittelkraft der Druckkräfte in halber Plattenhöhe angreift. Oft wird hier auch der Wert $\dfrac{d}{2}$ durch $\dfrac{3\,d}{8}$ ersetzt.

[2] Dies folgt aus der bekannten Beziehung beim Träger auf 2 Stützen und dessen gleichförmiger Vollbelastung durch p/m:

$$Q_{max} = \frac{l\,p}{2}\,; \qquad p = \frac{l}{2\,Q_{max}}\,.$$

Vgl. hierzu auch die Zusammenstellungen $Va\!-\!b$ auf S. 167—172, die für den einfach bewehrten Querschnitt die Werte Q_4 und Q_{14} enthalten, also die Querkräfte als Funktionen des Querschnittes angeben, von denen an Eiseneinlagen für die Schubspannungen notwendig sind bzw. der Querschnitt zu ändern ist.

Weiter ergibt sich die Gesamtquerkraftsfläche auf der Strecke λ zu:

$$\sum Q = \frac{Q_{\max} + Q_1}{2} \cdot \lambda$$

oder, wenn man nach der Beziehung (71a), Q durch τ_0 ausdrückt:

$$\sum Q = \sum \tau_0 b_0 c \; ;$$

$$Q_{\max} = \tau_{0_{\max}} b_0 \cdot c \; ; \qquad Q_1 = 4 b_0 c \; ;$$

$$\sum \tau_0 b_0 c = \frac{(\tau_{0\max} + 4) b_0 c}{2} \lambda \; .$$

Da $\sum \tau_0 b_0$, gebildet für die Strecke λ, die gesamte auf ihr auftretende Schubkraft $= T_\lambda$ darstellt, folgt weiter:

$$T_\lambda = \frac{b_0 \lambda}{2} (\tau_{0_{\max}} + 4) \; .$$

Hierin kann auch für $\tau_{0_{\max}}$ der Wert τ_{0_A} gesetzt werden, wenn τ_{0_A} die Schubspannung am Auflagerpunkt bezeichnet, an dem Q und τ_0 ihre Höchstwerte besitzen.

Handelt es sich (Abb. 123) um die Schubspannung τ_p in der Platte am Übergang in die Schräge, also in den Fugen $t\,t$ im gegenseitigen Abstande $= b_2$, so kann man — der Sicherheit der Rechnung halber — annehmen, daß die gesamte Druckkraft D durch die Platte $b \cdot d$ aufgenommen wird, in deren Schwerpunkt s_1 angreift und sich gleichmäßig über die Platte verteilt. Hieraus ergeben sich alsdann Teilkräfte D_1, die auf die Plattenteile außerhalb $t\,t$, also auf die Druckfläche je $= tt\,uu$ entfallen:

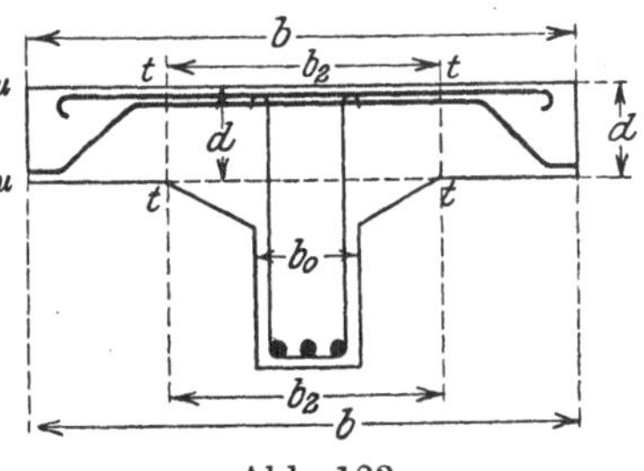

Abb. 123.

$$2 D_1 = \frac{D (b - b_2)}{b} \; ; \qquad D_1 = \frac{D}{2} \cdot \frac{b - b_2}{b} \; .$$

Da

$$D = \frac{M}{c} \cong \frac{M}{h - a - \dfrac{d}{2}}$$

ist, so ergibt sich:

$$D_1 = \frac{M (b - b_2)}{2 \left(h - a - \dfrac{d}{2} \right) b} \; .$$

Wie auf S. 188 erwähnt, müssen die Schubspannungen den Differenzen der Normalspannungen, und ebenso die Schubkräfte den Unterschieden der Normalkräfte innerhalb zweier, nahe hintereinander folgender Querschnitte das Gleichgewicht halten. Beträgt die Entfernung der Querschnitte $d\,x$, so wird mithin:

$$\frac{d\,D_1}{d\,x} = \frac{d\,M\,(b - b_2)}{d\,x\,2\left(h - a - \dfrac{d}{2}\right)b} = \frac{Q\,(b - b_2)}{2\left(h - a - \dfrac{d}{2}\right)b}\,.$$

Da ferner von der Schubfuge $t\,t$ — Abb. 123 — auf eine Länge $d\,x$ eine Schubkraft von $\tau_p \cdot d \cdot d\,x$ aufgenommen wird, so folgt, wenn D_1 die im Beton der Platte vorhandene Druckkraft darstellt:

$$d\,D_1 = \tau_p \cdot d \cdot d\,x$$

$$\frac{d\,D_1}{d\,x} = \tau_p\,d = \frac{Q\,(b - b_2)}{2\left(h - a - \dfrac{d}{2}\right)b}\,; \qquad \tau_p = \frac{1}{2\,d}\,\frac{Q\,(b - b_2)}{\left(h - a - \dfrac{d}{2}\right)b}\,. \tag{73}$$

Da ferner

$$\tau_0 = \frac{Q}{c \cdot b_0} \cong \frac{Q}{\left(h - a - \dfrac{d}{2}\right) \cdot b_0}$$

ist, so kann τ_p auch in der Form dargestellt werden:

$$\tau_p = \frac{\tau_0\,b_0}{2\,d}\,\frac{b - b_2}{b}\,. \tag{73a}$$

Diese Beziehung kann auch dazu benutzt werden, um bei gegebenem Werte τ_p den Beginn der Schrägen durch Ermittelung des Wertes b_2 zu bestimmen:

$$b_2 = \frac{b}{\tau_0\,b_0}\,(\tau_0\,b_0 - \tau_p\,2\,d)\,. \tag{73b}$$

Nach Versuchen von Bach kann hierin bei ausreichender Querbewehrung der Platte der Wert τ_p zu etwa 8—9 kg/qcm gesetzt werden [1]).

Wie schon auf S. 128—130 hervorgehoben wurde, dienen zur Aufnahme der Schubspannungen, sobald sie 4 kg/qcm überschreiten, Bügel und schiefe Aufbiegungen der Eisen. An obiger Stelle wurde bereits betont, daß solange Eisen, den auftretenden Biegungsbeanspruchungen entsprechend, schief abgebogen werden können, sie allein zur Aufnahme der durch die Schub-

---

[1]) Vgl. hierzu: Bach, Mitteil. über Forschungsarbeiten, Heft 90/91 u. Heft 122/123 (1910 u. 1912); und Mörsch, Der Eisenbetonbau, 4. Aufl., 1912, S. 315: „Soweit die vorliegenden Versuche den Schluß zulassen, würde man mit einer zulässigen Schubspannung von 9 kg/qcm rechnen können, wobei noch in Betracht käme, daß hier ein Beton von geringer Festigkeit vorhanden war."

spannungen hervorgerufenen schiefen Hauptzugspannungen heranzuziehen sind; erst, wenn sie nicht mehr ausreichen, ist auf die Mithilfe der Bügel zurückzugreifen. Falls angängig, sind also die Bügel zur Aufnahme der Schubkräfte nicht in Rechnung zu stellen, sondern vorwiegend als konstruktive Verstärkung des Verbundes zur Verankerung von Obergurt und Untergurt des Balkens zu bewerten.

Die Bestimmungen vom 13. I. 1916 lassen hierin freie Hand, indem sie bestimmen, daß zur Aufnahme der Schubkräfte und der von ihnen bedingten schiefen Hauptzugspannungen entweder Aufbiegungen oder Bügel oder beide Bewehrungen verwendet werden müssen.

Aber auch alsdann, wenn die Bügel einen Teil der Schubspannungen aufnehmen, sind sie hierzu nicht allzu stark heranzuziehen. In diesem Sinne sprechen sich auch die Musterbeispiele aus (Zentralbl. d. Bauv. 1919. S. 268 v. 11./6). „Es empfiehlt sich, den Bügeln nur den etwa bis zur Grenze von 4 kg/qcm gehenden Anteil der Schubkraft zuzuweisen, für den darüber hinausgehenden Rest aber die wirksameren, zu diesem Zwecke abzubiegenden Schrägeisen heranzuziehen[1])."

Nehmen Bügel Schubkräfte auf, so ist ihr Anteil hieran (Abb. 124) nach der Beziehung zu schätzen:

$$F_b \cdot \tau_e = 2 f_b \tau_e = e\, b_0\, \tau_1 \; ; \qquad \tau_1 = \frac{F_b\, 1000}{e\, b_0} \; . \tag{74}$$

Da man (vgl. S. 131) nahe dem Auflager die Bügel in kürzere gegenseitige Entfernung legt, kann man u. U. mit ihrer Hilfe hier auch — was wegen der vergrößerten Querkraft erwünscht sein kann — größere Schubkräfte aufnehmen.

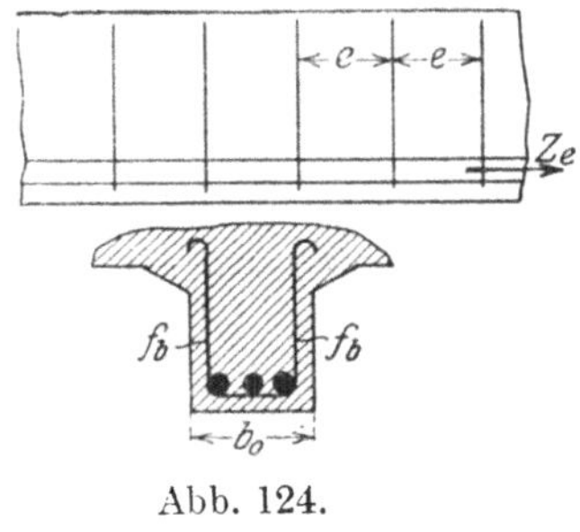

Ferner folgt nach der allgemeinen Beziehung:

$$\tau = \frac{Q}{b_0 \cdot c}$$

die Schubkraft Q_b, welche die Bügel bei einer Spannung von τ_1 zu übernehmen vermögen:

$$Q_b = \tau_1\, b_0\, c = \tau_1\, b_0\, (h - a - x + v)$$

Abb. 124.

oder angenähert (namentlich bei doppelter Bewehrung und für den Wert $\tau_1 = 4$ kg/qcm):

$$Q_b = \tau_1\, b_0 \left(h - a - \frac{d}{2} \right) = 4\, b_0 \left(h - a - \frac{d}{2} \right). \tag{75}$$

---

[1]) Es erklärt sich dies u. a. dadurch, daß die Bügel nur so große Schubspannungen aufzunehmen vermögen, als wie ihr Widerstand gegen Herauslösen aus dem Verbunde zuläßt. Dieser ist aber in erster Linie durch ihre Haftfestigkeit im Beton bedingt, vgl. S. 132.

Die schiefen Hauptzugspannungen.

Für die Hauptspannung, sich zusammensetzend aus der Normal- und Schubspannung, gilt die Beziehung:

$$\sigma_{\mathrm{ma}} = \frac{\sigma}{2} \pm \sqrt{\frac{\sigma^2}{4} + \tau^2} \; .$$

Ihre Richtung zur Balkenachse wird bestimmt durch:

$$\operatorname{tg} 2\,\alpha = -\frac{2\,\tau}{\sigma} \; .$$

Da in der Nullinie die Normalspannungen $= 0$ sind, gilt hier für sie:

$$\sigma_{\mathrm{ma}} = \pm\,\tau \qquad \text{und} \qquad \operatorname{tg} 2\,\alpha = -\frac{2\,\tau}{0} = \infty \; .$$

$$2\,\alpha = 90° \; ; \quad \alpha = 45° \, ,$$

d. h. die Hauptspannungslinien schneiden die Nullinie unter 45° und treten nach einer Richtung als unter 45° geneigt wirkende Hauptz u g - spannungen, nach der anderen Richtung als Hauptd r u c k spannungen auf. Während die Hauptdruckspannungen von dem an und für sich druckfesten Beton einwandfrei aufgenommen werden können, sind wegen mangelnder Zugsicherheit des Betons die schiefen Hauptzugspannungen durch Eisen, und zwar durch Aufbiegung der Zugeisen nach dem Druck-

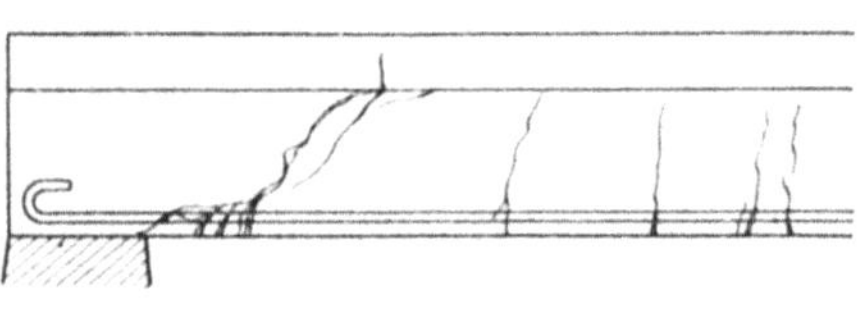

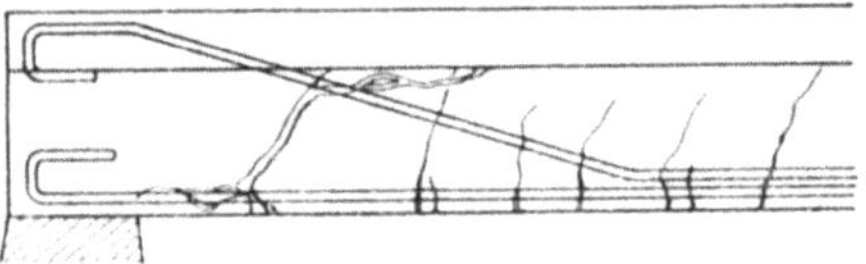

Abb. 125 a und b.

gurt und unter 45° zur Balkenachse gerichtet, aufzunehmen. Geschieht dies nicht in ausreichender Weise, so bilden sich die mehrfach erwähnten schiefen Zugrisse (Abb. 125a und b).

Denkt man sich den Gleichgewichtszustand eines kleinen Würfels (aus homogenem Stoffe) in der Nullinie (Abb. 126), so wirken an ihm sowohl senkrechte wie wagerechte Schubspannungen τ_v bzw. τ_h, die unter sich, da die Kräftepaare im Gleichgewicht sein müssen, selbst absolut gleich sind. $\tau_h = \tau_v = \tau$. Hat der Würfel eine Seitenlänge von $d\,x$, so ist die Spannkraft in seiner Seitenfläche $T_h = \tau_h\,(d\,x)^2$ bez. $T_v = \tau_v\,(d\,x)^2$. Denkt man sich beide Kräfte T_h und $T_v = T$ zu einer Mittelkraft Z_r vereinigt, so wird:

$$Z_r^2 = T_r^2 + T_h^2 \; ; \qquad Z_r = T\,\sqrt{2} = \tau\,d\,x^2\,\sqrt{2} \; .$$

Da Z_τ auf die Diagonalebene des Würfels einwirkt, die zugehörende Zugfläche also mithin eine Größe von $d\,x\,\sqrt{2} \cdot d\,x = d\,x^2\,\sqrt{2}$ hat, so ist die spezifische Spannung infolge von Z_τ:

$$z_\tau = \frac{Z_\tau}{d\,x^2\,\sqrt{2}} = \frac{\tau\,d\,x^2\,\sqrt{2}}{d\,x^2\,\sqrt{2}} = \tau\,,$$

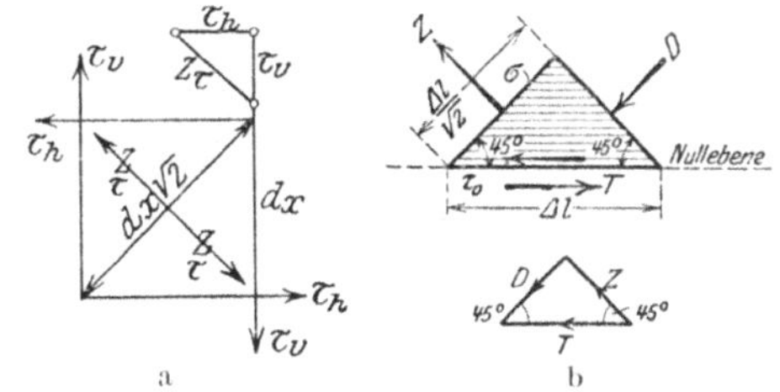

d. h. auch bei dieser Betrachtung ergibt sich, daß die schiefe Hauptzugspannung = der Schubspannung wird:

$$z_\tau = \tau\,. \qquad (76)\,[1])$$

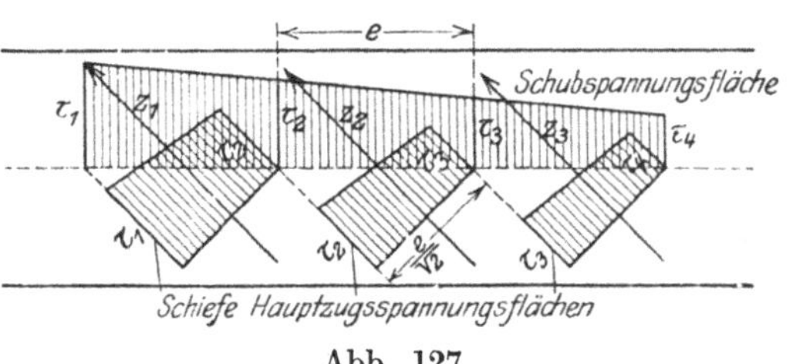

Abb. 126a und b.

Ist (Abb. 127) auf einer Strecke von der Länge $\lambda \cdot e$, innerhalb deren eine Aufbiegung der Eisen bewirkt werden soll, der Verlauf der Querkraft gegeben, und sind für die, diese Strecke begrenzenden Querkräfte die Schubspannungen $\tau_1, \tau_2, \tau_3, \tau_4$ usw. berechnet, so muß die beispielsweise zum mittleren Teile gehörende Abbiegung unter 45°, die durch Schraffur herausgehobene schiefe Zugspannungsfläche aufnehmen, die so bemessen ist, daß sie — entsprechend der Beziehung $z_\tau = \tau$ — dieselben Schubspannungen am Anfang und Ende aufweist, die sich aus der darüber gezeichneten, zugehörenden Schubfläche ergeben. Hieraus folgt für die in Frage stehende Teilfläche:

$$Z_2 = \frac{\tau_2 + \tau_3}{2}\,\frac{e}{\sqrt{2}} \cdot b_0\,,$$

Abb. 127.

wobei b_0 — wie stets — die Breite der Rippe des Plattenbalkens darstellt. — Die Fläche der schiefen Hauptspannungen (F_z) verhält sich zur Fläche der Schubspannungen (F_{τ_0}):

$$F_z : F_{\tau_0} = \frac{\tau_2 + \tau_3}{2}\,\frac{e}{\sqrt{2}} : \frac{\tau_2 + \tau_3}{2} = \frac{1}{\sqrt{2}} : 1 = 1 : \sqrt{2}\,, \text{ d. h. } F_z = \frac{F_{\tau_0}}{\sqrt{2}} \qquad (77)$$

---

[1]) Dasselbe Ergebnis liefert auch die Betrachtung eines kleinen, gleichschenkligen rechtwinkligen Prismas — Abb. 126b mit der Tiefe $= b$.

$$D^2 + Z^2 = T^2\,; \quad \left(\sigma_z\,\frac{b\,d\,l}{\sqrt{2}}\right)^2 + \left(\sigma_d\,\frac{b\,d\,l}{\sqrt{2}}\right)^2 = (\tau_0\,b\,d\,l)^2$$

$$\sigma_z = \sigma_d = \pm\,\tau_0\,.$$

Ist mithin die F_{τ_0}-Fläche gegeben, so ist auch die
F_z-Fläche bekannt; da beide Flächen im Verhältnisse von $\sqrt{2}:1$
stehen, also eine Umrechnung, namentlich auf graphischem Wege,
durchaus einfach ist. — Stellt in Abb. 128 a b c
eine F_{τ_0}-Fläche dar, so ist die $\dfrac{F_{\tau_0}}{\sqrt{2}}$-Fläche der
schiefen Hauptzugspannungen durch Ziehung
zweier unter 45° zur Wagerechten verlaufender
Graden $a\,a'$ und $b\,a'$ und Auftragung des
Wertes $\tau_0 = a'\,c'$, endlich durch Ziehen der Ver-
bindungslinie $b\,c'$ gegeben [1]); denn alsdann ist:

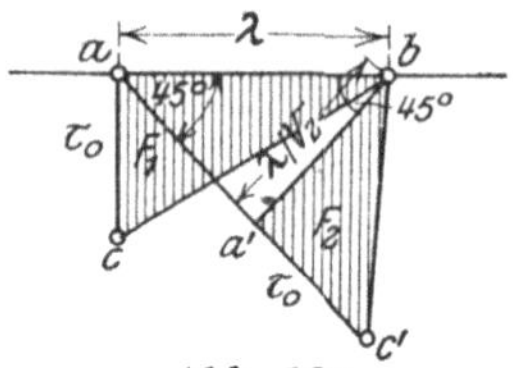

Abb. 128.

$$F_{\tau_0} = F_1 = \tau_0\,\frac{\lambda}{2} \quad \text{und} \quad F_z = F_2 = \frac{\tau_0\,\lambda}{2\cdot\sqrt{2}},$$

somit $F_1 : F_2 = \sqrt{2} : 1$, und demgemäß F_2 die der Schubspannungs-
fläche F_1 entsprechende Fläche der schiefen Hauptzugspannungen.
Beträgt die Breite des Balkens (der Rippe) b (b_0), so wird mithin die
gesamte schiefe Zugkraft:

$$Z_\tau = \frac{\lambda}{\sqrt{2}}\,\frac{\tau_0}{2} \cdot b \quad \text{bzw.} \quad = \frac{\lambda}{\sqrt{2}}\,\frac{\tau_0}{2}\,b_0 \,. \tag{78}$$

Auf dieser Darstellung und den vorangegangenen Überlegungen
fußend, ist der Gang bei Ermittelung der Aufbiegungen (vgl.
Abb. 129) der folgende:

Nach Aufzeichnung der Querkraftsfläche und Schubfläche (hier für
gleichmäßige Belastung) und Bestimmung der Querkraft Q_1 für
$\tau_0 = 4$ kg/qcm, also nach Ermittelung der Strecke in Balkenmitte,
innerhalb deren keine Eisen zur Aufnahme der Schubspannungen erfordert sind, werden — von der Nullinie ausgehend, da für sie
die ganze vorstehende Entwickelung durchgeführt ist — die
Geraden von A bzw. M unter 45° gezogen, AO bzw. MO. Von O aus
wird die Schubspannung τ_0 aufgetragen und somit die schiefe Hauptzugfläche $O\,M\,V$ ermittelt. In ihr werden aus Q_1 und Punkt S die
Punkte U, R und durch sie das Dreieck $U\,R\,M$ bestimmt, das keine
Bewehrung gegen Schub bedingt, so daß das nunmehr verbleibende
Trapez $U\,R\,V\,O$ die Spannungsfläche ist, die von Bügeln bez. schiefen Aufbiegungen aufzunehmen ist. Da $UR = l\,i$ (in Abb. 129a) $= 4$ kg/qcm
ist, so ist die Gesamtzugkraft bei einer Rippenbreite $= b_0$ aus der Figur

---

[1]) Selbstverständlich kann man auch, wie das in vielen Fällen der Praxis
üblich ist, die F_z-Fläche von der Linie $a\,b$ aus nach oben zu auftragen.

$$Z_\tau = (U\,R\,V\,O)\,b_0 = \frac{\tau_0 + 4{,}0}{2} \cdot O\,U \cdot b_0 = \frac{\tau_0 + 4{,}0}{2}\,b_0\,\frac{A\,S}{\sqrt 2}$$

$$= \frac{\tau_0 + 4{,}0}{2}\,b_0\,\frac{l}{2\sqrt 2}\,\frac{A - Q_1}{A} = \frac{\tau_0 + 4}{4\sqrt 2}\,b_0\,l\,\frac{A - Q_1}{A}$$

$$= 0{,}178\,(\tau_0 + 4)\,b_0\,l\,\frac{A - Q_1}{A}\,, \tag{79}$$

wenn A den Auflagerdruck darstellt.

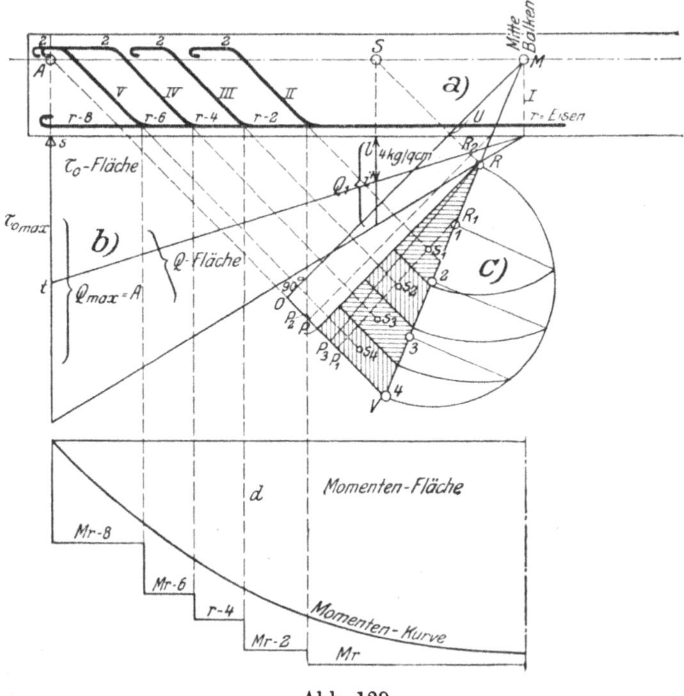

Abb. 129.

Die Summe der notwendig aufzubiegenden Eisen F_{e_b} folgt endlich aus:

$$F_{e_b} \cdot \sigma_e = Z_\tau\,; \qquad F_{e_b} = \frac{1}{\sigma_e}\,\frac{\tau_0 + 4{,}0}{4\sqrt 2}\,b_0\,l\,\frac{A - Q_1}{A}\,.$$

Stehen nicht genügend Eisen zur Verfügung, können also nicht ausreichende Eisenquerschnitte von der Zugeinlage nach dem Druckgurt abgebogen werden, so ist ein Teil der Z_τ-Fläche durch Bügel aufzunehmen.

Wählt man den Bügelabstand auf der ganzen Trägerlänge gleich und nimmt man — wie üblich — auch die Bügel überall gleich stark, so ist nach der vorstehend entwickelten Gleichung (74) die von ihnen aufgenommene Spannung $= \tau_b$:

$$\tau_b = \frac{F_b\,\sigma_e}{e\,b_0},$$

und damit der Wert bestimmt, den man weiter von der Z_r-Fläche in Abzug zu bringen hat. Dann verbleibt — je nach dem Verhältnis der Spannungswerte zueinander — eine Fläche von der Gestalt $P_1 R_1 V$ bzw. $P_2 R_2 R V$, die nunmehr durch Aufbiegungen aufzunehmen ist. Läßt man die Bügelabstände wechseln, also nach dem Auflager zu abnehmen, so kann eine Fläche $R P_3 V$ (oder auch $R_2 P_1 V R$ u. dgl.) als Z_r-Fläche entstehen. Läßt man (vgl. S. 249) gerade die Fläche $U R P O$ durch Bügel aufnehmen, so ergibt sich für diesen Sonderfall:

$$\tau_b = 4 = \frac{F_b\,\sigma_e}{e\,b_0},$$

woraus entweder F_b oder der Abstand e als Unbekannte entwickelt werden können.

$$F_b = \frac{4}{1000}\,e\,b_0 = \frac{1}{250}\,e\,b_0\,, \quad \text{oder}$$

$$e = \frac{250\,F_b}{b_0}.$$

Alsdann verbleibt das Dreieck $P R V$ als schiefe Hauptzugfläche. Hat man die Anzahl der Eisen bestimmt, die (bei $\sigma_e = 1000$ bis 1200 kg/qcm und den durch die Zugeisen gegebenen Abmessungen) aufzubiegen sind, so teilt man endlich, um eine möglichst gleichmäßige Kraftaufnahme zu sichern, die Z_r-Fläche — je nach der Zahl der Eisen — in lauter inhaltsgleiche Teile. Sind z. B. acht Eisen in vier Querschnitten, in jedem also zwei, aufzubiegen und ist in Abb. 129 c $R V P$ die Z_r-Fläche, so ist sie in bekannter Weise in vier gleiche Teile zu zerlegen, in deren Schwerpunkten alsdann die einzelnen Eisen angreifen (vgl. die Abb. 129 c u. a). Damit bestimmt sich naturgemäß eine engere Lage der Aufbiegungen, je näher diese nach dem Auflager zu liegen.

Will man bei Ermittelung von Z_r nicht die Fläche mit b_0 multiplizieren, sondern gleich eine richtige Z_r-Fläche entwerfen, so hat man nur die Werte τ_0 von vornherein mit b_0 zu erweitern, und demgemäß bei den Bügeln auch mit der Gleichungsform: $\tau_b \cdot b_0 = \dfrac{F_b\,\sigma_e}{e}$ zu rechnen, also $\tau_b\,b_0$ zur Ermittelung der Fläche der Bügelkräfte aufzutragen.

Naturgemäß ist zu kontrollieren, ob auch die Biegungsspannungen, also mittelbar die Momentenflächen, eine Abbiegung von Eisen zulassen, wie sie sich aus der Z_τ-Fläche ergibt. Geht man so vor, wie in Abb. 129 dargestellt, so empfiehlt es sich, für die einzelnen Balken-

querschnitte und die in ihnen verbliebenen Bewehrungen unter Innehaltung der zugelassenen Spannungen die inneren Momente zu berechnen, welche die Querschnitte zu übertragen vermögen und sie dann in Vergleich zu setzen mit den Momenten der äußeren Kräfte (vgl. Abb. 129 d) [1]).

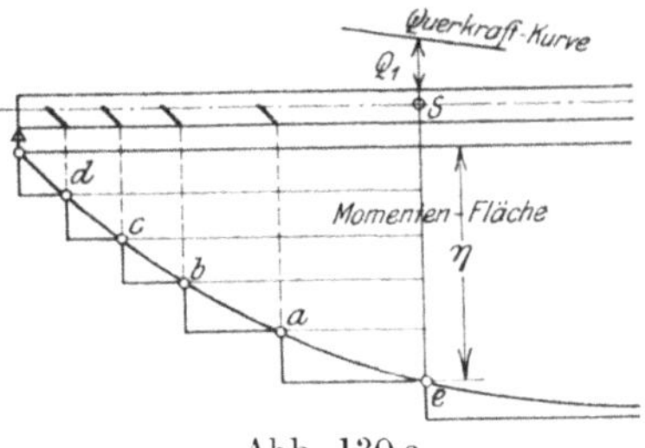

Abb. 130 a.

Geht man von der Momentenlinie (Abb. 130 a) aus und bestimmt in ihr zunächst durch Berechnung von Q_1 (mit $\tau_0 = 4$ kg/qcm) die Grenze, von der erst Abbiegungen bzw. diese und Bügel erfordert werden, so kann man, je nach Anzahl der zur Verfügung stehenden Eisen die Q_1 entsprechende Ordinate der Momentenfläche in eine Anzahl gleicher Teile einteilen, um Punkte zu gewinnen, von denen aus eine allmähliche Aufbiegung der Eisen stattfinden kann. Liegen z. B. bei Punkt e (bzw. S) noch 10 Eisen, und sollen $4 \cdot 2 = 8$ aufgebogen werden, so teilt man η in 5 gleiche Teile, gewinnt hierbei die Punkte a, b, c, d,

an denen man je zwei Eisen hochbiegt, während zwei Eisen am Auflager im Untergurte verbleiben. Ist hier die Stärke des einzelnen Eisens F_e, so muß allerdings sein:

$$8\,Fe \cdot \sigma_e \geqq Z_\tau \,.$$

In ähnlicher Weise kann man auch (Abb. 130 b) die Momente berechnen, welche der Balkenquerschnitt bei einer Bewehrung mit z. B. 2, 4, 8, 10 und 12 Eisen

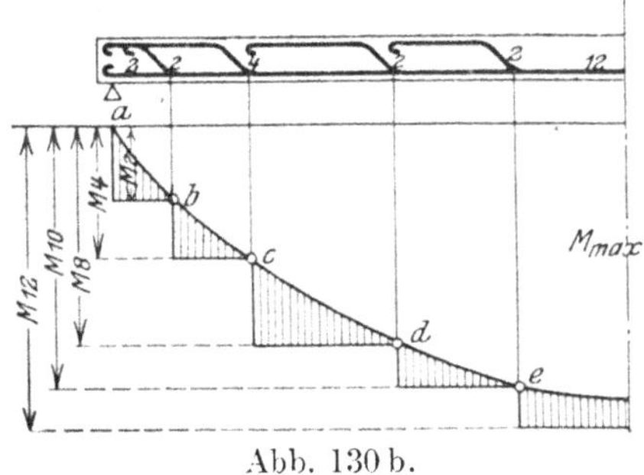

Abb. 130 b.

zu übertragen vermag und sie (im Maßstabe der Momentenfläche aufgetragen) zur Ermittlung der Punkte benutzen, von denen aus eine Querschnittsschwächung durch Abbiegung der Eisen erlaubt ist. Alsdann

---

[1]) Unter der Annahme, daß r gleich starke Eisen in Trägermitte erfordert sind und von ihnen nacheinander viermal je zwei, zusammen also acht abgebogen werden, berechne man für Querschnitt I das Moment für r Eisen (M_r), für Querschnitt II für r—2 Eisen (M_{r-2}), für III für r—4 (M_{r-4}), für IV für r—6 (M_{r-6}) und endlich für V für r—8 Eisen (M_{r-8}). Umhüllt dann die Kurve dieser M_r-Momente die Momentenkurve der wirklich geforderten Momente, so wird durch die Aufbiegung an keiner Stelle eine unzulässige Biegungsspannung eintreten.

ist auch hier die Zugkraft, welche die aufgebogenen Eisen innerhalb der Strecke vom Auflager bis Punkt e übertragen, durch den theoretischen Wert Z_r zu prüfen.

Ist der so konstruktiv erreichte Z_r-Wert $>$ als der rechnerisch nach Gleichung

$$Z_r = \frac{\tau_0 + 4}{4\sqrt{2}}\, b_0\, l\, \frac{A - Q_1}{A}$$

ermittelte, so bedarf es keiner besonderen weiteren Berechnung; alsdann wirken auch die Bügel nur rein konstruktiv, sind aber selbstverständlich notwendig — nach den Bestimmungen auch in Trägermitte (vgl. u. a. S. 85 und 131.)

Hat man in dem durch Abb. 129 grundsätzlich dargestellten Falle innerhalb der schiefen Hauptzug-Spannungsfläche — also auf die Länge $\frac{AS}{\sqrt{2}}$ — m_1 Eisen vom Durchmesser d_1 und m doppelschnittige Rundeisenbügel von der Stärke d verwendet, so stellt sich die gesamte schiefe Zugkraft, die diese Eisen aufnehmen, auf:

$$Z = b_0\, \frac{AS}{\sqrt{2}}\, \frac{\tau_{0\,\text{max}} + 4}{2} = \left(\frac{2\,m\,d^2}{\sqrt{2}} + m_1\,d_1^2\right)\frac{\pi}{4}\,\sigma_e\,.$$

Reichen die aus der Momentenlinie als zum Abbiegen erlaubt nachgewiesenen Eisen — trotz Heranziehung von Bügeln — nicht aus, um die schiefen Hauptzugspannungen vollkommen aufzunehmen, so müssen besondere Schrägeisen hinzugefügt werden. Es ist erwünscht, auch hier darauf zu achten, daß alle Eisen, also sowohl die aufgebogenen als auch die besonders hinzugefügten, gleiche Spannung erhalten; ihnen sind also je gleiche Teile der nach Abzug der Spannungsfläche für die Bügel verbleibenden schiefen Zugfläche zuzuweisen. Daß die besonders eingefügten Schrägeisen im Unter- und Obergurte fest durch Umbiegung zu verankern sind, bedarf kaum der Hervorhebung.

Mehrfach ist vorgeschlagen worden **zur Berechnung der Aufbiegungen der Eisen die Fachwerkstheorie heranzuziehen** und das Eisengerippe innerhalb des Balkens, je nach der engeren oder weiter entfernten Lage der Abbiegungen zueinander, als einen Parallelträger mit über je zwei bzw. über je ein Feld gehenden Diagonalen zu berechnen. Hierbei sind die Füllungsstäbe, die Druck erhalten, durch den zwischen den Eisen liegenden Beton gebildet zu denken. Es ist nicht zu verkennen, daß trotz mancher Vorzüge, welche in der Anwendung der Theorie liegen können, ihre Heranziehung auf massive, ungegliederte Eisenbetonbalken doch etwas Gezwungenes und Widernatürliches an sich hat, auch von Willkürlichkeiten nicht frei ist.

Zudem erscheint, nachdem einmal durch die Zerlegung der wagerechten Schubspannung in der Nullinie in eine schiefe, je unter 45°

gerichtete Zug- und Druckspannung, die im Innern des Betons wirksamen schiefen Kraftwirkungen festgesetzt sind, außerdem der Beton als hochdruckfester Körper bekannt ist, eine Anwendung der Fachwerkstheorie zur Verfolgung der schiefen Druckkräfte im Beton als zum mindesten entbehrlich. Endlich kommt aber hinzu, daß die bisher übliche Theorie der Bestimmung der Abbiegungen allein aus den schiefen Hauptzugkräften, und namentlich aus dem Diagramm, zu einwandfreien konstruktiven Lösungen in der Praxis geführt hat, und zudem auch in Übereinst mmung steht mit den Versuchsergebnissen des Deutschen Ausschusses. Welche wertvollen Folgerungen aus dessen umfassenden Untersuchungen für die Lage der Abbiegungen im Balken und zueinander gezogen worden sind, wurde bereits auf S. 129 erwähnt. Gerade durch diese Versuche ist die Art der zweckmäßigen gegenseitigen Lage der Aufbiegungen so festgesetzt, daß hierdurch, in Verbindung mit einer gleichmäßigen Einteilung der schiefen Hauptzugfläche, eine einwandfreie Aufnahme der schiefen Hauptzugkräfte durch das übliche Berechnungsverfahren gesichert ist[1]).

Für die vorstehenden Ermittlungen sind stets die Größtwerte der Querkräfte in Rechnung zu stellen, bei einem durchgehenden Träger also z. B. die Querkräfte, unter Umständen nach den Winklerschen Zahlen bzw. bei genauerer Berechnung mit Hilfe von Einflußlinien, bei einfachen Balken und bei verschieblicher Verkehrslast durch das A-Polygon usw. zu bestimmen.

Im übrigen sei auf die Zahlenbeispiele zur Berechnung der Bügel und der schiefen Aufbiegungen in Abschnitt 17 verwiesen.

16. Der einseitige Plattenbalken.

Wenn einseitige Plattenbalken als Konstruktionsteile für sich, d. h. in ⌐-Form und **ohne** starre Verbindung mit Plattenbalken oder anderen gleichwertigen Bauteilen zur Ausführung gelangen, so können sie nicht, wie bereits auf S. 135 erwähnt wurde, wie symmetrische Balkenquerschnitte berechnet werden[2]). Bei der Beanspruchung

---

[1]) Vgl. zu dieser viel umstrittenen Frage u. a.: Schlüter, Schubsicherung der Eisenbetonbalken durch abgebogene Hauptarmierung und Bügel nach Vorschrift der neuen Bestimmungen vom 13. Januar 1916. Berlin 1917. Verlag von H. Meuser, und ebenda Nachlieferung hierzu 1919. Aussprache zwischen Dr. Sonntag und B. Loeser in: Bauingenieur 1920, Nr. 20 u. ff., sowie B. Loeser: Die konstruktive Gestaltung der Eisenbetonbalken. Bauingenieur 1920, Nr. 2 (die vorgenannte, sehr ausführliche Aussprache veranlassend).

[2]) Zu welchen großen Unterschieden und falschen Ergebnissen eine solche Berechnung der einseitigen Rippenbalken führt, weist Hager in seinem Werke: Theorie des Eisenbetons (München 1916) S. 157, nach, indem er zeigt, daß bei Annahme eines symmetrischen Trägers $\sigma_b = 39{,}4$ kg/qcm, bei richtiger Rechnung aber $= 75$ kg/qcm, also annähernd doppelt so groß wird.

bis zum Bruch schiebt sich alsdann die Platte schräg zur Rippe ab, die Nullinie hat also hier (vgl. Abb. 131 bis 133) eine schiefe Lage zum Querschnitte. Nach den neuen Bestimmungen darf die Platte insoweit in Rechnung gestellt werden, als sie die dreifache Rippenbreite (b_0), die sechsfache Plattendicke (d) und die $1^1/_2$fache Trägerhöhe (h) nicht überschreitet. Also $b \leqq 3\,b_0 \leqq 6\,d \leqq 1,5\,h$. Das kleinste dieser Maße ist zu wählen.

Geht man davon aus, daß in den meisten praktischen Fällen das Maß $b \leqq 3\,b_0$ bestimmend ist, die Plattenbreite also im höchsten Falle $3\,b_0$ beträgt, so wird (Abb. 131) bei Biegungsbelastung an der äußersten Kante i, die Druckspannung 0 sein und — ein Ebenbleiben der Querschnitte sowie eine konstante Elastizitätszahl vorausgesetzt — unterhalb der Rippenecke k ihren Größtwert erlangen. Zwischen den beiden Punkten wird in den einzelnen Querschnittslinien bis zur Nullinie NN die Spannung je nach Art eines Dreieckes sich ausbilden; der ganze Spannungs-

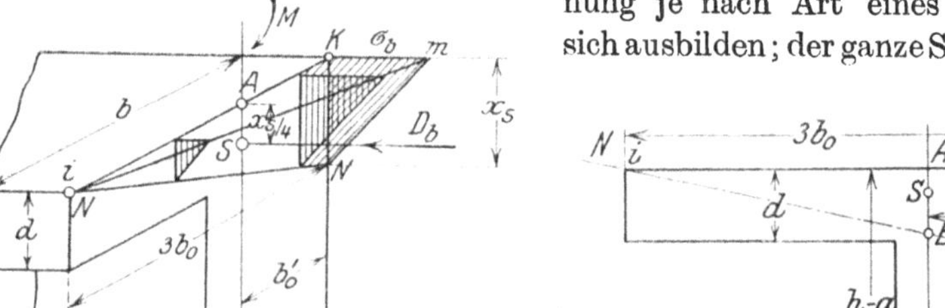

Abb. 131.   Abb. 132.

verlauf wird also einer dreiseitigen Pyramide ($i\,k\,m\,N$ in Abb. 131) folgen, deren Grundfläche in der Außenebene der Rippe bei k, deren Spitze bei i liegt. In dem Schwerpunkte (S) dieser dreiseitigen Pyramide greift die Betondruckkraft D_b an, d. h. in $^1/_4$ ihrer Höhe von der Grundfläche aus. Hieraus folgt: $k\,i = 4 \cdot b'_0$, und wenn $k\,i = 3\,b_0$ ist: $4\,b'_0 = 3\,b_0$. $b'_0 = \tfrac{3}{4}\,b_0$. Damit ist zugleich der Abstand des Schwerpunktes von oben $= A\,S = \dfrac{x_s}{4}$ gegeben; da (Abb. 132) $A\,B : x_s = i\,A : i\,k = 3 : 4$, so ist: $AB = \tfrac{3}{4}\,x_s$. Da S der Schwerpunkt des Druckdreiecks über $A\,B$ und in der Ebene senkrecht zur Querschnittsfläche ist, ist somit

$$A\,S = \tfrac{1}{3}\,A\,B = \frac{3\,x_s}{4 \cdot 3} = \frac{x_s}{4}\,.$$

Aus dem Umstande, daß nur senkrechte Kräfte den Querschnitt beanspruchen, folgt, daß auch die in Punkt C vereinigt gedachte Eisenbewehrung, also ihr Schwerpunkt, auf der Senkrechten $A\,G$ liegen muß, also auch die Zugkraft im Eisen $= Z_e$ durch C geht.

Nunmehr lassen sich die folgenden Bedingungsgleichungen zur Ermittelung der Lage der Nullinie (durch x_s bzw. r in Abb. 132) und der Spannungen σ_b bzw. σ_e aufstellen:

1)
$$Z = D = F_e\,\sigma_e = \frac{\sigma_b\,x_s}{2}\,\frac{b}{3}\ ^1)$$

2)
$$\sigma_b = \frac{\sigma_e}{n}\,\frac{r}{s} = \frac{\sigma_e}{n}\,\frac{x_s}{BC}\,.$$

$$B\,C = h - a - A\,B = h - a - \tfrac{3}{4}\,x_s\,.$$

3)
$$\sigma_b = \frac{\sigma_e}{n}\,\frac{x_s}{h - a - \tfrac{3}{4}\,x_s}\,.$$

Setzt man diesen Spannungswert in Gleichung (1) ein, so ergibt sich:

4)
$$F_e = \frac{\sigma_b}{\sigma_e}\,\frac{x_s}{2}\,\frac{b}{3} = \frac{\sigma_e}{n\,\sigma_e}\,\frac{x_s\,x_s\,b}{(h - a - \tfrac{3}{4}\,x_s)\,2\cdot 3} = \frac{x_s^2\,b}{6\,n}\,\frac{1}{(h - a - \tfrac{3}{4}\,x_s)}\,.$$

Diese Gleichung, nach der Unbekannten x_s aufgelöst, liefert:

5)
$$x_s = \frac{9}{4}\,\frac{n\,F_e}{b}\left(-1 + \sqrt{1 + \frac{32}{27}\,\frac{b\,(h - a)}{n\,F_e}}\right),\qquad (80)$$

eine Beziehung, die in ihrer Form durchaus an die entsprechende Gleichung bei dem symmetrischen Rechtecksquerschnitt erinnert, wenn auch naturgemäß die Beiwerte verschieden sind.

Ist x_s bekannt, so ergibt sich aus der Gleichheit der Momente der äußeren und inneren Kräfte:

6)
$$F_e\,\sigma_e\left(h - a - \frac{x_s}{4}\right) = M\,.$$

6′)
$$\sigma_e = \frac{M}{F_e\left(h - a - \dfrac{x_s}{4}\right)}\qquad\Bigg\}\qquad (81)$$

und demgemäß nach Gleichung 3):

$$\sigma_b = \frac{M\cdot x_s}{n\,F_e\left(h - a - \dfrac{x_s}{4}\right)\left(h - a - \dfrac{3\,x_s}{4}\right)}\,.\qquad (82)$$

Aus dem Umstande, daß der Schwerpunkt der Eiseneinlage in C exzentrisch zur Rippenachse liegt, folgt, daß die einzelnen Bewehrungs-

---

^{1}) Hierbei ist also die vorerwähnte Pyramide als Druckdiagramm in Rechnung gestellt.

eisen auch nicht gleichmäßig über die Rippenbreite verteilt werden dürfen, daß vielmehr nahe dem der Achse näher gelegenen Rippen-

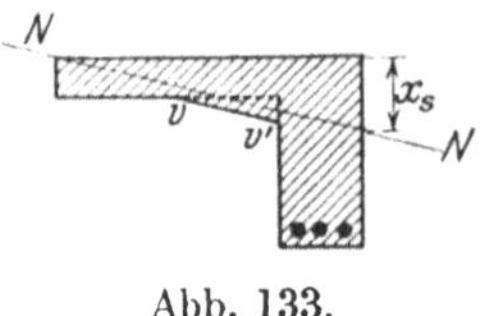

Abb. 133.

rande des Querschnittes mehr Eisen als an dem weiter entfernten anzuordnen ist. Die Verteilung, welche darauf hinausläuft, daß der Schwerpunkt der Eisen angenähert in C liegt, d. h. im Abstande von $\frac{3}{4}\,b_0$ bzw. $\frac{1}{4}\,b_0$ von der Rippenkante, wird am besten durch Probieren gelöst, indem entweder die Durchmesser der Eisen bei gleich-
bleibendem Abstande allmählich (hier von links nach rechts) abnehmen oder bei gleichem Durchmesser die Abstände wachsen. Am zweckmäßigsten wird bei diesem Ausprobieren graphisch vorgegangen, also von der Auffindung der Mittelkraft der Eisenquerschnitte mit Hilfe eines Kraft- und Seilecks Gebrauch gemacht werden. Die Eiseneinlage wird hierbei um so mehr der theoretischen Verteilung entsprechen, je näher ihre Mittelkraft der Achse $A\,G$ liegt[1]).

Schneidet die Nullinie (Abb. 133) den Querschnitt — namentlich bei dünner Platte — in der Art, daß sie zum Teil außerhalb der Platte zu liegen kommt, so empfiehlt sich entweder eine Querschnittsverstärkung durch eine Schräge $v\,v'$ oder, weniger gut, die Vernachlässigung dieser Schwächung.

Sollen die Hauptabmessungen des Querschnittes h und F_e bei gegebener Platte und äußerem Moment M bestimmt werden, kann man nach Hager[2]) davon ausgehen, daß bei den unsymmetrischen ⌐-Balken die auftretenden σ_b-Spannungen angenähert die doppelte Größe wie bei entsprechenden symmetrischen Formen erlangen, und

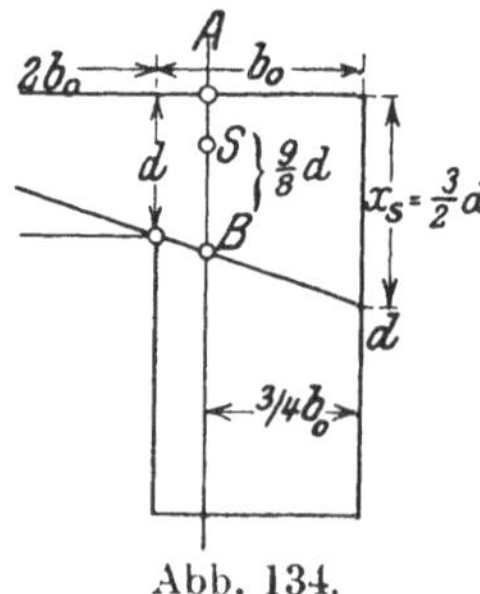

Abb. 134.

demgemäß nur der halbe Wert der sonst üblichen Spannung für σ_b, also etwa 20—22 kg/qcm zuzulassen ist. Unter dieser Voraussetzung kann alsdann angenähert unter Benutzung von Zusammenstellung II $h - a = h'$ aus der Gleichung:

$$h - a = r\sqrt{\frac{M}{b}}$$

abgeleitet werden. Um den Hebelarm der inneren Kräfte zu bestimmen, geht man davon aus, daß die Nullinie $N\,N$ angenähert (Abb. 134)
durch den Anschlußpunkt zwischen Platte und Rippe geht, also hier

---

[1]) Eine genauere, aber umständliche Art der Verteilung der Eisen auf rechnerischer Grundlage gibt Hager in seinem Werke: Theorie des Eisenbetons (München 1916), S. 155 ff. Vgl. auch dessen Aufsatz in der Deutschen Bauztg. Betonbeilage, 1914, Nr. 15.

[2]) Vgl. Hager: Theorie des Eisenbetons. S. 158.

im Abstande von d von der Plattenoberkante die Rippenkante schneidet.
Hieraus folgt:

$$x_s = \tfrac{3}{2}d\,; \quad AB = \tfrac{9}{8}d\,; \quad SA = \tfrac{3}{8}d$$

und somit wird der Hebelarm der inneren Kräfte $= h - a - \dfrac{3}{8}d$ [1]).
Alsdann wird:

$$F_e = \frac{M}{\sigma_e\left(h - a - \dfrac{3\,d}{8}\right)} \quad [2]). \tag{83}$$

Ein Zahlenbeispiel hierzu wird im nachfolgenden Abschnitt gegeben.

Werden einseitige Rippenbalken in ˥ - Form, z. B. als
Abschlußträger einer Decke u. dgl., in festem Zusammenhange mit der Decke verwendet, so ist nicht anzunehmen,
daß diese einseitigen Balken eine andersgeartete Durchbiegung erfahren werden, als ihre benachbarten symmetrischen T - Träger. Demgemäß wird auch in solchem Falle
die Nullinie parallel zur oberen Plattenbegrenzung verbleiben und der Querschnitt nach denselben Regeln
berechnet werden können, wie der symmetrische Rippenbalken. Die vorstehende, besondere Berechnungsart bezieht sich also nur, wie auch bereits im Anfange der Betrachtungen herausgehoben wurde, auf Querschnitte, die
vollkommen unabhängig von gleichwertigen Bauteilen ihre
Form ungehindert zu ändern vermögen.

---

[1]) Da nach der vorstehend entwickelten Gleichung (81):

$$F_e = \frac{M}{\sigma_e\left(h - a - \dfrac{x_s}{4}\right)} \quad \text{ist so liegt hierin:} \quad \frac{3\,d}{8} = \frac{x_s}{4}\,; \quad x_s = 1{,}5\,d\,,$$

wie oben vorausgesetzt.

[2]) Hager rechnet damit (vgl. seine Theorie des Eisenbetons S. 158), daß
im allerungünstigsten Falle $x_s = h - a$ werden kann, so daß die Gleichung alsdann lautet:

$$F_e = \frac{M}{\sigma_e\left[h - a - \left(\dfrac{h-a}{4}\right)\right]} = \frac{M}{\sigma_e\,\dfrac{3}{4}\,(h-a)}\,.$$

Diese Wahl erscheint zu ungünstig für die Bemessung von F_e, weil hierbei ein
unwahrscheinlich kleiner Hebelarm für die inneren Kräfte, also eine zu starke
Bewehrung, sich ergibt.

17. Zahlenbeispiele zur Berechnung der Plattenbalken.

1. Der Querschnitt eines einfach bewehrten Plattenbalkens hat folgende Abmessungen:

Plattenstärke: $d = 10$ cm,
Gesamthöhe: $h = 60$ cm,
Plattenbreite: $b = 120$ cm, Stegbreite $b_0 = 20$ cm,
Zugbewehrung: $F_e = 6$ Rundeisen, Durchmesser 18 mm $= 15{,}27$ qcm,
Randabstand a der Eiseneinlagen (bis zu ihrem Schwerpunkt gemessen) 4,0 cm.

Wie groß werden die Spannungen σ_b und σ_e, wenn ein Moment von 800 000 kg $\cdot$ cm auf den Plattenbalken wirkt?

$$x = -\frac{1}{b_0}\{d\,(b - b_0) + n F_e\}$$

$$+ \sqrt{\frac{1}{b_0^2}\{d\,(b - b_0) + n \cdot F_e\}^2 + \frac{2}{b_0}\left\{\frac{1}{2}\,d^2\,(b - b_0) + n \cdot F_e\,(h - a)\right\}} \quad (55)$$

$$x = -\tfrac{1}{20}\{10\,(120 - 20) + 15 \cdot 15{,}27\}$$

$$+ \sqrt{\tfrac{1}{20}{}^2\,(10\,(120 - 20) + 15 \cdot 15{,}27)^2 + \tfrac{2}{20}\{\tfrac{1}{2}\,10^2\,(120 - 20) + 15 \cdot 15{,}27 \cdot (60 - 4)\}}$$

$$x = -61{,}4 + \sqrt{61{,}4^2 + 500 + 1282} = -61{,}4 + 74{,}5 = \mathbf{13{,}1}\ \text{cm}.$$

Die Nullinie fällt also außerhalb der Platte; es liegt mithin Fall III vor.

$$J_{nn_{\mathrm{III}}} = \frac{x^3}{3}\cdot b - \frac{(x - d)^3}{3}\,(b - b_0) + n \cdot F_e \cdot y^2 \quad (56)$$

$$y = h - a - x = 60 - 4 - 13{,}1 = 42{,}9\ \text{cm}$$

$$J_{nn_{\mathrm{III}}} = \frac{13{,}1^3}{3}\cdot 120 - \frac{(13{,}1 - 10{,}0)^3}{3}\,(120 - 20) + 15 \cdot 15{,}27 \cdot (60 - 4 - 13{,}1)^2$$

$$J_{nn_{\mathrm{III}}} = 90000 - 994 + 422000 = 511000\ \text{cm}^4\,{}^1).$$

Nunmehr berechnet sich:

$$\sigma_b = \frac{M\,x}{J} = \frac{800000}{511000}\cdot 13{,}1 = \mathbf{20{,}5}\ \text{kg/qcm}.$$

$$\sigma_e = \frac{n \cdot M \cdot y}{J} = \frac{15 \cdot 800000}{511000}\cdot 42{,}9 = \mathbf{1010}\ \text{kg/qcm}$$

$$(\sigma_e\ \text{ist auch} = n \cdot \sigma_b \cdot \frac{y}{x} = 15 \cdot 20{,}5 \cdot \frac{42{,}9}{13{,}1} = 1010\ \text{kg/qcm wie oben.})$$

---

[1]) Bemerkenswert ist hierbei die geringe Einwirkung des zweiten Gliedes, aber erklärt durch den geringen Unterschied von x und $d = 3{,}1$ cm.

Es zeigt sich eine hohe Ausnutzung der zulässigen Eisenspannungen und eine geringere Ausnutzung der Betondruckfestigkeit. Es hat das seinen Grund in der verhältnismäßig großen Steghöhe, die einen großen Hebelarm der inneren Kräfte zur Folge hat.

2. Ein Plattenbalken mit Abmessungen gemäß Abb. 135 sei bei 7,5 m Lichtweite und 7,8 m Stützweite durch eine Nutzlast von 500 kg auf 1 m Länge in einem Geschäftshause belastet. Die Eiseneinlagen, bestehend aus sechs Rundeisen von 2,5 cm Durchmesser, haben einen Gesamtquerschnitt von 29,45 qcm. Es sollen die größten im Beton und im Eisen auftretenden Spannungen ermittelt werden.

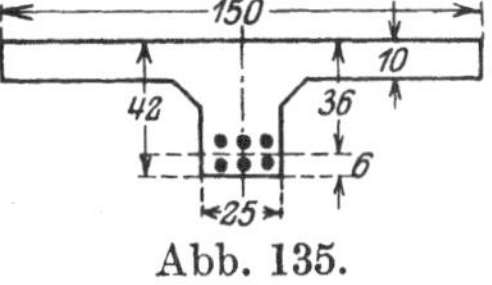

Abb. 135.

Das Eigengewicht und die Nutzlast betragen zusammen 1200 kg für 1 m Balkenlänge.

Daher ist:

$$M = \frac{1200 \cdot 7{,}8^2 \cdot 100}{8} = 912600 \text{ kg} \cdot \text{cm}.$$

Die Nullinienlage folgt aus:

$$x = \frac{\dfrac{150 \cdot 10^2}{2} + 15 \cdot 29{,}45 \cdot 36}{150 \cdot 10 + 15 \cdot 29{,}45} = 12{,}05 \text{ cm}; \qquad (55\,\text{a})$$

ferner ergibt sich:

$$v = 12{,}05 - 5 + \frac{10^2}{6\,(2 \cdot 12{,}05 - 10)} = 8{,}23 \text{ cm}, \qquad (57)$$

mithin:

$$\sigma_e = \frac{912600}{29{,}45\,(36 - 12{,}05 + 8{,}23)} = 963 \text{ kg/qcm} \qquad (58)$$

und nach der Hauptgleichung:

$$\sigma_b = 963 \cdot \frac{12{,}05}{15\,(36 - 12{,}05)} = 32{,}8 \text{ kg/qcm}.$$

Die Querkraft am Auflager ist:

$$Q = \frac{7{,}5 \cdot 1200}{2} = 4500 \text{ kg},$$

daher die Schubspannung im Beton:

$$\tau_0 = \frac{Q}{b_0\,(h - a - x + v)} = \frac{4500}{25\,(36 - 12{,}05 + 8{,}23)} = 5{,}6 \text{ kg/qcm}. \qquad (70)$$

Der zulässige Wert der Schubspannung von 4,0 kg/qcm wird also etwas überschritten. Es empfiehlt sich, zwei der oberen Eiseneinlagen an den Enden aufzubiegen. Die Stelle, an der mit dem Aufbiegen zu beginnen ist, findet sich aus der Bedingung, daß an dieser Stelle die Querkraft Q_1 nur sein darf:

$$Q_1 = \frac{4500 \cdot 4{,}0}{5{,}6} = 3200 \text{ kg.}$$

Dies ist erfüllt bei $\dfrac{4500 - 3200}{1200} = 1{,}08$ m Entfernung vom Auflager.

Die von den aufgebogenen Eisenstäben aufzunehmende Gesamtzugkraft Z ist:

$$Z = \frac{108}{\sqrt{2}} \left(\frac{5{,}6 + 4{,}0}{2}\right) \cdot 25 \cong 9200 \text{ kg.}$$

In den aufgebogenen Stäben (Durchmesser $= 25$ mm) ist demgemäß:

$$\sigma_e = \frac{9200}{2 \cdot 4.91} = 936 \text{ kg/qcm,}$$

während die Haftspannung, wenn man nur die vier unteren Eisen am Auflager in Betracht zieht,

$$\tau_h = \frac{b_0 \tau_0}{U} = \frac{25 \cdot 5{,}6}{4 \cdot 2{,}5 \cdot 3{,}14} = 4{,}5 \text{ kg/qcm}$$

beträgt.

2b. Will man in diesem Falle die auftretende Betonzugspannung ermitteln, so ist zunächst für das Stadium I zu bestimmen:

$$x = \frac{\dfrac{25 \cdot 42^2}{2} + \dfrac{125 \cdot 10^2}{2} + 15 \cdot 29{,}45 \cdot 36}{25 \cdot 42 + 125 \cdot 10 + 15 \cdot 29{,}45} = 16{,}12 \text{ cm} \qquad (65)$$

und nach Gleichung (57) auf S. 220:

$$v = 16{,}12 - 5 + \frac{100}{6\,(32{,}24 - 10)} = 11{,}87 \text{ cm,}$$

dann wird nach der in Anm. [1]) entwickelten Gleichung:

$$M = 912\,600$$

$$= \left[\frac{150 \cdot 10 \cdot 11{,}87}{2} (2 \cdot 16{,}12 - 10 + \frac{25}{3}(6{,}12^3 + 25{,}88^3) + 15 \cdot 29{,}45 \cdot 19{,}88^2\right] \frac{\sigma_{b_d}}{16{,}12},$$

---

[1])

$$M = b\,\frac{\sigma_{b_0} + \sigma_{b_u}}{2} \cdot d \cdot v + b_0\,\frac{\sigma_{b_u}}{2}\,\tfrac{2}{3}\,(x - d)^2 + b_0\,\frac{h - x}{2}\,\sigma_{b_z}\tfrac{2}{3}\,(h - x) + \sigma_e\,F_e\,(h - a - x) ,$$

$$M = \left[\frac{b}{2} \cdot d \cdot v\,(2x - d) + \frac{b_0}{3}\,[(x - d)^3 + (h - x)^3] + n\,F_e\,(h - a - x)^2\right] \frac{\sigma_{b_0}}{x}$$

(bezogen auf die Nullinie).

Naturgemäß hätte man auch das Trägheitsmoment $J_{nn_{III}}$ bilden und alsdann $\sigma_{b_d} = \dfrac{M\,x}{J_{nn_{III}}}$ usw. berechnen können woraus folgt:

$$\sigma_{b_d} = 28{,}4 \text{ kg/qcm,}$$

$$\sigma_{b_z} = \frac{25{,}88}{16{,}12} \cdot 28{,}4 = 45{,}6 \text{ kg/qcm,}$$

$$\sigma_e = 15 \cdot \frac{19{,}88}{16{,}12} \cdot 28{,}4 = 525 \text{ kg/qcm.}$$

Die Spannung $\sigma_{b_z} = 45{,}6$ kg/qcm ist, falls Haarrisse eine schädliche Wirkung auslösen können, zu groß; **die Stegbreite des Balkens und der Querschnitt der Eiseneinlagen müssen verstärkt werden.**

3[1]). Ein im Freien angebrachter, frei aufliegender Plattenbalken vom Querschnitt nach Abb. 136a überdecke eine Öffnung von 5,80 m Lichtweite, die Rippenentfernung ist zu 2,25 m gewählt. Die Nutzlast (vorwiegend ruhende Last) betrage 600 kg/qm. Die im Eisen und Beton auftretenden Spannungen sollen ermittelt werden.

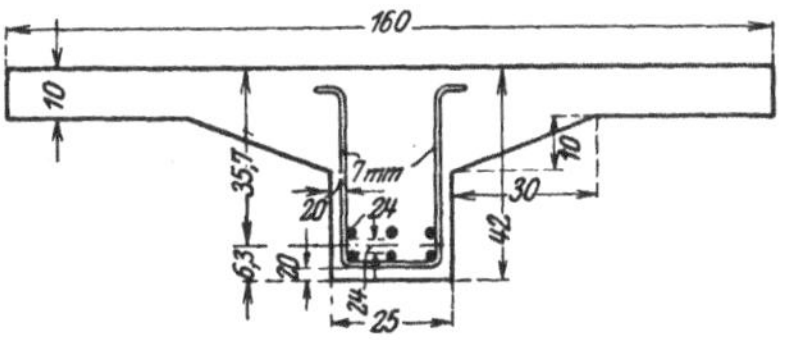

Die Betonüberdeckung der Bügel muß mindestens 2 cm betragen, der lichte Abstand der Eiseneinlagen voneinander muß mindestens 2,4 cm groß sein (§ 9, Ziffer 6 und 7).

Abb. 136a.

Die Gesamtbreite der Druckplatte darf nach § 16, Ziffer 9 betragen:

$$2 \cdot 4 \cdot 25 = 200 \text{ cm}$$
$$2 \cdot 8 \cdot 10 = 160 \text{ ,,}$$
$$2 \cdot 2 \cdot 42 = 168 \text{ ,,}$$
$$1 \cdot 2{,}25 \;\;= 225 \text{ ,,}$$

Von diesen Maßen ist das kleinste, d. h. 160 cm, zu wählen. Hieraus bestimmt sich das Eigengewicht zu

Rippen mit Schräge $\left(0{,}32 \cdot 0{,}25 + 2 \cdot \dfrac{0{,}30}{2} \cdot 0{,}10\right) 2400 = 264$ kg/m.

Belastung durch 2 angrenzende Deckenfelder von 2,25 m Breite: Eigengewicht und Nutzlast der Platte:

$$2 \cdot \frac{2{,}25}{2} \cdot (240 + 600) \quad \ldots \ldots \ldots \ldots = 1890 \text{ ,,}$$

zusammen 2154 kg/m,

d. h. für 1 m Balkenlänge rd. 2160 kg.

---

[1]) Entnommen den Musterbeispielen zu der Bestimmung vom 13. Januar 1916. Zentralbl. d. Bauw. 1919, Nr. 48, S. 265 ff.

Als Stützweite sei die um 5 v. H. vergrößerte Lichtweite gewählt (s. § 16, Ziffer 3), diese wird somit $5,80 \cdot 1,05 = $ rd. 6,10 m.

$$M = \frac{2160 \cdot 61,0^2}{8} = 1\,004\,700 \text{ kgcm}$$

$$\text{Auflagerdruck } A = \frac{2160 \cdot 6,10}{2} = 6588 \text{ kg} = Q_{max}$$

$$F_e = 6 \cdot \varnothing\, 24 \text{ mm} = 27,14 \text{ qcm} .$$

Nach Gleichung (55a) ist:

$$x = \frac{15 \cdot 27,14 \cdot 35,7 + \dfrac{160 \cdot 10^2}{2}}{15 \cdot 27,14 + 160 \cdot 10} = 11,2 \text{ cm},$$

nach Gleichung (57, S. 220):

$$x - v = \frac{10}{3} \cdot \frac{3 \cdot 11,2 \div 2 \cdot 10}{2 \cdot 11,2 - 10} = 3,7 \text{ cm},$$

und somit wird:

$$c = h' - x + v = 35,7 - 3,7 = 32,0 \text{ cm}, \quad h' - x = 35,7 - 11,2 = 24,5 \text{ cm}.$$

Aus Gleichung (58) und (7a) folgt:

$$\sigma_e = \frac{1\,004\,700}{27,14 \cdot 32,0} = 1157 \text{ kg/qcm}$$

$$\sigma_b = \frac{11,2}{15 \cdot 24,5} \cdot 1157 = 35.3 \text{ kg/qcm}.$$

Nach Gleichung (70) ist:

$$\tau_0 = \tau_{max} = \frac{6588}{25 \cdot 32,0} = 8,2 \text{ kg/qcm}.$$

Dieser Wert ist kleiner als 14 kg/qcm (s. § 17, Ziffer 3), geht aber über das zulässige Maß von 4 kg/qcm hinaus (§ 18, Ziffer 10); es müssen also einige Eisen aufgebogen werden. Die Mitwirkung der Bügel (vgl. § 9, Ziffer 4) soll nicht berücksichtigt werden.

Nach Gleichung (71a) und (71b) ist:

$$Q_4 = 4 \cdot 25 \cdot 32,0 = 3200 \text{ kg}$$

$$\lambda = \frac{6588 - 3200}{2160} = 1,57 \text{ m}.$$

Nach Gleichung (79):

$$Z = 25 \cdot \left(\frac{8,2 + 4,0}{2} \right) \frac{157}{\sqrt{2}} = 16\,910 \text{ kg}.$$

Zur Aufnahme dieser Kraft müssen 4 Eisen aufgebogen werden
(4 $\varnothing$ 24 = 18,1 qcm).

$$\sigma_{e_z} = \frac{16\,910}{18.1} = 935 \text{ kg/qcm mittlere Spannung.}$$

Die Stellen, an denen die abgebogenen Eisen die Nullinie schneiden,
können hier gleichmäßig verteilt werden, vgl. Abb. 136 b. Die erste
Abbiegung liegt, da $\lambda = 1{,}57$ m, um etwa $1{,}57 + 0{,}15 = 1{,}72$ von der

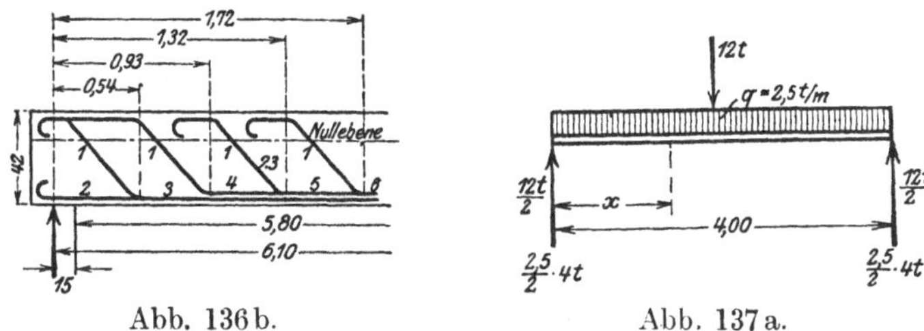

Abb. 136 b.   Abb. 137 a.

Mitte des Auflagers entfernt; die übrigen um $1{,}17 + 0{,}15 = 1{,}32$ m,
um $0{,}78 + 0{,}15 = 0{,}93$ m und um $0{,}39 + 0{,}15 = 0{,}54$ m; an diesen
Stellen sind die äußeren Momente:

$$M_6 = \left(\frac{2160 \cdot 6{,}10}{2} 1{,}72 - \frac{1{,}72^2}{2} 2160\right) \cdot 100 = \frac{2160}{2} 100 \cdot 1{,}72 \,(6{,}10 - 1{,}72)$$

$$= \frac{2160}{2} \cdot 100 \cdot 1{,}72 \cdot 4{,}38 = 813\,629 \text{ kg} \cdot \text{cm}$$

$$M_5 = \frac{2160}{2} \cdot 100 \cdot 1{,}32 \cdot 4{,}78 = 681\,437 \quad ,,$$

$$M_4 = \frac{2160}{2} \cdot 100 \cdot 0{,}93 \cdot 5{,}17 = 519\,275 \quad ,,$$

$$M_3 = \frac{2160}{2} \cdot 100 \cdot 0{,}54 \cdot 5{,}56 = 324\,259 \quad ,,$$

Nach Gleichung (58) ist das zulässige Moment an den in Betracht
kommenden Querschnitten $M \cong \sigma_e \cdot F_e \cdot c$;

für $F_e = 5 \cdot \varnothing$ 24 mm $1200 \cdot 32{,}0 \cdot 22{,}62 \cong 868\,600$ kg $\cdot$ cm

,, $F_e = 4 \cdot \varnothing$ 24 ,, $1200 \cdot 32{,}0 \cdot 18{,}10 \cong 695\,000$,,

,, $F_e = 3 \cdot \varnothing$ 24 ,, $1200 \cdot 32{,}0 \cdot 13{,}57 \cong 521\,100$,,

,, $F_e = 2 \cdot \varnothing$ 24 ,, $1200 \cdot 32{,}0 \cdot 9{,}04 \cong 349\,140$,,

Der Umstand, daß die Größe c sich durch das Abbiegen der Eisen
ändert, kann im allgemeinen unberücksichtigt bleiben; man rechnet
dadurch sogar etwas sicherer.

Die berechneten zulässigen Momente sind in vorliegendem Falle größer als die vorhandenen Angriffsmomente; die Abbiegungen können somit an den angegebenen Stellen unbedenklich vorgenommen werden

Bei Berechnung der, bei dem hier gewählten Durchmesser der Eisen nicht verlangten Haftspannungen an den beiden unteren gerade durchgeführten Eisen kommt nach § 18, Ziffer 11, Absatz 2 und S. 80 nur die halbe Querkraft in Ansatz; somit ist

$$\tau_h = \frac{\tau_{\max} \cdot b_0}{2 \cdot U} = \frac{8,2 \cdot 25}{2 \cdot 15,08} = 6,8 \text{ kg/qcm}.$$

Die Enden der Eisen sind mit runden oder spitzwinkligen Haken zu versehen.

4[1]). Ein frei aufliegender Plattenbalken (Abb. 137a) mit einer Stützweite von 4,0 m und einer Nutzlast einschließlich Eigengewicht von 2,5 t/m und einer Einzellast von 12 t in der Mitte soll berechnet werden.

Die Druckgurtbreite betrage 1,80 m, die Plattenstärke 20 cm, die Stegbreite 0,25 m.

$$M = \frac{2,5 \cdot 4^2}{8} + \frac{12 \cdot 4}{4} = 17 \text{ m} \cdot \text{t} = 1\,700\,000 \text{ kg} \cdot \text{cm}.$$

Bei der starken Platte steht zu erwarten, daß die Nullinie noch innerhalb dieser fällt; deshalb sind zunächst die Gleichungen für den einfach bewehrten Rechtecksquerschnitt bei der Rechnung heranzuziehen. Nach ihnen wird gemäß Tabelle 11 für die zugelassenen Spannungen:

$$\sigma_b = 30 \text{ kg/qcm und } \sigma_e = 1200 \text{ kg/qcm}:$$

$$h' = 0,519 \sqrt{\frac{17\,000}{1,8}} = 50,5 \text{ cm}$$

$$F_e = 0,177 \sqrt{17\,000 \cdot 1,8} = 31 \text{ qcm}$$

gewählt werden 7 Eisen von 26 mm $\varnothing$ ($F_e = 37,17$ qcm)[2]).

$$x = 0,273 \cdot 50,5 = 13,8 \text{ cm}$$

die vorstehende Annahme $x < d$ ist also zutreffend.

$$c = h' - \frac{x}{3} = 45,9 \text{ cm}$$

$$A = \frac{2,5 \cdot 4}{2} + \frac{12}{2} = 11 \text{ t}$$

$$\tau_{\max} \text{ am Auflager} = \frac{11\,000}{25 \cdot 45,9} = 9,6 \text{ kg/qcm}$$

$$\tau_0 \text{ in der Mitte} = \frac{A - 2,0 \cdot 2500}{25 \cdot 45,9} = 5,2 \text{ kg/qcm}.$$

---

[1]) Entnommen den Musterbeispielen, vgl. Anm. [1]) auf S. 265.

[2]) Notwendig sind zwar nur 6 Eisen. Das siebente ist aber hinzugefügt, um 2 Eisen im Untergurte durchführen zu können.

Da die Schubspannung — vgl. Abb. 137b und c — in der Mitte größer als 4 kg ist, so müssen nach § 17, Ziffer 3 die Schubspannungen über die ganze Balkenlänge durch aufgebogene Eisen bzw. Bügel aufgenommen werden.

Die Schubspannungen sollen hier durch abgebogene Eisen allein aufgenommen werden; außerdem werden noch Bügel angeordnet. Die gesamte

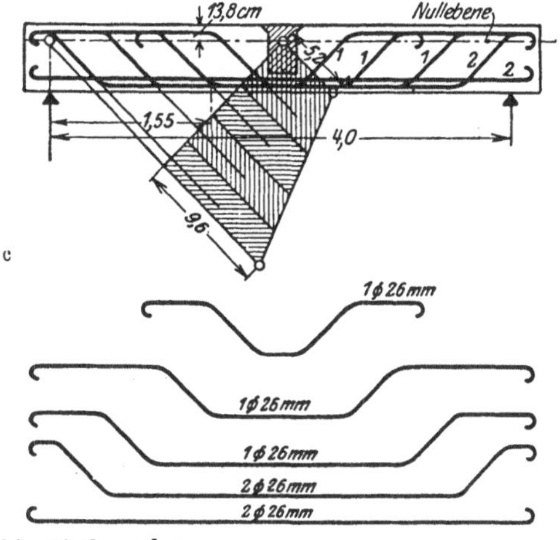

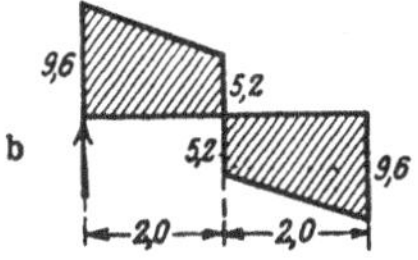

Abb. 137b und c.

von den schrägen Eisen aufzunehmende Zugkraft der einen Balkenhälfte beträgt nach Abb. 137a entsprechend Gleichung (79):

$$Z = \frac{9,6 + 5,2}{2} \cdot \frac{200}{\sqrt{2}} \cdot 25 = 26\,200 \text{ kg} .$$

Notwendig sind hierfür bei $\sigma_e = 1200$ kg/qcm 5 Eisen von $\varnothing\,26$ um,

$$n = \frac{26\,200}{5,31 \cdot 1200} = 4,1, \quad \text{d. h.} = 5 ;$$

ihre Spannung beträgt alsdann:

$$\sigma_e = \frac{26\,200}{26,55} \cong 1000 \text{ kg/qcm} .$$

Wie Abb. 137b erkennen läßt, sind die Eisen angenähert gleichmäßig über die Balkenlänge verteilt. Nahe dem Auflager sind 2 Eisen, sonst immer 1 aufgebogen[1]).

---

[1]) Bei der Aufbiegung der Eisen ist das Moment zu berücksichtigen.

Wird bei Annahme der theoretischen Anzahl von 6 Eisen zunächst 1 Eisen aufgebogen, so können die noch vorhandenen 5 Eisen ein Moment aufnehmen von:

$$5 \cdot \frac{d'\,\pi}{4} \, \sigma_e \cdot c = 26,55 \cdot 1200 \cdot 45,9 = 1\,462\,000 \text{ kg} \cdot \text{cm}.$$

Die Entfernung x vom Auflager, in der mit dem Aufbiegen begonnen werden könnte, findet man (Abb. 137a) aus der Gleichung:

$$M_x = \frac{12}{2} \cdot x + \frac{2,5}{2} \cdot x\,(4 - x) = 14,62 \text{ tm}.$$

$x = 1,63$ m. Die Entfernung der theoretischen Aufbiegestelle vom Auflager

5 [1]). Eine Eisenbeton-Rippendecke mit Abmessungen gemäß Abb. 138 wird bei einer Spannweite von 3,50 m mit einer Nutzlast von 500 kg/qm belastet. Der Abstand der Rippen betrage 60 cm von Mitte zu Mitte;

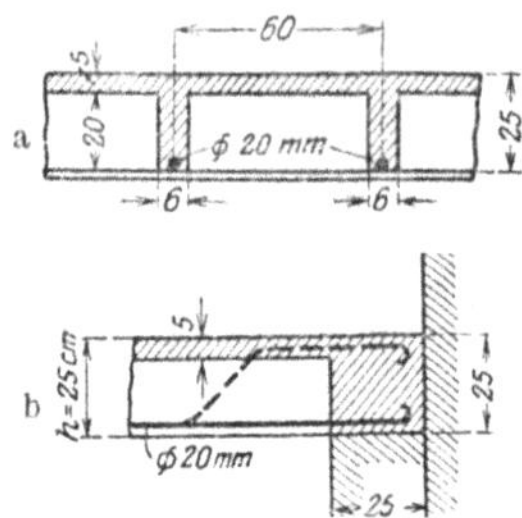
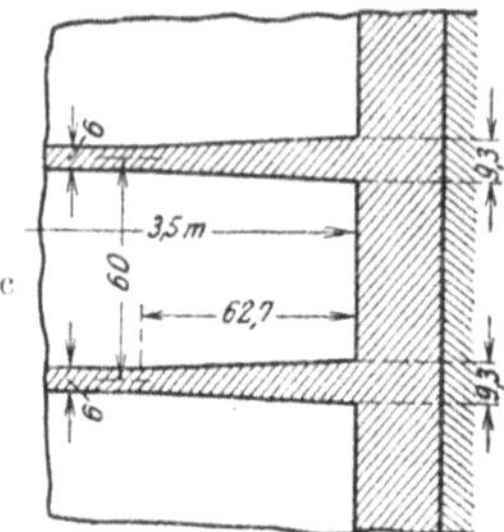

Abb. 138a, b und c.

hierbei ist noch eine Stärke der Betonplatte von 5 cm zulässig (s. § 16, Ziffer 12).

a) Die Schubspannungen sollen allein durch den Beton aufgenommen werden.

Belastungen:

$$\text{Betonplatte 5 cm stark } 0,6 \cdot 0,05 \cdot 2400 = 72 \text{ kg/m}$$
$$\text{Rippe} \ldots \ldots \ldots \; 0,06 \cdot 0,2 \cdot 2400 = 29 \text{ „}$$
$$\text{Putz und Estrich} \ldots \ldots \; 0,6 \cdot 64 = 39 \text{ „}$$
$$\text{Nutzlast} \ldots \ldots \ldots \ldots \; 0,6 \cdot 500 = 300 \text{ „}$$

zusammen 440 kg/m

Spannweite $l = 3,50$ m.

Stützweite (s. § 16, Ziffer 2) $= 3,50 + 0,25 = 3,75$ m.

$$M = \frac{440 \cdot 3,75^2 \cdot 100}{8} = 77\,400 \text{ kg} \cdot \text{cm} \; ; \; h = 25 \text{ cm} \; ; \; h' = 22,5 \text{ cm}$$

(s. § 9, Ziffer 7); $F_e = 3,14$ cm² $= 1 \cdot \oslash\, 20$ mm in jeder Rippe, Breite

___

beträgt somit mit Rücksicht auf die erforderliche Ausrundung der abzubiegenden Eisen

$$1,63 - 0,08 = 1,55 \text{ m} \; ;$$

das ist 0,45 m von der Mitte.

In gleicher Weise könnte auch der theoretische Anfang der anderen Eisen bestimmt werden. Hierbei besteht aber die Gefahr, daß die Eisen am Auflager zu stark aneinander gedrängt werden; deshalb sind die Eisenabbiegungen näher an die Trägermitte verlegt, als es theoretisch erforderlich ist.

[1]) Vgl. Anm. [1]), auf S. 265; das Beispiel ist ebenfalls der dort angegebenen Stelle entnommen.

der Druckplatte $b = 2 \cdot 4 \cdot 6 = 48$ cm (s. § 16, Ziffer 9). Nach § 16, Ziffer 10 muß h' mindestens $^1/_{20}$ der Stützweite, d. h. $\dfrac{375}{20} = 19$ cm sein; diese Bedingung ist erfüllt.

Da die Nullinie außerhalb der Platte fällt, so ist nach Gleichung (55a) zu rechnen:

$$x = \frac{\dfrac{48 \cdot 5^2}{2} + 15 \cdot 3{,}14 \cdot 22{,}5}{48 \cdot 5 + 15 \cdot 3{,}14} = 5{,}8 \text{ cm}$$

$$v = 5{,}8 - \frac{5\,(3 \cdot 5{,}8 - 10)}{3\,(2 \cdot 5{,}8 - 5)} = 3{,}9 \text{ cm}$$

$$h' - x = 22{,}5 - 5{,}8 = 16{,}7 \text{ cm}$$

$$c = h' - x + v = 16{,}7 + 3{,}9 = 20{,}6 \text{ cm}$$

$$\sigma_e = \frac{77\,400}{3{,}14 \cdot 20{,}6} = 1\,197 \text{ kg/qcm}$$

$$\sigma_b = \frac{5{,}8}{15 \cdot 16{,}7} \cdot 1197 = 27{,}7 \text{ kg/qcm}.$$

Die Schubkraft im Auflager ist: $A = \dfrac{3{,}5 \cdot 440}{2} = 770$ kg. Daher die Schubspannung im Beton am Auflager nach Gleichung (70):

$$\tau_{max} = \tau_A = \frac{770}{6 \cdot 20{,}6} = 6{,}2 \text{ kg/qcm}.$$

Der zulässige Wert von $\tau_0 = 4$ kg/qcm wird also überschritten.

Da die Schubspannungen nur vom Beton aufgenommen werden sollen, muß der Querschnitt der Rippe verbreitert werden.

An der Stelle, an der mit der Verbreiterung zu beginnen ist, beträgt die Querkraft

$$Q = 4 \cdot b_0 \cdot c = 4{,}0 \cdot 6 \cdot 20{,}6 = 494 \text{ kg}.$$

Die Entfernung λ vom Auflager findet man aus Gleichung (71b):

$$\lambda = \frac{770 - 494}{440} = 0{,}627 \text{ m}.$$

Die erforderliche Rippenbreite am Auflager ergibt sich aus der Beziehung:

$$b_0' = \frac{Q_{max}}{\tau_0 \cdot c} = \frac{770}{4{,}0 \cdot 20{,}6} = 9{,}3 \text{ cm}, \text{ vgl. Fig. 138 c.}$$

b) Die 4 kg/qcm übersteigende Schubspannung soll durch aufgebogene Eisen aufgenommen werden.

Angenommen: Das vorhandene Rundeisen $\varnothing$ 20 mm wird bis zum Auflager durchgeführt.

Ein Rundeisen $\varnothing$ 18 mm mit $F_e = 2{,}54$ qcm wird eingelegt und aufgebogen; dafür fällt die unter a) berechnete Verbreiterung der Betonrippe fort. Die von dem Eisen aufzunehmende Zugkraft ist [s. Gleichung (19)]:

$$Z = \frac{6 \cdot (6{,}2 + 4{,}0) \cdot 62{,}7}{2\sqrt{2}} = 1351 \text{ kg}.$$

Die Spannung in der Aufbiegung beträgt somit:

$$\sigma_e = \frac{1351}{2{,}54} = 532 \text{ kg/qcm}.$$

c) Der unbeabsichtigten Einspannung der frei aufliegenden Rippen soll nach § 16, Ziffer 6 Rechnung getragen werden.

Beim denkbar ungünstigsten Fall (volle Einspannung) ist

$$M = \frac{-p\,l^2}{12} = \frac{-440 \cdot 3{,}75^2 \cdot 100}{12} = -51\,500 \text{ kg} \cdot \text{cm}.$$

Das aufbiegende Moment wird Null in einer Entfernung vom Trägerende:

$$0{,}211\,l = 0{,}211 \cdot 3{,}50 = 0{,}74 \text{ m}.$$

Da die unter a) berechnete Stegbreite von 9,3 cm am Auflager zur Aufnahme der Druckspannungen aus dem Einspannungsmomente nicht ausreicht, sollen die Rippen am Auflager auf 20 cm verbreitert werden; dies genügt zur Aufnahme der Schubkräfte vollkommen. Zur Aufnahme der Zugspannungen in der Platte wird anstatt des unter b) berechneten aufgebogenen Eisens ein gerades Eisen von 18 mm $\varnothing$ in die Platte gelegt, das über den Momentennullpunkt hinausreicht. Bei der Berechnung kommt außer diesem Eisen nur der 20 cm breite Betonbalken in Betracht.

Hier liegt ein einfacher Rechtecksquerschnitt ($M = -$) vor:
Nach Gleichung (8*ff.) ist:

$$x = \frac{15 \cdot 2{,}54}{20}\left(\sqrt{1 + \frac{2 \cdot 20 \cdot 22{,}5}{15 \cdot 2{,}54}} - 1\right) = 7{,}5 \text{ cm}$$

$$c = h' - \frac{x}{3} = 22{,}5 - 2{,}5 = 20{,}0 \text{ cm}$$

$$\sigma_b = \frac{2 \cdot 51\,500}{20 \cdot 7{,}5 \cdot 20{,}0} = 34{,}5 \text{ kg/qcm}$$

$$\sigma_e = \frac{51\,500}{2{,}54 \cdot 20{,}0} = 1014 \text{ kg/qcm}.$$

Bei teilweiser Einspannung wird das Moment auf $-\dfrac{p\,l^2}{12}$ abzumindern sein.

6. In einem Speichergebäude sind Plattenbalken als durchlaufende Träger über drei Feldern von 5 m Stützweite zu verwenden. Ihre gegenseitige Entfernung beträgt 2 m, die auf sie entfallende gleichmäßig verteilte Last ist 500 kg/lfd. m. Außerdem ist noch eine Nutzlast von 1500 kg/qm = 3000 kg/lfd. m aufzunehmen, welche jede beliebige Strecke belasten kann. Die Stärke der Platte ist 10 cm, die Höhe der Träger einschließlich Platte ist im Felde 56 cm, über den Stützen 79 cm. Die Bewehrung wechselt; sie hat einen Randabstand $a = 4$ cm.

Die Träger sind zu untersuchen.

Die Momentengrenzwerte können mit Hilfe der Winklerschen Zahlen

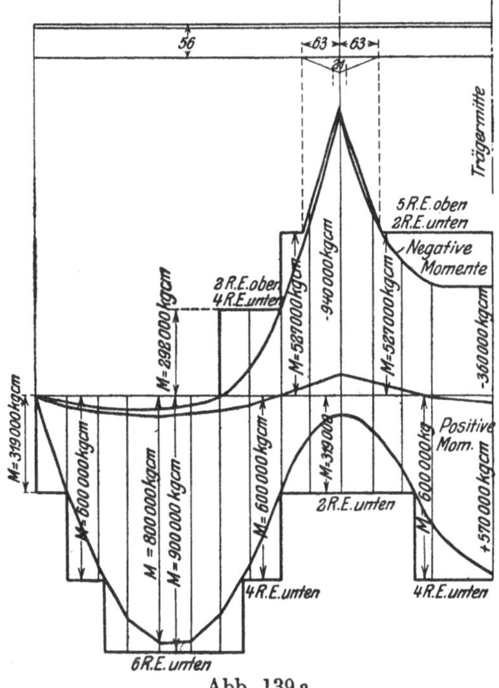

Abb. 139 a.

bestimmt werden. Diese liefern für eine Reihe von Abständen von den Auflagerpunkten des Trägers die Momente:

a) für gleichmäßig verteilte Vollbelastung;

b) für die ungünstigst stehende Streckenlast, und zwar die Größt- und Kleinstwerte.

Abb. 139 a gibt den Verlauf der Größt- und Kleinstmomentenlinien an.

Untersuchung der Querschnitte.

Die in die Rechnung einzustellende Plattenbreite b darf nach § 16, 9 der neuen Bestimmungen nicht größer angenommen werden, als folgende Zusammenstellung ergibt:

$$b \leqq 8 \cdot b_0 = 8 \cdot 22 = 176 \text{ cm}$$
$$b \leqq 16 \cdot d = 16 \cdot 10 = 160 \text{ cm}$$
$$b \leqq 4 \cdot h = 4 \cdot 56 = 224 \text{ cm}$$
$$b \leqq \text{Feldweite} = 200 \text{ cm.}$$

Von 200 cm Plattenbreite zwischen den Rippen, die auf jeden Unterzug entfallen, dürfen also im vorliegenden Falle nur 160 cm als Druckgurt des Balkens gerechnet werden.

a) An der Stelle, an der das größte positive Feldmoment von $8\ \text{t} \cdot \text{m}$ ($800\,000\ \text{kg} \cdot \text{cm}$) auftritt, ist der Unterzug mit 6 Rundeisen, Durchmesser 18 mm $= 15{,}26$ qcm bewehrt.

Es ist zunächst zu untersuchen, ob die Nullinie noch in der Platte liegt oder den Steg schneidet.

$$x = \frac{n \cdot F_e}{b}\left[\sqrt{1 + \frac{2 \cdot b\,(h - a)}{n \cdot F_e}} - 1\right]$$

$$= \frac{15 \cdot 15{,}26}{160} \cdot \left[\sqrt{1 + \frac{2 \cdot 160 \cdot 52}{15 \cdot 15{,}26}} - 1\right] = 10{,}8\ \text{cm}.$$

Da nur 8 mm Unterschied zwischen Nullinie und Plattenunterkante sind, kann angenommen werden, daß diese Linien zusammenfallen; es gelten dann die Formeln für den vollen Rechtecksquerschnitt:

$$J_{nn} = \frac{x^3 \cdot b}{3} + n \cdot F_e \cdot (h - a - x)^2\ ;\ \ h - a - x = 41{,}2\ \text{cm},$$

$$J_{nn} = 68\,000 + 388\,000 = 456\,000\ \text{cm}^4,$$

$$\sigma_b = \frac{M}{J_{nn}}\,x = \frac{800\,000}{456\,000} \cdot 10{,}8 = 19{,}0\ \text{kg/qcm},$$

$$\sigma_e = 15 \cdot 19{,}0 \cdot \frac{41{,}2}{10{,}8} = 1090\ \text{kg/qcm}.$$

Bei der gewählten Bewehrung kann der Querschnitt tatsächlich ein Moment bis $\sigma_e = 1200$ kg/qcm übertragen von:

$$M = \frac{\sigma_e}{n}\,\frac{J_{nn}}{y} = \frac{1200}{15} \cdot \frac{465\,000}{41{,}2} \cong 900\,000\ \text{kg} \cdot \text{cm}.$$

b) Welches Moment kann der Querschnitt aufnehmen, in dem nur noch 4 Rundeisen, Durchmesser 18 mm ($F_e = 10{,}18$ qcm), vorhanden sind?

Hier fällt die Nullinie noch näher an die Plattenunterkante oder in die Platte selbst hinein. Es ist hier also mit noch mehr Berechtigung mit dem vollen Rechtecksquerschnitt (bei nicht wirksamer Betonzugzone) zu rechnen.

$$x = \frac{15 \cdot 10{,}18}{160} \cdot \left[\sqrt{1 + \frac{2 \cdot 160 \cdot 52}{15 \cdot 10{,}18}} - 1\right] = 9{,}05\ \text{cm};$$

$$y = h - a - x = 56 - 4 - 9{,}05 \cong 43{,}0\ \text{cm}.$$

$$J_{nn} = 39\,600 + 282\,000 = 321\,600\ \text{cm}^4$$

$$\sigma_e = n \cdot \frac{M}{J_{nn}} \cdot y = 1200 = \frac{15 \cdot M \cdot 43}{321\,600}$$

$$M_{\text{zul}} = 600\,000\ \text{kg} \cdot \text{cm}.$$

Im Mittelfelde, in dem (vgl. Abb. 139a) ein größtes positives Moment von $+$ 570 000 kg · cm auftritt, genügen also 4 Rundeisen, Durchmesser 18 mm, ohne weiteres.

c) Es sind nur noch 2 Rundeisen, Durchmesser 18 mm — $F_e = 5{,}09$ qcm — vorhanden; welches Moment kann der im übrigen gleiche Querschnitt, der auch hier wieder als voller Rechteckquerschnitt wirkt, aufnehmen?

$$x = \frac{15 \cdot 5{,}09}{160} \cdot \left[\sqrt{1 + \frac{2 \cdot 160 \cdot 52}{15 \cdot 5{,}09}} - 1 \right] = 8{,}05 \text{ cm};$$

$$J_{nn} = 27\,800 + 147\,500 = 175\,300 \text{ cm}^4;$$

$$h - a - x = y = 52 - 8 = 44 \text{ cm}; \qquad \sigma_e = 1200 = \frac{15 \cdot M \cdot 44}{175\,300};$$

$$M_{zul} = 31\,900 \text{ kg} \cdot \text{cm}.$$

d) Für die negativen Momente steht nur ein Rechtecksquerschnitt von 22 cm Breite zur Verfügung, denn die Platte fällt hier ganz in die Zugzone. Die für das größte negative Moment von — 940 000 kg · cm erforderlichen Querschnittsabmessungen werden nach der Zusammenstellung II (S. 157) bestimmt. Für $\sigma_e = 1200$ kg/qcm und $\sigma_b = 50$ kg/qcm [1]) wird die erforderliche Höhe:

$$h = a = 0{,}345 \cdot \sqrt{\frac{M}{b}} = 0{,}345 \sqrt{\frac{940\,000}{22}} = 72 \text{ cm}.$$

Diese Höhe ist in den Zwischenstützpunkten vorhanden, denn der Träger von 56 cm Gesamthöhe besitzt Verstärkungen von 63 cm Länge, die unter 1 : 3 geneigt sind, also im Stützpunkte eine Höhe von 56 + 21 = 77 cm ergeben. Die obere Eiseneinlage über den Stützen besteht aus 5 Rundeisen, Durchmesser 18 mm = 12,72 qcm. Sie müßte nach Zusammenstellung II (S. 157) betragen:

$$F_e = 0{,}00277 \cdot \sqrt{M \cdot b} = 12{,}5 \text{ qcm}.$$

e) Am Beginn der Verstärkung ist der Querschnitt 56 cm hoch (22 cm breit) und hat eine Zugeiseneinlage (oben) von 5 Rundeisen, Durchmesser 18 mm = 12,72 qcm und eine Druckeiseneinlage von 2 Rundeisen, Durchmesser 18 mm = 5,09 qcm (unten). Für das negative Moment kommt wiederum nur ein einfacher Rechtecksquerschnitt

---

[1]) Es ist hier für σ_b der Wert 50 kg/qcm angenommen worden, gemäß § 18, 6. Hier wird die Erhöhung der zulässigen Spannung an der Unterseite von Schrägen um $^1/_3$ bis zu einem Höchstwerte von 50 kg/qcm gestattet.

in Frage. Demgemäß berechnet sich hier x nach den Gleichungen für den doppelt bewehrten Rechtecksquerschnitt (8):

$$x = -n \cdot \frac{F_e + F'_e}{b} + \sqrt{\frac{n^2}{b^2}(F_e + F'_e)^2 + \frac{2 \cdot n}{b}[F'_e \cdot a' + F_e \cdot (h - a)]}$$

$$= -15 \cdot \frac{17{,}81}{22} + \sqrt{\left(15 \cdot \frac{17{,}81}{22}\right)^2 + \frac{2 \cdot 15}{22}[5{,}09 \cdot 4{,}0 + 12{,}72 \cdot 52]}$$

$$= -12{,}15 + \sqrt{147 + 28 + 902} \quad = -12{,}15 + 32{,}8 = 20{,}65 \text{ cm}$$

(vom unteren Rande aus gemessen).

$$J_{nn} = \frac{b\,x^3}{3} + n\,[F_e\,(h - a - x)^2 + F'_e \cdot (x - a)^2] \qquad (9)$$

$$= 64\,800 + 208\,800 = 273\,800 \text{ cm}^4,$$

$$h - a - x = y = 31{,}35 \text{ cm}, \qquad \sigma_e = 1200 = \frac{15 \cdot M \cdot 31{,}35}{273\,800}\,;$$

$$M_{zul} = 696\,000 \text{ kg} \cdot \text{cm}$$

also ein Wert höher als gefordert; das Eisen wird somit hier nicht voll ausgenutzt.

Für $\sigma_b = 40$ kg/qcm im Beton ergibt sich:

$$40 = \frac{M \cdot x}{J_{nn}} = \frac{M \cdot 20{,}05}{273\,800}\,; \qquad M_{zul} = 527\,000 \text{ kg} \cdot \text{cm}\,;$$

f) Wenn bei negativen Momenten oben nur noch 2 Rundeisen, $F_e = 5{,}09$ qcm, jedoch 4 Rundeisen, $F'_e = 10{,}18$ qcm, unten liegen, wird:

$$x = -15 \cdot \frac{15{,}27}{22}\,\sqrt{\left(15 \cdot \frac{15{,}27}{22}\right)^2 + \frac{2 \cdot 15}{22} \cdot (10{,}18 \cdot 4{,}0 + 5{,}09 \cdot 52{,}0)}$$

$$= -10{,}4 + \sqrt{108 + 416} = 12{,}5 \text{ cm (vom unteren Rande aus gemessen).}$$

$$y = h - a - x = 56 - 4 - 12{,}5 = 39{,}5 \text{ cm};$$

$$J_{nn} = \frac{12{,}5^3}{3} \cdot 22 + 15 \cdot 5{,}09 \cdot 39{,}5^2 + 15 \cdot 10{,}18 \cdot 8{,}5^2$$

$$= 14\,300 + 119\,000 + 11\,000 = 144\,300 \text{ cm}^4.$$

$$M_{zul} = \frac{40 \cdot 144\,300}{12{,}5} = 462\,000 \text{ kg} \cdot \text{cm} \qquad (\text{bei } \sigma_b = 40 \text{ kg/qcm})$$

$$M_{zul} = \frac{1200 \cdot 144\,300}{15 \cdot (52 - 12{,}5)} = 292\,000 \text{ kg} \cdot \text{cm} \qquad (\text{bei } \sigma_e = 1200 \text{ kg/qcm}).$$

Letzterer Wert ist somit maßgebend.

Diese zulässigen Momente sind in Abb. 139a eingetragen worden. Der Linienzug der zulässigen Momente muß die Linie der Grenzwerte der durch die äußeren Kräfte bedingten Momente umhüllen.

Aus der Abbildung ist ohne weiteres zugleich zu erkennen, wie weit die verschiedenen Eiseneinlagen wenigstens reichen müssen.

g) Die Schubspannungen.

Die größte Querkraft an einer Außenstütze (z. B. der linken) ist nach den Winklerschen Zahlen:

a) Für Vollbelastung $0,4 \cdot q \cdot l = 0,4 \cdot 500 \cdot 5,00 \qquad = 1000$ kg

b) Für Teilbelastung $0,45 \cdot q' \cdot l = 0,45 \cdot 3000 \cdot 5,00 \qquad \underline{= 6750\ \text{kg}}$

$$7750\ \text{kg}$$

Für die Feldmitte wurde unter Berücksichtigung von Teilbelastungen ein Größtbetrag der Querkraft von 3386 kg ermittelt; hier kann also $Q = \text{rd } 3400$ kg in Rechnung gestellt werden.

Da am Auflager (im ersten Felde) ein einfach bewehrter Plattenbalken vorliegt, mit 2 Rundeisen, Durchmesser 18 mm bewehrt, für den vorstehend unter c) der Wert $x = 8,05$ gefunden war, und bei dem die Nullinie noch innerhalb der Platte liegt, ergibt sich mithin der Hebelarm der inneren Kräfte $c =$

$$h - a - \frac{x}{3} = 56 - 4 - \frac{8,05}{3} = \text{rd } 49,3 \text{ cm.}$$

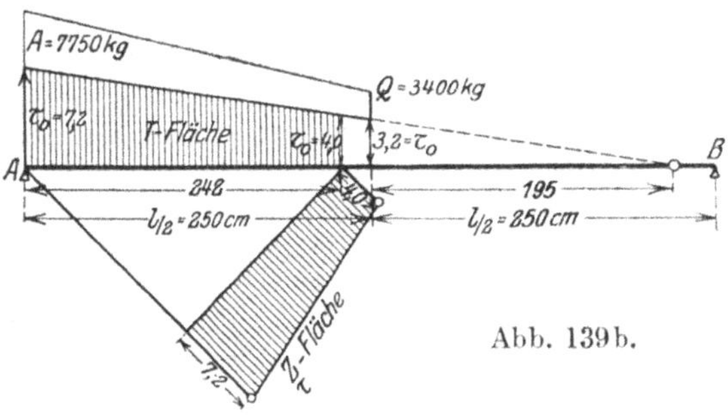

Abb. 139b.

In Feldmitte liegt ebenfalls, nach 1) der voranstehenden Rechnung, die Nullinie so nahe an der Plattenunterkante, daß, ohne einen erheblichen Fehler zu begehen, ein einfacher Rechtecksquerschnitt angenommen und mithin auch hier $c = h - a - \frac{x}{3}$ eingeführt werden kann. Da hier $x = 10,8$ ist, so wird $c = 52 - \frac{10,8}{3} = 52 - 3,6 = 48,4$ cm. Hieraus ergeben sich die Schubspannungen in der Rippe zu:

$$\text{am Auflager } \tau_0 = \frac{7750}{22 \cdot 49,3} = 7,2 \text{ kg/qcm.}$$

$$\text{in Feldmitte } \tau_0 = \frac{3400}{22 \cdot 48,4} = 3,2 \text{ kg/qcm.}$$

Der Abstand, vom Auflager an ermittelt, von dem aus die Schubspannung $\geqq 4$ kg/qcm wird, berechnet sich aus Abb. 139b zu 242 cm; mithin wird die gesamte Schubkraft, die vom Eisen aufzunehmen ist:

$$T = \frac{4,00 + 7,2}{2} \cdot 242 \cdot 22 = \text{rd } 30\,000 \text{ kg.}$$

und hieraus:

$$Z_\tau = \frac{T}{\sqrt{2}} = \frac{30\,000}{\sqrt{2}} = \frac{30\,000}{1,41} = 2128 \text{ kg.}$$

Da in Trägermitte 6 Rundeisen von 18 mm Durchmesser liegen, aber nur zwei bis zum Auflager durchgeführt werden sollen, sind mithin 4 frei für die allmähliche Aufbiegung; da sie einen Querschnitt von 10,2 qcm zusammen besitzen, wird die in ihnen auftretende Zugspannung σ_e:

$$\sigma_e = \frac{Z_\tau}{10,2} = \frac{2128}{10,2} = \text{rd } 208 \text{ kg/qcm,}$$

also sehr gering. Die Bügel, die in 6 mm Stärke aus Rundeisen und in U-Form anzuwenden sind, werden demgemäß rein konstruktiv wirken; legt man sie in 15 cm Entfernung, so könnten sie eine Schubspannung übertragen, falls das nicht bereits durch die Eisenaufbiegungen getan würde, von:

$$\tau_b = \frac{F_e \cdot \tau_e}{e\,b_0} = \frac{2 \cdot 0,28 \cdot 1000}{15 \cdot 22} = 1,7 \text{ kg/qcm.} \tag{74}$$

7. Die schiefen Hauptzugspannungen sind für einen einfach bewehrten Plattenbalken gesucht, der die folgenden Abmessungen besitzt:

$h = 70$ cm; $h - a = 65$ cm; $d = 12$ cm; $b = 100$ cm; $b_0 = 25$ cm; $F_e = 8$ Rundeisen vom Durchmesser 23 mm $= 33,2$ qcm.

Die Stützweite betrage 5,0 m, die gleichmäßig verteilte Last sei 5000 kg/lfd. m.

Demgemäß wird:

$$M = \frac{5000 \cdot 5,0^2}{8} = \text{rd } 15\,600 \text{ kg} \cdot \text{m} = 1\,560\,000 \text{ kg} \cdot \text{cm ;}$$

$$A = \frac{5000 \cdot 5,0}{2} = 12\,500 \text{ kg.}$$

$$x = \frac{2n\,(h-a)\,F_e + b\,d^2}{2\,(b\,d + n\,F_e)} = \frac{2 \cdot 15 \cdot 65 \cdot 33,2 + 100 \cdot 12,0^2}{2\,(100 \cdot 12 + 15 \cdot 33,3)} = 23,4 \text{ cm.} \quad \text{(55a, S. 220)}$$

Es liegt also Fall III der Nullinie vor.

Ferner wird:

$$v = x - \frac{d}{2} + \frac{d^2}{6\,(2\,x - d)} = 23,4 - 6 + \frac{144}{6\,(46,8 - 12)}$$

$$= 23,4 - 6 + 0,69 = \text{rd } 18,1 \text{ cm.}$$

Demgemäß ergibt sich der Hebelarm der inneren Kräfte c zu:

$$c = (h - a - x + v) = 65 - 23,4 + 18,1 = 59,7 \text{ cm}.$$

Hieraus folgt die Schubspannung am Auflager für $A = Q_{max}$:

$$\tau_0 = \frac{A}{b_0\,c} = \frac{12500}{22 \cdot 59,7} = \frac{12500}{1313} = \text{rd } 9,5 \text{ kg/qcm}.$$

Eine Querschnittsabänderung ist also nicht erforderlich, da τ_0 < 14 kg/qcm.

Die Schubspannungen sollen zunächst sowohl durch Bügel wie durch Eisen aufgenommen werden.

Die Stelle, an der eine Querkraft Q_1 entsprechend einer τ_0-Spannung $= 4$ kg/qcm auftritt, folgt aus:

$$\frac{Q_1}{b_0\,c} = 4; \qquad Q_1 = 4 \cdot 22 \cdot 59,7 = 5250 \text{ kg}.$$

Ferner ist der Abstand von Q_1 vom Auflager:

$$= \frac{l}{2}\,\frac{A - Q_1}{A} = 250 \cdot \frac{12500 - 5250}{12500} = \text{rd } 145 \text{ cm},$$

d. h. auf die mittlere Trägerstrecke von $2 \cdot 1,05 = 2,10$ m sind theoretisch keine Eisen zur Schubbewehrung notwendig, wenn hier auch bestimmungsgemäß Bügel zur konstruktiven Verstärkung anzuordnen sind.

Legt man außerhalb dieser Strecke U-Bügel von 8 mm Durchmesser, also mit je zwei Querschnitten von 0,5 qcm, so wird bei einem gegenseitigen Abstande von $e = 15$ cm die Schubspannung, welche die Bügel übertragen:

$$\tau_b = \frac{F_e\,\tau_e}{e\,b_0} = \frac{1,0 \cdot 1000}{15 \cdot 22} = \text{rd } 3,4 \text{ kg/qcm}.$$

Für die schiefe Hauptzugspannung verbleibt mithin eine Schubfläche von:

$$\frac{9,5 + 4,0}{2}\,145 - 3,4 \cdot 145 = 3,35 \cdot 145 = \text{rd } 486 \text{ kg/cm Breite und auf}$$

22 cm Breite: $22 \cdot 486 = 10\,690$ kg. Demgemäß wird:

$$Z'_\tau = \frac{10\,690}{\sqrt{2}} = \frac{10\,690}{1,41} = \text{rd } 7600 \text{ kg}.$$

Stehen z. B. 4 Eisen von 16 mm Durchmesser, mit einem Gesamtquerschnitt $= 18,02$ qcm zum Aufbiegen zur Verfügung, so wird

$$\sigma_c = \frac{Z'_\tau}{8,04} = \frac{7600}{8,04} = 950 \text{ kg/qcm}.$$

Sollen die gesamten Schubkräfte außerhalb von Q_1 durch schiefe Eisen aufgenommen werden, so ist zu rechnen nach der Gleichung (79) S. 253:

$$Z_\tau = 0{,}178\,(\tau_0 + 4)\,b_0\,l \cdot \frac{A - Q_1}{A} = 0{,}178 \cdot 13{,}5 \cdot 22 \cdot 500 \cdot \frac{12\,500 - 5250}{12\,500}$$

$$= \text{rd } 15\,300 \text{ kg.}$$

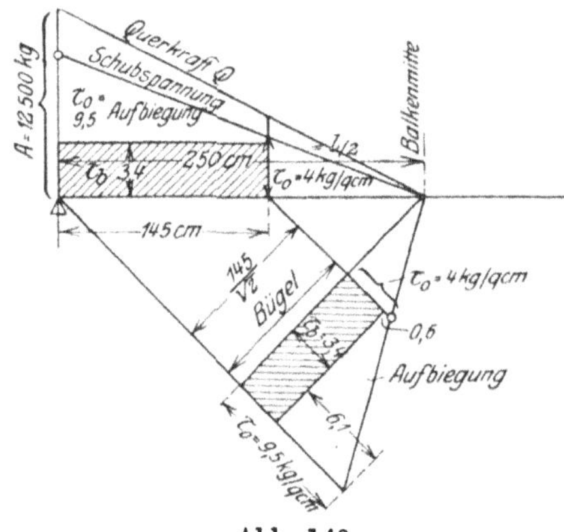

Abb. 140.

Alsdann wäre eine Eisenmenge aufzubiegen:

$$F_e = \frac{15\,300}{1000} = 15{,}30 \text{ qcm.}$$

d. h. bei einem Durchmesser der Eisen $= 16$ mm rund 8 Stück [1]). Die verschiedenen Flächen sind in Abb. 140 dargestellt.

Zur Anwendung der Querschnittsbemessung nach Stock (S. 221 bis 224) mögen die Beispiele 8 a u. b dienen.

8 a. Ein Unterzug von 4,5 m Spannweite habe ein Moment von 1 400 000 kg · cm aufzunehmen. Zugelassen sind: $\sigma_b = 40$ kg/qcm; $\sigma_e = 1000$ kg/qcm; d sei $= 13{,}5$ cm; $n = 15$; $b = 150$ cm. Es ist:

$$x = k_0 \sqrt{\frac{M}{b}} = 0{,}146 \sqrt{\frac{1\,400\,000}{150}} > 14{,}1 \text{ cm} > d\,; \qquad (60)$$

$$m = 0{,}917\,; \qquad w = 0{,}889 \qquad \text{(Zusammenstellung XI S. 223)}$$

$$z = \frac{1\,400\,000}{2 \cdot 40 \cdot 150 \cdot 13{,}5} + 0{,}917 \cdot 13{,}5 = 21{,}0 \text{ cm,}$$

$$h' = 21{,}0 + \sqrt{21^2 - 0{,}889 \cdot 13{,}5^2} = 37{,}7 \text{ cm.} \qquad (59 a)$$

Die Eiseneinlage folgt aus der Beziehung:

$$F_e = \frac{\sigma_b}{\sigma_e}\left(1 - \frac{d}{2\,x}\right) \cdot d \cdot b = \frac{40}{1000}\left(1 - \frac{13{,}5}{2 \cdot 14{,}1}\right) \cdot 13{,}5 \cdot 150 = 42{,}4 \text{ qcm.} \quad (60\,b)$$

---

[1]) Als Probe kann hier dienen, daß die Summe der einzelnen Schubflächen gleich der gesamten sein muß. Die einzelnen Schubflächen setzen sich zusammen aus dem Anteil der Bügel:

$$\tau_b \cdot b_0 \cdot \frac{145}{\sqrt{2}} = 3{,}4 \cdot 22 \cdot \frac{145}{\sqrt{2}} = 7700 \text{ kg}$$

und der Z_τ'-Teilfläche $= 7600$ kg. Die Summe beider ist also $= 15\,300 = Z_\tau$ nach der oben stehenden Rechnung bei Berücksichtigung der gesamten Schubfläche.

Bestimmt man hier die Mindesthöhe nach der Näherungsformel, so erhält man:

$$h' = 2z = 2 \cdot 21{,}0 = \mathbf{42{,}0}\,\text{cm}.$$

8b. In Beispiel 8a betrage die Deckenstärke nur 8,0 cm.

$$M = 1\,400\,000\ \text{kg} \cdot \text{cm};\qquad b = 150\ \text{cm};\qquad d = 8{,}0\ \text{cm};$$

$$x = 0{,}146\,\sqrt{\frac{1\,400\,000}{150}} = 14{,}1\ \text{cm} > d;\qquad m = 0{,}917;\qquad w = 0{,}889$$

$$z = \frac{1\,400\,000}{2 \cdot 40 \cdot 150 \cdot 8} + 0{,}917 \cdot 8 = 14{,}6 + 7{,}3 = 21{,}9\ \text{cm}.$$

$$h' = 21{,}9 + \sqrt{21{,}9^2 - 0{,}889 \cdot 8^2} = 21{,}9 + 20{,}6 = \mathbf{42{,}5}\ \text{cm}.$$

Nach der Annäherungsformel erhält man:

$$h' = 2 \cdot 21{,}9 = \mathbf{43{,}8}\ \text{cm}.$$

Man sieht mithin, daß mit kleinerer Plattenstärke die Annäherung eine immer bessere wird.

Hier wird:

$$F_e = \frac{40}{1000} \cdot \left(1 - \frac{8}{2 \cdot 14{,}1}\right) \cdot 8 \cdot 150 = 34{,}56\ \text{qcm}.$$

Der Querschnitt liefert die **Mindesthöhe** für den Balken; die zugelassenen Spannungen $\sigma_b = 40$ und $\sigma_e = 1000$ sind vollkommen ausgenutzt. Kommt es auf eine Mindestträgerhöhe nicht an, so ist es wirtschaftlicher, die Betondruckspannung weniger auszunutzen, dafür den Steg höher zu machen, den Zugeisen somit einen größeren Hebelarm zu verleihen und ihre Querschnittsfläche zu vermindern.

Als roher Anhalt kann (bei normalen Preisverhältnissen) gelten, daß man zweckmäßig den Beton auf Druck nur mit 25—30 kg/qcm beanspruchen soll, während die Eisenspannung voll auszunutzen ist ($\sigma_e = 1200$ kg/qcm). Geht man von $\sigma_b = 30$ kg/qcm aus, so ergibt sich im vorliegenden Beispiele 8b wiederum nach **Stock**, und zwar:

Für $\sigma_e = 1000$ und $\sigma_b = 30$ kg/qcm:

$$m = 1{,}333;\quad w = 1{,}444,$$

$$x = 0{,}152\,\sqrt{\frac{1\,400\,000}{150}} = 14{,}7\ \text{cm} > d$$

$$z = \frac{1\,400\,000}{2 \cdot 30 \cdot 150 \cdot 8} + 1{,}33 \cdot 8 = \text{rd. } 30{,}0\ \text{cm}.$$

$$h' = 30 + \sqrt{30{,}0^2 - 1{,}444 \cdot 8^2} = 30 + 27{,}4 = \mathbf{57{,}4}.$$

$$F_e = \frac{\sigma_b b}{\sigma_e}\, d\left(1 - \frac{d}{2x}\right) = \frac{30}{1000} \cdot 150 \cdot 8 \left(1 - \frac{8}{2 \cdot 14{,}7}\right) = 26{,}2\ \text{qcm}.$$

Der Eisenquerschnitt verringert sich erheblich von 34,56 auf 26,2, d. i.

um rd. 8,4 qcm. Der Betonquerschnitt vergrößert sich, bei 20 cm Breite, um $20 \cdot (57,4 - 42,5) = 298$ qcm.

9. Ein Plattenbalken mit $M = +20$ t · m, $d = 10$ cm, $b = 160$ cm, soll nach dem Verfahren von E. Barck (S. 224) dimensioniert werden. $\sigma_e = 1200$ kg/qcm, $\sigma_b = 40$ kg/qcm.

Der Betonpreis betrage 0,24 M., der Eisenpreis 18 M. für je $\frac{1}{100}$ cbm. Die Schalung koste 2,50 M./qm[1]).

Barck gibt für b_0 die Gleichung:

$$b_0 = 6 - \tfrac{1}{300} \cdot r \cdot M_{\text{red}} + 0,7 \sqrt{r \cdot M_{\text{red}}} \; . \tag{62}$$

Der Beiwert r ist für Balken auf 2 Stützen $= 1,0$.

$$M_{\text{red}} \text{ bedeutet } \frac{\text{Moment}}{\text{Eisenspannung}}$$

im vorliegenden Falle $\dfrac{2\,000\,000}{1200} = 1670$

$$b_0 = 6 - \tfrac{1}{300} \cdot 1,0 \cdot 1670 + 0,7 \sqrt{1,0 \cdot 1670}$$

$$b_0 = 6 - 5,6 + 28,6 = 29,0 \text{ cm.}$$

Rechnet man mit der Annäherungsformel von Barck (S. 227), so wird b_0:

$$b_0 = 10 \sqrt{r} + 0,45 \sqrt{M_{\text{red}}} = 10 + 18,4 = 28,4 \text{ cm.} \tag{62a}$$

Zur Ermittelung der nutzbaren Rippenhöhe, gleichbedeutend etwa mit dem Hebelarm der inneren Kräfte $= m = h - a - \dfrac{d}{2}$, dient die Gleichung:

$$m = \sqrt{M_{\text{red}}} \cdot \sqrt{\frac{r \cdot \mathfrak{E}}{b_0 \cdot \mathfrak{B} + 2 \cdot \mathfrak{S}}} \; . \tag{61}$$

In ihr bedeuten (vgl. S. 226):

     $\mathfrak{E}$ den Eisenpreis in Mark für je $\frac{1}{100}$ cbm,

     $\mathfrak{B}$ den Betonpreis in Mark für je $\frac{1}{100}$ cbm,

     $\mathfrak{S}$ den Schalungspreis in Mark für 1 qm.

Nimmt man die obengenannten Preise an, so wird:

$$m = \sqrt{1670} \cdot \sqrt{\frac{1,0 \cdot 18}{29 \cdot 0,24 + 2 \cdot 2,50}} = 50,2 \text{ cm.}$$

$$F_e = \frac{M}{\sigma_e \, m} = \frac{M_{\text{red}}}{m} = \frac{1670}{50,2} = 33,9 \text{ qcm}$$

$$h = m + a + \frac{d}{2} = 50,2 + 5 + \frac{10}{2} = 60,2 \text{ cm.}$$

---

[1]) Da es sich hier um eine theoretische Erörterung handelt, sind die früheren Einheitspreise beibehalten.

10. Bei einem Plattenbalken mit 56 cm Höhe, $a = 5$ cm, einer Stegbreite $= 20$ cm, einer Plattenhöhe $= 160$ cm, einer Plattenstärke $= 10$ cm, einer Rippenbreite $= 20$ cm und einer Zugbewehrung von 37,6 qcm, sollen die am unteren Rande im Beton auftretenden Zugspannungen berücksichtigt und untersucht werden. $M = 10$ t · m.

Hier ist also der ganze Steg als statisch wirksam einzuführen.

Die Lage der Nullinie, gegeben durch die Schwerpunktslage des ganzen Querschnittes, berechnet sich wie folgt:

$$x = \frac{S_0}{F_i} = \frac{\dfrac{b - b_0}{2} d^2 + \dfrac{b_0 h^2}{2} + n F_e (h - a)}{(b - b_0) d + b_0 h + n F_e} \tag{65}$$

$$= \frac{\dfrac{160 - 20}{2} \cdot 10^2 + \dfrac{20 \cdot 56^2}{2} + 15 \cdot 37,6 \cdot 51}{140 \cdot 10 + 20 \cdot 56 + 15 \cdot 37,6}$$

$$= \frac{7000 + 31\,400 + 28\,800}{1400 + 1120 + 564} = \frac{67\,200}{3084} = 21,5 \text{ cm.}$$

Das Trägheitsmoment in bezug auf den Schwerpunkt wird:

$$J_{nn_{\mathrm{III}}} = \frac{b \cdot x^3}{3} - \frac{(b - b_0)(x - d)^3}{3} + \frac{b_0 (h - x)^3}{3} + n \cdot F_e \cdot (h - a - x)^2$$

$$= \frac{160 \cdot 21,5^3}{3} - \frac{140 \cdot 11,5^3}{3} + \frac{20 \cdot (56 - 21,5)^3}{3} + 15 \cdot 37,6 \cdot (51 - 21,5)^2$$

$$530\,080 - 70\,980 + 273\,720 + 455\,880 = 1\,118\,700 \text{ cm}^4.$$

$$\sigma_{b_z} = \frac{M}{J_{nn_{\mathrm{III}}}} (h - x) = \frac{1\,000\,000}{1\,118\,700} \cdot 34,5 = \text{rd } 31 \text{ kg/qcm.}$$

Da nur 24 kg/qcm Zugspannungen im äußersten Falle zugelassen sind, würde der Träger, falls ein Auftreten von Haarrissen Gefahren für die Bewehrungseisen im Gefolge hätte, neu zu dimensionieren sein.

11. Beispiel zur Bemessung von F'_e und F_e nach dem Verfahren von Wierzbicki auf S. 216—217.

Es sei gegeben (Abb. 141):

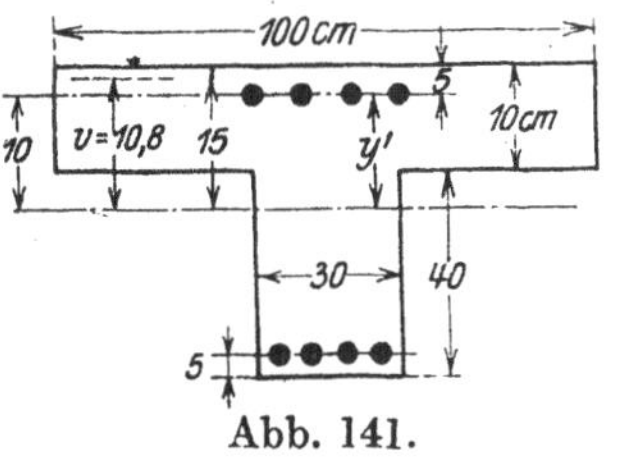

Abb. 141.

$$M = 1\,400\,000 \text{ kg} \cdot \text{cm};$$

$$b = 100 \text{ cm}; \quad b_0 = 30 \text{ cm};$$

$$d = 10 \text{ cm}; \quad h = 50 \text{ cm}; \quad a = a' = 5 \text{ cm}; \quad \sigma_e = 1200 \text{ kg/qcm};$$
$$\sigma_b = 40 \text{ kg/qcm.}$$

Es ergibt sich zunächst:

$$x = s\,(h - a) = 0{,}333 \cdot 45 = 15 \text{ cm}.$$

Es liegt mithin Fall III vor.

v errechnet sich zu:

$$v = x - \frac{d}{2} + \frac{d^2}{6\,(2\,x - d)} = 15 - 5 + \frac{100}{6\,(30 - 10)} \cong 10{,}8 \text{ cm}.$$

Es liegt also hier der Fall vor, bei dem die Druckkraft im Beton oberhalb der Eiseneinlage angreift ($v = 10{,}8$ cm, $y' = x - a' = 15 - 5 = 10$ cm; daß dieser Umstand an der Normalberechnung nichts ändert, wurde auf S. 217 (Anm. 1) bereits erwähnt und begründet. Es wird:

$$F'_e = \frac{M \cdot x - b\,d\,\sigma_b\left(1 - \dfrac{d}{2\,x}\right) x\,(h - a - x + v)}{n\,\sigma_b\,(x - a')\,(h - 2\,a)} \tag{51 a}$$

$$= \frac{1\,400\,000 \cdot 15 - 100 \cdot 10 \cdot 40\left(1 - \dfrac{10}{30}\right) \cdot 15\,(50 - 5 - 15 + 10{,}8)}{15 \cdot 40\,(15 - 5)\,(50 - 2 \cdot 5)}$$

$$F'_e = \frac{21\,000\,000 - 16\,320\,000}{240\,000} \cong 19{,}4 \text{ qcm}.$$

Hieraus ergibt sich:

$$\begin{aligned}
F_e &= \frac{\sigma_b}{\sigma_e}\left[n\,F'_e\,\frac{x - a}{x} + b\,d\left(1 - \frac{d}{2\,x}\right)\right] \\[2mm]
&= \frac{40}{1200}\left[15 \cdot 19{,}4\,\frac{10}{15} + 100 \cdot 10\left(1 - \frac{10}{30}\right)\right] \\[2mm]
&= \frac{40}{1200}\,(194 + 666) = 28{,}7 \text{ qcm}.
\end{aligned} \tag{52}$$

12. Beispiel zur Berechnung eines unsymmetrischen, einfach bewehrten, **von anderen Konstruktionsteilen unabhängigen und in seiner Formänderung nicht gehinderten Plattenbalkens.**

Gegeben sei: $M = 400\,000$ kg $\cdot$ cm; $b = 75$ cm; $d = 20$ cm; $b_0 = 25$ cm; $h = 50$ cm; $a = 5$ cm; $F_e = 5$ Rundeisen von Durchmesser 24 mm $= 22{,}6$ cm².

Alsdann ergibt sich:

$$x_s = \frac{9}{4}\,n\,\frac{F_e}{b}\left[-1 + \sqrt{1 + \frac{32}{27}\,\frac{b\,(h - a)}{n\,F_e}}\right] \tag{80}$$

$$x_s = \frac{9}{4} \cdot \frac{15 \cdot 22{,}6}{75}\left[-1 + \sqrt{1 + \frac{32}{27}\,\frac{75\,(50 - 5)}{15 \cdot 22{,}6}}\right]$$

$$= 10{,}17\,(-1 + \sqrt{1 + 11{,}25}) = 10{,}17 \cdot 2{,}5 = 25{,}23 \text{ cm};$$

$$\sigma_e = \frac{M}{F_e\left(h - a - \dfrac{x_s}{4}\right)} = \frac{400\,000}{22,6\left(45 - \dfrac{25,23}{4}\right)} = \frac{400\,000}{873,6} \cong 460 \text{ kg/qcm.} \quad (81)$$

$$\sigma_b = \frac{M \cdot x_s}{n\,F_b\left(h - a - \dfrac{x_s}{4}\right)\left(h - a - \dfrac{3}{4}\,x_s\right)} = \frac{400\,000 \cdot 25,23}{15 \cdot 22,6 \cdot 38,7 \cdot 26,1} \quad (82)$$

$$= 29,6 \text{ kg/qcm.}$$

12b. Sind als Abmessung für einen einseitigen Plattenbalken gegeben: $a = 4$ cm; $b_0 = 25$, $b = 60$; $d = 12$ cm, ist ferner $\sigma_b = 20$ (!), $\sigma_e = 1000$ kg/qcm und $M = 360\,000$ kg $\cdot$ cm, so ergibt sich der Wert von $(h - a)$ und F_e aus den Gleichungen (S. 260):

$$h - a = r\sqrt{\frac{M}{b}} = 0,680\sqrt{\frac{360\,000}{60}} = 53 \text{ cm.}$$

$$F_e = \frac{M}{\sigma_e\left(h - a - \dfrac{3}{8}\,d\right)} = \frac{360\,000}{1000 \cdot \left(53 - 4 - \dfrac{3}{8}\,12\right)}$$

$$= \frac{360\,000}{1000 \cdot 44,5} = 8,1 \text{ qcm.} \quad (83)$$

Gewählt werden entweder vier Eisen vom Durchmesser $16 = 8,4$ qcm, die in von Seite der Platte her zunehmendem Abstande angeordnet werden, oder vier Eisen von 19, 17, 15 und 13 mm Durchmesser, mit einem Gesamt-Eisenquerschnitt von: $2,84 + 2,27 + 1,77 + 1,33 = 8,21$ qcm, verlegt angenähert in gleichem Abstande, und mit den stärksten Durchmessern an der Plattenseite beginnend.

Die nachfolgenden Beispiele 13 und 14 dienen als Anwendung der für die Rechnungen der Praxis besonders wertvollen Tabellen XIII und XIV.

13. Ein Plattenbalken sei durch ein Moment von 805 t $\cdot$ cm beansprucht. Die Nutzhöhe h' ist zu 50 cm, die Plattenstärke d zu 11 cm festgesetzt. Als Spannungen sind $\sigma_b = 35$ kg/qcm; $\sigma_e = 1200$ kg/qcm zugelassen. Gesucht werden die fehlenden Abmessungen.

Nach Tabelle XIII — Reihe IV — ist für $\dfrac{d}{h'} = \dfrac{11}{50} = 0,22$.

$$b = \frac{k_6\,M}{\beta\,h'^2} = \frac{209,0 \cdot 805}{0,936 \cdot 50^2} = 72 \text{ cm} = \text{rd. } 75 \text{ cm.}$$

$$F_e = \frac{\alpha\,b\,h'}{k_4} = \frac{0,923 \cdot 75 \cdot 50}{225,3} = 14,7 \text{ qcm.}$$

Gewählt werden 6 Rundeisen von 18 mm Durchmesser; $F_e = 15,26$ qcm.

Weiter ist:

$$c = \frac{805}{15,4 \cdot 1,2} = 43,5 \text{ cm.}$$

Als Rippenbreite wird 26 cm gewählt, ferner $h = 50 + 3 = 53$ cm. Die berechnete Plattenbreite $b = 75$ cm ist zulässig, da $b = 75 < 16 \cdot 11 < 8 \cdot 26 < 4 \cdot 53$ cm.

14. Ein Plattenbalken habe eine Gesamthöhe $h = 54$ cm, eine nutzbare Höhe $h' = 51$ cm, eine Plattenstärke $d = 12$ cm und sei von einem Momente $= 3200$ t $\cdot$ cm auf Biegung belastet; gesucht die Bewehrung. $\sigma_e = 1,2,\ \sigma_b = 0,04$ t/qcm.

Nach Tabelle XIV, Spalte 11, reicht die Höhe von 54 cm für das gegebene Moment (bei einem Werte $b_{\max} = 192$ cm) nicht aus. Es muß also eine doppelte Bewehrung eintreten. Aus der Tabelle XIV, Spalte 11, folgt: $M_{\max} = 2690$ t $\cdot$ cm, also wird $M_r = M - M_{\max} = 3200 - 2690 = 510$ t $\cdot$ cm. Für $M = 2690$ t $\cdot$ cm ergibt sich an gleicher Stelle für $h = 56$ cm $F_{e_1} = 49,81$ qcm als die diesemMoment zugehörende Zugbewehrung.

Um die Zusatzbewehrung nach Tabelle Vb (S. 170) zu finden, bestimmt man für $h = 51$ durch Interpolation für $a = a' = 3,0$ cm den Festwert $k_1 = 23,7$ und $k = 57,6$ und aus ihnen:

$$\text{Druckbewehrung:}\quad F_e = \frac{M}{k_1} = \frac{510}{23,7} = 21,60 \text{ qcm}$$

$$\text{Zusatzzugbewehrung:}\quad F_{e_2} = \frac{M}{k} = \frac{500}{57,6} = 8,82 \text{ qcm.}$$

Demnach wird die gesamte Zugbewehrung:

$$F_{e_1} + F_{e_2} = 49,81 + 8,82 = 58,63 \text{ qcm.}$$

Wollte man im vorliegenden Falle, was aber mit erheblich mehr Rechenarbeit verbunden ist, aus Tabelle XIII den zu $M = 2960$ t $\cdot$ cm gehörenden Wert F_{e_1} bestimmen, so hätte man zu bilden:

$$\frac{d}{h'} = \frac{12}{51} = 0,235 .$$

Nach Reihe V der Tabelle XIII folgt alsdann: $k_7 = 0,903$ und demgemäß $c = 0,903\, h' = 0,903 \cdot 51 = 46,05$, somit

$$F_{e_1} = \frac{M_{\max}}{\sigma_e \cdot c} = \frac{2690}{1,2 \cdot 46,05} = 48,6 \text{ qcm,}$$

gegenüber dem vorher zu 49,81 gefundenen Werte. Rechnet man mit der Gleichung: $F_e = \dfrac{\alpha \cdot b\, h'}{k_4}$, so ergibt sich nach Tabelle XIII unter V $\alpha = 0,913,\ k_4 = 180$. Für $b = b_{\max} = 192$ wird demgemäß:

$$F_e = 0,913 \cdot \frac{192 \cdot 51}{180} = 49,5 \text{ qcm.}$$

Die auf ganz verschiedenem Wege gefundenen Ergebnisse stimmen also mit ausreichender Annäherung überein.

18. Die Berechnung zentrisch belasteter Stützen.

Wie bereits in Abschnitt 7 hervorgehoben wurde, werden bei Verbundstützen zwei Hauptarten nach der Durchbildung ihrer Bewehrung unterschieden, und zwar einmal vorwiegend längsbewehrte und zum andern umschnürte Säulen.

Bei Berechnung der längsbewehrten Säulen (Abb. 142), deren Eiseneinlage in erster Linie aus Längseisen, daneben aus sie verbindenden, senkrecht zur Säulenachse liegenden Drahtbügeln besteht, wird die allerdings nur angenähert richtige Annahme zugrunde gelegt, daß die Kraft sich gleichmäßig über den Beton und das Eisen verteilt und die in beiden auftretenden Formänderungen gleich groß sind. Hieraus ergibt sich:

$$\lambda_e = \frac{\sigma_e}{E_e} = \lambda_b = \frac{\sigma_b}{E_b}\,,$$

worin λ_e die Formänderung des Eisens, λ_b die des Betons darstellen, σ_e, σ_b, E_e und E_b die bekannten Bedeutungen besitzen. Hieraus folgt:

$$\sigma_e = \frac{E_e}{E_b}\,\sigma_b = n\,\sigma_b = 15\,\sigma_b\,, \qquad (84)$$

d. h. die Ausnutzung des Eisens ist bei längsbewehrten Verbundstützen eine wenig gute und unmittelbar an die im Beton auftretende Druckspannung gebunden. Die Würfelfestigkeit des Betons für Säulen oder Stützen soll nach 28 Tagen mindestens 180, nach 45 Tagen wenigstens 210 kg/qcm betragen, die zulässige Belastung (vgl. S. 55) zwischen 35 und 25 kg/qcm gewählt werden. Nur dort, wo die Würfelfestigkeit nach 45 Tagen höher als 245 kg/qcm liegt, darf eine Beanspruchung von $^1/_7$ dieser Zahl, höchstens aber 50 kg/qcm, zugelassen werden.. Deshalb ist die Einheitsbelastung des Eisens auch im allgemeinen auf die Größe von 15·35 bis herab zu 15·25, d. h. auf 525 bis 375 beschränkt und kann (bei einer Würfelfestigkeit des Betons von = 350 kg/qcm) höchstens den Wert von 750 kg/qcm erreichen. Das Hauptbewehrungseisen wird also hier nur mit dem achten bis vierten Teil seiner Quetschgrenze (3000 kg/qcm im Mittel) beansprucht.

Ist die den Verbundquerschnitt zentral belastende Druckkraft P, der Betonquerschnitt F_b, der der gesamten Längsbewehrung Fe, und werden die in diesen Querschnittsteilen auftretenden Druckspannungen mit σ_b bzw. σ_e bezeichnet, so folgt aus der gleichmäßigen Verteilung von P die Bedingungsgleichung:

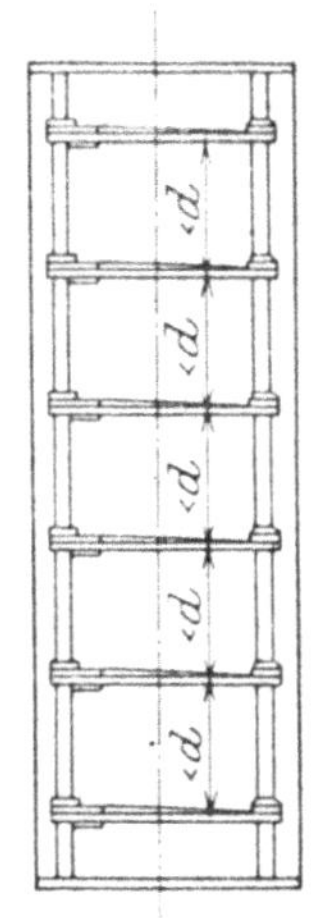

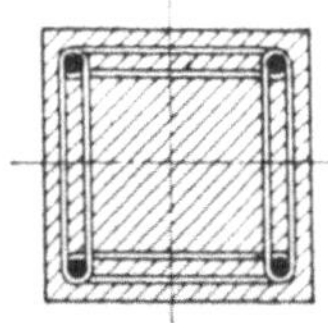

Abb. 142.

1) $$P = \sigma_b F_b + \sigma_e F_e\,.$$

Ersetzt man hierin $\sigma_e = n\,\sigma_b$, so wird:

2) $$P = \sigma_b\,(F_b + n\,\sigma_b\,F_b) = \sigma_b\,(F_b + n\,F_e) = \sigma_b\cdot F_i\,, \qquad (85)$$

worin F_i wiederum den ideellen Verbundquerschnitt darstellt, bei dem das Eisen in einen gleich tragfähigen Betonquerschnitt umgewandelt ist.

In gleicher Weise führt die Ersetzung von σ_b durch $\dfrac{\sigma_e}{n}$ zu der Gleichung:

3) $$P = \sigma_e\left(\frac{F_b}{n} + F_e\right), \qquad (85\,\mathrm{a})$$

worin der Klammerausdruck eine dem Verbundquerschnitt entsprechende Umwertung in Eisen darstellt.

Aus Gleichung (2) folgt:

$$\sigma_b = \frac{P}{F_i} = \frac{P}{F_b + n\,F_e} = \frac{P}{F_b\left(1 + n\dfrac{F_e}{F_b}\right)} = \frac{P}{F_e\,(1 + n\,\varphi)} \qquad (86\,\mathrm{a})$$

wenn φ das Verhältnis $\dfrac{F_e}{F_b}$, d. h. das Bewehrungsverhältnis des Querschnittes darstellt. Ebenso gilt entsprechend:

$$\sigma_e = \frac{P}{F_e + \dfrac{F_b}{n}} = \frac{P}{F_e\left(1 + \dfrac{1}{n}\dfrac{F_b}{F_e}\right)} = \frac{P}{F_e\left(1 + \dfrac{1}{n\,\varphi}\right)}\,. \qquad (86\,\mathrm{b})$$

Ist das Verhältnis φ bekannt oder wird es angenommen, so ist der Beton- und Eisenquerschnitt aus den vorstehenden Gleichungen zu entnehmen:

$$F_b = \frac{P}{\sigma_b\,(1 + n\,\varphi)}\,; \qquad F_e = \varphi\,F_b\,. \qquad (87\,\mathrm{a}\;\mathrm{b})$$

Da — auf Versuchsergebnissen begründet — die vorstehenden Gleichungen nach den neuen Bestimmungen nur alsdann Anwendung finden dürfen, wenn die Größe φ zwischen 0,8—3,0 v. H. schwankt, ist auch die Größe von F_b im Verhältnis zu P beschränkt. Für die normal zugelassene Spannung von 35 kg/qcm ergeben sich, bei $n = 15$, und einem Prozentgehalt der Längseisenbewehrung im Verhältnisse zum Betonquerschnitte von $\varphi = 0,8$, 1,0, 1,5, 2,0, 2,5 und 3,0, die folgenden Gleichungen für die Querschnittsbestimmung:

$$\varphi = \frac{F_e}{F_b} = 0,8; \quad F_b = \frac{P}{35\left(1 + \dfrac{15}{125}\right)} = \frac{P}{35\left(1 + \dfrac{12}{100}\right)} = \frac{P}{39,2} = 0,0255\,P$$

$$= 1,0; \quad F_b = \frac{P}{35\left(1 + \dfrac{15}{100}\right)} = \frac{P}{35\left(1 + \dfrac{15}{100}\right)} = \frac{P}{40,0} = 0,0250\,P$$

$$= 1,5; \quad F_b = \frac{P}{35\left(1 + \dfrac{15}{67}\right)} = \frac{P}{35\left(1 + \dfrac{23}{100}\right)} = \frac{P}{43,0} = 0,0232\,P$$

$$= 2,0; \quad F_b = \frac{P}{35\left(1 + \dfrac{15}{50}\right)} = \frac{P}{35\left(1 + \dfrac{30}{100}\right)} = \frac{P}{45,5} = 0,0220\,P$$

$$= 2,5; \quad F_b = \frac{P}{35\left(1 + \dfrac{15}{40}\right)} = \frac{P}{35\left(1 + \dfrac{38}{100}\right)} = \frac{P}{48,3} = 0,0207\,P$$

$$= 3,0; \quad F_b = \frac{P}{35\left(1 + \dfrac{15}{34}\right)} = \frac{P}{35\left(1 + \dfrac{45}{100}\right)} = \frac{P}{50,8} = 0,0187\,P$$

Wird hierin P in Kilogramm eingesetzt, so ergibt sich F_b in Quadratzentimetern, da die zulässige Spannung $\sigma_b = 35$ in dieser Einheit eingeführt ist.

Andererseits ergibt sich aus den Gleichungen die Last P:

$$P = F_b\,\sigma_b\,(1 + n\,\varphi)$$

und nach Einsetzung der Werte aus den voranstehenden Gleichungen, und zwar zunächst allgemein für σ_b, alsdann im besonderen für $\sigma_b = 35$ kg/qcm die folgende Zusammenfassung:

$$\varphi = 0,8; \quad P = 1,12\,F_b \cdot \sigma_b \quad | \quad P = 39,2\,F_b$$
$$\varphi = 1,0; \quad P = 1,15\,F_b \cdot \sigma_b \quad | \quad P = 40,0\,F_b$$
$$\varphi = 1,5; \quad P = 1,23\,F_b \cdot \sigma_b \quad | \quad P = 43,0\,F_b$$
$$\varphi = 2,0; \quad P = 1,30\,F_b \cdot \sigma_b \quad | \quad P = 45,5\,F_b$$
$$\varphi = 2,5; \quad P = 1,38\,F_b \cdot \sigma_b \quad | \quad P = 48,3\,F_b$$
$$\varphi = 3,0; \quad P = 1,45\,F_b \cdot \sigma_b \quad | \quad P = 50,8\,F_b$$

Für ein allgemein durch φ bezeichnetes Bewehrungsverhältnis $\varphi = \dfrac{F_e}{F_b}$ entsteht für den quadratischen Querschnitt F_b mit der Seite $= d_b$ die Beziehung:

$$F_i = d_b^2 + 15\,\varphi\,d_b^2 = d_b^2\,(1 + 15\,\varphi).$$

Wird P in t und σ ($= 35$ kg/qcm) in t/qcm $= 0{,}035$ t/qcm eingeführt, d_b in cm belassen, so wird:

$$P = d_b^2 \, (1 + 15\,\varphi) \cdot 0{,}035$$

$$d_b = \sqrt{P} \cdot \frac{1}{\sqrt{0{,}035\,(1 + 15\,\varphi)}} = k_1 \sqrt{P} \qquad (88\,\mathrm{a})$$

worin $k_1 \left(= \dfrac{1}{\sqrt{0{,}035\,(1 + 15\,\varphi)}} \right)$ aus der nachfolgenden Zusammenstellung XV, Spalte 2, zu entnehmen ist.

Ferner ist:

$$F_e = \varphi\,F_b = \varphi\,d_b^2 = P\,\frac{\varphi}{0{,}035\,(1 + 15\,\varphi)} = k_2\,P \qquad (88\,\mathrm{b})$$

Die Werte $k_2 \left(= \dfrac{\varphi}{0{,}035\,(1 + 15\,\varphi)} \right)$ sind in Spalte 3 Zusammenstellung XV enthalten.

Für den **Achtecksquerschnitt** wird bei einem Durchmesser des **eingeschriebenen** Kreises $= d_b$ in gleicher Weise:

$$F_b = 0{,}8284\,d_b^2 \quad \text{und somit für } \varphi = \frac{F_e}{F_b}$$

$$F_i = F_b + 15 \cdot F_e = 0{,}8284\,d_b^2\,(1 + 15\,\varphi)$$

$$P = 0{,}8284\,d_b^2\,(1 + 15\,\varphi)\,0{,}035\,;$$

$$d_b = \sqrt{P} \cdot \frac{1}{\sqrt{0{,}8284 \cdot 0{,}035\,(1 + 15\,\varphi)}} = k_3 \sqrt{P}\,, \qquad (89\,\mathrm{a})$$

worin $\qquad k_3 = \dfrac{1}{\sqrt{0{,}8284 \cdot 0{,}035\,(1 + 15\,\varphi)}}$

ist, vgl. Spalte 4 in Tabelle XV auf S. 291.

Ferner ist, ebenso wie oben:

$$F_e = \varphi\,F_b = P \cdot \frac{\varphi}{0{,}035\,(1 + 15\,\varphi)} = k_2\,P\,;$$

s. Spalte 2 der Tabelle XV (eine Gleichung, die bei der Nachprüfung einer in ihren Abmessungen vollkommen gegebenen Säule von besonderem Vorteile sein kann).

Trennt man bei einer längsbewehrten Säule die Anteile, welche von P auf den Betonquerschnitt (P_b) und auf die Eisenbewehrung (P_e) entfallen, so ergibt sich:

$$P_b = \sigma_b F_b\,; \qquad P_e = F_e\,n\,\sigma_b\,.$$

Für den quadratischen Querschnitt (Seite $= d_b$) folgt hieraus für $\sigma = 0{,}0035$ t/qcm:

$$P_b = 0{,}035\, d_b^2 ; \qquad P_e = F_e \cdot 15 \cdot 0{,}035$$

und für den Achtecksquerschnitt:

$$P_b = 0{,}8284\, d_b^2 \cdot 0{,}035 ; \qquad P_e = F_e \cdot 15 \cdot 0{,}035 .$$

Die Werte P_b sind für $d_b = 25$ bis 100 cm in Zusammenstellung XVIa auf S. 292 in den Spalten 2 und 3 enthalten, während der Belastungsanteil von Eisen vom Durchmesser 1,4 bis 5,0 cm, und zwar für 4, 8, 12 und 16 Stück, und der ihnen entsprechende Wert P_e aus der Tabelle XVIb und den Reihen 4—7 zu entnehmen ist.

Tabelle XV für die Querschnittsbemessung quadratischer und achteckiger Eisenbetonsäulen

bei $\sigma_b = 35$ kg/qcm. P in t, Längen in cm, F_e und F_{e_s} in qcm[1]).

Ohne Umschnürung

$F_e : F_t$ $= \varphi$	$d_b =$ $k_1 \cdot \sqrt{P}$	$F_e =$ $k_2 \cdot P$	$d_b =$ $k_3 \cdot \sqrt{P}$	$F_e =$ $k_2 \cdot P$
	k_1	k_2	k_3	k_2
1	2	3	4	5
0,000	5,35	0	5,87	0
0,008	5,05	0,204	5,55	0,204
0,009	5,02	0,227	5,51	0,227
0,010	4,99	0,248	5,48	0,248
0,011	4,95	0,270	5,44	0,270
0,012	4,92	0,291	5,41	0,291
0,013	4,89	0,311	5,37	0,311
0,014	4,86	0,331	5,34	0,331
0,015	4,83	0,350	5,31	0,350
0,016	4,80	0,369	5,27	0,369
0,017	4,77	0,387	5,24	0,387
0,018	4,74	0,405	5,21	0,405
0,019	4,72	0,422	5,18	0,422
0,020	4,69	0,440	5,15	0,440
0,021	4,66	0,456	5,12	0,456
0,022	4,64	0,473	5,09	0,473
0,023	4,61	0,489	5,06	0,489
0,024	4,58	0,504	5,04	0,504
0,025	4,56	0,519	5,01	0,519
0,026	4,53	0,534	4,98	0,534
0,027	4,51	0,549	4,96	0,549
0,028	4,49	0,563	4,93	0,563
0,029	4,46	0,577	4,90	0,577
0,030	4,44	0,591	4,88	0,591

Mit Umschnürung

$F_s : F_e$	$F_e : F_k$	$d_k =$ $k_4 \cdot \sqrt{P}$	$F_e =$ $k_5 \cdot P$	$F_{e_s} =$ $k_6 \cdot P$
α	φ	k_4	k_5	k_6
6	7	8	9	10
1,0	0,010	4,77	0,179	0,179
	0,012	4,60	0,199	0,199
	0,014	4,45	0,217	0,217
	0,016	4,31	0,233	0,233
	0,018	4,18	0,247	0,247
	0,020	4,07	0,260	0,260
	0,022	3,96	0,271	0,271
	0,024	3,86	0,281	0,281
1,5	0,010	4,46	0,157	0,235
	0,012	4,27	0,172	0,258
	0,014	4,11	0,185	0,278
	0,016	3,96	0,197	0,295
	0,018	3,83	0,207	0,310
2,0	0,010	4,21	0,139	0,278
	0,012	4,01	0,152	0,303
	0,014	3,84	0,162	0,324
2,5	0,010	4,00	0,126	0,314
	0,012	3,79	0,136	0,339
3,0	0,010	3,81	0,114	0,343

[1]) Berechnet ebenso wie Tabelle XVIa und XVIb von B. Loeser, Dresden.

Tabelle XVIa für Nachrechnung quadratischer und achteckiger Eisenbetonsäulen.

Belastungsanteil des Betons P_b in t bei $\sigma_b = 35$ kg/qcm.

d_b cm	Nicht umschnürt $P_b =$	$P_b =$	d_k cm	Umschnürt $P_b =$	d_b cm	Nicht umschnürt $P_b =$	$P_b =$	d_k cm	Umschnürt $P_b =$
1	2	3	4	5	1	2	3	4	5
25	21,87	18,12	20	11,00	64	143,4	118,8	58	92,47
26	23,66	19,60	21	12,12	65	147,9	122,5	59	95,69
28	27,44	22,73	23	14,54	66	152,5	126,3	60	98,95
30	31,50	26,10	25	17,18	68	161,8	134,1	62	105,7
32	35,84	29,69	27	20,06	70	171,5	142,1	64	112,6
34	40,46	33,52	29	23,10	72	181,4	150,3	66	119,7
35	42,87	35,52	30	24,75	74	191,7	158,8	68	127,1
36	45,36	37,59	31	26,08	75	196,9	163,1	69	130,5
38	50,54	41,86	33	29,93	76	202,2	167,5	70	134,7
40	56,00	46,37	35	33,67	78	212,9	176,4	72	142,2
42	61,74	51,13	37	37,63	80	224,0	185,6	74	150,5
44	67,76	56,14	39	41,83	82	235,3	194,9	76	158,8
45	70,87	58,73	40	44,00	84	247,0	204,6	78	167,2
46	74,06	61,35	41	46,20	85	252,9	209,5	79	171,6
48	80,64	66,81	43	50,82	86	258,9	214,4	80	175,9
50	87,50	72,48	45	55,65	88	271,0	224,5	82	184,8
52	94,64	78,40	47	60,73	90	283,5	234,8	84	194,0
54	102,1	84,56	49	66,01	92	296,2	245,4	86	203,3
55	109,9	87,71	50	68,74	94	309,3	256,2	88	212,9
56	109,8	90,93	51	71,51	95	315,9	261,7	89	217,7
58	117,7	97,54	53	77,21	96	322,6	267,2	90	222,7
60	126,0	104,4	55	83,16	98	336,1	278,5	92	232,7
62	134,5	111,4	56	86,21	100	350,0	289,9	94	242,9

Die sehr praktische Anwendung der Tabellen wird durch Beispiele in Abschnitt 20 ausführlich erläutert[1]).

Eine Berechnung der Bügel findet nicht statt. Wie bereits auf S. 93 hervorgehoben wurde, ist ihr Abstand durch die Länge der kleinsten Querschnittsseiten bestimmt und zudem begrenzt durch die Bestimmung, daß er nicht über das Zwölffache des Längseisendurchmessers herausgehen darf. Hiermit ist zugleich die Knicksicherheit der Längsstäbe gewahrt und ein Nachweis nach dieser Richtung überflüssig[2]).

---

[1]) Für umschnürte Säulen ist u. a. auch von Fuchs eine recht zweckmäßige Tabelle aufgestellt worden — vgl. Arm. Bet. 1919, Heft 12, S. 318.

[2]) Bezeichnet man die Teilkraft von P, die von dem Eisen allein aufgenommen wird, mit $P_e = F_e\,\sigma_e = F_e\,n\,\sigma_b$, und nimmt man deren gleichmäßige Verteilung auf w-Eisen an, so erhält ein jedes eine Normal-Knickkraft $= \dfrac{P_e}{w} = \dfrac{F_e \cdot n\,\sigma_b}{w}$. Betrachtet man den Teil des Längseisens zwischen zwei Bügeln als an den An-

Tabelle XVI b für Nachrechnung quadratischer und achteckiger Eisenbetonsäulen.

Belastungsanteil der Längseisen P_e in t bei $\sigma_b = 35$ kg/qcm.

d	f_e	λ_{max}*) $= 12\,d$	Belastungsanteil der Längseisen bei				Umschnür.-Eisen	
			4 Stück	8 Stück	12 Stück	16 Stück	d	f_{e_s}
1	2	3	4	5	6	7	8	9
1,4	1,539	16,8	3,23	6,47	—	—	0,5	0,196
1,5	1,767	18,0	3,71	7,42	—	—	0,6	0,283
1,6	2,011	19,2	4,22	8,44	—	—	0,7	0,385
1,7	2,270	20,4	4,76	9,53	14,30	—	0,8	0,503
1,8	2,545	21,6	5,34	10,69	16,03	—	0,9	0,636
1,9	2,835	22,8	5,95	11,91	17,86	—	1,0	0,785
2,0	3,142	24,0	6,60	13,19	19,79	26,39	1,1	0,950
2,2	3,801	26,4	7,98	15,96	23,95	31,93	1,2	1,131
2,4	4,524	28,8	9,50	19,00	28,50	38,00	1,3	1,327
2,5	4,908	30,0	10,31	20,62	30,92	41,23	1,4	1,539
2,6	5,309	31,2	11,15	22,30	33,45	44,60	1,5	1,767
2,8	6,158	33,6	12,93	25,86	38,79	51,72	1,6	2,011
3,0	7,069	36,0	14,84	29,69	44,53	59,38	1,7	2,270
3,2	8,042	38,4	16,89	33,78	50,67	67,56	1,8	2,545
3,4	9,079	40,8	19,07	38,13	57,20	76,26	1,9	2,835
							2,0	3,142
3,5	9,621	42,0	20,20	40,41	60,61	80,82		
3,6	10,18	43,2	21,37	42,75	64,13	85,50		
3,8	11,34	45,6	23,82	47,63	71,45	95,26	λ_{max}*) $=$ Ab-	
4,0	12,57	48,0	26,39	52,78	79,17	105,5	stand	
4,2	13,85	50,4	29,09	58,19	87,28	116,4	der Bügel	
4,4	15,21	52,8	31,93	63,86	95,79	127,7		
4,5	15,90	54,0	33,40	66,80	100,2	133,6		
4,6	16,62	55,2	34,90	69,80	104,7	139,6		
4,8	18,10	57,6	38,00	76,00	110,0	152,0		
5,0	19,63	60,0	41,23	82,47	123,7	164,9		

Das hiernach für die freie Länge, Bewehrungseisen ($\lambda_{max} = 12\,d$), sich ergebende Maß, also der Größtwert für die Bügelabstände, ist in Tabelle XVI b, Spalte 3, für Durchmesser von 1,4—5,0 cm enthalten.

---

schlüssen dieser gelenkartig gelagert, so ergibt sich bei deren Abstand $= \lambda$ nach der Eulergleichung:

$$\frac{P_e}{w} = \frac{\pi^2}{4} \frac{E \cdot J_{min}}{\lambda^2},$$

bei vierfacher Sicherheit. Hieraus folgt:

$$\lambda^2 = \frac{w}{P_e}\, 2{,}5\, E\, J_{min} = \frac{w}{P_e}\, 2{,}5 \cdot 2\,200\,000\, \frac{r^4\, \pi}{4},$$

wenn r den Halbmesser des Rundeisens darstellt.

$$\lambda = \sqrt{\frac{w}{P_e}\, 2{,}5 \cdot 2\,200\,000 \cdot \frac{1}{4} \cdot 3{,}14\, r^4} = 2080\, r^2 \sqrt{\frac{w}{P_e}}$$

ein Wert, der bei normalen Verhältnissen immer größer als $12\,d$ ausfällt.

Umschnürte — spiralbewehrte — Säulen (Abb. 143a) sind, wie bereits in Abschnitt 7 ausführlich dargelegt wurde, auf Grund von Versuchsergebnissen zu berechnen. Die erste, für derartige Stützen gültige Gleichung wurde von Considère, dem Erfinder der Betonumschnürung, aufgestellt:

$$P_B = k_b \cdot \alpha F_b + \sigma_1 (F_e + 2{,}4 F_e') \,,$$

worin P_B die Bruchlast der Säule, k_b die Würfelfestigkeit des nicht bewehrten Betons, F_b den von den Spiralen umschlossenen Betonkern,

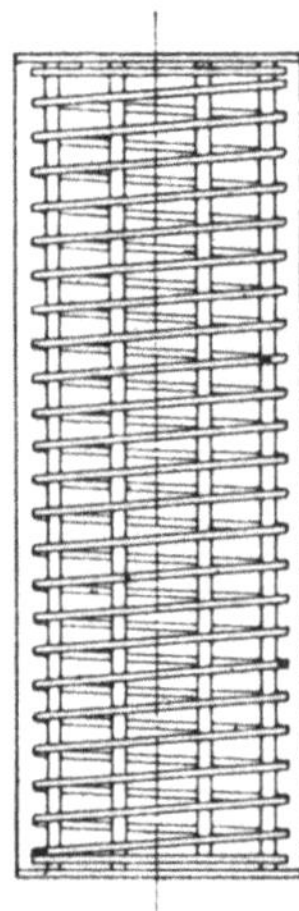

αF_b den gesamten Säulenquerschnitt, σ_1 die Quetschgrenze des Eisens, F_e die Längsbewehrung der Säule und F_e' eine weitere gedachte Längsbewehrung darstellt, deren Gewicht auf die Einheitslänge gleich dem der Spirale ist. Die Gleichung läßt erkennen, daß die Ausnutzung des Eisens in Form der Spirale eine 2,4fach bessere als die in der Längsbewehrung ist, eine Behauptung, deren Richtigkeit durch ausgedehnte Versuche von Mörsch und Bach erwiesen wurde. Wie bereits in Abschnitt 7 erwähnt, lassen diese letzteren Versuche erkennen, daß die Elastizität des Betons bei der Umschnürung dieselbe bleibt wie bei einfacher Längsbewehrung des Betons unter Benutzung einzelner Bügel, daß Ganghöhen der Spirale von $\frac{1}{6}$—$\frac{1}{7}$ ihres Durchmessers zweckmäßig sind, größere Ganghöhen keine guten Bruchergebnisse liefern, und daß endlich eine kräftige Spiralbewehrung auch zugleich, wenn die Tragfähigkeit der Säule hoch sein soll, eine kräftige Längsbewehrung fordert.

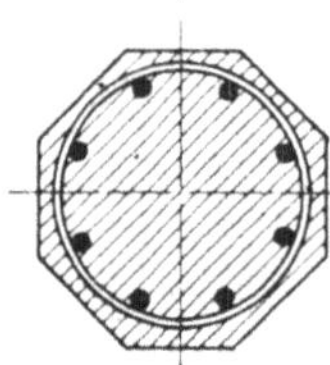

Durch neuere Versuche von Mörsch ist eine ähnliche Gleichung wie die Considèresche abgeleitet:

Abb. 143a.

$$P_B = F_e \sigma_{e_s} + F_k \sigma_{b_B} + m F_{e_s} \sigma_{b_B} \,.$$

In ihr bedeuten: P_B die Bruchlast, F_e die Längsbewehrung, σ_{e_s} die Quetschgrenze des Eisens, F_k den von der Spirale umschlossenen inneren Betonkern, σ_{b_B} die Betondruckfestigkeit, F_{e_s} eine gedachte, der Spirale inhaltlich gleichwertige Längsbewehrung und m einen von σ_{b_B} abhängigen Zahlenwert.

Nach Versuchen von Mörsch[1]) sind für verschiedene Werte von σ_{b_B} die Zahl m und die Größe $m \sigma_{b_B}$ die folgenden:

$$\sigma_{b_B} = 120 \text{ kg/qcm}; \quad m = 71; \quad m\,\sigma_{b_B} = 8520$$
$$\sigma_{b_B} = 160 \text{ kg/qcm}; \quad m = 50; \quad m\,\sigma_{b_B} = 8000$$
$$\sigma_{b_B} = 180 \text{ kg/qcm}; \quad m = 43; \quad m\,\sigma_{b_B} = 7740$$
$$\sigma_{b_B} = 200 \text{ kg/qcm}; \quad m = 34; \quad m\,\sigma_{b_B} = 7480 \; [2]).$$

____

[1]) Vgl. dessen Werk: Der Eisenbetonbau. 4. Aufl. Stuttgart 1912, S. 135ff, 5. Aufl., S. 235 (m im Mittel = 45).

[2]) Der Wert m wird also um so kleiner, je größer σ_{b_B} ist.

Nimmt man (nach Hager)[1] als Mittelwert für die erste Reihe (für σ_{b_B}) im Hinblicke auf den in der Regel besonders guten Säulenbeton rund 190 kg/qcm, für m nahe diesem Werte 45 an, führt man ferner (nach den Versuchen) $\sigma_{e_s} = 2850$ kg/qcm ein und legt gegenüber der Bruchlast eine 5,5fache Sicherheit für die zulässige Säulenbeanspruchung zugrunde, so ergibt sich:

$$\frac{P_B}{5,5} = P = \frac{2850}{5,5} F_e + \frac{190}{5,5} F_k + 45 \cdot \frac{190}{5,5} F_{e_s} \cong 35 \left(F_k + 15 F_e + 45 F_{e_s} \right)$$
$$= 35 \left(F_k + n F_e + 3 n F_{e_s} \right) = \sigma_b F_i . \qquad (90)$$

Dieselbe Gleichung ergibt sich, wenn man $\sigma_{e_s} = 2700$, $\sigma_{b_B} = 180$ und die Sicherheit $= 5$[2] einführt:

$$\frac{P_B}{5,0} = P = \frac{2700}{5,0} F_e + \frac{180}{5,0} F_k + 45 \frac{180}{5,0} F_{e_s}$$
$$\cong 35 \left(F_k + 15 F_e + 45 F_{e_s} \right) = 35 \cdot F_i . \qquad (90\,\text{a})$$

Es wirken also zusammen: die Festigkeit des Kernbetons, die der Längseisen, die der Spiralen; es machen sich also drei an und für sich getrennte Einflüsse geltend.

In den Gleichungen stellt der Klammerausdruck wiederum einen ideellen Verbundquerschnitt dar, in dem das Eisen auf Beton umgerechnet ist, und zwar die Längsbewehrung mit dem $n(=15)$fachen Werte, die die Spirale ersetzenden Längseisen aber mit dem $3\,n$-fachen Betrage $(=45)$ eingeführt sind. Also auch durch diese Versuche gibt sich die Überlegenheit einer Spiralbewehrung — entsprechend den Considèreschen Ermittlungen — gegenüber dem in Form von Längsstäben verwendeten Eisen deutlich zu erkennen. Während bei Considère die Ausnutzung eine 2,4fach so gute ist, ist sie nach den Mörschschen Versuchen eine etwa dreifache. Naturgemäß aber ist die vorstehende Gleichung an die Bedingungen gebunden, unter denen die Versuche stattgefunden haben. Demgemäß schreiben auch die neuen Bestimmungen vor, daß die vorstehende Gleichung nur alsdann angewendet werden darf, wenn:

1. das Verhältnis der Ganghöhe der Schraubenlinie oder der Abstand der Ringe zum Durchmesser des Kernquerschnittes kleiner als $\frac{1}{5}$ ist $\left(s \leqq \frac{D}{5} \right)$;

2. der Abstand der Schraubenwindungen oder der Ringe nicht über 8 cm hinausgeht $(s \leqq 8$ cm$)$;

3. die Längsbewehrung F_e mindestens $\frac{1}{3}$ der Querbewehrung ist $\left(F_e \geqq \frac{F_{e_s}}{3} \right)$;

---

[1] Vgl. dessen Lehrbuch: Theorie des Eisenbetons, S. 32.
[2] Vgl. Mörsch, Der Eisenbetonbau. 4. Aufl. Stuttgart 1912. S. 155; 5. Aufl., S. 214ff., im besonderen S. 235 ff.

4. der ideelle Querschnitt nicht größer als der doppelte gesamte Betonquerschnitt ist: $F_i = (F_k + 15\,F_e + 45\,F_{e_s}) \le 2\,F_b$;

5. entsprechend den längsbewehrten Säulen:

$$F_e \text{ zwischen } \frac{0,8}{100}\,F_b \text{ bzw. } \frac{3}{100}\,F_b \text{ liegt.}$$

Nach Mörsch[1]) sollte ferner, damit die Wirkung der Spirale voll zum Ausdrucke kommt, die Gesamteisenmenge der spiralumschnürten Konstruktion $(F_e + F_{e_s})$ nicht unter 1,5 und nicht über 8 v. H. des Kernquerschnittes liegen, die Längseisen (F_e) zur Spiraleisenmenge F_{e_s} in einem Verhältnisse von 1 : 1 bis 1 : 3 stehen, das Verhältnis der Ganghöhe zum Kerndurchmesser bei einer Spiraleisenmenge bis 2 v. H. des Kernquerschnittes etwa $\frac{1}{7}-\frac{1}{8}$, bei höherer Spiralbewehrung etwa $\frac{1}{8}-\frac{1}{10}$ sein. Ferner ist nach Mörsch eine genügende Sicherheit gegen das Auftreten von Rissen in der Betonumhüllung außerhalb der Spiralbewehrung gegeben, wenn $\dfrac{P}{F_b} \le 0,5\,\sigma_{b_k}$ ist, d. h. die mittlere Druckspannung des gesamten Betonquerschnittes die halbe Würfelfestigkeit nicht erreicht.

Die Größe von F_{e_s} folgt aus der Gleichung:

$$F_{e_s} = \frac{\pi D f_{e_s}}{s}, \tag{91}$$

worin πD die abgewickelte Länge eines Umschnürungsringes vom Querschnitte $= f_{e_s}$, s den Abstand von Nachbarring zu Nachbarring, d. h. die Steigung der Spirale, angibt. Es ist also $F_e \cdot s$ das dem Ringstück $\pi D f_{e_s}$ entsprechende, gleich große Volumen gedachter Längseisen; $F_{e_s} \cdot s = \pi D \cdot f_{e_s}$.

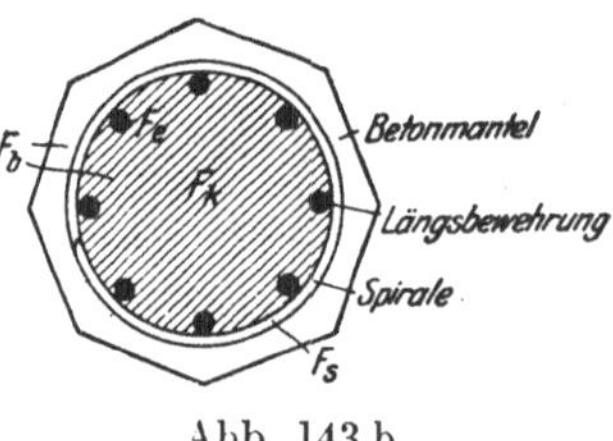

Abb. 143 b.

Bedeutet Abb. 143 b F_k den Kernquerschnitt, d_k seinen Halbmesser, so gilt unter Innehaltung der vorstehenden Bezeichnungen für einen Achteck squerschnitt der umschnürten Verbundsäule:

1. Gesamtbetonquerschnitt: $F_b = 0,8284\,d_b^2$, worin d_b den in das Achteck eingeschriebenen inneren Durchmesser darstellt.

2. Kernquerschnitt: $F_k = \frac{1}{4}\,d_k^2\,\pi$.

3. Längsbewehrung: $F_e = \varphi\,F_k$.

4. Umschnürung auf 1 m Säule: $F_{e_s} = \alpha\,F_e = \alpha\,\varphi\,F_k$. Unter Einführung der Werte φ und α und der Betonspannung $= \sigma_b$ ergibt sich aus Gleichung (90a):

$$\begin{aligned}
P &= \sigma_b(F_k + 15\,F_e + 45\,F_{e_s}) = \sigma_b(F_k + 15\,\varphi\,F_k + 45\,\alpha\,\varphi\,F_k) \\
&= \sigma_b\,F_k(1 + 15\,\varphi + 45\,\alpha\,\varphi)
\end{aligned}$$

---

[1]) Vgl. dessen Eisenbetonbau. 4. Aufl. S. 136/37.

bzw. für die mittlere zulässige Druckspannung $\sigma_b = 35$ kg/qcm $= 0,035$ t/qcm und den Wert von F_k:

$$P = 0,035 \tfrac{1}{4} d_k^2 \pi \, (1 + 15 \, \varphi + 45 \, \alpha \, \varphi); \qquad (90\,\mathrm{b})$$

hieraus folgt:

$$d_k = \sqrt{P \cdot k_4}, \qquad (92)$$

worin

$$k_4 = \sqrt{\frac{4}{0,035 \, \pi \, (1 + 15 \, \varphi + 45 \, \alpha \, \varphi)}}$$

ist. Für eine Anzahl von Werten von α, innerhalb der erlaubten Grenzen liegend, und zwar für $\alpha = 1$, 1,5, 2,0, 2,5 und 3,0 und Prozentzahlen φ, wie sie praktischen Ausführungsverhältnissen entsprechen, sowie auch hier wieder unter Wahrung der zulässigen Grenzen, sind in Tabelle XV in Spalte 8 die Zahlen k_4 ermittelt.

Für die Längsbewehrung ist:

$$F_e = \varphi \, F_k = \varphi \, \frac{P}{0,035 \, (1 + 15 \, \varphi + 45 \, \alpha \, \varphi)} = P \cdot k_5, \qquad (92\,\mathrm{a})$$

worin also

$$k_5 = \frac{\varphi}{0,035 \, (1 + 15 \, \varphi + 45 \, \alpha \, \varphi)}$$

ist; sein Wert ist für die üblichen α- und φ-Werte in Spalte 9 der Tabelle XV auf S. 291 angegeben.

Für F_{e_8} ergibt sich:

$$F_{e_8} = \alpha \, F_e = \alpha \, \varphi \, F_k = P \cdot \frac{\alpha \, \varphi}{0,035 \, (1 + 15 \, \varphi + 45 \, \alpha \, \varphi)} = P \cdot k_6 \quad (92\,\mathrm{b})$$

(vgl. Spalte 10 der Tabelle XV).

Genau wie bei den vorwiegend längsbewehrten Säulen kann man auch hier berechnen, welcher Teil der Gesamtlast (P) aufgenommen wird 1. von dem Betonquerschnitte, 2. von den Längseisen und 3. von der Spirale. Während für die ersten beiden Größen (P_b und P_e) die vorstehend entwickelten Beziehungen sinngemäß gelten, ergibt sich für den Kraftanteil, entfallend auf die Umschnürung $= P_s$ die Beziehung:

$$P_s = 45 \cdot F_{e_8} \, \sigma_b = 45 \, \frac{\pi \, d_k}{s} \, f_{e_8} \cdot \sigma_b = 45 \cdot \frac{3,14}{s} \, d_k \, f_{e_8} \, 0,035 \, ,$$

worin f_{e_8} den Querschnitt eines Ringeisens bzw. der Spirale darstellt. Hieraus ergibt sich:

$$P_s = 4,948 \, f_{e_8} \, \frac{d_k}{s} \, . \qquad (92\,\mathrm{c})$$

worin P_s in t erscheint. Hieraus folgt weiter:

$$f_{e_8} = \frac{s \, P_s}{4,948 \, d_k} \, , \qquad (92\,\mathrm{d})$$

wenn s angenommen wird, oder

$$s = 4{,}948\, f_{e_s} \frac{d_k}{P_s}, \qquad (92\,\text{e})$$

wenn f_{e_s} gewählt wird.

Läßt man in der vorstehenden Gleichung (90 a, S. 295) von Mörsch das letzte, auf die Spirale sich beziehende Glied fort und ersetzt F_k durch den gesamten Betonquerschnitt F_b, so wird: $P_B = 2700\,F_e + 180\,F_b$, und nimmt man hierin wiederum eine fünffache Sicherheit an, so ergibt sich:

$$\frac{P_B}{5} = \frac{2700}{5}\,F_e + \frac{180}{5}\,F_b = 36\,(F_b + 15\,F_e) = \sigma_b\,(F_b + 15\,F_e),$$

d. h. die Gleichung, welche voranstehend für die Bewehrung, vorwiegend durch Längseisen, aufgestellt wurde. Durch Versuchsrechnung überzeugt man sich, daß die Gleichung von Mörsch nur für kräftige Um-

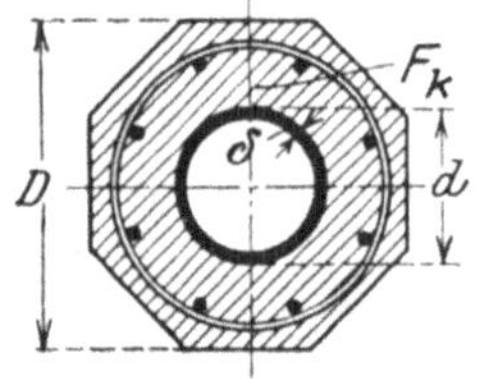

Abb. 144.

schnürung größere Werte liefert, als wenn man die Säulen nur längsbewehrt rechnet. Für eine schwache Umschnürung bietet die Gleichung von Mörsch also keinen Vorteil (vgl. auch die Zahlenbeispiele in Abschnitt 20).

Für umschnürtes Gußeisen (Abb. 144) rechnet v. Emperger auf Grund seiner Versuche, daß die Bruchlast durch das Zusammenwirken der Festigkeit des umschnürten Betonquerschnittsteiles (F_k), der eingebetteten Längseisen (F_e), ihrer Spiralbewehrung (F_{e_s}) und des Gußeisenkernes (F_g) gebildet wird:

$$P_B = F_k\,\sigma_{b_B} + F_e\,\sigma_{e_s} + 2\,F_{e_s}\,\sigma_{e_s} + F_g\,\sigma_g\,,$$

worin σ_{b_B} und σ_{e_s} die bekannte Bedeutung besitzen, σ_g die Druckfestigkeit des Gußeisens darstellt [1]). Auch hier wird die Wirkung der an Stelle der Spirale gedachten Längseisen, gegenüber diesen selbst, doppelt bewertet.

Aus der Gleichung wird die zulässige Belastung (Abb. 144) in der Form:

$$P = \sigma_b\,F_i + \pi\,d\,\delta \cdot \sigma_g = \sigma_b\,(F_b + 15\,F_e + 30\,F_{e_s}) + \pi\,d\,\delta\,\sigma_g \qquad (93)$$

abgeleitet, eine Beziehung, die aber nur so lange Gültigkeit hat, als die Säule weniger als 10 v. H. Gußeisen besitzt. Ist die Gußeiseneinlage eine höhere als 10 v. H. des Gesamtquerschnittes, so tritt nach

---

[1]) Vgl. hierzu die Ausführungen von Domke in Beton u. Eisen 1912, Heft 4, die nachweisen, daß mit einer Addition der Festigkeiten, wie oben vorgenommen, auch tatsächlich gerechnet werden kann, sowie: Eine neue Verwendung des Gußeisens für Säulen (von v. Emperger). Berlin 1911. Verlag von Ernst & Sohn, Berlin-Wien 1913. S. 137. Österreich. Wochenschrift f. d. öffentl. Baudienst. 1914, Heft 30 und 1915, S. 160 (Aufs. von v. Thullie) und Zeitschr. Gießerei 1914, Heft 5 und 6. Versuche über zulässige Lasten bei Säulen aus umschnürtem Gußeisen; sowie Beton u. Eisen 1911 u. folg. Jahrg.

den Versuchen noch eine Knickungszahl (k) dem letzten Gliede zu. Alsdann ist zu rechnen nach:

$$P = \sigma_b F_i + k\,\pi\,d\,\delta\,\sigma_g \,. \qquad (93\,\mathrm{a})$$

In beiden Gleichungen ist σ_b die zulässige Betondruckspannung, d der äußere Durchmesser der Gußeisensäule, δ deren Wandstärke und σ_g die zugesicherte Mindestwürfelfestigkeit des Gußeisens. k ist nach den Versuchen abhängig einmal vom Verhältnisse der freien Säulenlänge zum äußeren Durchmesser $\left(\dfrac{L}{D}\right)$ und zum anderen von dem Verhältnisse $\dfrac{d}{D}$, also dem Quotienten aus dem äußeren Durchmesser der Gußeisenbewehrung zu dem der Gesamtsäule. Für die Größe k gibt v. Emperger die nachfolgende Tabelle:

$\dfrac{L}{D}$	$\dfrac{d}{D}$					$\dfrac{L}{D}$	$\dfrac{d}{D}$				
	0,8	0,7	0,6	0,5	0,4		0,9	0,7	0,6	0,5	0,4
5	0,65	0,65	0,65	0,65	0,65	9	0,60	0,58	0,53	0,56	0,47
6	0,65	0,65	0,64	0,63	0,62	10	0,58	0,55	0,51	0,46	0,37
7	0,64	0,63	0,62	0,61	0,59	11	0,56	0,52	0,46	0,39	0,25
8	0,62	0,61	0,60	0,57	0,55	12	0,54	0,48	0,40	0,30	0,10

Wie v. Thullie[1]) nachweist, kann — bis zahlreichere Versuchsreihen vorliegen — das vorstehend angegebene Bestimmungsverfahren von P mit genügender Sicherheit benutzt werden.

Der Patentschutz des umschnürten Gußeisens (D. R. P. 291 068) erstreckt sich in Deutschland nur auf die besondere Art der Bewehrung, dadurch gekennzeichnet, daß die Abstände der Querbewehrung des Mantels gleich oder kleiner sind als die Manteldicken.

19. Die Knickfestigkeit der Verbundstützen.

Nur wenn die Höhe einer zentrisch belasteten Säule mehr als das 15fache der kleinsten Querschnittsabmessung beträgt, ist die Stütze auf Knicken nachzurechnen (§ 17, 9 der neuen Bestimmungen). Diese Vorschrift gilt gleichmäßig sowohl für vorwiegend längsbewehrte als auch spiralbewehrte Säulen, da durch Versuche nachgewiesen ist, daß die Umschnürung die Knickfestigkeit der Verbundstützen nicht vermehrt. Vorgeschrieben für die Untersuchung der Säulen ist die Eulersche Gleichung, die allerdings im Hinblicke auf die mangelnde Elastizität der Verbundsäule wenig geeignet erscheint, auch — wie das Zahlenbeispiel auf S. 305 erkennen läßt — u. U. zu durchaus unwahrschein-

---

[1]) Vgl. Beton u. Eisen 1917.

lichen Ergebnissen führt. Legt man den Normalfall der Eulerschen Gleichung zugrunde, nimmt man also an, daß die Säule beiderseits gelenkig gelagert ist, rechnet man ferner mit einer zehnfachen Sicherheit und einer Elastizitätszahl des Betons von 140 000 kg/qcm, so ergibt sich:

$$P = \frac{\pi^2 \, E \, J_{min}}{s \, l^2} = \frac{10 \cdot 140\,000 \, J_{min}}{10 \cdot l^2} = \frac{140\,000 \, J_{min}}{l^2} \; ; \qquad J_{min} = \frac{P \cdot l^2}{140\,000} \, .$$

Soll J sich in cm-Einheiten ergeben, der Einfachheit der Rechnung halber aber P in t, l in m eingeführt werden, so wird auch E in t/qm einzusetzen und die rechte Seite der Gleichung mit 100^4 zu multiplizieren sein:

$$J_{min} = \frac{P \cdot l^2 \cdot 100^4}{1\,400\,000} \cong 70 \, P \, l^2. \tag{94}$$

Besser als die Euler-Gleichung eignet sich die von W. Ritter[1]) aufgestellte Knickgleichung, die aus der Formänderungslinie des Betons hergeleitet wird:

$$\sigma_k = \text{Knickspannung} = \frac{\sigma_b}{1 + 0{,}0001 \left(\dfrac{l}{i}\right)^2} \, ,$$

worin σ_b die zulässige Betondruckspannung, also ein Wert zwischen 35 und 25 kg/qcm ist. Auf Grund der Bachschen Versuche hat Mörsch für Verbundstützen den Beiwert 1,25 für σ_b vorgeschlagen, so daß demgemäß die Formel lautet:

$$\sigma_k = \frac{1{,}25 \, \sigma_b}{1 + 0{,}0001 \left(\dfrac{l}{i}\right)^2} \, . \tag{94a}$$

Sie hat den Vorzug, daß sie einmal das Schlankheitsverhältnis der Säule $\dfrac{l}{i} = \dfrac{\text{Länge}}{\text{Trägheitsradius}}$ berücksichtigt, und zum anderen eine Anpassung an die verschieden hoch zugelassene Betondruckspannung gestattet.

Geht man von einem quadratischen Grundrisse aus (Seite $= b$), so ist, allerdings ohne Berücksichtigung der Eiseneinlagen, also auch nur angenähert:

$$J = \frac{b^4}{12} \; ; \qquad F = b^2, \text{ also: } \frac{J}{F} = i^2 = \frac{b^2}{12} \; ;$$

$$\frac{l}{i} = \frac{l}{b} \sqrt{12} = 3{,}464 \, \frac{l}{b} \, .$$

<hr>

[1]) Vgl. Schweizer Bauzeitung 1899.

Ebenso ergibt sich für einen Rechtecksquerschnitt mit $b < a$:

$$J_{\min} = \frac{a\,b^3}{12}; \qquad F = a\,b; \qquad i^2 = \frac{b^2}{12}; \qquad \frac{l}{i} = 3{,}464\,\frac{l}{b}.$$

Demgemäß kann man die vorstehende Gleichung auch in der angenäherten Form schreiben:

$$\sigma_k = \frac{1{,}25\,\sigma_b}{1 + 0{,}0001\left(3{,}464\,\dfrac{l}{b}\right)^2} = \frac{1{,}25\,\sigma_b}{1 + 0{,}0012\left(\dfrac{l}{b}\right)^2}. \tag{94 b}$$

Hierbei erübrigt sich die Berechnung von i.

Ist eine Stütze exzentrisch belastet oder die Möglichkeit vorhanden, daß sie einen seitlichen Druck erhält, so sind neben dem Nachweise der Knicksicherheit die größten Kantenpressungen aus der Gleichung:

$$\sigma_b = -\frac{P}{F} \pm \frac{M}{W}$$

zu entwickeln. Beträgt die Höhe der Stütze mehr als das 20fache der kleinsten Querschnittsabmessung, so ist M noch um den Wert $\dfrac{P \cdot l}{200}$, der der Wirkung der Knickkraft am Hebelsarme $f =$ der Durchbiegung Rechnung tragen soll, zu vermehren (§ 17, 10 der neuen Bestimmungen).

Liegt also (Abb. 145) ein Querschnitt $a\,b\,c\,d$ mit den Abmessungen $a \cdot b$ vor, der durch eine in einer Schwerachse in Entfernung von e exzentrisch wirkenden Last P beansprucht wird, so ist: $F = a \cdot b$; $W = \dfrac{b\,a^2}{6}$; $M = (e + f)\,P$ und somit:

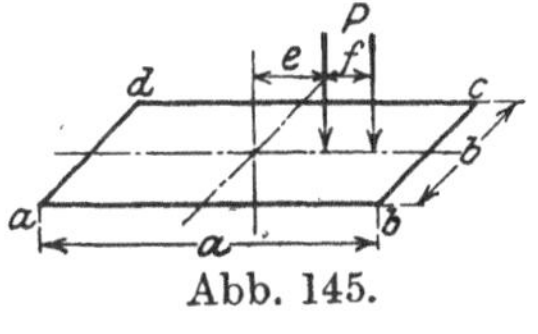

Abb. 145.

$$\sigma = -\frac{P}{a \cdot b} \mp \frac{P\,(e + f)}{\dfrac{b\,a^2}{6}} = -\frac{P}{a\,b}\left(1 \pm \frac{6\,e}{a} \pm \frac{6\,f}{a}\right)$$

$$\sigma = -\sigma_m \mp \sigma_m\,\frac{6\,e}{a} \mp \sigma_m\,\frac{6\,f}{a}, \tag{95}$$

wenn σ_m die mittlere Spannung im Querschnitte bei zentralem Kraftangriffe von P angibt.

Wird $f = \dfrac{l}{200}$ eingeführt, so ist das letzte Glied:

$$\Delta\sigma = \frac{\sigma_m\,6\,\dfrac{l}{200}}{a} = \frac{P}{a \cdot b}\,\frac{6\,l}{200 \cdot a} = \frac{6}{200}\,\frac{P \cdot l}{a^2 \cdot b}$$

gegenüber der reinen Druckspannung bei zentraler Belastung:

$$\sigma_m = \frac{P}{a \cdot b}.$$

Hieraus folgt:

$$\frac{\varDelta \sigma}{\sigma_m} = \frac{6\,l}{200\,a} = \frac{0,03\,l}{a},$$

vgl. hierzu das Zahlenbeispiel auf S. 306.

20. Zahlenbeispiele zur Berechnung der Verbundstützen.

1. Eine Säule mit quadratischem Querschnitte, 30 cm Seitenlänge und vier Eisen an den Ecken von je 2 cm Durchmesser, sei durch eine zentrische Last von 30000 kg belastet; die auftretenden Spannungen sind zu ermitteln.

Es ist:

$$\sigma_b = \frac{P}{F_b + n\,F_e} = \frac{30\,000}{900 + 15 \cdot 4 \cdot \dfrac{2,0^2\,\pi}{4}} = \frac{30\,000}{900 + 15 \cdot 12,57}$$

$$= \frac{30\,000}{1086} = 27,5 \; \text{kg/qcm}.$$

Demgemäß wird $\sigma_e = 15 \cdot 27,5 = 413$ kg/qcm.

Wollte man hier die Querschnittsschwächung des Betons durch die Eiseneinlagen in Rechnung stellen, so würde sich ergeben:

$$\sigma_b = \frac{30\,000}{900 - 4 \cdot \dfrac{2,0^2\,\pi}{4} + 15 \cdot 4 \cdot \dfrac{2,0^2\,\pi}{4}} = \frac{30\,000}{900 + 14 \cdot 4 \cdot 3,14}$$

$$= \frac{30\,000}{1073} = \text{rd } 28,0 \; \text{kg/qcm}.$$

Man erkennt, daß bei der verhältnismäßig geringen Bewehrung der Verbundsäulen normaler Bauart eine Berücksichtigung der Betonschwächung sich erübrigt.

2. Eine Betonstütze soll mit 2 v. H. Längseisen verstärkt werden, ein Rechteck als Grundriß von 2 : 3 erhalten und eine Last von 40 t = 40000 kg zentrisch zu tragen vermögen. Gesucht sind die Abmessungen.

Nach den Gleichungen auf S. 289 ergibt sich:

$$F_b = 0,0222 \; P = 0,0222 \cdot 40\,000 = 888 \; \text{qcm}.$$

Demgemäß ist: $F_e = \frac{2}{100}\, 888 = 17,76$ qcm. Gewählt werden vier Rundeisen von 24 mm Durchmesser; $F_e = 18,1$ qcm. Für den Betonquerschnitt mit der kleinen Seite a ergibt sich: $F_b = a \, 1{,}5 \, a = 1{,}5 \, a^2 = 888$

$$a = 24{,}33 \text{ cm.}$$

Die Säule erhält zweckmäßig einen Querschnitt von $25 \cdot 36 = 900$ qcm Querschnitt.

3. Eine umschnürte Verbundsäule hat einen äußeren Durchmesser von 45 cm, eine Umschnürung von 40 cm ($F_k = 1256$ qcm), also einen 2,5 cm starken Betonmantel. Die Bewehrung setzt sich zusammen aus 6 Längseisen von je 2 cm Durchmesser, $F_e = 6 \cdot 3{,}14 = 18{,}84$ qcm, und einer Spirale von einer Steigung $s = 4{,}2$, einem Durchmesser $= 1{,}0$ cm, also einem Querschnitte $F = 0{,}79$ qcm. Demgemäß wird:

$$F_{e_s} = \frac{3{,}14 \cdot 40}{4{,}2} \cdot 0{,}79 \cong 24 \text{ qcm.}$$

Die gesuchte Tragfähigkeit der Säule bei $\sigma_b = 35$ kg/qcm wird somit: $P = 35 \, (1256 + 15 \cdot 18{,}84 + 45 \cdot 24) = 35 \cdot F_i = 35 \cdot 2620 = 91\,700$ kg. Die Zulässigkeit der Rechnung wird durch den Nachweis erwiesen, daß (vgl. S. 295):

1. $s : D = 4{,}2 : 40 < \frac{1}{5}$.

2. $s = 4{,}2 < 8$ cm.

3. $F_e = 18{,}84 > \frac{1}{3} F_{e_s} > \frac{1}{3} \cdot 24$.

4. $F_i < 2 F_b$; $\qquad F_i = 2620 < 2 \cdot \dfrac{45^2 \pi}{4} < 2 \cdot 1590 < 3180$ qcm.

5. $F_e > 0{,}008 \, F_b < \frac{3}{100} F_b$; $\quad F_e = 18{,}84 > 12{,}72$ qcm $< 47{,}7$ qcm.

Wollte man die obige umschnürte Säule nach der Gleichung für vorwiegend längsbewehrte Stützen berechnen, so ergäbe sich:

$$P = \sigma_b \, (F_b + 15 \, F_e) = 35 \, (1590 + 15 \cdot 18{,}84) = 35 \cdot 1873 = \text{rd } 64\,560 \text{ kg,}$$

d. h. es ergäbe sich ein erheblich kleinerer Wert als vorstehend gefunden ($P = 91\,700$ kg). Es zeigt sich mithin, daß ausreichend gut umschnürte Säulen auch nur als solche berechnet werden dürfen; eine Ermittelung der Last unter Zugrundelegung einer vorzugsweisen Längsbewehrung, also zu unrichtigen Ergebnissen führt, weil sie die Spirale und ihre Wirkung nicht berücksichtigt.

Der Anwendung der Zusammenstellungen XV und XVI a b dienen die nachfolgenden Beispiele:

4. Gegeben ist: $P = 180$ t. φ sei zu 0,014 gewählt. Nach der Tabelle XV auf S. 291 (Spalte 2) ergibt sich alsdann für den quadratischen Querschnitt:

a) $d_b = 4{,}86 \sqrt{180} = 65{,}2$ cm; $\quad F_e = 0{,}331 \cdot 180 = 59{,}8$ cm² (Spalte 3) und für den Achtecksquerschnitt (Spalte 4):

b) $d_b = 5{,}34 \sqrt{180} = 71{,}6$ cm; $\quad F_e = 0{,}331 \cdot 180 = 59{,}8$ cm² (wie vorher!).

Gewählt werden 8 Eisen vom Durchmesser $= 30$ mm ($F_e = 56,55$ qcm). Aus Tafel XVIb auf S. 293 folgt bei quadratischer Säule: $P_e = 29,69$ t (Spalte 5); mithin verbleibt $P_b = 180 - 29,69 = 150,31$ t. Nach Tabelle XVIa (Spalte 2) gehört zu $P_b = 152,5$ t ein $d_b = 66$ cm. Wird mithin eine Säule gewählt von 66 cm Seite und einer Bewehrung von 8 Stück 30er Eisen, so kann die Säule tragen:

$$152,5 + 29,69 = 182,19 \text{ t} > 180 \text{ t.}$$

Die Tabellen XVIa und b gestatten mithin, nachdem man die Anzahl und Durchmesser der Eiseneinlagen auf Grund der Rechnung bestimmt hat, die zu ihnen gehörende möglichst wirtschaftliche Betonabmessung zu finden.

Für den Achtecksquerschnitt ergibt sich in gleicher Weise $P_e = 29,69$ t und aus Tabelle XVIa: für $P_b = 150,3$ t, $d_b = 72$ cm.

Somit trägt diese Säule: $150,3 + 29,69 = $ rd. 180 t.

5. Eine spiralbewehrte Stütze hat zu tragen: $P = 180$ t. Für diese Last ergibt sich mit Hilfe der Tabelle XVa (S. 291) für schwache Umschnürung mit $\alpha = 1$, $\varphi = 0,014$:

$$d_k \doteq 4,45 \sqrt{180} = 59,6 \text{ cm.} \qquad \text{(Spalte 8.)}$$
$$F_e = 0,217 \cdot 180 = 39 \text{ cm}^2. \qquad \text{(Spalte 9.)}$$
$$F_{e_s} = 0,217 \cdot 180 = 39 \text{ cm}^2. \qquad \text{(Spalte 10.)}$$

Wählt man zur Umschnürung eine Spirale von 12 mm Durchmesser $f_{e_s} = 1,131$ (vgl. Spalte 8 und 9 der Tabelle XVIb, S. 293), so wird: nach Gleichung (91)

$$s = \frac{\pi d_k}{F_{e_s}} f_{e_s} = \frac{3,14 \cdot 59,6}{39} 1,131 = 5,45 \text{ cm.}$$

Ferner wählt man: $d_b = 59,6 + 5,4 = 65$ cm, gibt also der Spirale eine Betonüberdeckung von je 2,7 cm.

b) Für starke Bewehrung, $\alpha = 2$, $\varphi = 0,014$, wird (Tabelle XV):

$$d_k = 3,84 \sqrt{180} = 51,5 \text{ cm;}$$
$$F_e = 0,162 \cdot 180 = 29,2 \text{ cm}^2;$$
$$F_{e_s} = 0,324 \cdot 180 = 58,4 \text{ cm}^2.$$

Wählt man für die Spirale einen Durchmesser von 1,6 cm, so wird: $f_{e_s} = 2,011$ cm^2 (Spalte 9, Tabelle XVIb):

$$s = \frac{3,14 \cdot 51,5}{58,4} \cdot 2,011 = 5,57 \text{ cm;}$$
$$d_b = 51,5 + 5,5 = 57 \text{ cm.}$$

Da die Tafel XV die Vorschrift $F_k + 15\,F_e + 45\,F_{e_s} \leqq 2\,F_b$ berücksichtigt, ist in dieser Hinsicht eine Kontrolle nicht erforderlich.

5a. Ist für die Last $P = 180$ t ein $d_k = 53$ cm gegeben, so folgt aus Tabelle XVIa, S. 292, Spalte 5: $P_b = 77,21$ t. Für eine Bewehrung

$F_e = 8$ Rundeisen 22 wird $P_e = 15\,\sigma_b\,F_e = 15 \cdot 0,035 \cdot 30,41 = 15,96$ t[1]). Hieraus folgt: $P_s = 180 - 77,21 - 15,96 = 86,83$ t. Wird zur Umschnürung eine Spirale vom Durchmesser des Eisens $= 1,6$ cm, also $F_{e_s} = 2,011$ verwendet, so wird gemäß Gl. (92e):

$$s = 4,948 \cdot 2,011\,\frac{53}{86,83} = \text{rd. 6 10 cm.}$$

6. Eine Säule $30 \cdot 30 \text{ cm}^2$ im Querschnitt, möge eine Länge von $16 \cdot 30 \text{ cm} = 480 \text{ cm} = 4,80$ m besitzen. Da hier das Verhältnis $\frac{1}{15}$ überschritten wird, ist mithin auf Knickung zu rechnen. Die einzelnen Eisen von je 23 mm Durchmesser ($f_e = 4,15$ qcm) liegen im Abstande von 12 cm von der Säulenachse, also 3 cm von der Säulenaußenfläche, entfernt. Hieraus ergibt sich:

$$J = \frac{30,0^4}{12} + 4 \cdot 15 \cdot 4,15 \cdot 12^2 = 103\,350 \text{ cm}^4$$

und somit:

$$P = \frac{103\,350}{70 \cdot 4,8^2} = \frac{103\,350}{70 \cdot 23,04} = \text{rd 64 t,} \qquad (93)$$

d. h. die Säule würde erst bei einer Knicklast von $10 \cdot 64 = 640$ t ausknicken — ein durchaus unwahrscheinliches Ergebnis.

Rechnet man nach der Ritter-Mörsch-Gleichung (94b, S. 301):

$$\sigma_k = \frac{1,25\,\sigma_b}{1 + 0,0012 \left(\dfrac{l}{b}\right)^2},$$

so ergibt sich:

$$\frac{l}{b} = \frac{480}{30} = 16\,; \qquad \left(\frac{l}{b}\right)^2 = 256 \text{ und für } \sigma_b = 35 \text{ kg/qcm :}$$

$$\sigma_k = \frac{1,25 \cdot 35}{1 + 0,0012 \cdot 256} = \frac{1,25}{1,307} \cdot 35 = \text{rd 33,4 kg/qcm.}$$

Demgemäß vermag die Säule auf Knicken bei ausreichender Sicherheit zu tragen:

$$P = \sigma_k\,F_i = \sigma_k\,(F_b + n\,F_e) = 33,4 \cdot (900 + 15 \cdot 4 \cdot 4,15) = 33,4 \cdot 1150$$
$$= \text{rd 38 300 kg,}$$

---

[1]) Vgl. auch Tabelle XVI b, Spalte 5.

d. h. die Säule trägt nach dieser Rechnung nur etwa 60 v. H. der Last, die sich nach Euler ergab[1]).

7. Eine Verbundsäule mit quadratischem Querschnitte von 20 cm Seite und 500 cm Länge sei durch eine im Abstande $e = 2$ cm von der Achse entfernt wirkende Kraft $P = 5000$ kg belastet. Wie hoch stellen sich die Randspannungen im Beton nach der auf S. 301 gegebenen Annäherungsrechnung?

Es ist:

$$f = \frac{l}{200} = \frac{500}{200} = 2,5 \text{ cm},$$

$$\sigma = - \sigma_m \mp \sigma_m \frac{6\,e}{a} \mp \sigma_m \frac{6\,f}{a}$$

ferner:

$$\sigma_m = \frac{5000}{20 \cdot 20} = 12,5 \text{ kg/qcm}.$$

$$\sigma_m \frac{6\,e}{a} = 12,5 \cdot \frac{6 \cdot 2,0}{20} = 12,5 \cdot \frac{6}{10} = 7,5 \text{ kg/qcm}.$$

$$\sigma_m \frac{6\,f}{a} = 12,5 \cdot \frac{6 \cdot \dfrac{l}{200}}{20} = 12,5 \frac{6 \cdot \dfrac{500}{200}}{20} = 12,5 \cdot 0,75 = 9,4 \text{ kg/qcm}.$$

Hieraus folgt:

$$\sigma_{b_d} = - 12,5 - 7,5 - 9,4 = - 29,4 \text{ kg/qcm},$$

$$\sigma_{b_z} = - 12,5 + 7,5 + 9,4 = + 4,4 \text{ kg/qcm}.$$

Es verhält sich:

$$\Delta\,\sigma : \sigma_m = 0,03\,l : a = 0,03 \cdot 500 : 20 = 15 : 20 = 3 : 4,$$

---

[1]) Ein ähnliches Ergebnis liefert die Ritter-Mörsch-Formel in der Form:

$$\sigma_k = - \frac{1,25\,\sigma_b}{1 + 0,0001 \left(\dfrac{l}{i}\right)^2};$$

$$i^2 = \frac{103\,350}{1150} = \text{rd } 90 \; ; \quad \left(\frac{l}{i}\right)^2 = \frac{480^2}{90} = 2560 \; ;$$

$$\sigma_k = \frac{1,25 \cdot 35}{1 + 0,0001 \cdot 2560} = \frac{1,25 \cdot 35}{1,2560} = \text{rd } 34,8 \text{ kg/qcm}.$$

Daß beide Ergebnisse nicht genau übereinstimmen, liegt daran, daß bei Entwicklung der Gleichung

$$\sigma_k = \frac{1,25\,\sigma_b}{1 + 0,0012 \left(\dfrac{l}{b}\right)^2}$$

das Trägheitsmoment zu $\dfrac{b^4}{12}$ angenommen, also das Eisen nicht berücksichtigt ist. Immerhin liefert aber diese Annäherungsgleichung durchaus verwendbare Ergebnisse. Eine Annäherungsrechnung will aber bei der Unsicherheit, die in bezug auf die Knickfrage überhaupt noch herrscht, als durchaus erlaubt erscheinen.

$\Delta \sigma = \tfrac{3}{4}\,\sigma_m = 0{,}75\,\sigma_m$, d. h. 75 v. H. der mittleren Spannung $= \tfrac{3}{4} \cdot 12{,}5$ $= 9{,}4$, wie oben bereits gefunden wurde.

8a[1]). Ein im Erdgeschoß stehender zentrisch belasteter Eisenbetonpfeiler von 30×30 cm Querschnitt mit 4 Rundeisen von 20 mm, also 12,6 qcm Gesamtquerschnitt der Eisen ist bei einer Knicklänge von 5 m mit 38 000 kg einschließlich Eigengewicht zentrisch belastet, vgl. Abb. 146a. Die Beton- und Eisenspannungen sollen berechnet werden.

Die Längseisen machen 1,4 v. H. des Betonquerschnitts aus. Nach § 17, Ziffer 6 gilt daher die Formel:

$$\sigma_b = \frac{P}{F_b + 15\,F_e} = \frac{38\,000}{30 \cdot 30 + 15 \cdot 12{,}6} = \frac{38\,000}{1089} = 34{,}9 \text{ kg/qcm}$$

$$\sigma_e = n \cdot \sigma_b = 15 \cdot 34{,}9 = 524 \text{ kg/qcm}.$$

Nach § 18, Ziffer 3b beträgt die zulässige Druckspannung des Betons $\sigma_b = 35$ kg/qcm.

Da die Höhe des Pfeilers mehr als das 15fache der kleinsten Querschnittsabmessung beträgt, ist er nach § 17, Ziffer 9 auch auf Knicken zu berechnen. Das erforderliche Trägheitsmoment ist

$$J = 70\,P \cdot l^2 = 70 \cdot 38 \cdot 5^2 = 66\,500 \text{ cm}^4.$$

Vorhanden ist ein Trägheitsmoment von

$$J = \frac{30^4}{12} + 15 \cdot 12{,}6 \cdot 11{,}8^2 = 93\,800 \text{ cm}^4.$$

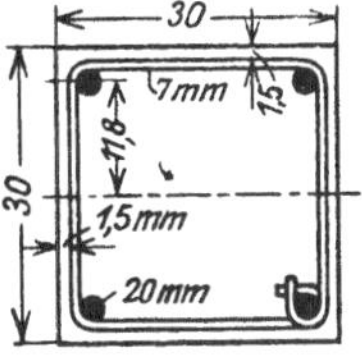

Abb. 146a.

Der Abstand der Bügel (Rundeisen von 7 mm Durchmesser) beträgt 20 cm, das ist weniger als 30 cm und weniger als $12 \cdot 2{,}0 = 24$ cm (vgl. § 17, Ziffer 6). Die Überdeckung der Bügel muß nach § 9, Ziffer 7 mindestens 1,5 cm sein.

8b. Derselbe Pfeiler sei durch eine schräge Last beansprucht, vgl. Abb. 146b.

An dem hier vorliegenden Eisenbetonpfeiler ist in 1 m Entfernung von der Decke ein Transmissionsträger angebracht. Durch die Welle wird in einem Abstande von 50 cm von Mitte Pfeiler ein unter 30° nach unten gerichteter Zug von 500 kg übertragen. Die Eiseneinlagen des Pfeilers sind auf 4 Rundeisen 26 mm mit 21,24 qcm Querschnitt verstärkt worden. Die Spannungen sind zu berechnen. Eine etwaige Einspannung des Peilers bleibt unberücksichtigt. Die dann ent-

---

[1]) Entnommen den Musterbeispielen zu den Bestimmungen vom 13. I. 1916 nach dem Zentralbl. d. Bauv. 1919, Nr. 48.

stehende äußere Belastung und die Momente sind in Abb. 146b dargestellt [1]). Es ist

$$M_{\max} = \frac{P_2 \cdot m \cdot a}{l} + \frac{P_1 \cdot a \cdot b}{l} = \frac{433 \cdot 0,5 \cdot 1,0}{5,0} + \frac{250 \cdot 1,0 \cdot 4,0}{5,0}$$

$$= 43,3 + 200 = 243,3 \;\text{kg} \cdot \text{m}.$$

Zu diesem Angriffsmoment käme das Moment der Normalkraft am Hebelarm der Durchbiegung hinzu. Jedoch wird die Berücksichtigung eines derartigen Zusatzmomentes in den Bestimmungen nur dann gefordert, wenn die Höhe der Stütze mehr als das 20fache der kleinsten Querschnittabmessung beträgt (§ 17, Ziffer 10). In einem solchen Falle müßte M um den Wert $P \cdot \dfrac{l}{200}$ vermehrt werden. Da dies hier nicht zutrifft, bleibt das Zusatzmoment unberücksichtigt. Nach § 17, Ziffer 10 sind die größten Kantenpressungen zu berechnen aus der Gleichung:

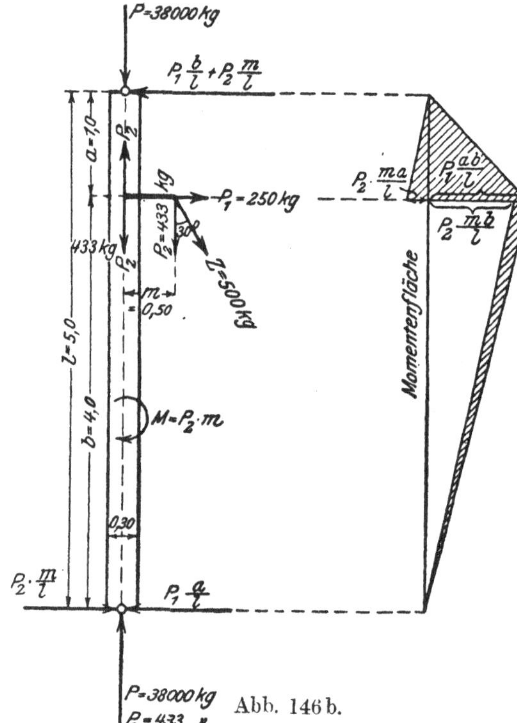

Abb. 146 b.

<hr>

[1]) Der Pfeiler ist so angeschlossen gedacht, daß er in senkrechter Richtung — also für die vorliegende Wirkung von P_1 — als Träger auf 2 Stützen aufgefaßt werden kann und zudem auch an seinen Lagerstellen das durch die Momentenwirkung $m\,P_2$ übertragene Moment aufzunehmen vermag. Im ersteren Sinne ergeben sich alsdann Auflagerdrücke $= P_1 \dfrac{b}{l}$ oben und $= P_1 \dfrac{a}{l}$ unten, während dem Kräftepaar $m \cdot P_2$ ein entsprechendes $= X\,l$ das Gleichgewicht halten muß, wobei X an der Stütze oben und unten angreift, oben von rechts nach links, unten umgekehrt gerichtet, um ein der Drehrichtung $P_2\,m$ entgegengesetztes Moment zu erzeugen. Demgemäß werden die hierdurch bedingten Kräfte X aus der Beziehung:

$$X \cdot l = P_2 \cdot m \;\text{ abzuleiten sein,}$$

$$X = \frac{P_2 \cdot m}{l}.$$

$$\sigma = \frac{P}{F} \pm \frac{M}{W}\,.$$

$$J = \frac{30^4}{12} + 15 \cdot 21{,}24 \cdot 11{,}5^2 = \text{rd. } 109\,600 \text{ cm}^4$$

$$W = \frac{J}{15} = 7300 \text{ cm}^3; \quad F = 30 \cdot 30 + 15 \cdot 21{,}24 = 1219 \text{ qcm}$$

$$\sigma_b = \frac{38\,000 + 433}{1219} \pm \frac{24\,330}{7300} = 31{,}5 \pm 3{,}3 = \begin{cases} 34{,}8 \text{ kg/qcm Druck} \\ 28{,}2 \quad\;\; \text{,,} \end{cases}$$

σ_b ist nach § 18, Ziffer 4c zu höchstens 35 kg/qcm anzunehmen; dabei darf nach § 18, Ziffer 7 der Wert $\dfrac{P}{F}$ aber den in Ziffer 3b angegebenen Wert von 35 kg/qcm nicht überschreiten. Beide Bedingungen sind erfüllt.

Außerdem ist der Nachweis der Knicksicherheit gemäß § 17, Ziffer 9 zu erbringen. Es ist

erforderlich: $J = 70\,P \cdot l^2 = 70 \cdot 38{,}433 \cdot 25 = 67\,260 \text{ cm}^4$,

vorhanden: $J = 109\,600 \text{ cm}^4$.

21. Die Spannungen in Verbundquerschnitten bei Beanspruchung durch eine Normalkraft und ein Biegungsmoment.

Die Ermittelung der Spannungen bei gegebenem Querschnitte.

1. Der durch ein Moment und eine Normalkraft belastete Querschnitt erhält nur einheitliche Spannungen.

a) Der Rechtecksquerschnitt mit doppelter Bewehrung.

Die Normalkraft P sei eine Druckkraft und greife vom Schwerpunkt des Verbundquerschnittes in der Entfernung $= e$ an. Die weiteren für die rechnerische Behandlung notwendigen Größen sind aus der

---

Daraus endlich ergibt sich das Gesamtbiegungsmoment im gefährlichen Querschnitte, in dem P_1 und P_2 angreifen, zu:

$$M = \left(\frac{P_2 m}{l} + P_1 \frac{b}{l}\right) \cdot a \quad \text{bzw.} = \left(-\frac{P_2 m}{l} + \frac{P_1 a}{l}\right) b\,.$$

Letzteres Moment kommt als kleiner nicht in Frage.

Abb. 147 zu entnehmen. Unter Benutzung der üblichen Bezeichnungen ist:

1) $\qquad F_i = b\,h + n\,(F_e + F_e')$

2) $\qquad x = \dfrac{\dfrac{b\,h^2}{2} + n\,F_e\,(h - a) + n\,F_e'\,a'}{b\,h + n\,(F_e + F_e')}$ [1]

3) $\qquad y_0 = h - x$.

4) $\qquad J_{nn} = \dfrac{b\,x^3}{3} + \dfrac{b\,y_0^3}{3} + n\,F_0'\,(x - a')^2 + n\,F_e\,(y_0 - a)^2$.

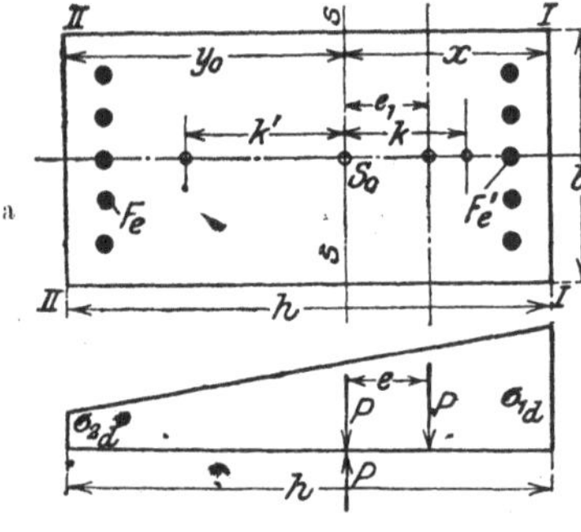

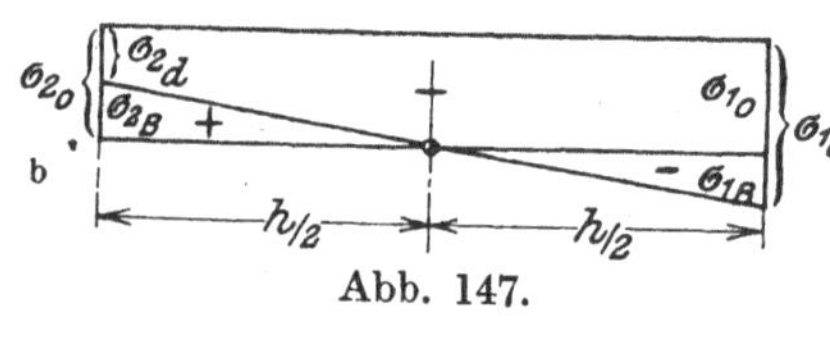

Abb. 147.

Da der Querschnitt nur auf Druck belastet ist, also alle seine Teile in Wirksamkeit treten, können die Wirkung der Normalkraft P als Druckkraft und die des Momentes $M = P \cdot e$ in ihrer Wirkung addiert werden; hierbei werden die Biegungsspannungen mit dem Index B, die reinen Druckspannungen mit o gekennzeichnet. Es treten auf:

$$\sigma_{1_B} = -\frac{M \cdot x}{J_{nn}}\,; \qquad \sigma_{2_B} = (+)\frac{M\,y_0}{J_{nn}}\,,$$

als Biegungsspannungen am Rande I bzw. II, $\sigma_{1_0} = \sigma_{2_0} = -\dfrac{P}{F_i}$ an denselben Stellen als reine, gleichmäßig über den Querschnitt verteilte Druckspannung. Demgemäß werden die Gesamtspannungen:

5) $\qquad \sigma_{1_d} = \sigma_{1_0} + \sigma_{1_B} = -\dfrac{P}{F_i} - \dfrac{M\,x}{J_{nn}} = -P\left(\dfrac{1}{F_i} + \dfrac{e\,x}{J_{nn}}\right)$. $\qquad$ (96a)

6) $\qquad \sigma_{2_d} = \sigma_{2_0} + \sigma_{2_B} = -\dfrac{P}{F_i} + \dfrac{M \cdot y_0}{J_{nn}} = -P\left(\dfrac{1}{F_i} - \dfrac{e \cdot y_0}{J_{nn}}\right)$. $\qquad$ (96b)

Da vorausgesetzt ist, daß nur Druckspannungen auftreten sollen, ist auch $\sigma_{2_d} = -$, d. h. der Klammerausdruck, selbst positiv.

Setzt man in den Gleichungen (5) und (6) die beiden Randspannungen $= 0$, so liefern die Gleichungen die Kernweiten des Querschnittes (k u. k') und geben damit eine Kontrolle, daß die Kraft P tatsächlich innerhalb

---

[1] Es sei darauf hingewiesen, daß hier, wie auch bei anderen Erörterungen, mit F_e' die Eiseneinlage bezeichnet wird, welche der Normalkraft am nächsten liegt, also bei Druckbelastung den größten Druck erhält; a und a' sind die Randabstände der Eisen.

des Kerns angreift bzw. gestatten diese Entscheidung von vornherein zu fällen.

7) $\quad \dfrac{1}{F_i} = \dfrac{k \cdot x}{J_{nn}}$;   8) $\quad \dfrac{1}{F_i} = \dfrac{k' y_0}{J_{nn}}$

oder absolut:

$$k = \dfrac{J_{nn}}{F_i x} ; \quad (97\,\mathrm{a}) \qquad\qquad k' = \dfrac{J_{nn}}{F_i y_0} \qquad (97\,\mathrm{b})$$

Ist die Bewehrung auf beiden Seiten des Querschnittes gleich stark, also $F_e = Fe$ und $a = a'$, so fällt der Schwerpunkt des Verbundquerschnittes mit dem des Rechteckes zusammen, und es ergibt sich:

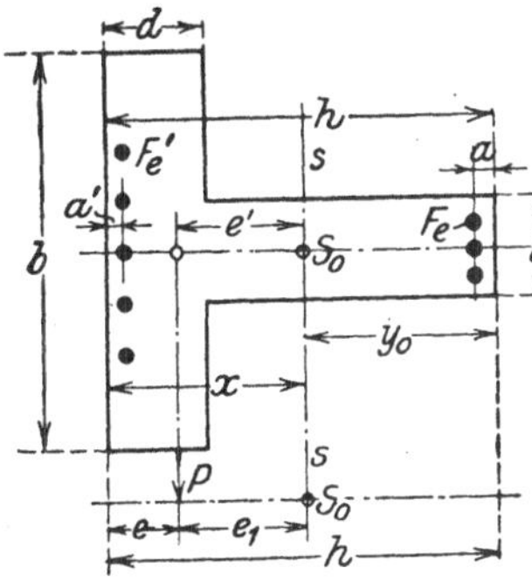

$$F_i = b\,d + 2\,n\,F_e ; \qquad x = y_0 = \dfrac{h}{2} .$$

$$J_{nn} = \dfrac{b\,h^3}{12} + 2\,n\,F_e \left(\dfrac{h}{2} - a\right)^2$$

$$\sigma_{1_d} = -\,P\left(\dfrac{1}{F_i} + \dfrac{e\,h}{2\,J_{nn}}\right) \qquad (98\,\mathrm{a})$$

$$\sigma_{2_d} = -\,P\left(\dfrac{1}{F_i} - \dfrac{e\,h}{2\,J_{nn}}\right) \qquad (98\,\mathrm{b})$$

$$k = k' = \dfrac{2\,J_{nn}}{F_i\,h} . \qquad (98\,\mathrm{c})$$

Abb. 148.

b) Ist der Rechtecksquerschnitt nur einseitig bewehrt, d. h. $F'_e = o$, so ändern sich in den voranstehenden Beziehungen nur die Werte:

$$F_i = b\,h + n\,F_e$$

$$J_{nn} = \dfrac{b\,h^3}{12} + n F_e \left(\dfrac{h}{2} - a\right)^2 .$$

c) Liegt ein doppelt bewehrter Plattenbalkenquerschnitt vor (Abb. 148), so ergibt sich der obigen Entwicklung und früheren Darlegungen entsprechend:

1) $\qquad F_i = b_0\,h + (b - b_0) \cdot d + n\,(F_e + F'_e) .$

2) $\qquad x = \dfrac{\dfrac{b_0\,h^2}{2} + \dfrac{(b - b_0)\,d^2}{2} + n F'_e\,a' + n F_e\,(h - a)}{b_0\,h + (b - b_0)\,d + n\,(F_e + F'_e)}$

3) $\qquad J_{nn} = \dfrac{b_0}{3}(x^3 + y_0^3) + \dfrac{b - b_0}{3}\left[x^3 - (x - d)^3\right]$

$$+\, n F_e\,(h - a - x)^2 + n F'_e\,(x - a')^2 .$$

Sonst bleibt die Entwicklung der Spannungen σ_{1_d} und σ_{2_d} die gleiche wie oben.

d) Im Hinblicke auf eine nicht selten exzentrische Belastung achteckiger Säulen, sei auch auf diesen Querschnitt eingegangen. Vor-) ausgesetzt ist eine vollkommen symmetrische Bewehrung des Querschnittes mit acht Rundeisen, die nahe den Ecken und von den Seiten im Abstande von a entfernt liegen (Abb. 149a u. b). Alsdann ergibt sich bei einer Seitenlänge des regelmäßigen Achteckes

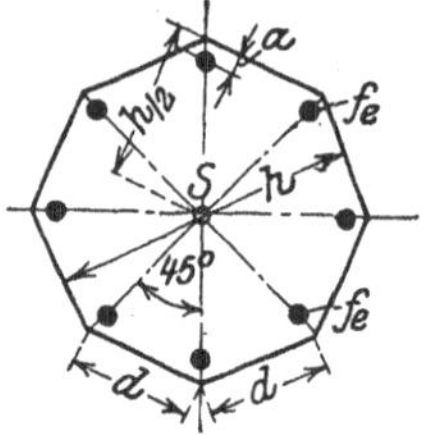

Abb. 149 a.

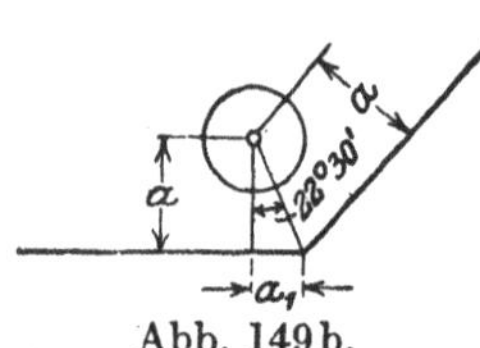

Abb. 149 b.

$= d$ und dem Zentriwinkel, der einer solchen Seite entspricht, $= 45°$.

$$a' = a\,\mathrm{tg}\,22°\,30' = 0{,}414\,a \quad \text{(Abb. 149 b)}.$$

Ferner ist (Abb. 149):

$$h = d + \frac{2\,d}{\sqrt{2}} = d\,(1 + \sqrt{2})\;;\quad d = \frac{h}{1 + \sqrt{2}}\;.$$

$$F_i = 4{,}8284\,d^2 + 8\,n\,f_e\;. \tag{99a}$$

$$J_{nn} = 0{,}5415\,d^4 + 4\,n\,f_e\left[\left(\frac{h}{2} - a\right)^2 + \left(\frac{d}{2} - a'\right)^2\right]\;. \tag{99b}$$

Endlich sind die Abstände $x = y_0 = \dfrac{h}{2}$.

Unter Einführung dieser Werte in die allgemeine Gleichungsform:

$$\sigma_d = -\,\frac{P}{F_i} \mp \frac{M \cdot h}{2\,J_{nn}}$$

sind alsdann auch die Randspannungen bekannt.

In allen vorangehenden Entwicklungen sind die in den Eisen auftretenden Spannungen σ_e und σ_e' nicht besonders berechnet worden. Wollte man sie bestimmen, so kann das unmittelbar aus dem Spannungswerte des Betons an der Stelle der Eiseneinlage σ_b' geschehen: $\sigma_e = n\,\sigma_b'$ usw. Eine solche Ermittelung erübrigt sich aber, da bei allseitiger Druckbelastung des Querschnitts und Innehaltung der zulässigen Spannung für den Beton die Ausnutzung der Eisen eine nur geringe ist.

Ist die exzentrisch wirkende Kraft eine Zugkraft und der Querschnitt nur auf Zug belastet, so kann — falls der Beton nicht auf Zug beansprucht werden soll — nur das Eisen wirksam sein, das dann zu beiden Seiten der Kraft P vorhanden sein muß und in sie sich nach dem Hebelgesetze zu teilen hat. Wird der Beton ausnahmsweise auf Zug mitbelastet, oder soll eine Kontrollrechnung das etwaige Auftreten von Haarrissen im Beton ergründen, so ist der Rechnungsweg genau der entsprechende, wie er voranstehend für Druckbelastung gegangen wurde.

2. Der durch ein Moment und eine Normalkraft belastete Querschnitt erhält Druck- und Zugspannungen.

a) Der Rechtecksquerschnitt mit doppelter unsymmetrischer Bewehrung.

Bei den Betrachtungen wird davon ausgegangen, daß auch hier der Beton in der Zugzone vernachlässigt wird. Bezieht man alsdann die Momentengleichung der inneren Kräfte auf den Angriffspunkt der exzentrisch wirkenden Kraft P, so muß die Summe der inne-

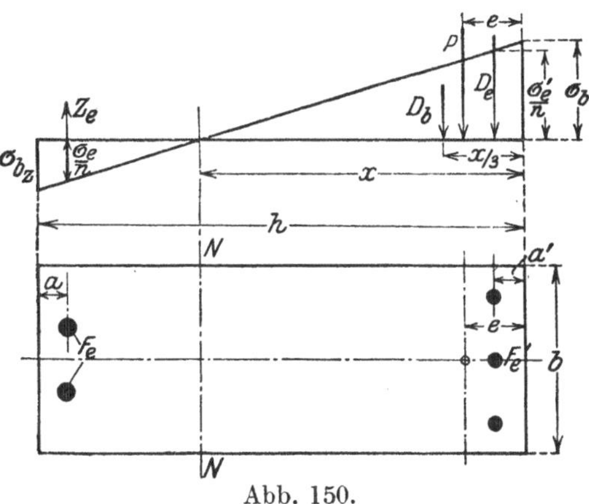

Abb. 150.

ren Momente für diesen Punkt (bzw. für eine durch ihn zu NN parallel gelegte Achse) $= 0$ sein. Hieraus folgt (Abb. 150):

$$1) \quad M = 0 = \frac{\sigma_b b}{2} \cdot x \left(\frac{x}{3} - e \right) - \sigma_e F_e (h - a - e) - \sigma_e' F_e' (e - a') .$$

Hierbei ist darauf zu achten, daß die Druckkraft im Beton um den Angriffspunkt von P in Abb. 150 in anderem Sinne dreht als die Druckkraft im Eisen $F_e \sigma_e'$ bzw. die Zugkraft im Eisen $F_e \sigma_e$.

Nach dem allgemeinen Gesetz der Biegung und unter Annahme eines gleich großen E_b-Wertes in der Druck- und Zugzone sowie bei Voraussetzung eines Ebenbleibens der Querschnitte nach der Biegung ist:

$$2) \quad \sigma_e = \frac{n \sigma_b}{x} (h - a - a') .$$

$$3) \quad \sigma_e' = \frac{n \sigma_b}{x} (x - a') .$$

Setzt man diese beiden Werte in die Gleichung (1) ein, so ergibt sich nach Kürzung mit σ_b eine Bestimmungsgleichung für x, allerdings vom dritten Grade:

$$4) \quad x^3 - 3 e x^2 + \frac{6 n}{b} [(F_e (h - a - e) - F_e' (e - a')] x$$

$$- \frac{6 n}{b} [F_e (h - a) (h - a - e) - F_e' a' (e - a')] = 0 . \quad (100)$$

Aus dieser Gleichung ist x entweder durch Probieren oder nach der Cardanischen Gleichung zu entwickeln [1]).

Zur Bestimmung der Spannung σ_b dient, nach Auffinden von x die Beziehung, daß die äußere Kraft $P = $ der Summe der inneren Kräfte sein muß:

$$5) \quad P = \sigma_b \frac{b}{2} x + n F_e' \sigma_e' - n F_e \sigma_e = \sigma_b \frac{b}{2} \cdot x + n F_e' \sigma_b \frac{x - a'}{x} - n F_e \sigma_b \frac{(h - a - x)}{x}$$

$$\sigma_b = \frac{2 P \cdot x}{b x^2 + 2 n F_e' (x - a') - 2 n F_e (h - a - x)} \ . \qquad (101)$$

---

[1]) Setzt man in der kubischen Gleichung: $x^3 + a x^2 + b x + c = 0$ den Wert: $x = z - \dfrac{a}{3}$, so entsteht die reduzierte kubische Geichung von der Form: $z^3 + p z + q = 0$, woraus sich z nach der Cardanischen Gleichung ergibt:

$$z = \sqrt[3]{- \frac{1}{2} q + \sqrt{\left(\frac{1}{2} q\right)^2 + \left(\frac{1}{3} p\right)^3}} + \sqrt[3]{- \frac{1}{2} q - \sqrt{\left(\frac{1}{2} q\right)^2 + \left(\frac{1}{3} p\right)^3}}$$

Nach Auflösung folgt: $x = z - \dfrac{a}{3}$ bzw. bei Verwendung der obigen Gleichung: $x = z + e$. Die obige Gleichung (100) (vgl. Hager, Theorie des Eisenbetons, S. 190) ist identisch mit der von Mörsch gegebenen (vgl. dessen Werk Eisenbetonbau, 4. Aufl., S. 216). Bei der Entwickelung seiner Gleichung geht Mörsch davon aus, daß in der Mitte des Betonquerschnittes eine Normalkraft N angreift und das Moment der äußeren Kraft auf diesen Punkt bezogen wird. Die alsdann auf den nämlichen Punkt bezogene Gleichstellung der Momente der inneren Kräfte und der äußeren Kraft liefert eine Gleichung in der Form (vgl. die nebenstehende Abbildung):

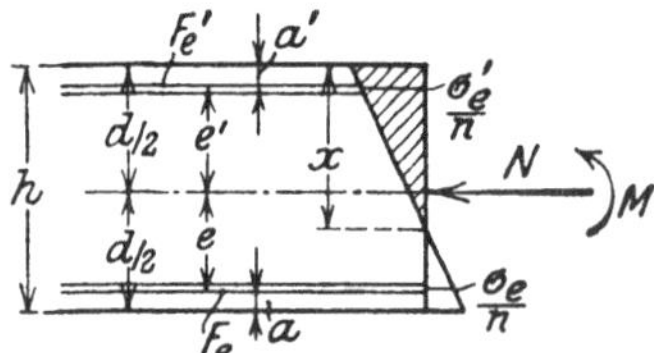

$$x^3 \cdot \frac{N}{6} - x^2 \left(\frac{N \cdot d}{4} - \frac{M}{2}\right) + \frac{x \cdot n}{b} [M (F_e' + F_e) - N (F_e' \cdot e' - F_e \cdot e)]$$

$$+ \frac{M \cdot n}{b} \left[F_e' \left(e' - \frac{d}{2}\right) - F_e \cdot \left(e + \frac{d}{2}\right) \right]$$

$$- \frac{N \cdot n}{b} \left[F_e' e' \left(e' - \frac{d}{2}\right) + F_e \cdot e \left(e + \frac{d}{2}\right) \right] = 0 \ .$$

Aus dieser Gleichungsform läßt sich die obenstehende ableiten, wenn man erstere durch $\dfrac{N}{6}$ dividiert und für den Wert $\dfrac{M}{N}$ die Exzentrizität: $\dfrac{e_1 N}{N} = e_1 = \dfrac{d}{2} - e$ einführt, worin (Abb. 150) e die Exzentrizität von P (bzw. N) von der stärkst gedrückten Querschnittsaußenkante darstellt. So wird z. B. der Beiwert von x^2 in der Gleichung von Mörsch:

$$\frac{\dfrac{N d}{4} - \dfrac{M}{2}}{\dfrac{N}{6}} = 6 \left(\frac{N d}{4 N} - \frac{M}{N \cdot 2}\right) = 6 \left(\frac{d}{4} - \frac{e_1}{2}\right) = 3 \left(\frac{d}{2} - e_1\right) = 3 e \text{ usw.}$$

Aus σ_b folgen dann in bekannter Weise die σ_e- und σ_e'-Spannungen in den Eiseneinlagen. Liegt der Sonderfall vor, daß die **Eisenbewehrung beiderseits eine gleich starke und zum Schwerpunkte des Rechteckes symmetrisch gelegene ist**, $F_e = F_e'$, $a = a'$, so geht die Gleichung für x in die etwas einfachere Form über:

$$x^3 - 3\,e\,x^2 + \frac{6\,n}{b}F_e(h - 2\,e)\,x - \frac{6\,n}{b}F_e[(h - a)^2 - e\,h + a^2] = 0\ ^{1)}\quad (102)$$

und ebenso die für σ_b:

$$\sigma_b = \frac{2\,P \cdot x}{b\,x^2 + 2\,n\,F_e(2\,x - h)}\ .\quad (103)$$

Ergibt die kubische Gleichung einen Wert für $x > h$, so beweist das, daß die Nullinie den Querschnitt nicht schneidet, daß also einheitliche Druckspannungen vorliegen und die Anwendung der vorgenannten Gleichung in dem besonderen Falle nicht angängig ist.

b) **Liegt eine nur einseitige Zugbewehrung vor**, ist also $F_e' = 0$, so braucht man nur dessen Wert in den voranstehenden allgemeinen Ableitungen $= 0$ zu setzen. Es ergibt sich alsdann für Bestimmung von x (100):

$$x^3 - 3\,e\,x^2 + \frac{6\,n}{b}F_e(h - a - e)\,x - \frac{6\,n}{b}F_e(h - a) \cdot (h - a - e) = 0\quad (104)$$

und für σ_b:

$$\sigma_b = \frac{2\,P \cdot x}{+\,b\,x^2 - 2\,n\,F_e(h - a - x)}\ .\quad (104\,\text{a})$$

c) **Für einen doppelt bewehrten Plattenbalkenquerschnitt** (Abb. 151) kann die Entwicklung ganz entsprechend dem Rechnungs-

---

$^{1)}$ Nach **Mörsch** hat diese Gleichung die Form:

$$x^3 \cdot \frac{N}{6} - x^2\left(N \cdot \frac{d}{4} - \frac{M}{2}\right) + x \cdot 2\,M \cdot n \cdot \frac{F_e}{b} - n\,\frac{F_e}{b}\left(M \cdot d + 2\,N \cdot e^2\right) = 0$$

oder:

$$x^3 - x^2 \cdot 3 \cdot \left(\frac{d}{2} - \frac{M}{N}\right) + x \cdot 12 \cdot \frac{M}{N} \cdot n \cdot \frac{F_e}{b} - 6\,\frac{n \cdot F_e}{b}\frac{M}{N} \cdot d + 2 \cdot e^2\right) = 0\ .$$

Auch diese Gleichung ist mit der obigen durchaus identisch. Betrachtet man z. B. den Beiwert der letzten Glieder: $-6\,\dfrac{n\,F_e}{b}$ in beiden Gleichungen, so lautet er einmal: $[(h - a)^2 - e\,h + a^2]$ und zum andern: $\left(\dfrac{M}{N} \cdot d + 2\,e^2\right)$. Letztere Form läßt sich nach Einsetzung von $\dfrac{M}{N} = e_1$; $e_1 = \dfrac{h}{2} - e$, $e = \left(\dfrac{h}{2} - a\right)$ (vgl. wegen dieses Wertes „e" die Abb. in der voranstehenden Anm.) in die Form bringen:

$$e_1\,h + 2\left(\frac{h}{2} - a\right)^2 = \left(\frac{h}{2} - e\right)h + 2\left(\frac{h^2}{4} - \frac{2\,h}{2}a + a^2\right)$$

$$= \frac{h^2}{2} - e\,h + \frac{h^2}{2} - 2\,h\,a + 2\,a^2 = (h - a)^2 - e\,h + a^2\ .$$

gange bei doppelt bewehrtem Rechtecksquerschnitt durchgeführt werden. Auch hier wird man zweckmäßig, wie bei der reinen Biegung, von der den Rechnungsgang erheblich vereinfachenden Annahme ausgehen können,

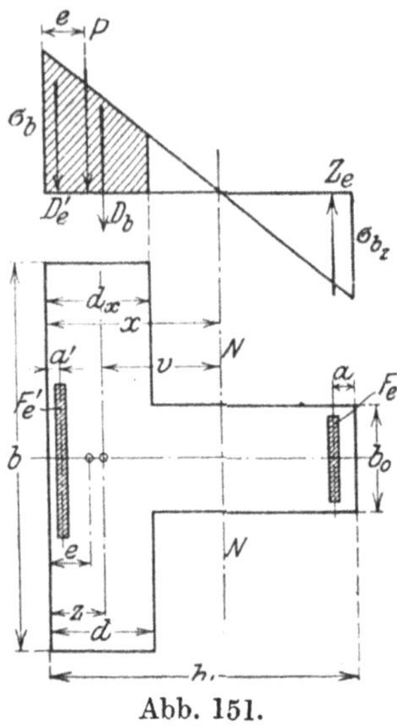

Abb. 151.

daß der Druckbeton im Steg des Plattenbalkens unterhalb der Platte keine Berücksichtigung findet. Alsdann ergibt sich die Betondruckkraft D_b:

$$D_b = \sigma_b \frac{b}{2}\left(x - \frac{(x-d)^2}{x}\right)$$

und ihr Abstand von der Plattenoberkante (Lage des Schwerpunktes des Drucktrapezes) zu:

$$z = \frac{d}{3}\frac{\sigma_b + 2\sigma_{b_n}}{\sigma_b + \sigma_{b_n}}$$

bzw. nach Einsetzung des Wertes

$$\sigma_{b_n} = \sigma_b \frac{x-d}{x}.$$

$$z = \frac{d}{3}\frac{3x - 2d}{2x - d}.$$

Bezieht man auch hier das Moment der inneren Kräfte auf den Angriffspunkt der äußeren Kraft P, so ist zunächst das Moment der Druckkraft:

$$D_b \cdot (z - e) = \frac{\sigma_b\, b}{2}\left(x - \frac{(x-d)^2}{x}\right)\left(\frac{d}{3}\frac{3x - 2d}{2x - d} - e\right).$$

Demgemäß lautet die Momentengleichung der inneren Kräfte, bezogen auf den vorgenannten Punkt:

$$M = 0 = \frac{\sigma_b\, b}{2}\left(x - \frac{(x-d)^2}{x}\right)\left(\frac{d}{3}\frac{3x - 2d}{2x - d} - e\right)$$
$$- \sigma_e' F_e' \cdot (e - a') - \sigma_e F_e (h - a - e).$$

Hierin sind dann, gleich wie vorstehend auf S. 313, die bekannten Werte von

$$\sigma_e = n\,\sigma_b \frac{h - a - x}{x}\;;\quad \sigma_e' = n\,\sigma_b \frac{x - a'}{x}$$

einzusetzen; die neu entstandene Gleichung ist mit σ_b zu kürzen und alsdann x als Unbekannte herauszulösen. Ist x bestimmt, so gibt — entsprechend der Berechnung auf S. 314 — die Gleichsetzung der äußeren Kraft und der inneren Kräfte eine Beziehung, um σ_b zu bestimmen:

$$P = \frac{\sigma_b\, b}{2}\left(x - \frac{(x-d)^2}{x}\right) + n\, F'_e\, \sigma_b\, \frac{x-a'}{x} - n\, F_e\, \sigma_b\, \frac{h-a-x}{x}$$

$$\sigma_b = \frac{2\,P}{b\left(x - \dfrac{(x-d)^2}{x}\right) + 2\,n\,F'_e\dfrac{x-a'}{x} - 2\,n\,F_e\dfrac{h-a-x}{x}}$$

$$= \frac{2\,P\,x}{b\,[x^2 - (x-d)^2] + 2\,n\,F'_e\,(x-a') - 2\,n\,F_e\,(h-a-x)}$$

$$= \frac{2\,P\,x}{b\,(2\,x\,d - d^2) + 2\,n\,F'_e\,(x-a') - 2\,n\,F_e\,(h-a-x)}\,.$$

Angenähert kann man sowohl bei **rechteckigen als plattenförmigen Querschnitten**, und zwar sowohl solchen mit einfacher wie doppelter Bewehrung, die Spannungen bestimmen, wenn man nicht mit dem Eintreten von Zugspannungsrissen rechnet, also Stadium I zugrunde legt und demgemäß den Querschnitt — wenn auch unter Einführung der n fachen Menge an Eisen — als einen homogenen Betonquerschnitt behandelt. Alsdann bestimmt man am einfachsten die Biegungsspannungen allein aus der Wirkung des Momentes, dann die Normalspannungen aus der Normalkraft, und addiert beide in sinngemäßer Weise. Hierbei wird die Lage der Nullinie entweder durch eine Zusammenfassung der beiden Spannungsdiagramme zeichnerisch gefunden oder auch aus ihnen durch Rechnung bestimmt. Diese Berechnungsart wird um so wahrscheinlichere Ergebnisse liefern, je näher man tatsächlich dem Stadium I bleibt, also namentlich bei Gewölbequerschnitten dann am

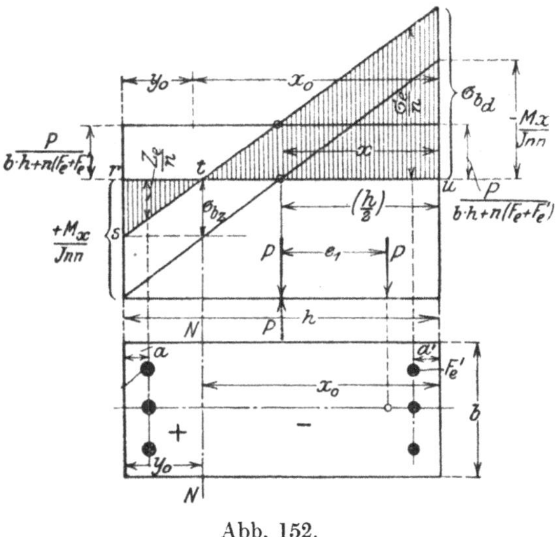

Abb. 152.

Platze sein, wenn man keine hohen Spannungen in der äußersten gezogenen Betonfaser zulassen will, um einem Auftreten der Risse zu wehren. Die Rechnung hat hierbei den weiteren Vorzug, daß sie auch über diese Frage Klarheit schafft und erkennen läßt, ob eine

Gefahr für das Entstehen feiner Haarzugrisse vorhanden ist.

Liegt der in Abb. 152 dargestellte doppelt, aber in seinen Gurten verschieden stark bewehrte Rechtecksquerschnitt vor, bei dem in Entfernung vom Betonschwerpunkt $= e_1$ die exzentrisch wirkende Kraft P angreift, so ist zunächst zur Ermittelung der reinen Biegungsspannungen der Schwerpunkt des Verbundquerschnittes zu bestimmen:

$$x = \frac{S_0}{F_i} = \frac{\dfrac{b\,h^2}{2} + n\,F_e'\,a' + n\,F_e\,(h-a)}{b\,h + n\,(F_e' + F_e)} \;.$$

Ist $F_e > F_e'$, wie in der Abbildung vorausgesetzt, so wird der Schwerpunkt S_v des Verbundquerschnittes sich nach F_e zu verschieben, und um ein Maß $= u$ vom Betonschwerpunkt abweichen. Demgemäß wird das Moment der äußeren Kraft, bezogen auf den Schwerpunkt des Verbundquerschnittes, nunmehr: $M = (u + e_1)\,P$.

Ferner ist:

$$J_{nn} = \frac{b\,x^3}{3} + \frac{b\,(h-x)^3}{3} + n\,F_e'\,(x-a')^2 + n\,F_e\,(h-x-a)^2$$

und somit:

$$\sigma_{bd} = -\frac{P}{b\,h + n\,(F_e + F_e')} - \frac{M \cdot x}{J_{nn}}$$

$$\sigma_{bz} = -\frac{P}{b\,h + n\,(F_e + F_e')} + \frac{M \cdot (h-x)}{J_{nn}}$$

$$\sigma_e' = -\,n\frac{P}{b\,h + n\,(F_e + F_e')} - n\frac{M \cdot (x-a')}{J_{nn}}$$

$$\sigma_e = -\,n\frac{P}{b\,h + n\,(F_e + F_e')} + n\frac{M\,(h-x-a)}{J_{nn}} \;.$$

Will man die Lage der Nullinie (Abb. 152), d. h. den Abstand x_0 bestimmen, so dient hierzu bei symmetrischem Querschnitte die Beziehung:

$$x_0 : \frac{h}{2} = \left(\frac{P}{b\,h + n\,(F_e + F_e')} + \frac{M\,x}{J_{nn}} \right) : \frac{M\,x}{J_{nn}} \;.$$

$$x_0 = \frac{h}{2} \cdot \frac{\dfrac{P}{b\,h + n\,(F_e + F_e')} + \dfrac{M\,x}{J_{nn}}}{\dfrac{M\,x}{J_{nn}}} \;. \tag{105}$$

Bei unsymmetrisch bewehrten Querschnitten tritt für $\dfrac{h}{2}$ der Wert x, d. h. der Abstand des Schwerpunktes des Verbundquerschnittes, ein.

Ist der Querschnitt **einfach bewehrt**, so ist der Gang ein durchaus entsprechender bei Wegfall von F'_e. Das gleiche gilt, wenn ein **doppelt oder einfach bewehrter Plattenbalken** vorliegt. Auch hier sind nur die Werte $x = \dfrac{S_0}{F_i}$, wie auf S. 181 gezeigt, also unter Berücksichtigung der Zugwirkung des Betons, und J_{nn} neu zu bestimmen, sonst aber genau wie vorstehend zu verfahren. Der Wert σ_{b_z} läßt erkennen, ob eine Rißgefahr in der äußersten Zugfaser besteht, ist also besonders bedeutsam für die Beurteilung der Verbundgewölbe.

Die Anwendung der vorstehenden Rechenverfahren mögen einige **Zahlenbeispiele** erläutern.

1. Ein rechteckiger Querschnitt (Abb. 153) von 100 cm Höhe und 40 cm Breite wird durch eine exzentrisch angreifende Druckkraft von 100 000 kg, 10 cm vom Schwerpunkt des Betonquerschnittes entfernt, beansprucht. In 5 cm Abstand von der meistgedrückten Faser ist eine Eiseneinlage von vier Rundeisen von 25 mm Durchmesser vorhanden ($F'_e = 19,5$ qcm). Die auftretenden Spannungen sind nachzurechnen.

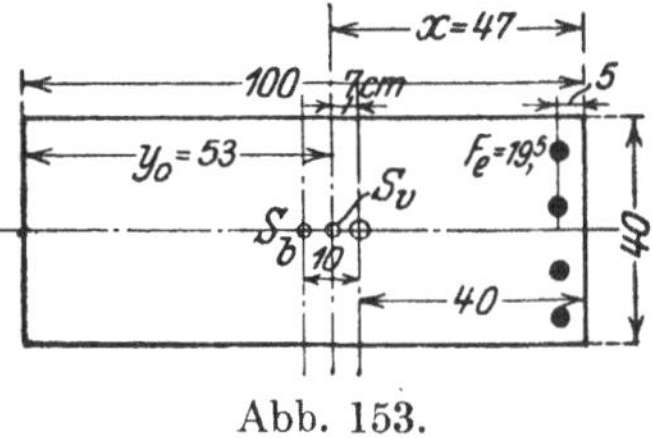

Abb. 153.

Es ergibt sich: $F_i = b\,h + n\,F_e = 100 \cdot 40 + 15 \cdot 19,5 = 4292$ qcm.

$$x = \frac{\dfrac{b\,d^2}{2} + n\,F'_e\,a'}{b\,h + n\,F'_e} = \frac{\dfrac{40 \cdot 100^2}{2} + 15 \cdot 19,5 \cdot 5}{4292} = \frac{201\,460}{4292} = \text{rd } 47 \text{ cm.}$$

$$y_0 = h - x = 100 - 47 = 53 \text{ cm.}$$

$$J_{nn} = \frac{b\,x^3}{3} + \frac{b\,y_0^3}{3} + n\,F'_e\,(x - a')^2$$

$$= \frac{40 \cdot 47^3}{3} + \frac{40 \cdot 53^3}{3} + 15 \cdot 19,5\,(47 - 5)^2 = \text{rd } 3\,884\,420 \text{ cm}^4.$$

$$\sigma_{1_B} = - \frac{M \cdot x}{J_{nn}} \; ; \qquad \sigma_{2_B} = + \frac{M\,y_0}{J_{nn}}$$

M ist $= 100\,000 \cdot (47 - 40) = 700\,000$ kg · cm.

$$\sigma_{1_B} = - \frac{700\,000 \cdot 47}{3\,884\,420} = - \text{rd } 8,5 \text{ kg/qcm.}$$

$$\sigma_{2_B} = + \frac{700\,000 \cdot 53}{3\,884\,420} = + \text{rd } 9,5 \text{ kg/qcm.}$$

Ferner wird:

$$\frac{P}{F_i} = - \frac{100\,000}{4292} = - 23,4 \text{ kg/qcm.}$$

Demgemäß werden die Randspannungen am rechten Rande (Abb. 153): $\sigma_{1_d} = -23{,}4 - 8{,}5 = -31{,}9$ kg/qcm, am linken Rande: $\sigma_{e_d} = -23{,}4 + 9{,}5 = -13{,}9$. Die Eisenspannung ist gering:

$$\sigma_e = - n\,\sigma_b\,\frac{x - a'}{x} = -15 \cdot 31{,}9 \cdot \frac{42}{47} = - \text{rd } 425 \text{ kg/qcm}.$$

Die Kernhalbmesser berechnen sich im vorliegenden Falle:

$$k = \frac{J_{nn}}{F_i x} = \frac{3\,884\,420}{4292 \cdot 47} = 21{,}6 \text{ cm}. \tag{96a}$$

$$k' = \frac{J_{nn}}{F_i y_0} = \frac{3\,884\,420}{4292 \cdot 53} = 17{,}1 \text{ cm}. \tag{96b}$$

Da die Exzentrizität nur 10 cm beträgt, liegt mithin, wie der Verlauf der Rechnung durch Auftreten einer einheitlichen (Druck-) Spannung auch bereits ergeben hat, der Angriffspunkt von P im Querschnittskern.

2. Der Querschnitt einer regelmäßigen achteckigen Säule hat eine Seite $= 10$ cm, und ist mit acht Rundeisen von 2 mm Durchmesser im Abstande $a = 4$ cm bewehrt. In Entfernung von 1,5 cm von der Achse greift eine Last von 16 t an. Die Randspannungen werden gesucht.

Es ist $M = 1{,}5 \cdot 16\,000 = 24\,000$ kg·cm; $f_e = 3{,}14$ qcm.

$$F_i = 4{,}8284 \cdot 10^2 + 8\,n\,f_e = 482{,}8 + 15 \cdot 8 \cdot 3{,}14 = 482{,}8 + 377{,}2$$
$$= 860 \text{ qcm}.$$

Ferner wird (nach S. 312):

$$h = d\,(1 + \sqrt{2}) = 10\,(1 + 1{,}414) = 24{,}14 \text{ cm}.$$

$$a' = a \cdot 0{,}414 = 4 \cdot 0{,}414 = \text{rd } 1{,}66 \text{ cm}.$$

$$J_{nn} = 0{,}5415 \cdot d^4 + 4 \cdot n\,f_e \left[\left(\frac{h}{2} - a \right)^2 + \left(\frac{d}{2} - a' \right)^2 \right] \tag{99b}$$

$$= 0{,}5415 \cdot 10\,000 + 60 \cdot 3{,}14\,[(12{,}07 - 4)^2 + (5 - 1{,}66)^2] = \text{rd } 20\,000 \text{ cm}^4$$

Demgemäß wird:

$$\sigma_{1_d} = -\frac{P}{F_i} - \frac{M \cdot \dfrac{h}{2}}{J_{nn}} = -\frac{16\,000}{860} - \frac{24\,000 \cdot 12{,}07}{20\,000}$$

$$\sigma_{2_d} = -\frac{P}{F_i} + \frac{M\,\dfrac{h}{2}}{J_{nn}} = -\frac{16\,000}{860} + \frac{24\,000 \cdot 12{,}07}{20\,000}$$

$$\sigma_{1_d} = -18{,}6 - 14{,}8 = -33{,}4 \text{ kg/qcm}.$$

$$\sigma_{2_d} = -18{,}6 + 14{,}8 = -3{,}8 \text{ kg/qcm}.$$

3. Ein doppelt und beiderseits gleich stark bewehrter Rechtecksquerschnitt von der Breite $= 1$ cm, der Höhe $= 90$ cm sei durch ein $M = 30\,000$ kg·cm, und durch eine im Schwerpunkte des Betons an-

greifende Längskraft $P = 660$ kg belastet. $F_e = F'_e = 0{,}37$ qcm; $a = a' = 5$ cm. Es ergibt sich mithin eine Exzentrizität des Kraftangriffs:

$$e_1 = \frac{M}{P} = \frac{30\,000}{660} = 45{,}45 \text{ cm.}$$

Demgemäß ist (vgl. Abb. 150 S. 313) der Abstand der Kraft P von der gedrückten Querschnittskante: $e = -0{,}45$ cm.

Nach der kubischen Gleichung (102) S. 315 ergibt sich:

$$x^3 + 3 \cdot 0{,}45\, x^2 + \frac{6 \cdot 15 \cdot 0{,}37}{1} (90 + 0{,}9)\, x - \frac{6 \cdot 15}{1} \cdot 0{,}37$$

$$\cdot [(90 - 5)^2 + 0{,}45 \cdot 90 + 5^2] = 0.$$

$$x^3 + 1{,}35\, x^2 + 3027\, x - 242\,774 = 0.$$

Hieraus folgt $x = 46{,}3$ cm.

Demgemäß wird σ_b (103):

$$\sigma_b = \frac{2\,P \cdot x}{b\,x^2 + 2\,n\,F_e\,(2\,x - h)} = \frac{2 \cdot 660 \cdot 46{,}3}{1 \cdot 46{,}3^2 + 2 \cdot 15 \cdot 0{,}37\,(2 \cdot 46{,}3 - 90)}$$

$$\sigma_b = -28{,}3 \text{ kg/qcm.}$$

$$\sigma_e = 15 \cdot 28{,}3\, \frac{90 - 5 - 46{,}3}{46{,}3} = +355 \text{ kg/qcm.}$$

$$\sigma'_e = 15 \cdot 28{,}3\, \frac{46{,}3 - 5}{46{,}3} = -378 \text{ kg/qcm.}$$

Rechnet man dieses Beispiel nach der angenäherten Berechnungsart (S. 317/318), so ergibt sich:

$$\sigma_{bd} = -\frac{P}{b\,h + n\,(F_e + F'_e)} - \frac{M \cdot x}{J_{nn}}$$

Hier ist:

$$\frac{P}{b\,h + n\,2\,F_e} = \frac{660}{1 \cdot 90 + 15 \cdot 2 \cdot 0{,}37} = 6{,}5 \text{ kg/qcm}$$

und der Wert: $n \cdot 6{,}5 = 15 \cdot 6{,}5 = \text{rd } 100$ kg/qcm;

$$J_{nn} = \frac{1}{12}\,b\,h^3 + n\,2\,F_e\left(\frac{h}{2} - a\right)^2 = \frac{1 \cdot 90^3}{12} + 2 \cdot 15 \cdot 0{,}37 \cdot 40^2\,\text{rd } 78\,500 \text{ cm}^4$$

$M = 30\,000$ kg $\cdot$ cm wie vor; $x = \dfrac{h}{2} = 45 = y_0$; $y = 45 - 5 = 40$

Demgemäß ergeben sich die Spannungen zu:

$$\sigma_{bd} = -6{,}5 - \frac{30\,000}{78\,500} \cdot 45 = -6{,}5 - 17{,}2 = -23{,}7 \text{ kg/qcm;}$$

$$\sigma_{bz} = -6{,}5 + 17{,}2 = +10{,}7 \text{ kg/qcm;}$$

$$\sigma_e' = -n\,6{,}5 - \frac{n\,M\,(x-a')}{J_{nn}}$$

$$= -100 - \frac{15 \cdot 30\,000 \cdot 40}{78\,500} = -100 - 230 = -330 \text{ kg/qcm}$$

$$\sigma_e = -100 + \frac{15 \cdot 30\,000 \cdot 40}{7850} = -100 + 230 = +130 \text{ kg/qcm}.$$

Eine Rißbildung im Beton steht bei dem geringen Werte der Beton-zugrandspannung nicht zu befürchten.

Rechnet man der Sicherheit halber aber trotzdem damit, daß das Eisen in der Zugzone die gesamte dort auch im Beton auftretende Zug-kraft aufzunehmen hat, so ergibt sich (105):

$$x_0 = \frac{h}{2}\,\frac{\dfrac{P}{b\,h + 2\,n\,F_e} + \dfrac{M \cdot x}{J_{nn}}}{\dfrac{M \cdot x}{J_{nn}}} = 45 \cdot \frac{6{,}5 + 17{,}2}{17{,}2} = 45 \cdot \frac{23{,}7}{17{,}2} = 62 \text{ cm}.$$

Mithin wird $h - x_0 = y_0 = 90 - 62 = 28$ cm, und damit die gesamte Zugkraft: $Z = \dfrac{\sigma_{bz} \cdot y_0}{2} \cdot b = \dfrac{10{,}7 \cdot 28}{2} \cdot 1 = \text{rd } 150$ kg. Demgemäß stellt sich: $\sigma_e = \dfrac{Z}{F_e} = \dfrac{150}{0{,}37} = \text{rd } 400$ kg/qcm, und somit würde in diesem äußersten Fall die gezogene Eiseneinlage eine Spannung von $130 + 400 = 530$ kg/qcm aufzunehmen haben.

Zur Kontrolle der Rechnung dient, daß die Summe der inneren Kräfte gleich der äußeren Kraft P sein muß:

$$\frac{23{,}7 \cdot 62}{2} \cdot 1 + 330 \cdot 0{,}37 - 530 \cdot 0{,}37 = 734 + 122 - 196 = 856 - 196$$
$$= 660 \text{ kg} = P.$$

4. Eine Säule $40 \cdot 40$ cm hat eine Bewehrung mit vier Längseisen von je 22 mm Durchmesser ($F_e = 4 \cdot 3{,}80 = 15{,}20$ qcm). Ihre Belastung $P = 24\,000$ kg greift im Abstande von $e = 4$ cm von der Außenkante, also im Abstande von 16 cm exzentrisch von der Mitte aus an; $a = 3$ cm. Die Randspannungen sind zu berechnen.

Die kubische Gleichung (102):

$$x^3 - 3\,e\,x^2 + \frac{6\,n}{b}\,F_e\,(h - 2\,e)\,x - \frac{6\,n}{b}\,F_e\,[(h - a)^2 - e\,h + a^2] = 0$$

liefert nach Einsetzung der Werte die Beziehung:

$$x^3 - 3 \cdot 4 \cdot x^2 + \frac{90}{40} \cdot 15{,}20\,(40 - 8) \cdot x - \frac{90}{40}\,15{,}20\,[(40 - 3)^2 - 4 \cdot 40 + 3^2] = 0.$$

$$x^3 - 12\,x^2 + 1094{,}4 \cdot x - 41\,656 = 0.$$

Hieraus folgt: $x = $ rd 27,4 cm und somit:

$$\sigma_b = \frac{2 \cdot P \cdot x}{b\,x^2 + 2\,n\,F_e\,(2\,x - h)}$$

$$= \frac{2 \cdot 24\,000 \cdot 27,4}{40 \cdot 27,4^2 + 2 \cdot 15 \cdot 15,2\,(2 \cdot 27,4 - 40)} = \text{rd } 35,8. \text{ kg/qcm.}$$

Daraus ergibt sich die Eisenspannung in der Zugzone:

$$\sigma_e = + \frac{n\,\sigma_b}{x}\,(h - a - x) = \frac{15 \cdot 35,8}{27,4}\,(40 - 3 - 27,4) = \text{rd } 188 \text{ kg/qcm}$$

und in der Druckzone:

$$\sigma_e' = -\,n\,\sigma_b\,\frac{x - a'}{x} = -\,\frac{15 \cdot 35,8}{27,4} \cdot (27,4 - 3) = -\,\text{rd } 480 \text{ kg/qcm.}$$

Die Querschnittsbemessung.

Die Bemessung der Querschnitte bei Beanspruchung durch eine Normalkraft und ein Biegungsmoment kann in scharfer Form oder auf einem mehr oder weniger angenäherten Wege erfolgen. In letzterem Falle erfolgt die Rechnung in der Regel mit Hilfe von Tabellen, welche die für die Ermittelung notwendigen Beiwerte enthalten und meist einen wirtschaftlichen Vergleich in Wettbewerb stehender Querschnittsausbildungen — namentlich in Hinsicht auf die Stärke der Bewehrung, die Höhe usw. — zulassen und sich damit besonders für die Aufgabenlösung der Praxis eignen. In den nachfolgenden Betrachtungen sind deshalb neben den schärferen Berechnungsmethoden auch die Ergebnisse der angenäherten Behandlung wiedergegeben und namentlich auch deren für die Praxis wertvolle Hilfsmittel aufgenommen worden.

Bei der Querschnittsbemessung wird gleich wie bei der Spannungsermittelung, zu unterscheiden sein, ob der Querschnitt einheitlich beansprucht ist, ihn also die Nullinie nicht schneidet, oder ob sowohl Zug- als Druckspannungen auftreten. Hierbei ist es in beiden Fällen erforderlich, die Grenzen festzusetzen, innerhalb deren eine einfache bzw. eine doppelte Bewehrung am Platze ist.

Der rechteckige Querschnitt ist exzentrisch und einheitlich auf Druck belastet.

Bestimmung der Eiseneinlagen bei gegebener Höhe und Breite und bekannten Werten M, P, e, a und a'[1]).

Es bedeutet e den Abstand des Angriffspunktes der exzentrisch wirkenden Druckkraft von der am meisten beanspruchten Kante.

---

[1]) Vgl. Stock, Dimensionierung von auf Biegung mit Axialdruck beanspruchten rechteckigen Querschnitten. Arm. Beton 1911, Heft XII, S. 433.

Ist $e > \dfrac{h}{3}$, so treten nur Druckspannungen auf. Die Bewehrung kann dann eine einfache oder doppelte sein. Um eine Entscheidung in dieser Hinsicht zu treffen, rechne man zunächst unter Annahme eines homogenen Betonquerschnittes und mit Einführung der inneren Exzentrizität e_1 ($= \dfrac{h}{2} - e$) die kleinste σ_b-Spannung aus:

$$\sigma_b' = \frac{P}{b\,h}\left(1 - \frac{6\,e_1}{h}\right).$$

Ist $\sigma_b' < \sigma_{b_\mathrm{zul}}$, so wird keine Bewehrung nahe σ_b' erfordert, diese wird also höchstens einseitig notwendig werden. Ergibt die größte Beanspruchung unter Voraussetzung eines homogenen Querschnittes

$$\sigma_b = \frac{P}{b\,h}\left(1 + \frac{6\,e_1}{h}\right)$$

einen Wert $< \sigma_{b_\mathrm{zul}}$, so ist überhaupt keine Bewehrung notwendig.

Einfache Bewehrung.

Aus Abb. 152 folgt aus dem Gleichgewichtszustande der äußeren und inneren Kräfte bzw. der Momente:

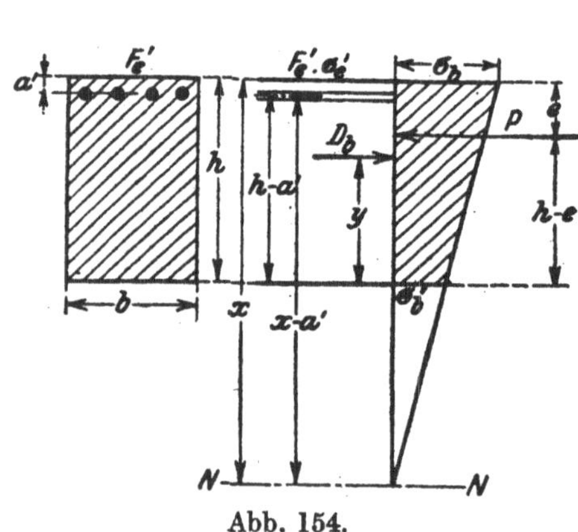

Abb. 154.

I) $P = D_b + F_e'\,\sigma_e'$

II) $P(h-e) = D_b y + F_e'\sigma_e'(h-a')$,

wenn man auf die weniger stark gedrückte Querschnittskante die Momente bezieht. Die Größe y folgt aus dem Drucktrapez:

$$y = \frac{h}{3}\,\frac{2\,\sigma_b + \sigma_b'}{\sigma_b + \sigma_b'} = \frac{h}{3}\,\frac{3\,x - h}{2\,x - h}.$$

Ferner ist:

$$\sigma_e' = n\,\sigma_b\,\frac{x - a'}{x}.$$

Hieraus folgt durch Zusammenfassung:

$$P = \frac{\sigma_b}{2}\,h\,b\,\frac{2\,x - h}{x} + n\,F_e'\sigma_b{}^{1)}\,\frac{x - a'}{x}$$

I a) $\qquad F_e' = \dfrac{P - \dfrac{\sigma_b\,h\,b}{2}\,\dfrac{2\,x - h}{x}}{n\,\sigma_b\,\dfrac{x - a'}{x}}$ und:

---

[1]) Vgl. Anm. 1 auf S. 326.

$$\text{IIa)} \quad P(h - e) = \frac{\sigma_b}{2} h b \cdot \frac{2x - h}{x} \frac{h}{3} \frac{3x - h}{2x - h} + n F'_e \sigma_b \frac{x - a'}{x} (h - a'),$$

$$\text{IIb)} \quad P(h - e) = \frac{\sigma_b}{6} h^2 b \frac{3x - h}{x} + n F'_e \sigma_b \frac{x - a'}{x} (h - a')$$

$$\text{IIc)} \quad F'_e = \frac{P(h - e) - \dfrac{\sigma_b}{6} b h^2 \dfrac{3x - h}{x}}{n \sigma_b \dfrac{x - a'}{x} (h - a')}.$$

Setzt man die rechte Seite der Gleichungen Ia) und IIc) einander gleich, so erhält man eine Bestimmungsgleichung für x:

$$\left[P x - \frac{\sigma_b}{2} h b (2x - h) \right] (h - a') = P \cdot x (h - e) - \frac{\sigma_b}{6} h^2 b (3x - h)$$

woraus folgt:

$$\text{III)} \qquad x = \frac{\dfrac{\sigma_b}{2} h^2 b \left(\dfrac{2}{3} h - a' \right)}{\sigma_b b h \left(\dfrac{h}{2} - a' \right) - P (e - a')}. \qquad (106)$$

Ist x bestimmt, so ist auch nach Gleichung (Ia) F'_e bekannt, das nach Vornahme einer kleinen Umformung in der Gestalt:

$$\text{IV)} \qquad F'_e = \frac{P x - \sigma_b h b \left(x - \dfrac{h}{2} \right)}{n \sigma_b (x - a')} \qquad (107)$$

sich zeigt.

Bei symmetrischer (zweiseitiger) Bewehrung wird (vgl. Abb. 155), entsprechend der vorstehenden Rechnung:

$$\text{V)} \quad P = D_b + F_e (\sigma_e + \sigma'_e)$$

$$\text{VI)} \quad P(h - e) = D_b y + F_e [\sigma_e a + \sigma'_e (h - a)],$$

wobei y wiederum den Abstand der Druckkraft im Beton von der unteren Querschnittskante bedeutet. Ferner ist:

$$\sigma_e = n \sigma_b \frac{x - h + a}{x}$$

$$\sigma'_e = n \sigma_b \frac{x - a}{x}$$

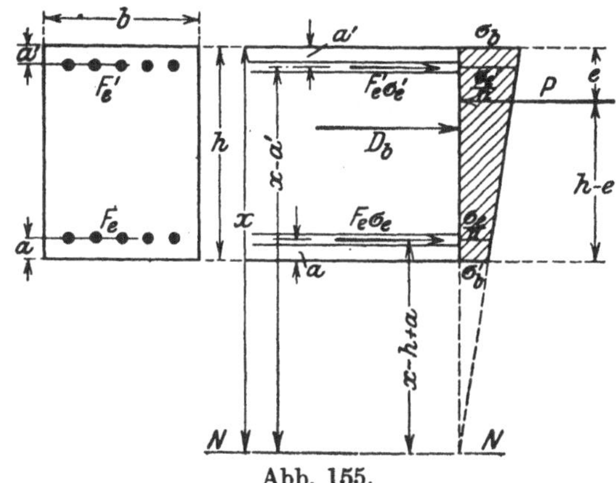

Abb. 155.

VII)
$$D_b = \frac{\sigma_b}{2}\, h\, b \,\frac{2x - h}{x}\;{}^{1}).$$

Ferner ist:
$$y = \frac{h}{3}\,\frac{3x - h}{2x - h}\,.$$

Durch Zusammenfassen der Beziehungen ergibt sich hier genau wie vorstehend:

Va)
$$P = \frac{\sigma_b}{2}\, h\, b\,\frac{2x - h}{x} + n\,\sigma_b\,F_e\,\frac{2x - h}{x}$$

VIII)
$$F_e = \frac{P - \dfrac{\sigma_b}{2}\,h\,b\cdot\dfrac{2x - h}{x}}{n\,\sigma_b\,\dfrac{2x - h}{x}} = \frac{P\,x}{2\,n\,\sigma_b\left(x - \dfrac{h}{2}\right)} - \frac{h\,b}{2\,n} \qquad (108)$$

VIa) $\quad P\,(h - e) = \dfrac{\sigma_b}{6}\,h^2\,b\,\dfrac{3x - h}{x} + \dfrac{n\,\sigma_b\,F_e\,(x - h + a)\cdot a + (x - a)\,(h - a)}{x}$

IX)
$$F_e = \frac{P\,(h - e) - \dfrac{\sigma_b}{6}\,h^2\,b\cdot\dfrac{3x - h}{x}}{n\,\sigma_b\,\dfrac{x\,h - 2\,(h - a)\,a}{x}}\,.$$

Aus Gleichung (VIII) und (IX) folgt:
$$\frac{P\,x - \dfrac{\sigma_b}{2}\,h\,b\,(2x - h)}{2x - h} = \frac{P\cdot x\,(h - e) - \dfrac{\sigma_b}{6}\,h^2\,b\,(3x - h)}{x\,h - 2\,a\,(h - a)}\,.$$

Hieraus folgt — nach Einsetzung von: $e = \dfrac{h}{2} - e_1$ — eine quadratische Gleichung für x:

X)
$$x^2 - x\left[\frac{h}{2} + \frac{1}{e_1}\left(\frac{h}{2} - a\right)^2 - A\right] - \frac{h}{2}\,A = 0 \qquad (109)$$

worin A einen Zwischenwert:

Xa)
$$A = \frac{\dfrac{\sigma_b}{2}\,h\,b}{P e_1}\left\{\frac{h^2}{3} - 2\,a\,(h - a)\right\} \qquad (109a)$$

darstellt.

$^{1})$ Es ist: $D_b = \dfrac{\sigma_b + \sigma_b'}{2}\cdot h\cdot b$; ersetzt man hierin σ_b' durch $\sigma_b\cdot\dfrac{x - h}{x}$, so ergibt sich:

$$D_b = \left(\frac{\sigma_b}{2} + \frac{1}{2}\,\sigma_b\,\frac{x - h}{x}\right)b\,h = \frac{\sigma_b}{2}\,b\cdot h\left(1 + \frac{x - h}{x}\right) = \frac{\sigma_b}{2}\,b\,h\,\frac{2x - h}{x}\,.$$

Zahlenbeispiele [1]).

1. Ein rechteckiger Querschnitt, $h = 100$ cm, $b = 45$ cm, sei durch eine 10 cm vom Schwerpunkt des Betonquerschnitts entfernt angreifende Druckkraft von 100 000 kg belastet.

Es ist zu prüfen, ob eine Eiseneinlage notwendig ist. Es ist: $P = 100\,000$ kg; $e_1 = 10$ cm; $h = 100$ cm; $b = 45$ cm. Die größte Pressung bei homogenem, einfachem Betonquerschnitt würde sein:

$$\sigma_b = \frac{100\,000}{45 \cdot 100}\left(1 + \frac{6 \cdot 10}{100}\right) = 35,6 \text{ kg/qcm},$$

d. h. $< \sigma_{b_{zul}} < 40$ kg/qcm. Eine Eiseneinlage wäre somit nicht erforderlich.

1 b. Beträgt die Breite b nur 25 cm, so würde ohne Eiseneinlage sein:

$$\sigma_b = \frac{100\,000}{25 \cdot 100}\left(1 + \frac{6 \cdot 10}{100}\right) = 64 \text{ kg/qcm} > \sigma_{b_{zul}}.$$

Es wird demgemäß eine Eiseneinlage erforderlich, die im Abstande von 5 cm von der am meisten beanspruchten Kante entfernt angeordnet werden soll. Alsdann ist:

$$e = \frac{100}{2} - 10 = 40 \text{ cm}.$$

Aus Gleichung (106) folgt:

$$x = \frac{\dfrac{40}{2}\,100^2\,25\left(\dfrac{2}{3}\,100 - 5\right)}{40 \cdot 100 \cdot 25\,(50 - 5) - 100\,000\,(40 - 5)} = 308 \text{ cm}$$

und hiermit ergibt sich (nach Gleichung 107):

$$F_e' = \frac{100\,000 \cdot 308 - 40 \cdot 100 \cdot 25\,(308 - 50)}{15 \cdot 40\,(308 - 5)} = 27,5 \text{ qcm}.$$

1 c. Aus konstruktiven Gründen soll in dem vorstehend behandelten Querschnitte eine symmetrische Bewehrung gewählt werden.

$P = 100\,000$ kg; $h = 100$ cm; $b = 25$ cm; $e_1 = 10$ cm; $a = a' = 5$ cm.

Der Hilfswert A für Gleichung (109) wird:

$$A = \frac{\dfrac{40}{2} \cdot 100 \cdot 25}{100\,000 \cdot 10}\left[\frac{100^2}{3} - 2 \cdot 5\,(100 - 5)\right] = 119,2.$$

---

[1]) Vgl. die vorerwähnte Arbeit von Stock. Arm. Beton 1911, Heft XII, S. 438.

Demgemäß lautet die quadratische Gleichung zur Bestimmung von x:

$$x^2 - x\left(50 + \frac{45^2}{10} - 119{,}2\right) - 50 \cdot 119{,}2 = 0\ .$$

$$x^2 - 133{,}3\,x - 5960 = 0.$$

$$x = 168{,}7\ \text{cm}.$$

Demgemäß wird endlich Fe (nach Gleichung 108):

$$F_e = \frac{100\,000 \cdot 168{,}7}{2 \cdot 15 \cdot 40\,(168{,}7 - 50)} - \frac{100 \cdot 25}{2 \cdot 15} = 118{,}3 - 83{,}3 = 35{,}0\ \text{qcm}\ [1].$$

Eine **Tabelle zur Bestimmung der Höhe** (h) von Eisenbeton-Querschnitten rechteckiger Art bei einseitig, aber innerhalb des Kernes angreifender Längskraft gibt W. J. Wisselink[2]. Diese Tabellen sind unter der Annahme aufgestellt, daß der Randabstand $a = 0{,}075\,h$ beträgt und $F_s = F'_e$ in bestimmten Prozentgehalten des Betonquerschnittes ausgedrückt und angenommen werden, und zwar zwischen 0,5 und 1,2 v. H. dieses. Bezeichnet — wie stets — M das den Querschnitt beanspruchende Biegungsmoment, P die Normalkraft, so ist die Innenexzentrizität $e_1 = \dfrac{M}{P}$. Ist ferner die Normalkraft auf 1 cm Breite $(= b)\,\dfrac{P}{b} = P_1$, so wird mit relativer Exzentrizität der Ausdruck: $\mu = \dfrac{e_1}{P_1} = \dfrac{e_1\,b}{P}$ bezeichnet[3].

Für eine Randspannung im Beton $= 40$ kg/qcm wird dann in Abhängigkeit von diesem Werte μ, die Beziehung:

$$\boldsymbol{h = k \cdot P_1}$$

entwickelt. Für k ist die nachstehende Tabelle maßgebend. Will man eine andere Randspannung als $\sigma_b = 40$ kg/qcm zugrunde legen, so sind die Tabellen ebenfalls anwendbar, wenn man die tatsächliche Normalkraft durch eine im richtigen Verhältnis veränderte beim Gebrauche

---

[1] Ein Vergleich der Ergebnisse der Beispiele 1 b, 1 c läßt erkennen, daß an dem am stärksten beanspruchten Rande in 1 c eine größere Einlage erforderlich wird, als wenn man den Querschnitt nur einseitig bewehrt. Es erklärt sich dieses daraus, daß in letzterem Falle der Schwerpunkt des Querschnittes nach der Eiseneinlage zu sich verschiebt und somit die Exzentrizität der letzteren Kraft kleiner, also auch M kleiner wird. Es ist deshalb hier eine einseitige Armierung, wenn möglich, vorzuziehen.

[2] Vgl. die holländ. Zeitschrift Gewapened Beton, Maiheft 1908, und die Veröffentlichung hierüber im Armierten Beton 1919 von Dr.-Ing. W. Kunze.

[3] Vgl. hierzu auch die später folgende Berechnungsart von Dr. W. Kunze für auf Druck und Zug belastete gebogene Verbundquerschnitte auf S. 352 u. flgd.

der Tabellen ersetzt. Läßt man z. B. nur 35 kg/qcm für die höchste Druckspannung im Beton zu, so legt man bei der Benutzung der Tabelle eine Normalkraft $P_1' = P_1 \dfrac{40}{35}$ zugrunde [1]).

Tabelle der Beiwerte k in: $h = k \cdot P_1$.

$\mu = \dfrac{e_1}{P}$	für $F_e' = F_e$ $= 0,5\%$ k	für $F_e' = F_e$ $= 0,6\%$ k	für $F_e' = F_e$ $= 0,7\%$ k	für $F_e' = F_e$ $= 0,8\%$ k	für $F_e' = F_e$ $= 0,9\%$ k	für $F_e = F_e'$ $= 1,0\%$ k	für $F_e = F_e'$ $= 1,1\%$ k	für $F_e = F_e'$ $= 1,2\%$ k
0,0000	0,02174	0,02119	0,02066	0,02016	0,01969	0,01924	0,01880	0,01838
0,0005	2409	2349	2291	2237	2185	2137	2089	0,02044
10	2608	2543	2481	2423	2368	2316	2216	2218
15	2784	2715	2650	2588	2529	2475	2421	2371
20	2943	2871	2802	2737	2676	2618	2562	2509
25	3090	3014	2942	2874	2810	2750	2692	2637
30	3227	3147	3072	3002	2936	2873	2813	2755
35	3355	3273	3195	3122	3053	2989	2926	2866
40	3476	3392	3311	3236	3165	3098	3033	2972
45	3592	3505	3422	3344	3270	3202	3135	3072
50	3703	3612	3527	3447	3372	3301	3233	3168
55	3809	3716	3628	3546	3469	3396	3326	3260
60	3911	3816	3726	3642	3562	3488	3416	3348
65	4009	3912	3820	3734	3652	3576	3503	3433
70	4105	4005	3911	3823	3740	3662	3587	3516
75	4197	4095	3999	3909	3824	3745	3688	3595
80	4287	4183	4085	3993	3906	3825	3747	3673
max. Werte	0,04348	0,04238	0,04132	0,04032	0,03937	0,03847	0,03759	0,03676

$$\sigma_b = 40\ \text{kg/qcm.}$$

Während wegen der Herleitung der Tabelle auf die in Anm. 2, S. 328 angegebene Quelle verwiesen sein möge, sollen ihre Anwendung 2 Beispiele erläutern:

1) Es sei gegeben: $P = 50\,000$ kg; $M = 400\,000$ kg·cm, also: $e_1 = \dfrac{M}{P} = 8$ cm; ferner ist $b = 25$ cm, $P_1 = \dfrac{P}{b} = \dfrac{50\,000}{25} = 2000$ kg;

$\mu = \dfrac{e_1}{P_1} = \dfrac{8}{2000} = 0,0040$. Wird $F_e = F_e' = 1$ v. H. des Betonquerschnittes angenommen und $\sigma_b = 40$ kg/qcm zugrunde gelegt, so wird nach der Tabelle: $h = k \cdot P_1 = 0,03098 \cdot 2000 = 61,96 = $ rd. 62 cm.

----

[1]) Bei den so bestimmten Abmessungen des Querschnittes stellt sich dann von selbst die zugrunde gelegte Randspannung σ_b' ein, wenn man die Kraft P_1 in ihrer wirklichen Größe auf den Querschnitt einwirken läßt. Es verhalten sich nämlich die Randspannungen wie die Normalkräfte:

$$\frac{\sigma_b'}{40} = \frac{P_1}{P_1'} = \frac{P_1}{P_1 \dfrac{40}{35}},$$

$$\sigma_b' = 35\ \text{kg/qcm.}$$

2) Es sei $P = 60000$ kg ; $M = 120000$ kg $\cdot$ cm; $e_1 = 2$ cm; $b = 40$ cm; $P_1 = \dfrac{P}{b} = \dfrac{60000}{40} = 1500$ kg. Soll σ_b nur zu 35 kg/qcm erlaubt sein, so wird $P_1' = P_1 \dfrac{40}{35} = 1500 \cdot \dfrac{40}{35} = 1714$ kg. Demgemäß ergibt sich:

$$\mu = \frac{e_1}{P_1'} = \frac{2}{1714} = 0{,}00117 \, .$$

Wird $F_e = F_e' = 0{,}8$ v. H. des Betonquerschnittes angenommen, so wird für
$$h = k \cdot 1714 \, ,$$
der Wert k nach Zwischenschaltung
$$= 0{,}02423 + \frac{0{,}00165 \cdot 1{,}7}{5{,}0} = 0{,}02479 \, {}^1) \, ;$$
hieraus folgt: $\qquad h = 0{,}02479 \cdot 1714 = $ rd 42,5 cm.

Demgemäß wird:
$$F_e = F_e' = 0{,}008 \, F_b = 0{,}008 \cdot 42{,}5 \cdot 40 = 13{,}69 \text{ cm} \, .$$

Der exzentrisch belastete rechteckige Querschnitt erhält Druck- und Zugspannungen [2]).

Die Grenzen der einfachen und doppelten Bewehrung.

In manchen Fällen kann es — namentlich bei der ersten Durchrechnung von Rahmenkonstruktionen — zweckmäßig sein, bei gegebenen Werten M, P, e bzw. e_1 und b und bei Rechtecksquerschnitt die Querschnittshöhe zu bestimmen, bei der die zulässigen Spannungen σ_b und σ_e ohne eine Druckbewehrung gerade vollkommen ausgenutzt sind, um dann weiterhin die Frage von vornherein zu beantworten, ob nur eine einfache oder eine doppelte Eiseneinlage erforderlich ist.

Die erstgenannte besondere Höhe sei als „Normalhöhe", der mit ihr konstruierte Querschnitt als „Normalquerschnitt" bezeichnet [3]).

---

[1]) Aus der Tabelle ergibt sich für μ: 0,001 für $F_e = F_e' = 0{,}8$ v. H. der Wert $k = 0{,}02423$, für $\mu = 0{,}0015 : k = 0{,}2588$; mithin wächst innerhalb dieses Zwischenraumes von 0,0005 der Wert k um: $0{,}02588 - 0{,}02423 = 0{,}00165$ und bei einer Steigerung um 0,00017 um
$$\frac{0{,}0165}{5{,}0} \, 1{,}7 = 0{,}0056 \, .$$
Hieraus folgt der obige Wert $k = 0{,}02423 + 0{,}00056 = 0{,}02479 \, .$

[2]) Vgl. zu diesem Abschnitte neben den weiter unten angegebenen Literaturstellen u. a.: Bestimmung einseitig gedrückter oder gezogener Eisenbetonquerschnitte ohne und mit Berücksichtigung der Betonzugfestigkeit von E. Elwitz Beton u. Eisen 1918.

[3]) In den meisten Fällen wird aus praktischen Gründen ein anderer als der Normalquerschnitt zur Anwendung gelangen. An den stärkst beanspruchten Stellen wird man in der Regel, um zu plumpe Abmessungen zu vermeiden und das Eigengewicht herabzumindern, einen niedrigeren Querschnitt wählen, der

Wird mit $e' = \dfrac{M}{P}$ die Innenexzentrizität bezeichnet, d. h. der Abstand von P vom Querschnittsschwerpunkte S (Abb. 156), so ergibt sich für den Schwerpunkt der Eiseneinlagen als Momentenpunkt die Beziehung:

$$D_b\left(h - a - \frac{x}{3}\right) - P\left(e' + u - a\right) = 0 \, ,$$

$D = \tfrac{1}{2}\,b\,x\,\sigma_b$ hierin eingesetzt, ergibt die Gleichung:

$$\tfrac{1}{2}\,\sigma_b\,b\,x\left(h - a - \frac{x}{3}\right) - P\left(e' + u - a\right) = 0 \, .$$

Wird hierin der bekannte Wert (S. 154)

1) $\qquad x = s\,(h - a)$

$$= \frac{n\,\sigma_b}{\sigma_e + n\,\sigma_b}\,(h - a)$$

eingeführt, und macht man die vereinfachende Annahme:

$u = \dfrac{h}{2}$, so geht die vorstehende Gleichung in die Form über:

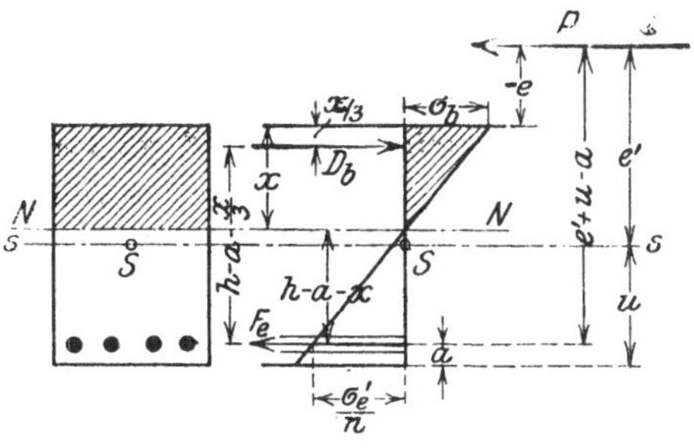

$$\tfrac{1}{2}\,\sigma_b\,b\,s\,(h - a)\left[h - a - \frac{s}{3}\,(h - a)\right] - P\left(e' + \frac{h}{2} - a\right) = 0$$

$$\tfrac{1}{2}\,\sigma_b\,b\,s\left(1 - \frac{s}{3}\right)(h - a)^2 - P\left(e' - \frac{a}{2}\right) - P\,\frac{h - a}{2} = 0 \, .$$

Wird zur Vereinfachung der Rechnung hierin der nur aus den Werten der zulässigen Spannungen gebildete, also bei einer Querschnittsbestimmung bekannte Wert:

$$\frac{1}{2\,\sigma_b\,s\left(1 - \dfrac{s}{3}\right)} = \alpha \, , \qquad \text{oder} \qquad \sigma_b\,s\left(1 - \frac{s}{3}\right) = \frac{1}{2\,\alpha}$$

gesetzt, so erhält nach geringer Umformung die vorstehende Gleichung die vereinfachte Gestalt:

$$(h - a)^2 - (h - a)\,\frac{2\,P}{b}\,\alpha = \frac{P}{b}\left(e' - \frac{a}{2}\right) \cdot 4\,\alpha \, .$$

---

alsdann eine Druckbewehrung erfordert, während an den weniger stark belasteten Stellen sich von selbst ein höherer Querschnitt ergibt, der demgemäß sogar eine vollkommene Ausnutzung der zulässigen Druckspannung σ_b nicht mehr gestattet. Alle diese Verhältnisse kann man aber sofort überblicken, wenn man sich vorher die Normalhöhe ausgerechnet hat. Vgl. hierzu: Stock, Dimensionierung von auf Biegung mit Axialdruck beanspruchten rechteckigen Eisenbetonquerschnitten. Arm. Beton 1911, Heft XI u. XII, S. 388 u. 433.

Setzt man hierin zur weiteren Vereinfachung:

II) $$P_0 = \frac{P}{b}\,\alpha\,,$$

so ergibt sich die Normalhöhe:

III) $$h - a = h' = P_0 + \sqrt{P_0{}^2 + P_0\,4\left(e' - \frac{a}{2}\right)}\,. \tag{110}$$

Für die Zahl α sind Tabellen aufgestellt, die neben anderen noch später zu verwendenden Zahlenwerten auch die Zahl s enthalten (s. S. 336).

Ist die Höhe und Breite des Querschnitts gegeben, so kann man wohl die zulässige höchste Eisenspannung ausnutzen, in der Regel aber nicht zugleich den erlaubten Wert von σ_b innehalten. Zur Beantwortung der Frage, o b e i n e D r u c k e i s e n b e w e h r u n g n o t w e n d i g ist, oder ob eine Zugbewehrung ausreicht, ·wird es daher erforderlich sein, bei gegebenen äußeren Querschnittsverhältnissen und Ausnutzung des zulässigen σ_e-Wertes die diesen Verhältnissen entsprechende Spannung σ_b zu ermitteln.

Aus Gleichung (III) ergibt sich, wenn man sie nach P_0 auflöst:

$$(h - a)^2 - 2\,P_0\,(h - a) + P_0{}^2 = P_0{}^2 + P_0\,4\left(e' - \frac{a}{2}\right)$$

$$P_0 = \frac{(h - a)^2}{2\,(h - 2\,a + 2\,e')}\,.$$

Führt man statt e' die Außenexzentrizität, d. h. die Entfernung e des Angriffspunktes der Normalkraft von der am meisten gedrückten Kante ein und bezeichnet man sie als positiv, wenn die Normalkraft noch innerhalb des Querschnittes angreift, sonst aber als negativ, so erhält man (vgl. Abb. 156):

$$-e = e' + u - h\,,$$

$$e' = h - u - e\,,$$

bzw., da hier $u = \dfrac{h}{2}$ gesetzt ist:

$$e' = \frac{h}{2} - e\,.$$

Durch Verbindung der Gleichung (II) mit der vorstehend gefundenen Beziehung von P_0 und dem obigen e'-Werte, folgt:

$$\frac{P}{b}\,\alpha = \frac{(h - a)^2}{2\,(2\,h - 2\,a - 2\,e)} \tag{111}$$

oder:

IV) $$\alpha = \frac{b\,(h - a)^2}{4\,P\,(h - a - e)}\,. \tag{112}$$

Die rechte Gleichungsseite enthält nur bekannte Größen. Wenn nicht P und e, sondern P und M gegeben sein sollten, so ist e aus der Beziehung zu finden: $e = h - u - \dfrac{M}{P}$, oder — wenn man annimmt, daß die Achse des Verbundquerschnittes und die Schwerachse des Betonquerschnittes zusammenfallen:

$$e = \frac{h}{2} - \frac{M}{P}.$$

Aus Gleichung (IV) kann man α berechnen und aus der Tabelle auf S. 336 den zugehörigen σ_b-Wert entnehmen. Ist dieser Wert $< \sigma_{b_{zul}}$, so ist eine Druckbewehrung nicht erforderlich, man hat alsdann nur eine Zugeiseneinlage notwendig. Ist aber der Wert $> \sigma_{b_{zul}}$, so ist eine Doppelbewehrung des Querschnittes am Platze.

Dieselbe Entscheidung läßt sich auch auf dem **folgenden Wege** herbeiführen:

Das Moment der inneren Druckkräfte, bezogen auf den Schwerpunkt der Zugeiseneinlagen — also den Schwerpunkt der inneren Zugkräfte —, muß immer gleich sein dem Moment der äußeren Kräfte, bezogen auf denselben Momentenpunkt, und es ist dabei gleichgültig, ob dieses äußere Moment von einer reinen Biegung oder einer exzentrischen Normalkraft herrührt. Sind aber in beiden Fällen die Momente der inneren Druckkräfte dieselben, dann müssen diese inneren Druckkräfte selbst ebenfalls dieselben sein. Diese einfache Beziehung leistet bei Ableitung von Dimensionierungsformeln für zusammengesetzte Festigkeit gute Dienste, indem sie gestattet, manche für reine Biegung gültige Formeln unmittelbar auf die zusammengesetzte Festigkeit zu übertragen. Demgemäß gilt auch die grundlegende Beziehung (S. 155)

$$h - a = h' = r \sqrt{\frac{M}{b}}$$

für den hier vorliegenden Fall, wenn man bei exzentrisch angreifender Kraft P deren Moment auf die Schwerachse der Eiseneinlage bezieht. Benennt man dies Moment mit **Ersatzmoment** und bezeichnet es mit M_0, so gilt (Abb. 156):

V) $$M_0 = M + P(u - a)$$

$$h - a = r \sqrt{\frac{M_0}{b}}{}^{1).}$$

Hieraus folgt:

VI) $$r = (h - a) \sqrt{\frac{b}{M_0}}.$$

---

[1] Einen genauen rechnerischen Beweis für die Richtigkeit dieser Gleichung erbringt Stock in seiner vorgenannten Arbeit in Arm. Beton 1911, Heft XI, S. 391.

Die bekannte rechte Gleichungsseite liefert r, und hieraus ergibt sich mit Hilfe der Zusammenstellung II auf S. 157/158 unmittelbar der zugehörende σ_b-Wert und mit ihm die Entscheidung, ob nur eine Zug- oder eine Druck- und Zugbewehrung erforderlich ist.

Bestimmung der Eiseneinlage, falls nur eine Zugbewehrung erforderlich ist.

Aus der Bedingung, daß die Summe der äußeren und inneren Kräfte im Gleichgewichtszustande $= 0$ sein muß, folgt (Abb. 157):

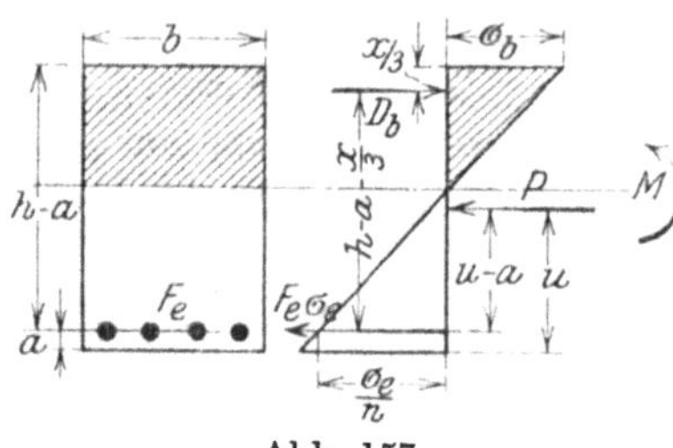

Abb. 157.

VII) $\quad P - \tfrac{1}{2}\,\sigma_b\,b\,x + F_e\,\sigma_e = 0$

VIIa) $\quad F_e = \dfrac{\tfrac{1}{2}\,\sigma_b\,b\,x - P}{\sigma_e}\,.$

Hierin ist σ_b aus der Tabelle S. 336 mit Hilfe der vorstehend entwickelten Gleichung (112):

$$\alpha = \frac{b\,(h-a)^2}{4\,P\,(h-a-e)}$$

(oder auch durch VI) und x aus der Beziehung: $x = s\,(h-a)$ zu entnehmen. Damit ist auch F_e bekannt, wenn für σ_e der zulässige Wert eingeführt wird.

Gleichung (VIIa) kann auf eine, für Tabellenberechnung noch bequemere Form gebracht werden.

Setzt man:

$$\beta = \frac{s}{2}\,\frac{\sigma_b}{\sigma_e}$$

und führt diesen Wert in (VIIa) ein:

$$F_e = \frac{\tfrac{1}{2}\,\sigma_b\,b\,s\,(h-a) - P}{\sigma_e}$$

so ergibt sich:

VIII) $\qquad F_e = \beta\,b\,(h-a) - \dfrac{P}{\sigma_e}\,.$ $\qquad\qquad$ (113)

Hierin ist β, ein dem gefundenen α oder r nach Gleichung (IV) bzw. (VI) entsprechender Wert, aus der Tabelle auf S. 336 zu entnehmen; die Rechnung wird also außerordentlich einfach.

Will man die Formel von dem wirklich auftretenden σ_e-Werte unabhängig machen, dann kann man sie in folgender Weise umformen:

VIIIa) $\qquad F_e = \dfrac{\tfrac{1}{2}\,\sigma_b\,b\,x}{\sigma_e} - \dfrac{P}{\sigma_e}\,.$

Bei einem auf reine Biegung beanspruchten Querschnitte gilt:

$$F_e = \frac{\tfrac{1}{2}\,\sigma_b\,b\,x}{\sigma_e}\,.$$

Ein Vergleich beider Ausdrücke läßt erkennen, daß in Gleichung (VIIIa) das erste Glied die Eiseneinlage darstellt, die ein reines Biegungsmoment erfordern würde, das bei dem gegebenen Betonquerschnitt dieselbe Betonbeanspruchung erzeugt wie die gegebene exzentrische Normalkraft. Da, wie vorstehend nachgewiesen wurde, dieses Biegungsmoment aber das Ersatzmoment M_0 ist, so beschränkt sich die hier vorliegende Aufgabe darauf, eine von σ_b unabhängige Formel zur Bestimmung von F_e für einen auf reine Biegung beanspruchten, einfach bewehrten Querschnitt aufzustellen.

Für einen solchen Querschnitt ist, wenn M das Moment der äußeren Kräfte darstellt:

$$M = \sigma_e F_e \left(h - a - \frac{x}{3} \right) ; \qquad F_e = \frac{M}{\sigma_e \left(h - a - \frac{x}{3} \right)}$$

und nach Einsetzung von $x = s\,(h - a)$:

$$\text{IX)} \quad F_e = \frac{M}{(h - a)\, \sigma_e \left(1 - \frac{s}{3} \right)} = \frac{1}{\sigma_e \left(1 - \frac{s}{3} \right)} \frac{M}{h - a} = \gamma \cdot \frac{M}{h - a} .$$

Wie aus der Tabelle S. 336 ersichtlich, ändert sich γ, das mit s von dem wirklich auftretenden σ_b zwar abhängig ist, für wechselndes σ_b so wenig, daß für die Grenzen der gegebenen zulässigen Spannungen der Wert γ als konstant angesehen werden kann.

Die Gleichung $F_e = \gamma \cdot \dfrac{M}{h - a}$ kann nun ferner im Hinblicke auf die vorstehenden allgemeinen Erörterungen für die zusammengesetzte Biegung und im Hinblicke auf Gleichung (VIIIa) in der Form geschrieben werden:

$$\text{X)} \qquad F_e = \gamma \frac{M_0}{h - a} - \frac{P}{\sigma_e} .$$

Hiermit ist die Eiseneinlage, auch ohne Zwischenrechnung des wirklich auftretenden σ_b-Wertes, bestimmt.

Bestimmung der Eiseneinlage bei Druck und Zugbewehrung.

(Siehe Abb. 158.)

Aus den vorstehend abgeleiteten Beziehungen für das Ersatzmoment ergibt sich, daß bei einem auf zusammengesetzte Festigkeit beanspruchten, doppelt bewehr-

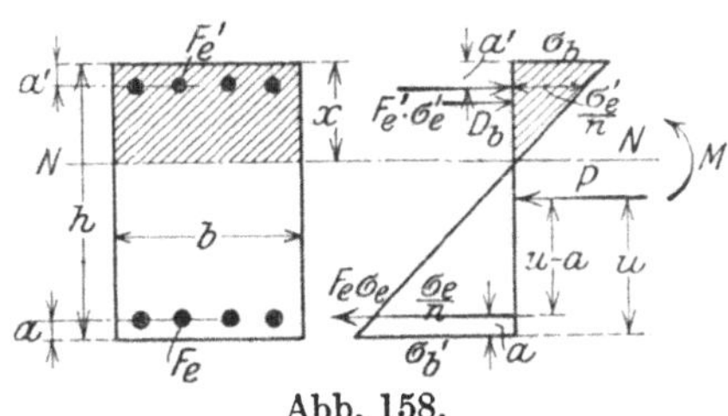

Abb. 158.

ten Eisenbetonquerschnitte bei gegebener Beton- und Eisenbeanspruchung genau dieselbe Druckbewehrung notwendig ist, wie bei einem auf reine Biegung belasteten Querschnitte, dessen Angriffsmoment gleich dem

Zahlentabelle (nach Stock) der Werte r, α, β und γ zur Querschnittsberechnung exzentrisch belasteter Rechtecksquerschnitte.

σ_b	s	r	α	β	γ	σ_b	s	r	α	β	γ
		$n = 15;\quad \sigma_e = 1000\ \mathrm{kg/cm^2}$						$n = 15;\quad \sigma_e = 1200\ \mathrm{kg/cm^2}$			
50	0,429	0,330	0,0272	0,01071	0,001167	50	0,385	0,345	0,0298	0,00801	0,000956
49	0,424	0,335	0,0280	0,01038	0,001164	49	0,380	0,351	0,0308	0,00776	0,000954
48	0,419	0,340	0,0289	0,01005	0,001162	48	0,375	0,356	0,0317	0,00750	0,000952
47	0,413	0,345	0,0298	0,00972	0,001160	47	0,370	0,362	0,0328	0,00725	0,000951
46	0,408	0,351	0,0308	0,00939	0,001158	46	0,365	0,368	0,0339	0,00700	0,000949
45	0,403	0,357	0,0319	0,00907	0,001155	45	0,360	0,375	0,0351	0,00675	0,000947
44	0,398	0,363	0,0329	0,00875	0,001153	44	0,355	0,381	0,0363	0,00651	0,000945
43	0,392	0,369	0,0341	0,00843	0,001150	43	0,350	0,388	0,0376	0,00625	0,000943
42	0,387	0,376	0,0354	0,00812	0,001148	42	0,344	0,395	0,0391	0,00602	0,000941
41	0,381	0,383	0,0367	0,00781	0,001145	41	0,339	0,402	0,0406	0,00579	0,000939
40	0,375	0,390	0,0381	0,00750	0,001441	40	0,333	0,411	0,0422	0,00556	0,000938
39	0,369	0,398	0,0397	0,00720	0,001140	39	0,328	0,419	0,0439	0,00533	0,000936
38	0,363	0,406	0,0412	0,00690	0,001338	38	0,322	0,428	0,0458	0,00510	0,000934
37	0,357	0,415	0,0430	0,00660	0,001135	37	0,316	0,437	0,0478	0,00488	0,000932
36	0,351	0,424	0,0449	0,00631	0,001132	36	0,310	0,447	0,0499	0,00466	0,000929
35	0,344	0,433	0,0469	0,00602	0,001130	35	0,304	0,457	0,0522	0,00444	0,000927
34	0,338	0,443	0,0491	0,00574	0,001127	34	0,298	0,468	0,0548	0,00423	0,000925
33	0,331	0,454	0,0514	0,00546	0,001124	33	0,292	0,479	0,0575	0,00402	0,000923
32	0,324	0,465	0,0540	0,00519	0,001121	32	0,286	0,492	0,0604	0,00381	0,000921
31	0,317	0,477	0,0568	0,00492	0,001118	31	0,279	0,505	0,0637	0,00361	0,000919
30	0,310	0,490	0,0599	0,00466	0,001115	30	0,273	0,519	0,0672	0,00341	0,000917
29	0,303	0,503	0,0633	0,00404	0,001112	29	0,266	0,533	0,0711	0,00321	0,000914
28	0,296	0,518	0,0670	0,00414	0,001109	28	0,259	0,549	0,0754	0,00302	0,000912
27	0,288	0,533	0,0711	0,00389	0,001106	27	0,252	0,566	0,0801	0,00284	0,000910
26	0,281	0,550	0,0756	0,00365	0,001103	26	0,245	0,584	0,0854	0,00266	0,000908
25	0,273	0,568	0,0807	0,00341	0,001100	25	0,238	0,604	0,0912	0,00248	0,000905
24	0,265	0,588	0,0863	0,00318	0,001097	24	0,231	0,625	0,0978	0,00231	0,000903
23	0,257	0,609	0,0927	0,00295	0,001094	23	0,223	0,649	0,1052	0,00214	0,000900
22	0,248	0,632	0,0999	0,00273	0,001090	22	0,216	0,674	0,1135	0,00198	0,000898
21	0,240	0,657	0,1080	0,00252	0,001087	21	0,208	0,702	0,1230	0,00182	0,000895
20	0,231	0,685	0,1174	0,00231	0,001083	20	0,200	0,732	0,1339	0,00167	0,000893
19	0,222	0,716	0,1281	0,00211	0,001080	19	0,192	0,765	0,1465	0,00152	0,000890
18	0,213	0,750	0,1406	0,00191	0,001076	18	0,184	0,803	0,1611	0,00138	0,000888
17	0,203	0,788	0,1552	0,00173	0,001073	17	0,175	0,844	0,1782	0,00124	0,000885
16	0,194	0,831	0,1726	0,00155	0,001069	16	0,167	0,891	0,1985	0,00111	0,000885
15	0,184	0,879	0,1933	0,00138	0,001065	15	0,158	0,944	0,2228	0,00099	0,000880

Ersatzmoment des ersteren Querschnittes ist. Für reine Biegung läßt
sich die Druckbewehrung aus den Gleichungen ableiten, bezogen auf
den Angriffspunkt der Zugkraft im Zugeisen:

$$M = D_b\left(h - a - \frac{x}{3}\right) + F'_e\,\sigma'_e\,(h - a - a')\,,$$

$$F'_e\,\sigma'_e = \frac{M - \sigma_b\,\dfrac{b}{2}\,x\left(h - a - \dfrac{x}{3}\right)}{h - a - a'}\;.$$

Nach obigem kann diese Formel für den hier vorliegenden Fall geschrieben werden:

$$F'_e\,\sigma'_e = \frac{M_0 - \sigma_b\,\dfrac{b}{2}\,x\left(h - a - \dfrac{x}{3}\right)}{h - a - a'}\;.$$

XI)
$$F'_e = \frac{1}{\sigma'_e}\;\frac{M_0 - \sigma_b\,\dfrac{b}{2}\,x\left(h - a - \dfrac{x}{3}\right)}{h - a - a'}\;.$$

Da M_0 sich ohne weiteres nach der Gleichung (V):

$$M_0 = M + P\,(u - a),$$

oder wenn an Stelle von M und P nur P und e' gegeben sind, nach:
$M_0 = P\,(e' + u - a)$ [1]) berechnen läßt, so liefert die obige Gleichung XI den Wert von F'_e, da auch σ'_e sich nach:

$$\sigma'_e = n\,\sigma_b\,\frac{x - a'}{x}$$

bestimmen läßt.

Eine für die Rechnung bequemere Form läßt sich auf die folgende Weise gewinnen:

In Gleichung (XI) stellt das zweite Glied über dem Bruchstriche das Biegungsmoment M' dar, das für einfache Bewehrung und die zulässige Eisenspannung die zulässige Betonbeanspruchung hervorrufen würde, für das also der Querschnitt Normalquerschnitt wäre.

XII)
$$M' = \frac{\sigma_b}{2}\,b\,x\left(h - a - \frac{x}{3}\right)\,.$$

Ist $M' < M_0$, so muß eine Druckbewehrung angeordnet werden — ein neuer wertvoller Hinweis zur Entscheidung dieser Frage —; ist dagegen $M' > M_0$, so genügt eine Zugbewehrung allein. Aus der bekannten Gleichung (S. 155)

$$h - a = r\,\sqrt{\frac{M}{b}}$$

folgt:
$$M = \left(\frac{h - a}{r}\right)^2 b\,.$$

---

[1]) Bzw. nach $M_0 = P\left(e' + \dfrac{h}{2} - a\right)$, wenn $u = \dfrac{h}{2}$ wird, oder auch nach
$$M_0 = M + P\left(\frac{h}{2} - a\right)\,.$$

Wählt man hierin r entsprechend dem gegebenen σ_b und σ_e, so stellt M den obigen Wert M' dar:

$$\text{XIII)} \qquad M' = \left(\frac{h-a}{r}\right)^2 \cdot b \,.$$

Wird dieser Wert von M' [in Verbindung mit Gleichung (XII) in Gleichung (XI)] eingeführt, so wird:

$$\text{XIV)} \qquad F'_e\,\sigma'_e = \frac{M_0 - M'}{h-a-a'} \,; \qquad F'_e = \frac{1}{\sigma'_e}\frac{M_0 - M'}{h-a-a'} \,. \qquad (114)$$

Endlich ergibt die Summe der äußeren Kräfte:

$$P + F_e\,\sigma_e - \sigma_b\,\frac{b}{2}\,x - F'_e\,\sigma'_e = 0 \,.$$

$$\text{XV)} \qquad F_e = \frac{\sigma_b\dfrac{b}{2}\,x + F'_e\,\sigma'_e - P}{\sigma_e} \,. \qquad (115)$$

Zahlenbeispiele [1]).

1. Ein rechteckiger Betonquerschnitt von 110 cm Höhe und 40 cm Breite wird durch eine im Schwerpunkt desselben angreifende axiale

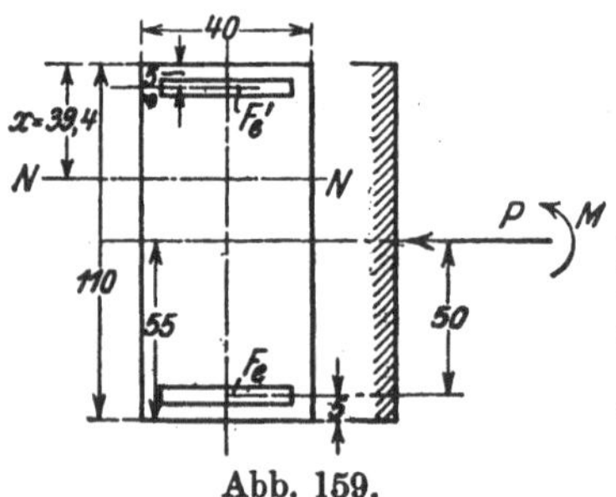

Abb. 159.

Druckkraft von 20 000 kg und ein Biegungsmoment von 4 000 000 kg · cm beansprucht. Wie groß muß die Eiseneinlage sein, damit die zulässigen Beanspruchungen von Beton (40) und Eisen (1000) voll ausgenützt werden? (Abb. 159).

$M = 4\,000\,000 \text{ kg} \cdot \text{cm}\,;$ $P = 20\,000 \text{ kg}\,;$

$h = 110 \text{ cm}\,;$ $b = 40 \text{ cm}\,;$

$a = a' = 5 \text{ cm}\,;$

$M_0 = 4\,000\,000 + 20\,000 \cdot (55 - 5) = 5\,000\,000 \text{ kg} \cdot \text{cm}\,;$

$x = 0,375 \cdot 105 = 39,4 \text{ cm}\,;$

$M' = 20 \cdot 40 \cdot 39,4\,(105 - 13,1) = 31\,500 \cdot 91,9 = 2\,900\,000 \text{ kg} \cdot \text{cm}$ (XII

oder (vgl. Tabelle S. 157):

$$M' = \left(\frac{105}{0,39}\right)^2 \cdot 40 = 2\,900\,000 \text{ kg} \cdot \text{cm} \qquad (\text{XIII})$$

$M' < M_0$; daher ist eine doppelte Eiseneinlage erforderlich.

$$\sigma'_e = 15 \cdot 40 \cdot \frac{39,4 - 5}{39,4} = 524 \text{ kg/qcm}$$

<hr>

[1]) Entnommen der auf S. 333 erwähnten Stockschen Veröffentlichung, vgl. Arm.-Beton 1901, Heft XII, S. 436 ff.

$$F'_e \cdot \sigma'_e = \frac{5\,000\,000 - 2\,900\,000}{105 - 5} = 21\,000 \qquad \text{(XIV)}$$

$$F'_e = \frac{21\,000}{524} = 40,1 \text{ cm}^2$$

$$F_e = \frac{40 \cdot 20 \cdot 39,4 + 21\,000 - 20\,000}{1000} = 31,5 + 21,0 - 20,0$$
$$= 32,5 \text{ cm}^2. \qquad \text{(XV)}$$

Prüft man die Rechnung, unter Einführung der vorstehend gefundenen F_e und F'_e-Werte, nach dem auf S. 313 gegebenen allgemeinen Rechnungsverfahren (kubische Gleichung), so wird:

$$x = 39,4 \text{ cm,}$$
$$\sigma_b = 40 \text{ kg/cm}^2,$$
$$\sigma_e = 1000 \text{ kg/cm}^2,$$
$$\sigma'_e = 524 \text{ kg/cm}^2.$$

Die Werte stimmen also genau.

2. Wie hoch müßte im vorigen Beispiel der Querschnitt sein, damit die zulässigen Beanspruchungen ohne eine Druckbewehrung erreicht werden und welche Eiseneinlage ist alsdann in der Zugzone erforderlich?

$$M = 4\,000\,000 \text{ kg} \cdot \text{cm}; \quad P = 20\,000 \text{ kg};$$
$$b = 40 \text{ cm}; \quad a = 5 \text{ cm};$$
$$e' = \frac{4\,000\,000}{20\,000} = 200 \text{ cm.}$$
$$P_0 = \frac{P}{b}\alpha = \frac{20\,000}{40} \cdot 0,0381 = 19,05 , \qquad \text{(II)}$$

wobei α der Tabelle auf S. 336 für $\sigma_e = 40$ und $\sigma_e = 1000$ kg/qcm entnommen ist.

$$h - a = 19,05 + \sqrt{19,05^2 + 19,05 \cdot 4\,(200 - 2,5)} = 143 \text{ cm} \qquad \text{(III)}$$
$$h = 143 + 5 = 148 \text{ cm}$$
$$F_e = \beta \cdot 40 \cdot 143 - \frac{20\,000}{1000} = 0,0075 \cdot 40 \cdot 143 - 20 = 22,9 \text{ cm}^2 \qquad \text{(VIII)}$$

hier ist β aus der vorerwähnten Tabelle für $\sigma_b = 40$ und $\sigma_e = 1000$ entnommen.

Eine Prüfungsrechnung liefert:

$$e = \frac{148}{2} - 200 = -126 \text{ cm,}$$
$$x = 53,5 \text{ cm};$$
$$\sigma_b = 40 \text{ kg/qcm};$$
$$\sigma_e = 1000 \text{ kg/qcm,}$$

also in diesem Falle wiederum ganz genaue Werte.

3. Gegeben sei alles wie in Beispiel 1, jedoch betrage die Querschnittshöhe 160 cm. Welche Eiseneinlage ist erforderlich?

$$M = 4\,000\,000 \text{ kg} \cdot \text{cm}; \quad P = 20\,000 \text{ kg};$$

$$h = 160; \quad a = 5 \text{ cm}; \quad h - a = 155 \text{ cm}; \quad b = 40 \text{ cm};$$

$$M_0 = 4\,000\,000 + 20\,000 \cdot (80 - 5) = 5\,500\,000 \text{ kg} \cdot \text{cm}.$$

Ein Vergleich mit Beispiel 2 ergibt, daß hier ein Querschnitt, der nur Zugbewehrung erfordert, vorliegen muß, und man erhält daher unmittelbar die erforderliche Eiseneinlage aus Gleichung (X).

$$F_e = \gamma \frac{M_0}{h-a} - \frac{P}{\sigma_e} = 0{,}00114 \frac{5\,500\,000}{155} - 20 = 20{,}4 \text{ qcm.} \quad \text{(X)}$$

Auch hier entspricht γ den Werten $\sigma_b = 40$, $\sigma_e = 1000 \text{ kg/qcm}$ nach S. 336.

Hätte man diesen Vergleichsmaßstab nicht gehabt, so hätte man aus Gleichung (VI) r bestimmt:

$$r = 155 \sqrt{\frac{40}{5\,500\,000}} = 0{,}418\,.$$

Diesem r-Werte entspricht, für $\sigma_e = 1000$, aus der Tabelle ein σ_b-Wert $\cong 37 \text{ kg/qcm}$, also $< \sigma_{b_{zul}} < 40 \text{ kg/qcm}$.

Auch hieraus also hätte sich ergeben, daß nur eine Zugbewehrung erforderlich ist. Die gleiche Entscheidung wäre auch durch Ausrechnen des Wertes M' möglich gewesen. Aus der Ermittlung folgt zugleich, daß mit $\sigma_b = 37 \text{ kg/qcm}$ zu rechnen ist, und somit wird nach Gleichung (VII a S. 334):

$$F_e = \frac{\sigma_b \dfrac{b}{2} x - P}{\sigma_e} = \frac{37 \cdot 20 \cdot 0{,}357 \cdot 155 - 20\,000}{1000} = 20{,}9 \text{ qcm.}$$

Hierin ist $x = s(h - a) = 0{,}357 \cdot 155 = 58 \text{ cm}$ (nach Tabelle S. 157/158 u. 336).

Die Prüfung der Rechnung liefert die Werte:

$$e = \frac{160}{2} - \frac{4\,000\,000}{20\,000} = -120 \text{ cm}$$

und damit aus der kubischen Gleichung: $x = 55{,}1$, und somit:

$$\sigma_b = 36{,}7 \text{ kg/qcm}; \quad \sigma_e = 1000 \text{ kg/qcm.}$$

Eine nur sehr angenäherte, aber schnell zum Ziele führende und namentlich für Versuchsrechnungen geeignete Bestimmungsart der Eiseneinlage bei einseitiger Zugbewehrung geben die nachfolgenden Ausführungen wieder:

Bei einem einfach bewehrten, rechteckigen Querschnitte, dessen Zugbewehrung gesucht wird, der aber sonst in allen seinen Teilen gegeben ist, kann man derart vorgehen, daß man den Querschnitt als homogenen Betonquerschnitt betrachtet, für ihn die durch die Normalkraft und Momentenwirkung bedingte Spannungsverteilung bildet und aus der Zugfläche auf die Größe der Zugkraft und durch sie der Eisenbewehrung in der Zugzone schließt. Der Gang der Rechnung ist demgemäß der nachfolgende einfache:

$$\sigma_{bd} = -\frac{P}{F} - \frac{M}{W} = -\frac{P}{b \cdot h} - \frac{6\,M}{b\,h^2}\,,$$

$$\sigma_{bz} = -\frac{P}{b\,h} + \frac{6\,M}{b\,h^2}\,.$$

Nach Auftragen der Spannungen in einem Diagramm (Abb. 160) wird die Zugkraft aus dem Zugdreieck des Diagramms abgeleitet:

$$Z = \frac{b \cdot \sigma_{bz}\,(h - x_0)}{2}$$

Ferner gilt:

$$(h - x_0) : \frac{h}{2} = \sigma_{bz} : \frac{6\,M}{b\,h^2}.$$

$$h - x_0 = \frac{\sigma_{bz}\,h^3\,b}{12\,M}$$

und somit:

$$Z = \frac{b^2\,h^3\,\sigma_{bz}^2}{24\,M} = \frac{b\,J_{nn}\,\sigma_{bz}^2}{2\,M}\,, \quad (116)$$

$$\text{da}\ \ J_{nn} = \frac{b\,h^3}{12}\ \ \text{ist.}$$

Ferner ist:

$$F_e\,\sigma_e = Z\,;$$

$$F_e = \frac{Z}{1200} = \frac{b^2\,h^3\,\sigma_{bz}^2}{1200 \cdot 24 \cdot M}$$

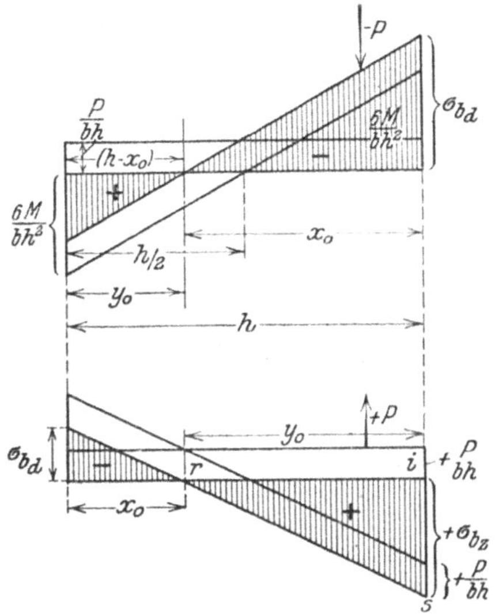

oder allgemein

Abb. 160.

$$F_e = \frac{1}{\sigma_e}\,\frac{b^2\,h^3\,\sigma_{bz}^2}{24\,M}\,. \tag{117}$$

Die vorstehende Art der Rechnung kann naturgemäß in gleicher Weise bei einem Plattenbalken durchgeführt werden, in dessen Obergurte, in der Regel also in dessen Plattenteil, eine Druckkraft exzentrisch angreift. Alsdann ist allerdings die allgemeine Gleichung zur Ermittelung der Spannungen und zur Aufzeichnung des Spannungsdiagramms anzuwenden:

$$\sigma = -\frac{P}{F_i} \pm \frac{M \cdot x}{J_{nn}}\,,$$

wobei F_i und J_{nn} die bekannten Bedeutungen haben, naturgemäß hier für den nur aus Beton bestehenden Querschnitt des Plattenbalkens zu bilden sind, demgemäß aber auf sehr einfache Art gefunden werden. Bei der Entwicklung der Gleichung für Z tritt alsdann auch an Stelle der halben Querschnittshöhe $\dfrac{h}{2}$ der Abstand des Schwerpunktes $(h - x)$ des Plattenbalkens gegenüber der Unterkante der Rippe (Abb. 161):

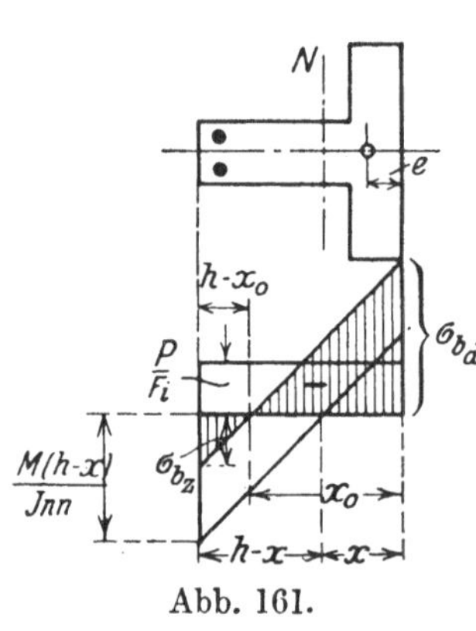

Abb. 161.

$$h - x_0 : (h - x) = \sigma_{bz} : \frac{M (h - x)}{J_{nn}}$$

$$h - x_0 = \frac{\sigma_{bz} (h - x)}{M \cdot (h - x)} \cdot J_{nn} = \frac{\sigma_{bz} J_{nn}}{M} \,.$$

Hieraus folgt dann:

$$Z = \frac{b \, \sigma_{bz}}{2} (h - x_0) = \frac{b \, \sigma_{bz}^2 \, J_{nn}}{2 M} \,, \qquad (116\,\mathrm{a})$$

d. h. die gleiche Form wie vorstehend.

Ist die Kraft P eine exzentrisch angreifende **Zugkraft,** so bleibt, abgesehen von den alsdann notwendig werdenden Änderungen der Vorzeichen, die Rechnung die gleiche. Das alsdann für die **Ermittelung der Zugeisen** in Frage kommende Diagramm ist in Abb. 160 — unten — dargestellt. Das Zugdreieck ist hier: $r\,s\,i$ und $Z = \dfrac{\sigma_{bz} \cdot y_0 \, b}{2}$.

Um nicht zu stark von den Rechnungsergebnissen abzuweichen, empfiehlt es sich, die Eiseneinlage möglichst nahe dem Schwerpunkte des Zugdreiecks anzuordnen.

Zahlenbeispiel. Es sei $P = -660$ kg; $M = 30\,000$ kg · cm; $h = 90$, $b = 1$ cm. Alsdann ergibt sich:

$$\sigma_{bd} = -\frac{660}{1 \cdot 90} - \frac{6 \cdot 30\,000}{1 \cdot 90^2} = -7{,}4 - 22{,}2 = -29{,}6 \ \mathrm{kg/qcm},$$

$$\sigma_{bz} = -\frac{660}{1 \cdot 90} + \frac{6 \cdot 30\,000}{1 \cdot 90^2} = -7{,}4 + 22{,}2 = +14{,}8 \ \mathrm{kg/qcm}.$$

$$Z = \frac{1 \cdot 90^3 \cdot 14{,}8^2}{24 \cdot 30\,000} = 224 \ \mathrm{kg}. \qquad (116)$$

Beträgt die Eiseneinlage auf 1 cm Breite 0,37 qcm und soll sie die **gesamte Zugkraft** aufnehmen, so wird:

$$\sigma_e = \frac{224}{0{,}37} = \mathrm{rd}\ 606 \ \mathrm{kg/qcm}.$$

Man erkennt, daß im vorliegenden Falle eine bessere Ausnutzung des Eisens, d. h. eine Querschnittsverminderung von F_e möglich ist. Ihre Auffindung wird am besten im Wege des Probierens zu erfolgen haben, da sich Z mit dem Werte σ_{b_z} und dieser mit x_0 ändert, die Größe der Eiseneinlage also auch beeinflußt wird von der Höhe der Druckzone, und damit des Querschnittes.

Eine recht zweckmäßige Annäherungsmethode für die Bemessung der Eiseneinlagen bei doppelt bewehrten, exzentrisch auf Druck und Zug belasteten Querschnitten, und zwar sowohl bei Rechtecksform wie Plattenbalken, gibt Hager[1]) an, indem er die Normalkraft P in zwei Teile P_1 und P_2 zerlegt,

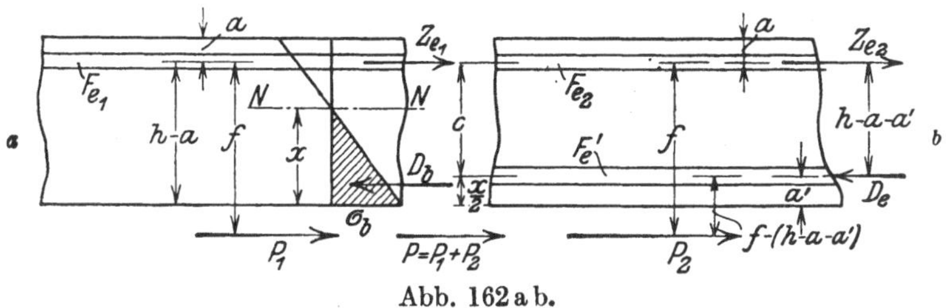

Abb. 162 a b.

wobei P_1 so groß gewählt werden soll, daß bei einem einfach bewehrten Querschnitte durch eine Zugeiseneinlage F_{e_1} den zugrunde gelegten Spannungen σ_b und σ_e gerade noch Genüge geleistet wird, F'_e aber $= 0$ ist, während P_2 dann weiter nur von Eisen aufzunehmen ist. Für die Wirkung von P_1 ergibt sich (vgl. Abb. 162a), wenn man eine Momentengleichung für den Angriffspunkt von Z_{e_1} aufstellt:

$$P_1 \cdot f = D_b \cdot c ; \qquad P_1 = \frac{D_b \, c}{f} \, .$$

Hierbei ist beim Rechtecksquerschnitt:

$$D_b = \frac{b \, x}{2} \, \sigma_b ; \qquad x = s \, (h - a) = \frac{n \, \sigma_b}{\sigma_e + n \, \sigma_b} \, (h - a); \qquad c = h - a - \frac{x}{3} \, ,$$

während für den Plattenbalken die bekannten Werte einzuführen sind, und zwar ohne Berücksichtigung der Druckfläche innerhalb der Rippen:

$$D_b = \frac{\sigma_b \, b}{2} \left[x - \frac{(x - d)^2}{x} \right]$$

$$c = (h - a - x + v) \text{ (vgl. S. 221).}$$

Bildet man auf den Angriffspunkt von D_b das Moment der inneren und der äußeren Kraft, so wird:

$$Z_{e_1} \cdot c = F_{e_1} \cdot \sigma_e \cdot c = P_1 \, (f - c) \, .$$

---

[1]) Vgl. dessen Eisenbetonbau S. 192ff.

Hieraus folgt:

$$F_{e_1} = \frac{P_1\,(f - c)}{c\,\sigma_e} = \frac{P_1}{\sigma_e}\left(\frac{f}{c} - 1\right).\qquad (118)$$

Hiermit ist der zu P_1 gehörende Teil der Zugbewehrung gefunden; zugleich ist der Beton, da für seine Bestimmung $\sigma_b =$ der zulässigen Druckspannung im Beton zugrunde gelegt war, vollkommen ausgenutzt. Demgemäß muß die noch verbleibende Teilkraft der Kraft P, $P_2 = P - P_1$ durch Eiseneinlagen allein aufgenommen werden. An der Stelle, an der F'_e liegen soll, ist ein σ'_e vorhanden:

$$\sigma'_e = n\,\sigma_b\,\frac{x - a'}{x}\,,$$

sein Wert also bekannt.

Aus der Momentenbeziehung der inneren Kräfte und der äußeren Kraft bezogen auf die Achse der Zugeinlage folgt (Abb. 162 b):

$$D_e\,(h - a - a') = F'_e\,\sigma'_e\,(h - a - a') = P_2 \cdot f\,,$$

und hieraus:

$$F'_e = \frac{P_2\,f}{\sigma'_e\,(h - a - a')}\,,\qquad (119)$$

sowie ebenso in bezug auf die Achse der Druckeisen:

$$Z_{e_z}\,(h - a - a') = F_{e_z}\,\sigma_e\,(h - a - a') = P_2\,[f - (h - a - a')]\,.$$

$$F_{e_2} = \frac{P_2\,[f - (h - a - a')]}{\sigma_e\,(h - a - a')}\,.\qquad (120)$$

Endlich ist $F_e = F_{e_1} + F_{e_2}$, und somit sind die geforderten Eiseneinlagen gefunden. Die Berechnungsart schließt sich an die Querschnittsermittelung des doppelt bewehrten, auf einfache Biegung belasteten Plattenbalkens an, die auf S. 215 gegeben wurde.

Liefert die Gleichung $P_1 = \dfrac{D_b\,c}{f}$ ein Ergebnis $P_1 \geqq P$, so ist ersichtlich, daß eine Druckbewehrung in der Nähe der exzentrisch wirkenden Druckkraft nicht erfordert ist.

Zahlenbeispiel. Der in Abb. 163 dargestellte, doppelt zu bewehrende Rechtecksquerschnitt sei 60 cm hoch, 100 cm breit und durch eine 10 cm von der äußersten Druckkante außerhalb des Querschnittes entfernt angreifende Normalkraft $P = 70\,000$ kg belastet. Unter Ausnutzung einer Spannung im Beton auf Druck von 40 kg/qcm, in der Zugeiseneinlage von 1200 kg sind die Einlagen F_e und F'_e, die je 5 cm von den Außenkanten entfernt liegen, zu ermitteln.

Es ergibt sich unter Anwendung von Tabelle II (S. 157/158):

$$x = s\,(h - a') = 0{,}333\,(60 - 5) = 18{,}4 \text{ cm}.$$

$$c = h - a - \frac{x}{3} = 60 - 5 - 6,1 = 48,9 \,,$$

$$D_b = \frac{b\,x}{2}\,\sigma_b = \frac{100 \cdot 18,4}{2} \cdot 40 = 36\,800 \text{ kg.}$$

Ferner ist:

$$f = 60 - 5 + 10 = 65 \text{ cm.}$$

$$P_1 = \frac{D_b}{f} \cdot c = \frac{36\,800}{65} \cdot 48,9 \cong 27\,600 \text{ kg.}$$

$$F_{e_1} = \frac{P_1}{\sigma_e}\left(\frac{f}{c} - 1\right) = \frac{27\,600}{1200}\left(\frac{65}{48,9} - 1\right) = 8,3 \text{ qcm.} \qquad (118)$$

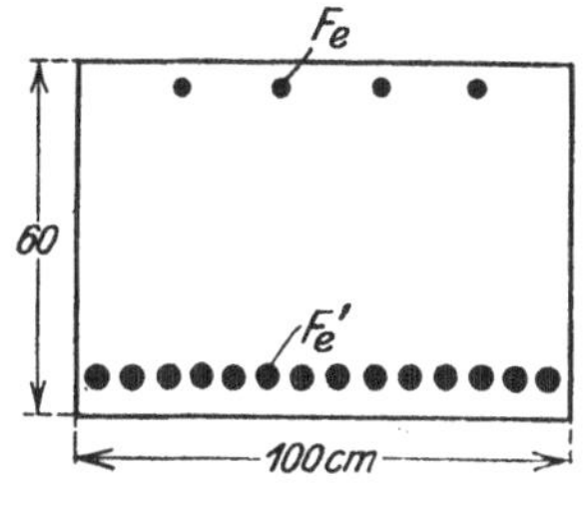

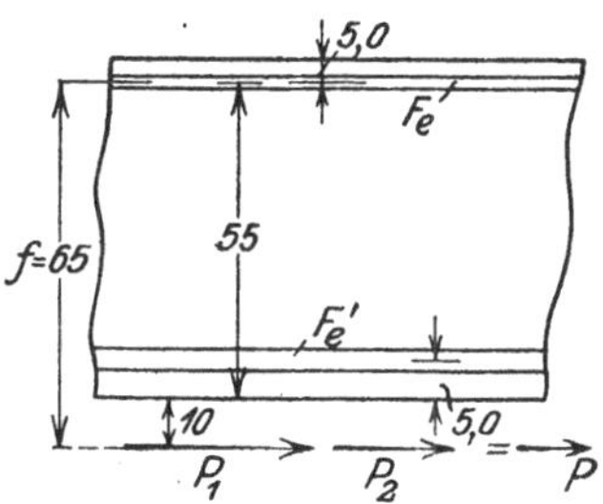

Abb. 163.

Ferner wird:

$$P_2 = P - P_1 = 60\,800 - 27\,600 = 33\,200 \text{ kg.}$$

$$\sigma'_e = n\,\sigma_b\,\frac{x - a'}{x} = 15 \cdot 40 \cdot \frac{13,4}{18,4} = 437 \text{ kg/qcm.}$$

$$F'_e = \frac{33\,200 \cdot 65}{437\,(60 - 10)} = \text{rd. } 90 \text{ qcm.} \qquad (119)$$

$$F_{e_2} = \frac{33\,200 \cdot (65 - 60 + 10)}{1200\,(60 - 10)} = 8,3 \text{ qcm.} \qquad (120)$$

Demgemäß ist:

$$F_e = F_{e_1} + F_{e_2} = 8,3 + 8,3 = 16,6 \text{ qcm.}$$

Zur Bewehrung finden Anwendung in der Druckzone 14 Rundeisen von 28 mm Durchmesser ($F'_e = 86,2$) im gegenseitigen Abstande von rund 7,15 cm, im Zuggurte 4 Rundeisen von 23 mm Durchmesser ($F_e = 16,6$), gegenseitig um 20 cm entfernt.

Handelt es sich bei einem doppelt bewehrten Querschnitte um eine exzentrisch angreifende Z u g k r a f t, so sind die betreffenden Rechnungen genau den voranstehenden entsprechend durchzuführen, nur mit dem selbstverständlichen Unterschiede, daß die Richtung der Kraft P, also auch die der Teilkräfte P_1 und P_2, jetzt die umgekehrte ist wie bei der exzentrischen Druckbelastung, und jetzt die Zugbewehrung nahe der exzentrisch wirkenden Kraft zu liegen kommt. Auch hier wird, wie vorstehend, die Zugbewehrung in zwei Teilen F_{e_1} und F_{e_2}, entsprechend den Kräften P_1 und P_2 bestimmt. In der Regel wird es in wirtschaftlichem Sinne hier nicht möglich sein, die Größtwerte von σ_b und σ_e zu gleicher Zeit auszunutzen.

Von Berechnungsarten, die mit Hilfe zum Teil umfangreicher **Tabellen** die vorstehend behandelte Querschnittsbemessung in einer namentlich auch den wirtschaftlichen Verhältnissen Rechnung tragenden Weise lösen, seien nachstehend in ihren Endergebnissen und ihrer Anwendung drei erwähnt, die Rechnungsmethoden von Ehlers, Kunze und Spangenberg, letztere mit einer von Thullie und Kunze gegebenen Erweiterung und Anwendung auf Plattenbalken.

I. Die Tabelle von Ehlers[1]) fußt auf der Annahme, daß im doppelt bewehrten Rechtecksquerschnitte $a' = 0{,}07\,(h-a)$ gesetzt werden kann. Die Momentengleichung für die Zugeiseneinlage als Drehpunkt lautet:

$$M = F'_e\,\sigma'_e\,(h-a-a') + \sigma_b\,b\,\frac{x}{2}\left(h-a-\frac{x}{3}\right).$$

Nimmt man für σ_b und σ_e feste Werte an, so ist auch x bestimmt; da $a' = 0{,}07\,(h-a)$ angenommen, kann auch σ'_e gefunden werden. Berechnet man dann ferner aus:

$$h - a = r\,\sqrt{\frac{M}{b}}$$

$$M = \frac{b\,(h-a)^2}{r^2}$$

und setzt diesen Wert in die obige Gleichgewichtsbedingung für M ein, so ergibt sich eine Gleichung zwischen F'_e, b, $(h-a)$ und r, und bei Einsetzen beliebiger r-Werte eine Gleichung von der Form $F'_e = \gamma\,b\,(h-a)$, woraus F'_e gefunden wird. Aus der weiteren Gleichgewichtsbedingung

$$F_e\,\sigma_e = F'_e\,\sigma'_e + \frac{b\,x\,\sigma_b}{2}$$

ergibt sich in gleicher Weise:

$$F_e = \beta\,b\,(h-a) \mp \frac{P}{\sigma_e}.$$

---

[1]) Vgl. Arm. Beton 1918, Heft 3, S. 51. Biegung mit Axialkraft, eine Tabelle zur direkten Dimensionierung nach dem Verfahren von Wuczkowski von Dipl.-Ing. Georg Ehlers. Über das Verfahren von Wuczkowski vergl.: Die Bemessung der Eisenbetonkonstruktionen. Berlin 1911. Wilh. Ernst & Sohn.

In der Ehlersschen Tabelle sind nun für $\sigma_b = 40$ kg/qcm, für die verschiedensten Eisenspannungen von 100—1200 kg/qcm und für r-Werte von 0,410—0,250, also für:

$$h - a = 0,410 \sqrt{\frac{M}{b}} \text{ bis } h - a = 0,250 \sqrt{\frac{M}{b}} ,$$

die Werte γ und β ermittelt. Dabei ermöglicht es die Art der Tabellenaufstellung, das Anwendungsgebiet der Tabelle erheblich zu erweitern. Denkt man sich σ_b und σ_e im gleichen Verhältnisse gegenüber den der Tabelle zugrunde gelegten Spannungen von 40 kg/qcm und σ_e so geändert, daß die neuen Spannungen $= \varrho\, 40$ bzw. $= \varrho\, \sigma_e$ sind, und bleiben alle Querschnittsabmessungen ungeändert, einschließlich F_e und F'_e, so wird das in diesem Spannungszustande übertragene Moment ebenfalls im gleichen Verhältnis größer (bzw. kleiner) als das bei $\sigma_b = 40$ kg/qcm aufgenommene. Der Querschnitt reicht also bei $\sigma_b = \varrho\, 40$ für ein Moment M aus, wenn er bei $\sigma_b = 40$ kg/qcm für ein Moment $\dfrac{M}{\varrho}$ bestimmt wird, d. h. wenn:

$$h - a = r \sqrt{\frac{M}{\varrho\, b}} = \frac{r}{\sqrt{\varrho}} \sqrt{\frac{M}{b}}$$

wird. Für die Spannung $\sigma_b = \varrho \cdot 40$ und die gleichzeitig geänderten $\varrho\, \sigma_e$ gilt also die gleiche Tabelle der F_e- und F'_e-Beiwerte, wenn die Werte r (für $h - a$) durch $\sqrt{\varrho}$ dividiert werden. In dieser Weise wurden die Wertereihen für $\sigma_b = 60$ bis 45 und 35 kg/qcm bestimmt; sie können in gleicher Weise für etwa benötigte, andere Grenzspannungen ergänzt werden.

In der Tabelle selbst sind in gleichen wagerechten Reihen zu jedem σ_b zugehörige σ_e-Werte aufgeführt. Die senkrechte Spalte eines jeden σ_e enthält die den einzelnen $(h - a)$-Werten für F'_e und F_e entsprechenden γ- und β-Größen. Der obere Tabellenwert gilt für F'_e, de runtere für F_e. Aus der Tabelle leiten sich die Eisenquerschnitte ab in der Form:

$$F'_e = \gamma\, b\, (h - a) \tag{121}$$

$$F_e = \beta\, b\, (h - a) \mp \frac{P}{\sigma_e}, \tag{122}$$

worin P die Normalkraft und σ_e die gewählte Eisenspannung darstellt. Das —-Zeichen gilt, wenn P eine Druckkraft ist, das $+$-Zeichen, falls diese Normalkraft den Querschnitt auf Zug belastet. Das Moment M ist, der Entwicklung der grundlegenden Gleichgewichtsgleichung entsprechend, auf die Achse der Eiseneinlage zu beziehen:

$$M_0 = M + P\left(\frac{h}{2} - a\right). \tag{123}$$

Im übrigen muß auf die Quelle in Anm. [1]) auf S. 346 verwiesen werden.

Tabelle von Ehlers für die Werte r und β, γ.

Werte r in: $h - a = r\sqrt{\dfrac{M}{b}}$.

Bei den Beiwerten für $(h - a)$ sind nur die Dezimalen angegeben (vgl. die erste Zeile).

σ_b						σ_e											
60						1800	1650	1500	1350	1200	1050	900	750	600	450	300	150
	55					1650	1512	1375	1237	1100	962	825	687	550	412	275	137
		50				1500	1375	1250	1125	1000	875	750	625	500	375	250	125
			45			1350	1237	1125	1012	900	787	675	562	450	337	225	112
				40		1200	1100	1000	900	800	700	600	500	400	300	200	100
					35	1050	962	875	787	700	612	525	437	350	262	175	87
0,335	0,350	0,367	0,386	0,410	0,438	0,005 0,558											
331	345	362	382	405	433	0,038 0,572											
327	341	358	377	400	427	0,073 0,585	0,005 0,643										
323	337	353	372	395	422	0,109 0,600	0,041 0,659										
319	333	349	367	390	417	0,147 0,614	0,078 0,676	0,003 0,751									
314	328	344	363	385	411	0,186 0,629	0,121 0,694	0,041 0,770									
310	324	340	358	380	406	0,226 0,645	0,156 0,710	0,080 0,789									
306	320	336	353	375	401	0,269 0,662	0,198 0,728	0,121 0,809	0,039 0,910								
303	316	331	349	370	395	0,312 0,679	0,241 0,747	0,164 0,830	0,081 0,933								
298	311	326	344	365	390	0,358 0,697	0,286 0,767	0,208 0,852	0,125 0,958	0,033 1,093							
294	307	322	339	360	385	0,406 0,716	0,333 0,787	0,254 0,874	0,170 0,983	0,079 1,121							
290	303	317	334	355	379	0,455 0,736	0,382 0,808	0,303 0,898	0,219 1,009	0,126 1,150	0,026 1,338						
286	298	313	330	350	374	0,507 0,756	0,433 0,831	0,353 0,922	0,267 1,036	0,175 1,181	0,074 1,373						
282	294	309	325	345	369	0,561 0,778	0,487 0,854	0,405 0,948	0,319 1,065	0,226 1,212	0,125 1,410	0,014 1,679					
278	290	304	320	340	363	0,617 0,800	0,542 0,878	0,460 0,975	0,373 1,093	0,280 1,246	0,177 1,448	0,066 1,724					
274	286	300	316	335	358	0,676 0,823	0,601 0,904	0,517 1,003	0,430 1,126	0,335 1,281	0,232 1,488	0,120 1,771					
270	281	295	311	330	353	0,738 0,847	0,662 0,931	0,578 1,032	0,488 1,158	0,394 1,319	0,290 1,530	0,177 1,819	0,053 2,237				
265	277	291	306	325	347	0,802 0,872	0,725 0,957	0,640 1,062	0,550 1,192	0,452 1,356	0,350 1,573	0,237 1,870	0,111 2,298				
261	273	286	302	320	342	0,870 0,900	0,782 0,987	0,705 1,094	0,615 1,227	0,518 1,396	0,413 1,619	0,299 1,924	0,173 2,363	0,034 3,045			
257	268	282	297	315	337	0,941 0,928	0,862 1,018	0,775 1,128	0,688 1,264	0,585 1,439	0,478 1,667	0,364 1,980	0,237 2,430	0,097 3,128			
253	264	277	292	310	331	1,015 0,957	0,935 1,059	0,847 1,163	0,754 1,303	0,655 1,483	0,548 1,717	0,432 2,039	0,304 2,501	0,163 3,216	0,007 4,457		
249	260	273	287	305	326	1,092 0,988	1,011 1,083	0,923 1,200	0,829 1,345	0,708 1,515	0,620 1,770	0,504 2,100	0,375 2,575	0,233 3,309	0,076 4,580		
245	256	268	283	300	321	1,175 1,020	1,092 1,119	1,001 1,239	0,908 1,387	0,807 1,578	0,697 1,826	0,579 2,165	0,449 2,652	0,307 3,407	0,148 4,710		
241	252	264	278	295	315	1,261 1,054	1,176 1,156	1,085 1,280	0,990 1,433	0,888 1,629	0,776 1,884	0,658 2,233	0,527 2,734	0,383 3,508	0,224 4,846	0,047 7,629	
237	247	259	273	290	310	1,350 1,090	1,267 1,195	1,173 1,323	1,077 1,482	0,973 1,682	0,862 1,946	0,742 2,304	0,609 2,820	0,464 3,616	0,305 4,990	0,127 7,844	
233	243	255	269	285	305	1,446 1,129	1,360 1,237	1,265 1,368	1,168 1,531	1,063 1,738	0,950 2,010	0,829 2,380	0,696 2,910	0,549 3,728	0,369 5,140	0,210 8,070	0,012 17,214
229	239	250	264	280	299	1,547 1,168	1,459 1,280	1,363 1,416	1,264 1,586	1,159 1,800	1,043 2,078	0,922 2,459	0,787 3,996	0,640 3,848	0,478 5,299	0,297 8,309	0,100 17,691
225	234	246	259	275	294	1,652 1,210	1,564 1,325	1,467 1,466	1,366 1,641	1,260 1,863	1,142 2,151	1,020 2,544	0,883 3,107	0,735 3,975	0,572 5,467	0,390 8,561	0,191 18,196
220	230	241	254	270	289	1,764 1,254	1,675 1,374	1,576 1,520	1,472 1,700	1,364 1,928	1,247 2,226	1,122 2,632	0,985 3,212	0,835 4,107	0,671 5,644	0,487 8,826	0,288 18,726
216	226	237	250	265	283	1,884 1,303	1,792 1,424	1,690 1,577	1,588 1,763	1,475 1,997	1,356 2,305	1,231 2,725	1,092 3,325	0,942 4,247	0,775 5,831	0,590 9,108	0,390 19,288
212	222	232	245	260	278	2,010 1,350	1,916 1,477	1,813 1,636	1,707 1,830	1,594 2,074	1,474 2,391	1,346 2,824	1,205 3,444	1,052 4,396	0,886 6,029	0,700 9,405	0,497 19,883
208	217	228	240	255	273	2,142 1,404	2,048 1,536	1,943 1,718	1,834 1,899	1,721 2,153	1,598 2,482	1,467 2,930	1,326 3,570	1,172 4,554	1,002 6,239	0,816 9,720	0,612 20,518
204	213	224	236	250	267	2,282 1,457	2,186 1,597	2,080 1,765	1,969 1,974	1,854 2,236	1,728 2,576	1,600 3,041	1,453 3,703	1,296 4,720	1,127 6,462	0,938 10,054	0,733 21,181

$h - a$ | γ für F'_e (oben) und β für F_e (unten)

Bei der Anwendung der Tabelle ist zu beachten, daß angegeben bzw. einzusetzen ist: M in kg·m, $h - a$ in cm, b in m; F_e und F_e' ergeben sich in qcm.

Die Anwendung der Tabelle möge das nachfolgende Zahlenbeispiel zeigen.

Es sei $M = 18\,000$ kg·m; $P = 20\,000$ kg; $b = 0,40$ m.

Angenommen werde:

$$h = 80 \text{ cm}$$
$$a = 5 \text{ cm}$$
$$\frac{h}{2} - a = 0,40 - 0,05 = 0,35 \text{ m}$$

$$M_0 = 18\,000 + 20\,000 \cdot 0,35 = 18\,000 + 7\,000 = 25\,000 \text{ kg·m}$$

$$h - a = r\sqrt{\frac{M_0}{b}} = 80 - 5 = r\sqrt{\frac{25\,000}{0,4}} = 75$$

$$r = \frac{75}{\sqrt{\dfrac{25\,000}{0,4}}} = \frac{75}{250} = \mathbf{0,300} \; ; \quad \text{(Leitwert } r\text{)}.$$

Nimmt man $\sigma_b = 40$ kg/qcm an, so findet man für dieses r:

a) für $\sigma_e = 1200$ kg/qcm:

$$F_e' = \gamma \cdot (h - a) \cdot b = 1{,}175 \cdot 75 \cdot 0{,}4 = \quad \ldots \ldots \ldots \quad 35{,}3 \text{ qcm}$$

$$F_e = \beta \cdot (h - a) \cdot b - \frac{P}{\sigma_e}$$

$$= 1{,}020 \cdot 75 \cdot 0{,}4 - \frac{20\,000}{1200}$$

$$= 30{,}6 - 16{,}7 = \quad \ldots \ldots \ldots \ldots \ldots \quad 13{,}9 \text{ qcm}$$

$$F_e + F_e' = 49{,}2 \text{ qcm}$$

b) für $\sigma_e = 1000$ kg/qcm:

$$F_e' = 1{,}001 \cdot 75 \cdot 0{,}4 = \quad \ldots \ldots \ldots \ldots \quad 30{,}2 \text{ qcm}$$

$$F_e = 1{,}239 \cdot 75 \cdot 0{,}4 - \frac{20\,000}{1000}$$

$$= 37{,}2 - 20{,}0 = \quad \ldots \ldots \ldots \ldots \ldots \quad 17{,}2 \text{ qcm}$$

$$F_e + F_e' = 47{,}4 \text{ qcm}$$

c) für $\sigma_e = 800$ kg/qcm:

$$F_e' = 0{,}807 \cdot 75 \cdot 0{,}4 = \quad \ldots \ldots \ldots \ldots \quad 24{,}2 \text{ qcm}$$

$$F_e = 1{,}578 \cdot 75 \cdot 0{,}4 - \frac{20\,000}{800}$$

$$= 47{,}3 - 25{,}0 = \quad \ldots \ldots \ldots \ldots \ldots \quad 22{,}3 \text{ qcm}$$

$$F_e + F_e' = 46{,}5 \text{ qcm}$$

d) für $\sigma_e = 600$ kg/qcm:

$$F'_e = 0{,}579 \cdot 75 \cdot 0{,}4 = \;\ldots \ldots \ldots \ldots \ldots \qquad 17{,}4 \text{ qcm}$$

$$F_e = 2{,}165 \cdot 75 \cdot 0{,}4 - \frac{20000}{600}$$

$$= 65{,}0 - 33{,}3 = \;\ldots \ldots \ldots \ldots \ldots \qquad 31{,}7 \text{ qcm}$$

$$\overline{F_e + F'_e = 49{,}1 \text{ qcm}}$$

e) für $\sigma_e = 400$ kg/qcm:

$$F'_e = 0{,}307 \cdot 75 \cdot 0{,}4 = \;\ldots \ldots \ldots \ldots \ldots \qquad 9{,}2 \text{ qcm}$$

$$F_e = 3{,}407 \cdot 75 \cdot 0{,}4 - \frac{20000}{400}$$

$$= 102{,}3 - 50{,}0 = \;\ldots \ldots \ldots \ldots \ldots \qquad 52{,}3 \text{ qcm}$$

$$\overline{F_e + F'_e = 61{,}5 \text{ qcm}}$$

Es zeigt sich, daß ein Minimum von Eisen bei c) erreicht wird ($F_e + F'_e = 46{,}5$ qcm). Soll $F_e = F'_e$ gemacht werden, so könnte bei c), da dort die beiden Eiseneinlagen nicht weit voneinander abweichen, ohne Bedenken als Eisenwert gewählt werden:

$$F_e = F'_e = \frac{46{,}5}{2} = \text{rd. } 23{,}3 \text{ qcm.}$$

Zugleich gibt die Vergleichsrechnung zu erkennen, wie einfach die Ausführung der Rechnung ist, und wie ohne irgend erhebliche Mühe ein wertvolles Vergleichsmaterial für die Querschnittsbemessung beschafft wird. Allerdings setzt die Tabellenanwendung, wie das aber bei praktischen Fällen tatsächlich in der Regel der Fall ist, voraus, daß die Höhe des Querschnittes h ungefähr geschätzt werden kann oder bekannt ist.

Ergibt sich bei der Rechnung für F_e ein — - Wert, so ist das dafür ein Zeichen, daß die gewählte σ_e-Spannung bei der zugrunde gelegten Querschnittshöhe nicht erreicht werden kann.

Wirkt im Querschnitte eine Zugkraft, gilt eine genau entsprechende Rechnung. Nur ist hier zu rechnen mit:

$$F_e = \beta (h - a) \cdot b + \frac{P}{\sigma_e} \qquad (122\,\text{a})$$

$$M_0 = M - P \left(\frac{h}{2} - a \right) \qquad (123\,\text{a})$$

Ist z. B. $M = 34\,000$ kg·m; $\sigma_b = 40$ kg/qcm; $P = + 20000$ kg (Zug!); $h = 80$ cm; $b = 0{,}4$ m; $a = 4$ cm; $P\left(\dfrac{h}{2} - a\right) = 20000$ $(0{,}40 - 0{,}04) = 0{,}36 \cdot 20000 = 7200$ kg·m, so wird: $M_0 = 34000$ — $7200 = 26\,800$ kg·m, und aus $h - a = r \sqrt{\dfrac{26\,800}{0{,}4}} = 76$ cm folgt $r = 0{,}295$ als Leitwert. Demgemäß liefert die Tabelle von Ehlers

für $\sigma_e = 1200$ kg/qcm und $\sigma_b = 40$ kg/qcm die Beiwerte für F'_e bzw.
$F_e : \gamma = 1{,}201$; $\beta = 1{,}054$. Demgemäß wird die Eisenbewehrung:

$$F'_e = 1{,}261 \cdot 76 \cdot 0{,}4 = \quad \ldots \ldots \ldots \ldots \quad 38{,}4\,\text{qcm}$$

$$F_e = 1{,}054 \cdot 76 \cdot 0{,}4 + \frac{20\,000}{1200} = \quad \ldots \ldots \ldots \quad 48{,}8\,\text{qcm}$$

$$F'_e + F_e = 87{,}2\,\text{qcm}$$

Die Tabelle liefert genaue Ergebnisse, wie Prüfungsrechnungen
zeigen, sofern nur die bei der Herleitung gemachte Annahme

$$a' = 0{,}07\,(h - a)$$

erfüllt bleibt.

II. Die Berechnungsart von Kunze[1]).

Hier bildet man aus dem Moment M und der mit $\mathfrak{N}$ be-
zeichneten Normalkraft die Exzentrizität $e = \dfrac{M}{\mathfrak{N}}$, falls sie nicht unmittelbar gegeben ist, wertet die Normlakraft auf 1 cm Breite um:
$N = \dfrac{\mathfrak{N}}{b}$ und bildet hiermit die „relative" Exzentrizität $\dfrac{e}{N}$. Dieses Maß
ist der Leitwert für die Tabellen, aus denen man, z. T. mittelbar, die Werte
$\dfrac{h}{N}$, $\dfrac{F_e}{N}$ bzw. $\dfrac{F'_e}{N}$ findet. Die wirklichen Werte h, F_e und F'_e sind alsdann
aus den Tabellenwerten durch Multiplikation mit der reduzierten
Normalkraft N abzuleiten. Wegen der Entwicklung der Tabellen muß
auch hier auf die in der Anmerkung genannte Veröffentlichung verwiesen werden. Mitgeteilt seien die Tabellen, welche für $\sigma_b = 40$ kg/qcm
und für vier verschiedene Verhältnisse von $F'_e : F_e$ aufgestellt sind:

$$F'_e = 0; \quad F'_e = 0{,}25\,F_e; \quad F'_e = 0{,}5\,F_e \quad \text{und} \quad F'_e = 1{,}0\,F_e.$$

Die Anwendung der Tabellen zeige das nachstehende
Zahlenbeispiel.

Für das vorstehend bei der Ehlersschen Tabelle (S. 349) behandelte Beispiel sind mit Hilfe der Kunzeschen Tabellen die Querschnittshöhe und die Eisenquerschnitte zu bestimmen:

$$M = 18\,000\ \text{kg} \cdot \text{m}; \quad \mathfrak{N} = 20\,000\ \text{kg}; \quad b = 0{,}40\ \text{m} = 40\ \text{cm}.$$

Es ergibt sich:

$$e = \frac{M}{\mathfrak{N}} = \frac{18000}{20000} = 0{,}90\ \text{m} = 90\ \text{cm}$$

$$N = \frac{\mathfrak{N}}{b} = \frac{20000}{40} = 500\,; \qquad \frac{e}{N} = \frac{90}{500} = 0{,}180\,.$$

Für diesen Leitwert $\dfrac{e}{N} = 0{,}180$ findet man die weiteren Werte; wenn

---

[1]) Vgl. Arm. Beton 1918, Heft 2, S. 31: Tabelle zur Querschnittsfestsetzung
bei exzentrisch belasteten Eisenbetonkörpern von Dr.-Ing. W. Kunze.

(Fortsetzung S. 356.)

I.

$$F'_e = 0{,}0\,;$$
$$\sigma_b = 40\ \text{kg/qcm}\,[1])$$

$\sigma_e = 1200$			$\sigma_e = 1100$			$\sigma_e = 1000$			$\sigma_e = 900$			$\sigma_e = 800$			$\sigma_e = 700$			$\sigma_e = 600$		
e/N	h/N	$\frac{1000}{F_e/N}$	e/N	h/N	$\frac{1000}{F_e/N}$	e/N	h/N	$\frac{1000}{F_e/N}$	e/N	h/N	$\frac{1000}{F_e/N}$	e/N	h/N	$\frac{1000}{F_e/N}$	e/N	h/N	$\frac{1000}{F_e/N}$	e/N	h/N	$\frac{1000}{F_e/N}$
0,089	0,179	0,10	0,085	0,171	0,12	0,081	0,162	0,14	0,076	0,153	0,17	0,072	0,145	0,22	0,068	0,137	0,26	0,065	0,129	0,34
0,103	188	0,15	0,099	180	0,17	0,093	171	0,20	0,088	161	0,23	0,084	153	0,29	0,079	144	0,35	0,075	136	0,45
0,119	198	0,20	0,113	189	0,22	0,107	179	0,26	0,101	169	0,30	0,097	161	0,37	0,091	151	0,44	0,086	143	0,55
0,135	207	0,25	0,129	198	0,28	0,122	188	0,32	0,115	177	0,37	0,109	168	0,45	0,103	159	0,53	0,097	149	0,66
0,152	217	0,30	0,145	207	0,33	0,137	196	0,38	0,129	185	0,44	0,123	176	0,52	0,116	166	0,62	0,109	156	0,76
0,169	226	0,35	0,162	216	0,38	0,154	205	0,44	0,145	193	0,51	0,138	184	0,60	0,130	173	0,71	0,122	163	0,87
0,189	236	0,40	0,180	225	0,44	0,171	214	0,50	0,161	201	0,58	0,153	191	0,68	0,144	180	0,80	0,135	169	0,97
0,208	245	0,45	0,199	234	0,49	0,188	222	0,56	0,177	209	0,65	0,169	199	0,76	0,160	188	0,89	0,150	176	1,08
0,230	255	0,50	0,218	243	0,54	0,208	231	0,62	0,196	218	0,72	0,186	207	0,83	0,175	195	0,98	0,165	183	1,18
0,250	264	0,55	0,239	252	0,59	0,228	239	0,68	0,216	227	0,79	0,204	215	0,91	0,192	202	1,07	0,180	189	1,29
0,274	274	0,60	0,262	262	0,65	0,248	248	0,75	0,235	235	0,86	0,222	222	0,99	0,209	209	1,16	0,196	196	1,40
0,298	0,284	0,65	0,284	0,271	0,70	0,270	0,257	0,81	0,244	0,243	0,92	0,242	0,230	1,06	0,225	0,216	1,25	0,213	0,203	1,51
0,324	294	0,70	0,308	280	0,76	0,291	265	0,87	0,276	251	0,99	0,262	238	1,14	0,245	223	1,34	0,231	210	1,61
0,352	304	0,75	0,332	289	0,81	0,315	274	0,93	0,298	259	1,06	0,282	245	1,22	0,264	230	1,43	0,248	216	1,72
0,376	313	0,80	0,358	298	0,87	0,338	282	0,99	0,320	267	1,13	0,304	253	1,29	0,284	237	1,52	0,268	223	1,82
0,403	323	0,85	0,384	307	0,92	0,364	291	1,05	0,344	275	1,19	0,326	261	1,37	0,306	245	1,61	0,288	230	1,93
0,433	333	0,90	0,411	316	0,98	0,390	300	1,11	0,368	283	1,26	0,350	269	1,45	0,328	252	1,70	0,308	237	2,03
0,463	343	0,95	0,438	325	1,03	0,416	308	1,17	0,392	291	1,33	0,372	276	1,53	0,350	259	1,79	0,328	243	2,14
0,492	352	1,01	0,467	334	1,09	0,443	317	1,23	0,417	299	1,40	0,398	284	1,60	0,372	266	1,88	0,350	250	2,24
0,525	362	1,06	0,497	343	1,14	0,471	325	1,29	0,445	307	1,47	0,424	292	1,68	0,396	273	1,97	0,372	257	2,35
0,557	371	1,11	0,528	352	1,20	0,501	334	1,36	0,474	316	1,54	0,449	299	1,76	0,422	281	2,06	0,394	263	2,46
0,591	0,381	1,16	0,560	0,361	1,25	0,532	0,343	1,42	0,502	0,324	1,60	0,476	0,307	1,83	0,446	0,288	2,15	0,418	0,270	2,56
0,625	391	1,21	0,592	370	1,31	0,562	351	1,48	0,531	332	1,67	0,504	315	1,91	0,472	295	2,24	0,443	277	2,67
0,660	400	1,26	0,625	379	1,36	0,594	360	1,54	0,561	340	1,74	0,533	323	1,99	0,498	302	2,33	0,467	283	2,78
0,697	410	1,31	0,643	388	1,42	0,626	368	1,60	0,593	349	1,81	0,561	330	2,06	0,527	310	2,42	0,493	290	2,88
0,735	420	1,36	0,695	397	1,47	0,660	377	1,66	0,625	357	1,88	0,592	338	2,14	0,555	317	2,51	0,519	297	2,99
0,772	429	1,41	0,731	406	1,53	0,695	386	1,72	0,657	365	1,95	0,623	346	2,22	0,583	324	2,60	0,546	303	3,09
0,814	439	1,46	0,768	415	1,58	0,731	395	1,78	0,690	373	2,02	0,654	353	2,30	0,612	331	2,69	0,574	310	3,20
0,858	449	1,51	0,805	428	1,64	0,768	404	1,84	0,723	381	2,09	0,686	361	2,37	0,645	339	2,78	0,602	317	3,31
0,894	458	1,56	0,845	433	1,69	0,806	413	1,90	0,758	389	2,16	0,737	368	2,45	0,674	346	2,87	0,632	324	3,42
0,936	468	1,61	0,886	443	1,75	0,842	421	1,97	0,796	398	2,23	0,752	376	2,53	0,708	354	2,96	0,662	331	3,52
0,984	0,478	1,66	0,929	0,452	1,80	0,883	0,430	2,03	0,834	0,406	2,29	0,788	0,384	2,60	0,740	0,361	3,05	0,698	0,338	3,63
1,042	487	1,71	0,967	461	1,86	0,920	438	2,09	0,886	414	2,36	0,822	391	2,68	0,773	368	3,14	0,724	345	3,73
1,070	497	1,76	1,010	470	1,91	0,961	447	2,15	0,909	422	2,43	0,858	399	2,76	0,804	375	3,23	0,756	352	3,84
1,130	507	1,81	1,053	479	1,97	1,000	455	2,21	0,946	430	2,50	0,895	407	2,83	0,862	383	3,32	0,787	358	3,94
1,160	516	1,86	1,099	488	2,02	1,044	464	2,27	0,989	439	2,57	0,932	414	2,91	0,878	390	3,41	0,821	365	4,05
1,220	526	1,92	1,142	497	2,08	1,089	473	2,33	1,028	447	2,64	0,970	422	2,99	0,913	397	3,50	0,855	372	4,15
1,259	536	1,97	1,189	506	2,13	1,130	481	2,39	1,070	455	2,70	1,010	430	3,07	0,949	404	3,59	0,891	379	4,26
1,310	546	2,02	1,235	515	2,19	1,176	490	2,45	1,130	463	2,77	1,048	437	3,14	0,989	412	3,68	0,924	385	4,36
1,359	555	2,07	1,282	524	2,24	1,220	498	2,51	1,152	471	2,84	1,090	445	3,22	1,027	419	3,77	0,960	392	4,47
1,410	565	2,12	1,331	533	2,30	1,268	507	2,58	1,200	480	2,91	1,130	452	3,30	1,065	426	3,86	0,998	399	4,58
1,468	0,575	2,17	1,381	0,542	2,35	1,316	0,516	2,64	1,242	0,488	2,97	1,172	0,460	3,37	1,104	0,433	3,95	1,035	0,406	4,68
1,520	585	2,22	1,431	551	2,41	1,365	524	2,70	1,290	496	3,04	1,215	468	3,45	1,147	441	4,04	1,075	413	4,79
1,572	594	2,27	1,482	560	2,46	1,414	533	2,76	1,334	504	3,11	1,258	475	3,53	1,187	448	4,13	1,110	419	4,89
1,630	604	2,32	1,534	569	2,52	1,464	541	2,82	1,382	512	3,18	1,302	483	3,60	1,228	455	4,22	1,150	426	5,00
1,690	614	2,37	1,587	578	2,57	1,515	550	2,88	1,430	520	3,25	1,350	491	3,68	1,270	462	4,31	1,191	433	5,11
1,749	624	2,42	1,641	587	2,63	1,567	559	2,94	1,480	529	3,32	1,392	498	3,76	1,316	470	4,40	1,229	439	5,21
1,801	633	2,47	1,696	596	2,68	1,620	567	3,00	1,530	537	3,39	1,440	506	3,84	1,359	477	4,49	1,271	446	5,32
1,865	643	2,52	1,752	605	2,74	1,674	576	3,06	1,580	545	3,46	1,490	514	3,91	1,404	484	4,58	1,314	453	5,43
1,926	653	2,57	1,812	614	2,80	1,728	585	3,13	1,631	552	3,53	1,538	521	3,99	1,451	492	4,67	1,357	460	5,54
1,985	662	2,63	1,872	624	2,86	1,782	594	3,20	1,686	562	3,60	1,587	529	4,08	1,497	499	4,76	1,401	467	5,65
2,050	0,672	2,68	1,931	0,633	2,91	1,839	0,603	3,26	1,738	0,570	3,67	1,638	0,537	4,16	1,543	0,506	4,85	1,446	0,474	5,75
2,114	682	2,73	1,990	642	2,97	1,894	611	3,32	1,792	578	3,74	1,690	545	4,24	1,590	513	4,94	1,491	481	5,86
2,176	691	2,78	2,051	651	3,02	1,953	620	3,38	1,846	586	3,81	1,742	553	4,32	1,638	520	5,03	1,534	487	5,96
2,243	701	2,83	2,112	660	3,08	2,010	628	3,44	1,901	594	3,88	1,792	560	4,40	1,690	528	5,12	1,581	494	6,07
2,311	711	2,88	2,174	669	3,13	2,070	637	3,50	1,956	602	3,95	1,846	568	4,47	1,738	535	5,21	1,628	501	6,18
2,376	720	2,93	2,237	678	3,19	2,132	646	3,56	2,016	611	4,02	1,901	576	4,55	1,789	542	5,30	1,678	507	6,28
2,445	730	2,98	2,301	687	3,24	2,191	654	3,62	2,074	619	4,09	1,956	584	4,63	1,839	549	5,39	1,722	514	6,39
2,516	740	3,03	2,366	696	3,30	2,254	663	3,68	2,132	627	4,16	2,009	591	4,71	1,894	557	5,48	1,771	-521	6,49
2,584	749	3,08	2,432	705	3,35	2,315	671	3,74	2,191	635	4,23	2,067	599	4,79	1,946	564	5,57	1,818	527	6,60
2,657	759	3,14	2,499	714	3,41	2,380	680	3,81	2,254	644	4,29	2,121	606	4,86	1,999	571	5,66	1,869	534	6,71

[1]) Für einen andern Wert von σ_b als 40 kg/qcm ist das Umrechnungsverfahren nach S. 328/329 anzuwenden.

II

$$F'_e = 0,25\,F_e;$$
$$\sigma_b = 40\ \text{kg/qcm}$$

$\sigma_e = 1200$			$\sigma_e = 1100$			$\sigma_e = 1000$			$\sigma_e = 900$			$\sigma_e = 800$			$\sigma_e = 700$			$\sigma_e = 600$		
e/N	h/N	$\frac{1000\,F_e}{N}$	e/N	h/N	$\frac{1000\,F_e}{N}$	e/N	h/N	$\frac{1000\,F_e}{N}$	e/N	h/N	$\frac{1000\,F_e}{N}$	e/N	h/N	$\frac{1000\,F_e}{N}$	e/N	h/N	$\frac{1000\,F_e}{N}$	e/N	h/N	$\frac{1000\,F_e}{N}$
0,088	0,177	0,10	0,084	0,168	0,12	0,080	0,159	0,14	0,075	0,150	0,17	0,071	0,143	0,21	0,066	0,133	0,25	0,061	0,123	0,33
0,102	185	0,15	0,097	176	0,17	0,091	166	0,20	0,086	157	0,24	0,081	149	0,29	0,076	139	0,34	0,070	128	0,43
0,116	194	0,20	0,111	184	0,23	0,105	174	0,26	0,098	164	0,31	0,092	155	0,36	0,087	145	0,43	0,080	133	0,53
0,131	202	0,25	0,125	192	0,28	0,117	181	0,32	0,111	171	0,38	0,105	162	0,44	0,098	150	0,52	0,090	138	0,64
0,148	211	0,30	0,140	200	0,34	0,132	189	0,38	0,125	178	0,44	0,117	168	0,51	0,109	156	0,61	0,100	143	0,74
0,164	210	0,35	0,156	208	0,39	0,147	196	0,44	0,139	185	0,51	0,130	174	0,59	0,121	162	0,69	0,111	148	0,84
0,182	228	0,40	0,173	216	0,45	0,163	204	0,50	0,154	192	0,58	0,144	181	0,66	0,133	167	0,78	0,122	153	0,95
0,200	236	0,45	0,190	224	0,50	0,179	211	0,56	0,169	199	0,65	0,158	187	0,74	0,147	173	0,87	0,134	158	1,05
0,220	245	0,50	0,209	232	0,56	0,197	219	0,62	0,185	206	0,71	0,173	193	0,81	0,161	179	0,96	0,147	163	1,15
0,240	253	0,55	0,228	240	0,61	0,215	226	0,68	0,202	213	0,78	0,189	200	0,89	0,175	184	1,05	0,160	168	1,25
0,262	0,262	0,60	0,249	0,249	0,67	0,234	0,234	0,74	0,220	0,220	0,84	0,206	0,206	0,98	0,190	0,190	1,13	0,174	0,174	1,36
0,284	270	0,65	0,270	257	0,72	0,253	241	0,80	0,238	227	0,91	0,222	212	1,06	0,206	196	1,22	0,188	179	1,46
0,306	279	0,70	0,292	265	0,78	0,274	249	0,86	0,257	234	0,98	0,240	218	1,14	0,222	202	1,31	0,202	184	1,56
0,330	287	0,75	0,314	273	0,83	0,294	256	0,92	0,277	241	1,05	0,260	226	1,21	0,239	208	1,40	0,218	189	1,66
0,354	295	0,80	0,337	281	0,89	0,317	264	0,98	0,298	248	1,11	0,278	232	1,29	0,257	214	1,49	0,233	194	1,77
0,378	303	0,85	0,361	289	0,94	0,339	271	1,04	0,319	255	1,18	0,298	238	1,37	0,275	219	1,57	0,248	199	1,87
0,406	312	0,90	0,386	297	1,00	0,362	279	1,10	0,341	262	1,25	0,318	245	1,44	0,293	225	1,66	0,265	204	1,97
0,433	321	0,95	0,412	305	1,05	0,386	286	1,16	0,363	269	1,32	0,339	251	1,52	0,312	231	1,75	0,282	209	2,07
0,462	330	1,00	0,438	313	1,11	0,412	294	1,22	0,386	276	1,38	0,360	257	1,59	0,332	237	1,84	0,300	214	2,18
0,492	339	1,05	0,465	321	1,16	0,437	301	1,28	0,411	283	1,45	0,382	264	1,67	0,352	243	1,93	0,318	219	2,28
0,522	348	1,10	0,494	329	1,21	0,463	309	1,35	0,435	290	1,51	0,405	270	1,74	0,372	248	2,01	0,338	225	2,39
0,533	0,357	1,15	0,522	0,337	1,26	0,490	0,316	1,41	0,460	0,297	1,58	0,428	0,276	1,82	0,394	0,254	2,10	0,358	0,231	2,49
0,584	365	1,20	0,553	346	1,32	0,518	324	1,47	0,487	304	1,65	0,452	282	1,90	0,416	260	2,19	0,378	236	2,59
0,618	374	1,25	0,584	354	1,37	0,547	331	1,53	0,513	311	1,72	0,477	289	1,97	0,439	266	2,28	0,398	241	2,69
0,649	382	1,30	0,616	362	1,43	0,577	339	1,59	0,540	318	1,78	0,503	296	2,05	0,461	271	2,37	0,418	246	2,80
0,684	391	1,35	0,648	370	1,48	0,606	346	1,65	0,568	325	1,85	0,528	302	2,12	0,485	277	2,45	0,439	251	2,90
0,718	399	1,40	0,680	378	1,54	0,638	354	1,71	0,597	332	1,92	0,556	309	2,20	0,510	283	2,54	0,461	256	3,00
0,735	408	1,45	0,714	386	1,59	0,668	361	1,77	0,627	339	1,99	0,583	315	2,28	0,535	289	2,63	0,483	261	3,10
0,790	416	1,50	0,748	394	1,65	0,701	369	1,83	0,657	346	2,05	0,610	321	2,35	0,561	295	2,72	0,506	266	3,21
0,829	425	1,55	0,785	402	1,71	0,733	376	1,89	0,688	353	2,12	0,640	328	2,43	0,587	301	2,81	0,528	271	3,31
0,868	434	1,60	0,820	410	1,76	0,768	384	1,96	0,718	359	2,19	0,668	334	2,51	0,612	306	2,90	0,554	277	3,42
0,909	443	1,65	0,860	419	1,81	0,804	392	2,02	0,752	366	2,26	0,697	340	2,59	0,641	312	2,99	0,578	282	3,52
0,946	0,451	1,70	0,895	0,427	1,87	0,838	0,399	2,08	0,783	0,373	2,33	0,727	0,346	2,66	0,668	0,318	3,08	0,603	0,287	3,62
0,990	460	1,75	0,936	435	1,92	0,875	407	2,14	0,817	380	2,40	0,760	353	2,74	0,697	324	3,17	0,628	292	3,72
1,030	468	1,80	0,975	443	1,98	0,910	414	2,20	0,851	387	2,46	0,790	359	2,82	0,724	329	3,26	0,653	297	3,83
1,073	477	1,85	1,012	451	2,03	0,951	422	2,26	0,888	394	2,53	0,821	365	2,89	0,754	335	3,34	0,680	302	3,93
1,116	485	1,90	1,055	459	2,09	0,987	429	2,32	0,923	401	2,60	0,855	372	2,97	0,784	341	3,43	0,707	307	4,03
1,160	494	1,95	1,098	467	2,14	1,027	437	2,38	0,960	408	2,67	0,888	378	3,05	0,816	347	3,52	0,734	312	4,13
1,205	502	2,00	1,140	475	2,20	1,066	444	2,44	0,996	415	2,73	0,922	384	3,12	0,848	353	3,61	0,761	317	4,24
1,251	511	2,05	1,183	483	2,25	1,108	452	2,50	1,032	422	2,80	0,960	392	3,20	0,877	358	3,70	0,789	322	4,34
1,300	520	2,10	1,227	491	2,31	1,150	460	2,57	1,070	428	2,86	0,994	398	3,27	0,910	364	3,78	0,820	328	4,45
1,349	529	2,15	1,275	500	2,36	1,190	467	2,63	1,108	435	2,93	1,030	404	3,35	0,945	370	3,87	0,850	333	4,55
1,397	537	2,20	1,321	508	2,42	1,235	475	2,69	1,149	442	3,00	1,066	410	3,43	0,978	376	3,96	0,880	338	4,65
1,448	0,546	2,25	1,370	0,516	2,47	1,275	0,481	2,75	1,190	0,449	3,06	1,105	0,417	3,50	1,010	0,381	4,05	0,910	0,343	4,76
1,497	554	2,30	1,412	524	2,53	1,322	490	2,82	1,231	456	3,13	1,142	423	3,57	1,045	387	4,14	0,943	349	4,86
1,548	563	2,35	1,462	532	2,58	1,365	497	2,87	1,272	463	3,20	1,180	429	3,65	1,081	393	4,22	0,975	354	4,96
1,600	571	2,40	1,511	540	2,64	1,414	505	2,93	1,316	470	3,26	1,221	436	3,73	1,117	399	4,31	1,005	359	5,07
1,652	580	2,45	1,560	548	2,69	1,459	512	2,99	1,359	477	3,33	1,260	442	3,80	1,166	404	4,40	1,037	364	5,17
1,705	588	2,50	1,611	556	2,75	1,509	520	3,05	1,404	484	3,40	1,299	448	3,88	1,189	410	4,49	1,070	369	5,27
1,762	597	2,55	1,661	564	2,80	1,553	527	3,11	1,448	491	3,47	1,342	455	3,96	1,227	416	4,58	1,103	374	5,38
1,818	606	2,60	1,716	572	2,86	1,605	535	3,18	1,491	497	3,54	1,383	461	4,04	1,266	422	4,67	1,140	380	5,49
1,871	614	2,65	1,769	580	2,91	1,650	542	3,24	1,537	504	3,61	1,424	467	4,12	1,305	428	4,76	1,174	385	5,59
1,931	623	2,70	1,823	588	2,97	1,705	550	3,30	1,584	511	3,68	1,466	473	4,20	1,345	434	4,85	1,209	390	5,70
1,988	631	2,75	1,877	596	3,02	1,752	557	3,36	1,627	518	3,75	1,512	480	4,27	1,386	440	4,94	1,244	395	5,80
2,048	0,640	2,80	1,933	0,604	3,08	1,809	0,565	3,42	1,680	0,525	3,81	1,555	0,486	4,35	1,424	0,445	5,03	1,280	0,400	5,91
2,109	649	2,85	1,989	612	3,13	1,860	572	3,48	1,729	532	3,88	1,599	492	4,43	1,466	451	5,11	1,316	405	6,01
2,168	657	2,90	2,046	620	3,19	1,913	580	3,54	1,779	539	3,95	1,647	499	4,50	1,508	457	5,20	1,353	410	6,12
2,231	666	2,95	2,104	628	3,24	1,968	587	3,60	1,829	546	4,02	1,692	505	4,58	1,551	463	5,29	1,394	416	6,22
2,292	674	3,00	2,162	636	3,30	2,021	595	3,66	1,880	553	4,08	1,737	511	4,66	1,591	468	5,38	1,431	421	6,32
2,356	683	3,05	2,222	644	3,35	2,070	602	3,72	1,932	560	4,15	1,787	518	4,70	1,635	474	5,47	1,470	426	6,42
2,422	692	3,10	2,285	653	3,41	2,135	610	3,79	1,981	566	4,22	1,837	525	4,80	1,680	480	5,55	1,509	431	6,52

III.

$$F^e = 0,5\,F_e;$$
$$\sigma_b = 40\ \text{kg/qcm}$$

$\sigma_e = 1200$			$\sigma_e = 1100$			$\sigma_e = 1000$			$\sigma_e = 900$			$\sigma_e = 800$			$\sigma_e = 700$			$\sigma_e = 600$		
e/N	h/N	$\frac{1000}{F_e/N}$	e/N	h/N	$\frac{1000}{F_e/N}$	e/N	h/N	$\frac{1000}{F_e/N}$	e/N	h/N	$\frac{1000}{F_e/N}$	e/N	h/N	$\frac{1000}{F_e/N}$	e/N	h/N	$\frac{1000}{F_e/N}$	e/N	h/N	$\frac{1000}{F_e/N}$
0,087	0,175	0,10	0,083	0,166	0,12	0,078	0,156	0,14	0,073	0,147	0,17	0,069	0,138	0,21	0,064	0,128	0,27	0,058	0,116	0,32
0,100	182	0,15	0,095	173	0,17	0,089	162	0,20	0,084	152	0,24	0,079	143	0,28	0,073	132	0,35	0,065	119	0,42
0,114	190	0,20	0,108	180	0,23	0,102	169	0,26	0,095	158	0,30	0,089	148	0,36	0,082	137	0,44	0,074	123	0,52
0,128	197	0,25	0,121	187	0,28	0,111	175	0,32	0,107	164	0,37	0,099	153	0,43	0,092	141	0,52	0,083	127	0,62
0,144	205	0,30	0,136	194	0,34	0,127	182	0,38	0,119	170	0,44	0,110	158	0,51	0,102	146	0,61	0,092	131	0,72
0,159	212	0,35	0,151	201	0,39	0,141	188	0,44	0,132	176	0,50	0,122	163	0,58	0,112	150	0,70	0,101	135	0,82
0,176	220	0,40	0,166	208	0,45	0,156	195	0,50	0,146	182	0,57	0,134	168	0,66	0,123	154	0,78	0,110	138	0,92
0,193	227	0,45	0,183	215	0,50	0,171	201	0,56	0,159	187	0,64	0,147	173	0,73	0,135	159	0,87	0,121	142	1,02
0,212	235	0,50	0,200	222	0,56	0,187	208	0,62	0,174	193	0,70	0,160	178	0,81	0,144	163	0,95	0,131	146	1,12
0,230	242	0,55	0,217	229	0,61	0,203	214	0,68	0,189	199	0,77	0,174	183	0,88	0,160	168	1,03	0,143	150	1,22
0,250	250	0,60	0,235	235	0,66	0,220	220	0,74	0,205	205	0,84	0,189	189	0,96	0,172	172	1,11	0,154	154	1,32
0,270	0,257	0,65	0,254	0,242	0,71	0,235	0,226	0,79	0,220	0,210	0,91	0,204	0,194	1,03	0,185	0,176	1,20	0,165	0,157	1,42
0,292	265	0,70	0,274	249	0,77	0,256	233	0,85	0,238	216	0,97	0,219	199	1,11	0,199	181	1,28	0,177	161	1,52
0,318	272	0,75	0,294	256	0,82	0,275	239	0,91	0,255	222	1,04	0,234	204	1,18	0,213	185	1,37	0,190	165	1,62
0,336	280	0,80	0,316	263	0,88	0,296	246	0,97	0,274	228	1,10	0,251	209	1,26	0,228	190	1,45	0,203	169	1,72
0,358	287	0,85	0,338	270	0,93	0,315	252	1,03	0,292	233	1,17	0,268	214	1,33	0,242	194	1,54	0,215	172	1,82
0,384	295	0,90	0,360	277	0,98	0,337	259	1,09	0,300	239	1,24	0,285	219	1,41	0,258	198	1,63	0,228	176	1,92
0,408	302	0,95	0,384	284	1,04	0,358	265	1,15	0,331	245	1,30	0,302	224	1,48	0,274	203	1,71	0,243	180	2,02
0,434	310	1,00	0,407	291	1,09	0,380	272	1,21	0,351	251	1,37	0,320	229	1,56	0,290	207	1,80	0,258	184	2,12
0,461	318	1,05	0,432	298	1,15	0,403	278	1,27	0,372	257	1,43	0,340	234	1,63	0,306	211	1,88	0,272	188	2,22
0,489	326	1,10	0,457	305	1,20	0,426	284	1,33	0,393	262	1,50	0,360	240	1,71	0,324	216	1,97	0,290	193	2,32
0,516	0,333	1,15	0,484	0,312	1,25	0,449	0,290	1,38	0,404	0,267	1,57	0,380	0,245	1,78	0,343	0,221	2,05	0,305	0,197	2,42
0,546	341	1,20	0,511	319	1,31	0,475	297	1.44	0,437	273	1,63	0,400	250	1,86	0,360	225	2,14	0,322	201	2,52
0,575	349	1,25	0,538	326	1,36	0,498	302	1,50	0,460	279	1,70	0,421	255	1,93	0,380	230	2,23	0,338	205	2,62
0,607	357	1,30	0,567	333	1,42	0,525	309	1,56	0,485	285	1,77	0,442	260	2,01	0,398	234	2,31	0,355	209	2,72
0,637	364	1,35	0,595	340	1,47	0,551	315	1,62	0,509	291	1,83	0,463	265	2,08	0,417	238	2,40	0,370	212	2,82
0,670	372	1,40	0,624	347	1,53	0,580	322	1,68	0 533	296	1,90	0,488	271	2,16	0,437	243	2,48	0,388	216	2,92
0,702	379	1,45	0,656	354	1,58	0,607	328	1,74	0,558	302	1,96	0,511	276	2,23	0,457	247	2,57	0,407	220	3,02
0,735	387	1,50	0,687	361	1,64	0,636	335	1,80	0,585	308	2,03	0,534	281	2,31	0,477	251	2,66	0,426	224	3,12
0,771	395	1,55	0,718	368	1,69	0,665	341	1,86	0,613	314	2,10	0,557	286	2,38	0,499	256	2,75	0,444	228	3,22
0,806	403	1,60	0,750	375	1,75	0,694	347	1,92	0,640	320	2,17	0,584	292	2,47	0,520	260	2,84	0,462	231	3,32
0,842	0,410	1,65	0,785	0,382	1,80	0,725	0,353	1,98	0,668	0,325	2,24	0,610	0,297	2,55	0,542	0,264	2,93	0,480	0,234	3,42
0,879	418	1,70	0,817	389	1,86	0,756	360	2,03	0,695	331	2,30	0,633	302	2,62	0,562	268	3,01	0,500	238	3,52
0,915	426	1,75	0,853	396	1,91	0,787	366	2,09	0,725	337	2,37	0,660	307	2,70	0,587	273	3,10	0,520	242	3,62
0,955	433	1,80	0,889	403	1,97	0,821	373	2,15	0,754	343	2,43	0,687	312	2,77	0,609	277	3,18	0,541	246	3,72
0,992	441	1,85	0,923	410	2,02	0,855	379	2,21	2,783	348	2,50	0,714	317	2,85	0,633	281	3,27	0,562	250	3,82
1,030	448	1,90	0,959	417	2,08	0,888	386	2,27	0,814	354	2,56	0,740	322	2,92	0,658	286	3,35	0,584	254	3,92
1,072	457	1,95	0,998	424	2,13	0,909	391	2,33	0,847	360	2,63	0,769	327	3,00	0,684	291	3,44	0,606	258	4,02
1,115	465	2,00	1,034	431	2,19	0,954	397	2,39	0,876	365	2,69	0,796	332	3,07	0,708	295	3,53	0,629	262	4,12
1,159	473	2,05	1,074	438	2,24	0,990	404	2,45	0,910	371	2,76	0,826	337	3,15	0,735	300	3,61	0,652	266	4,22
1,202	481	2,10	1,111	445	2,29	1,025	410	2,51	0,942	377	2,83	0,857	343	3,22	0,760	304	3,70	0,675	270	4,32
1,264	0,488	2,15	1,152	0,452	2,35	1,060	0,416	2,56	0,975	0,382	2,90	0,887	0,348	3,30	0,785	0,308	3,78	0,699	0,274	4,42
1,290	496	2,20	1,194	459	2,40	1,100	423	2,62	1,009	388	2,96	0,918	353	3,37	0,814	313	3,87	0,723	278	4,52
1,336	504	2,25	1,235	466	2,46	1,138	429	2,68	1,044	394	3,03	0,949	358	3,45	0,840	317	3,96	0,745	281	4,62
1,380	511	2,30	1,279	473	2,50	1,177	436	2,74	1,080	400	3,10	0,980	363	3,52	0,867	321	4,05	0,770	285	4,72
1,426	519	2,35	1,320	480	2,56	1,214	442	2,80	1,112	405	3,16	1,012	368	3,60	0,897	326	4,14	0,795	289	4,82
1,476	527	2,40	1,362	487	2,62	1,259	449	2,86	1,150	411	3,23	1,044	373	3,67	0,924	330	4,23	0,820	293	4,92
1,525	535	2,45	1,409	494	2,67	1,297	455	2,92	1,188	417	3,30	1,077	378	3,75	0,952	334	4,32	0,845	297	5,02
1,572	542	2,50	1,452	501	2,73	1,340	462	2,98	1,229	423	3,36	1,111	383	3,82	0,980	338	4,40	0,873	301	5,12
1,622	550	2,55	1,500	508	2,78	1,380	468	3,04	1,262	429	3,43	1,145	388	3,90	1,012	343	4,49	0,897	304	5,22
1,674	558	2,61	1,545	516	2,84	1,416	473	3,10	1,305	436	3,50	1,182	394	3,98	1,044	348	4,58	0,924	308	5,33
1,726	0,566	2,66	1,595	0,523	2,89	1,461	0,479	3,15	1,348	0,442	3,56	1,217	0,399	4,05	1,077	0,353	4,67	0,951	0,312	5,43
1,780	574	2,71	1,634	530	2,95	1,504	485	3,21	1,389	448	3,63	1,252	404	4,13	1,107	357	4,76	0,980	316	5,53
1,833	582	2,76	1,691	537	3,00	1,547	491	3,27	1,430	454	3,69	1,288	409	4,20	1,137	361	4,85	1,008	320	5,63
1,885	589	2,81	1,741	544	3,06	1,594	498	3,33	1,472	460	3,76	1,325	414	4,28	1,171	366	4,93	1,037	324	5,73
1,940	597	2,86	1,791	551	3,11	1,638	504	3,39	1,511	465	3,83	1,362	419	4,35	1,206	371	5,02	1,063	327	5,83
1,997	605	2,91	1,841	558	3,17	1,683	510	3,45	1,554	471	3,89	1,399	424	4,43	1,237	375	5,11	1,092	331	5,93
2,054	613	2,96	1,893	565	3,22	1,729	516	3,51	1,598	477	3,96	1,437	429	4,50	1,273	380	5,20	1,119	334	6,03
2,108	620	3,01	1,945	573	3,28	1,778	523	3,57	1,642	483	4,02	1,476	434	4,58	1,306	384	5,28	1,149	338	6,13
2,167	628	3,06	1,998	579	3,33	1,825	529	3,63	1,684	488	4,09	1,515	439	4,65	1,339	388	5,36	1,180	342	6,23
2,222	635	3,11	2,051	586	3,38	1,876	536	3,69	1,729	494	4,16	1,557	445	4,73	1,371	392	5,44	1,211	346	6,33

IV.

$$F'_e = 1{,}0\,F_e;$$
$$\sigma_b = 40\,\text{kg/qcm}$$

$\sigma_e = 1200$			$\sigma_e = 1100$			$\sigma_e = 1000$			$\sigma_e = 900$			$\sigma_e = 800$			$\sigma_e = 700$			$\sigma_e = 600$		
e/N	h/N	$\frac{1000\,F_e}{N}$	e/N	h/N	$\frac{1000\,F_e}{N}$	e/N	h/N	$\frac{1000\,F_e}{N}$	e/N	h/N	$\frac{1000\,F_e}{N}$	e/N	h/N	$\frac{1000\,F_e}{N}$	e/N	h/N	$\frac{1000\,F_e}{N}$	e/N	h/N	$\frac{1000\,F_e}{N}$
0,085	0,171	0,10	0,081	0,162	0,12	0,075	0,151	0,14	0,071	0,142	0,17	0,065	0,131	0,19	0,061	0,121	0,24	0,054	0,109	0,33
0,097	176	0,15	0,092	166	0,17	0,084	155	0,20	0,080	145	0,23	0,074	134	0,23	0,068	123	0,32	0,061	110	0,42
0,109	182	0,20	0,102	171	0,23	0,093	159	0,26	0,090	149	0,30	0,082	137	0,36	0,075	125	0,40	0,066	110	0,51
0,122	187	0,25	0,114	176	0,28	0,105	163	0,32	0,099	152	0,36	0,091	140	0,41	0,082	126	0,49	0,072	111	0,60
0,135	193	0,30	0,127	181	0,34	0,117	167	0,37	0,109	156	0,43	0,100	142	0,48	0,090	128	0,57	0,078	112	0,69
0,148	198	0,34	0,139	186	0,39	0,129	172	0,43	0,119	159	0,49	0,109	145	0,55	0,098	130	0,65	0,084	112	0,78
0,163	204	0,39	0,153	191	0,44	0,141	176	0,49	0,130	162	0,56	0,118	148	0,63	0,105	131	0,74	0,091	113	0,87
0,178	209	0,44	0,166	196	0,50	0,153	180	0,55	0,141	166	0,62	0,128	151	0,70	0,113	133	0,82	0,097	114	0,96
0,194	215	0,49	0,181	201	0,55	0,166	184	0,61	0,152	169	0,69	0,138	153	0,78	0,121	135	0,91	0,102	114	1,05
0,209	220	0,54	0,196	206	0,61	0,180	188	0,67	0,164	173	0,75	0,148	156	0,85	0,129	136	0,99	0,109	115	1,14
0,226	226	0,59	0,211	211	0,66	0,193	193	0,72	0,176	176	0,82	0,158	158	0,93	0,138	138	1,08	0,115	115	1,24
0,244	0,232	0,64	0,226	0,215	0,71	0,207	0,197	0,77	0,188	0,179	0,88	0,169	0,161	1,00	0,147	0,140	1,16	0,121	0,116	1,33
0,262	238	0,69	0,242	220	0,77	0,221	201	0,83	0,201	183	0,95	0,180	164	1,07	0,156	142	1,24	0,129	117	1,42
0,280	243	0,74	0,259	225	0,82	0,236	205	0,89	0,214	186	1,01	0,193	167	1,15	0,164	143	1,33	0,135	117	1,51
0,298	249	0,79	0,276	230	0,88	0,251	209	0,95	0,228	190	1,08	0,203	169	1,22	0,174	145	1,41	0,142	118	1,60
0,317	255	0,84	0,294	235	0,93	0,268	214	1,01	0,241	193	1,14	0,215	172	1,29	0,184	147	1,49	0,148	118	1,69
0,338	260	0,89	0,312	240	0,98	0,284	218	1,07	0,255	196	1,21	0,228	175	1,37	0,192	148	1,58	0,155	119	1,79
0,359	266	0,94	0,331	245	1,04	0,300	222	1,13	0,270	200	1,27	0,240	178	1,44	0,202	150	1,66	0,161	119	1,88
0,381	272	0,99	0,350	250	1,09	0,316	226	1,19	0,284	203	1,34	0,252	180	1,52	0,213	152	1,74	0,168	120	1,97
0,403	277	1,03	0,370	255	1,14	0,335	230	1,25	0,301	207	1,40	0,266	183	1,59	0,222	153	1,83	0,174	120	2,06
0,425	283	1,08	0,390	260	1,20	0,353	235	1,31	0,315	210	1,47	0,277	185	1,67	0,233	155	1,91	0,181	121	2,16
0,448	0,288	1,13	0,409	0,264	1,25	0,370	0,239	1,36	0,330	0,213	1,53	0,292	0,188	1,74	0,244	0,157	1,99	0,188	0,121	2,25
0,471	294	1,18	0,431	269	1,30	0,388	243	1,42	0,346	216	1,60	0,306	191	1,81	0,254	159	2,07	0,195	122	2,34
0,494	299	1,23	0,452	274	1,35	0,408	247	1,48	0,363	220	1,66	0,318	193	1,89	0,264	160	2,16	0,203	123	2,43
0,518	305	1,28	0,474	279	1,41	0,427	251	1,54	0,380	223	1,73	0,333	196	1,96	0,276	162	2,24	0,209	123	2,52
0,543	310	1,33	0,497	284	1,46	0,447	256	1,60	0,398	227	1,79	0,348	199	2,03	0,287	164	2,32	0,217	124	2,61
0,569	316	1,38	0,521	289	1,51	0,468	260	1,66	0,414	230	1,86	0,362	201	2,11	0,299	166	2,41	0,223	124	2,71
0,595	321	1,43	0,544	294	1,51	0,488	264	1,72	0,433	234	1,92	0,378	204	2,18	0,309	167	2,49	0,232	125	2,80
0,622	327	1,47	0,568	299	1,68	0,508	268	1,78	0,451	237	1,99	0,392	206	2,25	0,321	169	2,58	0,238	125	2,89
0,649	332	1,52	0,592	304	1,67	0,531	272	1,84	0,270	241	2,06	0,408	209	2,33	0,333	171	2,66	0,246	126	2,98
0,676	338	1,57	0,618	309	1,73	0,554	277	1,90	0,490	245	2,13	0,422	211	2,40	0,346	173	2,75	0,254	127	3,07
0,704	0,343	1,62	0,642	0,313	1,78	0,586	0,281	1,95	0,508	0,248	2,19	0,439	0,214	2,47	0,359	0,175	2,83	0,260	0,127	3,16
0,733	349	1,67	0,667	318	1,83	0,598	285	2,01	0,529	252	2,27	0,453	216	2,54	0,370	176	2,91	0,269	128	3,25
0,762	354	1,72	0,694	323	1,89	0,621	289	2,07	0,548	255	2,33	0,471	219	2,62	0,383	178	3,00	0,275	128	3,34
0,792	360	1,77	0,721	328	1,94	0,644	293	2,15	0,570	259	2,40	0,488	222	2,69	0,396	180	3,08	0,284	129	3,43
0,822	365	1,81	0,750	333	1,99	0,668	297	2,19	0,589	262	2,46	0,504	224	2,76	0,410	182	3,16	0,293	130	3,52
0,853	371	1,86	0,777	338	2,04	0,692	301	2,25	0,610	265	2,53	0,522	227	2,84	0,422	183	3,25	0,299	130	3,61
0,884	376	1,91	0,806	343	2,10	0,717	305	2,31	0,632	269	2,59	0,541	230	2,91	0,435	185	3,33	0,308	131	3,71
0,916	382	1,96	0,836	348	2,15	0,742	309	2,37	0,654	272	2,66	0,557	232	2,99	0,448	187	3,42	0,314	131	3,80
0,950	388	2,01	0,865	353	2,20	0,768	313	2,43	0,676	276	2,73	0,576	235	3,06	0,463	189	3,50	0,324	132	3,89
0,985	394	2,06	0,895	358	2,26	0,795	318	2,49	0,700	280	2,78	0,592	237	3,14	0,475	190	3,58	0,333	133	3,98
1,020	0,400	2,11	0,924	0,362	2,31	0,821	0,322	2,54	0,722	0,283	2,84	0,612	0,240	3,21	0,490	0,192	3,66	0,340	0,133	4,07
1,055	406	2,16	0,954	367	2,36	0,848	326	2,60	0,746	287	2,91	0,632	243	3,28	0,504	194	3,74	0,348	134	4,16
1,091	412	2,22	0,986	372	2,42	0,875	330	2,66	0,769	290	2,97	0,649	245	3,36	0,517	195	3,83	0,358	135	4,25
1,127	418	2,27	1,018	377	2,47	0,902	334	2,72	0,794	294	3,04	0,670	248	3,43	0,532	197	3,91	0,364	135	4,34
1,165	423	2,32	1,051	382	2,52	0,931	339	2,78	0,817	297	3,10	0,690	251	3,50	0,547	199	3,99	0,374	136	4,43
1,203	429	2,37	1,084	387	2,58	0,960	343	2,84	0,840	300	3,17	0,711	254	3,58	0,563	201	4,08	0,384	137	4,53
1,241	435	2,42	1,117	392	2,63	0,989	347	2,90	0,866	304	3,23	0,730	256	3,65	0,576	202	4,16	0,394	138	4,62
1,280	441	2,48	1,151	397	2,69	1,018	351	2,96	0,890	307	3,30	0,751	259	3,73	0,592	204	4,25	0,400	138	4,71
1,319	447	2,53	1,186	402	2,74	1,049	355	3,03	0,917	311	3,37	0,773	262	3,80	0,608	206	4,33	0,410	139	4,80
1,359	453	2,58	1,221	407	2,80	1,080	360	3,08	0,942	314	3,44	0,792	264	3,88	0,624	208	4,42	0,420	140	4,90
1,400	0,459	2,63	1,254	0,411	2,85	1,110	0,364	3,14	0,967	0,317	3,50	0,814	0,267	3,95	0,638	0,209	4,50	0,427	0,140	4,99
1,441	465	2,68	1,290	416	2,91	1,141	368	3,20	0,995	321	3,57	0,837	270	4,02	0,654	211	4,58	0,437	141	5,08
1,484	471	2,73	1,326	421	2,96	1,172	372	3,26	1,021	324	3,63	0,860	273	4,10	0,671	213	4,67	1,444	141	5,17
1,526	477	2,79	1,363	426	3,02	1,200	375	3,32	1,050	328	3,70	0,880	275	4,17	0,688	215	4,75	1,454	142	5,26
1,570	483	2,84	1,401	431	3,07	1,232	379	3,38	1,076	331	3,76	0,903	278	4,24	0,702	216	4,83	1,464	143	5,36
1,614	489	2,89	1,439	436	3,12	1,264	383	3,44	1,106	335	3,83	0,927	281	4,32	0,719	218	4,92	1,472	144	5,45
1,658	495	2,94	1,477	441	3,18	1,296	387	3,50	1,131	338	3,89	0,948	283	4,39	0,737	220	5,00	1,482	144	5,54
1,702	501	2,99	1,516	446	3,23	1,326	390	3,56	1,163	342	3,96	0,974	286	4,47	0,755	222	5,09	1,493	145	5,63
1,749	507	3,04	1,556	451	3,29	1,359	394	3,62	1,190	345	4,02	0,997	289	4,54	0,769	223	5,17	1,504	146	5,72
1,792	512	3,10	1,596	456	3,34	1,393	398	3,67	1,218	348	4,09	1,018	291	4,62	0,787	225	5,26	1,514	147	5,81

356 Die Ermittlung der inneren Spannungen.

z. B. $F'_e = F_e$, $\sigma_b = 40$ kg/qcm, $\sigma_e = 1200$ kg/qcm maßgebend sein sollen, wäre Tabelle IV zu Rate zu ziehen. Alsdann ergibt sich aus ihr (nach kleinen Einschaltungen):

$$\frac{h}{N} = 0{,}210 \; ; \qquad \frac{1000\,F_e}{N} = 0{,}45 \text{ und somit:}$$

$$h = 0{,}210\,N = 0{,}210 \cdot 500 = 105 \text{ cm}$$

$$F_e = \frac{0{,}45 \cdot 500}{1000} = 0{,}225 \text{ qcm}$$

auf 1 cm Breite, d. h. auf die Breite von 40 cm: $F_e = 40 \cdot 0{,}225 = 9{,}0$ qcm, $F'_e = F_e = 9{,}0$ qcm.

Will man einen Querschnitt mit Hilfe der Tabellen finden, dessen Gesamtkosten (Beton- und Eisenmenge) möglichst gering sind, so ist es zweckmäßig, eine Anzahl Vereinigungsmöglichkeiten für verschiedene F_e-Verhältnisse und σ_e-Größen tabellarisch zusammenzustellen. Kennt man alsdann das Verhältnis des Preises von 1 cbm Beton zu dem des Eisens, so kann man aus den Ergebnissen der Einzelrechnung auch einen wirtschaftlichen Vergleich ableiten. Ist z. B. der Preis des Eisens 50 mal so hoch wie der des Betons, so ergibt sich ein guter relativer Kostenvergleich im Hinblicke auf die Tabelle in der Form:

$$\left(\frac{h}{N} + 50\,\frac{F_e + F'_e}{N} \right),$$

d. h. in dem Kostenverhältnis einer durch die Normalkraft geteilten Einheitslänge.

Wie solche Vergleichsrechnung aufzustellen ist, zeigt die nachfolgende, an das obige Beispiel sich anschließende Tabelle.

σ_e	$F'_e = F_e$				$F'_e = {}^1\!/_2 F_e$				$F'_e = {}^1\!/_4 F_e$				$F'_e = 0$			
	h/N	$\dfrac{1000\,F_e}{N}$	$\dfrac{1000\,F'_e}{N}$	$\dfrac{h}{N} + 50\dfrac{F_e+F'_e}{N}$	h/N	$\dfrac{1000\,F_e}{N}$	$\dfrac{1000\,F'_e}{N}$	$\dfrac{h}{N} + 50\dfrac{F_e+F'_e}{N}$	h/N	$\dfrac{1000\,F_e}{N}$	$\dfrac{1000\,F'_e}{N}$	$\dfrac{h}{N} + 50\dfrac{F_e+F'_e}{N}$	h/N	$\dfrac{1000\,F_e}{N}$	$\dfrac{1000\,F'_e}{N}$	$\dfrac{h}{N} + 50\dfrac{F_e+F'_e}{N}$
1200	0,210	0,45	0,45	0,255	0,224	0,43	0,21	0,256	0,226	0,39	0,10	0,251	0,231	0,38	—	0,250
1000	0,188	0,67	0,67	0,255	0,205	0,59	0,30	0,250	0,212	0,56	0,14	0,247	0,218	0,53	—	**0,244**
800	0,164	1,07	1,07	0,271	0,185	0,91	0,45	0,253	0,196	0,84	0,21	0,248	0,204	0,81	—	0,244
600	0,121	2,15	2,15	0,551	0,162	1,54	0,77	0,282	0,176	1,40	0,35	0,264	0,189	1,29	—	0,254

Es ergibt sich, daß im vorliegenden Falle ein Querschnitt nach der vierten Hauptreihe der Tabelle am zweckmäßigsten ist. Ihm entspricht eine Höhe von: $h = 0{,}218\,N = 0{,}218 \cdot 500 = 109$ cm; $F_e = 0{,}53 \cdot 500 = 0{,}265$ qcm/cm; F_e auf die Breite $b = 0{,}265 \cdot 40 = 10{,}6$ qcm; $F'_e = 0$.

Wie gerade die letzte Rechnung zeigt, sind die Kunzeschen Tabellen an keine von vornherein bestimmte Höhe gebunden, sondern gestatten durch Vergleich einen Querschnitt auszuwählen, auf dessen Wirtschaftlichkeit sowohl die Eiseneinlage als auch die Höhe einwirkt, der also in Ansehung dieser beiden Funktionen ein Kostenminimum bedingt. Naturgemäß werden bei der endgültigen Wahl des Querschnitts auch die örtlichen Verhältnisse des Baues eine maßgebende Rolle spielen.

III. Die Rechnungsart Spangenberg[1]).

Nach Spangenberg findet man die Höhe $h' = h - a$ und F_e (F'_e) auf folgende Weise:

Man nimmt das Verhältnis $\mu = F_e : F'_e$ und die Spannungen σ_b und σ_e an.

$$h' = \alpha \cdot \frac{N}{b}\left[1 + \sqrt{1 + \frac{b}{\beta \cdot N}\left(e - \frac{a}{2}\right)}\right] ; \qquad (124)$$

$$h = h' + a ; \qquad F_e = \gamma\left(b \cdot h' - \frac{2N}{s \cdot \sigma_b}\right) \quad (125); \qquad F'_e = \mu \cdot F_e .$$

Die in diesen Gleichungen vorkommenden Werte α, β, γ und s werden aus den nachstehenden Tabellen gefunden. Für einen exzentrischen Zug sind die Gleichungen die folgenden:

$$h' = \alpha \cdot \frac{N}{b}\left[-1 + \sqrt{1 + \frac{b}{\beta N}\left(e + \frac{a}{2}\right)}\right] ; \qquad (124\,a)$$

$$h = h' + a ; \qquad F_e = \gamma\left(b h' + \frac{2N}{s \sigma_b}\right) \quad (125\,a); \qquad F'_e = \mu F_e .$$

Tabelle von Spangenberg[2]).

μ	σ_e	σ_b	α	β	γ	s	μ	σ_e	σ_b	α	β	γ	s
	750	30	0,05079	0,01269	0,007500	0,3750		750	30	0,05296	0,01464	0,007907	0,3750
	900	35	0,04421	0,01105	0,007163	0,3684		900	35	0,04604	0,01269	0,007541	0,3684
		35	0,04688	0,01172	0,006025	0,3443			35	0,04864	0,01326	0,006307	0,3443
		40	0,03810	0,00952	0,007500	0,3750			40	0,03972	0,01098	0,007907	0,3750
		45	0,03185	0,00796	0,009067	0,4030			45	0,03336	0,00934	0,009630	0,4030
	1000	50	0,02722	0,00680	0,010715	0,4286		1000	50	0,02864	0,00813	0,011462	0,4286
		55	0,02346	0,00586	0,012433	0,4521			55	0,02502	0,00720	0,013397	0,4521
0,00		60	0,02089	0,00522	0,014211	0,4737	0,10		60	0,02217	0,00646	0,015424	0,4737
		35	0,05225	0,01306	0,004438	0,3043			35	0,05389	0,01447	0,004607	0,3043
		40	0,04220	0,01055	0,005555	0,3333			40	0,04371	0,01187	0,005800	0,3333
		45	0,03507	0,00877	0,006750	0,3600			45	0,03648	0,01001	0,007091	0,3600
	1200	50	0,02982	0,00745	0,008013	0,3846		1200	50	0,03115	0,00864	0,008468	0,3846
		55	0,02582	0,00645	0,009336	0,4074			55	0,02706	0,00760	0,009926	0,4074
		60	0,02269	0,00567	0,010715	0,4286			60	0,02387	0,00677	0,011462	0,4286

[1]) Vgl. hierzu: Allgemeine Beziehungen für die Bemessung rechteckiger Eisenbetonquerschnitte bei Kraftangriff außerhalb des Kernes. Von Direktor Dipl.-Ing. Spangenberg in: Otto Mohr zum achtzigsten Geburtstag. Berlin 1916. Verlag von Wilhelm Ernst & Sohn. S. 193ff.

[2]) Bei der Aufstellung der Tabelle ist die Annahme gemacht, daß der Randabstand der Druckeisen von der meist gedrückten Faser (Querschnittsrand) pro-

μ = 0,25

μ	σ_e	σ_b	α	β	γ	s
	750	30	0,05557	0,01737	0,008500	0,3750
	900	35	0,04824	0,01497	0,008084	0,3684
		35	0,05073	0,01537	0,006704	0,3443
		40	0,04167	0,01303	0,008500	0,3750
	1000	45	0,03520	0,01136	0,010470	0,4030
		50	0,03039	0,01013	0,012610	0,4286
		55	0,02668	0,00918	0,014925	0,4521
		60	0,02376	0,00845	0,017400	0,4737
		35	0,05580	0,01629	0,004834	0,3043
		40	0,04547	0,01360	0,006135	0,3333
	1200	45	0,03817	0,01173	0,007579	0,3600
		50	0,03274	0,01034	0,009137	0,3846
		55	0,02858	0,00927	0,010816	0,4074
		60	0,02533	0,00844	0,012610	0,4286

μ = 0,50

μ	σ_e	σ_b	α	β	γ	s
	750	30	0,06026	0,02378	0,009807	0,3750
	900	35	0,05222	0,02030	0,009277	0,3684
		35	0,05454	0,02014	0,007554	0,3443
		40	0,04520	0,01783	0,009807	0,3750
	1000	45	0,03848	0,01624	0,012390	0,4030
		50	0,03346	0,01514	0,015327	0,4286
		55	0,02958	0,01437	0,018670	0,4521
		60	0,02651	0,01385	0,022440	0,4737
		35	0,05933	0,02030	0,005308	0,3043
		40	0,04877	0,01762	0,006869	0,3333
	1200	45	0,04121	0,01573	0,008640	0,3600
		50	0,03560	0,01436	0,010630	0,3846
		55	0,03129	0,01336	0,012850	0,4074
		60	0,02789	0,01262	0,015327	0,4286

μ = 1,00

μ	σ_e	σ_b	α	β	γ	s
	750	30	0,06940	0,04633	0,014160	0,3750
	900	35	0,05998	0,03860	0,013160	0,3684
		35	0,06201	0,03531	0,010120	0,3443
		40	0,05205	0,03474	0,014160	0,3750
	1000	45	0,04482	0,03556	0,019550	0,4030
		50	0,03935	0,03781	0,026930	0,4286
		55	0,03509	0,04194	0,037450	0,4521
		60	0,03168	0,04895	0,053360	0,4737
		35	0,06631	0,03177	0,006602	0,3043
		40	0,05520	0,02989	0,008997	0,3333
	1200	45	0,04717	0,02903	0,012000	0,3600
		50	0,04116	0,02905	0,015780	0,3846
		55	0,03651	0,02986	0,020620	0,4074
		60	0,03280	0,03153	0,026930	0,4286

Die Anwendung der Tabelle möge das nachfolgende Beispiel erläutern.

Für die vorstehend behandelte Aufgabe:

$$[M = 18000 \,\text{kg} \cdot \text{m}$$
und $N = 20\,000$ kg,

Randabstand $a = 7$ cm] findet man z. B. für $\sigma_b = 40$ kg/qcm, $\sigma_e = 1000$ kg/qcm und $F_e' = 0$ (also $\mu = 0$) aus dem ersten Teile der Tabelle:

$$\alpha = 0,03810, \quad \beta = 0,00952,$$
$$\gamma = 0,00750, \quad s = 0,3750$$

portional der gesuchten Querschnittshöhe ist, und zwar 0,06 derselben beträgt. Nach dem Vorschlag von Stark und Dankelmann (Deutsche Bauztg., Zement-Mitteil. 1914, S. 182) kann angenommen werden, daß der Prozentsatz, welcher das Verhältnis $a' : h'$ darstellt, zweckmäßig anzunehmen ist:

$$\text{für } h' < 45 \,\text{cm} \quad \ldots \ldots = 0,10$$
$$\text{für } h' = 45 \text{ bis } 90 \,\text{cm} \quad \ldots = 0,06$$
$$\text{für } h' = 90 \text{ bis } 200 \,\text{cm} \quad . = 0,03$$

Da bei der Spangenbergschen Tabelle also ein Verhältnis $= 0,06$ zugrunde gelegt ist, gilt sie im allgemeinen mit besonderer Genauigkeit auch nur für Querschnittshöhen von 45 bis 90 cm, kann aber naturgemäß mit durchaus ausreichender Annäherung auch für nicht allzuweit hiervon abweichende h'-Werte angewendet werden.

$$e = \frac{M}{N} = \frac{18000}{20000} = 0,90 \text{ m} = 90 \text{ cm}$$

$$h' = 0,03810 \cdot \frac{20000}{40}\left[1 + \sqrt{1 + \frac{40}{0,00952 \cdot 20000}\left(90 - \frac{7}{2}\right)}\right]$$

$$= 0,03810 \cdot 500 \cdot \left(1 + \sqrt{19,15}\,\right) = 102,3 \text{ cm}, \tag{124}$$

$$h = h' + a = 102,3 + 7,0 = 109,5 \text{ cm}$$

$$F_e = 0,00750 \cdot \left(40 \cdot 102,3 - \frac{2 \cdot 20000}{0,3750 \cdot 40}\right) \tag{125}$$

$$\cong 0,00750 \,(4100 - 2670) = 10,7 \text{ qcm}.$$

Bemerkenswert ist, daß sich fast genau die gleichen Ergebnisse zeigen, wie sie aus den Kunzeschen Tabellen abgeleitet worden sind. Daraus folgt, daß die Spangenbergschen Tabellen, wenn sie auch bei Ausrechnung der einzelnen Werte eine kleine Mehrarbeit gegenüber den beiden voranstehenden Tabellen bedingen, ihnen doch durchaus gleichwertig sind.

Eine Erweiterung der Spangenbergschen Berechnungsart, und zwar in Ausdehnung auf **Plattenbalken**, gibt v. Thullie[1]). Er entwickelt hierbei die gesuchte Querschnittshöhe in der Gleichung:

$$h' = \frac{\alpha\,P}{b}\left[1 + \sqrt{1 + \frac{b}{P \cdot \beta}\left(v - \frac{a}{2}\right).}\right] \tag{126}$$

und die Eiseneinlage in der Form:

$$F_e = \frac{s\,\sigma_b\,q}{2\,\sigma_e\,(1-p)}\left(b\,h'\,\varphi - \frac{2\,P}{s\,\sigma_b}\right)$$

$$= \gamma\left(b\,h'\,\varphi - \frac{2\,P}{s\,\sigma_b}\right). \tag{127}$$

$$F'_e = \mu\,F_e\,.$$

---

[1]) Vgl. Zur Dimensionierung exzentrisch gedrückter T-Querschnitte von Dr. M. Ritter von Thullie. Österreich. Wochenschr. f. d. öffentl. Baudienst, 1918, Heft 9.

Bei der Entwicklung dieser Beziehungen ist vorausgesetzt: $a = p\,h'$, und zwar sind für p — wie zur Berechnung der Tabellen — die Werte 0,06

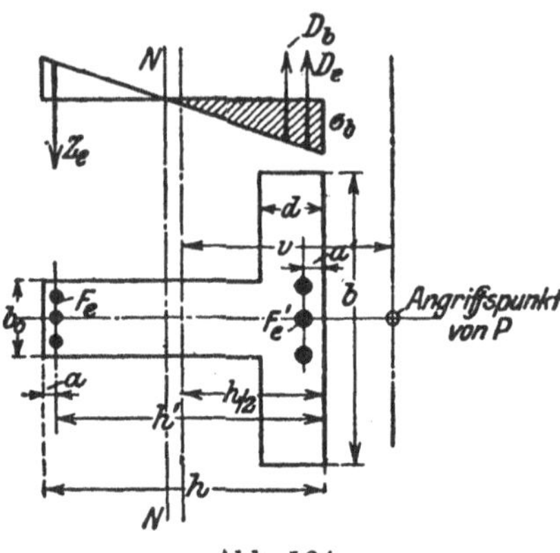

Abb. 164.

und 0,10 herangezogen: Ferner ist (vgl. Abb. 164) $\dfrac{b_0}{b} = k$ in den Grenzen 0,1, 0,2, 0,3, ebenso $\dfrac{d}{h'} = \delta_1$ in den Grenzen 0,1, 0,2 0,3 zugrunde gelegt und $\mu = \dfrac{F'_e}{F_e}$ eingeführt. In den obigen Gleichungen stellt P die exzentrisch wirkende Normalkraft, v den Abstand derselben von der die Höhe h halbierenden Parallelen zu NN dar. α, β, γ und φ sind Beiwerte, für die unter Innehaltung der obigen Grenzen, sowie für die Spannungen $\sigma_b = 40$, $\sigma_e = 1000$ und 1200 kg/qcm, sowie für $\sigma_b = 42, 37, 32$ und $\sigma_e = 1000$ kg/qcm (entsprechend den österreichischen Bestimmungen) Tabellen — und zwar von Kunze bzw. v. Thullie — aufgestellt sind, während s den bekannten Wert $\dfrac{n\,\sigma_b}{n\,\sigma_b + \sigma_e} = \dfrac{15\,\sigma_b}{15\,\sigma_b + \sigma_e}$ darstellt. Es beträgt bei $\sigma_e = 1200$ und $\sigma_b = 40$ kg/qcm, $s = 0\,411$, während für $\sigma_e = 1000$ kg/qcm und für:

$$\sigma_b = \quad 42 \qquad\qquad 40 \qquad\qquad 37 \qquad\qquad 32 \text{ kg/qcm}$$
$$s = 0{,}3865 \qquad 0{,}375 \qquad\quad 0{,}3569 \qquad\quad 0{,}3243$$

sich ergibt.

In gleicher Weise sind die φ- und γ-Werte, die in Tabelle I und II enthalten und abhängig sind (φ) von k, δ_1 und s bzw. von s, σ_b, σ_e, μ und p berechnet.

Tabellen zur Berechnung exzentrisch auf Druck belasteter Plattenbalken.

Tabelle Ia (nach Kunze).

Werte $\varphi = 1 - (1 - k)\left(1 - \dfrac{\delta_1}{s}\right)^2$.

$\sigma_b = 40$	$k = 0,1$		$k = 0,2$		$k = 0,8$	
	$\sigma_e = 1000$	$\sigma_e = 1200$	$\sigma_e = 1000$	$\sigma_e = 1200$	$\sigma_e = 1000$	$\sigma_e = 1200$
$\delta_1 = 0,1$	$\varphi = 0{,}517$	$\varphi = 0{,}559$	$\varphi = 0{,}570$	$\varphi = 0{,}608$	$\varphi = 0{,}625$	$\varphi = 0{,}657$
$\delta_1 = 0,2$	$\varphi = 0{,}805$	$\varphi = 0{,}856$	$\varphi = 0{,}827$	$\varphi = 0{,}872$	$\varphi = 0{,}848$	$\varphi = 0{,}888$
$\delta_1 = 0,3$	$\varphi = 0{,}964$	$\varphi = 0{,}991$	$\varphi = 0{,}968$	$\varphi = 0{,}992$	$\varphi = 0{,}972$	$\varphi = 0{,}993$

Tabelle Ib (nach v. Thullie).

$$\text{Werte } \varphi = 1 - (1 - k)\left(1 - \frac{\delta_1}{s}\right)^2.$$

	σ_b	$k = 0,1$			$k = 0,2$			$k = 0,3$		
		42	87	32	42	87	32	42	37	32
$\delta_1 = 0,1$	$\varphi =$	0,506	0,534	0,569	0,561	0,585	0,617	0,616	0,637	0,665
$\delta_1 = 0,2$	$\varphi =$	0,790	0,826	0,868	0,814	0,845	0,883	0,837	0,864	0,897
$\delta_2 = 0,3$	$\varphi =$	0,955	0,977	0,995	0,960	0,980	0,995	0,965	0,982	0,996

Tabelle IIa (nach Kunze).

$$\text{Werte } \gamma = \frac{s \cdot \sigma_b \cdot q}{2 \cdot \sigma_e (1 - p)} \; ; \quad q = \frac{1 - p}{1 - \mu \dfrac{s - p}{1 - s}}.$$

$\sigma_b = 40$	$p = 0,10$				$p = 0,06$			
$\sigma_e =$	$\mu = 0,00$	0,25	0,50	1,00	$\mu = 0,00$	0,25	0,50	1,00
1000	$\gamma = 0,00750$	0,00841	0,00962	0,01338	$\gamma = 0,00750$	0,00857	0,01000	0,01510
1200	$\gamma = 0,00556$	0,00609	0,00674	0,00855	$\gamma = 0,00556$	0,00616	0,00696	0,00938

Tabelle IIb (nach v. Thullie).

$$\text{Werte } \gamma = \frac{s \cdot \sigma_b \cdot q}{2\sigma_e (1 - p)} \; ; \quad q = \frac{1 - p}{1 - \mu \dfrac{s - p}{1 - s}}.$$

$\sigma_e = 1000$	$p = 0,10$				$p = 0,06$			
$\sigma_b =$	$\mu = 0,00$	0,25	0,50	1,00	0,00	0,25	0,50	1,00
42	$\gamma = 0,00812$	0,00919	0,01059	0,01523	0,00811	0,00937	0,01105	0,01734
37	$\gamma = 0,00660$	0,00733	0,00825	0,01100	0,00660	0,00739	0,00858	0,01227
32	$\gamma = 0,00519$	0,00565	0,00623	0,00777	0,00519	0,00573	0,00645	0,00852

Die Tabellen[1]) sind, wie erwähnt, für $a : (h - a) = p = 0,06$ und 0,10 aufgestellt worden. Die erstere Weite ist anzunehmen, wenn eine größere, die letztere, wenn eine geringere Querschnittshöhe zu erwarten steht. Ferner sind für die Verhältnisse $b_0 : b = k$ und auch $\frac{d}{h'} = \delta_1$ die Werte 0,1, 0,2 und 0,3 zugrunde gelegt worden, d. h. man kann mit den Tabellen unmittelbar Plattenbalkenquerschnitte berechnen, deren Rippenbreite 1, 2 und 3 Zehntel der Plattenbreite und deren Plattendicke 1, 2 und 3 Zehntel der wirksamen Höhe ist. Zwischenschaltungen sind zwischen den Werten für $k = 0,1$, 0,2 und 0,3 erlaubt, zwischen den Werten $\delta_1 = 0,1$, 0,2 und 0,3 ergeben sie jedoch zu ungenaue Werte; die Linie der Werte α und β ist als Funktion der k-Werte annähernd eine Gerade, als Funktion der δ_1-Werte hingegen stark gekrümmt. Man ist also, wenn man die Tabelle anwenden will, gezwungen, die Plattenstärke gerade 1, 2 oder 3 Zehntel von der wirksamen Höhe zu machen, was aber unschwer einzuhalten ist.

---

[1]) Tabellen III—VI siehe Seite 362—365.

Tabelle III (nach Kunze).

Werte für α u. β.

$p = 0,06$ $\sigma_b = 40 \, \text{kg/qcm}$ $\sigma_e = \left.{\dfrac{1000}{1200}}\right\} \text{kg/qcm}.$

μ	δ_1	σ_e	$k = 0,1$		$k = 0,2$		$k = 0,3$	
			α	β	α	β	α	β
0,00	0,1	1000	0,0688	0,0172	0,0632	0,0158	0,0581	0,0145
		1200	0,0712	0,0178	0,0661	0,0165	0,0618	0,0154
	0,2	1000	0,0457	0,0114	0,0447	0,0112	0,0438	0,0109
		1200	0,0480	0,0120	0,0472	0,0118	0,0465	0,0116
	0,3	1000	0,0392	0,0098	0,0391	0,0098	0,0390	0,0098
		1200	0,0424	0,0106	0,0424	0,0106	0,0424	0,0106
0,25	0,1	1000	0,0761	0,0241	0,0700	0,0222	0,0643	0,0204
		1200	0,0774	0,0234	0,0719	0,0217	0,0672	0,0203
	0,2	1000	0,0504	0,0160	0,0492	0,0156	0,0481	0,0152
		1200	0,0520	0,0157	0,0512	0,0155	0,0505	0,0153
	0,3	1000	0,0431	0,0137	0,0430	0,0136	0,0429	0,0136
		1200	0,0459	0,0139.	0,0459	0,0139	0,0459	0,0139
0,50	0,1	1000	0,0839	0,0342	0,0768	0,0312	0,0706	0,0287
		1200	0,0840	0,0310	0,0778	0,0288	0,0725	0,0268
	0,2	1000	0,0552	0,0224	0,0539	0,0219	0,0528	0,0215
		1200	0,0563	0,0208	0.0554	0,0205	0,0545	0,0202
	0,3	1000	0,0470	0,0191	0,0470	0,0191	0,0470	0,0191
		1200	0,0495	0,0183	0,0495	0,0183	.0,0495	0,0183
1,00	0,1	1000	0,0989	0,0717	0,0903	0,0654	0,0832	0,0603
		1200	0,0970	0,0557	0,0895	0,0515	0,0834	0,0479
	0,2	1000	0,0646	0,0469	0,0631	0,0457	0,0617	0,0447
		1200	0,0646	0,0372	0,0635	0,0366	0,0624	0,0359
	0,3	1000	0,0548	0,0395	0,0546	0,0395	0,0545	0,0395
		1200	0,0565	0,0325	0,0565	0,0325	0,0565	0,0325

Die einfache Benutzung der Tabellen lassen die nachfolgenden Beispiele erkennen:

1) Es sei: $P = 30\,000$ kg, $v = 40$ cm, $b = 150$ cm, $F'_e : F_e = \mu = 0,25$, die zulässige Betonspannung $\sigma_b = 40$ kg/qcm, die Eisenspannung $\sigma_e = 1000$ kg/qcm. Weiter wird angenommen:

$b_0 : b = k = 0,2$; $a = 3$ cm; $a : (h - a) = p = 0,06$; $\delta_1 = 0,2$.

Mit Hilfe der Tabellen I a, II a und III findet man für diese Werte:

$$\varphi = 0,827; \quad \gamma = 0,00857; \quad \alpha = 0,0492; \quad \beta = 0,0156.$$

Nach Gleichung (126) wird dann

$$h' = h - a = \frac{0,0492 \cdot 30\,000}{150} \left[1 + \sqrt{1 + \frac{150}{30\,000 \cdot 0,0156} (40 - 1,5)} \right]$$
$$= 45,7 \text{ cm};$$

$$h = 45,7 + 3,0 = 48,7 \text{ cm}.$$

$$F_e = 0,00857 \left(150 \cdot 45,7 \cdot 0,827 - \frac{2 \cdot 30\,000}{0,375 \cdot 40} \right) = 14,30 \text{ qcm} \qquad (127)$$

$$F'_e = 0,25 \, F_e = 3,58 \text{ qcm}.$$

Tabelle IV (nach Kunze).

$p = 0{,}10.$ Werte für α u. β. $\sigma_e = \left.\dfrac{1000}{1200}\right\}$ kg/qcm.

$\sigma_b = 40$ kg/qcm.

μ	δ_1	σ_e	$k = 0{,}1$		$k = 0{,}2$		$k = 0{,}3$	
			α	β	α	β	α	β
0,00	0,1	1000	0,0689	0,0172	0,0633	0,0158	0,0583	0,0146
		1200	0,0713	0,0178	0,0664	0,0166	0,0617	0,0154
	0,2	1000	0,0457	0,0114	0,0447	0,0112	0,0438	0,0109
		1200	0,0480	0,0120	0,0472	0,0118	0,0466	0,0116
	0,3	1000	0,0392	0,0098	0,0390	0,0098	0,0390	0,0098
		1200	0,0425	0,0106	0,0425	0,0106	0,0425	0 0106
0,25	0,1	1000	0,0752	0,0229	0,0688	0,0210	0,0634	0,0193
		1200	0,0764	0,0223	0,0714	0,0208	0,0662	0,0193
	0,2	1000	0,0497	0,0151	0,0486	0,0148	0,0476	0,0146
		1200	0,0513	0,0150	0,0506	0,0148	0,0498	0,0145
	0,3	1000	0,0425	0,0130	0,0424	0,0129	0,0423	0,0129
		1200	0,0454	0,0133	0,0453	0,0132	0,0453	0,0132
0,50	0,1	1000	0,0815	0,0306	0,0746	0,0281	0,0686	0,0258
		1200	0,0818	0,0282	0,0761	0,0262	0,0706	0,0244
	0,2	1000	0,0537	0,0202	0,0525	0,0197	0,0513	0,0193
		1200	0,0547	0,0189	0,0539	0,0186	0,0530	0,0183
	0,3	1000	0,0458	0,0172	0,0457	0,0172	0,0555	0,0171
		1200	0,0483	0,0167	0,0482	0,0166	0,0582	0,0166
1,00	0,1	1000	0,0945	0,0569	0,0864	0,0520	0,0793	0,0477
		1200	0,0924	0,0453	0,0860	0,0422	0,0796	0,0391
	0,2	1000	0,0620	0,0374	0,0605	0,0364	0,0591	0,0356
		1200	0,0616	0,0302	0,0606	0,0298	0,0596	0,0293
	0,3	1000	0,0526	0,0317	0,0524	0,0316	0,0522	0,0314
		1200	0,0540	0,0265	0,0540	0,0265	0,0540	0,0265

Die Richtigkeit der Rechnung ergibt die nachfolgende Probe:
a) Summe der inneren Kräfte:

1)
$$D_b = \frac{1}{2}\, x\, b\, \sigma_b - \frac{1}{2}\, (b - b_0)\, (x - d)\, \sigma_u \; [1]$$

$x = 0{,}375 \cdot 45{,}7 = 17{,}12$ cm. $d = 0{,}2 \cdot 45{,}7 = 9{,}14$.

$$D_b = \frac{1}{2} \cdot 17{,}12 \cdot 150 \cdot 40 - \frac{1}{2}\,(150 - 150 \cdot 0{,}2)$$

$$(17{,}12 - 9{,}14) \cdot \frac{40\,(17{,}12 - 9{,}14)}{17{,}12} = 51\,400 - 8960 = 42\,440 \text{ kg.}$$

2)
$$D_e = F_e'\, \sigma_e' = 3{,}58\,\frac{40 \cdot 15 \cdot (17{,}12 - 3{,}0)}{17{,}12} = 1770 \text{ kg.}$$

3)
$$Z_e = F_e\, \sigma_e = 14{,}30 \cdot 1000 = 14\,300 \text{ kg} [2].$$

---

[1] σ_u bedeutet die Spannung an der Plattenunterkante.
[2] Forts. S. 366.

Tabelle V.
Werte für α und β.

$p = 0,06.$ (Nach v. Thullie.) $\sigma_e = 1000$ kg/qcm.

μ	δ_1	σ_b	$k = 0,1$		$k = 0,2$		$k = 0,8$	
			α	β	α	β	α	β
		42	0,0650	0,0162	0,0595	0,0149	0,0548	0,0137
	0,1	37	0,0755	0,0189	0,0697	0,0174	0,0647	0,0162
		32	0,0899	0,0225	0,0837	0,0209	0,0783	0,0196
		42	0,0430	0,0107	0,0420	0,0105	0,0410	0,0102
0,00	0,2	37	0,0504	0,0126	0,0495	0,0124	0,0486	0,0121
		32	0,0609	0,0152	0,0600	0,0150	0,0592	0,0148
		42	0,0366	0,0091	0,0365	0,0091	0,0364	0,0091
	0,3	37	0,0437	0,0109	0,0436	0,0109	0,0436	0,0109
		32	0,0543	0,0136	0,0543	0,0136	0,0543	0,0136
		42	0,0726	0,0234	0,0663	0,0213	0,0609	0,0196
	0,1	37	0,0831	0,0258	0,0767	0,0239	0,0710	0,0221
		32	0,0969	0,0290	0,0906	0,0271	0,0847	0,0253
		42	0,0473	0,0152	0,0467	0,0150	0,0455	0,0147
0,25	0,2	37	0,0547	0,0170	0,0542	0,0169	0,0532	0,0165
		32	0,0657	0,0196	0,0648	0,0194	0,0639	0,0191
		42	0,0405	0,0130	0,0404	0,0130	0,0402	0,0129
	0,3	37	0,0478	0,0149	0,0477	0,0145	0,0476	0,0148
		32	0,0584	0,0175	0,0585	0,0165	0,0585	0,0178
		42	0,0802	0,0337	0,0731	0,0307	0,0671	0,0282
	0,1	37	0,0908	0,0355	0,0836	0,0327	0,0792	0,0310
		32	0,1054	0,0384	0,0980	0,0357	0,0915	0,0333
		42	0,0526	0,0221	0,0513	0,0216	0,0500	0,0210
0,50	0,2	37	0,0602	0,0235	0,0590	0,0231	0,0579	0,0226
		32	0,0711	0,0259	0,0699	0,0255	0,0690	0,0252
		42	0,0444	0,0187	0,0442	0,0186	0,0440	0,0185
	0,3	37	0,0519	0,0203	0,0518	0,0203	0,0517	0,0202
		32	0,0629	0,0229	0,0629	0,0229	0,0629	0,0229
		42	0,0953	0,0748	0,0865	0,0679	0,0805	0,0632
	0,1	37	0,1062	0,0693	0,0975	0,0637	0,0900	0,0588
		32	0,1210	0,0668	0,1122	0,0619	0,1046	0,0577
		42	0,0619	0,0486	0,0603	0,0472	0,0588	0,0461
1,00	0,2	37	0,0697	0,0455	0,0684	0,0447	0,0670	0,0438
		32	0,0809	0,0445	0,0796	0,0439	0,0785	0,0433
		42	0,0519	0,0407	0,0517	0,0406	0,0514	0,0403
	0,3	37	0,0598	0,0391	0,0596	0,0389	0,0596	0,0389
		32	0,0711	0,0392	0,0715	0,0395	0,0714	0,0394

Tabelle VI.
Werte für α und β.

$p = 0,10.$ (Nach v. Thullie.) $\sigma_e = 1000$ kg/qcm².

μ	δ_1	σ_b	$k = 0,1$		$k = 0,2$		$k = 0,3$	
			α	β	α	β	α	β
	0,1	42	0,0650	0,0163	0,0595	0,0149	0,0548	0,0137
		37	0,0755	0,0189	0,0697	0,0174	0,0647	0,0162
		32	0,0899	0,0225	0,0837	0,0209	0,0784	0,0196
0,00	0,2	42	0,0430	0,0108	0,0419	0,0105	0,0410	0,0103
		37	0,0504	0,0126	0,0495	0,0124	0,0486	0,0122
		32	0,0611	0,0153	0,0600	0,0150	0,0592	0,0148
	0,3	42	0,0372	0,0093	0,0365	0,0091	0,0364	0,0091
		37	0,0439	0,0110	0,0436	0,0109	0,0436	0,0109
		32	0,0542	0,0136	0,0542	0,0136	0,0542	0,0136
	0,1	42	0,0714	0,0221	0,0652	0,0202	0,0600	0,0186
		37	0,0819	0,0246	0,0756	0,0227	0,0700	0,0210
		32	0,0961	0,0279	0,0894	0,0260	0,0836	0,0243
0,25	0,2	42	0,0471	0,0146	0,0459	0,0142	0,0448	0,0139
		37	0,0545	0,0164	0,0547	0,0164	0,0525	0,0158
		32	0,0649	0,0189	0,0640	0,0186	0,0632	0,0184
	0,3	42	0,0400	0,0124	0,0398	0,0123	0,0396	0,0123
		37	0,0472	0,0142	0,0471	0,0141	0,0470	0,0141
		32	0,0578	0,0168	0,0578	0,0168	0,0577	0,0168
	0,1	42	0,0779	0,0301	0,0710	0,0275	0,0652	0,0252
		37	0,0903	0,0327	0,0814	0,0294	0,0754	0,0273
		32	0,1026	0,0349	0,0954	0,0324	0,0891	0,0303
0,50	0,2	42	0,0511	0,0198	0,0499	0,0194	0,0486	0,0188
		37	0,0585	0,0212	0,0575	0,0208	0,0564	0,0204
		32	0,0691	0,0235	0,0681	0,0232	0,0672	0,0228
	0,3	42	0,0432	0,0167	0,0431	0,0167	0,0428	0,0166
		37	0,0506	0,0183	0,0505	0,0183	0,0504	0,0182
		32	0,0628	0,0214	0,0614	0,0209	0,0613	0,0208
	0,1	42	0,0910	0,0586	0,0827	0,0533	0,0758	0,0489
		37	0,1013	0,0557	0,0932	0,0512	0,0860	0,0473
		32	0,1154	0,0546	0,1071	0,0507	0,0999	0,0473
1,00	0,2	42	0,0593	0,0382	0,0578	0,0373	0,0563	0,0363
		37	0,0667	0,0367	0,0655	0,0360	0,0643	0,0353
		32	0,0773	0,0366	0,0762	0,0361	0,0750	0,0355
	0,3	42	0,0498	0,0321	0,0496	0,0320	0,0494	0,0318
		37	0,0574	0,0315	0,0576	0,0317	0,0571	0,0314
		32	0,0684	0,0324	0,0684	0,0324	0,0684	0,0324

Demgemäß wird die Summe der inneren Kräfte:

$$= 42\,440 + 1770 - 14\,300 = 29\,910 \text{ kg};$$

sie soll sein $= 30\,000$ kg. Abweichung 0,3 %.

b) Summe der inneren Momente bzw. der Mitte:

$$D_{b_1}\left(\frac{h}{2} - \frac{x}{3}\right) - D_{b_2}\left(\frac{h}{2} - d - \frac{x-d}{3}\right) + D_e\left(\frac{h}{2} - a\right) + Z_e\left(\frac{h}{2} - a\right)$$

$$= 51\,400\left(\frac{48,7}{2} - \frac{17,12}{3}\right) - 8960\left(\frac{48,7}{2} - 9,14 - \frac{12,17 - 9,14}{3}\right)$$

$$+ 1770 \cdot \left(\frac{48,7}{2} - 3,0\right) + 14\,300\left(\frac{48,7}{2} - 3,0\right)^{1)}$$

$$= 960\,000 - 122\,200 + 37\,800 + 308\,000 = 1\,183\,600 \text{ kg} \cdot \text{cm}.$$

Das Moment ist aber:

$$30\,000 \cdot 40 = 1\,200\,000 \text{ kg} \cdot \text{cm}$$

und somit die Abweichung: 1,3 %.

2) Nimmt man in dem voranstehenden Beispiele $\sigma_b = 42$ kg/qcm, $a = 2,6$ cm an, so ergibt sich aus Tabelle I b: für $k = 0,2$ und $\delta_1 = 0,2$, $\varphi = 0,814$; aus Tabelle II b: für $p = 0,06$, $\mu = 0,25$, $\sigma_b = 42$, $\gamma = 0,00937$; aus Tabelle V: für $\sigma_b = 42$, $\sigma_e = 1000$, $\delta_1 = 0,2$, $\mu = 0,25$ und $k = 0,2$: $\alpha = 0,0467$, $\beta = 0,0150$. Unter Verwendung dieser Werte ergibt sich:

$$h' = \frac{0,0467 \cdot 30\,000}{150}\left(1 + \sqrt{1 + \frac{150 \cdot 38,7}{0,0150 \cdot 30\,000}}\right) = 44,2 \text{ cm}.$$

Gewählt wird: $h = 44,2 + 2,6 = 46,8 = $ rd. 47 cm.

$$F_e = 0,00937\left(150 \cdot 44,2 \cdot 0,814 - \frac{2 \cdot 30\,000}{0,3865 \cdot 42}\right) = 15,9 \text{ qcm}.$$

$$F'_e = \mu\,F_e = 0,25\,F_e = 0,25 \cdot 15,9 = \text{ rd. } 4,0 \text{ qcm}.$$

23. Die graphische Ermittlung der Nullinie in Verbundquerschnitten bei Beanspruchung durch eine exzentrisch wirkende Normalkraft bei Vernachlässigung der Zugspannungen im Beton.

Gleich wie für einfache Biegung im Abschnitt 11 S. 186 gezeigt wurde, kann auch die Nullinie für eine Belastung des Verbundquerschnittes durch eine Normalkraft und ein Moment — also bei exzentrischer Lage ersterer — auf graphischem Wege gefunden werden. Hierbei wird von dem von Mohr angegebenen Verfahren zur Spannungsberechnung bei Ausschluß der Zugfestigkeit des durch Biegung und Axialdruck

---

1) Vgl. wegen $D_{b_1} = 51\,400$ und $D_{b_2} = 8960$ kg die Rechnung unter 1) auf S. 363. 51\,400 — 8960 = 42\,440 kg.

belasteten Querschnittes — bedingt durch das Aufzeichnen zweier Seilecke — Gebrauch gemacht[1]).

Vorausgesetzt sei, wie das auch in der Praxis in der Regel der Fall ist, ein zur Kraftebene symmetrischer Eisenbetonquerschnitt, und der Angriffspunkt der exzentrisch angreifenden Kraft in der Symmetrieachse — Abb. 165—167.

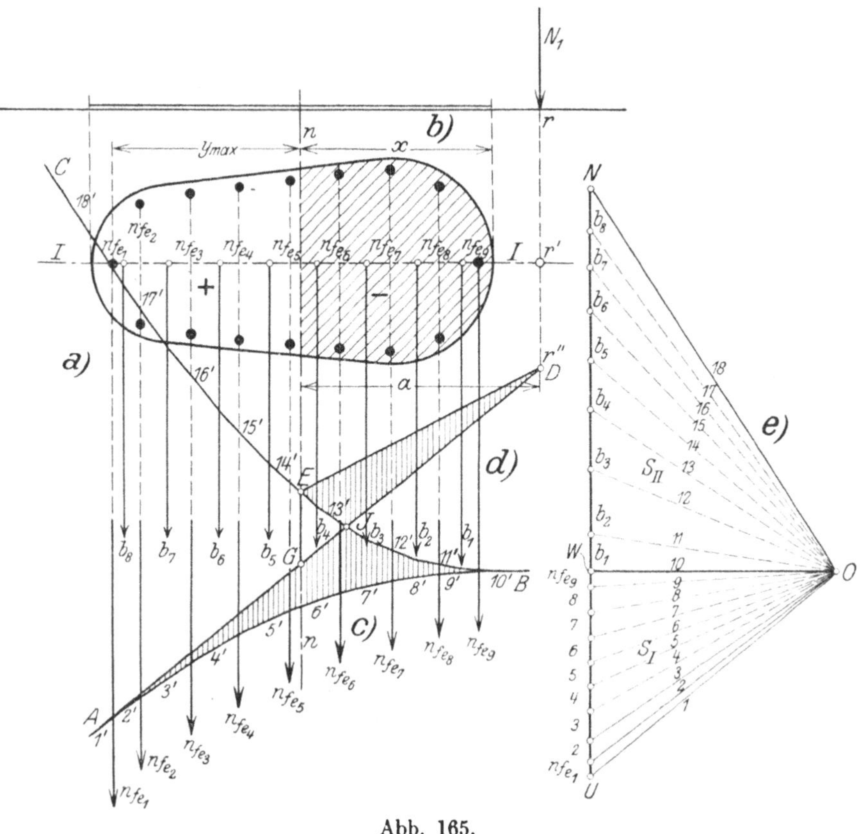

Abb. 165.

Nach dem Mohrschen Verfahren ist alsdann bekanntlich die Nullinie an die Bedingung gebunden: $a = \dfrac{J'}{M'}$, d. h. — vgl. Abb. 165 — der Abstand

---

[1]) Vgl. hierzu u. a. des Verfassers Repetitorium für den Hochbau, Teil I: Graphostatik und Festigkeitslehre, S. 128 und 129 (Verlag Jul. Springer, Berlin 1919) und die besondere Anwendung des Mohrschen Verfahrens im vorliegenden Falle in „Zemento" 1906, Nr. 1, ausführlich u. a. wiedergegeben in Mörsch: Der Eisenbetonbau, 5. Aufl., S. 450—453. Dort ist auch das Verfahren für eine Querschnittsbeanspruchung durch Biegung und Axialzug dargelegt. Es unterscheidet sich grundsätzlich nur durch eine andere gegenseitige Lage der unter sich gleichen Flächen zueinander.

der Nullinie vom Angriffspunkte der exzentrisch wirkenden Normalkraft ist = dem Quotienten aus dem Trägheitsmomente des wirksamen Querschnittes durch sein statisches Moment in bezug auf die gesuchte Nullinie. Um dieses Gesetz zur graphischen Auffindung der Nullinie zu benutzen, ist für einen, zwar zur Schnittlinie mit der Kraftebene symmetrischen, sonst aber beliebig geformten Verbundquerschnitt in Abb. 165 ein zusammenhängendes Krafteck $A\,B\,C$ zu den mit n erweiterten Eisenquerschnitten f_e, also für $n \cdot f_e$ ($n\,f_{e_1}$ bis $n\,f_{e_9}$), und den einzelnen durch senkrecht zur Achse $I\,I$ (der Schnittlinie der Kraftebene) eingeteilten Betonabschnitten b (b_1 bis b_8) in der Art gezeichnet, daß — ausgehend von dem wagerechten Kraftstrahl 10 = der Polweite H — das untere Seileck nur für die Kräfte $n\,f_e$, das obere nur für die Werte b gezeichnet ist. Beide Seilecke hängen aber in der Art zusammen, daß die Seite 10' ihnen beiden gemeinsam ist. Wäre in Abb. 165a $n\,n$ die Nullinie, so wäre, bezogen auf sie, $M' = H \cdot E\,G$, denn $E\,G$ wäre in diesem Falle die Strecke, welche durch die Achse, auf die das Moment bezogen werden soll, zwischen den alsdann die äußersten Seileckstrahlen darstellenden Linienstrecken abgeschnitten würde[1].

Ebenso ist $J' = 2\,H \cdot$ Fläche $A\,B\,E\,G\,A$, und somit:

$$a = \frac{J'}{M'} = \frac{2\,H \cdot \text{Fläche } A\,B\,E\,G\,A}{H \cdot E\,G} = \frac{2\,\text{Fläche } A\,B\,E\,G\,A}{E\,G}$$

Hieraus ergibt sich weiter:

$$\frac{a \cdot E\,G}{2} = \text{Fläche } A\,B\,E\,G\,A\,.$$

Da $\dfrac{a \cdot E\,G}{2} =$ dem $\triangle\,D\,E\,G$ ist, bei dem — entsprechend der angenommenen Nullinienlage — die Linie $D\,E$ von ihr abhängig ist, so ergibt sich, daß der Punkt E für die Lage der Linie $D\,E$ und damit der Nullinie an die Bedingung gebunden ist, daß das Dreieck $E\,J\,D$ inhaltsgleich sein muß mit der Fläche $A\,J\,B$. Es folgt dies daraus, daß beide Flächen durch die Fläche $G\,J\,E$ im Sinne der Beziehung $\triangle\,D\,E\,G =$ Fläche $A\,B\,E\,G\,A$ ergänzt werden. Hierdurch ist der zeichnerische Weg zur Auffindung des Punktes E der Nullinie und damit diese $\perp$ zu $I\,I$ gefunden. Eine, meist nur wenige Male zu wiederholende Proberechnung wird leicht zu einer Übereinstimmung der Inhalte von $D\,E\,J$ und $A\,J\,B$ führen, hiermit die Ausgleichslinie $D\,E$ als richtig erweisen und die Nullinie einwandfrei festsetzen.

---

[1] Der nutzbare Querschnitt bestünde alsdann aus allen einzelnen Eiseneinlagen und den in der Druckzone liegenden Flächen, die b_1 bis etwa b_4 in sich schließen. Demgemäß sind die äußersten Seilstrahlen: der Strahl bei A, d. i. 1' und Strahl 14'.

Da alsdann die Werte x und $y_{\max}$ sowie zugleich $J_{nn} = J'$ bekannt sind, so kann die Spannungsermittelung mit Hilfe der allgemeinen Beziehungen:

$$\sigma_b = \frac{M\,x}{J_{nn}}\,; \qquad\qquad \sigma_e = n\,\frac{M\,y_{\max}}{J_{nn}}$$

erfolgen.

Die vorstehend allgemein durchgeführte praktische Berechnung vereinfacht sich nicht unerheblich, wenn Plattenbalken oder einfache Rechtecksquerschnitte vorliegen — Abb. 166 und 167. Der G a n g der Rechnung bleibt hier derselbe; auch hier werden die beiden zusammenhängenden Seilecke $A\,B$ und $B\,C$ auf Grund der beiden Kraftecke S_I und S_{II} mit

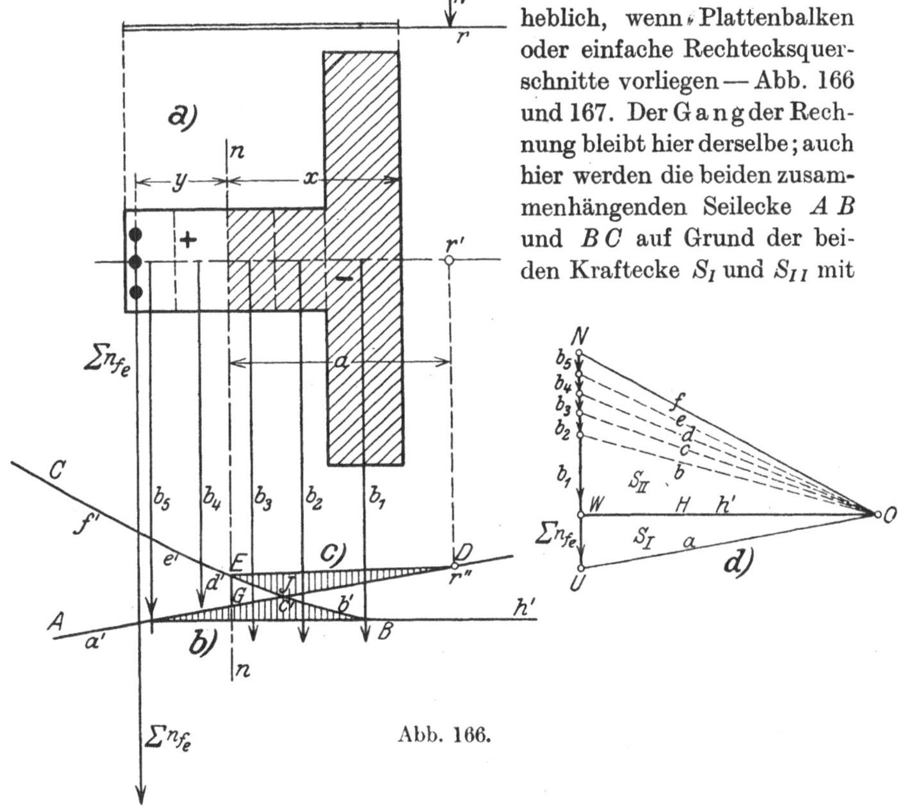

Abb. 166.

wagerecht liegendem Anfangskraftstrahl H gezeichnet, und zwar das eine für die Werte $n\,f_e$, das andere für die Größe der Betonabschnitte b . Liegt — Abb. 166 — bei Plattenbalken nur eine untere Bewehrung vor, so ist für die dann nun auftretende Kraft $\Sigma\,n\,f_e$ das Seileck $A\,B$ durch eine untere wagerechte Linie begrenzt und die Fläche $A\,J\,B$ erhält die Form eines Dreiecks. Hierdurch ist in weiterer Folge die Flächenausgleichung günstig beeinflußt und $D\,E$ ohne längeres Ausprobieren zu finden. Das gleiche gilt im allgemeinen vom Rechtecksquerschnitt. Liegt hier eine Bewehrung vor, wie sie beispielsweise

Abb. 167a zu erkennen gibt, so wird hier der ⊢-Querschnitt der Bewehrung in 2 Rechtecksstreifen zerteilt, die genau wie die Eisenquerschnitte in den vorangehenden Fällen behandelt werden; hier unterscheidet sich die Fläche $A\,J\,B$ in nur so geringem Maße von einem Drei-

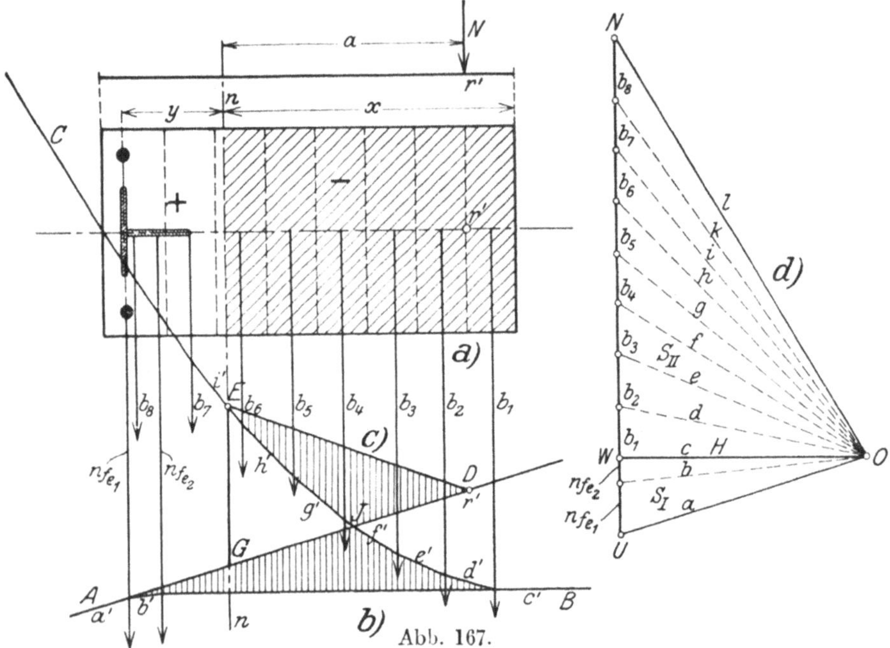

Abb. 167.

ecke, daß in praktischen Fällen diese Form ohne erheblichen Fehler für die weitere Entwicklung angenommen werden kann. Auch bleibt der Gang der Ermittlung genau der gleiche, wenn der Angriffspunkt von $N\,(r')$ im Querschnitt selbst, wenn auch stark exzentrisch zu ihm, liegt. Abb. 167.

24. Die Ermittlung der Eisenspannungen und der Wandstärke bei auf Ring-Zug-Spannung beanspruchten Verbundquerschnitten.

Bei Behältern werden durch den auf die Innenwandung einwirkenden Flüssigkeitsdruck in der Behälterwand Zugringspannungen erzeugt, denen bei kreisförmigen Behältern mit dem Halbmesser $= r$ eine Zugkraft $Z = p \cdot r$ entspricht, wenn p die Belastung für die Umfangseinheit darstellt. Ist der Behälter mit Wasser gefüllt, so wird bei einer Wasserhöhe $= h$ die Belastung p für die Längeneinheit der zylindrischen Behälterwand:

$$p = \frac{\gamma\,h^2}{2} = \frac{1000 \cdot h^2}{2} = 500\,h^2$$

und somit:

$$Z = p\,r = \frac{\gamma\,r\,h^2}{2}\,.\qquad(128)$$

Sollen die **Eisen in der Behälterwand** diese Ringspannung allein aufnehmen, der Beton also statisch nicht auf Zug in Anspruch genommen werden, so muß sein:

$$Z = F_{e_h}\,\sigma_e = \frac{\gamma\,r\,h^2}{2}\,,$$

worin F_{e_h} die Größe der Eisenbewehrung auf die Wasser-, also auch Behälterhöhe $= h$ darstellt.

Hieraus folgt:

$$F_{e_h} = \frac{\gamma \cdot r\,h^2}{2\,\sigma_e}\,.$$

Wird hierin $\gamma \doteq 1000$ kg/cbm, $\sigma_e = 1000$ kg/qcm eingeführt, so ergibt sich:

$$F_{e_h} = \frac{1000 \cdot r \cdot h^2}{2 \cdot 1000} = \frac{r\,h^2}{2}\ \mathrm{cm}^2 \qquad(129)$$

wenn r und h in m eingeführt werden[1]).

Die Gesamtsumme der Eisen kann man auf die Höhe der Behälterwand entweder im Verhältnisse des Ausdruckes $\dfrac{h^2}{2}$, also dem Wasserdruck proportional verteilen, das Wasserdruckdreieck (Abb. 168) also in eine Anzahl gleicher Teile teilen, denen dann eine konstante Bewehrungsgröße in jedem Abschnitte entsprechen würde, oder aber auch die Behälterwand in eine Anzahl gleich hoher Teile zerlegen und für sie die Eisen berechnen.

Während im ersteren Falle ein jeder Abschnitt dieselbe Bewehrungsgröße bei verschiedener, nach oben stetig zunehmender Höhe erhält, wird im zweiten Fall der gleichbleibenden Höhenzunahme eine nach oben sich vermindernde Eisenmenge entsprechen. Denkt man sich (Abb. 169) im letzteren Falle einen Behälterabschnitt von der Höhe h, und einen oberen Teil dieses von der Höhe h_1, so berechnet man zunächst die Eisenbewehrung für die Höhe h, alsdann die für h_1 und erhält aus dem Unterschiede

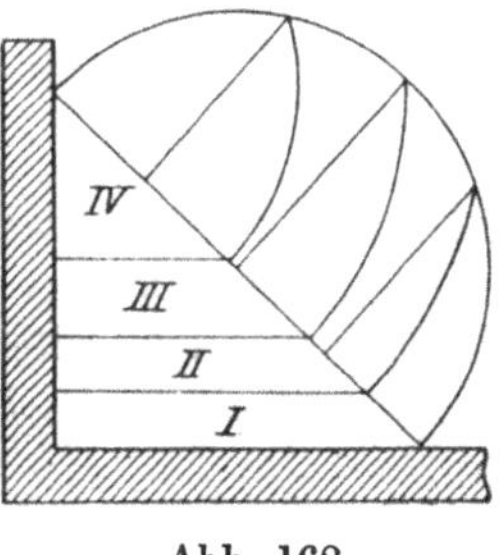

Abb. 168.

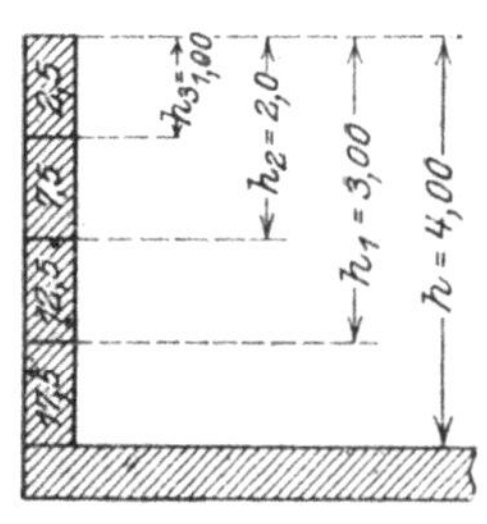

Abb. 169.

---

[1])
$$F_{e_h} = \frac{\dfrac{1000\ \mathrm{kg}}{m^3} \cdot r\,(m)\,h^2\,(m^2)}{2 \cdot 1000\ \mathrm{kg/qcm}} = \frac{r\,h^2}{2}\ \mathrm{qcm}.$$

zwischen beiden die Größe der Bewehrung für den unteren Teil mit einer Höhe $h - h_1$. Es ergibt sich:

$$F_{e_h} = \frac{r\,h^2}{2}, \qquad F_{e_{h_1}} = \frac{r\,h_1{}^2}{2}$$

und somit im unteren Teile auf die Höhe $h - h_1$:

$$\varDelta F_e = F_{e_h} - F_{e_{h_1}} = \frac{r}{2}\,(h^2 - h_1^2)\,.$$

In dieser Weise geht man von unten aus schrittweise vorwärts und bildet für eine Anzahl Höhenteile die betreffenden Unterschiede, die alsdann die Bewehrung in den einzelnen Ringabschnitten unmittelbar darstellen.

Teilt man die Höhe in n gleiche Teile, so kann man den zu jeder Lamelle gehörenden Bewehrungsanteil an der Gesamtsumme F_{e_h} aus der nachfolgenden Zusammenstellung entnehmen:

Zusammenstellung der Bewehrungsanteile der n gleichhohen Lamellen einer zylindrischen Behälterringwand.

	$n=$ 2	3	4	5	$n=$ 6	7	8	9	10
f_1	0,25	0,11	0,06	0,04	0,03	0,02	0,02	0,01	0,01
f_2	0,75	0,33	0,19	0,12	0,08	0,06	0,05	0,04	0,03
f_3		0,56	0,31	0,20	0,14	0,10	0,08	0,06	0,05
f_4			0,44	0,28	0,19	0,15	0,11	0,09	0,07
f_5				0,36	0,25	0,18	0,14	0,11	0,09
f_6					0,31	0,22	0,17	0,14	0,11
f_7						0,27	0,20	0,16	0,13
f_8							0,23	0,18	0,15
f_9								0,21	0,17
f_{10}									0,19

Die senkrechte Summe aller einzelnen Reihen beträgt naturgemäß 1,00.

Hat man z. B. (Abb. 169) einen Behälter von $r = 5,00$ m und eine Wasserhöhe von 4,00 m, so teilt man die Behälterwand in vier gleiche Abschnitte von je 1,00 m ein. Alsdann ist $h = 4,00$ m; $h_1 = 3,00$ m; $h_2 = 2,00$ m; $h_3 = 1,00$ m.

$$F_{e_h} = \frac{h^2\,r}{2} = \frac{4^2 \cdot 5}{2} = 40 \text{ qcm}$$
$$\varDelta\,\mathrm{I} = 17,5 \text{ qcm}$$

$$F_{e_{h_1}} = \frac{h_1{}^2\,r}{2} = \frac{3^2 \cdot 5}{2} = 22,5 \text{ qcm}$$
$$\varDelta\,\mathrm{II} = 12,5 \text{ qcm}$$

$$F_{e_{h_2}} = \frac{h_2{}^2\,r}{2} = \frac{2^2 \cdot 5}{2} = 10,0 \text{ qcm}$$
$$\varDelta\,\mathrm{III} = 7,5 \text{ qcm}$$

$$F_{e_{h_3}} = \frac{h_2{}^3\,r}{2} = \frac{1^2 \cdot 5}{2} = 2,5 \text{ qcm}$$
$$\varDelta\,\mathrm{IV} = 2,5 - 0 = 2,5 \text{ qcm}$$
$$\sum = 40,0 \text{ qcm} = F_{e_h}$$

oder unter Heranziehung der umstehenden Zusammenstellung, Reihe 4:

$$F_{e_{h_4}} = 0,06 \cdot 40 = 2,4 \text{ qcm}$$
$$F_{e_{h_3}} = 0,19 \cdot 40 = 7,6 \text{ ,,}$$
$$F_{e_{h_2}} = 0,31 \cdot 40 = 12,4 \text{ ,,}$$
$$F_{e_{h_1}} = 0,44 \cdot 40 = 17,6 \text{ ,,}$$
$$\sum = 40,0 \text{ qcm}$$

Die aus den Tabellen entnommenen Ergebnisse stimmen ausreichend genau mit den oben ermittelten überein.

Je nach dem besonderen Falle hat man es alsdann in der Hand, die Eisen mit einem gleichbleibenden Durchmesser in allmählich nach oben zu sich vergrößernden Abständen anzuordnen, oder bei angenähert gleicher Entfernung die Durchmesser der Eisen nach oben zu abnehmen zu lassen. Selbstverständlich ist der Übergang von oben nach unten durchaus gleichmäßig zu vollziehen und jede sprunghafte Veränderung zu vermeiden.

Die **zugehörende Betonwandstärke** darf nicht willkürlich gewählt werden, da wegen absoluter Dichtheit der Behälter eine vollkommene Sicherheit gegen das Auftreten von Zugrissen geboten sein muß. Hierbei ist zu berücksichtigen, daß auch das Eisen sich dehnen, daß also der Beton dieser Formänderung Rechnung tragen muß. Der ideelle Zugquerschnitt ist nach Abb. 170:

$$F_i = h\,d + \frac{E_e}{E_{b_z}} \cdot F_e = h\,d + n\,F_e.$$

Hierbei ist die Zahl E_{b_z} mit der erlaubten Zugspannung und der zugelassenen Dehnung im Beton in Übereinstimmung zu bringen. Läßt man für erstere den Wert 6—5 kg/qcm, d. i. 5,5 kg/qcm im Mittel, für E_{b_z} 55 000 kg/qcm zu, so ergibt sich eine Dehnung im Beton von:

$$\lambda_b = \frac{5,5}{55\,000} = 0,0001,$$

d. i. $= \dfrac{1}{10}$ mm auf 1 m, eine Zahl, die noch erlaubt erscheint[1]). Demgemäß ist für n der außergewöhnlich hohe Wert einzuführen:

$$n = \frac{E_e}{E_{b_z}} = \frac{2\,100\,000}{55\,000} = \text{rd. } 38.$$

---

[1]) Hierbei soll freilich nicht die Unstimmigkeit übersehen werden, daß rein theoretisch das Eisen bei einer Zugspannung von 1200 kg/qcm eine erheblich stärkere Dehnung erfährt. Gleichwohl hat aber die vorstehende angenäherte Berechnung zu in der Praxis bestens bewährten Verbundbehältern geführt. Das günstige Verhalten dieser dürfte einmal auf die Wirkungen der Haftfestigkeit und zum anderen auf den Umstand zurückzuführen sein, daß der Beton wahrscheinlich größere Zugspannungen aufnimmt, als sie vorstehend ihm zugewiesen werden.

Bezeichnet man das bisher noch nicht bekannte Bewehrungsverhältnis, d. h. den Prozentsatz, mit φ, so ergibt sich (Abb. 170):

$$F_e = \frac{d\,h\,\varphi}{100}$$

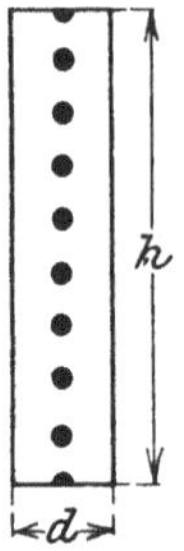

und somit wird:

$$F_i = d\,h + \frac{d\,h\,\varphi}{100}\,38 = d\,h\,(1 + 0{,}38\,\varphi)\;.$$

Da ferner:

$$Z = \sigma_e F_e = 1000\,F_e = \frac{1000\,d\,h\,\varphi}{100} = 10\,d\,h\,\varphi\ \text{kg ist},$$

so wird:

$$\sigma_{b_z} = \frac{Z}{F_i} = \frac{10\,\varphi\,d\,h}{(1 + 0{,}38\,\varphi)\,d\,h} = \frac{10\,\varphi}{1 + 0{,}38\,\varphi}\;.$$

Abb. 170.

Hieraus ergibt sich der Prozentsatz der Bewehrung:

$$\varphi = \frac{\sigma_{b_z}}{10 - 0{,}38\,\sigma_{b_z}}\;. \tag{130}$$

Wird für σ_{b_z} der Sicherheit halber ein Wert von nur 4 oder 5 kg/qcm zugelassen, so wird:

$$\varphi_{(4)} = \frac{4}{10 - 0{,}38 \cdot 4} = 0{,}47\ \text{v. H.}$$

$$\varphi_{(5)} = \frac{5}{10 - 0{,}38 \cdot 5} = 0{,}62\ \text{v. H.}$$

Demgemäß wird die zu einer bestimmten Höhe h gehörende Wandstärke d:

$$d \geqq \frac{100\,F_e}{h\,\varphi}\;. \tag{130a}$$

Entspricht z. B. h einer Ringhöhe $= 100$ cm, so wird:

$$d \geqq \frac{F_e}{\varphi} \geqq \frac{F_e}{0{,}47}\ \text{bzw.} \geqq \frac{F_e}{0{,}62}\;.$$

Bei dem vorstehend behandelten Beispiel würde z. B. entsprechend der dort für die 1,00 m hohen Ringabschnitte ermittelten Eisenmenge und für $\sigma_{b_z} = 5$ kg/qcm eine Betonstärke erfordert werden von:

$$Fe = 2{,}5\ \text{qcm},\quad d \geqq \frac{F_e}{0{,}62} \geqq 4{,}1\ \text{cm}$$
$$= 7{,}5\ \text{,,}\ ,\quad \text{,,}\qquad \geqq 12{,}0\ \text{,,}$$
$$= 12{,}5\ \text{,,}\ ,\quad \text{,,}\qquad \geqq 20{,}1\ \text{,,}$$
$$= 17{,}5\ \text{,,}\ ,\quad \text{,,}\qquad \geqq 28{,}7\ \text{,,}$$

Selbstverständlich wird sich auch hier die Verringerung der Wandstärke — wie beim Eisen die Abnahme der Querschnitte — von unten nach oben allmählich vollziehen.

Anhang.

Teil I: Bestimmungen.

A) Bestimmungen für Ausführung von Bauwerken aus Eisenbeton vom 13. Januar 1916.

Vorbemerkung.

Bauleitung und Ausführung, von Eisenbetonbauten fordern eine gründliche Kenntnis dieser Bauweise. Daher darf der Bauherr nur solche Unternehmer damit betrauen, die diese Kenntnis und eine sorgfältige Ausführung gewährleisten. Den Nachweis dafür fordere man (vgl. BGB. § 831). Ebenso darf der Unternehmer als verantwortliche Bauleiter von Eisenbetonbauten nur solche Persönlichkeiten heranziehen, die diese Bauart gründlich kennen; zur Aufsicht der Arbeiten sind nur geschulte Poliere oder zuverlässige Vorarbeiter zu verwenden, die bei Eisenbetonbauten schon mit Erfolg tätig gewesen sind.

Teil I. Allgemeine Vorschriften.

§ 1. Geltungsbereich.

Die Bestimmungen sind für alle Bauausführungen maßgebend, bei denen Beton in Verbindung mit Eisen derart verwendet wird, daß beide Elemente in gemeinsamer Wirkung zur Übertragung der äußeren Kräfte nötig sind.

§ 2. Bauvorlagen.

1. Für ein Bauwerk, das ganz oder zum Teil aus Eisenbeton hergestellt werden soll, sind zur baupolizeilichen Prüfung Zeichnungen, statische Berechnungen und Beschreibungen beizubringen, woraus zu ersehen sind: die Gesamtanordnung, die Belastungsannahmen, die Querschnitte der einzelnen Teile, die genaue Gestalt und Lage der Eiseneinlagen, der Bewegungsfugen u. dgl., ferner Art, Ursprung und Beschaffenheit der Baustoffe, die zum Beton verwendet werden sollen, ihr Mischungsverhältnis (vgl. § 6) und die gewährleistete Druckfestigkeit[1]) des Betons nach 28- oder 45tägiger Erhärtung (vgl. § 18, Ziff. 1 u. 2).

2. Die statischen Berechnungen müssen die Sicherheit des Bauwerks nach diesen Bestimmungen in übersichtlicher und prüfbarer Form nachweisen.

3. Bei noch unerprobter Bauweise kann die Baupolizeibehörde die Zulassung abhängig machen vom Ausfall von Probeausführungen und Belastungsversuchen. Diese Belastungsversuche sind bis zum Bruche durchzuführen.

4. Auf Anfordern sind Proben der Baustoffe beizufügen.

5. Die Vorlagen haben zu unterschreiben der Bauherr, der Entwurfsverfasser und vor dem Beginn auch der ausführende Unternehmer. Wird die Ausführung einem anderen Unternehmer übertragen, so ist dies der Baupolizeibehörde sofort mitzuteilen.

§ 3. Vorläufiger Festigkeitsnachweis.

Der Unternehmer ist verpflichtet, auf Anfordern der Baupolizeibehörde vor Baubeginn den Nachweis zu bringen, daß die Mischungen mit den Baustoffen und bei der für den Bau in Aussicht genommenen Verarbeitungsweise die gewähr·leistete Druckfestigkeit[1]) ergeben.

§ 4. Bauleitung.

Der Name des verantwortlichen Bauleiters und seines für die betreffende Baustelle zu bestimmenden örtlichen Vertreters ist der Baupolizeibehörde bei Beginn der Bauarbeiten anzugeben; ein Wechsel ist sofort mitzuteilen.

Während der ganzen Dauer der Bauausführung muß entweder der verantwortliche Bauleiter oder sein Vertreter auf der Baustelle anwesend sein.

§ 5. Die Baustoffe.

Die Eigenschaften der Baustoffe, die verwendet werden, sind auf Anfordern der Baupolizeibehörde durch Zeugnisse nachzuweisen. Im Streitfalle entscheidet eine amtliche Prüfungsanstalt.

1. Zement. Verwendet werden darf nur normalbindender Portland- oder Eisenportlandzement, der den jeweils gültigen deutschen Normen für Lieferung und Prüfung von Portlandzement und Eisenportlandzement entspricht.

Die Zeugnisse über die Beschaffenheit müssen Angaben über Raumbeständigkeit, Bindezeit, Mahlfeinheit, Zug- und Druckfestigkeit enthalten.

Da erfahrungsgemäß die Abbindezeit eines Zements wechseln kann, muß der Unternehmer durch wiederholte Abbindeproben auf der Baustelle feststellen, daß kein rasch bindender Zement verwendet wird.

Der Zement ist in der Ursprungspackung (Fabrikpackung) auf der Verwendungsstelle anzuliefern.

2. Sand, Kies, Grus und Steinschlag sollen möglichst gemischtkörnig sein und dürfen keine schädlichen Beimengungen enthalten[2]). In Zweifelsfällen ist der Einfluß von Beimengungen durch Druckversuche festzustellen[3]). Steine sollen wetterbeständig sein. Für Bauteile, die laut polizeilicher Vorschrift feuerfest sein müssen, dürfen nur solche Zuschlagstoffe verwandt werden, die im Beton dem Feuer widerstehen.

Zweckmäßig wird das Korn der Zuschläge so gehalten, daß die Hohlräume des Gemisches möglichst gering werden. Die gröbsten Körner der Zuschläge müssen sich noch zwischen die Eiseneinlagen sowie Schalung und Eiseneinlagen ohne Verschiebung der Eisen einbringen lassen.

---

[1]) Unter Druckfestigkeit ist hier und im folgenden die Druckfestigkeit von Würfeln zu verstehen, die nach den „Bestimmungen für Druckversuche an Würfeln bei Ausführung von Bauwerken aus Eisenbeton" angefertigt und geprüft worden sind.

[2]) Soll zerkleinerte Hochofenschlacke als Zuschlag verwendet werden, so ist vorher zu prüfen, ob sie sich dazu eignet.

[3]) Es läßt sich keine erschöpfende, allgemeine Bestimmung treffen, wie die Baustoffe beschaffen sein müssen, aus denen der Beton hergestellt wird. Lehm, Ton und ähnliche Beimischungen wirken schädlich auf die Festigkeit des Betons, wenn sie am Sand und Kies festhaften. Sind sie im Sand fein verteilt, ohne an den Körnern zu haften, so schaden sie in der Regel nichts, sie können sogar unter Umständen die Festigkeit erhöhen. Im ersten Falle können die Baustoffe zuweilen durch Waschen zum Betonieren brauchbar werden, im anderen Falle wäre Waschen verfehlt.

Die in verschiedenen Fluß-Kiessanden vorkommenden Braunkohlenteile können schädlich wirken, wenn sie in größeren Mengen vorhanden sind.

3. Wasser. Das Wasser darf keine Bestandteile enthalten, die die Erhärtung des Betons beeinträchtigen. Bei Zweifeln ist die Brauchbarkeit des Wassers vorher durch Versuche festzustellen.

4. Eisen. Das Eisen muß den Mindestforderungen genügen, die für Bauwerkeisen enthalten sind in den Vorschriften für die Lieferung von Eisen und Stahl, aufgestellt vom Verein deutscher Eisenhüttenleute 1911. Das Eisen darf zum Zwecke der Prüfung weder abgedreht noch ausgeschmiedet oder ausgewalzt werden; es ist also stets in der Dicke zu prüfen, wie es angeliefert wird.

Anzahl und Durchführung der Proben richten sich ebenfalls nach den genannten Vorschriften.

Die Kaltbiegeprobe soll in der Regel auf jeder Baustelle durchgeführt werden; dabei muß der lichte Durchmesser der Schleife an der Biegestelle gleich dem Durchmesser des zu prüfenden Rundeisens sein (bei Flacheisen gleich der Dicke). Auf der Zugseite dürfen dabei keine Risse entstehen.

Für Bauteile, die besonders ungünstigen, rechnerisch nicht faßbaren Beanspruchungen ausgesetzt sind, kann die Baupolizeibehörde bei Prüfung der Bauvorlagen ausnahmsweise die Prüfung auf Zug verlangen, wobei die Mindestzahlen der obengenannten Vorschriften, 3700 kg/qcm Bruchspannung und 20 v. H. Bruchdehnung, eingehalten werden müssen.

§ 6. Zubereitung der Betonmasse.

1. Betongemenge. Sand, Kies, Grus und Steinschlag werden für den Beton nach Raumteilen, Zement nach Gewicht bemessen.

2. Zur Umrechnung von Gewichtsteilen auf Raumteile ist das Gewicht des Zements nach losem Einfüllen in ein Hektolitergefäß zu bestimmen.

3. Das Betongemenge soll so viel Sand, Kies oder Kiessand, Grus oder Steinschlag und Zement enthalten, daß ein dichter Beton entsteht, der eine rostsichere Umhüllung der Eiseneinlagen gewährleistet; erfahrungsgemäß wird dies erreicht, wenn in 1 cbm Betonmischung wenigstens $^1/_2$ cbm Mörtel enthalten ist.

4. Die in § 18 Ziff. 1 geforderte Druckfestigkeit des Betons von 150 oder 180 kg/qcm ist nachzuweisen[1]). Solange dieser Nachweis nicht geführt ist, kann die Baupolizeibehörde unter Berücksichtigung der Güte der Baustoffe und der Bauweise die Verwendung einer Mindestmenge von Zement auf 1 cbm Zuschlagstoffe vorschreiben.

5. Betonmasse. Die Festigkeit des Betons nimmt mit steigendem Wasserzusatz ab; erdfeuchter Beton erreicht eine höhere Festigkeit als weicher und dieser wiederum eine höhere Festigkeit als flüssiger Beton. Zur Erreichung der vorgesehenen Festigkeiten muß somit die Menge des Zements um so größer sein, je höher der Wasserzusatz ist; das Mischungsverhältnis von Zement zu Sand und Zuschlägen ist deshalb je nach dem Wassergehalt des Betons zu bestimmen. Außerdem ist die Art und Zusammensetzung der Zuschläge von Einfluß auf die Festigkeit des Betons. Zement, Sand und Wasser bilden den Mörtel, das Bindemittel des Betons; je größer der Sandgehalt der Betonmasse, desto größer muß der Zementgehalt zur Erzielung gleicher Festigkeit sein.

6. Mischweise. Die Betonmasse kann von Hand, muß aber bei größeren Bauausführungen durch geeignete Mischmaschinen gemischt werden. Die Zusammensetzung der Mischung muß an der Mischstelle mit deutlich lesbarer Schrift angeschlagen sein und muß sich beim Arbeitsvorgang leicht feststellen lassen.

a) Bei Handmischung ist die Betonmasse auf einer gut gelagerten, kräftigen, dichtschließenden Pritsche oder auf sonst ebener, schwer absaugender und

---

[1]) Vgl. die „Bestimmungen für Druckversuche an Würfeln bei Ausführung von Bauwerken aus Eisenbeton" (s. Anhang).

fester Unterlage herzustellen. Zunächst sind Sand, Kiessand oder Grus mit dem Zement trocken zu mischen, bis sie ein gleichfarbiges Gemenge ergeben; dann ist das Wasser zuzusetzen, hierauf gröbere Zuschläge (vgl. § 5, Ziff. 2), die vorher genäßt und wenn nötig gereinigt werden müssen. Das Ganze ist noch so lange zu mischen, bis eine gleichmäßige Betonmasse entstanden ist.

b) Bei Maschinenmischung wird das gesamte Gemenge zunächst trocken und hierauf unter allmählichem Wasserzusatz so lange noch weiter gemischt, bis eine innig gemischte, gleichmäßige Betonmasse entstanden ist.

Die Mischdauer kann als ausreichend angesehen werden, wenn die Steine allseitig von innig gemischtem, gleichfarbigem Mörtel umgeben sind.

§ 7. Verarbeitung der Betonmasse.

1. Die Betonmasse soll alsbald nach dem Mischen und ohne Unterbrechung verarbeitet werden. In Ausnahmefällen darf die Betonmasse einige Zeit unverarbeitet liegenbleiben; bei trockener und warmer Witterung aber nicht über eine Stunde, bei nasser und kühler nicht über zwei Stunden. Nicht sofort verarbeitete Betonmasse ist vor Witterungseinflüssen, wie Sonne, Wind, starkem Regen usw., zu schützen und unmittelbar vor Verwendung umzuschaufeln. In allen Fällen muß die Betonmasse vor Beginn des Abbindens verarbeitet sein.

2. Bei dem Einbringen der Betonmasse ist darauf zu achten, daß die Gleichmäßigkeit der Mischung erhalten bleibt. Gröbere Zuschlagsteile, die sich abgesondert haben, sind mit dem Mörtel wieder zu vermengen.

3. Die Massen sind nacheinander so zeitig (frisch auf frisch) einzubringen, daß sie untereinander ausreichend fest binden. Bei Plattenbalken sind Steg und Platte in einem Arbeitsvorgang zu betonieren, soweit es die Abmessungen der Bauteile zulassen. Die Betonierungsabschnitte sind an die wenigst beanspruchten Stellen zu legen.

4. Die Betonmasse ist in einem dem Wasserzusatz entsprechenden Maße mit passend geformten Geräten zu verdichten und so durchzuarbeiten, daß Luftblasen entweichen und der Beton die für ihn bestimmten Räume vollständig ausfüllt. Zur guten und dichten Umhüllung des Eisens ist weicher oder flüssiger Beton der geeignetere.

Wird für einzelne Bauteile mit geringer Eisenbewehrung ausnahmsweise erdfeuchter Beton verwendet, so ist in Schichten von höchstens 15 cm Stärke zu stampfen; dabei darf der erdfeuchte Beton nicht zu trocken angemacht werden.

5. Die Oberfläche abgebundener Schichten ist vor dem Fortsetzen des Betonierens aufzurauhen, von losen Bestandteilen zu reinigen und anzunässen. Sodann ist ein dem Mörtel der Betonmasse entsprechender Zementmörtelbrei aufzubringen, wobei streng darauf zu achten ist, daß dieser Mörtelbrei nicht schon abgetrocknet ist oder abgebunden hat, bevor die neue Betonschicht hergestellt wird.

§ 8. Betonieren bei Frost.

Bei stärkerem Frost als —3° C an der Arbeitsstelle darf nur betoniert werden, wenn in geeigneter Weise gesorgt wird, daß der Frost keinen Schaden bringt. Die Baustoffe dürfen nicht gefroren sein. An gefrorene Bauteile darf nicht anbetoniert werden. Beton, der im Abbinden ist, ist besonders sorgfältig vor Kälteeinwirkung zu schützen.

§ 9. Einbringen des Eisens.

1. Das Eisen ist vor Verwendung von Schmutz, Fett und losem Rost zu befreien.

2. Die Bewehrung muß den Plänen entsprechen.

3. Besondere Sorgfalt ist zu verwenden auf die vorgeschriebene Form und die richtige Lage der Eisen sowie auf eine gute Verknüpfung der durchlaufenden Zug- oder Druckeisen mit Verteilungseisen und Bügeln.

4. In Plattenbalken sind stets Bügel anzuordnen, um den Zusammenhang zwischen Platte und Balken zu gewährleisten.

5. Die Zugeiseneinlagen sind an ihren Enden mit runden oder spitzwinkligen Haken zu versehen, deren lichter Durchmesser mindestens gleich dem 2,5 fachen des Eisendurchmessers ist. Der lichte Krümmungshalbmesser von abgebogenen Eisen muß das 10- bis 15 fache des Eisendurchmessers betragen.

6. In Balken soll der lichte Abstand der Eiseneinlagen voneinander nach jeder Richtung in der Regel mindestens gleich dem Eisendurchmesser, aber nicht kleiner als 2 cm sein. Wenn sich geringere Abstände nicht vermeiden lassen, so muß durch einen feinen und fetten Mörtel für eine dichte Umhüllung der einzelnen Eisen gesorgt werden.

7. Die Betondeckung der Eiseneinlagen an der Unterseite von Platten soll mindestens 1 cm stark sein; die Überdeckung der Bügel an den Rippen und bei Säulen muß überall mindestens 1,5 cm, bei Bauten im Freien 2 cm betragen[1]).

8. Während des Betonierens sind die Eisen in der richtigen Lage festzuhalten und mit der Betonmasse dicht zu umkleiden.

9. Die Eisen dürfen mit Zementbrei nur unmittelbar vorm Einbetonieren eingeschlämmt werden, da ein angetrockneter Zementmantel den Verbund zwischen Eisen und Beton stört.

§ 10. Herstellung von Schalungen.

1. Alle Rüstungen und Einschalungen sind tragfähig herzustellen; sie müssen ausreichend widerstandsfähig gegen Durchbiegung und genügend fest sein gegen die Einwirkung des Stampfens. Sie müssen auch leicht und gefahrlos wieder entfernt werden können (wegen der Notstützen vgl. Ziff. 7). Die Stützen oder Lehrbögen sind auf Keile, Sandkästen oder Schrauben zu stellen, damit durch deren allmähliches Lüften das Lehrgerüst langsam gesenkt werden kann.

2. Lehrgerüsteisen als alleinige Unterstützung von Deckenschalungen sind nur bis zu einer Spannweite von 2,5 m zulässig; bei größerer Spannweite sind End- und Zwischenstützen anzuwenden. Das Abstürzen und Aufstapeln von Baustoffen auf solchen Einschalungen ist verboten.

3. Bei allen unterstützten Lehrgerüsten dürfen gestoßene, d. h. aufeinandergesetzte Unterstützungshölzer nur bis zu zwei Drittel der Gesamtheit der Stützen verwendet werden. Gestoßene Stützen dürfen nur abwechselnd mit aus einem Stück geschnittenen Stützen gesetzt werden. Die Schnittflächen der gestoßenen Stützen müssen wagerecht glatt aufeinander passen. An der Stoßstelle sind sie durch aufgenagelte, mindestens 0,70 m lange, hölzerne Laschen gegen Ausbiegen und Knicken zu sichern. Bei Stützen aus Rundholz sind drei, bei solchen aus Vierkantholz vier Laschen für jeden Stoß zu verwenden. Mehr als einmal gestoßene Stützen sind unzulässig. Wegen der Knickgefahr ist der Stoß nicht ins mittlere Drittel der Stützen zu legen. Stützen unter 7 cm Zopfstärke sind unzulässig.

4. Stützen mit Ausziehvorrichtung oder eiserner Verlängerung gelten als nicht gestoßen, wenn der Stoß haltbar durch Schrauben gesichert ist.

5. Die Stützen müssen eine unverrückbare Unterlage aus Holz (Bohlen, Kanthölzern) erhalten. Bei nicht tragfähigem Untergrunde sind besondere Sicherungen anzuwenden.

6. Bei Schalungsgerüsten für Ingenieurbauten sowie für Hochbauten in Räumen von mehr als 5 m Höhe kann ein rechnerischer Festigkeitsnachweis verlangt werden.

---

[1]) Bei nicht reinen Eisenbetonbauten, besonders bei Verwendung von Formeisen, sind besondere Maßnahmen zu treffen.

Stützen von 5 m Länge und darüber sind nach der Längen- und Tiefenrichtung untereinander abzuschwerten und knicksicher auszubilden.

Bei Herstellung von Decken und Gewölben, die mehr als 8 m vom Fußboden entfernt sind, oder bei schwer lastenden Bauteilen sind, soweit nicht abgebundene Lehrgerüste verwendet werden, die Stützen aus besonders starken oder gekuppelten Hölzern zu fertigen, die wagerecht miteinander zu verbinden und durch doppelte Kreuzstreben besonders zu sichern sind.

7. Bei Herstellung der Schalungen ist darauf Rücksicht zu nehmen, daß bei der Ausschalung einige Stützen (sog. Notstützen) weiter stehenbleiben können, ohne daß daran und an den darüber liegenden Schalbrettern gerührt zu werden braucht. In mehrgeschossigen Gebäuden sind die Notstützen derart übereinander anzuordnen, daß alle Lastdrucke in gerader Fortsetzung weitergeführt werden. Bei den üblichen Spannweiten genügt eine Notstütze unter der Mitte jedes Balkens und der Mitte von Deckenfeldern, die mehr als 3 m Spannweite haben. Bei Unterzügen und langen Balken können noch weitere Notstützen verlangt werden.

8. Vorm Einbringen des Betons sind die Schalungen zu reinigen; Fremdkörper im Innern der Schalungen sind zu beseitigen. Bei Schalungen von Säulen sind am Fuß und Ansatz der Auskragungen, bei Schalungen von tiefen Trägern an der Unterseite Reinigungsöffnungzn anzubringen.

9. Während des Betonierens einer Decke sind im Geschoß darunter die Keile zu prüfen und, wenn erforderlich, nachzutreiben.

§ 11. Schalungsfristen und Ausschalen.

1. Die Ausschalung eines Bauteils, d. h. die Beseitigung der Schalung und Stützung mit Ausnahme der Notstützen (s. § 10, Ziff. 7), darf nicht eher vorgenommen werden, als bis der verantwortliche Bauleiter durch die Untersuchung des Bauteils sich von der ausreichenden Erhärtung des Betons und Tragfähigkeit des Bauteils überzeugt und die Ausschalung angeordnet hat.

2. Bis zur genügenden Erhärtung des Betons sind die Bauteile gegen die Einwirkung des Frostes und gegen vorzeitiges Austrocknen zu schützen sowie vor Erschütterung und Belastung zu bewahren.

3. Die Fristen zwischen der Beendigung des Betonierens und der Ausschalung sind abhängig von der Witterung, der Stützweite und dem Eigengewicht der Bauteile.

Bei günstiger Witterung darf die seitliche Schalung der Balken und die Einschalung der Stützen oder Pfeiler nicht vor drei Tagen, die Schalung der Deckenplatten nicht vor Ablauf von acht Tagen, die Stützung der Balken und weitgespannter Deckenplatten nicht vor Ablauf von drei Wochen beseitigt werden. Bei großen Stützweiten und Abmessungen sind die Fristen unter Umständen bis zu sechs Wochen zu verlängern.

Besondere Vorsicht ist bei Bauteilen (z. B. Dächern und Dachdecken) geboten, die beim Ausschalen nahezu schon die volle rechnungsmäßige Last haben.

4 Die Notstützen (s. § 10, Ziff. 7) sollen nach der Ausschalung überall noch wenigstens 14 Tage erhalten bleiben.

5. Beim Ausschalen sind die Stützen und Lehrbögen zunächst abzusenken; das ruckweise Wegschlagen und Abzwängen ist verboten. Auch sonst ist jede Erschütterung dabei zu vermeiden.

6. Tritt während der Erhärtung Frost ein, so sind die in Ziff. 3 und 4 vorgeschriebenen Fristen mindestens um die Dauer der Frostzeit zu verlängern. Bei Wiederaufnahme der Arbeiten nach dem Frost und vor jeder weiteren Ausschalung ist der Beton darauf zu untersuchen, ob er abgebunden hat und genügend erhärtet, nicht nur hart gefroren ist.

7. Über den Gang der Arbeiten ist ein Tagebuch zu führen, woraus die Zeitabschnitte für die Ausführung der einzelnen Arbeiten stets nachgewiesen werden können. Frosttage sind darin unter Angabe der Grade und der Stunde ihrer Messung besonders zu vermerken.

Das Tagebuch ist den Aufsichtsbeamten auf Verlangen vorzuzeigen.

8. Im Baubetriebe dürfen Decken während der ersten drei Tage nach der Herstellung überhaupt nicht und vom 4. bis 14. Tage nur dann benutzt werden, wenn sie durch einen Bretterbelag geschützt sind.

Es ist verboten, Lasten (Steine, Balken, Bretter, Träger usw.) auf frisch hergestellte Decken abzuwerfen oder abzukippen, oder Baustoffe, die nicht sofort verwendet werden, auf noch nicht ausgeschalte Decken aufzustapeln.

§ 12. Prüfung während der Ausführung. Probebelastungen.

1. Die Baupolizeibehörde kann während der Bauausführung Anfertigung und Prüfung von Probekörpern verlangen. Die Probekörper hat der Unternehmer auf der Baustelle herzustellen, auf Verlangen der Baupolizeibehörde in Gegenwart des Baupolizeibeamten. Sie sind anzufertigen und zu prüfen nach den „Bestimmungen für Druckversuche an Würfeln bei Ausführung von Bauwerken aus Eisenbeton" (s. Anhang).

2. Die Festigkeitsprüfung kann auf der Baustelle oder an anderer Prüfungsstelle mittels einer Betonpresse, deren Zuverlässigkeit von einer staatlichen Versuchsanstalt bescheinigt ist, oder in einer staatlichen Prüfungsanstalt vorgenommen werden.

3. Wegen der Schwierigkeit einer nachträglichen Prüfung muß vorm Betonieren der verantwortliche Bauleiter die plangemäße Anordnung und die Querschnitte der Eisen prüfen. Nachträgliches Aufstemmen des Betons ist möglichst zu vermeiden.

4. Probebelastungen sollen auf den unbedingt notwendigen Umfang beschränkt werden. Sie sind nicht vor 45tägiger Erhärtung des Betons vorzunehmen und nur in ganz besonderen Fällen bis zum Bruch durchzuführen, wenn es ohne Schädigung des Bauwerks möglich ist.

5. Bei Deckenplatten und Balken ist die Probebelastung folgendermaßen vorzunehmen:

Die Belastung ist so anzubringen, daß sie in sich beweglich ist und der Durchbiegung der Decke folgen kann.

Bei Belastung eines Deckenfeldes soll, wenn mit p die gleichmäßig verteilte Nutzlast bezeichnet wird, die Probelast den Wert von 1,5 p nicht übersteigen.

Bei Nutzlasten über 1000 kg/qm kann die Probelast bis zur einfachen Nutzlast ermäßigt werden.

Bei Probebelastungen von Brückenbauten und anderen Bauwerken, wobei sichtbare Zugrisse im Beton vermieden werden sollen, sind die wirklichen, der Berechnung zugrunde gelegten Verkehrslasten aufzubringen, z. B. Menschengedränge (oder eine diesem gleichwertige Belastung), Eisenbahnzug, auch in Bewegung, Dampfwalze usw.

6. Die Probelast muß mindestens 12 Stunden liegenbleiben; danach erst ist die größte Durchbiegung zu messen. Die bleibende Durchbiegung ist frühestens 12 Stunden nach Beseitigung der Probelast festzustellen.

Unter Ausschaltung des Einflusses etwaiger Auflagersenkungen darf die bleibende Durchbiegung höchstens $\frac{1}{4}$ der gemessenen Gesamtdurchbiegung betragen.

§ 13. Anzeigen an die Baupolizeibehörde.

Der Baupolizeibehörde ist Anzeige zu machen:

1. vom beabsichtigten Beginn der Betonarbeiten, bei Hochbauten von jedem einzelnen Geschoß;

2. von der beabsichtigten Entfernung der Schalungen und Stützen;

3. vom Wiederbeginn der Betonarbeiten nach längeren Frostzeiten nach Eintritt milderer Witterung.

Die Anzeigen müssen, sofern die Baupolizeibehörde nicht ausdrücklich anders bestimmt, spätestens 48 Stunden vor dem Beginn der Arbeiten oder vor der beabsichtigten Entfernung der Schalungen und Stützen der Baupolizeibehörde vorliegen.

Teil II. Leitsätze für die statische Berechnung.

§ 14. Belastungsannahmen.

1. Bei Hochbauten sind die jeweils gültigen amtlichen Vorschriften zu beachten[1]).

2. Für Ingenieurbauten ist die Belastung durch Eigengewicht ebenfalls nach den in Ziff. 1 genannten amtlichen Vorschriften zu berechnen[2]).

§ 15. Einfluß der Wärmeschwankungen und des Schwindens.

1. Bei gewöhnlichen Hochbauten können die Wärmeschwankungen außer Berechnung bleiben; es genügt im allgemeinen, Schwindfugen in Abständen von 30—40 m anzuordnen. In besonderen Fällen sowie bei Ingenieurbauten empfiehlt es sich, diese Abstände zu verkleinern.

2. Bei rahmen- und bogenförmigen Tragwerken von großen Spannweiten sowie allgemein bei Ingenieurbauten muß der Einfluß der Wärme berücksichtigt werden, wenn dadurch innere Spannungen entstehen. Soll bei mittlerer Jahreswärme betoniert werden, so ist mit einem Wärmeunterschied von $\pm 15^{\circ}$ C zu rechnen. Wird bei anderer Wärme betoniert, so ist zu beachten, daß die statischen Verhältnisse dadurch eine Änderung erfahren.

Der außerdem zu ermittelnde Einfluß des Schwindens des Betons an der Luft ist dem eines Wärmeabfalls von 15° C gleich zu achten.

Als Wärmeausdehnungszahl von Beton ist $1 : 10^5$ einzusetzen.

3. Bei Tragwerken, deren geringste Abmessung 70 cm oder mehr beträgt, und solchen, die durch Überschüttung oder sonst hinreichend geschützt sind, dürfen die Wärmeschwankungen geringer, mit $\pm 10^{\circ}$ C, in die Rechnung eingestellt werden.

§ 16. Ermittelung der äußeren Kräfte.

1. Bei statisch bestimmten Tragwerken sind Auflagerkräfte, Querkräfte und Biegungsmomente nach den Regeln der Statik zu ermitteln.

Bei der Berechnung der unbekannten Größen statisch unbestimmter Tragwerke und der elastischen Formänderung aller Tragwerke sind die aus dem vollen Betonquerschnitt einschließlich der Zugzone und aus der zehnfachen Fläche der Längseisen gebildeten ideellen Querschnittsflächen und die daraus errechneten Trägheitsmomente ($n = 10$)[3]), sowie eine für Druck und Zug im Beton gleich große Formänderungszahl $E = 210\,000$ kg/qcm in Rechnung zu stellen. Für die Ermittelung der äußeren Kräfte (Einspannungsmomente und Auflagerkräfte)

---

[1]) Zur Zeit gelten die Bestimmungen über die bei Hochbauten anzunehmenden Belastungen usw. vom 31. Januar 1910 (Zentralbl. d. Bauverw., S. 101) sowie die hierzu ergangenen und etwa noch ergehenden Ergänzungen. Die in diesen Bestimmungen mitenthaltenen Vorschriften über die Beanspruchung der Baustoffe kommen für Eisenbetonbauten nicht in Betracht.

[2]) Wegen der Bemessung der Nutzlasten wird auf die von den Provinzial-, Kommunalbehörden usw. erlassenen Vorschriften verwiesen.

[3]) Vgl. § 17, Ziff. 2.

kann in der Regel unter Vernachlässigung der Eiseneinlagen mit unveränderlichem Trägheitsmoment gerechnet werden.

2. Bei beiderseits frei aufliegenden Platten ist die Lichtweite zuzüglich der Deckenstärke in Feldmitte, bei frei aufliegenden Balken die Entfernung der Auflagermitten als Stützweite in die Berechnung einzuführen. Bei außergewöhnlich großen Auflagerlängen ist die Stützweite gleich der um 5 v. H. vergrößerten Lichtweite zu wählen.

3. Bei durchgehenden Platten und Balken gilt als Stützweite die Entfernung zwischen den Mitten der Stützen. Ist bei Hochbauten die Stützenbreite D gleich oder größer als der fünfte Teil der Stockwerkhöhe, so sind durchgehend ausgebildete Balken nicht mehr als durchgehend, sondern als an der Stütze voll eingespannt zu berechnen. Hierbei ist vorausgesetzt, daß die Balken entweder mit der Stütze biegungsfest verbunden sind, oder daß eine entsprechende Auflast über den Stützen vorhanden ist, wobei als Stützweite die um 5 v. H. vergrößerte Lichtweite zu rechnen ist.

4. Bei durchgehenden Balken kann zur Aufnahme des Stützenmoments die durch Verlängerung der flachen Balkenschrägen bis zur Stützenmitte sich ergebende Balkenhöhe h als wirksam angenommen werden; dabei ist zu beachten, daß der am stärksten beanspruchte Querschnitt nicht immer über der Stützenmitte liegt.

Die in Rechnung zu stellende Neigung der Schrägen soll nicht steiler als 1 : 3 sein; das Maß b ist so zu wählen, daß der Momentnullpunkt außerhalb der Schräge zu liegen kommt.

5. Eisenbetonstützen in fester Verbindung mit Balken sind ausnahmsweise, auf Verlangen der Baupolizeibehörde, auf Biegung zu untersuchen, insbesondere bei Brücken und ähnlichen Ingenieurbauten. Bei Endstützen ist, wenn eine genaue Berechnung auf Rahmenwirkung nicht angestellt wird, wenigstens ein solches Biegungsmoment zu berücksichtigen, das ein Drittel des Moments im Endfelde bei freier Auflagerung des Balkens über der Endstütze ist.

6. Bei Berechnung des Momentes in den Feldmitten darf eine Einspannung an den Balken- und Plattenenden nur soweit berücksichtigt werden, als sie durch bauliche Maßnahmen gesichert und rechnerisch nachweisbar ist.

Wenn freie Auflagerung im Mauerwerk angenommen wird, muß gleichwohl durch obere Eiseneinlagen und einen ausreichenden Betonquerschnitt an der Unterseite einer doch vorhandenen, unbeabsichtigten Einspannung Rechnung getragen werden; dies ist namentlich bei Rippendecken mit oder ohne Ausfüllung der Zwischenräume zu beachten.

Mit Rücksicht auf die Querkräfte sind bei Balken — auch bei freier Auflagerung — einige abgebogene Eisen bis über das Auflager hinweg zu führen.

7. Die Berechnung durchgehender Tragwerke (vgl. Ziff. 1, Abs. 2) ist stets für die ungünstigste Stellung der Nutzlast durchzuführen; aufwärts biegende Momente in Feldmitte sind zu berücksichtigen.

Wenn nur ständige Belastung vorkommt, darf das Feldmoment bei gleichen Stützweiten in den Mittelfeldern nicht unter $\dfrac{pl^2}{24}$ angenommen werden.

8. Platten in Hochbauten, die einerseits oder beiderseits mit Eisenbetonrippen starr verbunden sind, können bei annähernd gleicher Feldweite und gleichmäßiger Belastung zur Vereinfachung der Rechnung derart als eingespannt berechnet werden, daß die größten Feldmomente der Mittelfelder zu $\dfrac{pl^2}{14}$, der Endfelder zu $\dfrac{pl^2}{11}$ angenommen werden; dabei ist l der Achsabstand der Rippen. An den Rippen ist vollkommene Einspannung anzunehmen.

Bei wesentlich verschiedenen Feldweiten sind die Feldmomente bei ungünstigster Laststellung unter Annahme eines durchgehenden Trägers nachzuweisen; aufwärts biegende Momente in den Feldmitten sind zu berücksichtigen.

Die Verstärkung von Deckenplatten durch Kehlen oder Schrägen darf nur soweit in Rechnung gestellt werden, als die Neigung nicht steiler als 1 : 3 ist.

9. Die Breite der Druckplatte eines Plattenbalkens darf, von der Rippenachse aus nach jeder Seite gemessen, nicht größer angenommen werden als die 4fache Rippenbreite, die 8fache Plattendicke, die 2fache Trägerhöhe einschl. Plattendicke oder die halbe zugehörige Plattenfeldweite. Bei einseitigen Plattenbalken ist die 3fache Rippenbreite, die 6fache Plattendicke und die $1^1/_2$fache Trägerhöhe maßgebend. Das kleinste dieser Maße ist zu wählen.

Liegen die Deckeneisen gleichlaufend mit den Hauptbalken, so sind rechtwinklig zu ihnen besondere Eiseneinlagen anzuordnen, die die Mitwirkung der anschließenden Deckenplatte auf die gerechnete Breite sichern, und zwar wenigstens 8 Eisen von 7 mm Durchmesser auf 1 m Balkenlänge.

10. Die wirksame Balkenhöhe, d. h. der Abstand der äußeren Betondruckkante vom Schwerpunkt der Eiseneinlagen, muß mindestens betragen:

Bei Balken, Unterzügen und Rippendecken mit oder ohne Ausfüllung der Zwischenräume $^1/_{20}$ der Stützweite (vgl. Ziff. 2 u. 3).

Bei massiven Eisenbetonplatten und Hohlsteindeckenplatten (Steindecken mit auf Druck beanspruchten Steinen) $^1/_{27}$ der Stützweite. Bei durchlaufenden Platten gilt als Stützweite die größte Entfernung der Momenten-Nullpunkte.

11. Bei ringsum aufliegenden rechteckigen Platten mit gekreuzten Eiseneinlagen ist, wenn nicht nach genauerem Verfahren gerechnet wird, bei gleichmäßig verteilter Belastung p, wenn die Länge a und die Breite b beträgt, die Belastung wie folgt zu verteilen:

$$\text{für die Stützweite } a \text{ wird } p_a = p\,\frac{b^4}{a^4 + b^4},$$

$$\text{für die Stützweite } b \text{ wird } p_b = p\,\frac{a^4}{a^4 + b^4},$$

Mit diesen Belastungswerten ist die Berechnung nach den Regeln durchzuführen, die für freiaufliegende, eingespannte oder durchgehende Platten gelten (vgl. Ziff. 7 u. 8).

12. Die sich rechnungsmäßig ergebende Dicke der Platten und der plattenförmigen Teile der Plattenbalken ist überall auf mindestens 8 cm zu bringen. Ausgenommen von dieser Vorschrift sind Dachplatten und untergehängte Decken, die nur zum Abschluß dienen oder nur zwecks Reinigung und dergleichen begangen werden, sowie fabrikmäßig hergestellte, fertig verlegte Eisenbetonplatten.

Die Druckplatten von Rippendecken mit oder ohne Ausfüllung der Zwischenräume (vgl. Ziff. 10) bis zu 0,6 m Achsabstand müssen mindestens 5 cm stark sein. Solche Decken müssen zur Lastverteilung Querrippen von der Stärke und Bewehrung der Tragrippen erhalten, und zwar bei Deckenspannweiten von 4—6 m eine Querrippe, bei Spannweiten über 6 m mindestens zwei. Bei starken Einzellasten ist ein besonderer Festigkeitsnachweis erforderlich.

Bei vollen Deckenplatten darf in der Gegend der größten Momente der Eisenabstand 15 cm nicht überschreiten.

13. Platten mit oder ohne verteilende Deckschicht von der Stützweite l. die Einzellasten (z. B. Raddrucke oder Drucke von Maschinenfüßen) aufzunehmen haben, sind auf Biegung zu berechnen wie plattenförmige Balken von der Breite $^2/_3\, l$. In der Richtung der Zugeisen kann bei Berechnung von Brückenplatten und Decken, die mit schweren Maschinen belastet werden, eine Lastverteilung auf die Länge $t + 2\,s$ angenommen werden.

14. Für die Berechnung der Schubspannungen kann in der Plattenmitte ebenfalls eine Plattenbreite von $^2/_3\,l$ angenommen werden; am Auflager ist dagegen nur $t + 2\,(s + h)$ in Rechnung zu stellen. Zwischenwerte sind angemessen einzuschalten.

§ 17. Ermittelung der inneren Kräfte.

1. Die Spannungen im Querschnitt des auf Biegung oder des auf Biegung mit Achsdruck beanspruchten Körpers sind unter der Annahme zu berechnen, daß sich die Dehnungen wie die Abstände von der Nullinie verhalten. Die zulässigen Beanspruchungen des Betons auf Druck und des Eisens auf Zug sowie die zulässigen Schub- und Haftspannungen haben zur Voraussetzung, daß das Eisen alle Zugspannungen im Querschnitt aufnimmt, daß also von einer Mitwirkung des Betons auf Zug ganz abgesehen wird.

2. Für die Bemessung der Bauteile ist das Verhältnis der Elastizitätsmaße von Eisen und Beton zu $n = 15$ anzunehmen (vgl. § 16, Ziff. 1).

3. In Balken sind die Schubspannungen t_0 nachzuweisen (vgl. § 18, Ziff. 10).

Geht der ohne Rücksicht auf abgebogene Eisen oder Bügel errechnete Wert der Schubspannung über 14 kg/qcm hinaus, so ist zunächst die Rippenstärke zu vergrößern, bis dieser Wert erreicht oder unterschritten wird. Sodann sind die Anordnungen so zu treffen, daß die Schubspannungen in denjenigen Balkenteilen, wo der für Beton zulässige Wert von 4 kg/qcm überschritten wird, durch aufgebogene Eisen, durch die Bügel (vgl. § 9, Ziff. 4) oder durch beide zusammen vollkommen aufgenommen werden.

4. Die Haftspannungen brauchen nicht berechnet zu werden, wenn die Enden der Eisen mit runden oder spitzwinkligen Haken versehen und dabei die Eisen nicht stärker als 26 mm sind.

5. Bei Brücken unter Gleisen, die von Hauptbahn-Lokomotiven befahren werden, soll zur Vermeidung von Rissen nachstehende Regel befolgt werden:

Unter Festhaltung des Wertes $\sigma_e \leqq 750$ kg/qcm und $\sigma_{b_z} \leqq 24$ kg/qcm darf für nur auf Biegung beanspruchte Rippenbalken, deren in Rechnung gestellte Plattenbreite $b = \alpha \cdot b_1$ ist, das aus der Tafel (vgl. S. 206) hervorgehende Bewehrungsverhältnis $\mu = \dfrac{F_e}{b_1 \cdot h_1}$ (d. h. Eisenquerschnitt geteilt durch Rippenhöhe [nur bis Plattenunterkante] mal Rippenbreite) nicht überschritten werden[1].

Bei Bogen-, Rahmen- und sonstigen statisch unbestimmten Brücken, die von Hauptbahnlokomotiven befahren werden, müssen auch die auftretenden Betonzugspannungen unter Berücksichtigung der Achskräfte nachgewiesen werden. Auch dabei ist $n = 15$ anzunehmen; die so errechnete Betonzug-

---

[1] Zu diesem Zweck wählt man zunächst eine bestimmte Rippenhöhe h_1 und ermittelt angenähert $Fe = \dfrac{M}{\left(0{,}92\,h_1 + \dfrac{d}{2}\right)\sigma_e}$. Da die Plattenstärke d schon vorher bekannt ist, so kann auch $\beta = \dfrac{d}{h_1}$ und $\dfrac{\mu}{\alpha} = \dfrac{F_e}{d \cdot b} \cdot \beta$ berechnet werden. In der Tafel sucht man nun den Schnittpunkt der β-Linie mit der $\dfrac{\mu}{\alpha}$-Linie und liest die Abszisse α und die Ordinate μ ab. Die gesuchte Rippenbreite ist $b_1 = \dfrac{b}{\alpha}$. Die Ordinate μ gibt zur Kontrolle $\mu = \dfrac{F_e}{b_1 \cdot h_1}$ (vgl. Zentralbl. der Bauverw. 1914, S. 204 und 1915, S. 391).

spannung darf nicht den Wert von 24 kg/qcm übersteigen. Dabei ist die Wirkung der Wärmeschwankungen und das Schwinden des Betons nach § 15 zu berücksichtigen.

Vorausgesetzt wird, daß die betreffenden Bauteile nach dem Einstampfen mindestens sechs Wochen lang feucht gehalten und vor Einwirkung der Sonnenstrahlen geschützt werden. Bei Brücken über Bahnanlagen wird ein besonderer Schutz (z. B. durch Schutzanstrich oder aufgehängte Schutztafeln) gegen die Einwirkung der schwefligen Rauchgase empfohlen; seine Ausführung ist den besonderen Verhältnissen anzupassen.

6 [1]). Bei Stützen ohne Knickgefahr und mit gewöhnlicher Bügelbewehrung berechnet sich die zulässige zentrische Belastung aus der Formel:

$$P = \sigma_b \, (F_b + 15\, F_e)\,,$$

worin σ_b die zulässige Druckspannung des Betons für Stützen (vgl. § 18, Ziff. 3), F_b die Durchschnittfläche des Betons und F_e diejenige der Längseisen bedeutet.

Die Anwendung dieser Formel ist nur gestattet, wenn die Längseisen zusammen mindestens 0,8 v. H. und nicht mehr als 3 v. H. des Betonquerschnitts ausmachen und durch Bügel verbunden sind. Der Abstand der Bügel (von Mitte zu Mitte gemessen) darf nicht größer sein als die kleinste Abmessung des Stützenquerschnittes und nicht über das Zwölffache der Stärke der Längsstäbe hinausgehen.

7 [1]). Bei umschnürten Säulen und anderen umschnürten Druckgliedern mit kreisförmigem Kernquerschnitt soll die zulässige zentrische Last aus der Formel

$$P = \sigma_b \, (F_k + 15\, F_e + 45\, F_s)$$

berechnet werden. Hierin bedeutet F_k den Querschnitt des umschnürten Kerns (durch die Mitte der Querbewehrungseisen begrenzt) $F_s = \dfrac{\pi \cdot D\, f}{s}$, wenn D den mittleren Krümmungsdurchmesser der Querbewehrungseisen, f den Querschnitt der letzteren und s ihren Abstand in Richtung der Säulenachse (von Mitte bis Mitte) bezeichnet.

Dabei muß sein

$$(F_k + 15\, F_e + 45\, F_s) \lessgtr 2\, F_b\,.$$

Als umschnürte Säulen sind solche mit Querbewehrung nach der Schraubenlinie (Spiralbewehrung) und gleichwertigen Wicklungen [2]) oder mit Ringbewehrung versehene Säulen mit kreisförmigem Kernquerschnitt anzusehen, bei denen das Verhältnis der Ganghöhe der Schraubenlinie oder des Abstandes der Ringe zum Durchmesser des Kernquerschnittes kleiner als $1/5$ ist. Der Abstand der Schraubenwindungen oder der Ringe soll nicht über 8 cm hinausgehen. Die Längsbewehrung F_e) soll mindestens $1/3$ der Querbewehrung (F_s) sein.

8 [3]). Quadratischen oder rechteckigen Umschnürungen wird eine Erhöhung der Tragfähigkeit nicht zuerkannt; nach dieser Art bewehrte Stützen und Druckglieder sind daher nach den Vorschriften in Ziff. 6 zu berechnen.

9. Beträgt die Höhe einer zentrisch belasteten Stütze mehr als das 15fache der kleinsten Querschnittsabmessung, so ist die Stütze auch auf Knicken zu berechnen. Hierbei ist die Eulersche Formel anzuwenden unter Voraussetzung

---

[1]) Änderungen in diesen Einzelbestimmungen bleiben vorbehalten bis nach Abschluß der weiter im Gange befindlichen Versuche.

[2]) Die Gleichwertigkeit ist nachzuweisen.

[3]) Änderungen in diesen Einzelbestimmungen bleiben vorbehalten bis nach Abschluß der weiter im Gange befindlichen Versuche.

einer zehnfachen Sicherheit. Das Elastizitätsmaß des Betons ist zu 140 000 kg/qcm anzunehmen. Das erforderliche Trägheitsmoment berechnet sich dann zu

$$J \text{ (in cm}^4) = 70\, P \cdot l^2 \,,$$

worin P die Belastung der Stütze in t und l die volle Stablänge (Stockwerkshöhe) in m ist.

Die Benutzung anderer Knickformeln soll nicht ausgeschlossen sein; doch bedarf es daneben des Nachweises der Knicksicherheit nach der Eulerschen Formel.

10. Ist eine Stütze **exzentrisch** belastet oder ist die Möglichkeit vorhanden, daß sie seitliche Drucke erhält (z. B. in Fabriken und Lagerhäusern), so sind neben dem Nachweis der Knicksicherheit (vgl. Ziff. 9) die größten Kantenpressungen aus der Gleichung

$$\sigma = \frac{P}{F} \pm \frac{M}{W}$$

zu ermitteln (vgl. § 16, Ziff. 5).

Beträgt die Höhe der Stütze mehr als das 20fache der kleinsten Querschnittabmessung, so ist M noch um den Wert $P \cdot \dfrac{l}{200}$, der der Wirkung der Knickkraft am Hebelsarm der Durchbiegung Rechnung tragen soll, zu vermehren.

§ 18. Zulässige Spannungen.

1. Die nachstehend für Beton angegebenen Spannungen sind unter der Voraussetzung zulässig, daß der Beton, auch wenn flüssig angemacht und entsprechend der Verarbeitung im Bauwerk behandelt, nach 28 Tagen Erhärtung eine Würfelfestigkeit (s. Anhang) von mindestens 150 kg/qcm und nach 45 Tagen von mindestens 180 kg/qcm hat. Ist der Beton für Säulen oder Stützen bestimmt, so muß die Würfelfestigkeit nach 28 Tagen mindestens 180 kg/qcm und nach 45 Tagen mindestens 210 kg/qcm betragen. Im Streitfall entscheidet die Prüfung nach 45 Tagen.

2. Wird bei Beton, auch wenn flüssig angemacht, nach 45 Tagen eine Würfelfestigkeit von mehr als 245 kg/qcm nachgewiesen, so darf bei Hochbauten der Beton in Säulen und Stützen (Ziff. 3, a) anstatt mit 35 kg/qcm mit $^1/_7$, in Rahmen und Bogen (Ziff. 4, b) anstatt mit 40 kg/qcm mit $^1/_6$ der nachgewiesenen Würfelfestigkeit, jedoch nicht mit über 50 kg/qcm beansprucht werden.

3. **Zentrischer Druck.** Als zulässige Druckspannung des Betons σ_b gelten folgende Werte:

    a) bei Hochbauten allgemein . . . . 35 kg/qcm
    b) bei Säulen mehrschossiger Gebäude
        im Dachgeschoß[1] 25   ,,
        im darunter liegenden Geschoß 30   ,,
        in den folgenden Geschossen 35   ,,
        Die nach Ziff. 2 u. U. zulässige Spannungserhöhung ist für die höheren Geschosse in gleichem Verhältnis wie vorstehend zu ermäßigen.
    c) bei Stützen von Brücken . . . . 30 kg/qcm
    (vgl. Ziff. 5).

4. **Biegung und exzentrischer Druck.** Nach dem Grad der Erschütterungen wird die zulässige Druckspannung des Betons σ_b und die Zugspannung des Eisens σ_e wie nachstehend festgesetzt:

---

[1] Empfohlen wird, die Seitenlänge des Querschnitts bei Mittelstützen zu mindestens 25 cm anzunehmen.

25*

Art des Bauwerks oder des Bauteils	σ_b kg/qcm	σ_e kg/qcm
a) Hochbauten (einschl. Fabriken) mit vorwiegend ruhender Last	40	1200
b) Rahmen und Bogen . . . . Wegen Erhöhung der Betonspannung bei Rahmen und Bogen vgl. Ziff. 2.	40	1200
c) Platten von weniger als 10 cm Stärke sowie Bauteile, die der unmittelbaren Einwirkung von Stößen und Erschütterungen durch Maschinen usw. ausgesetzt sind, Haupttreppen, Tanzsäle, Fabriken usw.	35	1000
d) Die Teile von Straßenbrücken, die der unmittelbaren Erschütterung durch Lastwagen und Dampfwalzen ausgesetzt sind, sehr stark (z. B. durch schwere Maschinen) erschütterte sonstige Tragwerke und Durchfahrten	35	900
e) Die übrigen Teile von Straßenbrücken	40	1000
f) Brücken unter Eisenbahngleisen bei einem Schotterbett von mindestens 0,30 m Stärke (vgl. auch § 17, Ziff. 5)	30	750

5. Auf Verlangen der Baupolizei ist in den Gruppen *c*, *d* und *e* (Ziff. 4) die veränderliche Last mit dem 1,5fachen in die Rechnung einzusetzen; dann sind aber die Werte $\sigma_b = 40$ kg/qcm und $\sigma_e = 1200$ kg/qcm der Rechnung zugrunde zu legen. Ausnahmsweise kann in Gruppe *c* für Bauteile, die besonders starken Erschütterungen (z. B. durch Rotationsmaschinen) ausgesetzt sind, eine Erhöhung des Beiwertes über 1,5 (bis höchstens 2) gefordert werden.

Wird mit dem Beiwert 1,5 gerechnet, so kann bei Berechnung von Brückenstützen (vgl. Ziff. 3, c) von der Druckspannung $\sigma_b = 40$ kg/qcm ausgegangen werden.

6. An den Unterseiten der Schrägen oder Kehlen von Plattenbalken, wo diese an die Mittelstützen anschließen, kann die Druckspannung um $^1/_3$, jedoch nicht über 50 kg/qcm erhöht werden.

7. Bei Bauteilen, die auf exzentrischen Druck beansprucht werden, darf der Wert $\dfrac{P}{F}$ die in Ziff. 3 für zentrischen Druck genannten Werte nicht überschreiten. Wenn zur Vereinfachung der Rechnung die Formel $\sigma = \dfrac{P}{F} \pm \dfrac{W}{M}$ zugrunde gelegt wird, so darf der Beton am Rande bis zu 5 kg/qcm auf Zug beansprucht werden.

8. Werden in der statischen Berechnung außer der ständigen Last und der ungünstigen Nutzlast (einschl. der Fliehkraft bei Bahnbrücken) auch noch Schneelast, die größten Winddrucke, die Brems- und Reibungskräfte und bei statisch unbestimmten Tragwerken der Einfluß der Wärmeschwankung und des Schwindens (vgl. § 15, Ziffer 2), ferner in Hochbauten bei Stützen die von den Unterzügen auf sie übertragene Biegung, also sämtliche möglichen Einwirkungen berücksichtigt, so dürfen bei ungünstigster Zusammenzählung dieser Spannungen die in Ziff. 3 u. 4 angegebenen Betondruck- und Eisenspannungen um 30 v. H. überschritten werden, wobei als äußerste Grenzen der Eisenspannung 1200 kg/qcm und der Betondruckspannung 60 kg/qcm einzuhalten sind. Maßgebend ist der ungünstigste Belastungsfall.

9. Ausnahmsweise können bei Gelenken und anderen besonderen Bauteilen höhere Beanspruchungen zugelassen werden.

10. **Schubspannung.** Die Schubspannung τ_0 des Betons darf 4 kg/qcm nicht überschreiten. Sie ist zu berechnen aus der Gleichung $\tau_0 = \dfrac{Q}{b_0 \cdot z}$, worin b_0 bei Plattenbalken die Stegbreite und z den Abstand des Eisenschwerpunktes vom Druckmittelpunkt bedeutet.

11. **Haftspannung.** Die zulässige Haftspannung τ_1 (Gleitwiderstand) beträgt 4,5 kg/qcm. Dabei ist für die auf Biegung beanspruchten Platten und Balken vorausgesetzt, daß sie, wenn nur gerade Eisen mit oder ohne Bügel vorhanden sind, aus der Gleichung $\tau_1 = \dfrac{b_0 \cdot \tau_0}{u}$ berechnet wird.

Sind dagegen Eisen nach der einfachen oder mehrfachen Strebenanordnung abgebogen, so daß sie imstande sind, die gesamten schrägen Zugspannungen allein aufzunehmen, so ist für die Berechnung der Haftspannung an den unteren gerade geführten Eisen nur die halbe Querkraft in Ansatz zu bringen.

12. **Drehspannung.** Die zulässige Drehungsspannung des Betons beträgt für rechteckige Querschnitte $\tau_d = 4$ kg/qcm .

B) Auszug aus den Deutschen Normen für einheitliche Lieferung und Prüfung von Portlandzement. Dezember 1909.

Begriffserklärung von Portlandzement.

Portlandzement ist ein hydraulisches Bindemittel mit nicht weniger als 1,7 Gewichtsteilen Kalk (CaO) auf 1 Gewichtsteil lösliche Kieselsäure (SiO_2) + Tonerde (Al_2O_3) + Eisenoxyd (Fe_2O_3), hergestellt durch feine Zerkleinerung und innige Mischung der Rohstoffe, Brennen bis mindestens zur Sinterung und Feinmahlen. Dem Portlandzement dürfen nicht mehr als 3 v. H. Zusätze zu besonderen Zwecken zugegeben sein.

Der Magnesiagehalt darf höchstens 5 v. H., der Gehalt an Schwefelsäureanhydrid nicht mehr als $2^1/_2$ v. H. im geglühten Portlandzement betragen.

Begründung und Erläuterung.

Portlandzement unterscheidet sich von allen anderen hydraulischen Bindemitteln durch seinen hohen Kalkgehalt, welcher eine innige Mischung der Rohstoffe in ganz bestimmtem Verhältnisse bedingt, wie sie (sehr wenige natürliche Vorkommen ausgenommen) mit Sicherheit nur auf künstliche Weise durch feinstes Mahlen oder Schlämmen und innige Mischung unter chemischer Kontrolle zu erreichen ist.

Es muß im Interesse der Abnehmer verlangt werden, daß ähnliche, aus natürlichen Steinen durch einfaches Brennen hergestellte Erzeugnisse als „Naturzemente" bezeichnet werden.

Durch das Brennen bis zur Sinterung (beginnende Schmelzung) erhält das Erzeugnis eine sehr große Dichte (Raumgewicht), welche eine wesentliche Eigenschaft des Portlandzements ist.

Ein Magnesiagehalt bis zu 5 v. H., wie er bei Verwendung dolomithaltigen Kalksteins im Portlandzement vorkommen kann, hat sich als unschädlich erwiesen, wenn bei Bemessung des Kalkgehalts der Magnesiagehalt berücksichtigt wurde.

Um den Portlandzement langsam bindend zu machen, ist es üblich, ihm beim Mahlen rohen Gips (wasserhaltigen schwefelsauren Kalk) zuzusetzen, außerdem enthalten fast alle Portlandzemente schwefelsaure Verbindungen aus den Rohstoffen und Brennstoffen.

Zusätze zu besonderen Zwecken, namentlich zur Regelung der Bindezeit, sind nicht zu entbehren, jedoch in Höhe von 3 v. H. begrenzt, um die Möglichkeit von Zusätzen lediglich zur Gewichtsvermehrung auszuschließen.

Ein Gehalt bis zu $2^1/_2$ v. H. Schwefelsäureanhydrid hat sich als unschädlich erwiesen.

Abbinden.

Der Erhärtungsbeginn von normal bindendem Portlandzement soll nicht früher als eine Stunde nach dem Anmachen eintreten. Für besondere Zwecke kann rascher bindender Portlandzement verlangt werden, welcher als solcher gekennzeichnet sein muß.

Raumbeständigkeit.

Portlandzement soll raumbeständig sein. Als entscheidende Probe soll gelten, daß ein auf einer Glasplatte hergestellter und vor Austrocknung geschützter Kuchen aus reinem Portlandzement, nach 24 Stunden unter Wasser gelegt, auch nach längerer Beobachtungszeit durchaus keine Verkrümmungen oder Kantenrisse zeigen darf.

Feinheit der Mahlung.

Portlandzement soll so fein gemahlen sein, daß er auf dem Siebe von 900 Maschen auf ein Quadratzentimeter höchstens 5 v. H. Rückstand hinterläßt. Die Maschenweite des Siebes soll 0,222 mm betragen.

Festigkeitsproben.

Der Portlandzement soll auf Druckfestigkeit in einer Mischung von Portlandzement und Sand nach einheitlichem Verfahren geprüft werden, und zwar an Würfeln von 50 qcm Fläche.

Begründung.

Da man erfahrungsgemäß aus den mit Portlandzement ohne Sandzusatz gewonnenen Festigkeitsergebnissen nicht einheitlich auf die Bindefähigkeit zu Sand schließen kann, namentlich wenn es sich um Vergleichung von Portlandzementen aus verschiedenen Fabriken handelt, so ist es geboten, die Prüfung von Portlandzement auf Bindekraft mittels Sandzusatz vorzunehmen.

Weil bei der Verwendung die Mörtel in erster Linie auf Druck in Anspruch genommen werden und die Druckfestigkeit sich am zuverlässigsten ermitteln läßt, ist nur die Prüfung auf Druckfestigkeit entscheidend.

Um die erforderliche Einheitlichkeit bei den Prüfungen zu wahren, wird empfohlen, derartige Apparate und Geräte zu benutzen, wie sie beim Königlichen Materialprüfungsamt Groß-Lichterfelde in Gebrauch sind.

Festigkeit.

Langsam bindender Portlandzement soll mit 3 Gewichtsteilen Normensand auf 1 Gewichtsteil Portlandzement nach 7 Tagen Erhärtung — 1 Tag in feuchter Luft und 6 Tage unter Wasser — mindestens 120 kg/qcm erreichen (Vorprobe); nach weiterer Erhärtung von 21 Tagen in Luft von Zimmertemperatur (15 bis 20° C) soll die Druckfestigkeit mindestens 250 kg/qcm betragen. Im Streitfalle entscheidet nur die Prüfung nach 28 Tagen.

Portlandzement, der für Wasserbauten bestimmt ist, soll nach 28 Tagen Erhärtung — 1 Tag in feuchter Luft, 27 Tage unter Wasser — mindestens 200 kg/qcm Druckfestigkeit zeigen.

Zur Erleichterung der Kontrolle auf der Baustelle kann eine Prüfung auf Zugfestigkeit dienen. Der Zement soll in einer Mischung von 1 Teil Zement zu

3 Teilen Normensand nach 7 Tagen Erhärtung (1 Tag in der Luft, 6 Tage unter Wasser) mindestens 12 kg/qcm Zugfestigkeit aufweisen.

Bei schnell bindenden Portlandzementen ist die Festigkeit nach 28 Tagen im allgemeinen geringer, als die oben angegebene. Es soll deshalb bei Nennung von Festigkeitszahlen stets auch die Bindezeit aufgeführt werden.

Begründung und Erläuterung.

Da verschiedene Portlandzemente hinsichtlich ihrer Bindekraft zu Sand, worauf es bei ihrer Verwendung vorzugsweise ankommt, sich sehr verschieden verhalten können, so ist insbesondere beim Vergleich mehrerer Portlandzemente die Prüfung mit hohem Sandzusatz unbedingt erforderlich. Als normales Verhältnis wird angenommen: 3 Gewichtsteile Sand auf 1 Gewichtsteil Portlandzement, da mit 3 Teilen Sand der Grad der Bindefähigkeit bei verschiedenen Portlandzementen in hinreichendem Maße zum Ausdruck gelangt.

Wenn aber die Ausnutzungsfähigkeit eines Portlandzements voll dargestellt werden soll, empfiehlt es sich, auch noch Versuchsreihen mit höheren Sandzusätzen auszuführen.

Portlandzement, welcher eine höhere Festigkeit zeigt, gestattet in vielen Fällen einen größeren Sandzusatz und hat, aus diesem Gesichtspunkte betrachtet, sowie auch schon wegen seiner größeren Festigkeit bei gleichem Sandzusatz, Anrecht auf einen entsprechend höheren Preis.

Da die weitaus größte Menge des Portlandzements Verwendung im Hochbau findet und in kürzerer Zeit die Bindekraft sich nicht genügend erkennen läßt, so wird als maßgebende Prüfung die auf Druckfestigkeit nach 28 Tagen Erhärtung — 1 Tag in feuchter Luft, 6 Tage unter Wasser und dann 21 Tage in Luft von Zimmertemperatur (15—20° C) — bestimmt und damit den Verhältnissen der Praxis angepaßt.

Für den zu Wasserbauten bestimmten Portlandzement wird der praktischen Verwendung entsprechend die Prüfung nach 27 Tagen Wassererhärtung beibehalten.

Da aus der Zugfestigkeit des Zements nicht in allen Fällen auf eine entsprechende Druckfestigkeit geschlossen werden kann, empfiehlt es sich bei sehr hohen Zugfestigkeitszahlen, nach 7 tägiger Erhärtung die Druckfestigkeit des Zements besonders zu prüfen.

Um zu übereinstimmenden Ergebnissen zu gelangen, muß überall Sand von gleicher Korngröße und gleicher Beschaffenheit (Normensand) benutzt werden.

Der deutsche Normensand wird aus einem tertiären Quarzlager der Braunkohlenformation in der Nähe von Freienwalde a. d. Oder gewonnen. Der fast weiße Rohsand wird in einer Waschmaschine gewaschen und künstlich getrocknet. Die Absiebung des trockenen Sandes geschieht auf Schwingsieben, die pendelnd aufgehängt sind. Auf dem einen Siebe wird erst das Grobe abgesiebt und dann auf dem anderen das Feine. Von jeder Tagesfertigung wird eine Probe auf Korngröße und Reinheit im Königlichen Materialprüfungsamt Groß-Lichterfelde kontrolliert.

Zur Kontrolle der Korngröße dienen Siebe aus 0,25 mm dickem Messingblech mit kreisrunden Löchern von 1,350 und 0,775 mm Durchmesser.

Der nach wiederholten Kontrollproben für gut befundene Normensand wird gesackt und jeder Sack mit der Plombe des Königlichen Materialprüfungsamtes verschlossen[1]).

---

[1]) Den Verkauf dieses plombierten „Deutschen Normensandes“ hat das Laboratorium des Vereins Deutscher Portlandzementfabrikanten, Karlshorst, übernommen.

C) Auszug aus den deutschen Normen für einheitliche Lieferung und Prüfung von Eisenportlandzement. Dezember 1909.

Begriffserklärung von Eisenportlandzement.

Eisenportlandzement ist ein hydraulisches Bindemittel, das aus mindestens 70 v. H. Portlandzement und höchstens 30 v. H. gekörnter Hochofenschlacke besteht. Der Portlandzement wird gemäß der Begriffserklärung der Normen des Vereins Deutscher Portlandzementfabrikanten hergestellt. Die Hochofenschlacken sind Kalk-Tonerde-Silikate, die beim Eisen-Hochofenbetrieb gewonnen werden. Sie sollen auf 1 Gewichtsteil lösliche Kieselsäure (SiO_2) + Tonerde (Al_2O_3) mindestens 1 Gewichtsteil Kalk und Magnesia enthalten. Der Portlandzement und die Hochofenschlacke müssen fein vermahlen, im Fabrikbetriebe regelrecht und innig miteinander vermischt werden. Zusätze zu besonderen Zwecken, namentlich zur Regelung der Bindezeit, sind nicht zu entbehren, jedoch in Höhe von 3 v. H. der Gesamtmasse begrenzt, um die Möglichkeit von Zusätzen lediglich zur Gewichtsvermehrung auszuschließen.

Begründung und Erläuterung.

Durch langjährige, staatlich ausgeführte Versuche ist festgestellt worden, daß, wenn geeignete, gekörnte Hochofenschlacke bis zu 30 v. H. mit Portlandzementklinken fabrikmäßig innig gemischt wird, der so erhaltene „Eisenportlandzement" dem Portlandzement als gleichwertig zu erachten ist und nach dessen Normen beurteilt werden kann.

Der Eisenportlandzement steht unter der regelmäßigen Kontrolle des Vereins Deutscher Eisenportlandzementwerke, dessen Mitglieder sich gegenseitig verpflichtet haben, den Eisenportlandzement genau nach der vorstehenden Begriffserklärung herzustellen.

D) Auszug aus den deutschen Normen für einheitliche Lieferung und Prüfung von Hochofenzement. November 1917.

Begriffserklärung von Hochofenzement.

Hochofenzement ist ein hydraulisches Bindemittel, das bei einem Mindestgehalt von 15 v. H. Gewichtsteilen Portlandzement vorwiegend aus basischer Hochofenschlacke besteht, die durch schnelle Abkühlung der feuerflüssigen Masse gekörnt ist. Hochofenschlacke und Portlandzement werden miteinander fein gemahlen und innig gemischt.

Zur Herstellung von Hochofenzement dürfen nur beim Eisen-Hochofenbetriebe gewonnene Schlacken von folgender Zusammensetzung verwendet werden:

$$\frac{CaO + MgO + \frac{1}{8}Al_2O_3}{SiO_2 + \frac{2}{8}Al_2O_3} > 1.$$

Die Hochofenschlacke darf nicht mehr als 5 v. H. MnO enthalten.

Der beigemischte Portlandzement wird gemäß der Begriffserklärung der Normen des Vereins deutscher Portlandzementfabrikanten hergestellt.

Zusätze zu besonderen Zwecken, namentlich zur Regelung der Abbindezeit, sind in Höhe von 3 v. H. des Gesamtgewichts begrenzt, um die Möglichkeit von Zusätzen lediglich zur Gewichtsvermehrung auszuschließen.

Begründung und Erläuterung.

Beim Hochofenzement ist der Hauptträger der Erhärtung die Hochofenschlacke; der zugesetzte Portlandzement, der als Hilfsmittel unentbehrlich ist, übernimmt eine Nebenrolle.

Der Hochofenzement der Vereinswerke steht unter der regelmäßigen Kontrolle des Vereins deutscher Hochofenzementwerke, dessen Mitglieder sich gegenseitig verpflichtet haben, den Hochofenzement genau nach der vorstehenden Begriffserklärung und den folgenden Bedingungen herzustellen.

Verpackung und Gewicht.

Hochofenzement wird in der Regel in Säcke oder Fässer verpackt. Die Verpackung soll außer dem Rohgewicht und der Bezeichnung „Hochofenzement" die Firma oder Marke des Werkes, und, sofern das Werk dem Verein deutscher Hochofenzementwerke angehört, das in die Zeichenrolle des Patentamts eingetragene Warenzeichen des Vereins in deutlicher Ausführung tragen.

Begründung und Erläuterung.

Da bei Verpackung sowohl in Säcken wie in Fässern verschiedene Gewichte im Gebrauch sind, so ist die Aufschrift des Rohgewichts unbedingt nötig. Durch die Bezeichnung „Hochofenzement" soll dem Käufer Gewißheit gegeben werden, daß die Ware der diesen Normen vorgedruckten Begriffserklärung entspricht.

Abbinden.

Der Erhärtungsbeginn von normal bindendem Hochofenzement soll nicht früher als eine Stunde nach dem Anmachen eintreten. Für besondere Zwecke kann rascher bindender Hochofenzement verlangt werden, welcher als solcher gekennzeichnet sein muß. Hochofenzement muß trocken und zugfrei gelagert und möglichst frisch verarbeitet werden[1]).

---

[1]) Der Schlußsatz: „Hochofenzement muß trocken und zugfrei gelagert und möglichst frisch verarbeitet werden" ist in den Portland- und Eisenportlandzementnormen nicht enthalten. Die Versuche haben nämlich gezeigt, daß es zweckmäßig ist, Hochofenzement vor dem Gebrauch nicht lange lagern zu lassen. Deshalb empfiehlt sich die Verwendung von „wenig abgelagertem" Hochofenzement. Will man in dieser Hinsicht sicher gehen, so kann man den Tag der Einfüllung auf der Verpackung vermerken lassen, oder man kann — da durch den Aufdruck des Datums eine wiederholte Benutzung der Fässer und Säcke erschwert wird — bei der Einfüllung kleine Täfelchen mit dem Datum des Fülltages einlegen lassen.

Teil II: Tabellen.

A. Tabellen zur Berechnung durchgehender Träger[1].

I.

Winklers Tabelle für die Momente durchlaufender Träger
mit gleichen Feldweiten.

Zwei Öffnungen

$\frac{x}{l}$	Ständige Last $\mathfrak{M}_0 = {}^0pl^2\cdot$	Veränderliche Last $+\mathfrak{M}_{max} = {}'pl^2\cdot$	Veränderliche Last $-\mathfrak{M}_{min} = {}'pl^2\cdot$
		+	−
0	0	0	0
0,1	+ 0,0325	0,0388	0,0063
0,2	+ 0,0550	0,0675	0,0125
0,3	+ 0,0675	0,0863	0,0188
0,4	+ 0,0700	0,0950	0,0250
0,5	+ 0,0625	0,0937	0,0313
0,6	+ 0,0450	0,0825	0,0375
0,7	+ 0,0175	0,0613	0,0438
0,75	0	0,0469	0,0469
0,8	− 0,0200	0,0300	0,0500
0,9	− 0,0675	0,0061	0,0736
1,0	− 0,1250	0	0,1250

Drei Öffnungen

$\frac{x}{l}$	Ständige Last $\mathfrak{M}_0 = {}^0pl^2\cdot$	Veränderliche Last $+\mathfrak{M}_{max} = {}'pl^2\cdot$	Veränderliche Last $-\mathfrak{M}_{min} = {}'pl^2\cdot$
		+	−
	Erste Öffnung		
0	0	0	0
0,1	+ 0,0350	0,0400	0,0050
0,2	+ 0,0600	0,0700	0,0100
0,3	+ 0,0750	0,0900	0,0150
0,4	+ 0,0800	0,1000	0,0200
0,5	+ 0,0750	0,1000	0,0250
0,6	+ 0,0600	0,0900	0,0300
0,7	+ 0,0350	0,0700	0,0350
0,8	0	0,0402	0,0402
0,9	− 0,0450	0,0204	0,0654
1,0	− 0,1000	0,0167	0,1167
	Zweite Öffnung		
0	− 0,1000	0,0167	0,1167
0,1	− 0,0550	0,0141	0,0625
0,2	− 0,0200	0,0300	0,0500
0,276	0	0,0500	0,0500
0,3	+ 0,0050	0,0550	0,0500
0,4	+ 0,0200	0,0700	0,0500
0,5	+ 0,0250	0,0750	0,0500

Vier Öffnungen

$\frac{x}{l}$	Ständige Last $\mathfrak{M}_0 = {}^0pl^2\cdot$	Veränderliche Last $+\mathfrak{M}_{max} = {}'pl^2\cdot$	Veränderliche Last $-\mathfrak{M}_{min} = {}'pl^2\cdot$
		+	−
	Erste Öffnung		
0	0	0	0
0,1	+ 0,0343	0,0396	0,0054
0,2	+ 0,0586	0,0693	0,0107
0,3	+ 0,0729	0,0889	0,0161
0,4	+ 0,0771	0,0986	0,0214
0,5	+ 0,0714	0,0982	0,0268
0,6	+ 0,0557	0,0879	0,0321
0,7	+ 0,0300	0,0675	0,0375
0,786	0	0,0421	0,0421
0,8	− 0,0571	0,0374	0,0431
0,9	− 0,0514	0,0163	0,0677
1,0	− 0,1071	0,0134	0,1205
	Zweite Öffnung		
0	− 0,1071	0,0134	0,1205
0,1	− 0,0586	0,0145	0,0721
0,2	− 0,0200	0,0300	0,0500
0,266	0	0,0488	0,0483
0,3	+ 0,0086	0,0568	0,0482
0,4	+ 0,0271	0,0736	0,0464
0,5	+ 0,0357	0,0804	0,0446
0,6	+ 0,0343	0,0772	0,0429
0,7	+ 0,0229	0,0639	0,0411
0,8	+ 0,0014	0,0417	0,0403
0,805	0	0,0409	0,0409
0,9	− 0,0300	0,0311	0,0611
1,0	− 0,0714	0,0357	0,1071

Die größten Stützdrucke durchlaufender Träger gleicher Feldweiten für ^0p kg/m ständige und
$'p$ kg/m veränderliche Belastung sind:

Zwei Öffnungen.
Randstütze: $A_{1\,max}$
$= 0,3750 \cdot {}^0p \cdot l + 0,4375\,'p \cdot l$

Mittelstütze: $A_{2\,max}$
$= 1,25 \cdot l\,({}^0p + {}'p)$

Drei Öffnungen.
Randstütze: $A_{1\,max}$
$= 0,400\,{}^0p \cdot l + 0,450 \cdot {}'p \cdot l$

Mittelstütze: $A_{2\,max}$
$= 1,100 \cdot {}^0p \cdot l + 1,200 \cdot {}'p \cdot l$

Vier Öffnungen.
Randstütze: $A_{1\,max}$
$= 0,3929 \cdot {}^0p \cdot\ + 0,4464 \cdot {}'pl$

Zweite Stütze: $A_{2\,max}$
$= 1,1428 \cdot {}^0pl + 1,2232 \cdot {}'pl$

Dritte Stütze: $A_{3\,max}$
$= 0,9286 \cdot {}^0pl + 1,1428 \cdot {}'pl$

[1]) Vgl. hierzu auch die besonders für Eisenbetonbauten umgerechneten Tabellen
für durchgehende Träger im Taschenbuch für Bauingenieure, III. und IV. Aufl., in
dem Abschnitte von B. Löser: Anwendungen des Eisenbetons im Hochbau. In
diesen Tabellen sind nahe den Stützen — im Hinblick auf das gerade hier statt-
findende, schnelle Anwachsen der Momente — besonders viele Querschnitte
behandelt.

II.
Winklers Tabelle für die Querkräfte durchlaufender Träger mit gleichen Feldweiten.

Zwei Öffnungen

$\dfrac{x}{l}$	Ständige Last $^0V = {}^0pl \cdot$	Veränderliche Last $V_{max} = + 'pl \cdot$	$V_{min} = - 'pl \cdot$
0,0	+0,375	0,4375	0,0625
0,1	+0,275	0,3437	0,0687
0,2	+0,175	0,2624	0,0874
0,3	+0,075	0,1932	0,1182
0,375	0	0,1491	0,1491
0,4	−0,025	0,1359	0,1609
0,5	−0,125	0,0898	0,2148
0,6	−0,225	0,0544	0,2794
0,7	−0,325	0,0287	0,3537
0,75	−0,375	0,0193	0,3943
0,8	−0,425	0,0119	0,4369
0,85	−0,475	0,0064	0,4814
0,9	−0,525	0,0027	0,5277
0,95	−0,575	0,0007	0,5757
1,0	−0,625	0	0,6250

Drei Öffnungen

$\dfrac{x}{l}$	Ständige Last $^0V = {}^0pl \cdot$	Veränderliche Last $^0V_{max} = + 'pl \cdot$	$'V_{min} = - 'pl \cdot$
Erste Öffnung			
0,0	+0,400	0,4500	0,0500
0,1	+0,300	0,3563	0,0560
0,2	0,200	0,2752	0,0752
0,3	0,100	0,2065	0,1065
0,4	0	0,1496	0,1496
0,5	−0,100	0,1042	0,2042
0,6	−0,200	0,0694	0,2694
0,7	−0,300	0,0443	0,3443
0,8	−0,400	0,0280	0,4280
0,9	−0,500	0,0193	0,5191
1,0	−0,600	0,0167	0,6167
Zweite Öffnung			
0,0	+0,500	0,5833	0,0833
0,1	+0,400	0,4870	0,0870
0,2	+0,300	0,3991	0,0991
0,3	+0,200	0,3210	0,1210
0,4	0,100	0,2537	0,1537
0,5	0	0,1979	0,1979

Vier Öffnungen

$\dfrac{x}{l}$	Ständige Last $^0V = {}^0pl \cdot$	Veränderliche Last $'V_{max} = + 'pl \cdot$	$'V_{min} = - 'pl \cdot$
Erste Öffnung			
0,0	+0,393	0,4464	0,0535
0,1	+0,293	0,3528	0,0599
0,2	+0,193	0,2717	0,0788
0,3	+0,093	0,2029	0,1101
0,393	0,0	0,1498	0,1498
0,4	−0,007	0,1461	0,1533
0,5	−0,107	0,1007	0,2079
0,6	−0,207	0,0660	0,2731
0,7	−0,307	0,0410	0,3481
0,8	−0,407	0,0247	0,4319
0,9	−0,507	0,0160	0,5231
1,0	−0,607	0,0134	0,6205
Zweite Öffnung			
0,0	+0,536	0,0627	0,0670
0,1	+0,436	0,5064	0,0707
0,2	+0,336	0,4187	0,0830
0,3	+0,236	0,3410	0,1153
0,4	+0,136	0,2742	0,1385
0,5	+0,036	0,2190	0,1833
0,536	0,0	0,2028	0,2028
0,6	−0,064	0,1755	0,2398
0,7	−0,164	0,1435	0,3078
0,8	−0,264	0,1222	0,3865
0,9	−0,364	0,1106	0,4749
1,0	−0,464	0,1071	0,5714

III.

Winklersche Zahlen für Auflagerkräfte, Momente bei mehr als 4 Feldern und Vollbelastung des ganzen Trägers[1]).

Werte	Anzahl der Stützen				Einheiten
	6	7	8	9	
A_0	0,3947	0,3942	0,3944	0,3943	ql
A_1	1,1317	1,1346	1,1337	1,1340	,,
A_2	0,9736	0,9616	0,9649	0,9640	,,
A_3	—	1,0192	1,0070	1,0103	,,
A_4	—	—	—	0,9948	,,
A_5	—	—	—	—	,,
A_6	—	—	—	—	,,
M_1	0,1053	0,1058	0,1056	0,1057	ql^2
M_2	0,0789	0,0769	0,0775	0,0773	,,
M_3	—	0,0865	0,0845	0,0850	,,
M_4	—	—	—	0,0825	,,
M_5	—	—	—	—	,,
$M_{1\,max}$	0,0779	0,0777	0,0778	0,0777	,,
$M_{2\,max}$	0,0332	0,0340	0,0338	0,0339	,,
$M_{3\,max}$	0,0461	0,0433	0,0440	0,0438	,,
$M_{4\,max}$	—	—	0,0405	0,0412	,,
x_1	0,3947	0,3942	0,3944	0,3943	l
x_2	0,5264	0,5327	0,5281	0,5283	,,
x_3	0,5000	0,4904	0,4930	0,4923	,,
x_4	—	—	0,5000	0,5026	,,
ζ_1	0,7894	0,7884	0,7887	0,7887	,,
ζ_2	0,2680	0,2675	0,2680	0,2680	,,
	0,7830	0,7899	0,7884	0,7890	,,
ζ_3	0,1964	0,1960	0,1962	0,1960	,,
	0,8036	0,7850	0,7897	0,7880	,,
ζ_4	—	—	0,2153	0,2150	,,
	—	—	0,7847	0,7900	,,

Hierbei bezeichnen:

A_0, A_1	die Stützendrücke,
M_1, M_2	die (negativen) Momente über den Stützen,
$M_{1\,max}$, $M_{2\,max}$	die größten Momente in den einzelnen Feldern,
ζ_1, ζ_2	die Entfernungen der Momente $M_{1\,max}$ ... von den zunächst nach links liegenden Stützen,
x_1, x_2	die Entfernungen der Wendepunkte der elastischen Linien von diesen Stützen,
l	die Länge jedes Feldes,
q	die Belastung für die Längeneinheit jedes Feldes.

Da alles in bezug auf die Mitte des Trägers symmetrisch ist, sind die Angaben nur bis zur Mitte durchgeführt.

---

[1]) Die Tabelle gilt nur für Vollbelastung der Gesamtlänge des durchgehenden Trägers. Bei Teilbelastungen des Trägers können die Angaben für den Träger über vier Öffnungen sinngemäß Anwendung finden.

IV. Zusammenstellung der Stützenmomente und Auflagerkräfte bei kontinuierlichen Trägern ungleicher Feldweite und
im Verhältnisse von $\dfrac{l}{l_0} = \lambda$ [1]).

1. Träger auf drei Stützen, vollkommen mit ^0p lfd. m belastet:

$$M_1 = -\frac{1 + \lambda^3}{8\,(1 + \lambda)} \cdot {}^0p \cdot l_1{}^2 \,; \qquad A_1 = \frac{3 + 4\lambda^2 - \lambda^3}{8 \cdot (\lambda + 1)} \cdot {}^0p \cdot l_1 \,;$$

$$A_2 = \frac{\lambda^3 + 4\lambda^2 + 4\lambda + 1}{8\,\lambda} \cdot {}^0p \cdot l_1 \,; \qquad A_3 = \frac{3\,\lambda^3 + 4\,\lambda^2 - 1}{8\,\lambda\,(\lambda + 1)} \cdot {}^0pl_1 \,.$$

2. Träger auf drei Stützen, nur eine Öffnung vollkommen mit $'p$ belastet,
die andere Öffnung lastfrei:

$$M_1 = -\frac{1}{8\,(1 + \lambda)} \cdot {}'p \cdot l_1{}^2 \,; \qquad A_1 = \frac{3 + 4 \cdot \lambda}{8\,(1 + \lambda)} \cdot {}'pl_1 \,;$$

$$A_2 = \frac{1 + 4\,\lambda}{8 \cdot \lambda} \cdot {}'p \cdot l_1 \,; \qquad A_3 = -\frac{1}{8\,\lambda\,(\lambda + 1)} \cdot {}'p \cdot l_1 \,.$$

Bei 2 und 3 hat die linke Öffnung eine Stützweite $= l_1$, die rechte von l.

$$\frac{l}{l_1} = \lambda \,.$$

3. Träger über vier Stützen, vollkommen mit ^0p lfd. m belastet:

$$M_1 = M_2 = -\frac{1 + \lambda^3}{4\,(2 + 3 \cdot \lambda)} \cdot {}^0p \cdot l_1{}^2 \,;$$

$$A_1 = A_4 = \frac{3 + 6\,\lambda - \lambda^3}{4\,(2 + 3\lambda)} \cdot {}^0pl_1 \,; \qquad A_2 = A_3 = \frac{5 + 10\,\lambda + 6\,\lambda^2 + \lambda^3}{4\,(2 + 3\lambda)} \cdot {}^0p \cdot l_1 \,.$$

4. Träger über vier Stützen, nur eine Seitenöffnung vollkommen mit p belastet, die anderen lastfrei.

$$M_2 = -\frac{1 + \lambda}{2\,(4 + 8 \cdot \lambda + 3\,\lambda^2)} \cdot {}'pl_1{}^2 \,; \qquad M_3 = +\frac{\lambda}{4\,(4 + 8\lambda + 3\,\lambda^2)} \cdot {}'p \cdot l_1{}^2 \,;$$

$$A_1 = \frac{3 + 7 \cdot \lambda + 3 \cdot \lambda^2}{2\,(4 + 8 \cdot \lambda + 3 \cdot \lambda^2)} \cdot {}'pl_1{}^2 \,; \qquad A_2 = -\frac{6\,\lambda^3 + 18\,\lambda^2 + 13\,\lambda + 2}{4\,\lambda\,(4 + 8\lambda + 3\,\lambda^2)} \cdot {}'pl_1 \,;$$

$$A_3 = -\frac{2 + 3\,\lambda + \lambda^2}{4\,\lambda\,(4 + 8 \cdot \lambda + 3\,\lambda^2)} \cdot {}'pl_1 \,; \qquad A_4 = \frac{\lambda}{4\,(4 + 8\,\lambda + 3\,\lambda^2)} \cdot {}'p \cdot l_1 \,.$$

5. Träger über vier Stützen, nur die Mittelöffnung mit p lfd. m belastet,
die Seitenöffnungen lastfrei:

$$M_2 = M_3 = \frac{\lambda^3}{4\,(2 + 3\,\lambda)} \cdot pl_1{}^2 \,,$$

$$A_1 = A_4 = -\frac{\lambda^3}{4\,(2 + 3\,\lambda)} \cdot pl_1 \,,$$

$$A_2 = A_3 = +\frac{\lambda^3 + 6\,\lambda^2 + 4\,\lambda}{3\,(2 + 3\,\lambda)} \cdot pl_1 \,.$$

Bei 3, 4 und 5 haben die beiden äußeren Öffnungen eine Stützweite von l_1,
die mittleren von l; $\dfrac{l}{l_1} = \lambda$.

---

[1]) Die Bezeichnungsweise ist von links nach rechts fortschreitend gewählt. Also bei Trägern über vier Stützen die linke erste Stütze mit 1, die rechte,
letzte mit 4 und ebenso die zugehörenden Funktionen benannt.

V. Momententabelle für gleichmäßig verteilte Streckenlasten durchlaufender Träger gleicher Feldweite nach Dr. Lewe[1]).

I. Träger mit zwei gleichen Öffnungen.

$\frac{x}{l}$	Feld 1 auf eine Strecke x von A aus belastet		
	$'M_B = 'pl^2 \cdot$	$'M_1 = 'pl^2 \cdot$	$'M_2 = 'pl^2 \cdot$
0,0	—0,0000	—0,0000	—0,0000
0,1	—0,0012	—0,0018	—0,0006
0,2	—0,0049	—0,0075	—0,0024
0,3	—0,0107	—0,0171	—0,0054
0,4	—0,0184	—0,0308	—0,0092
0,5	—0,0273	—0,0488	—0,0137
0,6	—0,0369	—0,0665	—0,0184
0,7	—0,0462	—0,0794	—0,0231
0,8	—0,0544	—0,0878	—0,0272
0,9	—0,0624	—0,0924	—0,0301
1,0	—0,0625	—0,0937	—0,0312

II. Träger mit drei gleichen Öffnungen.

$\frac{x}{l}$	Feld 1 auf eine Strecke x von A aus belastet				
	$'M_B = 'pl^2 \cdot$	$'M_C = 'pl^2 \cdot$	$'M_1 = 'pl^2 \cdot$	$'M_2 = 'pl^2 \cdot$	$'M_3 = 'pl^2 \cdot$
0,0	—0,0000	0,0000	0,0000	—0,0000	0,0000
0,1	—0,0013	0,0003	0,0018	—0,0004	0,0001
0,2	—0,0052	0,0013	0,0074	—0,0019	0,0006
0,3	—0,0114	0,0028	0,0167	—0,0042	0,0014
0,4	—0,0196	0,0049	0,0301	—0,0073	0,0024
0,5	—0,0291	0,0073	0,0479	—0,0107	0,0036
0,6	—0,0393	0,0098	0,0653	—0,0147	0,0049
0,7	—0,0493	0,0123	0,0778	—0,0185	0,0061
0,8	—0,0580	0,0145	0,0859	—0,0217	0,0072
0,9	—0,0642	0,0160	0,0903	—0,0241	0,0080
1,0	—0,0666	0,0166	0,0916	—0,0250	0,0083
	Feld 2 auf eine Strecke x von B aus belastet				
0,0	—0,0000	—0,0000	—0,0000	0,0000	—0,0000
0,1	—0,0020	—0,0007	—0,0010	0,0011	—0,0003
0,2	—0,0073	—0,0030	—0,0036	0,0048	—0,0015
0,3	—0,0144	—0,0071	—0,0072	0,0116	—0,0035
0,4	—0,0224	—0,0126	—0,0112	0,0225	—0,0063
0,5	—0,0302	—0,0198	—0,0151	0,0375	—0,0099
0,6	—0,0372	—0,0276	—0,0186	0,0528	—0,0136
0,7	—0,0428	—0,0355	—0,0214	0,0633	—0,0177
0,8	—0,0469	—0,0426	—0,0234	0,0702	—0,0213
0,9	—0,0492	—0,0479	—0,0246	0,0738	—0,0239
1,0	—0,0500	—0,0500	—0,0250	0,0750	—0,0250

) Vgl. Dr. Lewe: Winklersche Zahlen für Streckenlasten. Deutsche Bauzeitung, Zementbeilage, 1912, Nr. 20.

Für eine nicht an den Stützen beginnende Streckenlast erhält man das Biegungsmoment, indem man die Tabellenwerte für den Anfang und das Ende der Laststrecke voneinander abzieht. Hat man z. B. bei einem kontinuierlichen Träger von zwei Öffnungen eine Streckenbelastung im ersten Felde mit p zwischen $0,1\,l$ und $0,8\,l$, so ergibt sich nach Tabelle I ein Moment bei Stütze B:

$$M_B = - (0,0544 - 0,0012)\,p\,l^2 = 0,0532\,pl^2.$$

Wird ferner bei einem Träger über drei Öffnungen in der Mittelöffnung eine Strecke zwischen $0,3\,l$ und $0,9\,l$ belastet, so ergibt sich ein M_2 innerhalb dieser Mittelöffnung:

$$M_2 = + (0,0738 - 0,0116)\,pl^2 = 0,0622\,pl^2.$$

VI. Träger auf 3 bis 6 Stützen bei gleichen Feldweiten l, belastet durch gleich große, gleichmäßig verteilte Lasten (g, p) oder gleich große Einzellasten G, P in gleichen Abständen[1]).

2 Felder.

	Belastungsfall	Feldmomente		Stützenmoment	
		M_1	M_2	M_B	
1		0,070	0,070	**— 0,125**	$g\,l^2$
2		**0,096**	—	— 0,063	$p\,l^2$
1		0,156	0,156	**— 0,188**	$G\,l$
2		**0,203**	— 0,047	— 0,094	$P\,l$
1		0,222	0,222	**— 0,333**	$G\,l$
2		**0,278**	— 0,056	— 0,167	$P\,l$
1		0,266	0,266	**— 0,469**	$G\,l$
2		**0,383**	— 0,117	— 0,234	$P\,l$
1		0,360	0,360	**— 0,600**	$G\,l$
2		**0,480**	— 0,120	— 0,300	P

o Momentenpunkte

[1]) Vgl. hierzu u. a.: Die Berechnung der kontinuierlichen usw. Träger mit konstantem Trägheitsmoment von H. Pederssen. Arm.-Beton 1918, Heft 11, S. 224 u. folg.

3 Felder.

	Belastungsfall	Feldmomente		Stützen-moment	
		M_1	M_2	M_B	
1		0,080	0,025	— 0,100	$g\,l^2$
2		**0,101**	— 0,050	— 0,050	
3		—	**0,075**	— 0,050	$p\,l^2$
4		—	—	**— 0,117**	
1		0,175	0,100	— 0,150	$G\,l$
2		**0,213**	— 0,075	— 0,075	
3		— 0,038	**0,175**	— 0,075	$P\,l$
4		—	—	**— 0,175**	
1		0,244	0,067	— 0,267	$G\,l$
2		**0,289**	— 0,133	— 0,133	
3		— 0,044	**0,200**	— 0,133	$P\,l$
4		—	—	**— 0,311**	
1		0,313	0,125	— 0,375	$G\,l$
2		**0,406**	— 0,188	— 0,188	
3		— 0,094	**0,313**	— 0,188	$P\,l$
4		—	—	**— 0,438**	
1		0,408	0,120	— 0,480	$G\,l$
2		**0,504**	— 0,240	— 0,240	
3		— 0,096	**0,360**	— 0,240	$P\,l$
4		—	—	**— 0,560**	

○ Momentenpunkte

4 Felder.

Belastungsfall	Feldmomente				Stützenmomente			
	M_1	M_2	M_3	M_4	M_B	M_C	M_D	
1	0,077	0,036	0,036	0,077	−0,107	−0,071	−0,107	$g\,l^2$
2	**0,100**	—	**0,081**	—	−0,054	−0,036	−0,054	
3	—	—	—	—	**−0,121**	−0,018	−0,058	$\left.\right\}p\,l^2$
4	—	—	—	—	−0,036	**−0,107**	−0,036	
1	0,169	0,116	0,116	0,169	−0,161	−0,107	−0,161	$G\,l$
2	**0,210**	−0,067	**0,183**	−0,040	−0,080	−0,054	−0,080	
3	—	—	—	—	**−0,181**	−0,027	−0,087	$\left.\right\}P\,l$
4	—	—	—	—	−0,054	**−0,161**	−0,054	
1	0,238	0,111	0,111	0,238	−0,286	−0,191	−0,286	$G\,l$
2	**0,296**	−0,111	**0,222**	−0,048	−0,143	−0,095	−0,143	
3	—	—	—	—	**−0,321**	−0,048	−0,155	$\left.\right\}P\,l$
4	—	—	—	—	−0,095	**−0,286**	−0,095	
1	0,299	0,165	0,165	0,299	−0,402	−0,268	−0,402	$G\,l$
2	**0,400**	−0,167	**0,333**	−0,101	−0,201	−0,134	−0,201	
3	—	—	—	—	**−0,452**	−0,067	−0,218	$\left.\right\}P\,l$
4	—	—	—	—	−0,134	**−0,402**	−0,134	
1	0,394	0,189	0,189	0,394	−0,514	−0,343	−0,514	$G\,l$
2	**0,497**	−0,206	**0,394**	−0,103	−0,257	−0,172	−0,267	
3	—	—	—	—	**−0,579**	−0,086	−0,297	$\left.\right\}P$
4	—	—	—	—	−0,172	**−0,514**	−0,172	

○ Momentenpunkte.

5 Felder.

Belastungsfall	Feldmomente			Stützenmomente				
	M_1	M_2	M_3	M_B	M_C	M_D	M_E	
1	0,087	0,033	0,046	−0,105	−0,079	−0,079	−0,105	$g\,l^2$
2	**0,100**	—	**0,086**	−0,053	−0,040	−0,040	−0,053	
3	—	**0,079**	—	−0,053	−0,040	−0,040	−0,053	$p\,l^2$
4	—	—	—	**−0,120**	−0,022	−0,044	−0,051	
5	—	—	—	−0,035	**−0,111**	−0,020	−0,057	
1	0,171	0,112	0,132	−0,158	−0,118	−0,118	−0,158	G
2	**0,211**	−0,069	**0,191**	−0,079	−0,059	−0,059	−0,079	
3	−0,039	**0,181**	−0,059	−0,079	−0,059	−0,059	−0,079	$P\,l$
4	—	—	—	**−0,179**	−0,032	−0,066	−0,077	
5	—	—	—	−0,052	**−0,167**	−0,031	−0,086	
1	0,240	0,100	0,122	−0,281	−0,211	−0,211	−0,281	$G\,l$
2	**0,287**	−0,117	**0,228**	−0,140	−0,105	−0,105	−0,140	
3	−0,046	**0,216**	−0,105	−0,140	−0,105	−0,105	−0,140	$P\,l$
4	—	—	—	**−0,319**	−0,057	−0,118	−0,137	
5	—	—	—	−0,093	**−0,297**	−0,054	−0,153	
1	0,302	0,155	0,204	−0,395	−0,296	−0,296	−0,395	$G\,l$
2	**0,401**	−0,173	**0,352**	−0,198	−0,148	−0,148	−0,198	
3	−0,099	**0,327**	−0,148	−0,198	−0,148	−0,148	−0,198	$P\,l$
4	—	—	—	**−0,449**	−0,081	−0,166	−0,193	
5	—	—	—	−0,130	**−0,417**	−0,076	−0,215	
1	0,398	0,171	0,221	−0,505	−0,379	−0,379	−0,505	$G\,l$
2	**0,499**	−0,215	**0,411**	−0,253	−0,189	−0,189	−0,253	
3	−0,101	**0,385**	−0,190	−0,253	−0,189	−0,189	−0,253	$P\,l$
4	—	—	—	**−0,574**	−0,103	−0,212	−0,247	
5	—	—	—	−0,167	**−0,534**	−0,098	−0,276	

° Momentenpunkte.

B. Profiltabellen von ⎡- und ⏌-Trägern.

I.
⎡-Eisen.

Normallängen 4—8 m, größte Länge 12 m.

$$r = t, \quad r_1 = \frac{t}{2}.$$

v = Schwerpunktsabstand von Hinterkante Steg in mm.

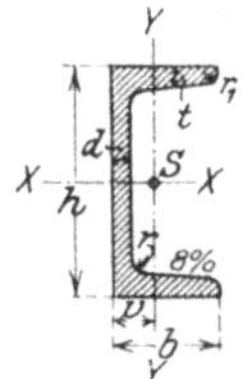

Nr.	h	b	d	t	F	G	v	J_x	J_y	W_x	W_y	$\dfrac{W_x}{W_y}$
	in mm				cm²	kg/m	mm	cm		cm³		
3	30	33	5	7	5,44	4,27	13,1	6,39	5,33	4,26	2,68	1,59
4	40	35	5	7	6,21	4,87	13,3	14,1	6,68	7,05	3,08	2,31
5	50	38	5	7	7,12	5,59	13,7	26,4	9,12	10,6	3,75	2,82
6¹/₂	65	42	5,5	7,5	9,03	7,09	14,2	57,5	14,1	17,7	5,07	3,50
8	80	45	6	8	11,0	8,64	14,5	106	19,4	26,5	6,36	4,16
10	100	50	6	8,5	13,5	10,6	15,5	206	29,3	41,2	8,49	4,84
12	120	55	7	9	17,0	13,35	16,0	364	43,2	60,7	11,1	5,48
14	140	60	7	10	20,4	16,01	17,5	605	62,7	86,4	14,8	5,85
16	160	65	7,5	10,5	24,0	18,84	18,4	925	85,3	116	18,3	6,32
18	180	70	8	11	28,0	21,98	19,2	1354	114	150	22,4	6,73
20	200	75	8,5	11,5	32,2	25,28	20,1	1911	148	191	27,0	7,09
22	220	80	9	12,5	37,4	29,36	21,4	2690	197	245	33,6	7,28
24	240	85	9,5	13	42,3	33,21	22,3	3598	248	300	39,6	7,57
26	260	90	10	14	48,3	37,92	23,6	4823	317	371	47,7	7,76
28	280	95	10	15	53,3	41,84	25,3	6276	399	448	57,2	7,88
30	300	100	10	16	58,8	46,16	27,0	8026	495	535	67,8	7,90

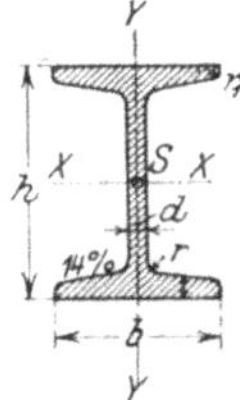

II.
⏌-Eisen.

Normallängen 4—10 m, größte Länge 14 m.

$$r = d; \quad r_1 = 0,6\,d.$$

Nr.	h	b	d	t	F	G	J_x	J_y	W_x	W_y	$\dfrac{W_x}{W_y}$
	in mm				cm²	kg/m	cm⁴		cm³		
8	80	42	3,9	5,9	7,58	5,95	77,8	6,29	19,5	3,00	6,50
9	90	46	4,2	6,3	9,00	7,07	117	8,78	26,0	3,82	6,80
10	100	50	4,5	6,8	10,6	8,32	171	12,2	34,2	4,88	7,01
11	110	54	4,8	7,2	12,3	9,66	239	16,2	43,5	6,00	7,23
12	120	58	5,1	7,7	14,2	11,15	328	21,5	54,7	7,41	7,38
13	130	62	5,4	8,1	16,1	12,64	436	27,5	67,1	8,87	7,57
14	140	66	5,7	8,6	18,2	14,37	573	35,2	81,9	10,7	7,65
15	150	70	6,0	9,0	20,4	16,01	735	43,9	98,0	12,5	7,83
16	160	74	6,3	9,5	22,8	17,90	935	54,7	117	14,8	7,92
17	170	78	6,6	9,9	25,2	19,78	1166	66,6	137	17,1	8,02
18	180	82	6,9	10,4	27,9	21,90	1446	81,3	161	19,8	8,10
19	190	86	7,2	10,8	30,5	24,02	1763	97,4	186	22,7	8,20
20	200	90	7,5	11,3	33,4	26,30	2142	117	214	26,0	8,26

Nr.	h	b	d	t	F	G	J_x	J_y	W_x	W_y	$\dfrac{W_x}{W_y}$
		in mm			cm²	kg/m	cm⁴		cm³		
21	210	94	7,8	11,7	36,3	28,57	2563	138	244	29,4	8,31
22	220	98	8,1	12,2	39,5	31,09	3060	162	278	33,1	8,34
23	230	102	8,4	12,6	42,6	33,52	3607	189	314	37,1	8,50
24	240	106	8,7	13,1	46,1	36,19	4246	221	354	41,7	8,50
25	250	110	9,0	13,6	49,7	39,01	4966	256	397	46,5	8,54
26	260	113	9,4	14,1	53,3	41,92	5744	288	442	51,0	8,72
27	270	116	9,7	14,7	57,1	44,90	6626	326	491	56,2	8,76
28	280	119	10,1	15,2	61,0	47,96	7587	364	542	61,2	8,91
29	290	122	10,4	15,7	64,8	50,95	8636	406	596	66,6	8,99
30	300	125	10,8	16,2	69,0	54,24	9800	451	653	72,2	9,07
32	320	131	11,5	17,3	77,7	61,07	12510	555	782	84,7	9,23
34	340	137	12,2	18,3	86,7	68,14	15695	674	923	98,4	9,40
36	360	143	13,0	19,5	97,0	76,22	19605	818	1089	114	9,53
38	280	149	13,7	20,5	107	84,00	24012	957	1264	131	9,67
40	400	155	14,4	21,6	118	92,63	29213	1158	1461	149	9,76
42¹/₂	425	163	15,3	23,0	132	103,62	36973	1427	1740	176	9,89
45	450	170	16,2	24,3	147	115,40	45852	1725	2037	203	10,1
47¹/₂	475	178	17,1	25,6	163	127,96	56481	2088	2378	235	10,1
50	500	185	18,0	27,0	179	141,30	68738	2478	2750	268	10,3
55	550	200	19,8	30,0	216	167,21	99184	3488	3607	349	10,3

III.

Breitflanschige Differdinger $\mathbf{I}$-Träger

(Grey-Träger) der Deutsch-Luxemburgischen Bergwerks- und Hütten-A.-G.

Abt. Differdingen (Luxemburg).

Neigung der inneren Flanschflächen = 9 v. H.

$r = d$. Größte Länge 28 m.

Die äußeren Flanschkanten ohne erhebliche Abrundung.

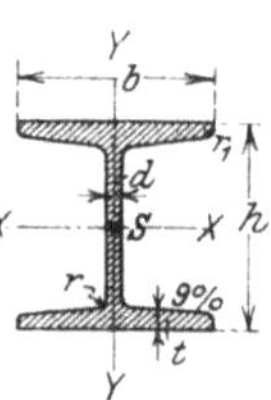

Nr.	h	b	d	t	F	G	J_x	J_y	W_x	W_y	$\dfrac{W_x}{W_y}$
		in mm			cm²	kg/m	cm⁴		cm³		=
18 B	180	180	8,5	12,9	59,9	47,0	3512	1073	390	119	3,28
20 B	200	200	8,5	13,8	70,4	55,3	5171	1568	517	157	3,29
22 B	220	220	9	14,7	82,6	64,8	7379	2216	671	201	3,34
24 B	240	240	10	15,7	96,8	76,0	10260	3043	855	254	3,37
25 B	250	250	10,5	16,3	105,1	82,5	12066	3575	965	286	3,37
26 B	260	260	11	17,3	115,6	90,7	14352	4261	1104	328	3,37
27 B	270	270	11,3	17,8	123,2	96,7	16529	4920	1224	365	3,35
28 B	280	280	11,5	18,4	131,8	103,4	19052	5671	1361	405	3,36
29 B	290	290	12	19,0	141,1	110,8	21866	6417	1508	443	3,40
30 B	300	300	12,5	20,3	152,1	119,4	25201	7494	1680	500	3,36
32 B	320	300	13	20,6	160,7	126,2	30119	7867	1882	524	3,59

Nr.	h	b	d	t	F	G	J_x	J_y	W_x	W_y	$\dfrac{W_x}{W_y}$
	in mm				cm²	kg/m	cm⁴		cm³		=
34 B	340	300	13,4	21,1	167,4	131,4	35241	8097	2073	540	3,84
36 B	360	300	14,2	22,6	181,5	142,5	42479	8793	2360	586	4,03
38 B	380	300	14,8	23,4	191,2	150,1	49496	9175	2605	612	4,26
40 B	400	300	15,5	24,6	203,6	159,8	57834	9721	2892	648	4,46
42¹/₂ B	425	300	16	25,4	213,9	167,9	68249	10078	3212	672	4,78
45 B	450	300	17	26,7	229,3	180,0	80887	10668	3595	711	5,06
47¹/₂ B	475	300	17,6	27,7	242,0	190,0	94811	11142	3992	743	5,37
50 B	500	300	19,4	28,9	261,8	205,5	111283	11718	4451	781	5,70
55 B	550	300	20,6	30,8	288,0	226,1	145997	12582	5308	839	6,33
60 B	600	300	20,8	31,0	300,6	236,0	179303	12672	5977	845	7,07
65 B	650	300	21,1	31,3	314,5	246,9	217402	12814	6690	854	7,83
70 B	700	300	21,1	31,3	325,2	255,3	258106	12818	7374	854	8,63
75 B	750	300	21,1	31,3	335,7	263,4	302560	12823	8068	855	9,44
80 B	800	300	21,5	32,3	354,9	278,6	360486	13269	9012	885	10,2
85 B	850	300	21,5	32,3	365,6	287,0	414887	13274	9762	885	11,0
90 B	900	300	21,5	32,3	376,4	295,5	473964	13279	10533	885	11,8
95 B	950	300	21,9	33,3	396,2	311,0	550974	13727	11600	915	12,7
100 B	1000	300	21,9	33,3	407,2	319,7	621287	13732	12425	915	13,6

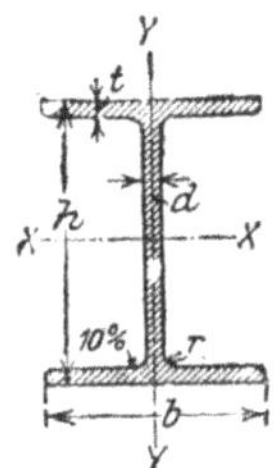

IV.

Breit- und parallelflanschige Peiner ⊥-Träger

mit kreisförmigem Anschlusse an den Steg [1]).

Nr.	h	b	d	t	F	G	J_x	J_y	W_x	W_y	$\dfrac{W_x}{W_y}$
	mm				cm²	kg/m	cm⁴		cm³		=
14	140	140	8	12	44,1	34,63	1522	550	217	79	2,75
15	150	150	8	12	47,3	37,15	1897	676	253	90	2,81
16	160	160	9	14	58,4	45,81	2634	958	329	120	2,74
17	170	170	9	14	62,1	48,72	3196	1148	376	135	2,79
18	180	180	9	14	65,8	51,62	3833	1363	426	151	2,82

[1]) Diese Träger werden hergestellt von der Deutsch-Luxemburgischen Bergwerks u. Hütten-A.-G., Abt. Differdingen, die Profile 16 bis einschl. 60, ausgenommen die Nr. 17, 19, 21, 23, 27, 29 auch von der A.-G. Peiner Walzwerk, die indessen in absehbarer Zeit aus Betriebsgründen das Walzen breitflanschiger I-Träger nicht wieder aufnehmen zu können erklärt. Andere breitflanschige Träger ohne Neigung der Flanschflächen (von $h = 195$ bis 670 mm und $b = 108$ bis 307 mm) werden von der Gelsenkirchener Bergwerks-A.-G., Abt. Aachener Hütten-Verein, gewalzt.

Nr.	h	b	d	t	F	G	J_x	J_y	W_x	W_y	$\dfrac{W_x}{W_y} =$
			mm		cm²	kg/m	cm⁴		cm³		
19	190	190	9	14	69,5	54,53	4 550	1 603	479	169	2,83
20	200	200	10	16	82,7	64,94	5 952	2 136	595	214	2,78
21	210	210	10	16	86,9	68,24	6 949	2 473	662	235	2,82
22	220	220	10	16	91,1	71,54	8 052	2 843	732	258	2,84
23	230	230	10	16	95,3	74,83	9 266	3 248	806	282	2,86
24	240	240	11	18	111,3	87,39	11 686	4 152	974	346	2,82
25	250	250	11	18	116,0	91,08	13 298	4 692	1 064	375	2,84
26	260	260	11	18	120,7	94,77	15 050	5 278	1 158	406	2,85
27	270	270	11	18	125,4	98,45	16 950	5 910	1 256	438	2,87
28	280	280	12	20	143,6	112,71	20 722	7 324	1 480	523	2,83
29	290	290	12	20	148,8	116,79	23 150	8 136	1 597	561	2,85
30	300	300	12	20	154,0	120,87	25 759	9 007	1 717	600	2,86
32	320	300	13	22	171,3	134,48	32 249	9 910	2 016	661	3,05
34	340	300	13	22	173,9	136,52	36 942	9 910	2 173	661	3,30
36	360	300	14	24	191,5	150,30	45 122	10 813	2 507	721	3,48
38	380	300	14	24	194,3	152,50	50 949	10 813	2 682	721	3,72
40	400	300	14	26	208,5	163,68	60 642	11 714	3 032	781	3,88
42½	425	300	14	26	212,0	166,43	69 483	11 714	3 270	681	4,19
45	450	300	15	28	231,6	181,84	84 223	12 619	3 743	841	4,45
47½	475	300	15	28	235,4	184,78	95 122	12 620	4 005	841	4,76
50	500	300	16	30	255,3	200,44	113 177	13 525	4 527	902	5,02
55	550	300	16	30	263,3	206,72	140 342	13 527	5 103	902	5,66
60	600	300	17	32	288,9	226,80	180 829	14 435	6 028	962	6,27
65	650	300	17	32	297,4	233,47	216 783	14 437	6 670	962	6,93
70	700	300	18	34	324,0	254,36	270 290	15 346	7 723	1 023	7,55
75	750	300	18	34	333,0	261,42	316 256	15 349	8 434	1 023	8,24
80	800	300	18	34	342,0	268,49	366 386	15 351	9 160	1 023	8,95
85	850	300	19	36	371,6	291,67	443 890	16 267	10 444	1 084	9,63
90	900	300	19	36	381,1	299,12	506 040	16 270	11 245	1 084	10,36
95	950	300	19	36	390,6	306,58	572 953	16 273	12 062	1 085	11,12
100	1000	300	19	36	400,1	314,04	644 748	16 276	12 895	1 085	11,88

Teil III:

Zusammenstellung der Veröffentlichungen des Deutschen Ausschusses für Eisenbeton[1]).

Heft 1 bis 3. Bericht über die von der Materialprüfungsanstalt an der Königlichen Technischen Hochschule Stuttgart im Jahre 1908 durchgeführten Versuche mit Eisenbetonbalken namentlich zur Bestimmung des Gleitwiderstandes. Erstattet von C. Bach und O. Graf. (Veröffentlicht in Heft 72 bis 74 der Mitteilungen über Forschungsarbeiten, herausgegeben vom Verein Deutscher Ingenieure.) 1909.

Heft 4. Fortsetzung von Heft 1 bis 3. (Veröffentlicht in Heft 95 der Mitteilungen über Forschungsarbeiten, herausgegeben vom Verein Deutscher Ingenieure.) 1910.

Heft 5. Versuche mit Eisenbetonsäulen Reihe I und II. Ausgeführt in Groß-Lichterfelde-West. Von M. Rudeloff. 1910.

Heft 6. Versuche über den elektrischen Widerstand von unbewehrtem Beton. Ausgeführt in Darmstadt. Von O. Berndt, Dr. Wirtz, unter Mitwirkung von Dr.-Ing. W. Müller. 1911.

Heft 7. Versuche mit Eisenbetonbalken zur Bestimmung des Gleitwiderstandes. Ausgeführt in Dresden. Von H. Scheit, unter Mitwirkung von O. Wawrziniok. 1911.

Heft 8. Versuche über das Verhalten von Kupfer, Zink und Blei gegenüber Zement, Beton und den damit in Berührung stehenden Flüssigkeiten. Ausgeführt in Groß-Lichterfelde-West. Von E. Heyn. 1911.

Heft 9. Versuche mit Eisenbetonbalken zur Bestimmung des Einflusses der Hakenform der Eiseneinlagen. Ausgeführt in Stuttgart. Von C. Bach und O. Graf. 1911.

Heft 10. Versuche mit Eisenbetonbalken zur Ermittlung der Widerstandsfähigkeit verschiedener Bewehrung gegen Schubkräfte. Erster Teil. Ausgeführt in Stuttgart. Von C. Bach und O. Graf. 1911.

Heft 11. Brandproben an Eisenbetonbauten. Ausgeführt in Groß-Lichterfelde-West. Von M. Gary. 1911.

Heft 12. Versuche mit Eisenbetonbalken zur Ermittlung der Widerstandsfähigkeit verschiedener Bewehrung gegen Schubkräfte. Zweiter Teil. Ausgeführt in Stuttgart. Von C. Bach und O. Graf. 1911.

Heft 13. Versuche über den Einfluß von Kälte und Wärme auf die Erhärtungsfähigkeit von Beton. Ausgeführt in Groß-Lichterfelde-West. Von M. Gary. 1912.

Heft 14. Versuche mit Eisenbetonbalken zur Ermittlung der Widerstandsfähigkeit von Stoßverbindungen der Eiseneinlagen. Ausgeführt in Dresden. Von H. Scheit und O. Wawrziniok. 1912.

---

[1]) Verlag von Heft 5 an: Wilhelm Ernst & Sohn, Berlin.

Heft 15. Versuche über den Einfluß der Elektrizität auf Eisenbeton. Ausgeführt in Darmstadt. Von O. Berndt und K. Wirtz, unter Mitwirkung von E. Preuß. 1912.

Heft 16. Versuche über die Widerstandsfähigkeit von Beton und Eisenbeton gegen Verdrehung. Ausgeführt in Stuttgart. Von C. Bach und O. Graf. 1912.

Heft 17. Versuche mit Stampfbeton. Ausgeführt in Groß-Lichterfelde-West. Von M. Rudeloff und M. Gary. 1912.

Heft 18. Die Beziehung zwischen Formänderung und Biegungsmoment bei Eisenbetonbalken (abgeleitet aus den bis Ende 1911 durchgeführten Versuchen). Von E. Mörsch. 1912.

Heft 19. Prüfung von Balken zu Kontrollversuchen. Ausgeführt in Stuttgart. Von C. Bach und O. Graf. 1912.

Heft 20. Versuche mit Eisenbetonbalken zur Ermittlung der Widerstandsfähigkeit verschiedener Bewehrung gegen Schubkräfte. Dritter Teil. Ausgeführt in Stuttgart. Von C. Bach und O. Graf. 1912.

Heft 21. Untersuchungen über den Einfluß der Köpfe auf die Formänderungen und Festigkeit von Eisenbetonsäulen. Ausgeführt in Berlin-Lichterfelde-West. Von M. Rudeloff. 1912..

Heft 22. Versuche über das Rosten von Eisen in Mörtel und Mauerwerk. Ausgeführt in Berlin-Lichterfelde-West. Von M. Gary. 1913.

Heft 23. Untersuchungen über die Längenänderungen von Betonprismen beim Erhärten und infolge von Temperaturwechsel. Ausgeführt in Berlin-Lichterfelde-West. Von M. Rudeloff, unter Mitwirkung von H. Sieglerschmidt. 1913.

Heft 24. Spannung σ_{bz} des Betons in der Zugzone von Eisenbetonbalken unmittelbar vor der Rißbildung. Von C. Bach und O. Graf. 1913.

Heft 25. Wahl des Größenwertes der Elastizitätsverhältniszahl n für die Berechnung von Eisenbetonträgern. Von M. Möller und M. Brunkhorst in Braunschweig. 1913.

Heft 26. Belastung und Abbruch von zwei Eisenbetonbauten im Königlichen Materialprüfungsamt Berlin-Lichterfelde-West. Nachtrag zu der Veröffentlichung über Brandproben an Eisenbetonbauten (Heft 11). Ausgeführt in Berlin-Lichterfelde-West. Von M. Gary. 1913.

Heft 27. Gesamte und bleibende Einsenkungen von Eisenbetonbalken. Verhältnis der bleibenden zu den gesamten Einsenkungen. Von C. Bach und O. Graf. 1911.

Heft 28. Untersuchung von Eisenbetonsäulen mit verschiedenartiger Querbewehrung. Dritter Teil. (Fortsetzung zu Heft 5 und 21.) Ausgeführt in Berlin-Lichterfelde-West. Von M. Rudeloff. 1914.

Heft 29. Die vorschriftsmäßige Zusammensetzung des Betongemenges nach den Bestimmungen für Ausführung von Bauwerken aus Eisenbeton. Bericht über Versuche im Königlichen Materialprüfungsamt Berlin-Lichterfelde-West. Erstattet von M. Gary. 1915.

Heft 30. Versuche mit allseitig aufliegenden, quadratischen und rechteckigen Eisenbetonplatten. Ausgeführt in Stuttgart. Von C. Bach und O. Graf. 1915.

Heft 31. Versuche zur Ermittlung des Rostschutzes der Eiseneinlagen im Beton unter besonderer Berücksichtigung des Schlackenbetons. Ausgeführt in Dresden. 14. Bericht, erstattet von H. Scheit und O. Wawrziniok, unter Mitwirkung von H. Amos. 1915.

Heft 32. Probebelastung von Decken. Berichte nach Versuchen des Königlichen Materialprüfungsamtes in Berlin-Lichterfelde-West und der Akt.-Ges. für Beton- und Monierbau in Berlin. Teil I. Von M. Gary. — Teil II. Von M. Rudeloff. 1915.

Heft 33. Brandproben an Eisenbetonbauten. Ausgeführt im Königlichen Materialprüfungsamt zu Berlin-Lichterfelde-West in den Jahren 1914 und 1915. II. Bericht, erstattet von M. Gary. 1916.

Heft 34. Erfahrungen bei der Herstellung von Eisenbetonsäulen. Längenänderungen der Eiseneinlagen im erhärtenden Beton. Vierter Teil. (Fortsetzung zu Heft 5, 21 und 28.) Bericht über Versuche im Königlichen Materialprüfungsamt Berlin-Lichterfelde-West. Erstattet von M. Rudeloff. 1915.

Heft 35. Schwellung und Schwindung von Zement und Zementmörteln in Wasser und Luft. Bericht über Versuche im Königlichen Materialprüfungsamt Berlin-Lichterfelde-West. Erstattet von M. Gary. 1915.

Heft 36. Versuche zum Vergleich der Würfelfestigkeit des Betons zu der im Bauwerk erzielten Festigkeit. Ausgeführt in Darmstadt in den Jahren 1909 bis 1913. Bericht erstattet von O. Berndt und E. Preuß †. 1915.

Heft 37. Versuche mit Eisenbetonbalken zur Ermittlung der Widerstandsfähigkeit von Stoßverbindungen der Eiseneinlagen (Ergänzungsversuche). Ausgeführt in Dresden im Jahre 1915. Bericht, erstattet von H. Scheit und O. Wawrziniok, unter Mitwirkung von H. Amos. 1917.

Heft 38. Versuche mit Eisenbetonbalken zur Ermittlung der Beziehungen zwischen Formänderungswinkel und Biegungsmoment. Erster Teil. Ausgeführt in Stuttgart in den Jahren 1912 bis 1914. Bericht, erstattet von C. Bach und O. Graf. 1918.

Heft 39. Flüssige Betongemische für Eisenbeton. Bericht über Versuche, ausgeführt in Berlin-Lichterfelde-West von M. Gary. 1917.

Heft 40. Versuche mit Eisenbetonbalken zur Ermittlung des Einflusses von Erschütterungen. Ausgeführt in Dresden. Bericht erstattet von H. Scheit †, O. Wawrziniok und O. Amos. 1918.

Heft 41. Brandproben an Eisenbetonbauten. Ausgeführt in Berlin-Lichterfelde-West. III. Teil von M. Gary. 1918.

Heft 42. Schwindung von Zementmörtel an der Luft. II. Bericht über Versuche, ausgeführt in Berlin-Lichterfelde-West von M. Gary. 1918.

Heft 43. Versuche zur Ermittelung der Widerstandsfähigkeit von Betonkörpern mit und ohne Traß, ausgeführt in Stuttgart von O. Graf 1920.

Heft 44. Versuche mit zweiseitig aufliegenden Eisenbetonplatten bei konzentrierter Belastung, ausgeführt in Stuttgart von C. Bach und O. Graf. 1920.

Heft 45. Versuche mit eingespannten Eisenbetonbalken, ausgeführt in Stuttgart von C. Bach und O. Graf. 1920

Heft 46. Belastung und Feuerbeanspruchung eines Lagerhauses aus Eisenbeton in Wetzlar. Versuche durchgeführt von Berlin-Dahlem. Bericht von M. Gary.

Heft 47. Eisen in Beton mit schlackenhaltigem Bindemittel, ausgeführt in Berlin-Dahlem von M. Gary, und: Versuche über den Gleitwiderstand verzinkten Eisens in Beton, ausgeführt in München von F. Schmeer.

Sachverzeichnis.

Ausgeführte Eisenbetonkonstruktionen. Neunundzwanzig Beispiele aus der Praxis. Von Dipl.-Ing. **O. Hausen** in Hanau. Mit 125 Textfiguren.
Preis M. 8.—, gebunden M. 9.60

Vorlesungen über Eisenbeton. Von Dr.-Ing. **E. Probst,** ord. Professor an der Technischen Hochschule in Karlsruhe. Erster Band: Allgemeine Grundlagen. — Theorie und Versuchsforschung. — Grundlagen für die statische Berechnung. — Statisch unbestimmte Träger im Lichte der Versuche. Mit 171 Textabbildungen. Gebunden Preis M. 18.—
Ein zweiter, das Werk abschließender Band befindet sich unter der Presse.

Einfluß der Armatur und Risse im Beton auf die Tragsicherheit. Ergebnisse von Untersuchungen im Materialprüfungsamt Groß-Lichterfelde-West. Bearbeitet und besprochen von **E. Probst.** Mit 77 Textfiguren und 9 Tafeln. Preis M. 15.—

Über das Wesen und die wahre Größe des Verbundes zwischen Eisen und Beton. Von Dr.-Ing. Dipl.-Ing. **Adolf Kleinlogel.** Mit 5 Textfiguren und 9 Tafelfiguren. Preis M. 2.40

Vereinfachte Berechnung eingespannter Gewölbe. Von Stadtbaumeister Privatdoz. Dr.-Ing. **Kögler** in Dresden. Mit 8 Textfiguren.
Preis M. 2.—

Schubwiderstand und Verbund in Eisenbetonbalken auf Grund von Versuch und Erfahrung. Von Prof. Dr.-Ing. **R. Saliger** in Wien. Mit 25 Tabellen und 139 Abbildungen. Preis M. 5.—

Ein neues Verfahren zur Bestimmung exzentrisch belasteter Eisenbetonquerschnitte. Von Dr.-Ing. **W. Kunze.** Mit 3 Textfiguren. Preis M. 1.—

Der Betonpfahl „System Mast". Ein Gründungsverfahren mit „Betonpfählen in verlorener Form". Von **H. Struif** in Berlin, Ständ. Assistent an der Technischen Hochschule. Mit 75 Textfiguren. Preis M. 1.60

Der Betonpfahl in Theorie und Praxis. Von Dr.-Ing. **Otto Leske.** Mit 26 Textfiguren. Preis M. 2.40

Hierzu Teuerungszuschläge

Eisen im Hochbau. Ein Taschenbuch mit Zeichnungen, Zusammenstellungen und Angaben über die Verwendung von Eisen im Hochbau. Herausgegeben vom **Stahlwerks-Verband A.-G.** in Düsseldorf. Fünfte, völlig neu bearbeitete und erweiterte Auflage. Mit zahlreichen Textfiguren und VII Tafeln. Gebunden Preis M. 16.—

Die Eisenkonstruktionen. Ein Lehrbuch für Schule und Zeichentisch nebst einem Anhang mit Zahlentafeln zum Gebrauch beim Berechnen und Entwerfen eiserner Bauwerke. Von Professor Dipl.-Ing. **L. Geusen** in Dortmund. Zweite, verbesserte Auflage. Mit 505 Figuren im Text und auf 2 farbigen Tafeln. Gebunden Preis M. 18.—

Leitfaden für den Unterricht in Eisenkonstruktionen an Maschinenbauschulen. Von Dipl.-Ing. Professor **L. Geusen,** Oberlehrer an den Vereinigten Maschinenbauschulen in Dortmund. Mit 173 Textabbildungen. Kartoniert Preis M. 2.—

Berechnung von Rahmenkonstruktionen und statisch unbestimmten Systemen des Eisen- und Eisenbetonbaues. Von Ing. **P. E. Glaser.** Mit 112 Textabbildungen. Preis M. 9.—

Anleitung zur statischen Berechnung von Eisenkonstruktionen im Hochbau. Von **H. Schloesser,** Ingenieur. Mit 160 Textabbildungen, einer Beilage und einem Bauplan. Dritte, verbesserte Auflage, bearbeitet und herausgegeben von W. Will, Ingenieur. Gebunden Preis M. 7.—

Widerstandsmomente. Trägheitsmomente und Gewichte von Blechträgern nebst numerisch geordneter Zusammenstellung der Widerstandsmomente von 59 bis 113 930, zahlreichen Berechnungsbeispielen und Hilfstafeln. Von **B. Böhm,** Gewerberat in Bromberg, und **E. John,** Regierungs- und Baurat in Essen. Zweite, verbesserte und vermehrte Auflage. Gebunden Preis M. 12.—

Die linearen Differenzengleichungen und ihre Anwendung in der Theorie der Baukonstruktionen. Von Privatdozent Dr. **Paul Funk** in Prag. Mit 24 Textabbildungen. Preis M. 10.—

Einführung in die energetische Baustatik. Einiges über die physikalischen Grundlagen der energetischen Festigkeitslehre. Von **Carl Kriemler,** Professor der technischen Mechanik an der Technischen Hochschule zu Stuttgart. Mit 18 Textabbildungen. Preis M. 2.40

Technische Mechanik. Ein Lehrbuch der Statik und Dynamik für Maschinen- und Bauingenieure. Von **Ed. Autenrieth.** Zweite Auflage. Neubearbeitet von Professor Dr.-Ing. Max Ensslin in Stuttgart. Mit 297 Textfiguren. Unveränderter Neudruck. Gebunden Preis M. 38.—